普通高等教育"十三五"规划教材

机械设计基础

（少学时）

主　编　何晓玲　王　军
副主编　田同海　陈科家
参　编　周志刚　周铭丽　党玉功
　　　　李雪飞　张中利　李更更

机械工业出版社

本书按照教育部高等学校机械基础课程教学指导分委员会颁发的《机械设计基础课程教学基本要求》编写，建议授课学时为60~70学时。

本书符合党的二十大报告中关于“深入实施科教兴国战略、人才强国战略、创新驱动发展战略”的要求，在详细讲授基础理论知识的同时融入探索性实践内容，以增强学生的自信心和创造力，即用学科理论知识促进学生活跃思维、敢于创新，尽可能地将新思路在实践中进行创造性的转化，推动科学技术实现创新性发展。

全书共15章，内容包括绪论、平面机构的结构分析和速度分析、平面连杆机构及其设计、凸轮机构及其设计、齿轮传动、蜗杆传动、轮系、常用间歇机构、带传动和链传动、连接、轴、轴承、联轴器和离合器、弹簧和机械传动系统设计。

本书可作为近机械类和非机械类各专业机械设计基础课程的教学用书，也可供其他相关专业的师生及工程技术人员参考。

图书在版编目（CIP）数据

机械设计基础：少学时/何晓玲，王军主编．—北京：机械工业出版社，2016.8（2026.1重印）

普通高等教育“十三五”规划教材

ISBN 978-7-111-54204-9

Ⅰ.①机… Ⅱ.①何… ②王… Ⅲ.①机械设计—高等学校—教材 Ⅳ.①TH122

中国版本图书馆CIP数据核字（2016）第153562号

机械工业出版社（北京市百万庄大街22号 邮政编码100037）

策划编辑：余 皞 责任编辑：余 皞 杨 璇 任正一

责任校对：陈延翔 责任印制：郜 敏

封面设计：张 静

河北虎彩印刷有限公司印刷

2026年1月第1版第8次印刷

184mm×260mm · 23印张 · 538千字

标准书号：ISBN 978-7-111-54204-9

定价：65.00元

电话服务 网络服务

客服电话：010-88361066 机 工 官 网：www.cmpbook.com

010-88379833 机 工 官 博：weibo.com/cmp1952

010-68326294 金 书 网：www.golden-book.com

封底无防伪标均为盗版 机工教育服务网：www.cmpedu.com

前 言

本书按照教育部高等学校机械基础课程教学指导分委员会颁发的《机械设计基础课程教学基本要求》编写，适用于近机械类和非机械类专业，建议授课学时为60~70学时。

机械设计基础是工科院校近机械类专业的一门重要的技术基础课，主要介绍机械中的常用机构和通用零件的工作原理、结构特点、基本的设计理论和计算方法。它的任务是通过课堂教学、实验和课程设计使学生具有：设计简单机械系统、零件的能力；对于机械工程问题，建立模型、分析求解和论证的能力；在机械工程实践中初步掌握并使用各种技术、技能和现代工程工具的能力。

在编写本书时，作者从机械设计的总体要求和培养学生机械设计基本素质和能力出发，在内容的取舍及阐述方面，注意取材的先进性、实用性，着重于讲清基本概念、基本理论和基本方法，并使论述尽可能深入浅出，图形简洁、形象、直观，符合学生认知规律。书中尽可能地多增加了一些典型例题和较详细的解题步骤，并在各章首末辅以内容提示和学习要点，以最大限度地为教师执教和学生自学提供方便。

本书配套有《机械设计基础作业集》（少学时）。该作业集采用活页形式，方便学生做，利于教师改，并使作业规范化。

本书分为15章。参加本书编写的有河南科技大学王军（第一章、五章第一~五节、十五章），陈科家（第二、八章），何晓玲（第三章、五章第六~十二节），田同海（第四、七章）李更更（第六章），党玉功（第九章），周铭丽（第十章），周志刚（第十一章、十二章第四~八节），李雪飞（第十二章第一~三节）和张中利（第十三、十四章）。本书由何晓玲、王军担任主编，田同海、陈科家担任副主编。

本书承蒙杨巍教授精心审阅，并提出了宝贵意见和建议，编者在此表示衷心感谢。

本书得到河南科技大学教材出版基金资助。

由于编者水平所限，漏误及不当之处在所难免，敬请各位机械设计基础课程的教师和广大读者不吝指正。

编 者

目 录

第一章 绪　论

提示　本章主要解决本课程“学什么?”“为什么学?”“怎样学?”的问题；介绍机器的组成，本课程研究的对象、内容、性质及任务，本课程的特点及学习方法；概述了机械设计的基本要求、一般过程和设计方法，机械零件的失效形式和设计准则，机械零件材料的选用，机械零件的标准化及摩擦、磨损和润滑等。

第一节　机器及其组成

一、机器、机构及其结构组成

对于一般的机器，在日常生活和工作中已有了某些接触和不同程度的认识。但是，一部机器是怎样组成的？它如何完成特定的任务？设计机器应遵循怎样的原则？如何使机器具有较高的性价比？对于这些问题，需要做进一步的了解和研究。

机器的种类繁多，如机床、运输机械、起重机械、矿山机械、农业机械及食品机械等。用途不同，构造各异，但都具有共同特征。

图1-1所示为单缸四冲程内燃机。它由齿轮1和2、连杆3、曲轴4、凸轮轴5、推杆6和7、活塞8、气缸体9、排气阀10和进气阀11等组成。当燃气在封闭的气缸中燃烧膨胀时，驱动活塞向下移动并通过连杆带动曲轴转动。而飞轮的惯性作用驱使曲轴继续转动，使活塞向上回移。经齿轮1和2、凸轮轴5的凸轮推动推杆6打开排气阀10排出燃烧后的废气（凸轮轴5上的另一个凸轮控制推杆7使进气阀11开启或关闭）。继而再进行吸气、压缩、膨胀、排气，四个冲程如此不断循环，实现将燃气的燃烧热能转换成以曲轴转动形式输出机械能的目的。可见，内燃机是用来转换能量的机器。

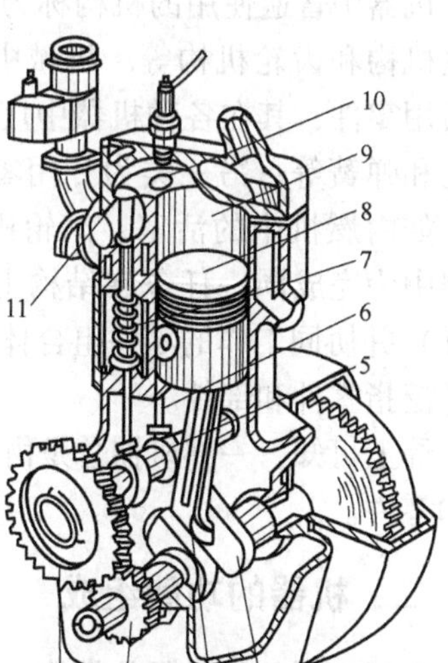

图1-1　单缸四冲程内燃机
1、2—齿轮　3—连杆　4—曲轴　5—凸轮轴
6、7—推杆　8—活塞　9—气缸体
10—排气阀　11—进气阀

从上述例子可以看出，机器具有如下特征。

1）人为实物的组合体。

2）各部分之间具有确定的相对运动，即当其中

一个或几个构件的运动规律一定时，其余各构件都将进行预期的机械运动。

3）能用来转换机械能或完成有益的机械功以减轻甚至代替人们的劳动。

相对于机器而言，一般把只具备上述前两个特征的实物组合体，称之为机构。

上述内燃机中，由滑块（活塞）、连杆、曲柄（曲轴）、机架（曲轴箱与气缸体）所组成的部分称为连杆机构——将滑块的往复运动变换为曲柄的回转运动，将气体的推力转换为输出力矩。而两个齿轮和机架组成的齿轮机构用来传递曲轴与凸轮轴间的运动，从而使凸轮机构（由凸轮、推杆和机架所组成）准确控制进、排气阀的开启或关闭。

机构与机器的不同之处是研究的着重点不同。机构主要实现运动或力的传递和转换，不考虑其具体的功用，如连杆机构、凸轮机构和齿轮机构等。而机器则强调减轻或代替人们劳动的功用，随着科学技术的发展使机器的功能在不断扩展，如转换能量（内燃机、电动机、发电机等），变换物料状态、位置（加工机械、食品机械、运输机械、起重机械等），处理信息（计算机、打印机、照相机等）。

机构与机器的关系：一般一部机器可包含不同的机构，一种机构可出现在不同的机器中。机械是机器和机构的总称。

组成机构的各个相对运动部分称为构件。它在机构的运动过程中为一个整体，是运动的基本单元，可以是单一的零件，也可以是由若干个零件刚性连接而成。如图1-2所示，内燃机中的连杆就是由连杆体5、连杆盖2、螺栓1、轴瓦3、螺母4和轴套6组成。由此可知构件是运动的单元，而零件是加工制造的基本单元。也是组成机械的最基本单元。

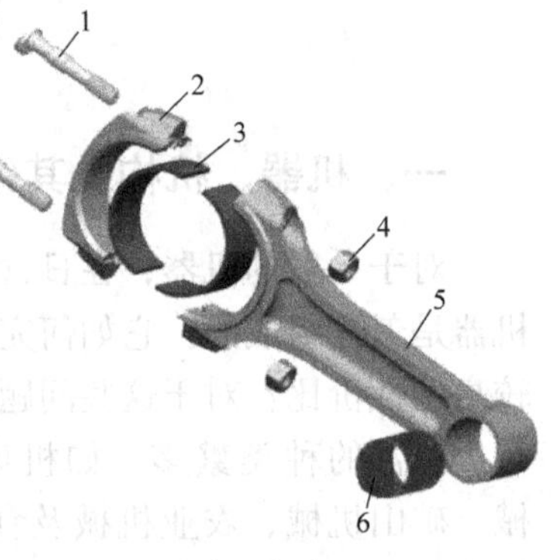

图1-2　连杆

1—螺栓　2—连杆盖　3—轴瓦

4—螺母　5—连杆体　6—轴套

机器中普遍使用的机构称为常用机构，如连杆机构、凸轮机构和齿轮机构等。机械中的零件分为两类：一类为通用零件，其在各种机器中广泛使用，如螺栓、螺母、齿轮和弹簧等；另一类为专用零件，其使用在某种机器中，如内燃机中的活塞、汽轮机中的叶片等。另外，把机器中为完成同一任务在结构上组合在一起（可拆或不可拆）并协同工作的零件组合体称为部件，如滚动轴承、联轴器、离合器等。工程上机械零件泛指零件和部件。

综上可知，一部机器总是由一些机构和零件组成的。所以说，机器的基本组成部分是机构和零件。

二、机器的功能组成

上述机器的组成是从结构、运动的角度来分析的，如果从功能的角度来分析，可以认为机器是由动力系统（原动机）、传动系统、执行系统（工作机）、控制系统和辅助系统组成，如图1-3所示。动力系统、传动系统、执行系统是机器的基本功能组成部分。随着控制理论的发展和计算机在工业中的应用，机器的功能越来越复杂，在现代机器中，机器的组成除了以上三个系统外，还增加了控制系统和辅助系统等。这些系统有机配合，共同完成机器预定的工作。

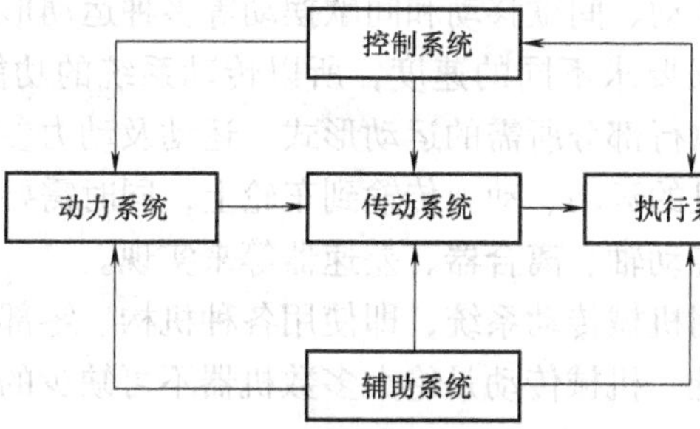

图 1-3 机器的组成

下面以汽车（图 1-4）为例，分析各部分的功能。

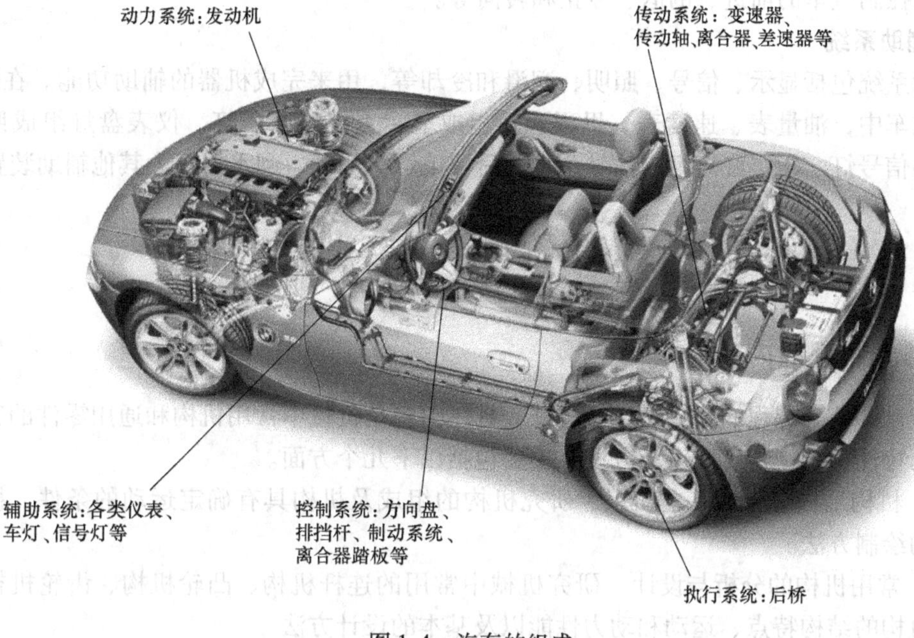

图 1-4 汽车的组成

1. 动力系统

动力系统包括原动机及其配套装置。它用来向机器提供运动和动力，是机械系统的动力源。一般常用的原动机有电动机、内燃机、液压马达、气动马达等，以各种电动机应用最为普遍。在图 1-4 所示汽车中，其原动机为发动机（汽油机或柴油机）。

2. 执行系统

执行系统包括执行机构和执行构件。它用来驱动执行构件按给定的运动规律运动，从而完成机器的预期功能。执行系统一般处于机械系统的末端，执行构件直接与工作对象接触。一部机器可以只有一个执行机构，也可以把机器的功能分解成几个执行机构。在图 1-4 所示汽车中，其执行系统即为汽车的后桥，执行件为车轮。

3. 传动系统

传动系统介于动力系统和执行系统之间，是把动力系统的运动和动力传递给执行系统并实现运动形式、运动及动力参数的转换。例如：电动机是做旋转运动，而机器的执行构件可能有旋转、往复移动、往复摆动、间歇移动和间歇摆动等多种运动形式，而且一般电动机的转速都比较高，而执行构件又要求不同的速度，所以传动系统的功能是把电动机的运动形式、运动及动力参数转变为执行部分所需的运动形式、运动及动力参数。在图 1-4 所示汽车中，就需要传动系统把发动机的运动、动力传输到车轮上，同时需要车轮有不同的转速，这就依靠传动系统的变速器、传动轴、离合器、差速器等来实现。

机器的传动系统大多使用机械传动系统，即使用各种机构、零部件完成传动的功能，有时也采用液压或电力传动系统。机械传动是绝大多数机器不可缺少的重要组成部分。

4. 控制系统

控制系统的功能是协调动力系统、执行系统和传动系统的动作，准确可靠地完成整部机器的功能。在图 1-4 所示汽车中，转向盘、排档杆、制动系统、离合器踏板等构成了控制系统，用来控制汽车的前进、倒退、停止和转向等。

5. 辅助系统

辅助系统包括显示、信号、照明、润滑和冷却等，用来完成机器的辅助功能。在图 1-4 所示的汽车中，油量表、速度表、里程表等组成显示系统，前后灯、仪表盘灯组成照明系统，转向信号灯、车尾红灯组成信号系统，后视镜、车门锁、刮水器等为其他辅助装置。

第二节　本课程的内容、性质和任务

一、本课程的内容

机械设计基础课程的研究对象是机械，具体内容是机械中常用机构和通用零件的工作原理、运动特性、结构特点和设计方法，主要包括以下几个方面。

（1）机构结构分析的基本知识　研究机构的组成及机构具有确定运动的条件，机构运动简图的绘制方法。

（2）常用机构的分析与设计　研究机械中常用的连杆机构、凸轮机构、齿轮机构及间歇运动机构的结构特点、运动和动力性能以及基本的设计方法。

（3）各种通用机械零件的基本理论和设计方法　研究通用机械零件的类型、组成、工作原理、失效形式、设计准则、设计方法和参数选择等。通用机械零件分为连接零件（螺栓、键等）、传动零件（齿轮、带、链、蜗杆等）、轴系零件（滚动轴承、滑动轴承、轴、联轴器和离合器等）等。

二、本课程的性质和任务

1. 本课程的性质

机械设计基础课程是一门综合应用机械制图、工程力学（或理论力学、材料力学）、金属材料热处理等基础理论知识和互换性与测量技术、机械制造工艺学等基础理论和生产实践知识，以设计为核心的一门重要技术基础课，虽然研究的是常用机构和通用零件，但其设计理论和方法对于后续专业课程的学习及掌握有关新技术打下基础。总之，机械设计基础课程既具有理论基础课程的性质，又兼有专业课程的特点，在人才培养方案中起到承上启下的作用。

2. 本课程的任务

1）使学生具有正确的设计思想和掌握创新思维的方法。

2）使学生掌握常用机构的工作原理、运动特性的基本知识，初步具有分析和设计常用机构的能力。

3）使学生掌握通用机械零件的设计原理、方法和机械设计的一般规律，具有设计一般简单机械装置的能力。

4）使学生具有应用标准、规范、手册、图册及CAD软件等技术资料和实用软件的能力。

5）使学生掌握基本实验理论及技能。

6）使学生了解机械设计的新发展。

第三节　学习本课程的目的和方法

一、学习本课程的目的

如前所述，学习本课程的目的如下。

1）掌握后续专业课程学习必备的机械设计基础知识。

2）能够合理使用现有机械，并对其进行革新改造。

3）获得简单机械装置的设计能力，为机械产品的创新设计打下良好基础。

二、本课程的特点及学习方法

（1）综合性强　本课程与诸多先修课程关系密切，因此在学习的过程中，要注意对先修课程的复习、理解与综合运用。在通用零件的设计中，要综合考虑零件的强度、刚度、寿命、工艺、质量、安全、经济性等，因此要求设计者具有较强综合运用各种知识的能力，来分析和解决问题，设计出性价比高的产品。

（2）实践性强　本课程是学生学完理论基础课后较早接触的一门设计性的技术基础课，与工程实际联系紧密，教学中常以各种机械为实例提出问题和讨论问题。因此，在学习中应用工程技术的观点，去观察周围的机械设备，理论联系实际地深入思考。同时，还要注意将理论的严密性与工程实际的灵活性、可行性结合起来。学习时注重逻辑思维的同时，加强形象思维，特别要注意设计绝非只是计算，更应重视结构设计的学习，在学习过程中逐步树立工程的观点。

（3）灵活性大　机械设计问题没有统一答案，每个学生的设计都不尽相同，更多地谈论的是谁设计得更好，这就要求学生在掌握基本知识的前提下，开拓思路，独立思考，逐步培养创新的意识，发展求异思维，培养分析问题和解决问题的能力。

本课程将通过课堂教学、实验、习题和课程设计等教学环节进行。在学习过程中，既要注重在课堂教学中理解清楚基本概念、基本原理，掌握基本方法，又要注意在日常生活中，善于观察、分析比较，把所学的知识用于实际当中，达到举一反三的目的，同时要在实验、课程设计及与本课程相关的机械设计竞赛和课外科技创新活动等各实践性教学环节中培养创新意识和创新能力，掌握机械设计的方法。

第四节　机械设计概述

一、机械设计的基本要求

机械设计的目的是为市场提供优质高效、价廉物美的机械产品，在市场竞争中取得优势，赢得用户，取得良好的经济效益。机械设计一般应满足如下要求。

1. 使用功能要求

机械产品应完成预定的功能。机械产品的功能可以表达为一个或几个功能指标。这些指标是设计之初由设计者或用户提出并确定的，如机器执行系统的运动形式、速度、运动精度、平稳性等以及某些使用上的要求（如温度、防潮等），这主要靠正确选择机器的工作原理、设计方案（即正确地选择动力系统、传动系统和执行系统）以及合理地配置辅助系统来实现。

2. 可靠性要求

机械产品的可靠性是指机械产品在规定条件和时间内，完成规定功能的能力。这里所指的机械产品可以是零件，也可以是整部机器。规定条件指的是使用条件和环境条件，包括载荷、应力、温度、湿度、粉尘和腐蚀等，也包括操作技术、维修方法等。规定时间指的是机械产品的预定寿命，也就是说机械产品在预定的寿命期间能够可靠地工作，不发生任何形式的失效（产品规定功能的丧失）。机械产品可靠性的衡量指标有可靠度（不发生失效的概率）、失效概率。按机械和零件重要性的不同，对可靠度有不同要求。

3. 经济性要求

机械产品的经济性是一个综合指标，表现在设计、制造和使用的整个过程中。在设计、制造上，要求成本低、生产周期短；在使用上，要求生产率高、适用范围广、能源消耗小以及低的管理和维护费用。

4. 劳动保护要求

劳动保护要求包括以下三个方面。

1）特别注意机械产品本身的安全性。机器除了需要满足必要的强度、刚度、稳定性等要求外，为了避免机器由于意外原因造成故障，还需配置过载保护、安全互锁等装置；为了保障操作人员的安全，还应在醒目位置标明安全方面的警告，采用各种安全保险装置和信号报警系统，保障人身安全。

2）最大限度地减少操作人员的脑力和体力消耗。设计时要按照人机工程学的观点尽量减少操作手柄的数量，并使其集中于适当的位置，操纵灵便且操纵符合人们的习惯，并合理地确定操作时的驱动力。

3）改善操作者的工作环境。降低机器工作时的噪声；保持工作环境通风流畅、温度适中；使机械的造型和色彩美观、大方、宜人。

5. 环境保护要求

所设计的机械产品应符合国家环境保护法规及标准。

除了以上的基本要求外，不同的机械产品还有一些特殊的要求。例如：对机床有长期保持精度的要求；对飞机有重量轻的要求；对经常移动的机器（建筑起重机、钻探机），有便于安装、拆卸和运输的要求；食品、纺织机械有不得污染产品的要求等。设计机械产品时，在满足基本要求的前提下，还应着重满足这些特殊要求，以提高机械产品的使用功能。

二、机械设计的一般过程

机械产品的设计过程是一个复杂的过程。尽管机械产品的类型、功能、结构特点和设计方法不尽相同，但它们的设计过程和主要内容大体如下。

1. 计划阶段

根据社会需求进行市场调查，在对相关产品进行可行性分析并对有关技术资料进行研究的基础上，确定设计对象的主要性能指标和主要设计参数，编制设计任务书。

2. 方案设计阶段

本阶段对设计的成败起关键作用。根据设计对象所要达到的主要性能指标和主要设计参数，确定机器的工作原理，拟订总体方案。机器的工作原理选择是否得当是决定设计成败的关键。完成同一生产任务的机器，可以采用不同的设计方案，而同一设计方案中又有不同的设计参数组合。成功的设计往往基于总体方案的创新与突破及设计参数的正确配置。如果说设计是一种创造性的劳动，则可以认为拟订机器的总体方案是最能体现设计者的创新之意的。构思出一个较好的方案，即便对于基础理论扎实、实践经验丰富的高级工程技术人员也需要一个艰苦的思维过程。何况设计总是追求尽善尽美，人们不得不提出多种方案进行综合比较后择优而用。例如：洗衣机有波轮式、滚筒式和搅拌式，它们的原理各不相同，设计出的机器也各有不同的特点。

3. 技术设计阶段

技术设计阶段的任务是将设计方案具体化，使其成为机器及其零件的合理结构，完成总装配图、部件装配图和零件图。

为了确定零件的结构和尺寸，要做如下工作。

（1）运动学分析与设计　根据工作原理的要求，确定原动件的类型及性能参数，并对传动系统和执行系统中各个机构进行运动学分析与设计，确定这些机构的几何尺寸和运动参数。

（2）动力学分析与设计　根据机器的运转特性、工作阻力、机械效率等，确定各主要零件所受的载荷。运转速度较高的机械可能产生振动和速度波动，应进行必要的动力学分析和设计。

（3）零件的工作能力分析与设计　根据确定的零件主要尺寸和作用在零件上的载荷，对各个零件进行工作能力分析与设计，以保证这些零件在工作过程中不发生失效，最终确定这些零件的基本尺寸。

（4）结构设计　在确定了各个零件基本尺寸的前提下，对各个零件的结构进行设计，需考虑与决定各个部件的相对位置及连接方法，主要零件的具体形状、材料、制造、安装、配合等一系列问题，并进行类比、选择和必要的实验，从而确定所有零件的结构尺寸，然后绘制总装配图、部件装配图及非标准零件的零件图，并提出所有外购零件的明细表。

4. 改进设计阶段

改进设计阶段包括样机试制、测试、综合评价及改进等环节。根据设计任务书的要求，对样机进行测试，发现产品在设计、制造、装配及运行中出现的问题，并加以改进、完善，形成最终的技术文件。

必须强调指出，整个机械设计的过程非常复杂，各个阶段可能是交叉进行的。在某一阶段发现问题，必须回到前面的有关阶段进行重新设计。因此，整个机械设计过程是一个不断反复、不断修改、不断完善的过程。

三、机械设计的方法

机械设计的常用方法通常分为两类，即常规设计方法和现代设计方法。

1. 常规设计方法

常规设计方法是以长期经验积累为基础，用力学、数学及实验等形成的公式、经验数据、设计图表、手册等为设计依据，通过条件性计算或类比等方法进行设计。

在常规设计方法中，机械的方案设计多数是依靠设计者的经验，并参考同类产品，通过类比的方法进行。机械的运动学、动力学分析与设计有较为系统的理论和方法，包括图解法、解析法等，但由于受到计算手段的制约，往往较为粗略，只是近似计算。主要机械零件工作能力的分析与设计是以力学理论为基础，但常常对复杂问题进行一些简化，得出近似公式和经验公式。

常规设计方法有如下不足。

1）方案设计时过分依赖设计者的经验，通过类比确定，缺乏创新，很难得到最佳方案。

2）零件设计中，仅对重要的零件根据简化的力学模型或经验公式进行静态的或近似的设计计算，其他零件只进行类比设计，与实际工况有时相差较远，影响设计质量。

3）采用手工计算、绘图，设计的准确性差、设计周期长、效率低，不能适应市场竞争激烈，产品更新速度加快的新形势。

2. 现代设计方法

自20世纪中期以来，由于科学技术的飞速发展、各学科的交叉渗透和计算机的普及应用，传统的机械设计理论和方法发生了重大变化，特别是随着计算机技术的飞速发展，出现了许多现代设计方法，如计算机辅助设计（Computer Aided Design，CAD）、优化设计（Optimum Design）、可靠性设计（Reliability Design）等。

常规设计方法虽有不足，但在现阶段机械产品的设计中，仍然得到广泛应用，也是机械设计现代设计方法的基础。本课程主要介绍机械产品和零件的常规设计方法。现代设计方法在专门课程中介绍。

第五节　机械零件的失效形式和设计准则

一、机械零件的主要失效形式

机械零件由于某种原因不能正常工作或达不到设计要求的性能时，称为失效。失效并不单纯意味着破坏，而是具有更广泛的含义。机械零件常见的主要失效形式有强度失效、刚度失效、表面失效和破坏正常工作条件引起的失效。

1. 零件强度失效

零件在受拉、压、弯、剪和扭等外载荷作用时，由于某一危险截面上的应力超过零件的强度极限而发生断裂，或者零件在变应力作用时，危险截面上发生的疲劳断裂，如螺栓的断裂、齿轮轮齿根部的折断或轴的弯曲折断等。如果作用于零件上的应力超过了材料的屈服极限，则零件将产生塑性变形。无论断裂还是塑性变形均导致机械不能正常工作。

2. 零件刚度失效

如果零件的弹性变形超过其许用值，则会影响机器的工作精度。如齿轮传动中，轴的弯曲变形过大会影响齿轮的正确啮合。机床主轴弹性变形将影响零件加工精度。

3. 零件的表面失效

零件的表面失效主要有磨损、接触疲劳（疲劳点蚀）和腐蚀。磨损是两个接触表面在作相对运动的过程中表面物质丧失或转移的现象。零件表面的接触疲劳，是指受到接触变应力长期作用的表面产生裂纹或微粒剥落的现象。腐蚀是发生在金属表面的一种电化学或化学侵蚀现象，腐蚀的结果是使金属表面产生锈蚀，从而使零件表面遭到破坏。磨损、接触疲劳（疲劳点蚀）、腐蚀都是随工作时间的延续而逐渐发生的失效形式。

4. 破坏正常工作条件引起的失效

有些零件只有在一定的工作条件下才能正常工作。例如：液体摩擦的滑动轴承，只有存在完整的润滑油膜时才能正常工作；带传动只有在传递的有效圆周力小于临界摩擦力时才能正常工作。如果破坏了这些必备的条件，将发生不同类型的失效。例如：滑动轴承将发生过热、胶合、磨损等形式的失效；带传动将发生打滑的失效。

零件会发生哪种形式的失效，与很多因素有关，并且在不同行业和不同的机器上不尽相同。从有关统计分类结果来看，由于腐蚀、磨损和各种疲劳破坏所引起的失效就占73.88%，而由于断裂所引起的失效只占4.79%。因此可以说，磨损、疲劳和腐蚀是引起零件失效的主要原因。

二、机械零件的设计准则

在不发生失效的条件下，机械零件所能安全工作的限度，称为工作能力。通常此限度是对载荷而言，所以习惯上又称为承载能力。同一零件对于不同失效形式的承载能力也各不相同。根据不同的失效形式建立的判定零件工作能力的条件，通常称为机械零件的设计准则（或工作能力计算准则）。机械零件的常用设计准则主要有强度准则、刚度准则、耐磨性准则、振动稳定性准则等。

1. 强度准则

强度是指机械零件承受载荷时抵抗破坏的能力。强度准则是机械零件安全工作最基本的设计准则，强度准则要求零件的计算应力小于或等于许用应力，其一般表达式为

$$\sigma \leqslant [\sigma] = \frac{\sigma_{\lim}}{[S]} \tag{1-1}$$

式中 σ——机械零件的计算应力（MPa）；

$[\sigma]$——机械零件的许用应力（MPa）；

$\sigma_{\lim}$——机械零件的极限应力（MPa），机械零件在不同性质的应力作用下，失效形式不同，其极限应力的取值也不同；

$[S]$——机械零件的许用安全系数。

许用安全系数过大，会使机器笨重，在用料、加工、运输等方面都不符合经济原则；而许用安全系数过小，机器又可能不够安全。因此应在保证机器安全的前提下，尽可能选用较小的许用安全系数。不同的机械制造部门，经过长期生产实践，都已总结制定出适合本行业的许用安全系数，设计时可以参考有关设计手册。在无可靠资料直接确定许用安全系数时，可用下式计算许用安全系数，即

$$[S]=S_1S_2S_3 \tag{1-2}$$

式中 S_1——考虑载荷及应力计算准确性的系数，$S_1=1\sim1.5$；

S_2——考虑材料的均匀性系数，锻钢、轧钢及铸铁零件的 $S_2=1.2\sim1.5$；

S_3——考虑零件重要程度的系数，$S_3=1\sim1.5$。

若零件应力为切应力 τ，式（1-1）中 σ 改为 τ 即可。

2. 刚度准则

刚度是指机械零件在载荷作用下抵抗弹性变形的能力。当机械零件刚度不满足时，会产生过大的弯曲弹性变形或扭转弹性变形。因此对刚度要求较高的机械零件，如机床主轴、电动机轴等，设计时应满足刚度要求。刚度准则的一般表达式为

$$y\leqslant[y],\theta\leqslant[\theta],\varphi\leqslant[\varphi] \tag{1-3}$$

式中 y、θ、φ——机械零件工作时的挠度、偏转角和扭转角；

$[y]$、$[\theta]$、$[\varphi]$——机械零件的许用挠度、许用偏转角和许用扭转角。

3. 耐磨性准则

耐磨性是指机械零件抵抗磨损的能力。如果机械零件之间作用有载荷并有相对运动存在，其工作表面都会出现磨损，此时，耐磨性是表示机械零件工作能力的主要指标。通常耐磨性是通过控制单位面积上的压力来达到控制磨损量的大小。耐磨性准则的一般表达式为

$$p\leqslant[p] \tag{1-4}$$

式中 p、$[p]$——机械零件工作表面上的压力、许用压力（MPa）。

4. 振动稳定性准则

机械零件发生周期性弹性变形的现象称为振动。机器中存在许多周期性变化的激振源，如齿轮的啮合、轴的偏心转动、滑动轴承的油膜振荡等。当上述激振源的振动频率（也称工作频率）等于或接近机械零件固有频率时，机械零件将会发生共振，共振会使机械零件的振幅急剧增大，从而失去振动稳定性。它的结果不仅会影响机械的正常工作，而且还可能发生破坏性事故。因此，对于高速机械或对振动、噪声有限制的机械，设计时都应使激振源的振动频率避开机械零件的固有频率，即满足振动稳定性准则。通常应保证

$$f_{\mathrm{p}}<0.85f \quad 或 \quad f_{\mathrm{p}}>1.15f \tag{1-5}$$

式中 f_{p}——激振源的振动频率；

f——机械零件的固有频率。

对于上述各项衡量机械零件工作能力的计算准则，设计计算时并不是每一种机械零件均需按其逐项计算，而是根据机械零件的实际工作条件，分析出主要失效形式，按相应的设计准则进行设计计算，确定主要参数后，必要时再按其他设计准则进行校核。

三、机械零件的强度

1. 机械零件的强度分类

（1）按失效位置分类

1）整体强度。机械零件整体受外载荷作用时，抵抗由于某一危险截面上的应力超过机械零件的极限应力而发生断裂或塑性变形的能力。

2）表面强度。机械零件表面受外载荷作用时，抵抗表面接触疲劳或表面塑性变形的能力。

（2）按失效性质特征分类

1）静强度。机械零件在静应力或变化次数较少的变应力作用时，抵抗失效的能力。

2）疲劳强度。机械零件在变应力作用时，抵抗失效的能力。

2. 应力的分类及极限应力

（1）静应力　静应力是指不随时间变化或变化缓慢的应力，如图1-5a所示，一般由静载荷产生。在静应力作用下的机械零件主要失效形式是断裂或塑性变形。因此，对于塑性材料，取材料的屈服强度σ_s作为极限应力；对于脆性材料，取材料的抗拉强度σ_b作为极限应力。

（2）变应力　变应力是指随时间变化的应力，由静载荷或变载荷产生。随时间作周期性变化的应力，称为稳定变应力。稳定变应力分为非对称循环变应力、脉动循环变应力和对称循环变应力三种基本类型，其变化规律如图1-5b～d所示。

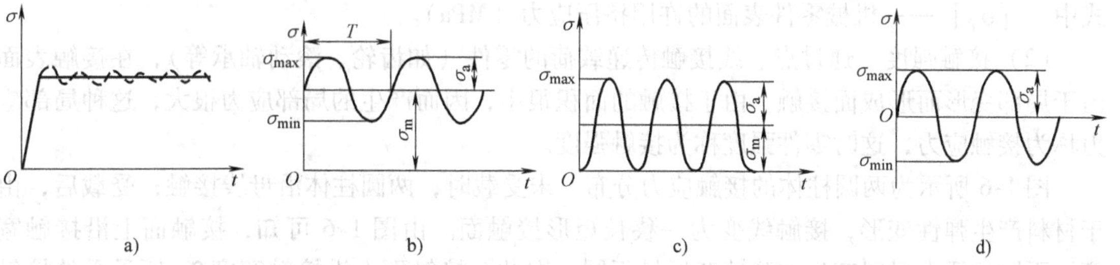

图1-5　应力的分类

a）静应力　b）非对称循环变应力　c）脉动循环变应力　d）对称循环变应力

大多数机械零件都是处于变应力状态下工作。如图1-5所示，T为应力循环周期，σ_{max}为最大应力，σ_{min}为最小应力，σ_m为平均应力，σ_a为应力幅。由图1-5可知它们的关系如下。

平均应力
$$\sigma_m=\frac{\sigma_{max}+\sigma_{min}}{2} \tag{1-6}$$

应力幅
$$\sigma_a=\frac{\sigma_{max}-\sigma_{min}}{2} \tag{1-7}$$

应力循环中的最小应力σ_{min}与最大应力σ_{max}之比，表示变应力变化的情况，称为变应力的循环特性（或称为应力比），用r表示，即

$$r=\frac{\sigma_{min}}{\sigma_{max}} \tag{1-8}$$

变应力通常表示为σ_r。如图1-5a所示，静应力σ_{+1}：$r=+1$，$\sigma_{max}=\sigma_{min}=\sigma_m$，$\sigma_a=0$。如图1-5b所示，非对称循环变应力$\sigma_r$：$-1<r<+1$。如图1-5c所示，脉动循环变应力$\sigma_0$：$r=0$，$\sigma_a=\sigma_m=\sigma_{max}/2$，$\sigma_{min}=0$。如图1-5d所示，对称循环变应力$\sigma_{-1}$：$r=-1$，$\sigma_a=$

$\sigma_{max}=|\sigma_{min}|$，$\sigma_m=0$。上述五个变应力参数，即$\sigma_{max}$、$\sigma_{min}$、$\sigma_m$、$\sigma_a$、$r$，只要知道其中两个参数便可计算出其余三个，即只有两个独立参数，通常用σ_m和σ_a。

在变应力作用下，机械零件的主要失效形式是疲劳断裂。因此，在对称循环变应力作用下，取材料的对称循环疲劳极限σ_{-1}作为极限应力；在脉动循环变应力作用下，取材料的对称循环疲劳极限σ_0作为极限应力；在非对称循环变应力作用下，可通过材料的疲劳曲线或极限应力图（见机械设计教材）确定材料的疲劳极限应力（疲劳极限）σ_r。

3. 机械零件的表面强度

前述机械零件的强度称为整体强度，即指机械零件受载时在较大的体积内产生应力，机械零件的破坏也发生在较大的体积范围内。除此之外，有些机械零件之间的载荷是通过两机械零件的相互接触来传递的，在接触表面作用有相互挤压的应力，这时机械零件的强度称为表面强度。表面强度包括挤压强度和接触强度。

（1）挤压强度　通过面接触传递载荷的零件，在接触面上产生挤压应力，用符号σ_P表示。挤压应力可能导致接触表面塑性变形或破碎。平面接触的挤压应力一般可视为均匀分布，计算较为简单。曲面接触的挤压应力的分布，与材料特性和配合状态（间隙大小）有关，计算较为复杂。工程上，通常采用简化方法进行条件性计算，即假设挤压应力σ_P在接触曲面的投影面（作用力的垂直面）上均匀分布。挤压强度条件为

$$\sigma_P \leqslant [\sigma_P] \tag{1-9}$$

式中　$[\sigma_P]$——机械零件表面的许用挤压应力（MPa）。

（2）接触强度　通过点、线接触传递载荷的零件（如齿轮、滚动轴承等），在接触表面由于局部变形而形成面接触。由于接触的面积很小，因而产生的局部应力很大，这种局部应力称为接触应力，这时零件强度称为接触强度。

图 1-6 所示为两圆柱体的接触应力分布。未受载时，两圆柱体沿母线接触；受载后，由于材料产生弹性变形，接触线变为一狭长矩形接触面。由图 1-6 可知，接触面上沿接触宽度，不同位置点材料产生的弹性变形量不同，因此，接触面上沿接触宽度 $2a$ 所承受的接触应力也处处不相同，接触面上应力分布呈半椭圆柱状。中心接触线上（初始接触线上）的接触应力最大，以此最大接触应力代表零件之间的接触应力，用符号σ_H表示。

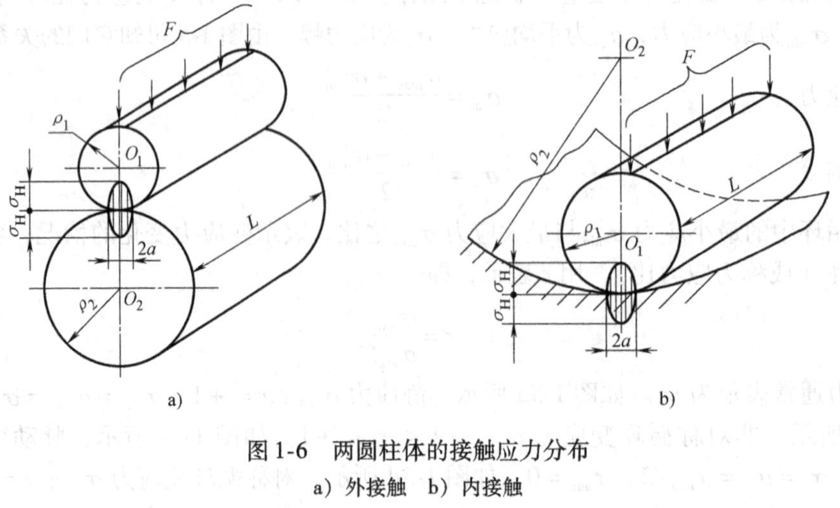

图 1-6　两圆柱体的接触应力分布
a）外接触　b）内接触

根据弹性力学，两个圆柱体接触时，在力 F 作用下的最大接触应力 σ_H 值可用赫兹（H. Herts）公式计算，即

$$\sigma_H = \sqrt{\frac{F}{\pi L} \times \frac{\frac{1}{\rho_1} \pm \frac{1}{\rho_2}}{\frac{1-\mu_1^2}{E_1} + \frac{1-\mu_2^2}{E_2}}} \tag{1-10}$$

式中　F——作用在圆柱体上的法向总载荷（N）；

L——受载前两圆柱体的接触线长度（mm）；

E_1、E_2——两圆柱体材料的弹性模量（MPa）；

μ_1、μ_2——两圆柱体材料的泊松比；

ρ_1、ρ_2——接触线处两圆柱体的曲率半径（mm）；

"+"——用于外接触（图 1-6a）；

"-"——用于内接触（图 1-6b）。

机械零件的接触应力通常是变应力。在变应力反复作用下，首先在表层内约 20μm 处产生初始疲劳裂纹，然后在不断的接触过程中，由于润滑油被挤进裂纹内形成密闭高压，使裂纹加速扩展，当裂纹扩展到一定深度以后，导致机械零件表面的小片状金属剥落下来，使金属零件表面形成一个个小坑。这种现象称为接触疲劳点蚀。发生疲劳点蚀后，减少了接触面积，破坏了机械零件的光滑表面，因而也降低了承载能力，并引起振动和噪声。接触疲劳点蚀是滚动轴承、齿轮的主要失效形式。图 1-7 所示为齿轮齿面的接触疲劳点蚀。

图 1-7　齿轮齿面的接触疲劳点蚀

在接触应力作用下，机械零件的强度条件为

$$\sigma_H \leqslant [\sigma_H] = \frac{\sigma_{Hlim}}{[S_H]} \tag{1-11}$$

式中　σ_{Hlim}——由实验测得的材料的接触极限应力（MPa）；

$[\sigma_H]$——许用接触应力（MPa）；

$[S_H]$——接触强度许用安全系数。

在进行接触强度计算时应注意以下三点。

1）式（1-10）包含两相接触零件的几何参数和材料性质参数，故 $\sigma_{H1} = \sigma_{H2}$。

2）若两接触零件的材料、热处理方法不同时，其接触极限应力 σ_{Hlim} 也不同，故接触强度计算时，应取接触极限应力 σ_{Hlim} 中较小者。

3）对于任意点处的接触应力都只能在 0 ~ σ_H 之间变化，属于脉动循环变应力，在进行接触强度计算时，极限应力也应用脉动循环的极限应力。

第六节　机械零件材料的选用

材料的选择是机械零件设计中非常重要的环节。随着工程实际对机械零件要求的提高，

以及材料科学的不断发展，材料的合理选用已经成为提高零件质量、降低成本的重要手段。本节简要介绍机械零件常用材料、热处理方法及材料的选用原则。

一、机械零件常用材料

机械零件常用材料有金属材料（钢、铸铁、有色金属）、非金属材料及复合材料等，其中尤以金属材料应用最广泛。随着材料科学技术的发展，各种新材料不断涌现，材料的品种和规格也越来越多，但目前制造机械零件仍以金属材料为主，其中钢铁材料约占90%以上。下面仅对金属材料进行简单介绍。

1. 钢

钢是一种碳的质量分数低于2.11%的铁碳合金。它具有高的强度、塑性和韧性。钢制零件的毛坯可用锻造、辗轧、冲压、焊接和铸造等方法来获得，应用广泛。根据化学成分的不同，钢可分为碳素钢和合金钢。碳素钢的生产批量大，供应充足，价格低。对于一般的机械零件，应优先选用碳素钢。

（1）碳素钢　碳素钢的性能主要取决于碳的质量分数。碳的质量分数越高，钢的强度越高，塑性越低。碳素钢分为碳素结构钢和优质碳素结构钢。碳素结构钢只保证机械强度，不保证化学成分，主要用于受力不大且承受静载荷的一般零件；优质碳素结构钢含磷、硫等杂质较少，能同时保证机械强度和化学成分，并能进行热处理，主要用于受力较大且承受变载荷的零件。

优质碳素结构钢的牌号用两位数字表示，代表钢中碳的质量分数的平均万分数，如45钢，其碳的平均质量分数为0.45%。碳的平均质量分数低于0.25%的钢称为低碳钢，其抗拉强度和屈服强度低，塑性好，适用于冲压、焊接加工；碳的平均质量分数在0.25%～0.6%之间的钢称为中碳钢，其既有较高的强度，又有一定的塑性和韧性，综合力学性能较好，常用来制造螺栓、螺母、齿轮和轴等零件；碳的平均质量分数在0.6%以上的钢称为高碳钢，其有较高的强度和硬度，用来制造弹簧、钢丝绳等零件及工具、量具等。

（2）合金钢　为了改善碳素钢的性能，在钢中加入一种或几种合金元素而形成的钢，称为合金钢。加入的合金元素不同，钢的性能不同。例如：加入铬元素可以提高钢的硬度、高温强度和耐蚀性；加入镍元素能提高钢的强度且不降低其韧性；加入锰元素可以提高钢的强度、韧性和耐磨性；加入硅元素能提高钢的弹性极限和耐磨性。由于合金钢的价格较贵，通常只用来制造重要或具有特殊性能要求的机械零件。

机械零件常用的钢是合金结构钢，其牌号用两位数字表示碳的质量分数的平均万分数，并在其后加注所含各主要合金元素的符号和质量分数，且规定：合金元素平均质量分数低于1.5%时，不表示；当平均质量分数在1.5%～2.5%，2.5%～3.5%，3.5%～4.5%，…时，以相应数字2，3，4，…表示。例如：20CrNi3，其成分的平均质量分数为碳0.20%、铬低于1.5%、镍在2.5%～3.5%之间。

（3）铸钢　铸钢主要用于制造承受重载荷的大型零件或形状复杂、力学性能要求较高的机械零件，如承受重载荷的大型齿轮、联轴器等。铸钢包括碳素铸钢和合金铸钢。铸钢的力学性能与锻钢基本接近，但其减振性和铸造性能均不及铸铁。铸钢牌号是在符号“ZG”后加注两组数字，如ZG310-570，表示其屈服强度为310MPa，抗拉强度为570MPa。

2. 铸铁

碳的质量分数高于2.11%的铁碳合金称为铸铁。铸铁是脆性材料，其强度、塑性、韧性均较差，但减振性和耐磨性好，液态流动性好，且成本低。因此，铸铁常用来铸造结构复杂的零件。常用的铸铁有灰铸铁和球墨铸铁。

（1）灰铸铁　灰铸铁的抗压强度高于其抗拉强度，可加工性好，但不宜承受冲击载荷，常用来制造受压状态下工作的零件，如机器的底座、机架等。灰铸铁牌号是在符号“HT”后加注一组表示抗拉强度的数字，如HT200，表示其抗拉强度为200MPa。

（2）球墨铸铁　球墨铸铁除伸长率与韧性稍低外，其他力学性能与钢基本接近，同时又兼有灰铸铁的优点，但其铸造工艺性能要求较高，品质不易控制。球墨铸铁用来制造曲轴、齿轮等零件，其成本低于锻钢件。球墨铸铁牌号是在符号“QT”后加注两组数字，分别表示抗拉强度和伸长率，如QT400-15，表示其抗拉强度为400MPa，伸长率为15%。

3. 有色金属

有色金属及其合金种类很多，铜合金是机械零件制造中最常用的有色金属材料，常用的有黄铜和青铜。

（1）黄铜　黄铜是以锌为主要合金元素的铜合金，具有一定的强度和较高的耐蚀性，常用来制造管件、散热器、垫片以及化工、船用零件等。

（2）青铜　青铜分为普通青铜（锡青铜）和特殊青铜（铝青铜、铅青铜等）。普通青铜（ZCuSn5Pb5Zn5等）具有良好的减摩性、耐磨性和导热性，常用来制造蜗轮、对开螺母、滑动轴承的轴瓦等零件。铝青铜（ZCuAl10Fe3等）具有良好的耐磨性和耐蚀性，常用来制造蜗轮、在蒸汽和海水条件下工作的齿轮等零件。铅青铜（ZCuPb30等）具有很高的导热性和疲劳强度，常用来制造高速、重载的滑动轴承的轴瓦。

铸造铜合金牌号是在符号“ZCu”后面加注所含主要合金元素的符号及其平均质量分数，如ZCuPb30，表示铅的平均质量分数为30%。

二、钢的热处理方法简介

钢的热处理是通过对钢件加热、保温和冷却的操作方法，来改变其内部组织结构，以获得所需性能的一种加工工艺。在机械制造的过程中，热处理往往是必不可少的中间工序或最终工序，已成为提高机械零件性能和质量、降低成本的一种重要手段。

热处理工艺种类繁多。钢的热处理大致分为普通热处理和表面热处理。普通热处理按加热和冷却方式的不同又分为退火、正火、淬火和回火；表面热处理则分为表面淬火和化学热处理。

1. 退火和正火

退火和正火是应用最为广泛的热处理工艺。在机械零件的加工过程中，退火和正火是不可缺少的先行工序。对于一些性能要求不高的机械零件，退火和正火也可作为最终热处理。

退火是将钢加热到适当温度，保持一定时间，然后缓慢冷却，以达到改善组织、提高加工性能的一种热处理工艺，其目的是调整材料硬度，消除内应力，细化晶粒，提高力学性能，为最终热处理（淬火+回火）做好组织上的准备。

正火与退火的工艺过程相似，其主要区别在于冷却速度不同。正火是将零件置于空气中冷却，所以冷却速度较快，获得的结晶组织较细，强度和硬度也较高。

正火和退火的目的相似，但正火工艺的生产率高、成本低。经正火处理的零件，其力学性能也较高。因此在机械零件热处理中，应尽量采用正火代替退火。

2. 淬火和回火

把工件加热到临界温度以上，保温一定时间，然后使之在水或油中迅速冷却的过程称为淬火。淬火后的材料，因其内部组织结构的变化，硬度提高，耐磨性增强，但同时材料的脆性也增加，塑性和韧性降低，并在材料内部形成较大的淬火应力，会导致零件变形或开裂。淬火后的零件需经回火处理，以获得零件所要求的强度、硬度、塑性和韧性的良好配合，以及保证在使用过程中形状和尺寸的稳定性。

回火是淬火后再将零件加热到临界温度以下某一温度，保温后再冷却到室温的一种热处理工艺。按回火温度范围不同分为低温回火（150～250℃）、中温回火（350～500℃）和高温回火（500～650℃）。低温回火的目的是为了降低材料的淬火应力和脆性，并保持较高的硬度和耐磨性，常用于耐磨零件和刀具模具的处理。中温回火使材料具有较高的弹性极限和屈服极限，并具有一定的塑性和韧性，常用于各种弹簧的处理。高温回火后的材料既保持了较高的强度，又具有较好的塑性和韧性，综合力学性能较好。通常将淬火加高温回火的热处理工艺称为调质，其广泛用于处理各种重要的结构零件，如在变载荷下工作的连杆、螺栓和齿轮等。

3. 表面淬火和化学热处理

通过对零件表面的加热、冷却而改变表层力学性能的热处理工艺称为表面热处理。表面热处理的目的是获得高硬度的表面层和有利的内应力分布，以提高零件的耐磨性和抗疲劳性。

表面淬火是通过不同的热源对零件进行快速加热，当零件表层温度达到临界点以上（此时零件心部温度处于临界点以下）时迅速予以冷却获得表面淬火组织的一种热处理工艺。表面淬火后，零件表层得到了淬硬组织而心部仍保持原来的组织。表面淬火常用于表面要求高硬度以提高耐磨性，而心部要求韧性好以提高抗冲击能力的零件。

化学热处理是将零件置于含有活性元素的介质中加热和保温，使介质中的活性原子渗入零件表层或形成某种化合物的覆盖层，以改变表层的组织和化学成分，从而使零件的表面具有特殊的力学或物理化学性能的热处理方法。化学热处理不仅可以显著提高零件表层的硬度、耐磨性、疲劳强度和耐蚀性，而且能够保证零件心部具有良好的韧性。根据渗入元素的不同，化学热处理可分为渗碳、渗氮、渗硼、碳氮共渗和铝铬共渗等。机械制造中最常用的化学热处理是钢的渗碳、渗氮和碳氮共渗。

三、材料的选用原则

1. 使用性能要求

满足使用性能要求是指用所选材料制造的零件，在给定的工况条件下和预定的工作寿命期限内能正常工作。对于不同的机械，其侧重点有所不同。对于受重载作用的零件，若要求零件重量轻、尺寸小，可选高强度的材料；对于零件之间有相对滑动的零件，应选用减摩性、耐磨性好的材料；对于在高温下工作的零件，应选用耐热材料；对于在腐蚀环境下长期工作的零件，应选用耐蚀材料；对于在静应力条件下工作的零件，可选用塑性材料，也可选用脆性材料；而对于在变应力条件下工作的零件，只能选用塑性材料而不能选用脆性材料等。

2. 毛坯的尺寸要求

结构复杂、尺寸大、大批量生产的零件应选用铸件；结构复杂、尺寸大、单件生产的零件应选用焊接件。尺寸小、批量小的零件可选用型材；尺寸小、批量大、结构简单的零件可选用锻件。

3. 加工工艺性能要求

零件的加工工艺性能包括材料的铸造性能、焊接性能、锻造性能、热处理性能以及切削加工性能等。

铸造毛坯应选用铸造性能好的材料，如铸铁、铸钢、铸造铝合金和铜合金等。焊接毛坯可以选用焊接性能好的材料，如低碳钢或低碳合金钢，不宜选用中碳钢、高碳钢以及铜合金、铝合金等；锻造毛坯可以选用延展性和锻造性能较好的材料，如低碳钢、低碳合金钢、中碳钢、铜合金等；需要热处理的零件，应选用具有良好的热处理性能的材料。一般情况下，合金钢的热处理性能最好，碳素钢的热处理性能次之。选择时应综合考虑材料的硬度、淬透性等要求。除此之外，还需考虑材料的切削加工性能。

4. 经济性的要求

材料本身的费用在机械产品的总成本中占有较大的比重，一般约占 30% ~70%，因此在满足使用性能要求的前提下，尽量选用价格低的材料，同时应考虑材料加工的工艺性及材料的利用率等。

第七节 机械零件的标准化

在机械零件的设计中，标准化的作用非常重要。标准化工作包括三个方面的内容，即标准化、系列化和通用化，简称“三化”。

标准化　通过对零件的尺寸、结构要素、材料性能、检验方法、设计方法、制图要求等，制定出大家共同遵守的标准。标准化是一项重要的技术经济政策和法规。机械制图的标准化保证了工程语言的统一，因此对设计图样的标准化是设计工作中的一个重要环节。

系列化　对于同一产品，为了满足不同的使用条件，在同一基本结构或基本尺寸条件下，规定出若干个辅助尺寸不同的产品，形成系列产品。例如对于同一结构、同一内径的滚动轴承，制定出不同外径和宽度的产品，称为滚动轴承的系列化。

通用化　系列内部或跨系列的产品之间尽量采用同一结构和尺寸的零件，以较少的规格品种满足生产上的广泛需要。

“三化”可通称标准化，采用标准化具有如下重要意义。

1）可以简化设计，减少设计工作量，缩短设计周期，提高设计质量，使设计人员把主要精力用在关键零件的设计上。

2）可采用最新先进技术在专门化工厂中进行大规模集中生产标准零件，以提高质量，降低成本。

3）可以集中成功经验，减少设计和制造过程中技术过失的重复出现。

4）扩大零件的互换性，方便维修。

国家标准化法规定我国实行三级标准化体制，即国家标准、行业标准和企业标准。国家标准由国家标准化主管机关批准、发布，在全国范围内统一执行，分为强制性标准（GB）和推荐性标准（GB/T）两种。行业标准由主管行业机构批准、发布，在一定行业范围内统一执行。机械行业的标准也分为强制性标准（JB）和推荐性标准（JB/T）两种。企业标准由企业批准发布，只限于在企业内部使用。

国际标准化组织还制定了国际标准（ISO），国家标准将逐步采用国际标准。

第八节　摩擦、磨损和润滑

在各种机械中，凡是具有相对运动或具有相对运动趋势的接触表面间都会产生切向阻力，称为摩擦力，这种现象称为摩擦。摩擦是一种不可逆过程，其结果必然有能量损耗和摩擦表面间物质的丧失或迁移，即磨损。据估计，世界上在工业方面约有1/3～1/2的能量消耗于摩擦过程中。磨损会使零件的表面形状和尺寸遭到缓慢而连续的破坏，使机器的效率及可靠性逐渐降低，从而丧失原有的工作性能，最终可能导致零件的突然破坏。润滑是工程实际中降低摩擦功耗、减轻磨损、提高机器效率所采取的措施。当然，摩擦在机械中也并非总是有害的，如带传动、汽车及拖拉机的制动器等是靠摩擦力来工作的。

一、摩擦

根据摩擦副的运动状态，摩擦可分为动摩擦和静摩擦，动摩擦又分为滑动摩擦与滚动摩擦。根据摩擦面间存在润滑剂的情况，滑动摩擦可分为干摩擦、边界摩擦（又称为边界润滑）、液体摩擦（又称为液体润滑）及混合摩擦（又称为混合润滑），如图1-8所示。

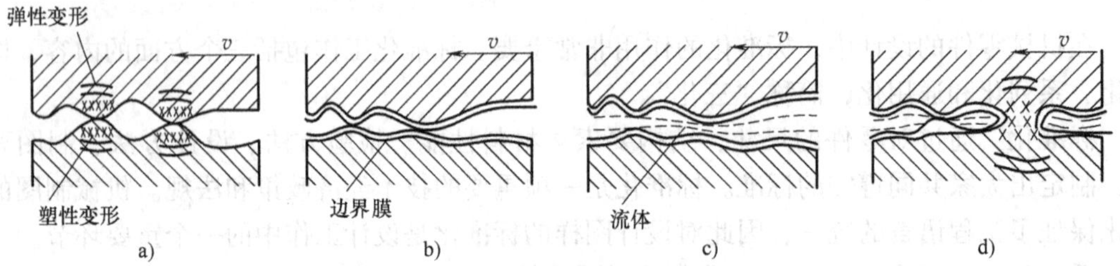

图1-8　摩擦状态

a）干摩擦　b）边界摩擦　c）液体摩擦　d）混合摩擦

1. 干摩擦

两摩擦表面直接接触，不加入任何润滑剂的摩擦称为干摩擦。在工程实际中，并不存在真正的干摩擦，因为在任何零件的表面总存在一层氧化膜和污染膜。在机械设计中，通常把未经人为润滑的摩擦当作干摩擦处理。干摩擦的特点是摩擦因数大、发热多、磨损严重、零件寿命短等。对于要求减轻摩擦磨损、提高效率和寿命的摩擦副，应当避免在干摩擦状态下工作。

2. 边界摩擦

两摩擦表面间有少量润滑剂时，由于润滑剂与金属表面间的吸附作用或化学反应（如金属的氧化物、硫化物等）作用，在摩擦表面上生成一层薄膜称为边界膜。边界膜的性质取决于摩擦表面的性质和边界膜的结构及其物理化学性质。当两相对滑动表面在边界膜状态下接触并传递载荷时，称为边界摩擦状态。由于边界膜的存在，避免了部分表面金属的直接接触，两表面间的摩擦因数比干摩擦状态下的摩擦因数小得多，可大大减少摩擦磨损。边界摩擦广泛存在，如普通滑动轴承、气缸与活塞环之间等。

3. 液体摩擦

两摩擦表面被液体层（油膜）完全隔开，表面微观凸峰不直接接触，摩擦的性质取决于液体内部分子间的阻力，由液体的压力传递两表面间的相互作用力，这种摩擦状态称为液体摩擦。滑动表面处于液体摩擦状态时，摩擦因数很小，没有磨损，使用寿命长，是理想的摩擦状态。根据压力油膜的形成方法不同，液体润滑可分为液体动压润滑和液体静压润滑。液体动压润滑是靠摩擦表面间的相对运动把液体带到摩擦表面间建立压力油膜，而液体静压润滑是由外界压力将液体送入摩擦表面间建立压力油膜。

4. 混合摩擦

当摩擦表面间有润滑剂，但不能保证液体摩擦时，就可能有部分接触是边界摩擦，其余部分是液体摩擦；也可能在局部微观凸峰接触处是干摩擦而其余部分是边界摩擦与液体摩擦，这种摩擦状态称为混合摩擦。在一定条件下，混合摩擦能有效降低摩擦阻力，摩擦因数要比边界摩擦小得多。但因表面间仍有微观凸峰的直接接触，因此不可避免地仍有磨损存在。

二、磨损

磨损将消耗能量，降低机械效率，改变零件的形状和尺寸，降低零件工作的可靠性，缩短设备的使用寿命。因此，在设计时必须考虑如何避免或减轻磨损，以保证机器达到预期寿命。在工程上有时也利用磨损来加工机械零件，如精加工中的磨削、抛光以及机器的“磨合”等。

1. 磨损过程

正常情况下，一个零件的磨损过程大致可分为三个阶段，即磨合磨损阶段、稳定磨损阶段、剧烈磨损阶段，如图 1-9 所示。Ⅰ为磨合磨损阶段。新零件开始运转时，由于零件表面粗糙度的影响，使得摩擦副的实际接触面积较小，单位接触面积上的实际载荷较大，因此在开始工作的一段短时间内，磨损量较大。随着磨合的进行，摩擦面微观凸峰逐渐被磨平，实际接触面积增大，单位面积上的载荷减小，磨损速度变慢，转入稳定磨损阶段。由于磨合可改善机器零件摩擦表面的接触性能，故新机器一般需经过磨合后才交付使用。磨合时应注意由轻至重且缓慢加载。

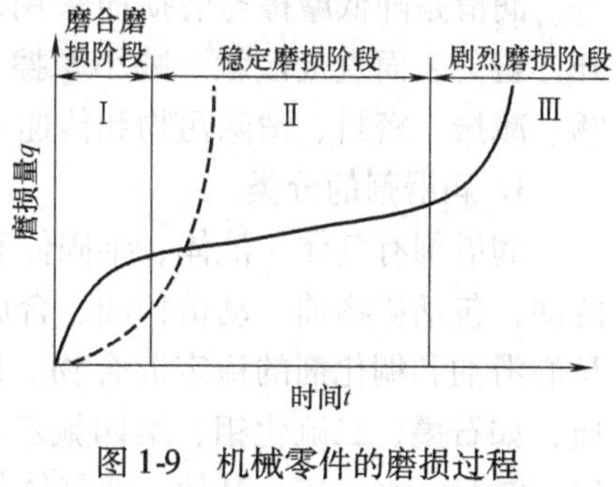

图 1-9 机械零件的磨损过程

磨合后，应全部更换润滑油。Ⅱ为稳定磨损阶段。这个阶段零件的磨损速度缓慢而稳定，磨损率接近常数，是零件的正常工作阶段，该阶段时间的长短代表了零件使用寿命。Ⅲ为剧烈磨损阶段。零件经稳定磨损阶段后，间隙加大，精度下降，润滑状况恶化，出现异常噪声和冲击振动，磨损率急剧上升，温度迅速升高，零件很快就会报废。因此应在零件进入剧烈磨损阶段前对机器及时进行检修。

上述三个阶段是正常情况下零件的磨损过程。但若压力过大、相对速度过高或润滑不良，都会导致磨合磨损阶段的磨损加剧，并直接进入剧烈磨损阶段，如图 1-9 中虚线所示，使零件很快报废。

由此可见，在设计或使用机器时，应当力求缩短磨合磨损阶段，延长稳定磨损阶段，推迟剧烈磨损阶段的到来。

2. 磨损的基本类型

根据磨损机理的不同，磨损主要有四种基本类型，即磨粒磨损、粘着磨损、接触疲劳磨损和腐蚀磨损。

（1）磨粒磨损　从外部进入摩擦表面间的硬质颗粒（如空气中的尘土或磨损造成的金属颗粒）或摩擦表面上的硬质突起物在摩擦过程中起到切削或刮擦作用，使零件表面材料脱落的现象称为磨粒磨损。磨粒磨损与摩擦表面的硬度和磨粒的硬度有关。

（2）粘着磨损　金属表面接触时，实际上只是少数微观凸起的峰顶在接触，因而局部受到很大的压力而产生塑性变形，由于摩擦而产生的高温，造成了金属接触表面的“焊接现象”。当摩擦表面发生相对滑动时，切向力将粘着点切开，软金属被撕脱粘接到硬金属的表面上，在硬金属的表面形成凸起，在软金属表面形成沟痕，这种磨损也称为胶合。

（3）接触疲劳磨损　零件表面在接触处产生接触应力，在此交变接触应力的作用下，经过若干循环次数后，零件表面材料产生小片剥落而使零件表面形成小麻坑，这种由于表面材料接触疲劳而产生物质转移的现象称为接触疲劳磨损，也称为疲劳点蚀。

（4）腐蚀磨损　零件在摩擦过程中，金属与周围介质发生化学反应或电化学反应而产生的表面材料损失现象，称为腐蚀磨损。氧化磨损和特殊介质磨损是常见的腐蚀磨损形式。氧化磨损指金属摩擦表面在氧化性介质中工作时金属表面生成氧化膜，在相对运动过程中氧化膜被磨去，新鲜表面很快又形成新的氧化膜，然后又被磨损掉。特殊介质磨损是指金属表面与酸、碱、盐等介质发生化学反应，形成腐蚀磨损。

三、润滑

润滑是降低摩擦与磨损而采用的方法。润滑是在两摩擦表面间加上润滑剂使其尽量分开，避免表面直接接触，减小摩擦，减轻磨损，降低工作表面温度。此外，润滑剂还能防锈、减振、密封、清除污物和传递动力等。

1. 润滑剂的分类

润滑剂有气体、液体、半固体和固体四种基本类型。在液体润滑剂中应用最广泛的是润滑油，包括矿物油、动植物油、合成油和各种乳剂。半固体润滑剂主要是指各种润滑脂，其是润滑油和稠化剂的稳定混合物。固体润滑剂是任何可以形成固体膜以减少摩擦阻力的物质，如石墨、二硫化钼、聚四氟乙烯、尼龙等。任何气体都可以作为润滑剂，如空气、氢气、氦气、水蒸气、其他工业气体等，其中用得最多的是空气，主要用在气体轴承中。在上述润滑剂中，常用的润滑剂是润滑油和润滑脂。

（1）润滑油　矿物油主要是石油产品，因其来源充足，成本低廉，适用范围广，并且稳定性好，故应用最多。黏度是润滑油的重要性能指标，表示润滑油的黏性，表征油层间内摩擦阻力的大小。黏度大的内部阻力大，承载后不易被挤出，有利于油膜的保持，但内部摩擦损耗也大。黏度分为动力黏度和运动黏度。润滑油的黏度随温度升高而降低，随压力升高而增大。除黏度外，润滑油的性能指标还有油性、极压性、凝点和闪点等。

（2）润滑脂　润滑脂是以润滑油作为基础油，再加入稠化剂所制成的胶状物质，有的还加入一些添加剂。常用的稠化剂为金属皂，如钙基皂、钠基皂、锂基皂等，所制成的润滑脂就相应地称为钙基润滑脂、钠基润滑脂、锂基润滑脂等。与润滑油相比，润滑脂流动性差，内部阻力大，性能也不稳定，只适用于非液体润滑、重载、低速的场合；但润滑脂的使用周期长、污染轻，特别适合加油不便的场合。主要性能指标有锥入度、滴点等。

2. 润滑方法和润滑装置

润滑油或润滑脂的供应方法在设计中是非常重要的，主要应根据机械中零件的用途和特点、工作条件、摩擦副尺寸和采用的润滑剂以及供应量等来决定。

低速、轻载、工作时间短或不连续运转等需油量较少的机械，一般采用人工定期加油、加脂，滴油或油绳、油垫润滑，尽可能选用各种标准油嘴、油杯、油枪等。

中速、中载、较重要的机械，要求连续供油并起一定冷却作用，常用油浴、油环、飞溅润滑或压力供油润滑。

高速、轻载机械零件，如齿轮、轴承发热大，采用喷雾润滑效果较好。

高速、重载、供油量大的重要零件应采用压力供油循环润滑。当有大量润滑点和自动化程度高的重要机械设备或车间、工厂建立自动化润滑系统时可使用集中润滑装置。

下面介绍几种常用的润滑方法。

（1）人工定期加油（脂）润滑　该方法是直接在需要润滑的零件上制出油孔即可用油壶、油枪进行加油，也可在油孔处装设油杯，如压配式压注油杯（图1-10a）、直通式压注油杯（图1-10b）、旋盖式油杯（图1-10c）和旋套式油杯（图1-10d）等。为了供给润滑脂，要用旋盖式油杯，事先装满的润滑脂靠旋拧杯盖而被挤出。

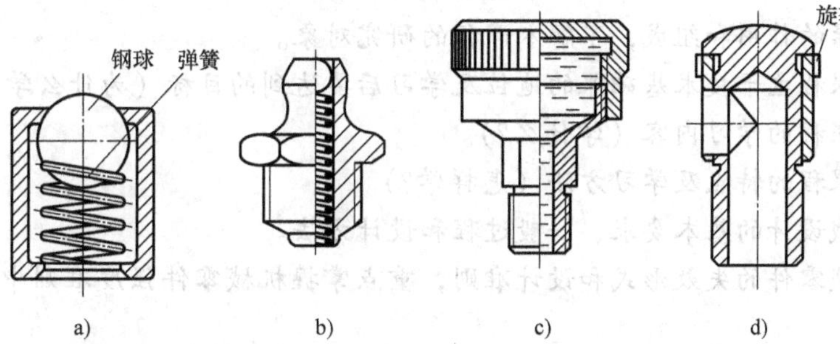

图1-10　人工定期润滑用油（脂）杯

a）压配式压注油杯　b）直通式压注油杯　c）旋盖式油杯　d）旋套式油杯

（2）滴油润滑　针阀式注油油杯（图1-11a）是利用手柄竖直或放平来操纵针阀的开闭，用调节螺母控制针阀提升高度，从而调节油孔开口大小和滴油量。它常用于要求供油可靠的机器中。油芯滴油油杯（图1-11b）是将毛线或棉线拧成的芯捻浸在油槽内，利用毛细管作用把油吸到零件需要润滑部位。它不能调节供油量，并且机器工作不工作都供油。这种装置主要用于间歇工作机器的轴承（多为滑动轴承）上。

（3）浸油润滑和飞溅润滑　浸油润滑是将需要润滑的零件，如齿轮、链轮、凸轮、滚动轴承等的一部分浸在油池中，转动时可将润滑油带到润滑部位。

飞溅润滑是利用高速旋转的零件或依靠附加的零件将油池中的油飞溅或形成飞沫向需要

润滑的部位供油。如润滑部位不能直接被油溅时，则可以利用齿轮转动将油飞溅到箱盖内壁上，并使之沿特制的沟槽进入轴承。

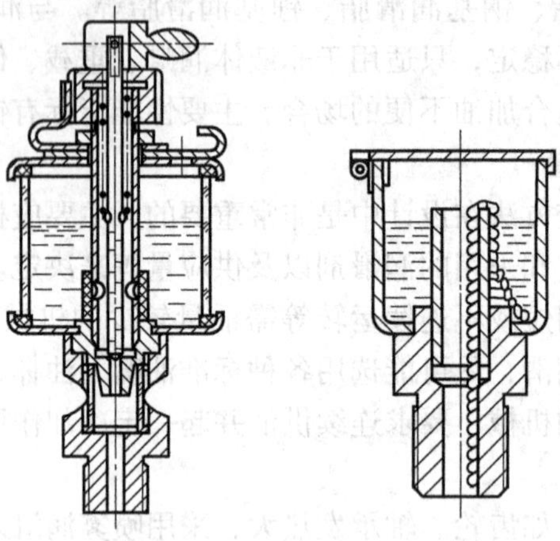

图1-11　滴油润滑
a）针阀式注油油杯　b）油芯滴油油杯

浸油润滑及飞溅润滑都能保证机器起动后自动连续供油，机器停止时自动停止供油，润滑可靠、耗油少、维护简单。在机床、减速器、内燃机等闭式传动中应用较多。

本章学习要点

1）了解机器的作用和组成，了解本课程的研究对象。

2）了解本课程主干技术基础课的地位及学习后要达到的目标（为什么学?）。

3）了解本课程的学习内容（学什么?）。

4）了解本课程的特点及学习方法（怎样学?）。

5）了解机械设计的基本要求、一般过程和设计方法。

6）掌握机械零件的失效形式和设计准则，重点掌握机械零件强度准则中极限应力和安全系数的取值。

7）了解机械零件的材料种类及选用原则。

8）了解机械零件的标准化概念及优点。

9）了解摩擦、磨损和润滑的基本概念。

第二章 平面机构的结构分析和速度分析

提示 本章主要介绍平面机构结构、运动简图的绘制、自由度计算、机构具有确定运动的条件以及用速度瞬心法进行机构的速度分析。重点是平面机构的自由度计算及用速度瞬心法进行机构的速度分析，难点是机构运动简图的绘制。

第一节 机构的组成

虽然各种机构的形式、结构各不相同，但是通过仔细观察和分析可以看出，机构是具有相对运动的构件组合体。而这种构件组合体，实际上是将各构件按一定方式连接而成的可动装置。因此，机构是由构件和运动副两个基本要素组成的。工程中所使用的各种机器均由一个或多个类型相同或不同的机构所组成。

如果组成机构的各构件都在同一平面或互相平行的平面内相对运动，则称为平面机构，否则称为空间机构。工程上常见的机构多属于平面机构，本章主要研究平面机构。

一、构件

构件是由一个零件或由多个零件刚性连接组成，是机构中运动的基本单元，也是组成机构的基本要素。

二、运动副

在机构中，每个构件都以一定的方式与另一个构件相连接。两个构件直接接触组成的可以产生一定的相对运动的连接，称为运动副。运动副是组成机构的另一基本要素。

两构件组成运动副，其接触的几何形式不外乎点、线、面三种形式。两个构件上参与接触而构成运动副的点、线、面部分称为运动副元素。

构件所具有的独立运动数目，称为构件的自由度。

如图 2-1 所示，在 xOy 平面中，一个自由的构件 S 具有三个独立运动，绕任意点 A 转动和沿 x 与 y 方向移动，即具有三个自由度。

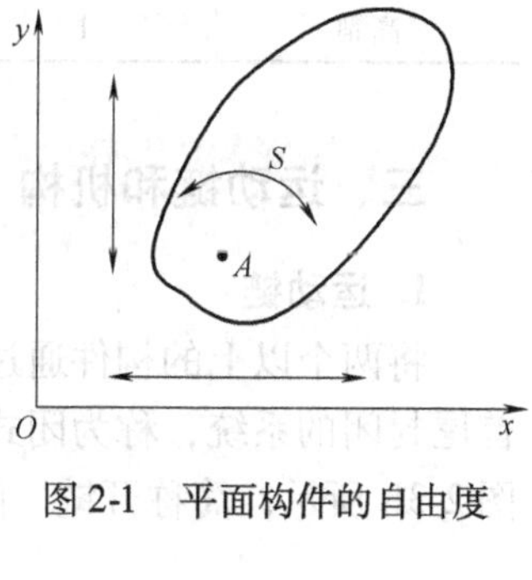

图 2-1 平面构件的自由度

当两个构件连接形成运动副后，构件之间的某些独立运动受到限制，自由度便随之减少。对构件独立运动所施加的限制称为约束。每引入一个约束，构件便失去一个自由度。

在平面机构中，按照接触形式把运动副分为平面低副和平面高副。

1. 平面低副

在平面机构中，两构件之间通过面接触的运动副，称为平面低副。平面低副根据相对运动形式的不同，分为转动副和移动副。

（1）转动副　如图 2-2a 所示，构件 1 和构件 2 通过圆柱面接触构成运动副，如把坐标系选在构件 1 上，运动副限制了构件 2 相对构件 1 的 x、y 方向的移动，引入了两个约束，保留了一个相对自由度。只允许两构件绕 z 轴做相对转动，故称为转动副，也称为铰链。

（2）移动副　如图 2-2b 所示，构件 1 和构件 2 通过平面接触构成运动副，如把坐标系选在构件 1 上，运动副限制了构件 2 相对构件 1 的 x 方向移动和绕 z 轴的转动，引入了两个约束，保留了一个相对自由度。只允许两构件沿 y 轴做相对移动，故称为移动副。

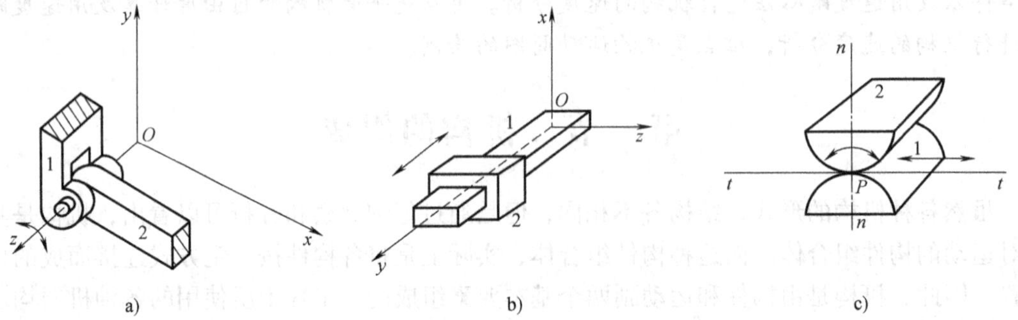

图 2-2　平面运动副

a）转动副　b）移动副　c）高副

2. 平面高副

在平面机构中，两构件之间通过点、线接触的运动副，称为平面高副。

如图 2-2c 所示，两构件之间为线接触，运动副只限制了构件 2 相对构件 1 沿公法线 n-n 方向的移动，引入了一个约束，保留了两个相对自由度，即构件 2 相对构件 1 沿切线 t-t 方向的移动和绕接触点 P 的转动。

表 2-1 列出了平面机构的运动副及其特点。

表 2-1　平面机构的运动副及其特点

运动副的类型		约束数	自由度	特点
低副	转动副	2	1	两构件之间通过面接触，接触面间压强低
	移动副	2	1	
高副		1	2	两构件之间通过点、线接触，接触应力较大，易磨损

三、运动链和机构

1. 运动链

将两个以上的构件通过运动副连接而组成的系统称为运动链。如果运动链中各构件组成首尾封闭的系统，称为闭式运动链，如图 2-3a 所示，简称闭链；否则称为开式运动链，如图 2-3b 所示，简称开链。闭链广泛应用于各种机构中，只有少数机构采用开链，如机械手、挖掘机等。

2. 机构

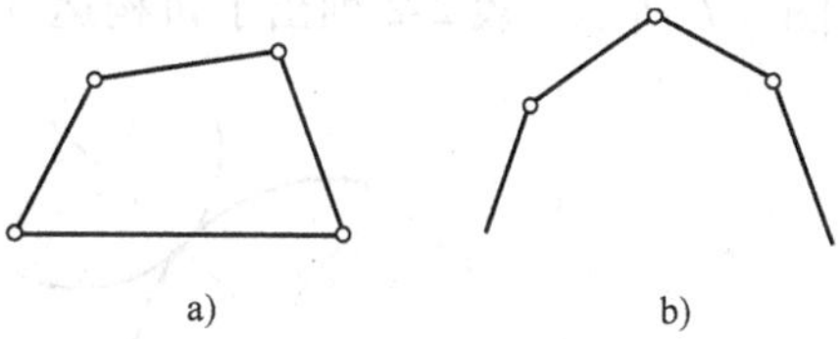

图 2-3　运动链
a）闭链　b）开链

在运动链中，将某一构件加以固定（该固定构件称为机架），并给定另外一个或若干个构件以确定的运动规律运动，若运动链中的其余构件都能得到确定的相对运动，则此运动链便成为机构。

组成机构的构件可分为三类，即机架、原动件和从动件。机架是机构中作为参考坐标系的构件，一般情况下，相对地面是固定不动的。原动件，也称为主动件，是机构中运动规律已知的构件，常用箭头表示其运动方向。从动件，机构中随原动件运动而运动的其余活动构件。

第二节　平面机构运动简图

实际构件的外形和结构往往较复杂，在研究机构运动时，为了使问题简化，可以不考虑那些与运动无关的构件外形和运动副的具体构造，仅用国家标准规定的简单符号和线条来表示构件和运动副，并按一定的比例尺表示机构的运动尺寸。这种表明机构各构件间相对运动关系的图形，称为机构运动简图。而仅表明机构中各构件间相对运动关系，而不严格按比例尺来绘制的简图，通常称为机构示意图。

一、运动副和构件的表示方法

1. 运动副的表示方法

（1）转动副　用一个小圆圈表示，其圆心代表两构件相对转动中心。若组成转动副的两构件都是活动构件，称为活动铰链，如图 2-4a 所示。若组成转动副的两构件，一个是机架（画有短斜线的构件），另一个是连在机架上的活动构件，则称为固定铰链，如图 2-4b 所示。

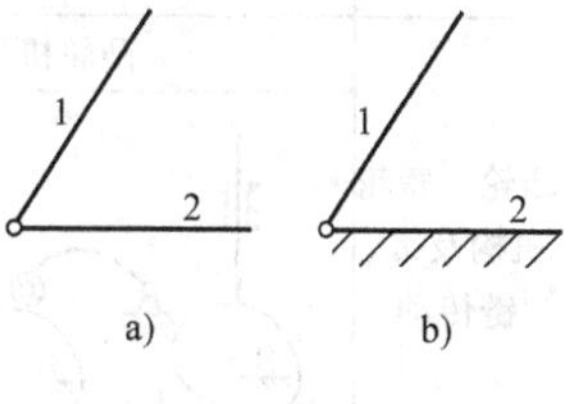

图 2-4　转动副（铰链）
a）活动铰链　b）固定铰链

（2）移动副　两个构件组成移动副，习惯上将长度较短的块状构件称为滑块，而将长度较长的杆状或槽状构件称为导杆或导槽。图 2-5a、b 所示为用导杆 1 与滑块 2 组成移动副，图 2-5c 所示为用滑块 2 与导槽 1 组成移动副，图 2-5d 所示为用导杆 2 与导槽 1 组成移动副。

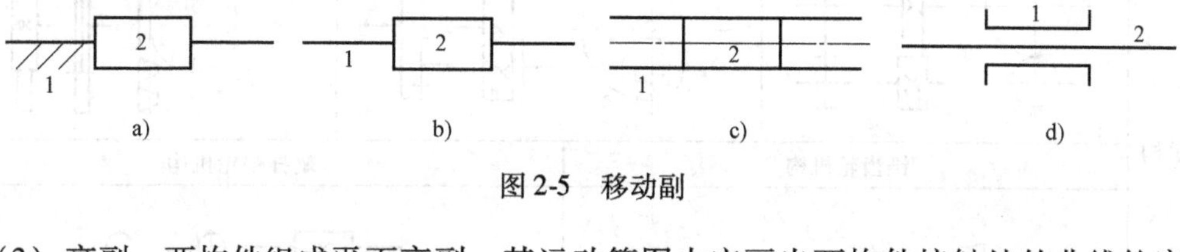

图 2-5　移动副

（3）高副　两构件组成平面高副，其运动简图中应画出两构件接触处的曲线轮廓，如图 2-6 所示。

2. 构件的表示方法

在机构运动简图中，构件不论其形状如何复杂，均可用连接运动副的直线表示，如

图 2-7 所示。表 2-2 列出了机构运动简图中常用运动副、构件和机构的表示方法。

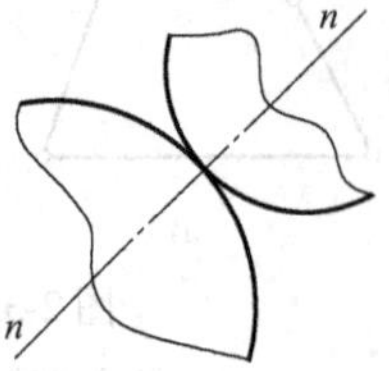

图 2-6　高副

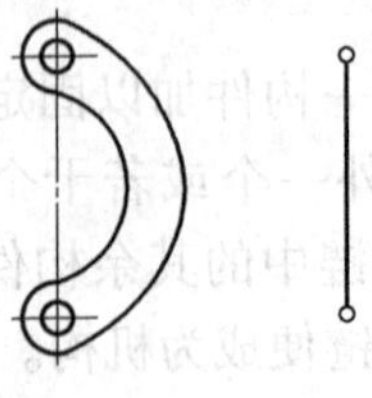

图 2-7　构件的表示方法

表 2-2　机构运动简图中常用运动副、构件和机构的表示方法

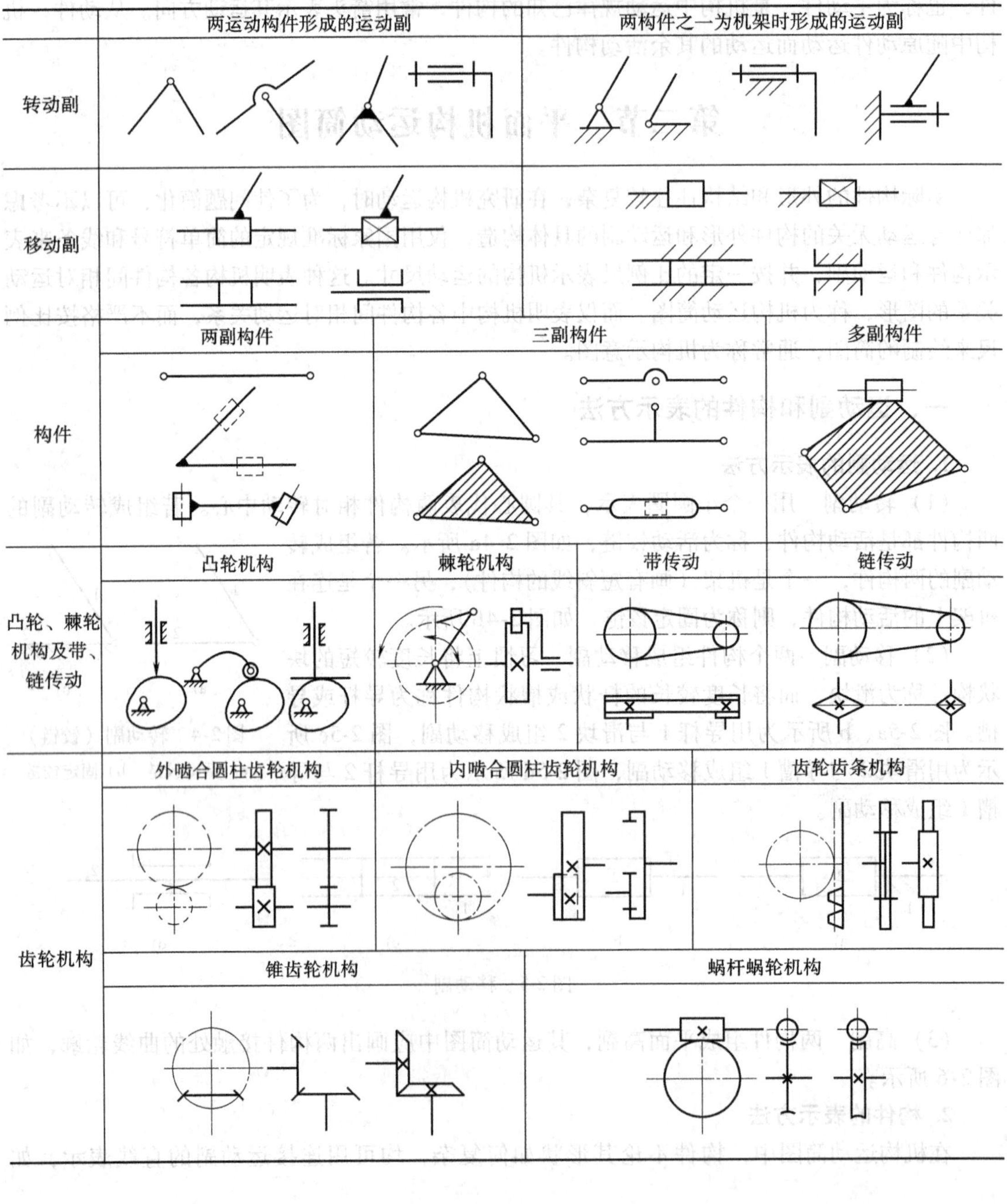

二、机构运动简图的绘制

绘制机构运动简图的一般步骤如下。

1）分析机构的工作原理、组成情况和运动情况，确定组成机构的各构件，找出原动件、从动件以及机架。

2）沿着运动传递线路，逐一分析每两个构件之间的相对运动形式，以确定运动副的类型和数目。

3）选择合适的投影面及原动件的静态位置。一般选择多数运动构件所处的运动平面作为投影面，必要时可选择两个或多个投影面。绘图时，应选择合适的原动件静态位置，以使各构件尽可能明显地表示出来。

4）选取适当的比例尺 μ_1，定出各运动副的相对位置，用国家标准规定的符号绘制出机构在某一位置时的运动简图，并在原动件上用箭头标出运动方向。

$$\mu_1 = \frac{\text{实际长度(m)}}{\text{图示长度(mm)}}$$

5）计算机构的自由度，检验所绘制的机构运动简图是否正确。

下面举例说明机构运动简图的绘制方法。

例 2-1 绘制图 2-8a 所示颚式破碎机的机构运动简图。

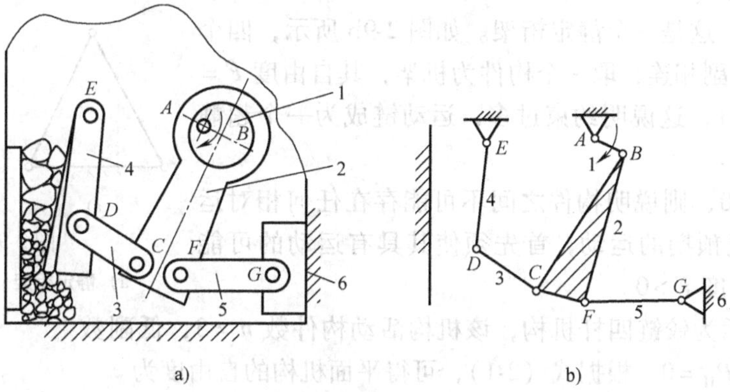

图 2-8 颚式破碎机及其机构运动简图

a）颚式破碎机 b）机构运动简图

1—偏心轮 2、3—连杆 4—动颚板 5—摇杆 6—机架

解 颚式破碎机由电动机通过其他传动机构（图 2-8 中未画出）带动偏心轮 1 绕轴心 A 转动，通过连杆 2、3 及摇杆 5 驱动动颚板（摇杆）4 绕轴心 E 往复摆动，从而将物料挤压破碎。根据运动情况分析可以看出，该机构由活动构件 1、2、3、4、5 和机架 6 组成。原动件为偏心轮 1，执行构件为动颚板 4。构件 1 与机架 6、构件 1 与构件 2、构件 2 与构件 3、构件 3 与构件 4、构件 4 与机架 6、构件 2 与构件 5、构件 5 与机架 6 之间分别在 A、B、C、D、E、F 和 G 处通过转动副连接，其中构件 2 为含有三个转动副的构件。

根据机构运动情况分析，测量出各运动副之间的距离：机架 l_{AE}、l_{AG}、l_{EG} 和各构件的实际长度 l_{AB}、l_{BC}、l_{CD}、l_{DE} 等。选择适当的比例尺 μ_1 和适当的瞬时位置，分别确定各构件的图示长度，并在图中标出原动件。绘制出机构运动简图，如图 2-8b 所示。

第三节　平面机构的自由度计算

一个机构在什么条件下具有确定的相对运动，与机构的自由度有关。机构的自由度是指机构相对于机架具有的独立运动参数的数目。显然，机构的自由度与组成机构的构件的数目和运动副的类型及数目有关。以下仅讨论平面机构的自由度计算。

一、平面机构的自由度计算公式

在平面机构中，设机构的构件总数为 N，由于机架是固定构件，活动构件数 $n=N-1$。活动构件在用运动副连接前，每一个活动构件有 3 个自由度，则全部活动构件的总自由度数为 $3n$。当构件通过运动副连接后，构件之间的相对运动受到了约束。若低副数用 P_L 表示，高副数用 P_H 表示，全部运动副在机构中所引入的约束总数为 $2P_L+P_H$。

因此，平面机构的自由度 F 的计算公式为

$$F=3n-2P_L-P_H \tag{2-1}$$

二、机构具有确定运动条件

如图 2-9a 所示，三个构件用三个转动副相连，取一个构件为机架，其自由度 $F=3\times2-2\times3=0$，显然，这是一个静定桁架。如图 2-9b 所示，四个构件用五个转动副相连，取一个构件为机架，其自由度 $F=3\times3-2\times5=-1$，这说明约束过多，运动链成为一个超静定桁架。

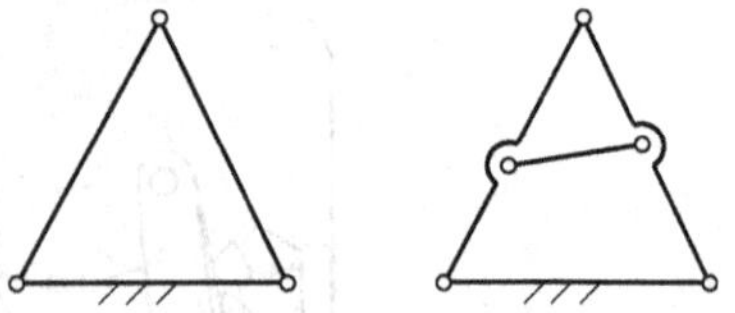

图 2-9　桁架

a）静定桁架　b）超静定桁架

自由度 $F\leqslant0$，则说明构件之间不可能存在任何相对运动。机构要实现预期的运动，首先须使其具有运动的可能性，即机构自由度 $F>0$。

图 2-10 所示为铰链四杆机构，该机构活动构件数 $n=3$，低副数 $P_L=4$，高副数 $P_H=0$。根据式（2-1），可得平面机构的自由度为

$$F=3n-2P_L-P_H=3\times3-2\times4-0=1$$

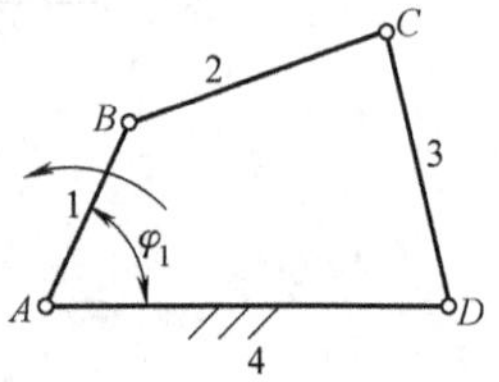

图 2-10　铰链四杆机构

若给定 3 个活动构件中任一构件（如构件 1）为原动件，从动件 2、3 的位置便随之确定，这说明该机构具有确定的相对运动。若给定 2 个原动件（如构件 1 和 3）将导致机构卡住而不能运动，若强迫运动，将导致构件或运动副遭到破坏。因此，机构原动件数不能多于机构的自由度。

图 2-11 所示为铰链五杆机构，该机构活动构件数 $n=4$，低副数 $P_L=5$，高副数 $P_H=0$。根据式（2-1），可得平面机构的自由度为

$$F=3n-2P_L-P_H=3\times4-2\times5-0=2$$

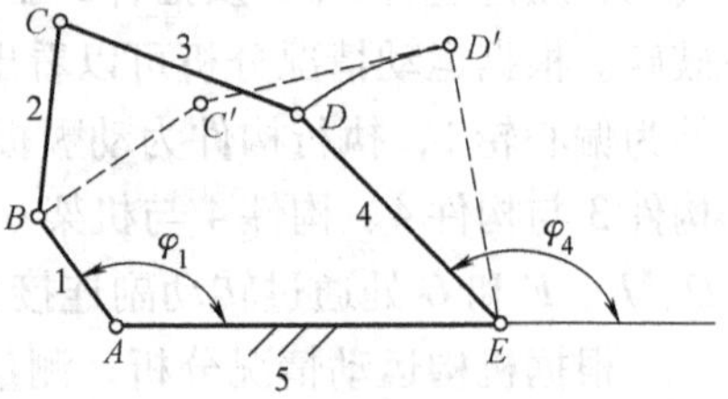

图 2-11　铰链五杆机构

若给定 2 个原动件（如构件 1 和 4），则其余构件的运动就随之确定，即该机构具有确定的相对运动。如果

只给机构 1 个原动件（如构件 1），则其余活动构件可以处于图 2-11 所示的实线位置，也可以处于图 2-11 所示的虚线位置或其他位置，即从动件的位置不能确定。因此，当机构的原动件数少于机构的自由度时，会出现机构运动不能确定的现象。

综上所述，机构具有确定运动的条件是：机构自由度必须大于零，且原动件数必须等于机构自由度。

三、计算平面机构自由度应注意的问题

在利用式（2-1）计算平面机构自由度时，还应注意以下问题，否则将会得出与实际不符的结果。

1. 复合铰链

两个以上的构件同在一处构成轴线重合的转动副，称为复合铰链。

如图 2-12a 所示，3 个构件在 A 处以转动副连接。从图 2-12b 所示的左视图可以看出，3 个构件实际上组成两个转动副。同理，若有 m 个构件组成的复合铰链，则有 $(m-1)$ 个转动副。

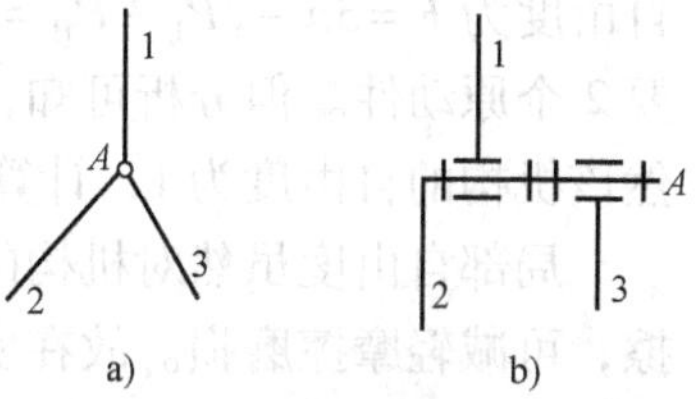

图 2-12　复合铰链

a）主视图　b）左视图

图 2-13 所示为直线机构（E 点的轨迹为直线）。通过分析可知，活动构件数 $n=7$，铰链 A、F、C 和 D 处分别有三个构件，通过转动副连接在一起，分别有两个转动副，是复合铰链，低副数为 $P_L=10$，高副数为 $P_H=0$，根据式（2-1）可得平面机构的自由度为

$$F=3n-2P_L-P_H=3\times7-2\times10-0=1$$

该机构具有确定运动的条件为需要 1 个原动件。

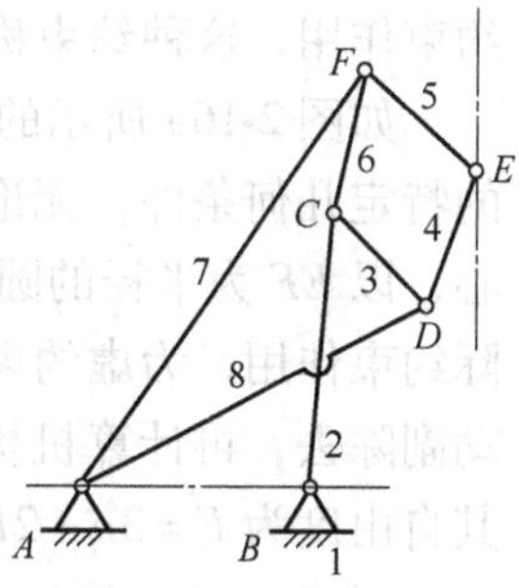

图 2-13　直线机构

在图 2-13 所示直线机构中，如果忽视 A、F、C 和 D 处的复合铰链，则误认为低副数 $P_L=6$，得出自由度 $F=3n-2P_L-P_H=3\times7-2\times6-0=9$。根据机构具有确定运动的条件，该机构需要 9 个原动件，显然是错误的。

图 2-14 所示为各种形式的复合铰链。

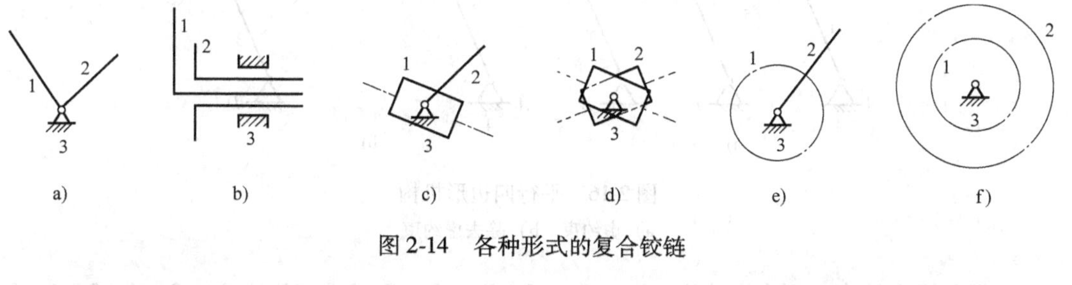

图 2-14　各种形式的复合铰链

2. 局部自由度

局部自由度是指机构中对其他构件运动不产生影响的自由度。在计算机构自由度时，应将局部自由度除去不计。

图 2-15a 所示为滚子从动件凸轮机构。通过分析可知，滚子 4 绕 O 点转动与否，完全不

影响推杆 2 的输出运动，其绕 O 点转动是局部自由度。在计算机构自由度时，应将局部自由度除去，即将具有局部自由度的构件及其相关的运动副除去不计。可假想将滚子 4 与推杆 2 刚化焊接在一起，如图 2-15b 所示（注意此时滚子 4 及绕 O 点转动的转动副已不存在）。这样，该机构中 $n=2$，$P_L=2$，$P_H=1$，根据式（2-1）可得平面机构的自由度为

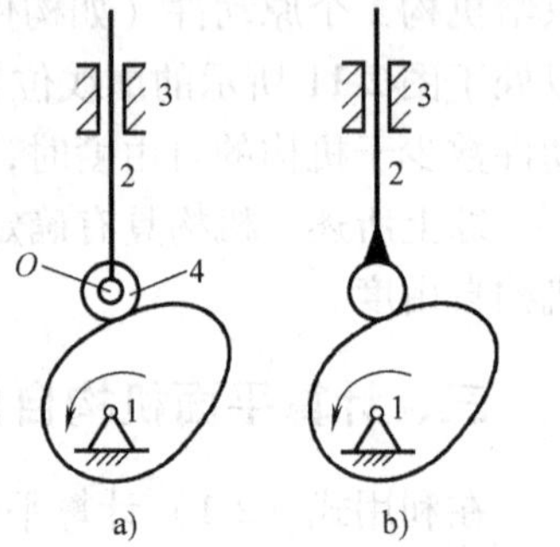

图 2-15　滚子从动件凸轮机构

a）局部自由度　b）除去局部自由度

$$F=3n-2P_L-P_H=3\times2-2\times2-1=1$$

显然，计算结果与实际相符。

如果忽视局部自由度，则会误认为活动构件数 $n=3$，低副数为 $P_L=3$，高副数为 $P_H=1$，得出平面机构的自由度为 $F=3n-2P_L-P_H=3\times3-2\times3-1=2$，根据机构具有确定运动的条件，该机构需要 2 个原动件。但分析可知，具有确定轮廓线的凸轮 1 转动时，推杆 2 的运动随之确定，显然该机构的自由度为 1，计算结果与实际不符。

局部自由度虽然对机构的运动不产生影响，但可将高副接触处的滑动摩擦改变为滚动摩擦，可减轻摩擦磨损。故在实际机构中必要时用到局部自由度，如上例凸轮机构中采用滚子从动件。

3. 虚约束

在机构中，由于结构、受力或运动需要，有些运动副引入的约束对机构运动不起真实的约束作用，这种约束称为虚约束。在计算机构自由度时，应将虚约束除去不计。

如图 2-16a 所示的平行四边形机构，其中 AB、CD 和 EF 平行且长度相等。由于该机构的特定几何条件，无论将 E 点视为构件 2 或构件 5 上的点，E 点的运动轨迹均为以 F 点为圆心，以 EF 为半径的圆弧，即构件 5 及两个转动副 E、F 所引入的约束对机构的运动不起实际约束作用，为虚约束。计算自由度时应将虚约束除去不计，通常将引入虚约束的构件及运动副除去，再计算机构的自由度。如图 2-16b 所示，该平面机构中 $n=3$，$P_L=4$，$P_H=0$，其自由度为 $F=3n-2P_L-P_H=3\times3-2\times4-0=1$。

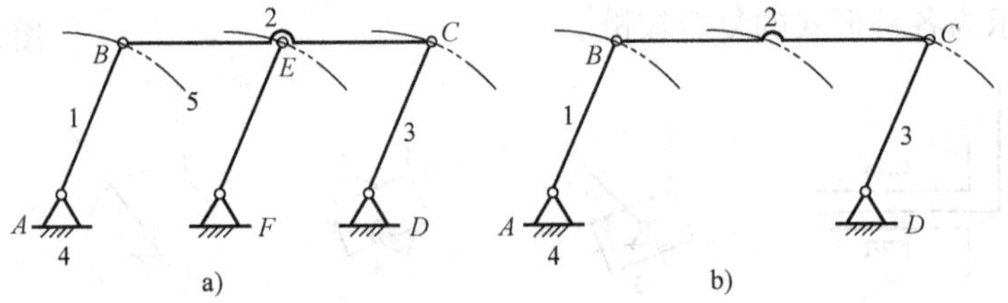

图 2-16　平行四边形机构

a）虚约束　b）除去虚约束

如果忽视虚约束，则会误认为 $n=4$，$P_L=6$，$P_H=0$，$F=3n-2P_L-P_H=3\times4-2\times6-0=0$，显然计算结果与实际不符。这是因为计算公式中活动构件数 n 增加了 1 个（构件 5 引入 3 个自由度），而低副数 P_L 增加了 2 个（转动副 E、F 引入 4 个约束），所以这部分引入的约束（$3-4=-1$）使计算的机构自由度 F 减少，得出错误的计算结果。

虚约束是构件尺寸满足某些特定几何条件而产生的，常出现在下列场合。

1）连接构件与被连接构件上连接点的轨迹重合，如图 2-16a 所示。

2）两构件之间组成多个轴线重合的转动副。如图 2-17 所示，轮轴 1 与机架 2 在 A 和 A' 处组成两个转动副，其中一个为虚约束。

3）两个构件之间组成多个导路平行的移动副。如图 2-18 所示，构件 1 和机架 2 之间有两个平行的移动副 B 和 B'，其中一个为虚约束。

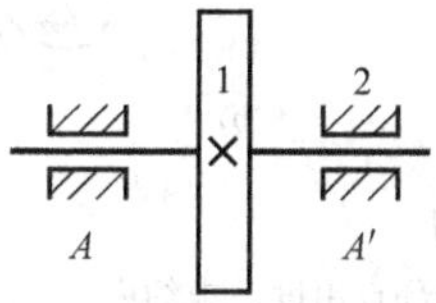

图 2-17　轴线重合的转动副

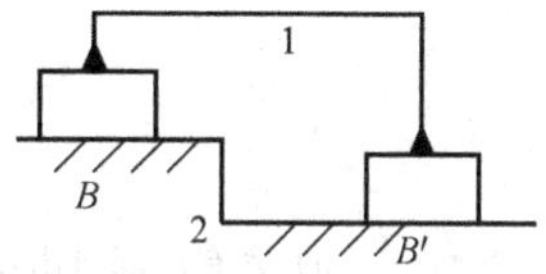

图 2-18　导路平行的移动副

4）两构件在多处组成平面高副，且高副接触处的公法线重合。如图 2-19a 所示，构件 1 和构件 2 之间有两个公法线重合的高副 A 和 B，其中一个为虚约束。但如两构件在多处组成平面高副，若高副接触处的公法线不重合，则形成实际约束，如图 2-19b 所示。

5）机构中存在不影响机构运动传递的对称部分，如图 2-20a 所示。为了受力均衡、运转平稳，在齿轮 1 和 3 之间布置了两个完全相同的齿轮 2、2′，而实际上只需要其中一个便可满足传递运动的要求，如图 2-20b 所示。

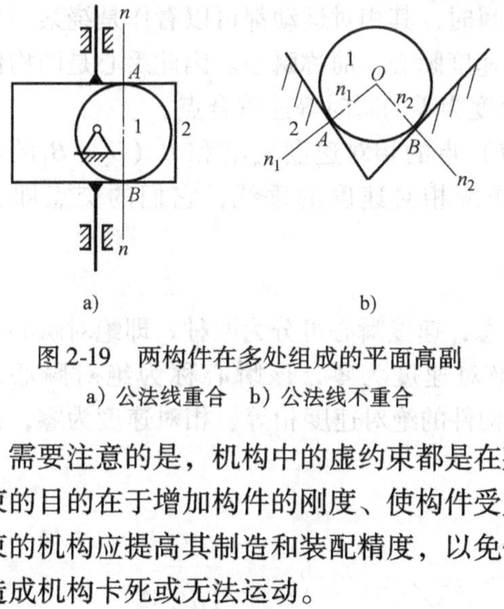

图 2-19　两构件在多处组成的平面高副

a）公法线重合　b）公法线不重合

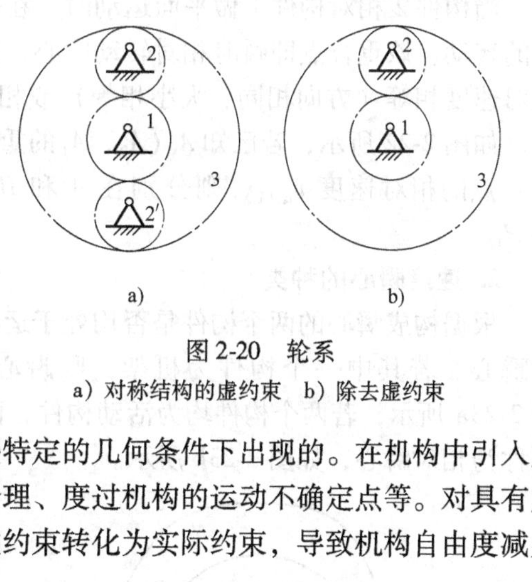

图 2-20　轮系

a）对称结构的虚约束　b）除去虚约束

需要注意的是，机构中的虚约束都是在某些特定的几何条件下出现的。在机构中引入虚约束的目的在于增加构件的刚度、使构件受力合理、度过机构的运动不确定点等。对具有虚约束的机构应提高其制造和装配精度，以免使虚约束转化为实际约束，导致机构自由度减少而造成机构卡死或无法运动。

例 2-2　计算图 2-21a 所示惯性筛机构的自由度，指出其中是否有复合铰链、局部自由度或虚约束，并说明该机构具有确定运动的条件。

解　分析可知，C 处由构件 2、3 和 7 通过转动副连接，是复合铰链，2 个转动副；在 G 处构件 4 和滚子 5 通过转动副连接，滚子 5 的转动为局部自由度；D、F 处构件 4 和机架 9 通过两个移动副连接，且导路重合，其中之一为虚约束。计算自由度时，应先将局部自由度、虚约束除去，如图 2-21b 所示。所以活动构件数 $n=7$，低副数 $P_L=9$，高副数 $P_H=1$。平面机构的自由度为

$$F=3n-2P_L-P_H=3\times7-2\times9-1=2$$

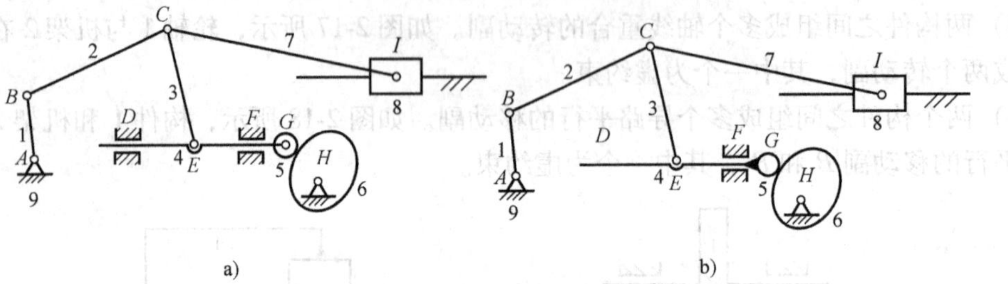

图 2-21 惯性筛机构

a）含有局部自由度、虚约束 b）除去局部自由度、虚约束

该平面机构的自由度为 2，故该机构具有确定运动的条件为：给定 2 个原动件。

第四节 用速度瞬心法进行机构的速度分析

一、速度瞬心的概念和种类

1. 速度瞬心的概念

当构件 2 相对构件 1 做平面运动时，在任意瞬时，其相对运动都可以看作是绕某一重合点的转动，该重合点即瞬时相对转动中心，称为速度瞬心，简称瞬心。因此瞬心是两构件上绝对速度相等（方向相同、大小相等）或相对速度为零的瞬时等速重合点。

如图 2-22 所示，若已知 A（A_2、A_1 的重合点）点的相对速度 v_{A2A1} 和 B（B_2、B_1 的重合点）点的相对速度 v_{B2B1}，则分别在 A 和 B 点作两相对速度的垂线，它们的交点即为瞬心 P_{12}。

2. 速度瞬心的种类

根据构成瞬心的两个构件是否均处于运动状态，速度瞬心可分为两种，即绝对瞬心和相对瞬心。若其中一个构件为机架，则瞬心的绝对速度为零，该瞬心称为绝对瞬心，如图 2-23a 所示；若两个构件均为活动构件，两个构件的绝对速度相等、相对速度为零，该瞬心称为相对瞬心，如图 2-23b 所示。

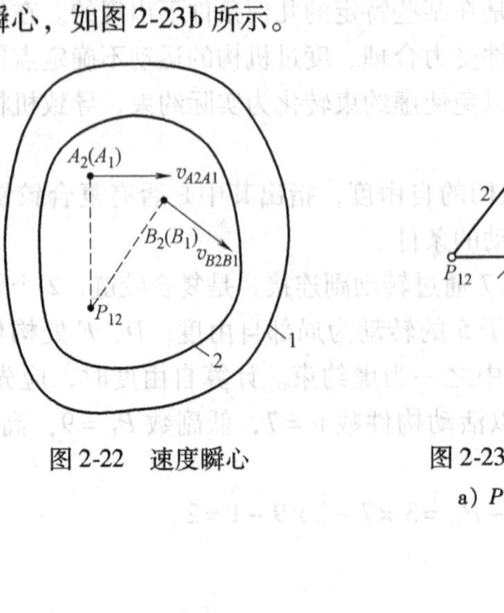

图 2-22 速度瞬心

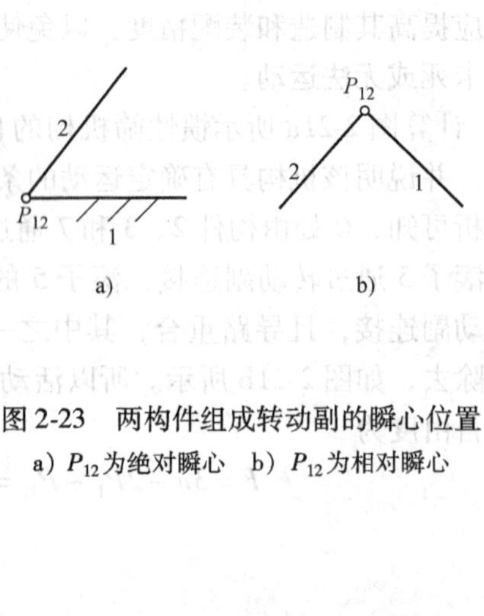

图 2-23 两构件组成转动副的瞬心位置

a）P_{12} 为绝对瞬心 b）P_{12} 为相对瞬心

二、机构中速度瞬心的数目和位置

1. 速度瞬心的数目

设机构中有 N 个（包括机架）构件，因为相对运动的每两个构件就有一个瞬心，则该机构中总的瞬心数目为

$$K=\frac{N(N-1)}{2} \tag{2-2}$$

2. 速度瞬心位置的确定

（1）通过运动副直接相连的两构件的瞬心

1）两构件组成转动副。两构件做相对转动时，其瞬心就在转动副中心，如图 2-23 所示。

2）两构件组成移动副。当两构件做相对移动时，由于两构件上任意一重合点的速度方向都平行于导路方向，所以其瞬心位于导路垂线的无穷远处，如图 2-24 所示。

3）两构件组成纯滚动高副。两构件做纯滚动时，其接触点的相对速度为零，所以接触点即瞬心，如图 2-25a、b 所示。

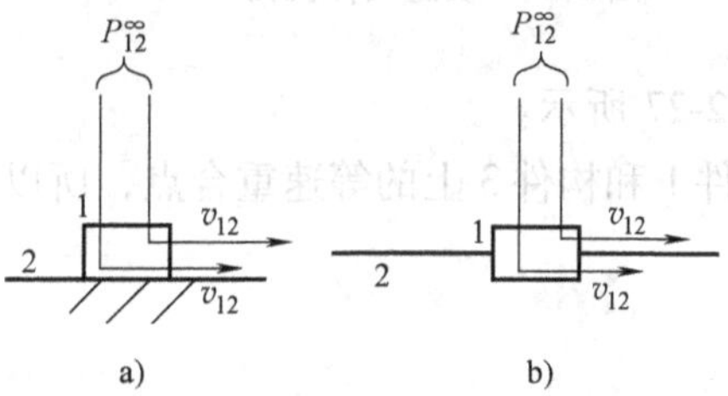

图 2-24　两构件组成移动副的瞬心位置

a）P_{12} 为绝对瞬心　b）P_{12} 为相对瞬心

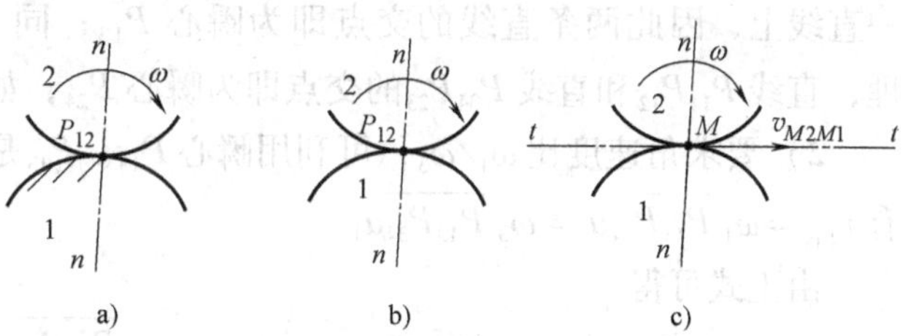

图 2-25　两构件组成纯滚动及滚滑高副的瞬心位置

a）P_{12} 为绝对瞬心　b）P_{12} 为相对瞬心　c）P_{12} 在公法线 n—n 上

4）两构件组成滚动兼滑动高副。两构件做滚动兼滑动时，因接触点的公切线方向为相对速度方向，所以，瞬心应在过接触点的公法线 n—n 上，如图 2-25c 所示。

（2）不直接相连的两构件的瞬心

如果两构件没有直接通过运动副连接，则它们的瞬心位置需要借助于三心定理来确定。

三心定理：作平面运动的三个构件共有三个瞬心，它们位于同一直线上。

现用反证法来证明。如图 2-26 所示，为使问题易于理解，把构件 3 作为机架。构件 1、2 和 3 之间共有 3 个瞬心 P_{13}、P_{23} 和 P_{12}。其中瞬心 P_{13}、P_{23} 分别在构件 1、2 与 3 组成转动副的转动中心处，可直接求得。而不直接组成运动副的两构件 1、2 的瞬心 P_{12}，如果在 P_{13} 和 P_{23} 的连线之外的任意一点，如 K 点，重合点 K_1、K_2 的绝对速度 v_{K1}、v_{K2} 分别垂直于 KP_{13}、KP_{23}，显然，这时 v_{K1}、v_{K2} 的方向不一致，不能满足重合点处各自的绝对速度相等（方向相同，大小相等）的条件，故 K 点不是构件 1、2 的瞬心。只有位于 P_{13}、P_{23} 连线上的重合点的速度方向才有可能相同，所以瞬心 P_{12} 必在 P_{13}、P_{23} 的连线上。

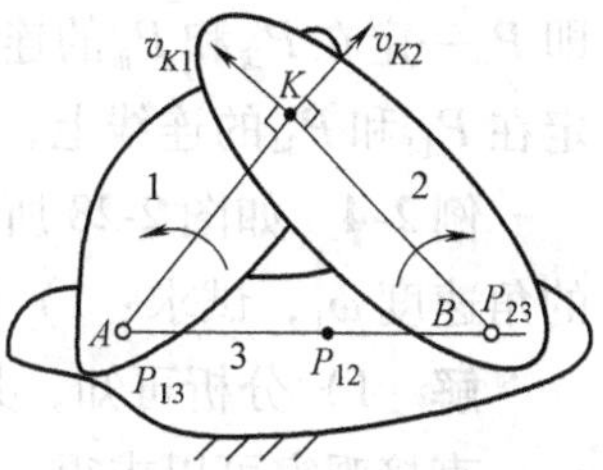

图 2-26　三心定理

三、利用速度瞬心法进行平面机构的速度分析

利用速度瞬心法可对机构进行速度分析，进而求出两构件的角速度比、构件的角速度及构件上某点的线速度等。

例 2-3 图 2-27 所示铰链四杆机构 *ABCD*，已知各个构件的尺寸（比例尺为 μ_1）和原动件 1 的角速度 ω_1，试求：1）机构在图示位置时的全部瞬心；2）构件 1、3 的角速度比 ω_1/ω_3 及 C 点的速度 v_C。

解 1）分析可知，共有 6 个瞬心，分别为 P_{12}、P_{23}、P_{14}、P_{34}、P_{13}和 P_{24}。

直接观察可以求得瞬心 P_{14}、P_{12}、P_{23}、P_{34}，它们分别在转动副 A、B、C 和 D 的回转中心，瞬心 P_{13}和 P_{24}则需利用三心定理确定。由于构件 1、2 和 3 的 3 个瞬心 P_{12}、P_{23}和 P_{13}应位于同一直线上，构件 1、4 和 3 的 3 个瞬心 P_{14}、P_{34}和 P_{13}也应位于同一直线上，因此两条直线的交点即为瞬心 P_{13}；同理，直线 $P_{14}P_{12}$和直线 $P_{34}P_{23}$的交点即为瞬心 P_{24}，如图 2-27 所示。

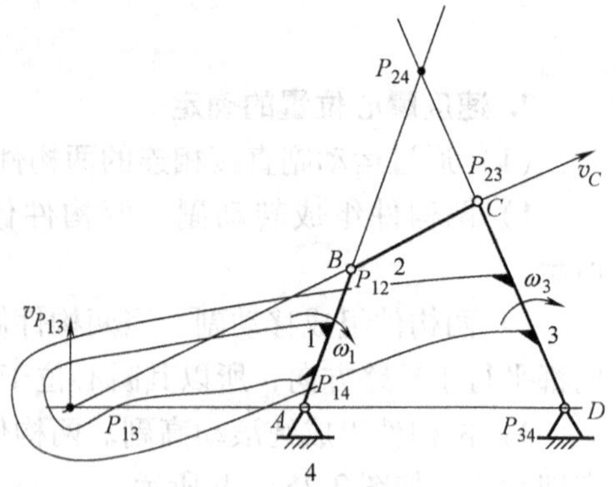

图 2-27 铰链四杆机构 *ABCD*

2）要求角速度比 ω_1/ω_3，可利用瞬心 P_{13}。P_{13}是构件 1 和构件 3 上的等速重合点，所以有 $v_{P_{13}}=\omega_1\overline{P_{13}P_{14}}\mu_1=\omega_3\overline{P_{13}P_{34}}\mu_1$。

由上式可得

$$\frac{\omega_1}{\omega_3}=\frac{\overline{P_{13}P_{34}}}{\overline{P_{13}P_{14}}}$$

上式表明：不直接相连的两构件角速度之比，等于其绝对瞬心被相对瞬心分得的两线段长度的反比；由于 P_{13}和 P_{14}在 P_{34}的同侧，所以 ω_1和 ω_3转动方向相同。

C 点的速度为 $v_C=\omega_3\overline{P_{23}P_{34}}\mu_1=\dfrac{\overline{P_{13}P_{14}}}{\overline{P_{13}P_{34}}}\overline{P_{23}P_{34}}\omega_1\mu_1$，方向如图 2-27 所示。

对于构件数较多的机构，利用三心定理求瞬心时，可根据"同号下标消去法"求出，即 P_{ij}一定在 P_{ik}和 P_{jk}的连线上。如图 2-27 所示，P_{13}一定在 P_{12}和 P_{23}的连线上，同时 P_{13}也一定在 P_{14}和 P_{34}的连线上，两线的交点即为 P_{13}。

例 2-4 如图 2-28 所示平面四杆机构，已知各个构件的尺寸（比例尺为 μ_1）和原动件 1 的角速度 ω_1，试求：1）机构在图示位置时的全部瞬心；2）构件 3 的速度 v_3。

解 1）分析可知，共有 6 个瞬心，分别为 P_{12}、P_{23}、P_{14}、P_{34}、P_{13}和 P_{24}。

直接观察可以求得：瞬心 P_{14}、P_{23}分别在转动副 A、B 的回转中心，构件 1、2 和构件 3、4 分别组成移动副，其瞬心 P_{12}、P_{34}分别在垂直导路 AB、BC 的无穷远处，利用三心定理可求出瞬心 P_{13}和 P_{24}，如图 2-28 所示。

2）P_{13}是构件 1 和构件 3 上的等速重合点，所以有 $v_{P_{13}}=\omega_1\overline{P_{13}P_{14}}\mu_1=v_3$，即构件 3 的速度，方向如图 2-28 所示。

利用速度瞬心法对简单机构进行速度分析是很方便的。但不足之处是，机构构件较多

时，瞬心数目太多，求解麻烦。

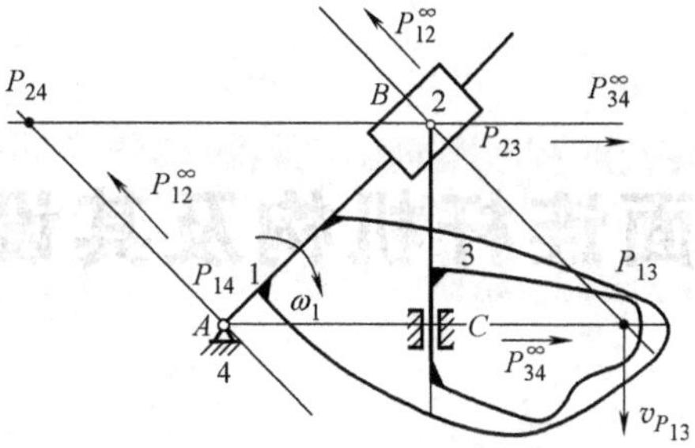

图 2-28　平面四杆机构

本章学习要点

1）了解机构运动简图的绘制方法。
2）掌握平面机构的自由度计算方法及复合铰链、局部自由度和虚约束的处理方法。
3）掌握简单机构速度瞬心的求法，能够利用速度瞬心法进行速度分析。

第三章

平面连杆机构及其设计

提示 本章介绍平面连杆机构的基本类型、结构特点和实际应用；分析各类连杆机构之间的内在联系和演化方法；重点研究平面四杆机构的运动特性和传力特性、设计的基本原理和方法。

第一节 平面连杆机构及其特点

一、平面连杆机构

平面连杆机构是由若干个构件通过平面低副（转动副、移动副）连接而成的平面机构，故又称为平面低副机构。它用以实现运动、动力的传递和变换。

二、连杆机构的特点

1. 平面连杆机构的主要优点

低副是面接触，接触面间压强小且便于润滑，所以磨损轻、承载能力大；运动副元素为平面或圆柱面，故制造方便且易获得较高的精度；低副一般是几何封闭的，两构件之间的接触不需要其他外力来维持，故结构简单、工作可靠，且能实现多种运动规律和运动轨迹的要求，能实现较大的行程或增力的作用。因此，平面连杆机构广泛应用于各种机械和仪器设备中。

2. 平面连杆机构的主要缺点

运动副磨损后的间隙难以补偿，且连杆做平面运动，惯性力（矩）难以平衡，高速时易引起机械振动；不易精确实现复杂的运动规律、运动轨迹或多个位置的要求，为满足设计要求，常需要增加构件和运动副的数目，使机构更为复杂，设计难度增大。

第二节 平面四杆机构的类型和应用

平面连杆机构的类型很多，最基本的型式是铰链四杆机构，如图 3-1a 所示。图 3-1b、c 为常见的另两种型式的四杆机构。多于四个构件组成的连杆机构称为多杆机构，如图 3-2a 所示的六杆机构，可视为图 3-2b、c 所示两个四杆机构所组成，故四杆机构是研究多杆机构的基础。本章主要讨论四杆机构。

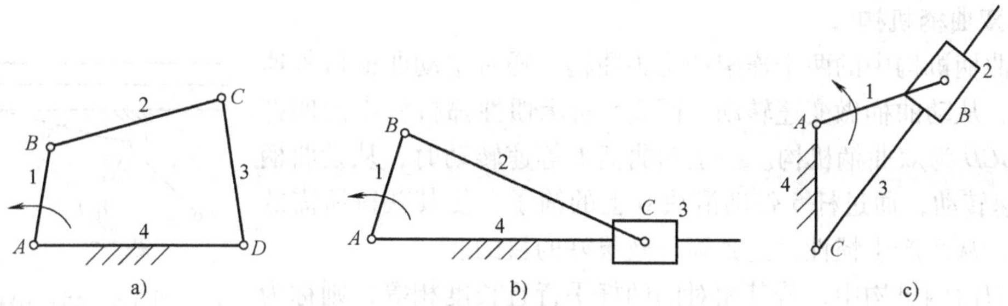

图 3-1 最常见的三种四杆机构

a）铰链四杆机构 b）滑块机构 c）导杆机构

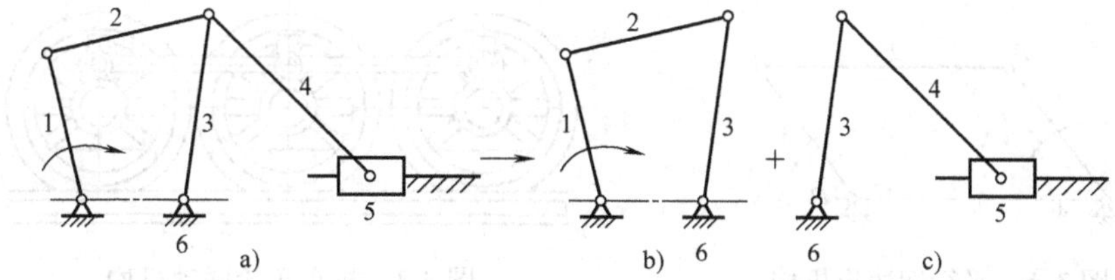

图 3-2 六杆机构的组成

a）六杆机构 b）铰链四杆机构 c）滑块机构

一、平面四杆机构的基本形式和应用

如图 3-1a 所示，所有运动副均为转动副的四杆机构，称为铰链四杆机构。机构中与机架 4 相连的杆 1 和 3 称为连架杆，其中能做整周回转运动的连架杆称为曲柄，仅能在小于 360°的某一角度范围内往复摆动的连架杆称为摇杆。连接两连架杆的杆 2 称为连杆，作刚体平面运动。构件之间能相对整周回转的运动副称为整转副或周转副，只能相对摆动的运动副称为摆转副。

按照连架杆是曲柄还是摇杆，铰链四杆机构分为曲柄摇杆机构、双曲柄机构和双摇杆机构三种基本形式。

1. 曲柄摇杆机构

两连架杆中，一连架杆为曲柄，另一连架杆为摇杆的铰链四杆机构称为曲柄摇杆机构。图 3-3 所示的雷达天线俯仰机构（曲柄 *AB* 为原动件）和图 3-4 所示的缝纫机踏板机构（摇杆 *CD* 为原动件）均为曲柄摇杆机构的应用实例。

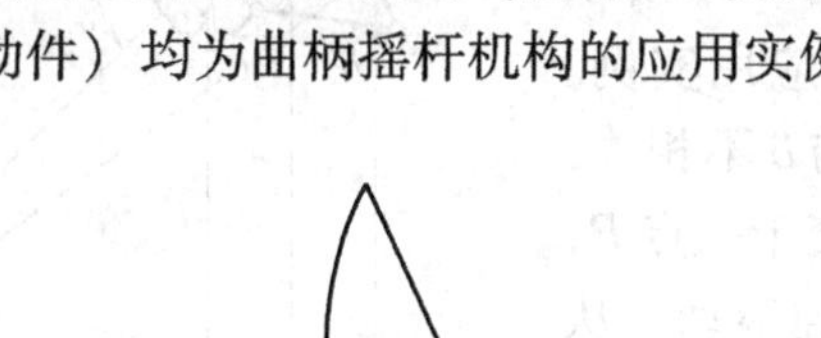

图 3-3 雷达天线俯仰机构

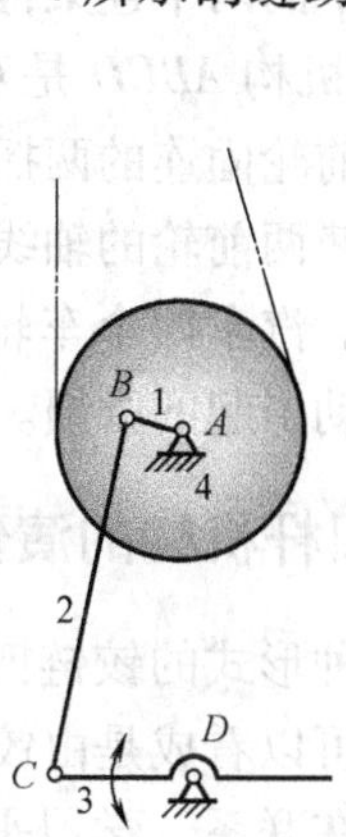

图 3-4 缝纫机踏板机构

2. 双曲柄机构

双曲柄机构中的两个连架杆均为曲柄。通常主动曲柄做等速转动时，从动曲柄做变速转动。图3-5所示惯性筛机构中的四杆机构*ABCD*为双曲柄机构。当主动曲柄1等速转动时，从动曲柄3做变速转动，通过杆5带动滑块6上的筛子，使其获得所需的加速度，从而产生惯性力达到筛分效果好的目的。

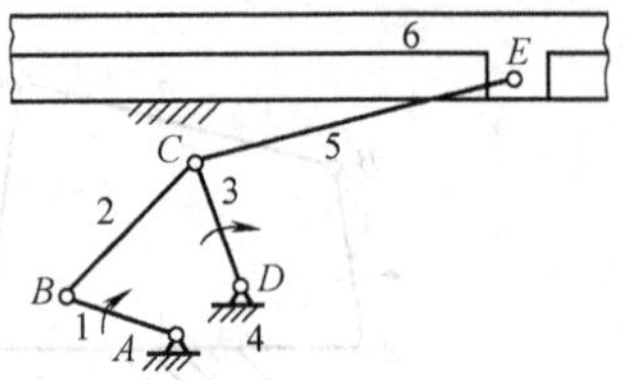

图3-5 惯性筛机构

在双曲柄机构中，若其相对的两杆平行且长度相等，则称为平行四边形机构，如图3-6所示。它的特点是两曲柄以相同的角速度同向转动，连杆平动。图3-7所示的机车车轮联动机构为平行四边形机构的应用实例。

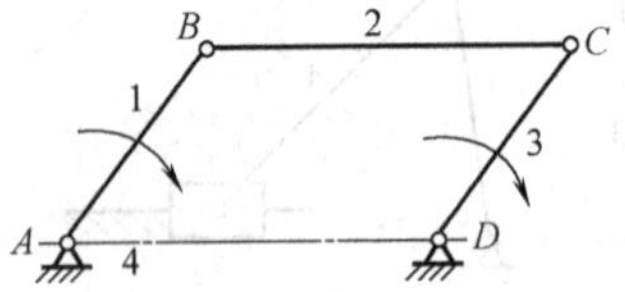

图3-6 平行四边形机构

图3-7 机车车轮联动机构

图3-8所示的双曲柄机构中，相对的两杆长度相等，但不平行，两个曲柄的转向相反，称为反向平行四边形机构。图3-9所示的车门启闭机构即为其应用实例。

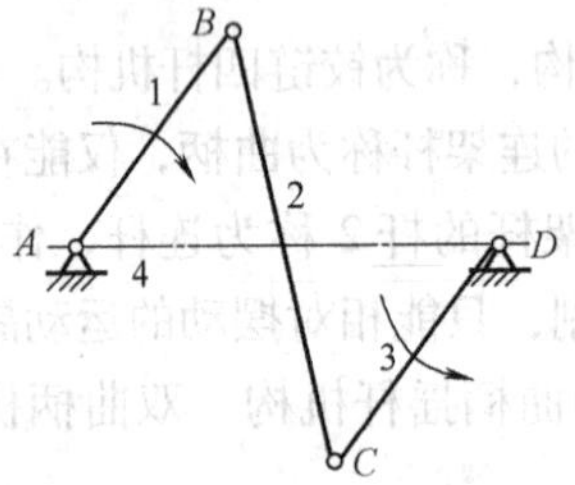

图3-8 反向平行四边形机构

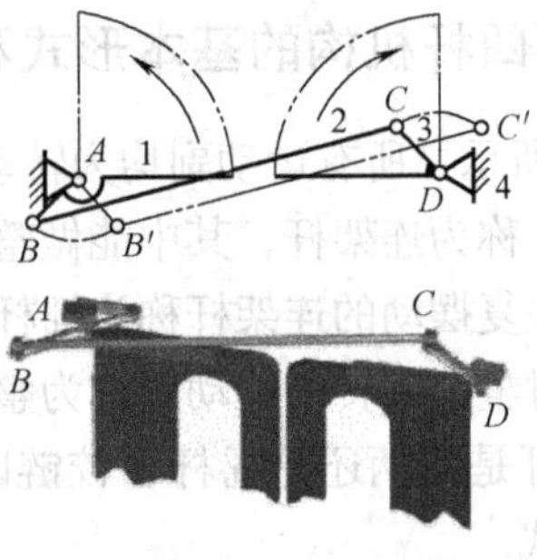

图3-9 车门启闭机构

3. 双摇杆机构

双摇杆机构中的两个连架杆均为摇杆。图3-10所示的汽车前轮转向机构*ABCD*是双摇杆机构的应用实例。车轮转向时，与前轮固连的两摇杆的摆角β与δ不相等，在任意位置均能使两前轮的轴线与后轮轴线交于一点*P*，即瞬时转动中心。汽车四个车轮与地面均做纯滚动，从而避免轮胎因滑动引起的磨损。

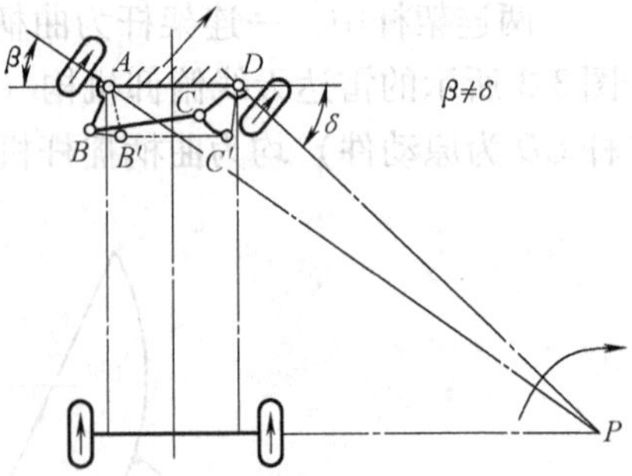

图3-10 汽车前轮转向机构

二、平面四杆机构的演化

除了前述三种形式的铰链四杆机构外，在工程实际中还广泛应用着其他类型的四杆机构。这些机构都可以看成是由铰链四杆机构演化而来的。研究四杆机构演化，对明确各种类型机构之间的内在联系，学习平面四杆机构的基本知识，机构进行创新设计都是非常有利的。其主要演化途径如下。

1. 改变构件的形状及相对尺寸——转动副演化为移动副

图 3-11a 所示的曲柄摇杆机构中，C 点的运动轨迹是以 D 点为圆心、摇杆 CD 的长度为半径的圆弧 m—m。如图 3-11b 所示，将摇杆 3 的形状改变为弧形滑块，使其沿着机架上的圆弧导轨 m—m 滑动。显然，构件 3 的运动特性未改变，但此时曲柄摇杆机构演化成了曲柄弧形滑块机构。若再改变构件 3 的长度，当其增至无穷大时，C 点的运动轨迹变为直线，圆弧导轨 m—m 变为直线导轨。此时，做往复摆动的摇杆 3（或弧形滑块）演化为做往复直线移动的滑块，转动副 D 演化为移动副，曲柄摇杆机构就演化成了图 3-11c 所示含有一个移动副的曲柄滑块机构，其中 e 为曲柄回转中心 A 至 C 点的直线轨迹（滑块导路）的距离，称为偏距。当 $e \neq 0$ 时，称其为偏置曲柄滑块机构；当 $e=0$ 时，称其为对心曲柄滑块机构，如图 3-11d 所示。曲柄滑块机构在生产实际中有着广泛的应用，如内燃机、空气压缩机等。

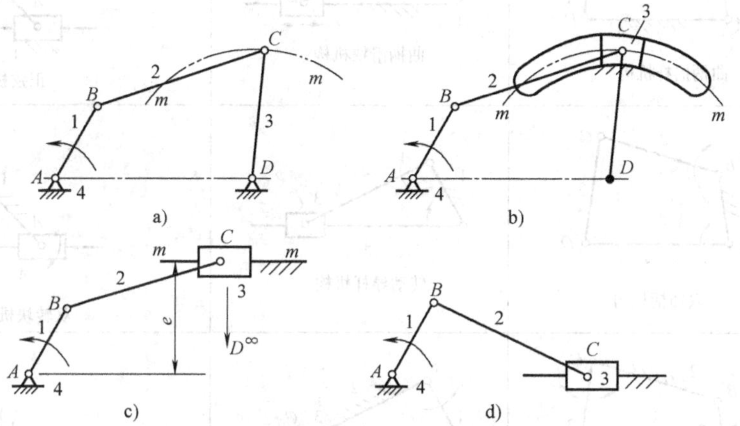

图 3-11　曲柄摇杆机构演化为曲柄滑块机构

a）曲柄摇杆机构　b）曲柄弧形滑块机构（改变构件 3 的形状）

c）偏置曲柄滑块机构（$e \neq 0$，改变构件 3 的相对尺寸）　d）对心曲柄滑块机构（$e=0$）

如图 3-12a、b 所示，用上述相同的方法改变曲柄滑块机构中连杆 BC、滑块 3 的形状，并把 BC 的长度增至无穷大，则连杆 BC 将演化为滑块，同时转动副 C 演化为移动副，曲柄滑块机构就演化成了图 3-12c 所示含有两个移动副的正弦机构。该机构从动件 3 的位移 s 与原动件 1 的转角 φ 的正弦成正比，$s=l_{AB}\sin\varphi$，在仪器仪表中应用较广泛。

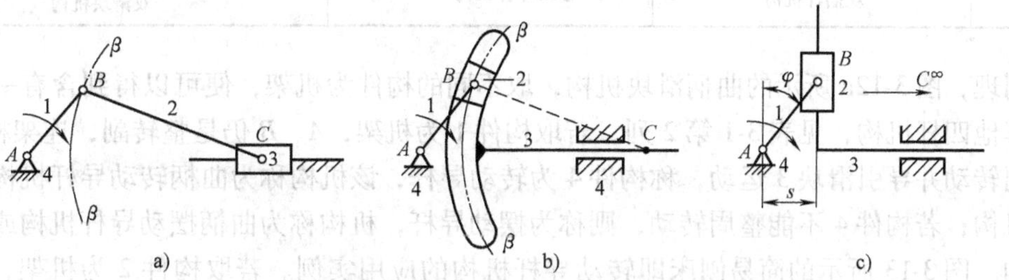

图 3-12　曲柄滑块机构演化为含有两个移动副机构

a）对心曲柄滑块机构　b）改变构件 2 的形状　c）正弦机构（改变构件 2 的相对尺寸，演化转动副 C）

2. 置换机架——得到不同形式的机构

置换机架获得不同形式机构的方法又称为机构的倒置。在图 3-11a 所示的曲柄摇杆机构中，A、B 是整转副，C、D 是摆转副。低副运动具有可逆性，即取不同构件作为机架其各构件之间的相对运动关系不变。若取构件 1 为机架，A、B 仍是整转副，C、D 仍是摆转副，得到双曲柄机构；若取构件 2 为机架，得到另一曲柄摇杆机构；若取构件 3 为机架，则得到双摇杆机构，见表 3-1 第 1 列。

表 3-1　平面四杆机构的倒置机构

机架构件	铰链四杆机构	含一个移动副的四杆机构	含两个移动副的四杆机构
4	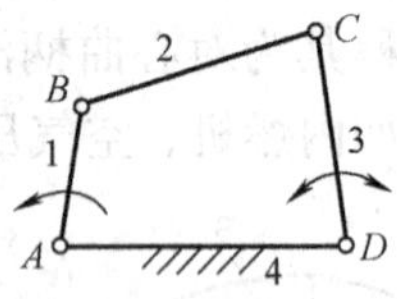 曲柄摇杆机构	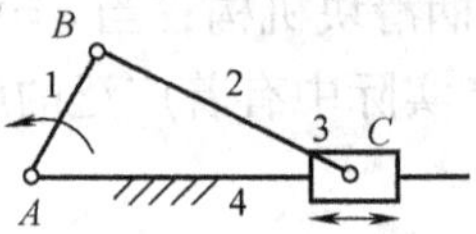 曲柄滑块机构	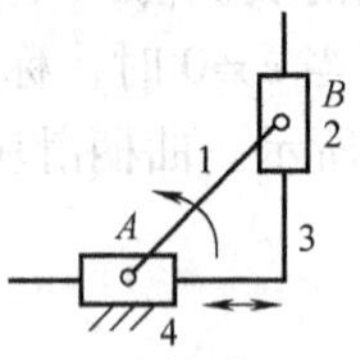 正弦机构
1	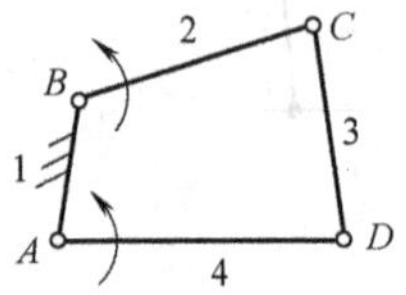 双曲柄机构	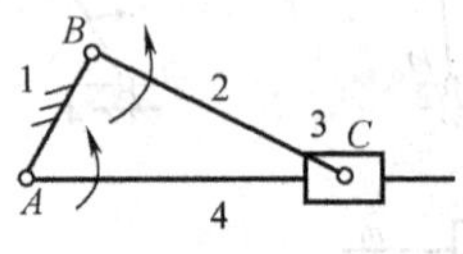 转动导杆机构	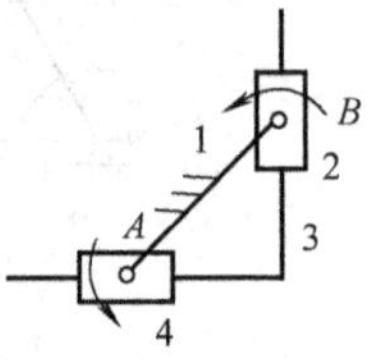 双转块机构
2	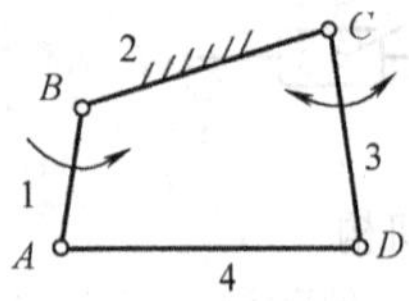 曲柄摇杆机构	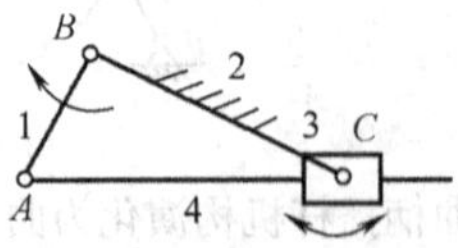 曲柄摇块机构	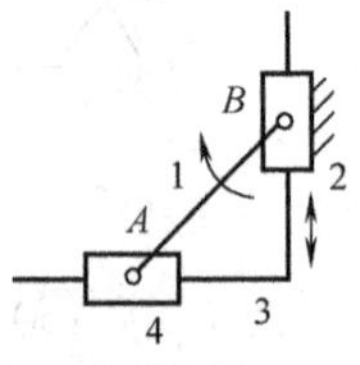 正弦机构
3	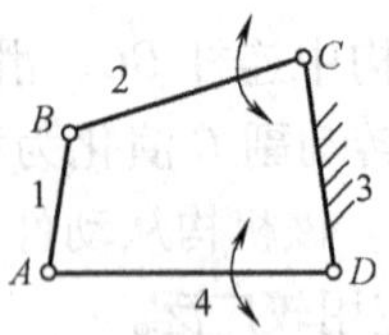 双摇杆机构	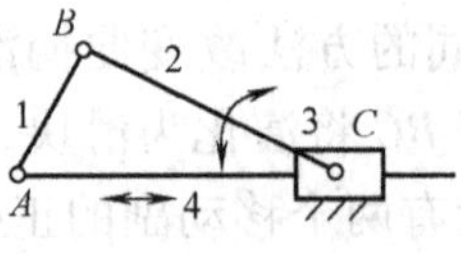 移动导杆机构	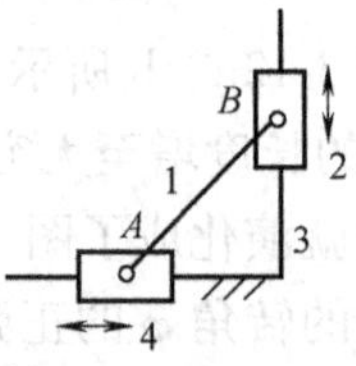 双滑块机构

同理，图 3-12a 所示的曲柄滑块机构，取不同的构件为机架，便可以得到含有一个移动副的其他四杆机构，见表 3-1 第 2 列，若取构件 1 为机架，A、B 仍是整转副，连架杆 4 绕 A 点整周转动并导引滑块 3 运动，称构件 4 为转动导杆，该机构称为曲柄转动导杆机构或转动导杆机构；若构件 4 不能整周转动，则称为摆动导杆，机构称为曲柄摆动导杆机构或摆动导杆机构。图 3-13 所示的简易刨床即转动导杆机构的应用实例。若取构件 2 为机架，B 仍是整转副，C 仍是摆转副，AB 整周转动，而构件 3 只能摇动，称构件 3 为摇块，该机构称为曲柄摇块机构。图 3-14 所示的货车车厢自动翻转卸料机构即曲柄摇块机构的应用实例。若取构件 3 为机架，导杆 4 只能在构件 3 中移动，该机构称为移动导杆机构（或定块机构）。

图 3-15 所示的手动抽水机即移动导杆机构的应用实例。

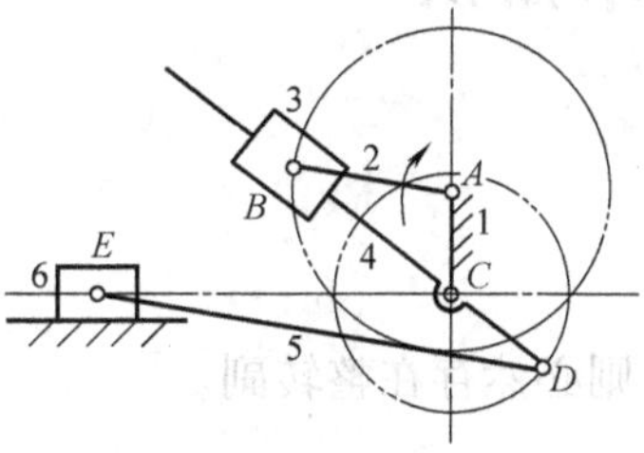

图 3-13　简易刨床

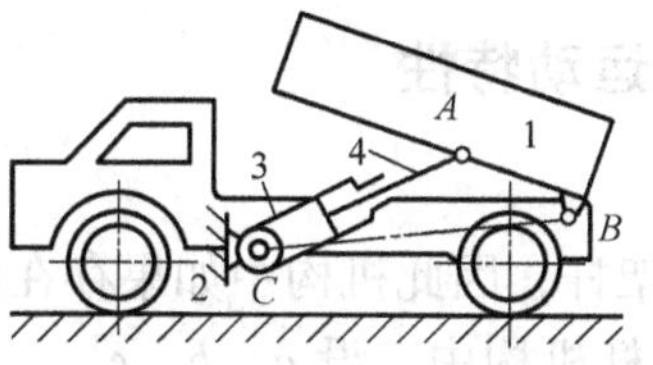

图 3-14　货车车厢自动翻转卸料机构

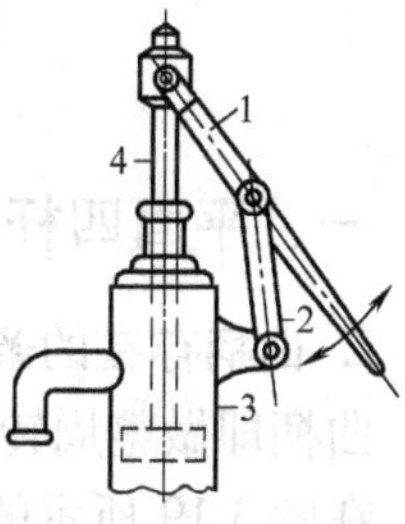

图 3-15　手动抽水机

含两个移动副的正弦机构经过倒置可获得双转块机构和双滑块机构等，见表 3-1 第 3 列。图 3-16 所示的十字滑块联轴器即双转块机构的应用实例。图 3-17 所示的椭圆仪即双滑块机构的应用实例。

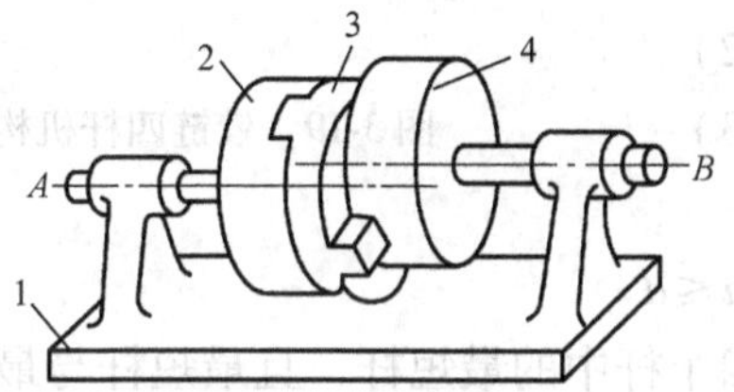

图 3-16　十字滑块联轴器

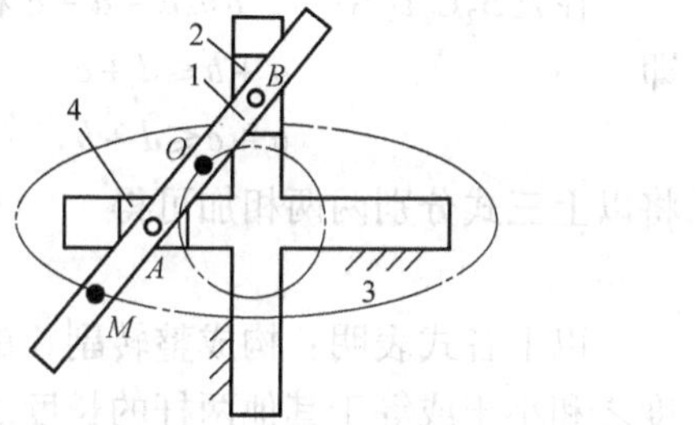

图 3-17　椭圆仪

3. 同性异形演化

所谓同性异形演化，即运动特性相同而结构形状不同的两种机构。设计者可根据实际需要将结构进行相应的演化。常用的是扩大转动副的尺寸——曲柄演化为偏心轮。

图 3-18a 所示的曲柄摇杆机构，当曲柄 1 的尺寸较小或要求具有较高的强度时，根据结构或受力的需要，常将其改成图 3-18b 所示的几何中心 B 与其回转中心 A 不相重合的圆轮（或盘）——偏心轮（或盘），两个中心 A、B 之间的距离 e 称为偏心距，其值等于曲柄的长度，该机构称为偏心轮机构。此机构广泛应用于剪床、压力机、颚式破碎机等机械中。图 2-8a 所示的颚式破碎机即偏心轮机构的应用实例。

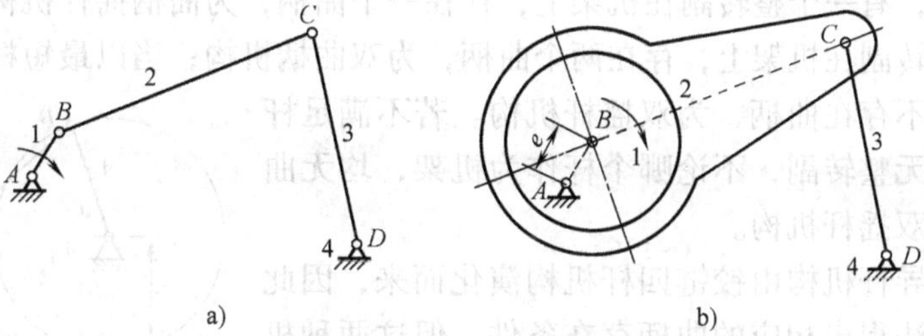

图 3-18　扩大转动副

a）曲柄摇杆机构　b）偏心轮机构

第三节　平面四杆机构的基本知识

一、平面四杆机构的运动特性

1. 曲柄存在的条件

曲柄即做整周转动的连架杆，因此机构中如果存在曲柄，则必然存在整转副。

在图 3-19 所示的铰链四杆机构中，设 a、b、c、d 分别为杆 1、2、3、4 的长度。如果转动副 A 为整转副，则杆 1 在绕 A 做整周转动时，应能顺利地通过与构件 4 处于共线的两个位置 AB_1 和 AB_2，即可构成 $\triangle B_1C_1D$ 和 $\triangle B_2C_2D$。

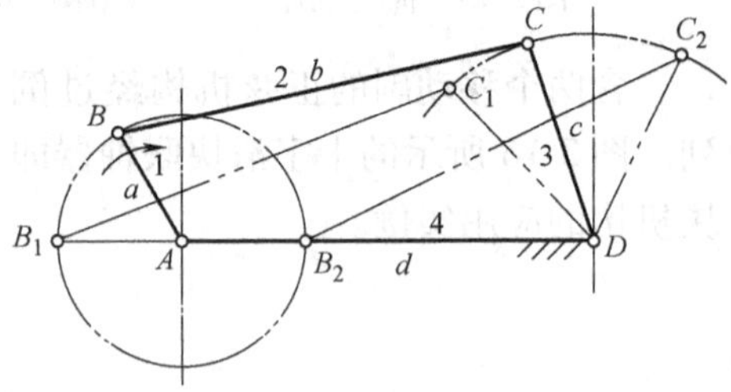

图 3-19　铰链四杆机构

在 $\triangle B_1C_1D$ 中　　$a+d \leqslant b+c$　　(3-1)

在 $\triangle B_2C_2D$ 中　　$b \leqslant d-a+c$ 和 $c \leqslant d-a+b$

即　　$a+b \leqslant d+c$　　(3-2)

　　$a+c \leqslant d+b$　　(3-3)

将以上三式分别两两相加可得

$$a \leqslant b, a \leqslant c, a \leqslant d \tag{3-4}$$

以上各式表明：构成整转副 A 的构件之一为四个杆中的最短杆，且最短杆与最长杆的长度之和小于或等于其他两杆的长度之和。

由此可知，整转副存在的条件如下。

1）构成整转副的构件之一为四个杆中的最短杆。

2）最短杆与最长杆的长度之和小于或等于其他两杆的长度之和，此即杆长条件。

同理，转动副 B 也符合整转副的条件，为整转副。

推论：当四杆机构中的各杆长度满足杆长条件时，最短杆两端的转动副均为整转副，即四杆机构不可能只存在一个整转副，可能存在两个、三个或四个整转副。

故铰链四杆机构存在曲柄的条件如下。

1）存在整转副——即满足杆长条件。

2）以最短杆为连架杆或机架（整转副应位于机架上）。

四杆机构中是否有曲柄存在，首先应检验是否满足杆长条件。若满足杆长条件，当以最短杆为连架杆时，有一个整转副在机架上，存在一个曲柄，为曲柄摇杆机构；以最短杆为机架时，有两个整转副在机架上，存在两个曲柄，为双曲柄机构；当以最短杆为连杆时，整转副不在机架上，不存在曲柄，为双摇杆机构。若不满足杆长条件，机构中无整转副，不论哪个杆作为机架，均无曲柄，则只能获得双摇杆机构。

滑块机构和导杆机构由铰链四杆机构演化而来，因此也可以按类似方法得出相应的曲柄存在条件。但这两种机构各杆长度与运动之间的关系较为直观，可分析如下。如图 3-20 所示的滑块机构，设 a、b、e 分别为杆 1、2 的长

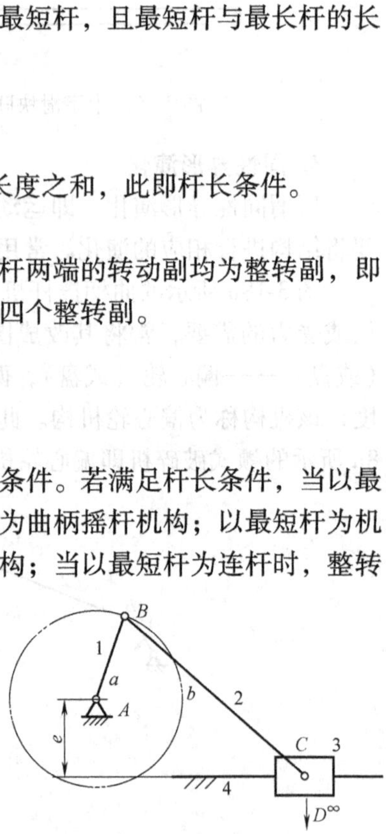

图 3-20　滑块机构

度和偏距。若杆 1 为曲柄，则点 B 应能通过距导路最远的位置，即满足

$$a+e\leqslant b \tag{3-5}$$

当 $e=0$ 时，对心曲柄滑块机构的条件为 $a\leqslant b$。

图 3-21 所示的导杆机构，设 a、d 分别为杆 1、4 的长度。当杆 4 的长度不超过杆 1 的长度时，导杆 3 能做整周回转。因此，转动导杆机构的条件为

$$d\leqslant a \tag{3-6}$$

如图 3-21a 所示；当 $d>a$ 时，则为摆动导杆机构，如图 3-21b 所示。

2. 急回运动特性和行程速比系数 K

对于曲柄为原动件并且做等速回转，输出件做往复运动的连杆机构，输出件在往返两个行程中的平均速度一般是不同的。通常用慢速行程作为工作行程，快速行程作为返回行程，把机构的这一特性称为急回运动特性。急回程度用行程速比系数 K 衡量，即

$$K=\frac{\text{输出构件返回行程的平均(角)速度}}{\text{输出构件工作行程的平均(角)速度}}(\geqslant 1)$$

图 3-22 所示的曲柄摇杆机构，在主动曲柄 AB 等速转动一周的过程中，有两次与连杆共线位置 AB_1C_1 和 AB_2C_2，对应摇杆 CD 分别位于两个极限位置 C_1D 和 C_2D。曲柄与连杆两次共线位置之间所夹的锐角称为极位夹角，用 θ 表示。摇杆在两极限位置的夹角称为摆角，用 φ 表示。当曲柄顺时针方向转过 $\alpha_1=180°+\theta$ 时，摇杆自 C_1D 摆至 C_2D，所需的时间为 $t_1=\alpha_1/\omega_1$，则摇杆的平均角速度 $\omega_3'=\varphi/t_1$；当曲柄继续转过 $\alpha_2=180°-\theta$ 时，摇杆自 C_2D 又摆回 C_1D，所需的时间为 $t_2=\alpha_2/\omega_1$，摇杆的平均角速度 $\omega''_3=\varphi/t_2$。由于 $\alpha_1>\alpha_2$，所以 $t_1>t_2$，故 $\omega''_3>\omega_3'$。由此可见，摇杆具有急回运动特性，其行程速比系数

$$K=\frac{\omega''_3}{\omega_3'}=\frac{\varphi/t_2}{\varphi/t_1}=\frac{\alpha_1}{\alpha_2}=\frac{180°+\theta}{180°-\theta} \tag{3-7}$$

由上式可以看出，K 值的大小取决于极位夹角 θ 的大小。$\theta>0°$，$K>1$；θ 越大，K 值越大，机构的急回特性越显著，反之，K 值越小；$\theta=0°$，$K=1$，则机构无急回运动特性。

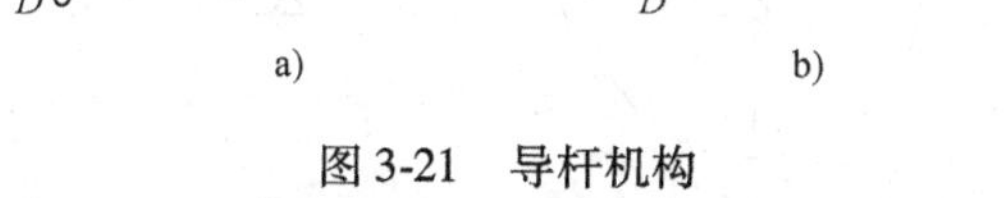

图 3-21 导杆机构

a）转动导杆机构 b）摆动导杆机构

图 3-22 铰链四杆机构的急回特性

对于图 3-23a 所示的偏置曲柄滑块机构，由于极位夹角 $\theta>0°$，故具有急回运动特性。而图 3-23b 所示的对心曲柄滑块机构，由于极位夹角 $\theta=0°$，故无急回运动特性。

同理，图 3-24 所示的摆动导杆机构，具有急回运动特性，并且极位夹角 θ 等于导杆的摆角 φ。

由以上分析可知，机构具有急回运动的条件如下。

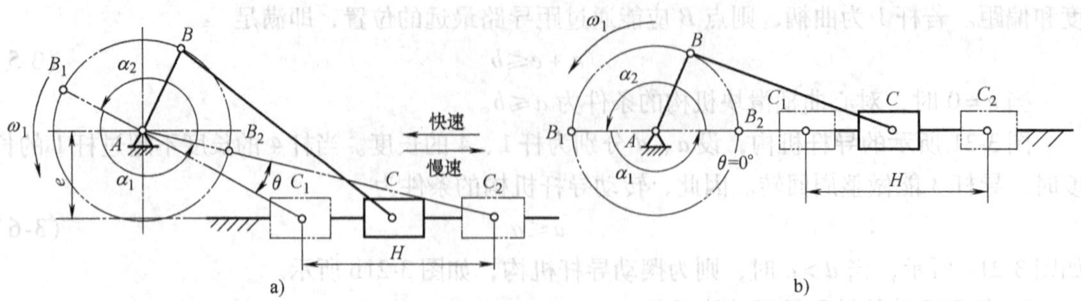

图 3-23 曲柄滑块机构的急回特性

a）偏置曲柄滑块机构（$\theta \neq 0°$） b）对心曲柄滑块机构（$\theta = 0°$）

1）原动件做等速整周回转运动。

2）输出件做往返两行程的运动。

3）极位夹角 $\theta > 0°$。

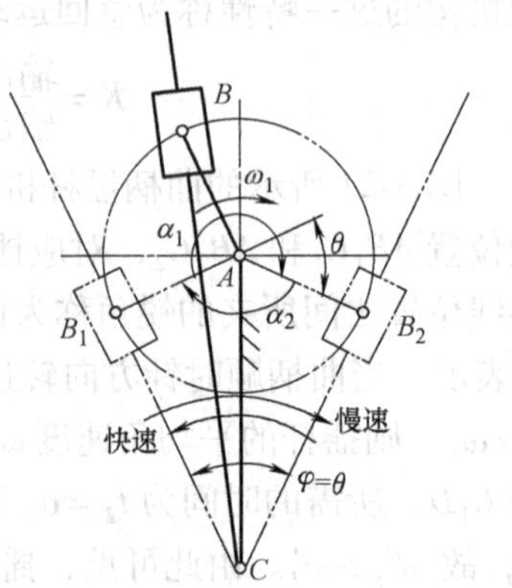

图 3-24 摆动导杆机构的急回特性

二、传力特性

1. 压力角和传动角

在生产中要求所设计的连杆机构不但能实现预期的运动，而且还希望在传递功率时有良好的传动性能。如图 3-25 所示曲柄摇杆机构，若不考虑构件惯性力、重力及运动副中摩擦力等的影响，原动件曲柄通过连杆作用于从动件摇杆上的力 $\boldsymbol{F}$ 沿连杆 BC 线方向。它与其作用点 C 的绝对速度 v_C 之间所夹的锐角 α 称为压力角。力 $\boldsymbol{F}$ 在速度 v_C 方向的有效分力 $F_t = F\cos\alpha$；而在 v_C 垂直方向的分力 $F_n = F\sin\alpha$，F_n 仅在转动副 D 中产生附加径向压力，增加摩擦阻止从动件摇杆的运动，所以是有害分力。力 $\boldsymbol{F}$ 与 F_n 之间所夹的锐角 γ 称为传动角，它与压力角 α 互为余角，$\gamma = 90° - \alpha$。显然，压力角 α 越小，传动角 γ 越大，有效分力 F_t 越大，有害分力 F_n 越小，对机构的传动越有利。所以压力角 α、传动角 γ 的大小反映机构对力的有效利用程度。由于连杆机构的传动角 γ 借助于连杆 BC 与摇杆 CD 之间的夹角可较方便地确定，所以在连杆机构中常用传动角的大小来衡量机构的传力质量。但是在机构的运动过程中传动角的大小是变化的，为了保证机构传动良好，设计时通常应满足最小传动角 $\gamma_{min} \geqslant 40°$。对于高速和大功率的传动机械，应满足 $\gamma_{min} \geqslant 50°$。为此需要找出最小传动角 γ_{min}。

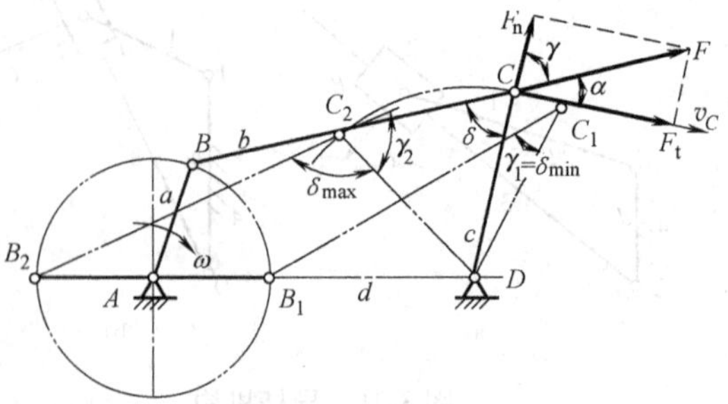

图 3-25 曲柄摇杆机构压力角和传动角

如图 3-25 所示，设连杆与从动摇杆的夹角为 δ，则

当 $\delta \leqslant 90°$ 时，$\gamma = \delta$，$\gamma_{min} = \delta_{min}$。

当 $\delta > 90°$ 时，$\gamma = 180° - \delta$，$\gamma_{min} = 180° - \delta_{max}$。

因此，δ 的极值位置即机构最小传动角的位置。由图 3-25 可知，当主动曲柄 AB 转到与

机架 AD 重叠共线和拉直共线两位置 AB_1、AB_2 时，δ 出现极值，即

$$\delta_{\min} = \arccos \frac{b^2 + c^2 - (d-a)^2}{2bc} \tag{3-8}$$

$$\delta_{\max} = \arccos \frac{b^2 + c^2 - (d+a)^2}{2bc} \tag{3-9}$$

故机构的最小传动角　　$\gamma_{\min} = \delta_{\min}$　（$\delta_{\max} \leqslant 90°$）

或　　$\gamma_{\min} = \min\{\delta_{\min}, 180° - \delta_{\max}\}$　（$\delta_{\max} > 90°$）

曲柄滑块机构中，以曲柄为原动件时，机构的压力角和传动角如图 3-26 所示。最小传动角 $\gamma_{\min}$ 出现在曲柄 AB 与滑块导路垂直并且与铰链 A 位于导路同侧的位置 AB' 处。

以曲柄为原动件时，导杆机构的压力角和传动角如图 3-27 所示。机构在任意位置导杆所受驱动力 $\boldsymbol{F}$ 的方向与导杆在 B 点的速度 v_{B3} 方向总是相同，所以机构压力角 $\alpha = 0°$，传动角恒为 90°。可见导杆机构有较好的传力性能，常用于重载机械中，如牛头刨床等。必须注意，当以导杆为原动件时，机构的压力角和传动角则随机构的位置而变化。

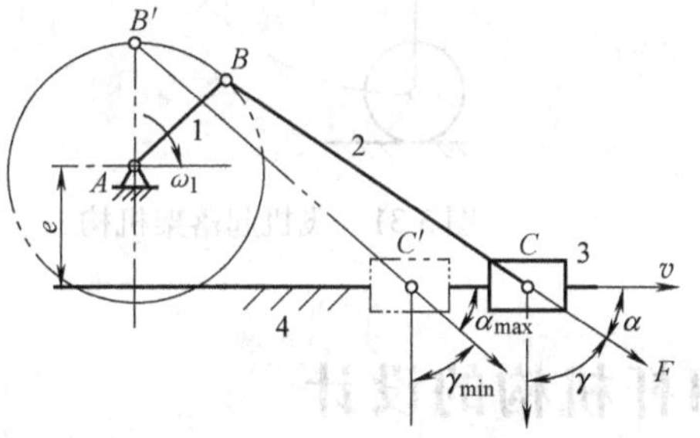

图 3-26　曲柄滑块机构的压力角和传动角

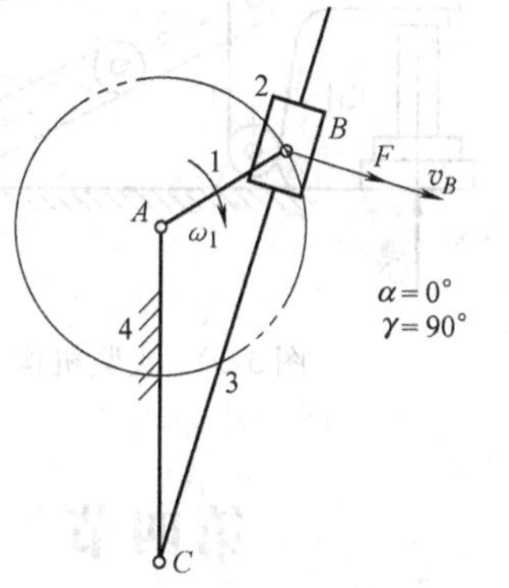

图 3-27　导杆机构的压力角和传动角

由以上分析可见，传动角的大小不仅与机构中各杆的长度有关，而且与机构的位置也有关。因此，可以利用机构在传动角较大的位置进行工作以节省动力。

2. 机构的死点位置

机构的压力角 $\alpha = 90°$（或传动角 $\gamma = 0°$）时，机构所处的位置称为机构死点位置。

如图 3-28 所示的曲柄摇杆机构，若以往复运动的摇杆为原动件，当其处于两极限位置时，对应连杆与从动件的拉直和重叠两次共线，此时，机构的压力角 $\alpha = 90°$，传动角 $\gamma = 0°$，原动件 CD 通过连杆 BC 作用于从动件 AB 上的力恰好通过其回转中心，有效分力为零，致使出现曲柄不能转动的"顶死"现象。由此可以看出，只有以往复运动构件为原动件时，机构才有死点位置。以曲柄摇杆机构的摇杆、曲柄滑块机构的滑块、摆动导杆机构的导杆为原动件时，机构才有死点位置，机构的死点位置即机构的极限位置。若以曲柄为原动件，机构无死点位置。

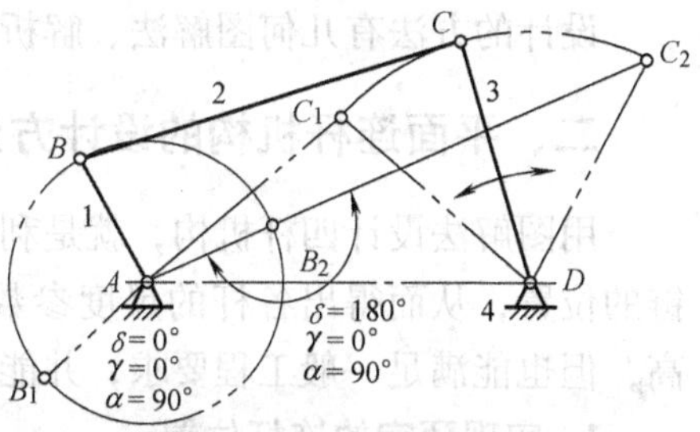

图 3-28　曲柄摇杆机构的死点位置

对于传动机构，死点位置是不利的，应该采取措施使机构顺利通过此位置而正常运转。

为此可借助于从动件的惯性作用闯过死点位置，图 3-4 所示的缝纫机踏板机构就是借助于大带轮的惯性通过死点位置的；也可以采用将两组以上相同机构错位排列的方法组合使用，如图 3-29 所示的车轮联动机构就是利用两侧的曲柄滑块机构错位排列相互克服死点位置。

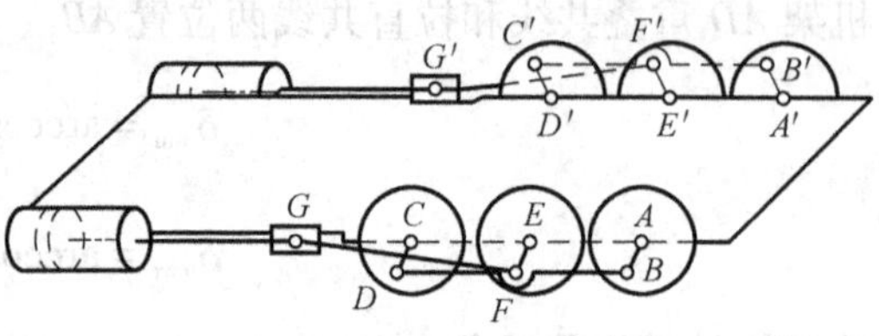

图 3-29　车轮联动机构

在工程实际中，也常常利用机构的死点位置来实现特定的工作要求。图 3-30 所示的夹紧机构即为连杆式快速夹具，其利用死点位置夹紧工件。图 3-31 所示的飞机起落架机构，在机轮放下时，杆 BC 与 CD 共线，机构处于死点位置，故机轮着地时产生的巨大冲击力不会使其折回，从而保持支撑状态安全可靠。

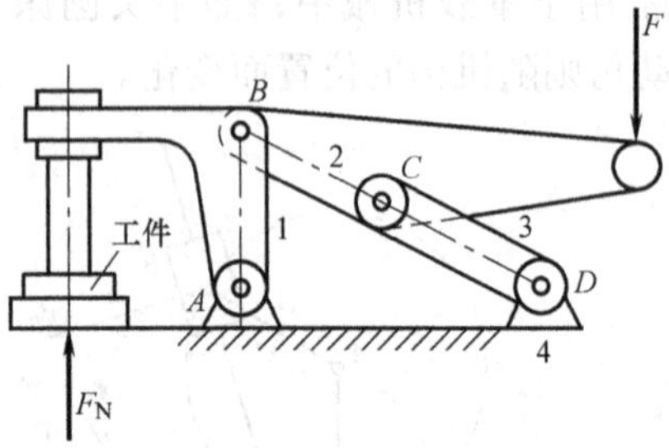

图 3-30　夹紧机构

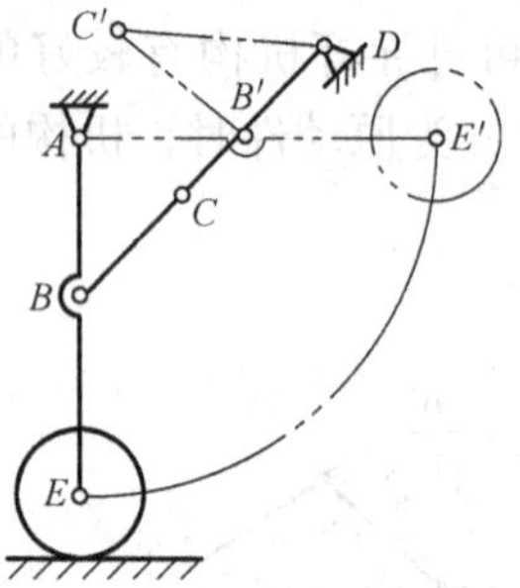

图 3-31　飞机起落架机构

第四节　平面四杆机构的设计

一、平面连杆机构设计的基本问题

平面连杆机构的设计是根据工作要求选定机构的类型，并按运动要求、传力要求确定机构运动学尺寸，即设计机构运动简图。根据生产实践中机械的用途和性质不同，设计问题是各种各样的，但归纳起来通常为实现预定的运动规律和实现预定的运动轨迹两大类。

设计的方法有几何图解法、解析法和实验法。下面仅介绍图解法。

二、平面连杆机构的设计方法

用图解法设计四杆机构，就是利用各铰链之间相对运动的几何关系，通过作图确定各铰链的位置，从而得出各杆的尺度参数。它的特点是直观、清晰、简明易懂，虽然精确度不高，但也能满足一般工程要求，并能为解析法精确求解和优化设计提供初始解。

1. 实现预定的连杆位置

如图 3-32 所示的加热炉炉门机构，连杆 BC 即为炉门。要求炉门（连杆）能实现关闭时在铅垂位置 $B_1C_1(E_1)$，打开时在水平位置 $B_2C_2(E_2)$，便于进料。

如图 3-33 所示，已知连杆上活动铰链中心 B、C 的位置，要求机构在运动过程中连杆依次经过预定的三个位置 B_1C_1、B_2C_2、B_3C_3。

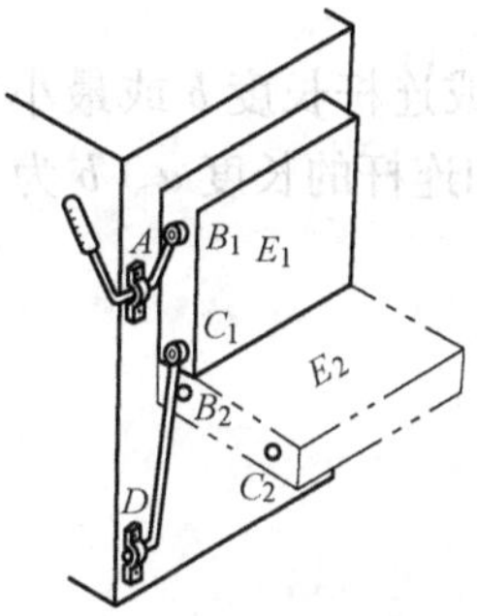

图 3-32　加热炉炉门机构

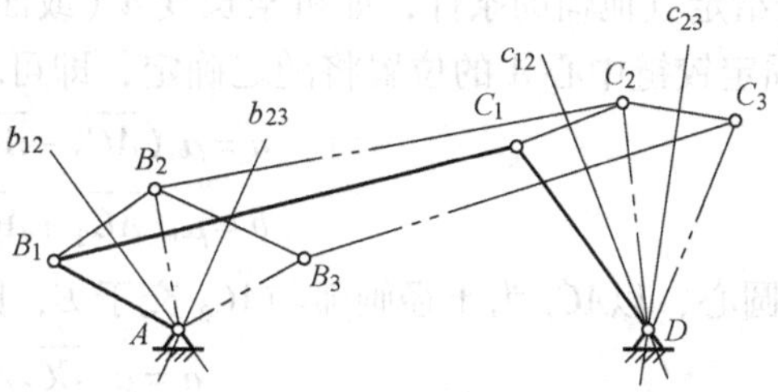

图 3-33　按连杆的预定位置设计四杆机构

1）分析。设计任务是确定两固定铰链中心 A、D 的位置。由于铰链四杆机构中，活动铰链 B、C 分别以固定铰链中心 A、D 为圆心做圆周运动。因此 A 在诸 B 点连线的中垂线上，D 则在诸 C 点连线的中垂线上。

2）设计步骤，如图 3-33 所示。连接 B_1B_2、B_2B_3，分别作中垂线 b_{12}、b_{23}，其交点即为铰链中心 A。同理作 C_1、C_2、C_3连线的中垂线 c_{12}、c_{23}，其交点即为铰链中心 D。AB_1C_1D 即为所求。

3）讨论。

① 若已知连杆的三个位置时，得到唯一的解。

② 若已知连杆的两个位置时，可得到无穷多解，无穷多解为工程实际提供方便，可供设计者选择合适的解。

③ 当 B、C 铰链中的其中之一位于一条直线上时，其中垂线平行，连架杆平动，得到滑块机构。

2. 实现预定的急回运动

具有急回运动的四杆机构有曲柄摇杆机构、曲柄滑块机构和摆动导杆机构等。

（1）曲柄摇杆机构

1）已知摇杆的长度 c、摆角 φ，要求满足行程速比系数 K。

2）分析。如图 3-34 所示，当摇杆 CD 处于两极限位置 C_1D、C_2D 时，曲柄 AB 处于与连杆共线的两位置 AB_1、AB_2，并且两线之间的夹角为极位夹角 θ。因此设计的关键是确定满足 θ 角的固定铰链中心 A 的位置。

3）设计步骤。

① 根据行程速比系数 K，按式（3-7）计算极位夹角 $\theta=180°(K-1)/(K+1)$。

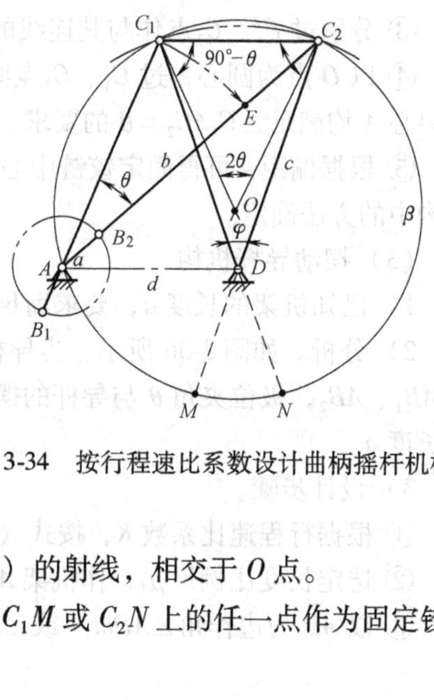

图 3-34　按行程速比系数设计曲柄摇杆机构

② 选定长度比例尺 μ_1，按已知的摇杆长度 c 及摆角 φ 作摇杆的两极限位置 C_1D、C_2D。

③ 分别过 C_1、C_2点作与其连线的夹角为（$90°-\theta$）的射线，相交于 O 点。

④ 以 O 点为圆心，过 C_1、C_2点画圆 β，则在圆弧 C_1M 或 C_2N 上的任一点作为固定铰链

中心 A 均满足 $\angle C_1AC_2=\theta$ 的要求，故有无穷多解。

⑤ 若给定其他辅助条件，如机架长度 d（或曲柄长度 a 或连杆长度 b 或最小传动角 γ_{min} 等），则固定铰链中心 A 的位置将随之确定，即可求得曲柄和连杆的长度 a、b 为

$$a=\mu_1(\overline{AC_2}-\overline{AC_1})/2$$

$$b=\mu_1(\overline{AC_2}+\overline{AC_1})/2$$

或以 A 为圆心，以 AC_1 为半径画弧与 AC_2 交于 E，则

$$a=\mu_1\overline{EC_2}/2$$

$$b=\mu_1\overline{AC_2}-a$$

4）注意。为保证机构运动的连续性，固定铰链中心 A 不可选在劣弧段 MN 上，否则当摇杆运动至与机架 AD 共线位置时，运动不确定；当固定铰链中心 A 在弧段 C_1M（或 C_2N）上，向 M(或 N)点靠近时最小传动角 γ_{min} 逐渐减小趋于零，因此铰链中心 A 应远离 M(或 N)点，有利于增大最小传动角 γ_{min}。

（2）曲柄滑块机构

1）已知滑块的行程 H、导路的偏距 e，要求满足行程速比系数 K。

2）分析。如图 3-35 所示，当滑块 C 处于两极限位置 C_1、C_2 时，曲柄 AB 处于与连杆共线的两位置 AB_1、AB_2，并且两线之间的夹角为极位夹角 θ。因此设计的关键是确定满足 θ 角的固定铰链中心 A 的位置。

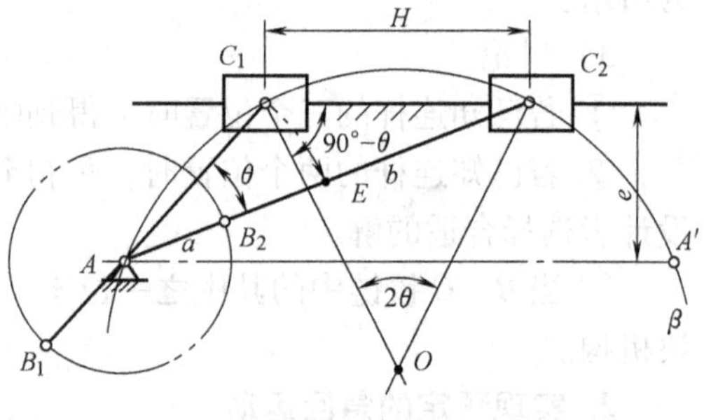

图 3-35　按行程速比系数设计曲柄滑块机构

3）设计步骤。

① 根据行程速比系数 K，按式（3-7）计算极位夹角 $\theta=180°(K-1)/(K+1)$。

② 选定长度比例尺 μ_1，按已知滑块的行程 H 作滑块的两极限位置 C_1、C_2。

③ 分别过 C_1、C_2 点作与其连线的夹角为（$90°-\theta$）的射线，相交于 O 点。

④ 以 O 点为圆心，过 C_1、C_2 点画圆 β，则此圆上除劣弧 C_1C_2 以外的任一点作为固定铰链中心 A 均满足 $\angle C_1AC_2=\theta$ 的要求。

⑤ 根据偏距 e 可得固定铰链中心 A 的位置，曲柄和连杆的长度 a、b 可用上述曲柄摇杆机构中的方法确定。

（3）摆动导杆机构

1）已知机架的长度 d，要求满足行程速比系数 K。

2）分析。如图 3-36 所示，当导杆处于两极限位置时，曲柄 AB 处于与导杆垂直的两位置 AB_1、AB_2，极位夹角 θ 与导杆的摆角 φ 相等，因此设计该机构所需确定的尺寸是曲柄 AB 的长度 a。

3）设计步骤。

① 根据行程速比系数 K，按式（3-7）计算极位夹角 $\theta=180°(K-1)/(K+1)$。

② 选定长度比例尺 μ_1，作机架 $AD=d/\mu_1$。

③ 以 AD 为边作角 $\angle ADm$（或 $\angle ADn$）$=\theta/2=\varphi/2$。

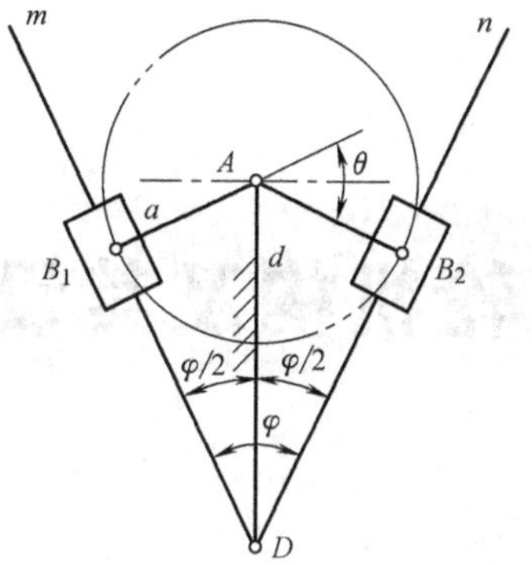

图 3-36　按行程速比系数设计摆动导杆机构

④ 过 A 点作导杆的极限位置 Dm（或 $\angle ADn$）的垂线 AB_1（或 AB_2），即得曲柄长度

$$a = \mu_1 \overline{AB_1}$$

平面连杆机构实现预定运动轨迹的设计方法可参阅机械原理教材。

本章学习要点

1）通过平面四杆机构的演化，了解各类四杆机构的内在联系和机构创新设计的基本方法。

2）掌握平面四杆机构的基本知识，包括结构特点、运动特性和传力特性。

① 四杆机构曲柄存在的条件：存在整转副——即满足杆长条件；以最短杆为连架杆或机架。

② 输出构件的急回特性。急回特性是在对原动件等速回转、输出件做往复运动的机构分析而得出的。机构具有急回特性的条件是极位夹角 $\theta \neq 0°$，且输出件的工作行程与主动件的转动方向相关。

③ 压力角和传动角。压力角和传动角是表征机构传力性能的参数，曲柄摇杆机构中摇杆的最大压力角 α_{max} 或最小传动角 γ_{min} 出现在原动曲柄与机架共线的两位置之一；曲柄滑块机构中滑块的最大压力角 α_{max} 或最小传动角 γ_{min} 出现在原动曲柄与导路垂直的位置；导杆机构中导杆的压力角 α 或传动角 γ 恒为常数。

④ 机构死点位置。死点位置出现在以往复运动的构件为原动件且处于两极限位置（从动件与连杆共线，即 $\gamma = 0°$）时的情况。

3）平面四杆机构的设计方法。图解法设计机构，关键是利用未知铰链与已知条件之间的几何关系作图求解。

第四章 凸轮机构及其设计

提示 本章介绍了凸轮机构的分类和应用、从动件的运动规律、图解法设计直动从动件盘形凸轮轮廓曲线以及凸轮机构基本尺寸的确定等问题。重点是用反转原理图解法设计凸轮轮廓曲线。

第一节 凸轮机构的分类和应用

一、凸轮机构的组成

凸轮机构是由凸轮、从动件和机架三个基本构件组成的一种常用机构。

图 4-1 所示为内燃机中的配气凸轮机构。绕定轴 O 转动具有曲线轮廓的构件 1 为凸轮，气阀 2 为从动件，构件 3 为内燃机壳体即机架。当主动件凸轮 1 连续等速转动时，其曲线轮廓通过与气阀的平底接触，使气阀有规律地开启和关闭，从而达到控制燃烧室中进、排气的功能。

图 4-2 所示为自动机床的进刀机构。具有曲线沟槽的圆柱形构件 1 为圆柱凸轮，当它绕其轴线等速回转时，其上曲线沟槽的侧面推动从动件 2 绕 O 点做往复摆动，通过扇形齿轮驱动刀架实现进刀或退刀运动。

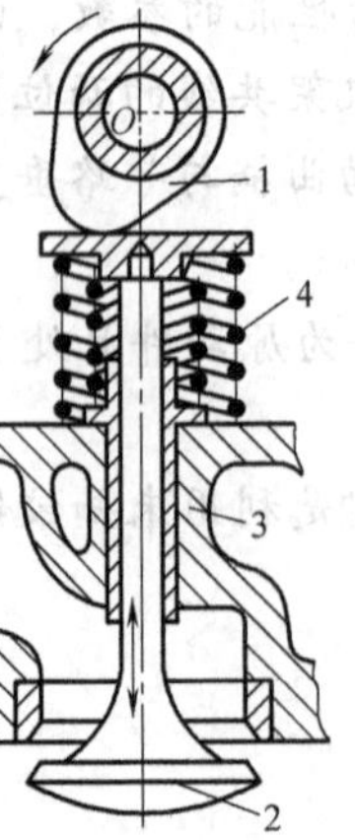

图 4-1 内燃机中的配气凸轮机构

1—凸轮 2—气阀 3—内燃机壳体 4—弹簧

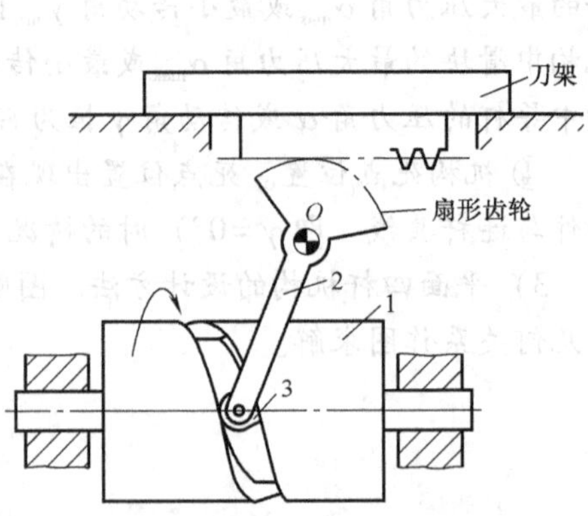

图 4-2 自动机床的进刀机构

1—圆柱凸轮 2—从动件 3—滚子

由以上两个实例可以看出，凸轮是一个具有特定曲线轮廓或沟槽的构件，一般为主动件，当它运动时，通过其上的特定曲线轮廓或沟槽与从动件高副接触，使从动件获得预期的运动规律。

二、凸轮机构的分类

根据凸轮机构的结构或运动特点，常采用以下几种方法进行分类。

1. 按凸轮的形状分类

（1）盘形凸轮　盘形凸轮的形状，如图 4-1 和图 4-3a 所示。凸轮呈盘状，具有变化的半径而形成的曲线轮廓。当其绕固定轴线转动时，通过高副接触推动从动件在垂直于凸轮轴线的平面内运动。这种凸轮结构简单，应用广泛。

（2）移动凸轮　当盘形凸轮的回转中心趋于无穷远时，就演化成了图 4-3b 所示的移动凸轮。凸轮呈板状，相对机架做往复直线移动。

盘形凸轮和移动凸轮与从动件之间的运动在同一平面内，且凸轮轮廓线为平面曲线，故称为平面凸轮机构。

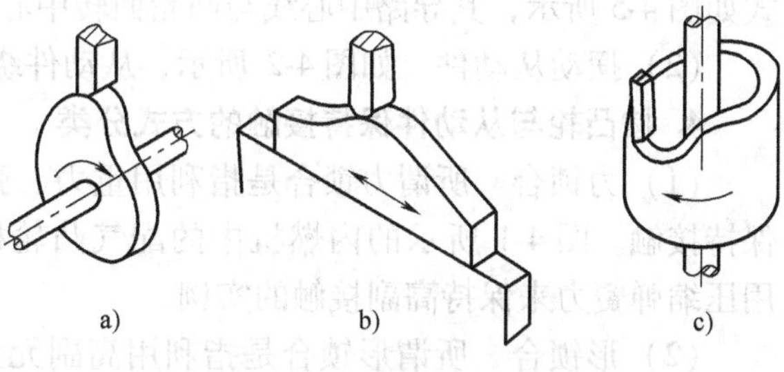

图 4-3　凸轮的形状

a）盘形凸轮　b）移动凸轮　c）圆柱凸轮

（3）圆柱凸轮　圆柱凸轮的形状，如图 4-2 和图 4-3c 所示，可以看成是把上述移动凸轮卷成圆柱体演化而成。由于凸轮与从动件之间的相对运动为空间运动，且凸轮轮廓线在圆柱体表面为空间曲线，故称为空间凸轮机构。

2. 按从动件端部的形状分类

（1）尖底从动件　如图 4-4a 所示，从动件与凸轮轮廓线接触的部分为尖底形状，其能够与任意复杂形状的凸轮轮廓线保持接触，可以精确实现任意复杂的运动规律。这种从动件结构最简单，但由于尖底处接触应力大，易于磨损，故只适用于速度较低和传力较小的场合，如用于仪器仪表等机构中。

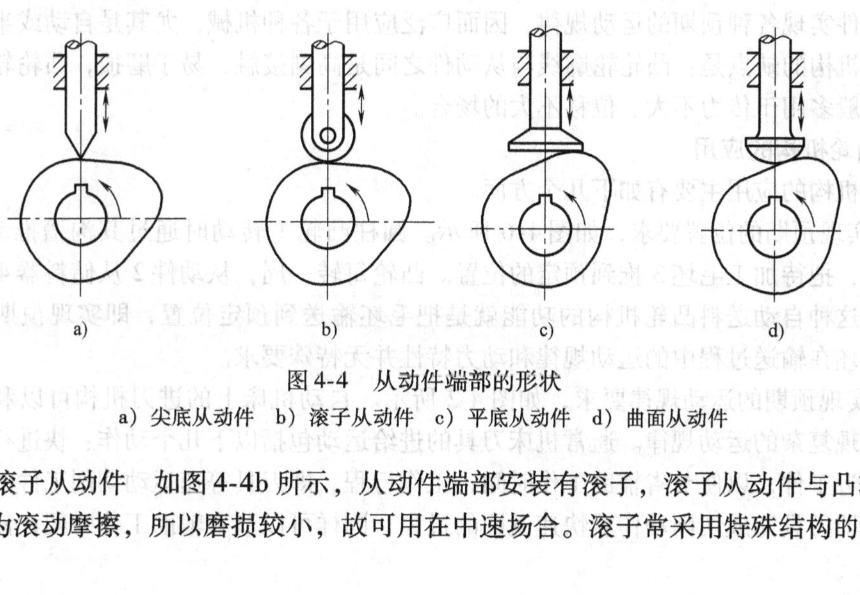

图 4-4　从动件端部的形状

a）尖底从动件　b）滚子从动件　c）平底从动件　d）曲面从动件

（2）滚子从动件　如图 4-4b 所示，从动件端部安装有滚子，滚子从动件与凸轮轮廓线之间主要为滚动摩擦，所以磨损较小，故可用在中速场合。滚子常采用特殊结构的滚动轴承连接在从动件的销轴上。滚子从动件应用较广。

（3）平底从动件　如图 4-4c 所示，从动件端部为平底形状，平底从动件与凸轮轮廓线接触处形成楔形间隙，故易形成油膜，润滑较好，所以常用于高速传动中，如用于内燃机中的配气凸轮机构中（图 4-1）。但其缺点是凸轮廓线不能内凹，因此运动规律受到限制。

（4）曲面从动件　为了克服尖底从动件接触应力大、易于磨损的缺点，可以把从动件的端部做成曲面形状，如图 4-4d 所示，即为曲面从动件。

3. 按从动件的运动形式分类

（1）直动从动件　从动件相对机架做往复直线移动，并可分为对心直动式和偏置直动式两种形式。对心直动式如图 4-1 所示，从动件导路中心线通过凸轮回转中心 O。偏置直动式如图 4-5 所示，其导路中心线与凸轮回转中心 O 之间偏置一段距离，e 称为偏距。

（2）摆动从动件　如图 4-2 所示，从动件绕其固定轴线 O 做往复摆动。

4. 按凸轮与从动件保持接触的方式分类

（1）力锁合　所谓力锁合是指利用重力、弹簧力或其他外力使从动件与凸轮轮廓始终保持接触。图 4-1 所示的内燃机中的配气凸轮机构是利用压缩弹簧力来保持高副接触的实例。

（2）形锁合　所谓形锁合是指利用高副元素本身的几何形状使从动件与凸轮轮廓始终保持接触。图 4-5 所示的沟槽凸轮机构就是形锁合的一种，凸轮轮廓曲线是在一个圆盘上加工出来的沟槽，从动件的滚子置于沟槽中，依靠沟槽两侧的轮廓曲线使从动件与凸轮在运动过程中始终保持接触。这种封闭方式结构简单，其缺点是凸轮的尺寸和重量较大。

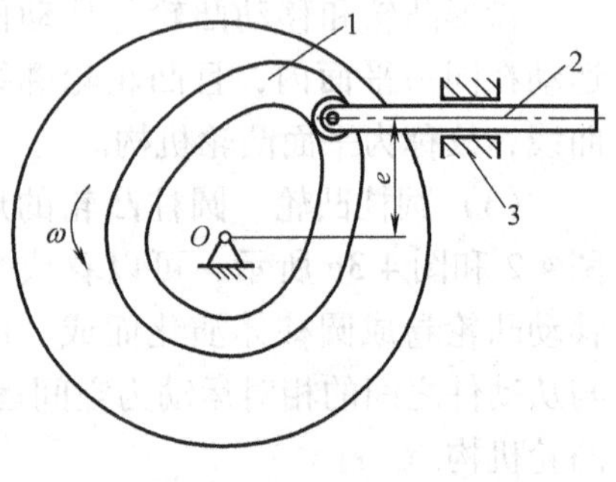

图 4-5　沟槽凸轮机构

1—凸轮　2—从动件　3—机架

三、凸轮机构的特点和应用

1. 凸轮机构的特点

凸轮机构的优点是：结构简单、紧凑，工作可靠，通过合理设计凸轮的轮廓线形状，可以使从动件实现各种预期的运动规律，因而广泛应用于各种机械，尤其是自动或半自动机械中。凸轮机构的缺点是：凸轮轮廓线与从动件之间是高副接触，易于磨损，凸轮轮廓制造较困难，一般多用于传力不大、位移不大的场合。

2. 凸轮机构的应用

凸轮机构的应用主要有如下几个方面。

1）实现预期的位置要求，如图 4-6 所示。圆柱凸轮 1 转动时通过其沟槽推动从动件 2 往复移动，把待加工毛坯 3 推到预定的位置。凸轮每转一周，从动件 2 从储料器 4 中推出一个毛坯。这种自动送料凸轮机构的功能就是把毛坯输送到预定位置，即实现预期的位置要求，对毛坯在输送过程中的运动规律和动力特性并无特殊要求。

2）实现预期的运动规律要求，如图 4-2 所示。自动机床上的进刀机构可以利用圆柱凸轮机构实现复杂的运动规律。通常机床刀具的进给运动包括以下几个动作：快进行程，即刀具快速接近工件，以便节省辅助工作时间；工作行程，即刀具等速运动切削工件的过程；快回行程，即刀具完成切削动作后快速返回的过程，同样可以节省辅助工作时间；停歇，即刀具复位后停歇一段时间，给更换工件等留出时间，然后开始下一个运动循环。像这样一个复杂的运动规律，就是由图4-2所示的摆动从动件圆柱凸轮机构来实现的。

3）实现预期的运动与动力特性要求，如图4-1所示。在内燃机高速运转下，要求该配气凸轮机构在非常短的时间内准确地实现气阀的开启和关闭，以控制燃气在适当的时间内进入气缸和排出废气。这就要求凸轮机构必须具有良好的动力学性能。只要凸轮轮廓线设计得合理，就可以满足气阀快速启闭、进排气充分的运动学和动力学要求。

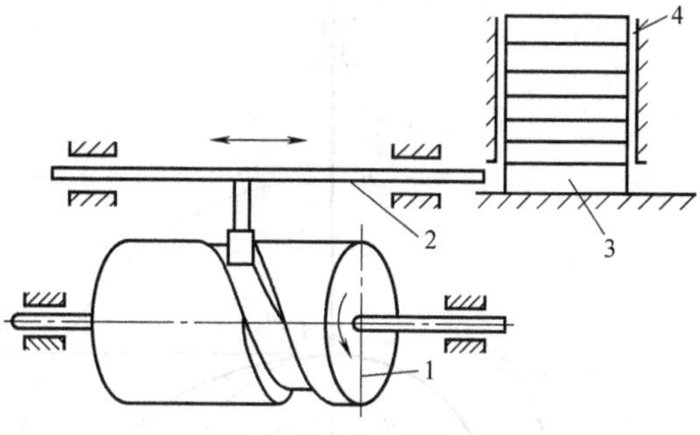

图4-6　自动送料凸轮机构

1—圆柱凸轮　2—从动件　3—待加工毛坯　4—储料器

第二节　从动件的运动规律

在凸轮机构的类型与结构尺寸确定的情况下，从动件运动规律的实现依赖于凸轮轮廓线形状，即凸轮轮廓线形状与从动件的运动规律之间具有确定的对应关系。设计凸轮轮廓线时，首先要根据工作要求和使用场合，选择或设计合适的从动件运动规律。

一、基本概念

图4-7a所示为尖底直动从动件盘形凸轮机构。下面通过分析该凸轮机构一个运动循环中凸轮与从动件之间的相对运动情况，介绍凸轮机构的基本概念。

1. 从动件的运动规律

从动件的运动规律是指在凸轮轮廓线的推动下，从动件的位移 s、速度 v、加速度 a 随时间 t 变化的规律，常用图线表示，又称为从动件运动线图。

一般假定凸轮匀速转动，凸轮转角 φ 与时间 t 成正比，所以从动件的运动规律又可表示为凸轮转角 φ 的函数。图4-7b所示为尖底直动从动件的位移曲线 s-φ。

2. 凸轮的基圆

如图4-7a所示，以凸轮回转中心 O 为圆心，以凸轮轮廓的最小半径 r_0 为半径所作的圆称为凸轮的基圆，r_0 称为基圆半径。当从动件的尖底与基圆圆弧部分接触时，从动件处于位移的起始位置。

3. 推程与推程角 Φ 以及行程 h

当凸轮轮廓线上 AB 段与从动件接触时，推动从动件沿导路由起始位置 A 运动到离凸轮轴心最远的位置 B'，这一运动过程称为推程。此过程对应的凸轮转角 Φ 称为推程角。从动件沿导路移动的最大位移 h 称为行程。

4. 远休止与远休止角 Φ_s

当凸轮轮廓线上的圆弧线段 BC 与从动件接触时，从动件在距凸轮轴心最远的位置 B' 处静止不动，这一过程称为远休止。此过程对应的凸轮转角 Φ_s 称为远休止角。

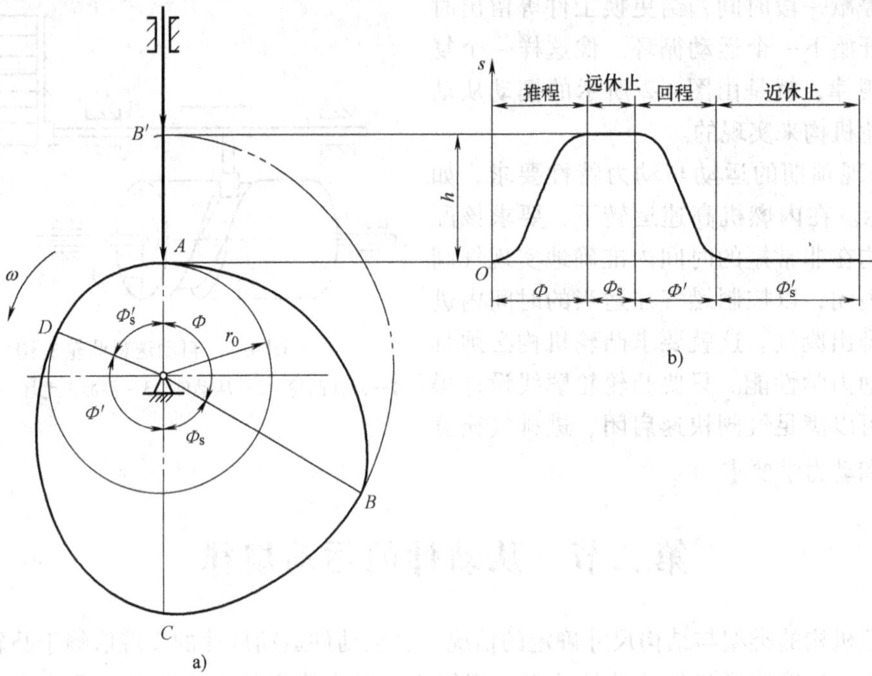

图 4-7 尖底直动从动件盘形凸轮机构及尖底直动从动件的位移曲线 s-φ

a）尖底直动从动件盘形凸轮机构 b）尖底直动从动件的位移曲线 s-φ

5. 回程与回程角 Φ'

当凸轮廓线上 CD 段与从动件接触时，从动件在重力或弹簧力的作用下由最远位置返回到位移的起始位置，这一运动过程称为回程。此过程对应的凸轮转角 Φ' 称为回程角。

6. 近休止与近休止角 Φ_s'

当凸轮轮廓线上对应的基圆圆弧 DA 与从动件接触时，从动件处于位移的起始位置 A 处静止不动，这一过程称为近休止。此过程对应的凸轮转角 Φ_s' 称为近休止角。当凸轮继续回转时，从动件又重复进行升→停→降→停的运动循环。

二、从动件的常用运动规律

在工程实际中对从动件的运动要求是多种多样的，经过长期的理论研究和生产实践，人们发现了多种具有不同运动特性的运动规律，主要有等速运动、等加速等减速运动、高次多项式运动、简谐运动和摆线运动等。下面只介绍等速运动、等加速等减速运动和简谐运动及特点。

1. 等速运动规律

设凸轮以等角速度 ω 转动，在推程时，凸轮的推程角为 Φ，从动件的行程为 h，等速运动规律的表达式为

$$\begin{cases} s=\dfrac{h}{\Phi}\varphi \\ v=\dfrac{h\omega}{\Phi} \qquad (0\leqslant\varphi\leqslant\Phi) \\ a=0 \end{cases} \tag{4-1}$$

同理，从动件回程时的运动表达式为

$$\begin{cases} s=h\left(1-\dfrac{\varphi}{\Phi'}\right) \\ v=-\dfrac{h\omega}{\Phi'} \qquad (0\leqslant\varphi\leqslant\Phi) \quad (4\text{-}2) \\ a=0 \end{cases}$$

注意，凸轮的转角 φ 总是从该运动过程的起始位置计量。

图 4-8 所示为推程段的运动线图。由图 4-8 可知，从动件在运动开始和终止的瞬间，因速度有突变，所以这时从动件在理论上将产生无穷大的加速度和惯性力，因而会使凸轮机构受到极大的冲击。这种由于加速度无穷大而产生的冲击称为刚性冲击。当然，由于实际凸轮机构中构件的弹性、阻尼等因素作用，惯性力不可能无穷大，但是惯性力也是相当大的。因此，等速运动规律通常只适用于低速轻载的场合，或要求从动件实现等速运动的场合，如图 4-2 所示的自动机床的进刀机构。

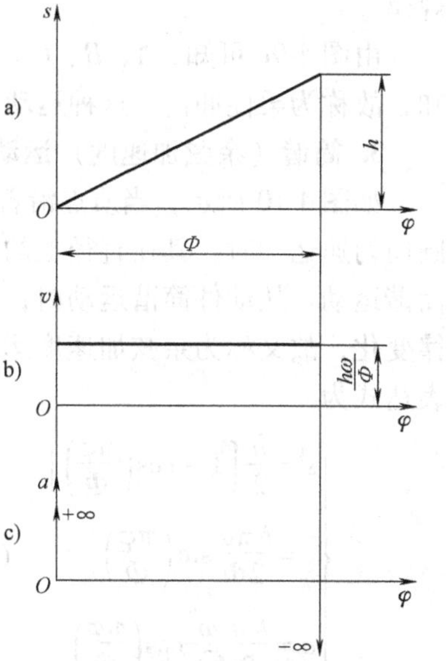

图 4-8 推程段的运动线图

a）位移曲线 b）速度曲线 c）加速度曲线

2. 等加速等减速运动规律

为了保证凸轮机构运动的平稳性，工程中通常采用的是：在一个运动行程中（推程或回程），前半段采用等加速运动，后半段采用等减速运动。推程等加速段和等减速段的运动表达式，见式（4-3）和式（4-4）。

$$\begin{cases} s=\dfrac{2h}{\Phi^2}\varphi^2 \\ v=\dfrac{4h\omega}{\Phi^2}\varphi \quad (0\leqslant\varphi\leqslant\Phi/2) \qquad (4\text{-}3) \\ a=\dfrac{4h\omega^2}{\Phi^2} \end{cases}$$

在此阶段，从动件的位移 s 与凸轮转角 φ 的平方成正比，故其位移曲线为图 4-9a 所示一段向上凸的抛物线。

$$\begin{cases} s=h-\dfrac{2h}{\Phi^2}(\Phi-\varphi)^2 \\ v=\dfrac{4h\omega}{\Phi^2}(\Phi-\varphi) \, (\Phi/2\leqslant\varphi<\Phi) \qquad (4\text{-}4) \\ a=-\dfrac{4h\omega^2}{\Phi^2} \end{cases}$$

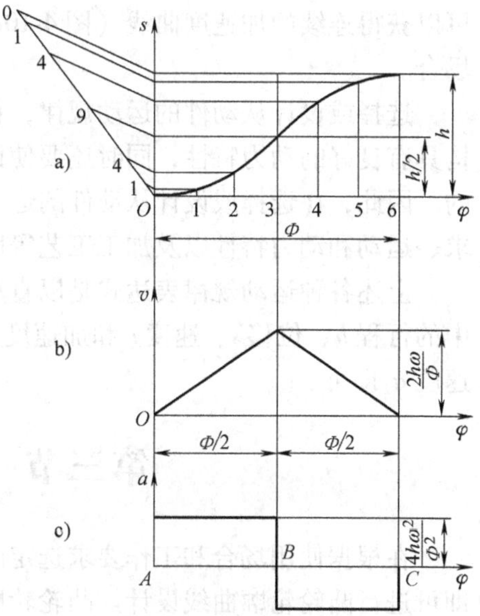

图 4-9 等加速等减速度运动线图

a）位移曲线 b）速度曲线 c）加速度曲线

在此阶段，从动件的位移曲线为图 4-9a 所示一段向下凹的抛物线，两段反向抛物线在中点处光滑相连，故等加速等减速运动规律又称为抛物线运动规律。

由图4-9c可知，A、B、C三点的加速度为一有限值突变，因而引起的冲击较小或较柔和，故称为柔性冲击。这种运动规律适用于中、低速轻载的场合。

3. 简谐（余弦加速度）**运动规律**

如图4-10所示，当质点沿着以行程h为直径的圆周匀速运动时，其在直径上的投影点的运动即为简谐运动。从动件简谐运动时，其加速度按余弦规律变化，故又称为余弦加速度运动。推程时的运动表达式为

$$\begin{cases} s = \dfrac{h}{2}\left[1 - \cos\left(\dfrac{\pi\varphi}{\Phi}\right)\right] \\ v = \dfrac{h\pi\omega}{2\Phi}\sin\left(\dfrac{\pi\varphi}{\Phi}\right) \\ a = \dfrac{h\pi^2\omega^2}{2\Phi^2}\cos\left(\dfrac{\pi\varphi}{\Phi}\right) \end{cases} \quad (0 \leqslant \varphi \leqslant \Phi) \quad (4\text{-}5)$$

回程时的运动表达式为

$$\begin{cases} s = \dfrac{h}{2}\left[1 + \cos\left(\dfrac{\pi\varphi}{\Phi'}\right)\right] \\ v = -\dfrac{h\pi\omega}{2\Phi'}\sin\left(\dfrac{\pi\varphi}{\Phi'}\right) \\ a = -\dfrac{h\pi^2\omega^2}{2\Phi'^2}\cos\left(\dfrac{\pi\varphi}{\Phi'}\right) \end{cases} \quad (0 \leqslant \varphi \leqslant \Phi') \quad (4\text{-}6)$$

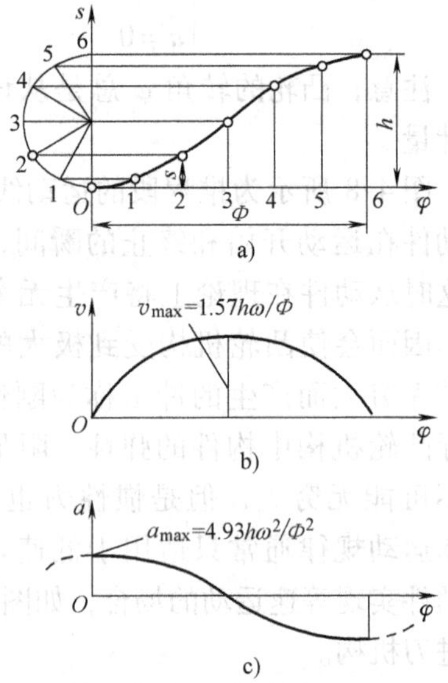

图4-10　简谐运动线图

a）位移曲线　b）速度曲线　c）加速度曲线

由图4-10c可知，在行程开始和终止位置，加速度有突变，故产生柔性冲击。只有当推程和回程均用余弦加速度运动规律，且远、近休止角为零，$\Phi = \Phi'$，即为升→降→升时，才可以获得连续的加速度曲线（图4-10c中虚线所示），不产生柔性冲击，因此也适用于高速场合。

选择或设计从动件的运动规律，首先需要满足机械的具体工作要求，其次还应使凸轮机构具有良好的动力特性，同时还要使设计的凸轮便于加工等。而这些要求又往往是相互制约的。因此，在选择或设计从动件的运动规律时，必须综合考虑使用场合、工作条件、工作要求、运动和动力特性以及加工工艺等因素，在满足主要因素的前提下，尽量兼顾其他因素。

上述各种运动规律表达式是以直动从动件为对象来推导的。对于摆动从动件，则应将式中的行程h、位移s、速度v和加速度a分别更换为行程角ψ_{max}、角位移ψ、角速度ω_2和角加速度a_2即可。

第三节　凸轮轮廓曲线设计

在根据使用场合和工作要求选定凸轮机构的类型、基圆半径以及从动件的运动规律后，即可进行凸轮轮廓曲线设计。凸轮轮廓曲线的设计方法有图解法和解析法，无论使用哪种方法，所依据的都是“反转原理”。本节首先介绍凸轮轮廓曲线设计的反转原理，然后介绍图解法设计凸轮轮廓曲线。

一、凸轮轮廓曲线设计的基本原理——反转原理

凸轮机构工作时，凸轮和从动件都在运动，为了在图纸上绘制出凸轮轮廓曲线，应该使凸轮相对图纸平面保持静止不动，为此，可采用反转法。下面以图 4-11 所示的对心尖底直动从动件盘形凸轮机构为例来说明此种方法的原理。

设凸轮以等角速度 ω 逆时针绕轴心 O 转动，其基圆半径 r_0及从动件的运动规律均为已知。图 4-11 中实线所示为凸轮与从动件处于推程的初始位置，凸轮轮廓曲线与从动件在 B_0点接触。当凸轮转过 φ_1角时，凸轮的半径 OB_0将转到 OB_0'的位置上，而凸轮轮廓曲线转到图 4-11 中双点画线所示的位置。这时从动件尖底从最低位置 B_0上升至 B'，上升的位移 $s_1=B_0B'$。此时从动件尖底与凸轮轮廓曲线在 B'点接触。

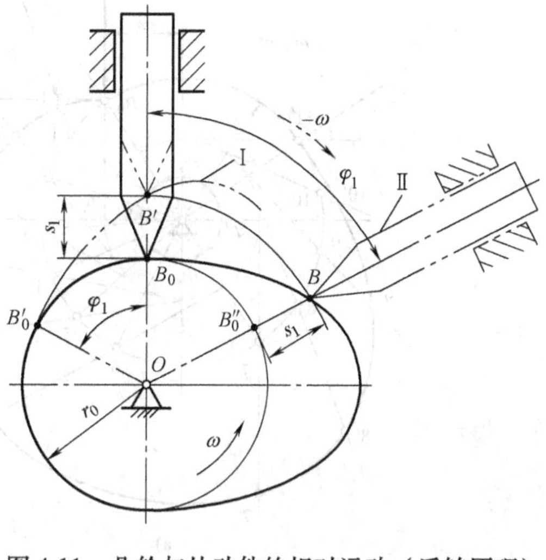

图 4-11　凸轮与从动件的相对运动（反转原理）

在这一过程中，如果给整个凸轮机构加上一个绕凸轮轴心 O 等值反向的角速度（$-\omega$），从动件与凸轮之间的相对运动并不改变，但凸轮将相对图纸固定不动，而从动件将一方面随导路一起以等角速度（$-\omega$）绕 O 点转动到 OB 位置，同时又按原有的运动规律在导路中相对机架移动距离 $s_1=B_0B'=B_0''B$，所以从动件做复合运动。由于从动件尖底始终与凸轮轮廓曲线保持接触，因此从动件尖底的运动轨迹即为凸轮的轮廓曲线。

由此，进行凸轮轮廓曲线设计时，根据从动件的运动规律依次确定出尖底在复合运动中所处的一系列位置，并将这些点连成光滑的曲线，即为所设计凸轮的轮廓曲线。由于这种方法是假定凸轮固定不动而使从动件连同机架一起反转，故称为反转法（或运动倒置法）。

凸轮机构的形式多种多样，反转法的原理适用于各种凸轮轮廓曲线的设计。

二、图解法设计凸轮轮廓曲线

1. 尖底从动件盘形凸轮

图 4-12 所示为偏置尖底直动从动件盘形凸轮机构。设已知凸轮的基圆半径为 r_0，从动件导路偏于凸轮轴心的右侧，偏距为 e，凸轮以等角速度 ω 逆时针方向转动，从动件位移曲线如图 4-11b 所示，试设计该凸轮的轮廓曲线。

运用反转法绘制偏置尖底直动从动件盘形凸轮轮廓曲线的方法和步骤如下。

1）选取与从动件位移曲线相同的的比例尺。以 O 点为圆心，r_0为半径作基圆，e 为半径作偏距圆。点 K 为从动件导路与偏距圆的切点，导路与基圆的交点 B_0即为从动件尖底的起始位置。

2）将位移曲线的推程角和回程角各分成若干等份（图 4-12 中，推程角为 6 等分，回程角为 4 等分）。

3）自 OB_0开始，按照反转法沿（$-\omega$）方向量取推程角 Φ、远休止角 Φ_s、回程角 Φ'、

近休止角 Φ'_s。将 Φ、Φ'分成与位移曲线对应的等份，在基圆上得 1、2、3、4、5、6 和 7、8、9、10 点。

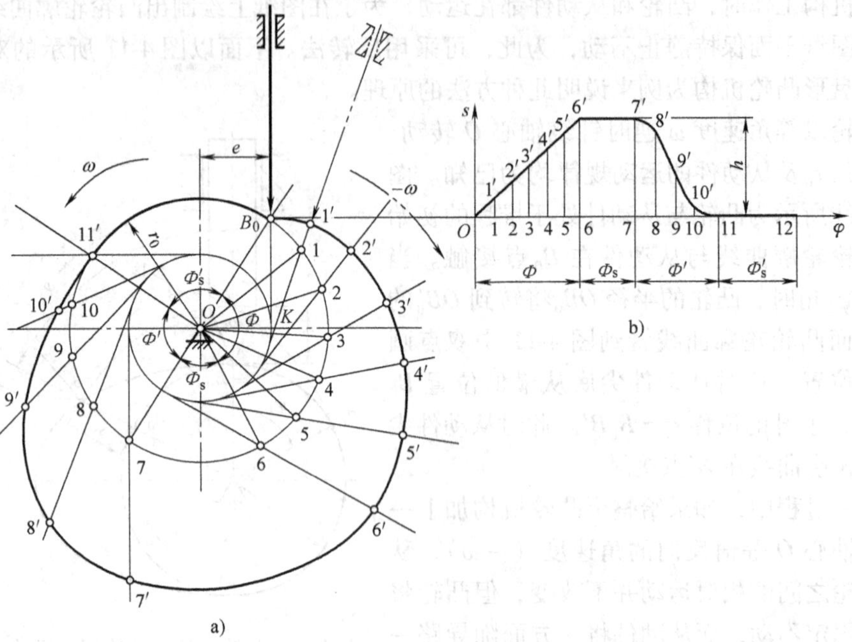

图 4-12　偏置尖底直动从动件盘形凸轮轮廓曲线的设计

a）轮廓曲线的设计　b）从动件位移曲线

4）过 1、2、3 等点作偏距圆的一系列切线，它们便是反转后从动件导路的一系列位置。

5）沿上面各切线自基圆量取从动件相应的位移量，即量取图 4-12a 上的 11′、22′、… 等于图 4-12b 上对应的 11′、22′、…，得反转后尖底的一系列位置 1′、2′、3′、…。

6）将 1′、2′、3′、…连成光滑曲线（6′点和 7′点之间以及 11 点和 B_0点之间均为以 O 点为圆心的圆弧），便得到所要求的凸轮轮廓曲线。

2. 滚子从动件盘形凸轮

对于图 4-13 所示偏置滚子直动从动件盘形凸轮机构，当用反转法使凸轮固定不动时，从动件的滚子在反转过程中，将始终与凸轮实际轮廓曲线 η'保持接触，而滚子中心将描绘出一条与凸轮实际轮廓曲线法向等距的曲线 η。由于滚子中心 B_0是从动件上的一个铰链点，所以它的运动规律就是从动件的运动规律，即曲线 η 可以根据从动件的位移曲线求出，进而可根据法向等距曲线的关系求出凸轮的实际轮廓曲线。具体作图步骤如下。

1）首先取滚子中心为参考点，将滚子中心 B_0假想为尖底从动件的尖端，按照上述尖底从动件凸轮轮廓曲线的作图方法作出曲线 η，这条曲线称为凸轮的理论轮廓曲线。

2）以理论轮廓曲线上各点为圆心，以滚子半径 r_r为半径，作一系列滚子圆，然后作这些滚子圆的内包络线 η'，即为凸轮的实际轮廓曲线，或称为凸轮的工作轮廓曲线。由此可见，实际轮廓曲线与理论轮廓曲线互为法向等距曲线，其距离为滚子半径 r_r。如果同时画出这些滚子圆的内、外包络线 η'和 η''，则形成图 4-5 所示的沟槽凸轮的实际轮廓曲线。

由上述作图过程可知，在滚子从动件盘形凸轮机构的设计中，基圆是指凸轮理论轮廓曲

线上由最小半径 r_0 所作的圆。此外，从动件端部的滚子与凸轮实际轮廓曲线的接触点会随凸轮的转动而不断变化。

在图 4-12 和图 4-13 中，当 $e=0$ 时，即得对心直动从动件盘形凸轮机构。这时，偏距圆的切线变化为过凸轮轴心 O 点的径向射线。

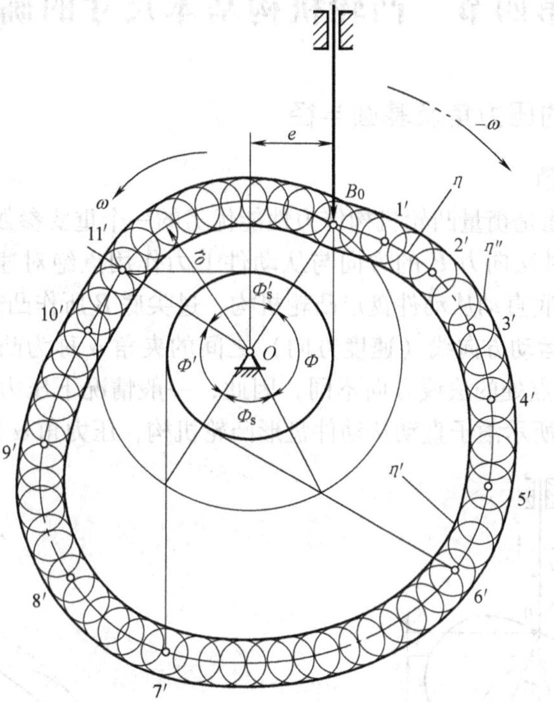

图 4-13　偏置滚子直动从动件盘形凸轮轮廓曲线的设计

3. 平底从动件盘形凸轮

平底从动件盘形凸轮轮廓曲线的设计与尖底直动对心从动件盘形凸轮轮廓曲线的设计方法相似。如图 4-14 所示，可把从动件平底与导路中心线的交点 B_0 假想为尖底从动件的尖端。具体设计步骤如下。

1）首先取平底与导路中心线的交点 B_0 为参考点，按照尖底从动件盘形凸轮的设计方法，求出该点反转后的一系列位置 1′、2′、3′、…。

2）过 1′、2′、3′、…，作一系列代表平底的直线，这些直线即反转过程中从动件平底依次占据的位置。

3）作这些直线的包络线，即为凸轮的实际轮廓曲线。

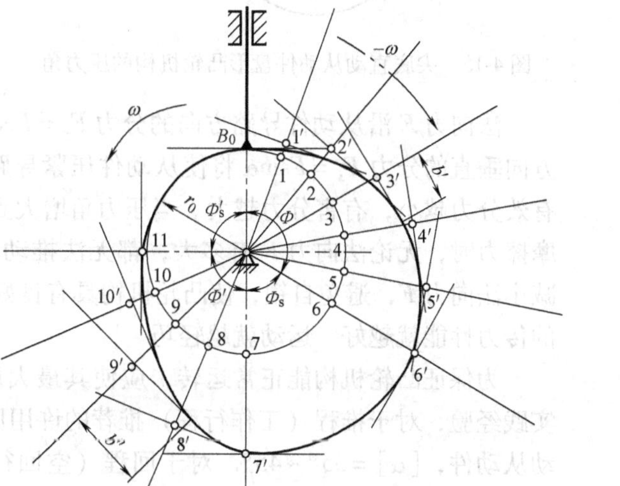

图 4-14　平底直动从动件盘形凸轮轮廓曲线的设计

由作图可知，对于平底从动件凸轮机

构来说，为保证在所有位置的平底都能与凸轮轮廓线曲相切，凸轮全部轮廓曲线必须是外凸的。此外，平底上与凸轮实际轮廓曲线的切点是随凸轮的转动而变化的，所以从动件平底右、左两侧的宽度应分别大于导路中心线至右、左最远切点的距离 b' 和 b''。

第四节　凸轮机构基本尺寸的确定

一、凸轮机构的压力角及基圆半径

1. 压力角及许用值

凸轮机构的压力角是衡量凸轮机构传力性能优劣的一个重要参数。它是指在不计摩擦的情况下，凸轮对从动件法向力 $\boldsymbol{F}$ 的方向与从动件上力作用点绝对速度 v 方向之间所夹的锐角。图 4-15 所示为尖底直动从动件盘形凸轮机构，过尖底 B 所作凸轮轮廓线的法线 n-n（受力方向）与从动件的运动方向线（速度方向）之间的夹角 α 称为凸轮机构在该点的压力角 α。由于凸轮轮廓线各点处的法线方向不同，因此，一般情况下压力角的大小随凸轮的转角而变化。对于图 4-16 所示滚子直动从动件盘形凸轮机构，压力角 α 是在理论轮廓线上度量。

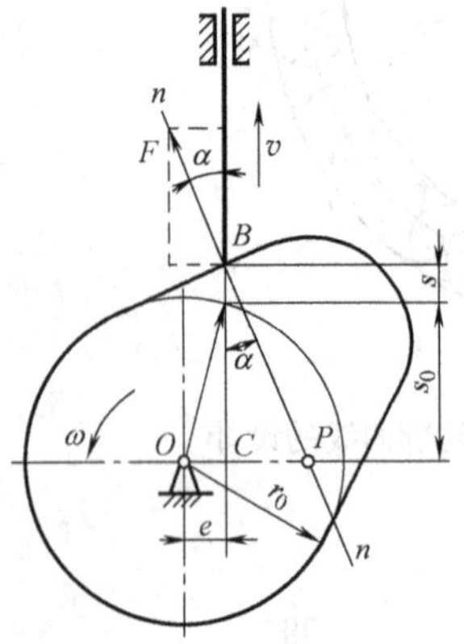

图 4-15　尖底直动从动件盘形凸轮机构的压力角

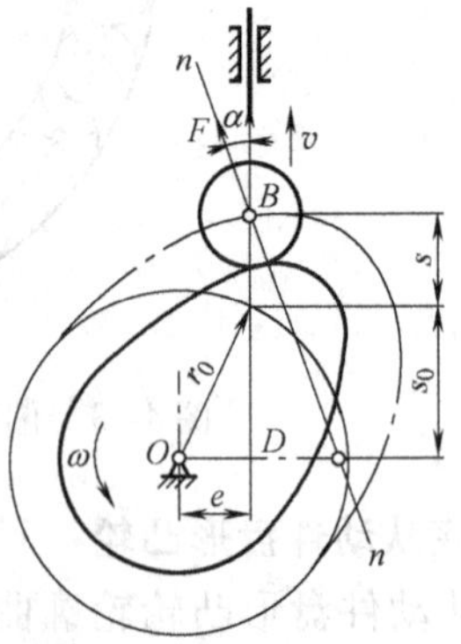

图 4-16　滚子直动从动件盘形凸轮机构的压力角

法向力 F 沿从动件导路方向的分力 $F_y = F\cos\alpha$ 将推动从动件移动，是有效分力；与导路方向垂直的分力 $F_x = F\sin\alpha$ 将使从动件压紧导路，产生摩擦力，是有害分力。压力角越大，有效分力越小，有害分力越大。当压力角增大到使其有效分力等于或小于有害分力所产生的摩擦力时，无论法向力 F 有多大，都无法推动从动件运动，即凸轮机构出现自锁现象。从减小法向力 F，避免自锁，使凸轮机构具有良好的受力状况来讲，压力角 α 越小，凸轮机构的传力性能就越好，运动就越轻巧。

为保证凸轮机构能正常运转，应使其最大压力角 α_{max} 小于等于许用压力角 $[\alpha]$。根据实践经验，对于推程（工作行程）推荐的许用压力角为：直动从动件，$[\alpha] = 30° \sim 40°$；摆动从动件，$[\alpha] = 35° \sim 45°$。对于回程（空回行程），当为形锁合的凸轮机构时，回程许用压力角一般仍取推程时的数值；而为力锁合的凸轮机构时，由于这时使从动件运动的封闭力较小且一般无自锁问题，故可采用较大的压力角，直动和摆动从动件回程通常取 $[\alpha] = 70° \sim 80°$。

2. 基圆半径对压力角的影响

对于一定的凸轮机构，在从动件的运动规律确定后，该凸轮机构的压力角与凸轮基圆半径大小直接相关，现说明如下。

根据速度瞬心的定义可知，图 4-15 中 P 点即为凸轮与从动件的相对速度瞬心，故 P 点的速度 v_P 等于从动件的速度 v，且 $\overline{OP}$ 的表达式为

$$v = v_P = \omega\,\overline{OP}$$

所以

$$\overline{OP} = \frac{v}{\omega} = \frac{\mathrm{d}s/\mathrm{d}t}{\mathrm{d}\varphi/\mathrm{d}t} = \frac{\mathrm{d}s}{\mathrm{d}\varphi} \tag{4-7}$$

由△BCP 和式（4-7）可得

$$\tan\alpha = \frac{\overline{OP} - e}{s + s_0} = \frac{\mathrm{d}s/\mathrm{d}\varphi - e}{s + \sqrt{r_0^2 - e^2}} \tag{4-8}$$

当为对心直动从动件盘形凸轮机构时，$e = 0$，上式变为

$$\tan\alpha = \frac{\mathrm{d}s/\mathrm{d}\varphi}{s + r_0} \tag{4-9}$$

由式（4-8）和式（4-9）可知，当凸轮机构偏置情况、偏距 e 及从动件运动规律确定之后，基圆半径 r_0 越小，压力角 α 越大。欲使结构紧凑应使基圆尽可能小，但基圆太小又会导致压力角过大，甚至大于许用压力角 $[\alpha]$。设计时，应在保证凸轮机构的最大压力角 $\alpha_{\max} \leqslant [\alpha]$ 的前提下，选取尽可能小的基圆半径。

3. 凸轮基圆半径的确定

对于直动从动件盘形凸轮机构，如果限定推程的压力角 $\alpha_{\max} \leqslant [\alpha]$，则可得出基圆半径的计算公式为

$$r_0 = \sqrt{\left(\frac{\mathrm{d}s/\mathrm{d}\varphi - e}{\tan[\alpha]} - s\right)^2 + e^2} \tag{4-10}$$

用式（4-10）计算得到的基圆半径随凸轮轮廓线上各点的 s、$\mathrm{d}s/\mathrm{d}\varphi$ 值的不同而不同，可借助于计算机编程计算出对应的一系列基圆半径 r_{01}、r_{02}、…、r_{0n} 的值，设计时应使该凸轮机构的最小基圆半径 $r_{0\min} \geqslant \max(r_{01}, r_{02}, \cdots, r_{0n})$，这样才能保证凸轮机构在整个运动过程中均能满足 $\alpha_{\max} \leqslant [\alpha]$。理论上，应用式（4-10）可精确地求出满足 $\alpha_{\max} \leqslant [\alpha]$ 时的基圆半径，但实际上只有少数几种运动规律能够方便地求得精确解，在大多数情况下求精确解都比较困难。

在实际设计中，凸轮基圆半径 r_0 的确定不仅要受到 $\alpha_{\max} \leqslant [\alpha]$ 的限制，还要考虑凸轮的结构、强度要求等。根据 $\alpha_{\max} \leqslant [\alpha]$ 的条件所确定的基圆半径 r_0 一般偏小，所以凸轮的基圆半径常根据具体结构条件来选择确定，必要时再检查所设计的凸轮是否满足 $\alpha_{\max} \leqslant [\alpha]$ 的要求，如不满足可增大基圆半径重新设计。例如：当凸轮与轴做成一体，即为凸轮轴时，凸轮的基圆半径必须大于轴的半径；当凸轮单独制造，安装在轴上时，凸轮上要做出轮毂，这时凸轮的基圆半径必须大于轮毂的半径。通常可取凸轮的基圆直径大于等于轴径的 1.6 ~2 倍。

二、直动从动件偏置方位的确定

对于直动从动件盘形凸轮机构，工程中常采用将从动件导路相对凸轮轴心偏置布置的方法，以提高凸轮机构的传力性能和减小机构尺寸。但要注意导路偏置的方位与凸轮的转向有

关，一般应该采用图 4-15 和图 4-16 所示的正偏置。当凸轮逆时针方向转动时，从动件导路与偏距圆切点的速度方向与从动件推程的速度方向相同时称为正偏置。此时推程压力角由式（4-8）给出。由于推程时 $ds/d\varphi>0$，正偏置的距离 e 减小了推程压力角。同时由图 4-17a 也可看出正偏置时的压力角 α_p 小于对心时的压力角 α_d，故从动件按正偏置时，可以减小推程压力角，但同时会使回程压力角增大。

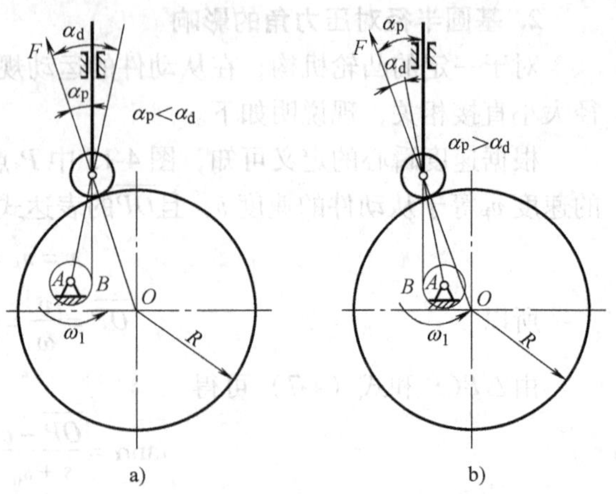

图 4-17 从动件偏置方位对压力角的影响

a）正偏置 b）负偏置

图 4-17b 所示凸轮同样逆时针方向转动，但从动件导路与偏距圆切点的速度方向与从动件推程的速度方向相反，称为负偏置。此时 $\alpha_p>\alpha_d$，负偏置增大推程的压力角，使凸轮机构的传力性能变差，所以应该避免使用负偏置。

三、滚子半径的确定

当设计滚子从动件盘形凸轮轮廓曲线时，需要合理确定滚子的半径。滚子的半径不仅与其结构和强度有关，而且还与凸轮的轮廓曲线形状有关。下面以图 4-18 所示的四种可能情况进行分析。η'、η 曲线分别表示凸轮的实际轮廓曲线和理论轮廓曲线，ρ'、ρ 分别表示实际轮廓曲线和理论轮廓曲线的曲率半径。

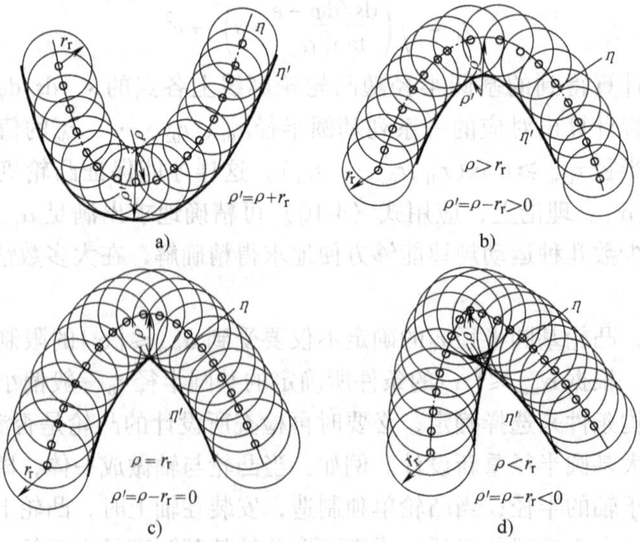

图 4-18 滚子半径大小对凸轮实际轮廓曲线的影响

a）内凹轮廓曲线 b）外凸光滑曲线 c）变尖曲线 d）交叉曲线

1. 滚子半径对凸轮实际轮廓曲线的影响

（1）凸轮理论轮廓曲线内凹 如图 4-18a 所示，当凸轮理论轮廓曲线内凹时，实际轮廓曲线的曲率半径等于理论轮廓曲线的曲率半径与滚子半径之和，即 $\rho' = \rho + r_r$。因此无论滚子半径 r_r 如何选取，总可以平滑地作出凸轮的实际轮廓曲线。r_r 可根据具体结构进行选取。

（2）凸轮理论轮廓曲线外凸　如图 4-18b ~ d 所示，当凸轮理论轮廓曲线外凸时，实际轮廓曲线的曲率半径等于理论轮廓曲线的曲率半径与滚子半径之差，即 $\rho' = \rho - r_r$。此时有三种情况分述如下。

1）当 $\rho > r_r$ 时，$\rho' > 0$，此时可以平滑地作出凸轮的实际轮廓曲线（图 4-17b）。

2）当 $\rho = r_r$ 时，$\rho' = 0$，即实际轮廓曲线出现尖点（图 4-18c），这种现象称为变尖现象。凸轮实际轮廓曲线在尖棱处极易磨损，磨损后无法实现从动件预期的运动规律，导致运动失真，因此在设计中必须避免。

3）当 $\rho < r_r$ 时，$\rho' < 0$，此时根据理论轮廓曲线作的实际轮廓曲线出现了交叉的包络线（图 4-18d），交点以外的这部分交叉轮廓曲线（阴影部分）在加工凸轮时将被切去，也会导致运动失真。

2. 滚子半径的确定方法

通过上述分析可知，为了避免出现运动失真，对于外凸的凸轮轮廓曲线，应使理论轮廓曲线的最小曲率半径 ρ_{min} 大于滚子半径 r_r，即 $\rho' = \rho_{min} - r_r > 0$，但实际中还要考虑减小凸轮轮廓曲线与滚子的接触应力，因此应使实际轮廓曲线的最小曲率半径 ρ'_{min} 大于等于某一许用值，一般取 $[\rho'] = 3 \sim 5\text{mm}$，即

$$\rho'_{min} = \rho_{min} - r_r \geqslant [\rho'] \tag{4-11}$$

由上式可知，一旦给定实际轮廓曲线的最小曲率半径的许用值 $[\rho']$，根据理论轮廓曲线的最小曲率半径 ρ_{min}，就可以确定滚子半径可取的最大值，即 $r_r \leqslant \rho_{min} - [\rho']$。

在用计算机对凸轮机构进行设计时，是先根据结构和强度等方面的条件选择滚子半径 r_r，通常取滚子半径 $r_r = (0.1 \sim 0.5) r_0$，然后校核 $\rho'_{min} \geqslant [\rho']$，不满足时，增大基圆半径 r_0 重新设计。

四、平底直动从动件平底尺寸的确定

在设计平底直动从动件盘形凸轮机构时，为了保证机构在运动过程中，从动件平底与凸轮轮廓曲线始终正常接触，还必须正确确定平底的宽度。由图 4-14 可知，平底与凸轮轮廓曲线的切点位置及切点偏离凸轮轴心的距离在凸轮整个运动过程中是变化的。

当图解法设计时，由图 4-14 可近似找出切点偏离凸轮轴心在推程时的最大距离 b'（切点在凸轮轴心右侧）及在回程时的最大距离 b''（切点在凸轮轴心左侧），并考虑留有一定的余量，即可确定平底的宽度尺寸 l 为

$$l = 2\max(b', b'') + (5 \sim 7)\text{mm} \tag{4-12}$$

也可精确求出切点偏离凸轮轴心在推程时的最大距离 $b' = (\mathrm{d}s/\mathrm{d}\varphi)_{max}$ 及在回程时的最大距离 $b'' = |(\mathrm{d}s/\mathrm{d}\varphi)_{min}|$，并考虑留有一定的余量，即可确定平底的宽度尺寸 l 为

$$l = 2\max[(\mathrm{d}s/\mathrm{d}\varphi)_{max}, |(\mathrm{d}s/\mathrm{d}\varphi)_{min}|] + (3 \sim 5)\text{mm} \tag{4-13}$$

例 4-1　如图 4-19a 所示，对心滚子直动从动件偏心圆盘凸轮机构，O 为凸轮几何中心，O_1 为凸轮转动中心，圆盘半径 R，滚子半径 r_r。要求：

1）画出理论轮廓曲线 β 和基圆 η，标出基圆半径 r_0 和行程 h，

2）标出图示位置的位移 s 和压力角 α 以及 D 点接触时的位移 s_D、压力角 α_D。

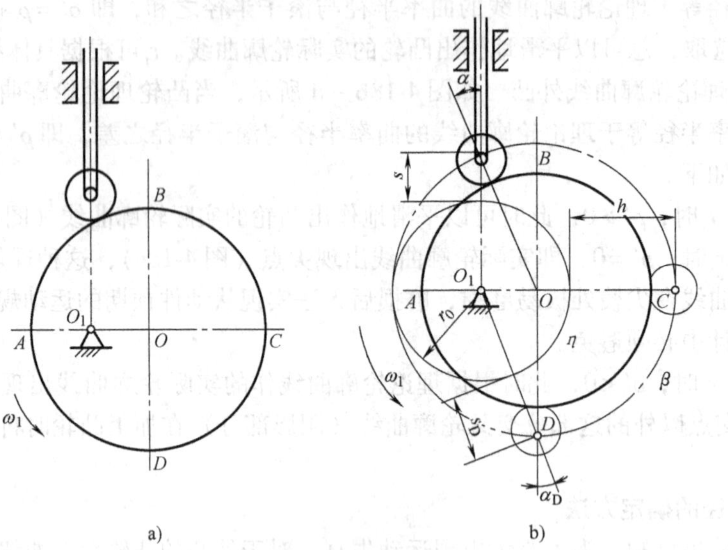

图 4-19 对心滚子直动从动件偏心圆盘凸轮机构

a）例题 4-1 图 b）解答图

解 1）如图 4-19 所示，由于凸轮实际轮廓曲线为一偏心圆盘，理论轮廓曲线与其互为法向等距曲线，所以理论轮廓曲线β与实际轮廓曲线一样为一同心圆。对于滚子从动件凸轮机构来说，基圆η在理论轮廓曲线上度量，基圆半径r_0就是理论轮廓曲线上最小的半径，行程h就是滚子从动件的最大位移。

2）压力角和位移也要在理论轮廓曲线上度量，所以图示位置的位移s和压力角α以及在D点接触时的位移s_D和压力角α_D，如图 4-19b 所示。位移沿导路从基圆开始标注到滚子中心，压力角要标出滚子中心力的方向与该点速度方向之间所夹的锐角。

本章学习要点

1）了解凸轮机构的类型、特点和应用，学会根据工作要求和使用场合选择凸轮机构的类型。

2）掌握从动件几种常用运动规律的特点和使用场合以及位移线图的绘制方法，学会根据工作要求选择从动件的运动规律。

3）熟练掌握并灵活运用反转原理，学会根据这一原理设计直动从动件凸轮的轮廓曲线，特别是用图解法设计盘形凸轮的理论轮廓曲线，使用包络原理求得凸轮的实际轮廓曲线。

4）理解凸轮机构的压力角、自锁、运动失真等几个概念及其与凸轮机构的基圆半径、偏距、滚子半径等之间的相互关系，进而掌握凸轮机构基本尺寸确定的原则，学会根据这些原则确定滚子直动从动件盘形凸轮机构的基圆半径、滚子半径和偏置方位以及平底直动从动件盘形凸轮机构的基圆半径和平底宽度。

第五章 齿轮传动

提示 本章以标准直齿圆柱齿轮传动为研究重点，较详细论述了齿廓啮合基本定律、渐开线齿廓及其性质、一对渐开线齿轮啮合的基本理论、齿轮的切削加工原理和标准齿轮的基本参数、几何尺寸计算以及强度计算等基本内容；在此基础上，介绍了斜齿圆柱齿轮传动和锥齿轮传动的传动特点、几何尺寸计算及强度计算；对变位齿轮进行了简单介绍。

第一节 概 述

齿轮传动是应用最为广泛的一种传动形式。它依靠轮齿齿廓直接接触（啮合）来传递空间任意两轴间（平行、相交和交错）的运动或动力。

一、齿轮传动的特点

1）传递功率的范围大。可高达数十万千瓦。

2）圆周速度的范围大。可高达200m/s。

3）传动效率高。在常用的机械传动中，齿轮传动的效率高达99%。

4）工作可靠、寿命长。在设计制造正确合理、使用维护良好的情况下，齿轮传动可靠，工作寿命可达数十年。

5）传动平稳。传动比恒定，能避免过大冲击、振动和噪声等，这也是齿轮传动获得广泛应用的主要原因之一。

6）结构紧凑。在工作条件相同的情况下，齿轮传动所需的空间尺寸较小。

7）制造、安装精度要求高。成本高、价格较贵。

8）不适宜轴间距离较大的传动。

二、齿轮传动的分类

1. 按齿轮两轴间相对位置和齿向分类

（1）平面齿轮传动　平面齿轮传动是指两齿轮轴线平行的齿轮传动。它的轮齿分布在圆柱面上，故称为圆柱齿轮。根据轮齿排列的方向不同，齿轮分为直齿轮、斜齿轮和人字齿轮。根据啮合的形式不同，平面齿轮传动又分为外啮合齿轮传动、内啮合齿轮传动和齿轮齿条传动，如图5-1所示。

（2）空间齿轮传动　空间齿轮传动是指两齿轮轴线不平行的齿轮传动。轴线不平行分为轴线相交和交错两种情况。用于相交轴传动的是锥齿轮传动。根据轮齿排列的方向不同，锥齿轮传动又分为直齿锥齿轮传动、斜齿锥齿轮传动和曲线齿锥齿轮传动，如图 5-2 所示。交错轴齿轮传动分为交错轴斜齿轮传动和准双曲面齿轮传动，如图 5-3 所示。

a)　b)　c)　d)　e)

图 5-1　平面齿轮传动

a）外啮合直齿轮传动　b）内啮合直齿轮传动　c）直齿轮齿条传动
d）外啮合斜齿轮传动　e）外啮合人字齿轮传动

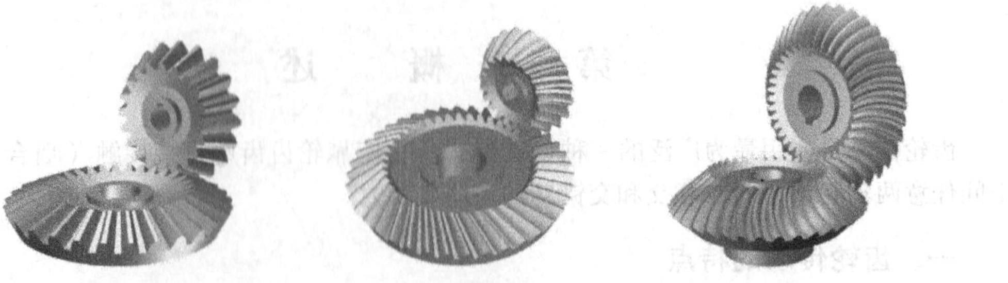

a)　b)　c)

图 5-2　锥齿轮传动

a）直齿锥齿轮传动　b）斜齿锥齿轮传动　c）曲线齿锥齿轮传动

a)　b)

图 5-3　交错轴齿轮传动

a）交错轴斜齿轮传动　b）准双曲面齿轮传动

2. 按工作条件分类

（1）闭式齿轮传动　齿轮封闭在箱体中，支承刚度大，可保证良好的润滑和精确啮合，多用于重要传动，如汽车变速器、减速器等。

（2）开式齿轮传动　齿轮完全暴露或只有简单的防护罩，外界杂物、灰尘易进入，不能保证良好的润滑，但成本较低，用于低精度、低速场合，如农业机械、建筑机械等。

(3) 半开式齿轮传动　有油池、防护罩。

3. 按齿面硬度分类

(1) 软齿面齿轮传动　齿面硬度≤350HBW 或 38HRC。

(2) 硬齿面齿轮传动　齿面硬度>350HBW 或 38HRC。

三、对齿轮传动的基本要求

1. 传动平稳

要求瞬时传动比不变，保证传动的精度，避免过大冲击、振动和噪声等，这主要依靠渐开线齿形及加工精度来保证。

2. 承载能力强

要求在尺寸小，重量轻的前提下，齿轮的强度高、寿命长，这主要通过合理选择材料、热处理方式及齿轮的传动参数来保证。

四、齿轮的精度等级

国家标准规定了圆柱齿轮的 13 个精度等级，按精度高低依次为 0～12；规定了锥齿轮的12 个精度等级，按精度高低依次为 1～12。设计时应根据传动用途、平稳性要求、节圆圆周速度、载荷、运动精度要求等确定。对于一般用途的齿轮传动，常用的是 6～9 级精度，见表 5-1。

表 5-1　6～9 级精度齿轮的应用

精度等级	圆柱齿轮（锥齿轮平均直径处）圆周速度/(m/s)			应　用
	直齿圆柱齿轮	斜齿圆柱齿轮	直齿锥齿轮	
6 级	≤15	≤30	≤12	高速重载的齿轮传动，如飞机、汽车和机床中的重要齿轮、分度机构中的齿轮
7 级	≤10	≤15	≤8	高速中载或中速重载的齿轮传动，如标准系列减速器中的齿轮、汽车和机床中的齿轮等
8 级	≤6	≤10	≤4	机械制造中对精度无特殊要求的齿轮
9 级	≤2	≤4	≤1.5	低速不重要的齿轮

第二节　齿廓啮合基本定律及渐开线齿廓

一、齿廓啮合基本定律

对齿轮传动的基本要求之一是传动平稳，即要求齿轮在啮合过程中瞬时传动比 $i_{12}=\omega_1/\omega_2$保持为常数。什么样的齿廓形状才能使瞬时传动比保持不变，是齿廓啮合基本定律所研究的内容。

图 5-4 所示为一对平面齿轮啮合，其齿廓曲线 C_1、C_2在 K 点接触，K 为啮合点，两齿廓分别以 ω_1、ω_2绕固定转动中心 O_1、O_2转动，过 K 点作两齿廓的公法线 n-n，交两轮连心线 O_1O_2于 P 点，根据三心定理，P 为两齿廓的相对速度瞬心，则有

$$v_P = \overline{O_1P}\omega_1 = \overline{O_2P}\omega_2$$

$$i_{12} = \frac{\omega_1}{\omega_2} = \frac{\overline{O_2P}}{\overline{O_1P}} \tag{5-1}$$

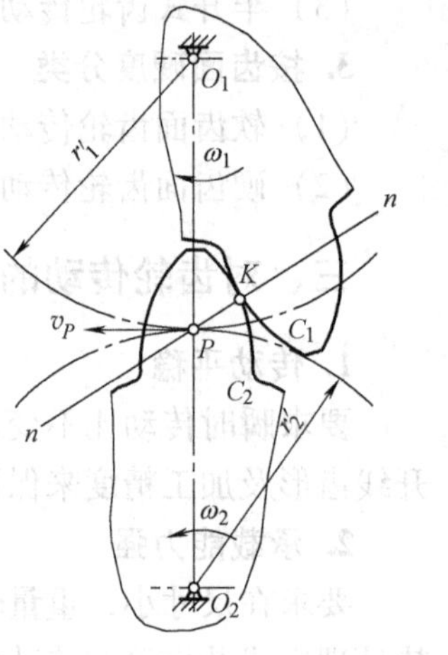

图 5-4　齿廓啮合基本定律

由以上分析可得齿廓啮合基本定律：一对齿廓在任一位置啮合时的传动比，都与连心线 O_1O_2 被其啮合齿廓在接触点处的公法线所分成的两段线段成反比。根据这一定律可知，齿轮的瞬时传动比与齿廓形状有关，可根据齿廓曲线的形状确定齿轮的传动比；反之，也可以根据给定的传动比确定齿廓曲线的形状。

要使 i_{12} = 常数，必须使$\frac{\overline{O_2P}}{\overline{O_1P}}$ = 常数，即 P 为一定点，点 P 称为啮合节点，简称节点。节点 P 在两齿轮运动平面上的轨迹，即分别以 O_1、O_2 为圆心，O_1P、O_2P 为半径的圆，称为齿轮 1 和齿轮 2 的节圆，其半径用 r_1'、r_2' 表示。两齿轮的节圆相切于 P 点，且两节圆在 P 点速度相等，因此，在传动过程中，两齿轮的节圆永远相切并进行纯滚动。两齿轮在节点 P 啮合时，两齿轮在啮合点速度大小相等、方向相同；而在其他点（如图 5-4 所示的 K 点）啮合时，速度大小不相等、方向也不相同，两齿廓间既有滚动又有滑动。

凡能按照预定传动比规律相互啮合的一对齿廓称为共轭齿廓。理论上，满足齿廓啮合定律的曲线有很多，但考虑到强度、效率、寿命、设计、制造、安装、互换性和检测等因素，工程上只有极少数几种曲线可作为齿廓曲线，其中应用最广泛的是渐开线，其次是摆线（用于钟表）和变态摆线（用于摆线针轮减速器）。近年来提出了圆弧和抛物线作为齿廓曲线。

渐开线齿廓的提出已有两百多年的历史，目前还没有其他曲线可以替代，主要由于它具有很好的传动性能，而且具有便于制造、安装、检测和互换使用等优点。本章只研究渐开线齿廓的齿轮。

二、渐开线齿廓

1. 渐开线的形成

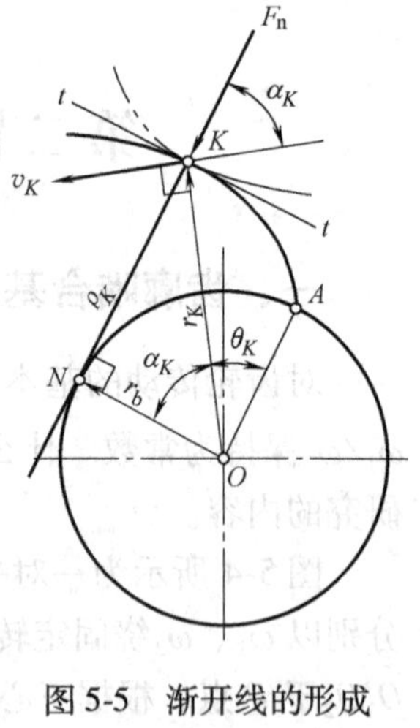

图 5-5　渐开线的形成

如图 5-5 所示，一条直线 NK 在一定圆上进行纯滚动时，其上任一点 K 的轨迹 AK 就是该圆的渐开线。该圆称为渐开线的基圆，半径用 r_b 表示。直线 NK 称为渐开线的发生线，θ_K 称为渐开线上 K 点的展角。

2. 渐开线的性质

根据渐开线的形成过程，可知渐开线具有如下性质。

1）发生线上 $\overline{NK}$ 线段长度等于基圆上被滚过的弧长，即 $\overset{\frown}{AN} = \overline{NK}$。

2）渐开线上任一点的法线必切于基圆。由于发生线沿基圆进行纯滚动，故它与基圆的切点 N 即为发生线的速度瞬心，所以发生

线 NK 即为渐开线在 K 点的法线。

3）渐开线各点曲率半径不同。发生线与基圆的切点 N 是渐开线在 K 点的曲率中心，则 NK 为其曲率半径 ρ_K。渐开线离基圆越近，ρ_K越小，渐开线越弯曲；渐开线离基圆越远，ρ_K越大，渐开线越平直。渐开线在基圆起始点处的曲率半径为零，即 $\rho_A=\rho_b=0$。

4）渐开线的形状仅取决于基圆的大小。如图 5-6 所示，在展角相同处，基圆半径越大，其渐开线的曲率半径也越大。当基圆半径为无穷大时，其渐开线就变成一条直线，故齿条的齿廓曲线为直线。

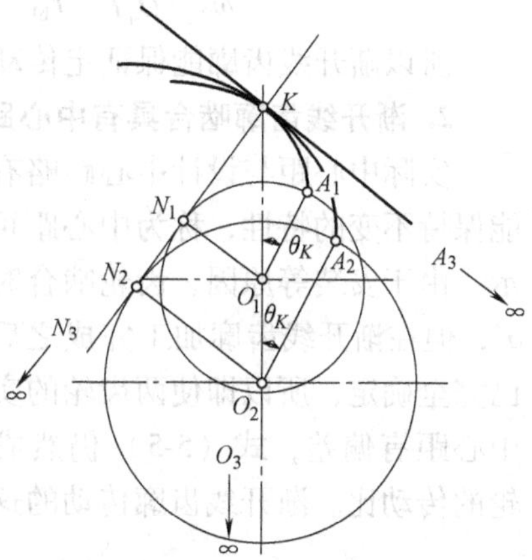

图 5-6 渐开线的形状取决于基圆

5）渐开线上各点的压力角不同。如图 5-5 所示，不考虑摩擦的情况下，齿廓在接触点 K 的正压力 $\boldsymbol{F}_n$方向与该点速度v_K方向所夹锐角 α_K，称为渐开线在该点的压力角。由△NOK 有

$$\cos\alpha_K=\frac{r_b}{r_K} \tag{5-2}$$

显然，渐开线离基圆越近，α_K越小；渐开线离基圆越远，α_K越大；渐开线在基圆起始点处的压力角为零，即 $\alpha_A=\alpha_b=0$。

6）基圆内无渐开线。

3. 渐开线方程

如图 5-5 所示，采用极坐标，极点 O，极轴 OA，参数为 α_K，则

$$\widehat{AN}=\overline{NK}$$

$$r_b(\alpha_K+\theta_K)=r_b\tan\alpha_K$$

$$\theta_K=\tan\alpha_K-\alpha_K \tag{5-3}$$

令 $\mathrm{inv}\alpha_K=\theta_K=\tan\alpha_K-\alpha_K$，称为渐开线函数（involute），则由式（5-2）及式（5-3）可得渐开线的极坐标方程式为

$$\begin{cases}\theta_K=\mathrm{inv}\alpha_K=\tan\alpha_K-\alpha_K\\ r_K=\dfrac{r_b}{\cos\alpha_K}\end{cases} \tag{5-4}$$

为了方便，在工程中已将不同压力角的渐开线函数 $\mathrm{inv}\alpha_K$计算出来列成表格，称为渐开线函数表，参见机械设计手册。

三、渐开线齿廓的啮合特点

根据渐开线的性质，渐开线齿廓啮合传动具有以下几个特点。

1. 渐开线齿廓能保证定传动比传动

如图 5-7 所示，设 C_1、C_2为一对渐开线齿廓，基圆半径分别为 r_{b1}、r_{b2}，两齿廓在任意点 K 啮合时，过 K 点作两齿廓的公法线 N_1N_2，根据渐开线的性质，此公法线为两基圆的一条内公切线。由于两基圆为定圆，在同一方向的内公切线只有一条，所以不论这对齿廓在任何位置啮合，如在图 5-7 中 K'点啮合，过啮合点 K'所作两齿廓的公法线仍是两基圆的内公

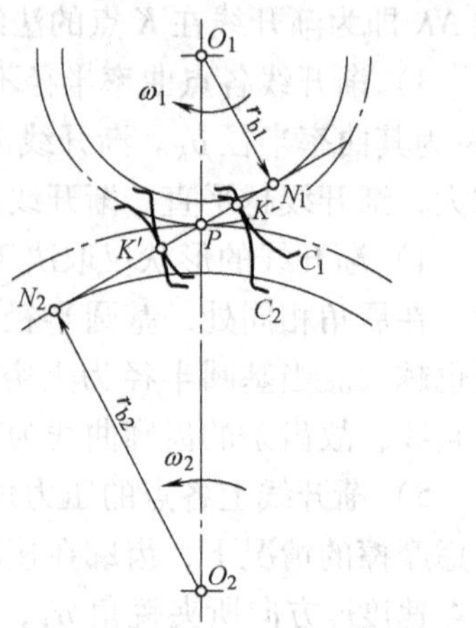

图 5-7　渐开线齿廓能保证定传动比传动

切线 N_1N_2。由于两定圆的内公切线与其连心线 O_1O_2 的交点 P 必为一定点，且 $\triangle O_1N_1P$ 相似于 $\triangle O_2N_2P$，则有

$$i_{12}=\frac{\omega_1}{\omega_2}=\frac{\overline{O_2P}}{\overline{O_1P}}=\frac{r_{b2}}{r_{b1}}=\text{常数} \tag{5-5}$$

所以渐开线齿廓能保证定传动比传动。

2. 渐开线齿廓啮合具有中心距可分性

实际中心距与设计中心距略有变化时，传动比仍能保持不变的特性，称为中心距可分性。如图 5-8 所示，由于安装等原因，齿轮啮合时的中心距由 a 变成 a'，但在渐开线齿廓加工完成之后，它的基圆大小就已完全确定，所以即使两齿轮的实际中心距 a' 与设计中心距有偏差，式（5-5）仍然成立，也不会影响两轮的传动比。渐开线齿廓传动的这一特性对于渐开线齿轮的制造和安装都是十分有利的。

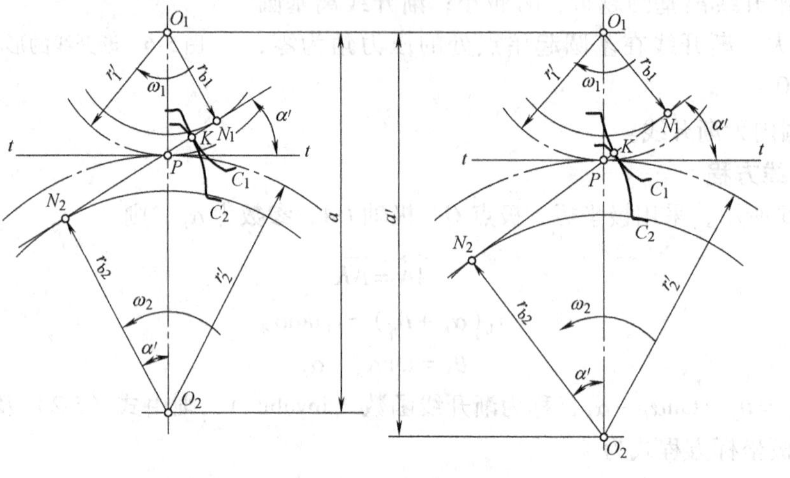

图 5-8　渐开线齿廓啮合具有中心距可分性

3. 啮合线是定直线，受力方向不变，传动平稳

两渐开线齿廓的啮合点在固定平面内的轨迹称为啮合线。由渐开线性质可知，过任意啮合点 K 两齿廓的公法线都是两基圆的内公切线 N_1N_2，故线 N_1N_2 就是啮合线。显然啮合线为一定直线，而两齿廓间的正压力又是沿啮合点的公法线方向作用的，故知渐开线齿轮在传动过程中，齿廓间的正压力方向始终不变。这对于齿轮传动的平稳性是很有利的。

N_1N_2 线是齿轮啮合传动过程中一条非常重要的线段。它是两齿廓在啮合点的公法线、两基圆的内公切线和不计摩擦时两齿廓间的力作用线。

4. 啮合角是随中心距而定的常数

如图 5-8 所示，两节圆过节点的公切线 t-t 与啮合线 N_1N_2 所夹的锐角，称为啮合角，用 α' 表示。很显然，啮合角随中心距的变化而变化。中心距越大，啮合角越大。当中心距确定后，在啮合过程中啮合角是一个常数。

两齿廓在节点啮合时，$t\text{-}t$ 就是节圆上啮合点的速度方向，N_1N_2就是啮合点的正压力方向，因此啮合角即是齿廓在节圆处的压力角。

第三节　渐开线标准直齿圆柱齿轮的基本参数及几何尺寸计算

为了研究、设计和使用齿轮机构，应熟知齿轮各部分的名称，掌握基本参数的确定和几何尺寸的计算。本节只讲述外齿轮的基本参数及几何尺寸计算。对于内齿轮和齿条，请参考机械原理教材。

一、齿轮各部分的名称及符号

图 5-9 所示为一个标准直齿圆柱外齿轮的一部分，各部分的名称和表示符号如下。

1. 齿顶圆

过轮齿顶端的圆称为齿顶圆，其直径和半径分别用 d_a、r_a表示。

2. 齿根圆

过轮齿槽底的圆称为齿根圆，其直径和半径分别用 d_f、r_f表示。

3. 任意圆齿厚、齿槽宽、齿距

在任意一半径为 r_K的圆周上所量得的一个轮齿两侧齿廓间的弧线长度称为该圆上的齿厚，用 s_K表示；一个齿槽两侧齿廓间的弧线长度称为该圆上的齿槽宽，用 e_K表示；相邻两个轮齿同侧齿廓间的弧线长度称为该圆上的齿距，用 p_K表示，显然，任意圆上的齿距：

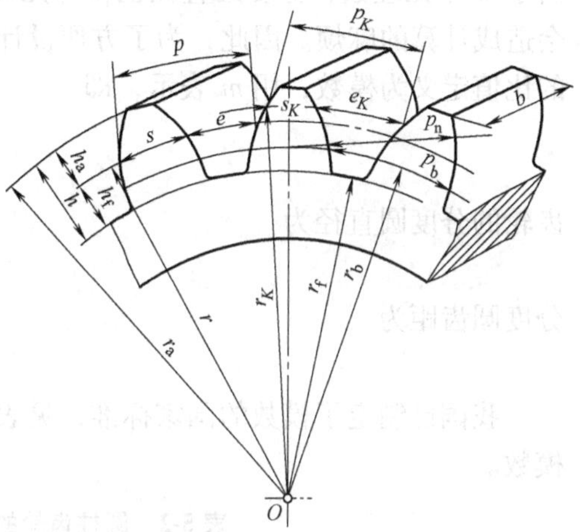

图 5-9　外齿轮各部分名称

$$p_K = s_K + e_K \tag{5-6}$$

4. 法向齿距

沿齿廓任意点法线方向相邻两个轮齿同侧齿廓间的距离称为法向齿距，用 p_n表示。根据渐开线的性质，它的大小等于基圆齿距 p_b。

5. 分度圆

为了便于计算齿轮各部分的尺寸，在齿轮上人为规定了一个圆，即分度圆，其直径和半径分别用 d、r 表示，齿厚、齿槽宽、齿距分别用 s、e、p 表示。

6. 齿顶高、齿根高、全齿高

轮齿介于分度圆与齿顶圆之间的部分，称为齿顶，其径向高度称为齿顶高，用 h_a表示；轮齿介于分度圆与齿根圆之间的部分，称为齿根，其径向高度称为齿根高，用 h_f表示；齿顶高与齿根高之和称为全齿高，用 h 表示，显然有

$$h = h_a + h_f \tag{5-7}$$

7. 齿宽

轮齿沿轴线方向的宽度，称为齿宽，用 b 表示。

二、渐开线齿轮的基本参数

为了计算齿轮各部分的尺寸，需要规定若干基本参数。

1. 齿数

齿轮轮齿的个数，用 z 表示，其值应为整数。

2. 模数

齿轮的齿距可以反映轮齿的大小。在分度圆上，有

$$pz = \pi d$$

因而分度圆直径为

$$d = \frac{p}{\pi}z$$

由于 π 是无理数，分度圆直径也将为无理数，对于分度圆这个计算基准来说，是不方便的，会造成计算的麻烦。因此，为了方便设计、计算、加工和检验等，人为地把分度圆齿距和 π 的比值定义为模数，用 m 表示，即

$$m = \frac{p}{\pi} \tag{5-8}$$

齿轮的分度圆直径为

$$d = mz \tag{5-9}$$

分度圆齿距为

$$p = \pi m \tag{5-10}$$

我国已制定了模数的国家标准，见表 5-2。在设计齿轮时，如无特殊需要，应选用标准模数。

表 5-2 圆柱齿轮的标准模数（GB/T 1357—2008） （单位：mm）

第一系列	1 1.25 1.5 2
	2.5 3 4 5 6 8 10 12 16 20 25 32 40 50
第二系列	1.125 1.375 1.75 2.25 2.75 3.5 4.5
	5.5 (6.5) 7 9 11 14 18 22 28 36 45

注：1. 对于斜齿轮指法向模数。
2. 选用模数时，应优先选用第一系列，括号内的模数尽量不用。

模数 m 是决定齿轮轮齿大小的参数，模数越大，齿轮的齿距越大，轮齿越厚，轮齿的尺寸越大。图 5-10 所示为齿数相同（$z=16$）、模数不同的齿轮。

3. 分度圆压力角

由式（5-2）可知，同一渐开线上各点的压力角不同。通常所说的齿轮压力角是指齿廓在分度圆上的压力角，用 α 表示。根据式（5-2）有

$$\alpha = \arccos \frac{r_b}{r}$$

国家标准规定：齿轮分度圆上的压力角 $\alpha = 20°$。但在一些特殊场合，α 也采用其他的值。

4. 齿顶高系数

齿顶高 h_a 用齿顶高系数 h_a^* 与模数 m 的乘积表示，即

$$h_a = h_a^* m \qquad (5\text{-}11)$$

5. 顶隙系数

齿根高比齿顶高要大一些，以便在啮合时一个齿轮的齿顶圆和另一个齿轮的齿根圆之间形成间隙，称为顶隙，用 c 表示，顶隙既有利于储存润滑油，也避免两齿轮卡死。顶隙用顶隙系数 c^* 与模数 m 的乘积表示，即

$$c = c^* m \qquad (5\text{-}12)$$

故齿根高为

$$h_f = (h_a^* + c^*) m \qquad (5\text{-}13)$$

全齿高为

$$h = h_a + h_f = (2h_a^* + c^*) m \qquad (5\text{-}14)$$

国家标准中规定了齿顶高系数和顶隙系数的标准值，见表5-3。

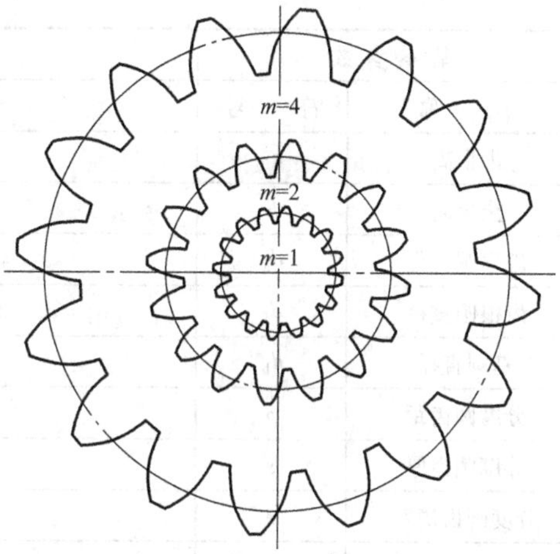

图 5-10　齿数相同（$z=16$）、模数不同的齿轮

表 5-3　齿顶高系数和顶隙系数

	正常齿制		短齿制
	$m \geqslant 1$	$m < 1$	
齿顶高系数 h_a^*	1	1	0.8
顶隙系数 c^*	0.25	0.35	0.3

三、渐开线标准齿轮

根据前面的定义和分析可知，齿轮的分度圆是齿轮上具有标准模数和标准压力角的圆。它是齿轮设计、制造和检验的基准。一个齿轮只有一个分度圆。

具有下列特征的齿轮称为标准齿轮。

1）分度圆上具有标准模数 m 和标准压力角 α。

2）分度圆上的齿厚和齿槽宽相等，即 $s = e = \pi m/2$。

3）齿轮具有标准的齿顶高和齿根高，即 $h_a = h_a^* m$，$h_f = (h_a^* + c^*) m$。

不具有上述特征的齿轮称为非标准齿轮。

四、几何尺寸计算

对于标准齿轮，在前述五个基本参数确定后，可按表5-4中的计算公式计算其各部分几何尺寸。

表 5-4　渐开线标准直齿圆柱齿轮的几何尺寸计算公式

基本参数		z_1，z_2，m，α，h_a^*，c^*
名　称	符　号	计算公式
分度圆直径	d	$d_1 = mz_1 \quad d_2 = mz_2$
齿顶高	h_a	$h_a = h_a^* m$

（续）

基本参数		z_1, z_2, m, α, h_a^*, c^*
名　称	符　号	计算公式
齿根高	h_f	$h_f=(h_a^*+c^*)m$
全齿高	h	$h=h_a+h_f=(2h_a^*+c^*)m$
齿顶圆直径	d_a	$d_{a1}=d_1+2h_a=(z_1+2h_a^*)m \quad d_{a2}=d_2+2h_a=(z_2+2h_a^*)m$
齿根圆直径	d_f	$d_{f1}=d_1-2h_f=(z_1-2h_a^*-2c^*)m \quad d_{f2}=d_2-2h_f=(z_2-2h_a^*-2c^*)m$
基圆直径	d_b	$d_{b1}=d_1\cos\alpha=mz_1\cos\alpha \quad d_{b2}=d_2\cos\alpha=mz_2\cos\alpha$
分度圆齿距	p	$p=\pi m$
分度圆齿厚	s	$s=\pi m/2$
分度圆齿槽宽	e	$e=\pi m/2$
基圆齿距（法向齿距）	p_b（p_n）	$p_b=p_n=\pi m\cos\alpha$
顶隙	c	$c=c^*m$
中心距	a	$a=(z_1+z_2)m/2$

第四节　渐开线直齿圆柱齿轮的啮合传动

一、一对渐开线齿轮正确啮合的条件

如前所述，一对渐开线齿廓能够满足定传动比传动，但这并不是说任意两个渐开线齿轮都能搭配起来正确地啮合传动。如图 5-11 所示，直观来看，齿轮 1 和齿轮 2 的轮齿大小不同，显然是无法正确啮合的。

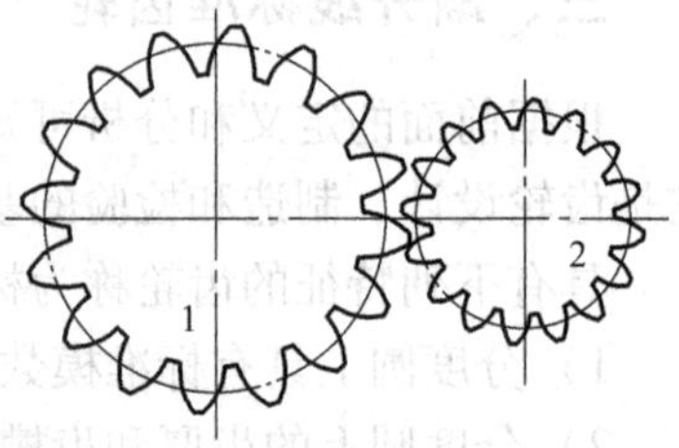

图 5-11　无法正确啮合的两齿轮

究竟要满足什么条件两个齿轮才能正确啮合呢？现就图 5-12 加以说明。

渐开线齿轮传动是靠分布在齿轮圆周上的轮齿依次啮合来实现的。为保证轮齿正常交替啮合，轮齿的分布必须使主、从动齿轮的基圆（法向）齿距相等，如图 5-12b 所示。否则两轮都将出现轮齿重叠现象（图 5-12a、c），无法装配。

因此，两齿轮的正确啮合条件为 $p_{b1}=p_{b2}$，即 $\pi m_1\cos\alpha_1=\pi\, m_2\cos\alpha_2$。由于 m、α 均已标准化，要满足上式，必须有

$$\begin{cases}\alpha_1=\alpha_2=\alpha\\ m_1=m_2=m\end{cases} \tag{5-15}$$

即两直齿圆柱齿轮的正确啮合条件为：两齿轮的模数和压力角应分别相等。

由此，一对齿轮的传动比还可以进一步表示为

$$i_{12}=\frac{\omega_1}{\omega_2}=\frac{r_2'}{r_1'}=\frac{r_{b2}}{r_{b1}}=\frac{r_2\cos\alpha}{r_1\cos\alpha}=\frac{r_2}{r_1}=\frac{z_2}{z_1} \tag{5-16}$$

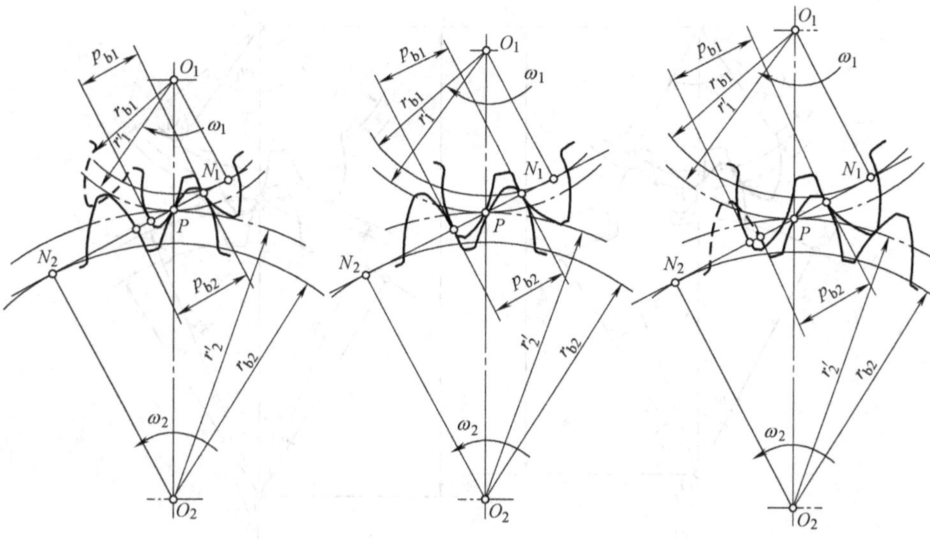

a)　　b)　　c)

图 5-12　一对齿轮的正确啮合条件

a）$p_{b1}<p_{b2}$　b）$p_{b1}=p_{b2}$　c）$p_{b1}>p_{b2}$

二、标准齿轮传动的标准中心距

1. 齿轮无侧隙啮合

轮齿不受力一侧齿廓间的间隙称为齿侧间隙，简称侧隙。一对齿轮传动时，为了在齿廓间能形成润滑油膜，避免因轮齿受力变形、摩擦发热而膨胀所引起的挤压现象，在齿侧间必须留有间隙，但侧隙的存在会产生换向冲击，影响传动的平稳性，造成瞬时传动比不等于常数。因此侧隙应该很小，一般是由齿轮制造公差来保证。对于齿轮的设计，仍然按无侧隙进行。齿轮无侧隙啮合的几何条件是：一个齿轮节圆上的齿厚等于另一个齿轮节圆上的齿槽宽。

2. 标准中心距

齿轮传动安装中心距的变化虽然不影响传动比，但会改变顶隙和侧隙的大小。所以，在确定齿轮中心距时，既要保证无侧隙啮合，又要保证标准顶隙。

对于一对标准齿轮，因其分度圆上的齿厚和齿槽宽相等，所以若把两轮安装在分度圆相切的位置，此时两轮的分度圆与节圆重合，则可以证明其满足无侧隙的几何条件和标准顶隙。标准齿轮的这种安装位置称为标准安装，如图 5-13a 所示。这时的中心距称为标准中心距，用 a 表示，即

$$a=r_1+r_2=\frac{m}{2}(z_1+z_2) \tag{5-17}$$

可以得到结论：标准齿轮按标准中心距安装时能保证无侧隙和标准顶隙。

因渐开线齿轮传动具有中心距可分性，故齿轮安装的中心距可以不等于标准中心距，这时称为非标准安装，如图 5-13b 所示。实际中心距为

$$a'=r'_1+r'_2$$

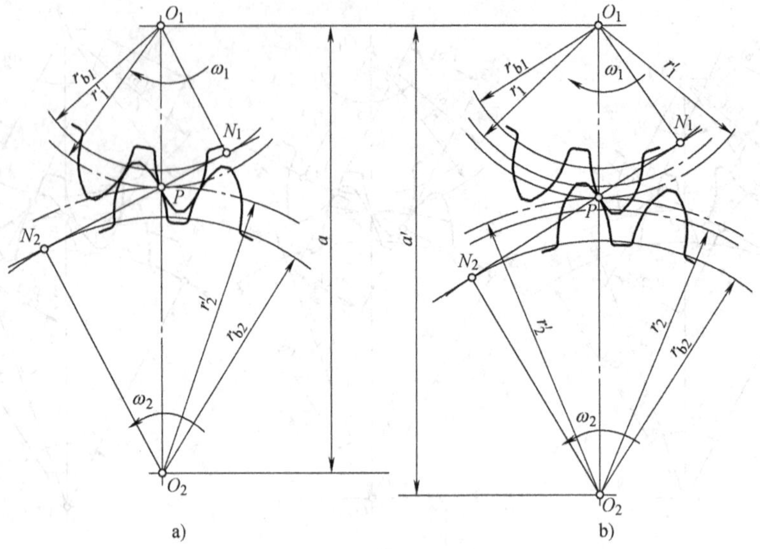

图 5-13　标准齿轮的标准安装与非标准安装
a）标准安装　b）非标准安装

经推导，可得标准中心距与实际中心距的关系为

$$a'\cos\alpha' = a\cos\alpha \tag{5-18}$$

三、一对轮齿的啮合过程及连续传动条件

1. 轮齿的啮合过程

图 5-14a 所示为一对渐开线直齿圆柱齿轮传动。设齿轮 1 为主动轮，齿轮 2 为从动轮，两齿轮角速度方向，如图 5-14a 所示。直线 N_1N_2为啮合线。

两齿轮轮齿在 B_2点开始啮合，B_2点是从动轮 2 的齿顶圆与啮合线的交点，此时主动轮的齿根与从动轮的齿顶相啮合。随着传动进行，两齿廓的啮合点在主动轮上由轮齿的根部向顶部移动，而在从动轮上，啮合点则由轮齿的顶部向根部移动，在固定平面（机架）中，啮合点沿着啮合线向左下方移动，当移动到 B_1点时，两轮齿即将脱离接触，B_1是主动轮 1 的齿顶圆与啮合线的交点。B_2点称为开始啮合点；B_1点称为终止啮合点；$\overline{B_1B_2}$是啮合点实际走过的轨迹，称为实际啮合线。因为基圆内没有渐开线，故啮合线$\overline{N_1N_2}$是理论上可能达到的最长啮合线段，称为理论啮合线，而 N_1、N_2点称为极限啮合点（或啮合极限点）。

2. 齿轮的连续传动条件

由齿轮啮合过程可以看出，一对轮齿的啮合只能使从动轮转过一定的角度，要使传动连续下去，就必须在前一对轮齿尚未脱离啮合之前，后一对轮齿及时进入啮合。为此必须使实际啮合线段$\overline{B_1B_2}$大于齿轮的基圆（法向）齿距 p_b。如图 5-14a 所示，$\overline{B_1B_2}=p_b$，前一对轮齿在 B_1点即将脱离啮合，后一对轮齿在 B_2点刚好进入啮合，传动刚好连续，但传动过程中始终只有一对轮齿参与啮合；如图 5-14b 所示，$\overline{B_1B_2}<p_b$，前一对轮齿在 B_1点即将脱离啮合时，后一对轮齿还没有进入啮合，传动中断，势必引起从动轮的减速或瞬时停止从而造成传动比变化和冲击现象；如图 5-14c 所示，$\overline{B_1B_2}>p_b$，前一对轮齿在 B_1点即将脱离啮合时，后一对齿已经进入啮合一段时间，从而保证传动连续进行。

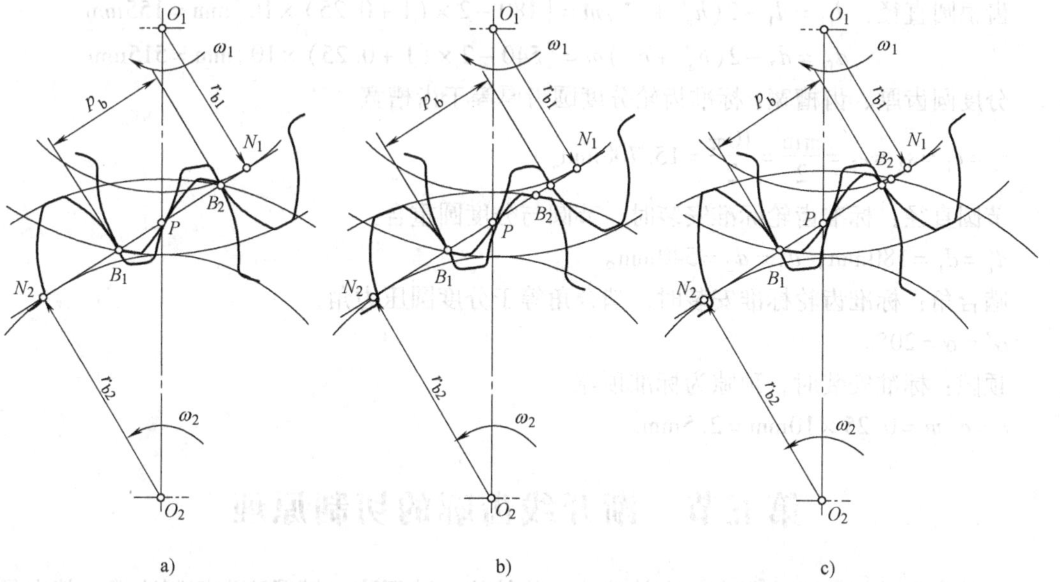

图 5-14 齿轮连续传动条件

a）刚好能连续传动 b）不能连续传动 c）能连续传动

由上述分析可以得到，渐开线齿轮连续传动条件是：两轮的实际啮合线段$\overline{B_1B_2}$应大于等于齿轮的基圆（法向）齿距 p_b。把$\overline{B_1B_2}$与 p_b的比值称为齿轮传动的重合度，用 ε_α 表示，即

$$\varepsilon_\alpha = \frac{\overline{B_1B_2}}{p_b} \geqslant 1 \tag{5-19}$$

从理论上讲，重合度 $\varepsilon_\alpha = 1$ 就能连续传动，但由于齿轮的制造、安装难免存在误差，为确保齿轮传动的连续性，应使计算得到的重合度大于等于规定的许用值 $[\varepsilon_\alpha]$，即

$$\varepsilon_\alpha \geqslant [\varepsilon_\alpha] \tag{5-20}$$

重合度的许用值根据齿轮的使用场合和制造精度确定，见表 5-5。

表 5-5 $[\varepsilon_\alpha]$ 的推荐值

使用场合	一般机械制造业	汽车拖拉机	金属切削机床
$[\varepsilon_\alpha]$	1.4	1.1～1.2	1.3

例 5-1 已知一对标准安装的外啮合渐开线标准直齿圆柱齿轮，中心距 $a=360\text{mm}$，传动比 $i=3$，模数 $m=10\text{mm}$，$h_a^*=1$，$c^*=0.25$，试求两齿轮的齿数、分度圆直径、齿顶圆直径、齿根圆直径，分度圆齿厚、齿槽宽，以及两轮的节圆直径、啮合角和顶隙。

解 由 $\begin{cases} a=\dfrac{1}{2}(d_1+d_2) \\ i=\dfrac{d_2}{d_1} \end{cases}$，可得 $d_1=180\text{mm}$，$d_2=540\text{mm}$。

再由 $d=mz$，可得齿数：$z_1=18$，$z_2=54$。

齿顶圆直径：$d_{a1}=d_1+2h_a^*m=(180+2\times1\times10)\text{mm}=200\text{mm}$

$$d_{a2}=d_2+2h_a^*m=(540+2\times1\times10)\text{mm}=560\text{mm}$$

齿根圆直径：$d_{f1}=d_1-2(h_a^*+c^*)m=[180-2\times(1+0.25)\times10]\text{mm}=155\text{mm}$

$$d_{f2}=d_2-2(h_a^*+c^*)m=[540-2\times(1+0.25)\times10]\text{mm}=515\text{mm}$$

分度圆齿厚、齿槽宽：标准齿轮分度圆齿厚等于齿槽宽

$s_1=e_1=s_2=e_2=\dfrac{\pi m}{2}=\dfrac{10\pi}{2}=15.708\text{mm}$。

节圆直径：标准齿轮标准安装时，节圆与分度圆重合

$d_1'=d_1=180\text{mm}$，$d_2'=d_2=540\text{mm}$。

啮合角：标准齿轮标准安装时，啮合角等于分度圆压力角

$\alpha'=\alpha=20°$。

顶隙：标准安装时，顶隙为标准顶隙

$c=c^*m=0.25\times10\text{mm}=2.5\text{mm}$。

第五节　渐开线齿廓的切制原理

齿轮齿廓的加工方法很多，有铸造法、热轧法、冲压法、模锻法和切制法等，其中最常用的加工方法是切制法，而切制法加工齿廓的工艺也是多种多样的，但就其原理可分为仿形法和展成法两种。

一、仿形法

仿形法又称成形法，是用成形刀具直接加工出齿轮的齿形，即加工刀具的切削部分的廓形与被加工齿轮的齿槽形状相同。采用的刀具有盘状铣刀和指形齿轮铣刀。

图5-15所示为盘状铣刀和指形齿轮铣刀加工齿轮的情况，刀具的旋转运动为切削运动，被加工齿轮轮坯沿齿槽方向的移动为进给运动，切完一个齿后，轮坯转过一定的角度，再切第二个齿，这就是轮坯的分度运动。

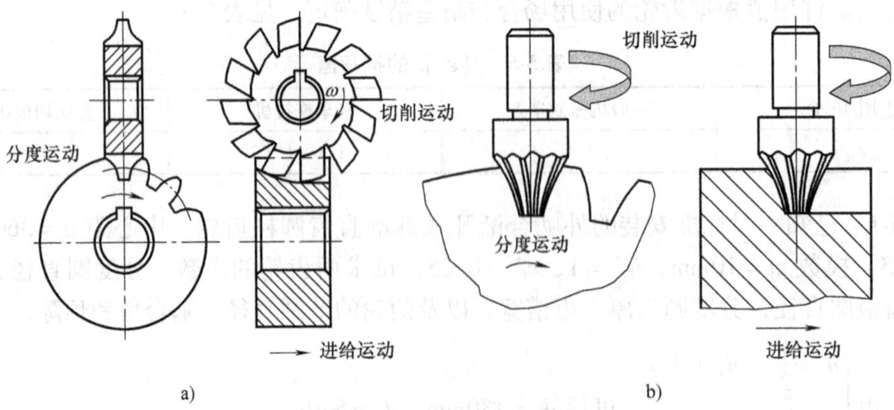

图5-15　仿形法加工齿轮

a）盘状铣刀加工　b）指形齿轮铣刀加工

渐开线的形状取决于基圆的大小，而基圆直径 $d_b=mz\cos\alpha$，故当模数 m 和压力角 α 一定时，渐开线的形状随齿数 z 的多少而变化，z 不同，则需不同的刀具，这在实际中是不可

能的。在工程中，加工同样 m、α 的齿轮时，只配置一套（8 把或 15 把）刀具，加工所有齿数的齿轮。8 把一套铣刀切制齿轮的齿数范围，见表 5-6。

表 5-6 8 把一套铣刀切制齿轮的齿数范围

刀　号	1	2	3	4	5	6	7	8
齿数范围	12 ~ 13	14 ~ 16	17 ~ 20	21 ~ 25	26 ~ 34	35 ~ 54	55 ~ 134	≥135

每个刀号的刀具是按最小的齿数设计的（如 3 号刀，加工 17 ~ 20 个齿，按 $z = 17$ 设计），这样，加工其他齿数的齿轮，就存在齿形误差，再加上加工时的分度误差等，仿形法加工齿轮精度较低，而且生产效率也较低，但不需专用齿轮加工设备，生产成本低，故一般只用于单件、小批量生产及精度要求不高的齿轮加工或修配齿轮。

二、展成法

展成法又称为包络法或共轭法，是目前齿轮加工中应用最广泛的方法，如插齿、滚齿、剃齿和磨齿等都属于这种方法。它是利用一对齿廓互相啮合时，其共轭齿廓互为包络线的原理。它的特点是切削刃包络线就是被加工齿轮的轮齿形状。该方法常用的刀具有齿轮型刀具和齿条型刀具两大类。

图 5-16a 所示为用齿轮插刀加工齿轮的情形。齿轮插刀可视为一个具有切削刃的外齿轮，其模数和压力角均与被加工齿轮相同。加工时，插刀沿轮坯轴线方向做往复切削运动，同时插刀与轮坯按恒定的传动比 $i = \omega_{刀} / \omega_{坯} = z_{坯}/z_{刀}$ 做展成运动。切削时，插刀还需向轮坯中心做径向进给运动，以便切出轮齿的高度。此外，为防止插刀向上退刀时擦伤已切好的齿面，轮坯还需做小距离的让刀运动。这样，刀具就在轮坯上切出与其共轭的渐开线齿廓，如图 5-16b 所示。

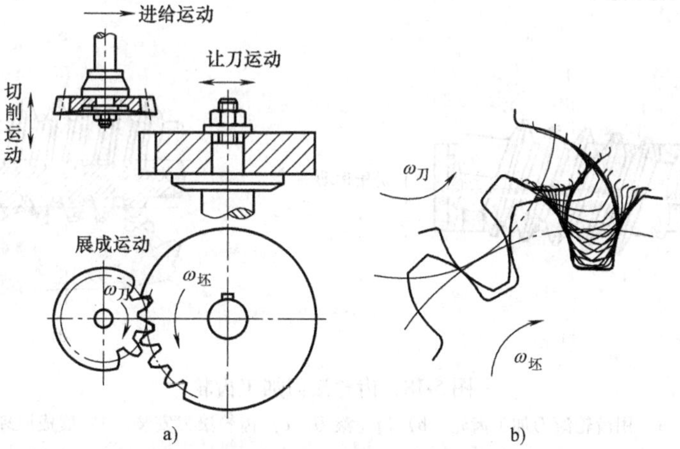

图 5-16 用齿轮插刀加工齿轮及展成原理

a）用齿轮插刀加工齿轮 b）展成原理

图 5-17 所示为用齿条插刀加工齿轮的情形。齿条插刀沿轮坯切向的移动速度 $v_{刀}$ 与轮坯分度圆的线速度相等，即 $v_{刀} = r\omega_{坯}$，形成展成运动，其他运动和齿轮插刀加工时相同。

不论用齿轮插刀还是齿条插刀加工齿轮，其切削都是不连续的，这就影响了生产率的提高。因此，在生产中更广泛地采用齿轮滚刀来加工齿轮。齿轮滚刀的形状像一个螺旋，沿与螺旋线垂直的方向开出了几个槽，以便形成切削刃，如图5-18b所示。它在轮坯端面上的投影是一齿条，如图5-18d所示。当齿轮滚刀连续转动时，相当于一根无限长的投影齿条向前移动。由于齿轮滚刀一般是单头的，其转动一周，就相当于用齿条插刀切齿时齿条插刀移过一个齿距，所以用齿轮滚刀切制齿轮的原理和用齿条插刀切制齿轮的原理基本相同。齿轮滚刀转动时，一方面产生切削运动，另一方面相当于齿条移动，从而与轮坯转动一起构成展成运动。此外，为了切制具有一定轴向宽度的齿轮，齿轮滚刀还需沿轮坯轴线方向做进给运动，如图5-18a所示。

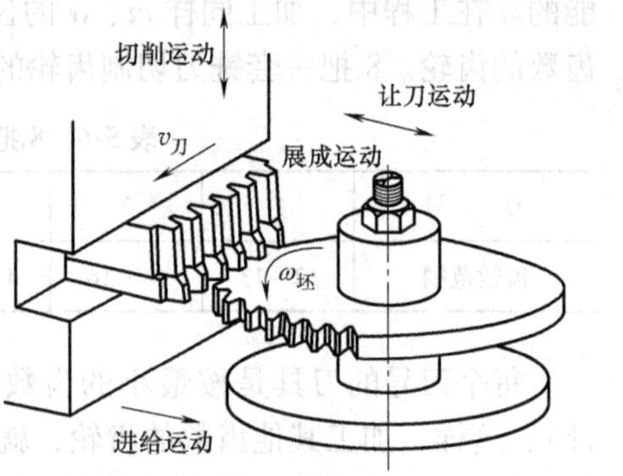

图5-17 用齿条插刀加工齿轮

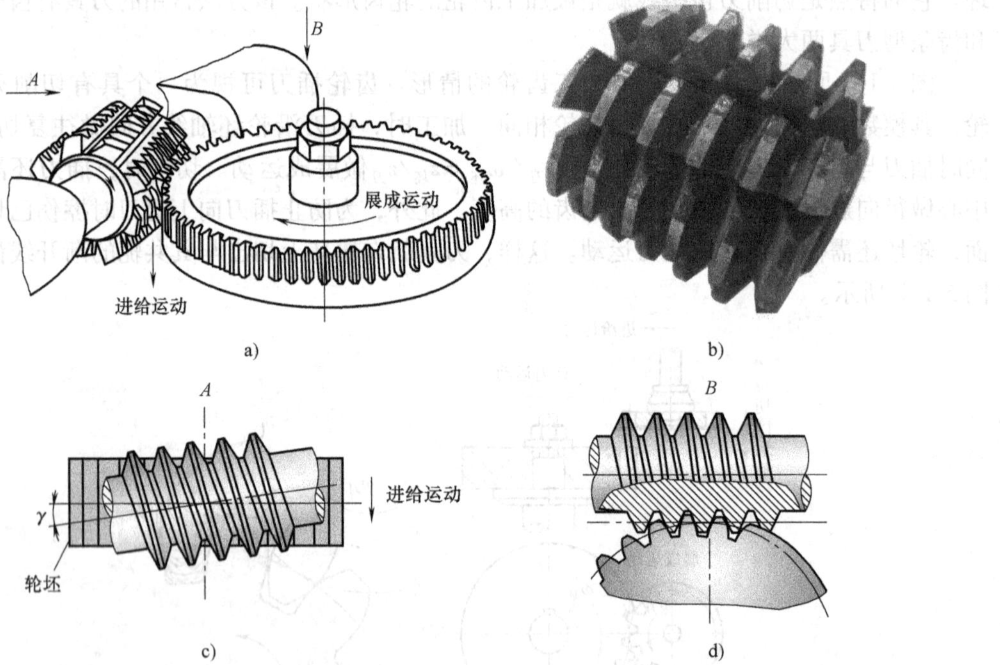

图5-18 齿轮滚刀加工齿轮

a）用齿轮滚刀加工齿轮 b）齿轮滚刀 c）齿轮滚刀安装 d）展成原理

加工直齿圆柱齿轮时，由于齿轮滚刀的螺旋线必须与直齿轮的齿向一致，因此需要把齿轮滚刀轴线倾斜一个角度 γ，其是齿轮滚刀的导程角，如图5-18c所示。

用展成法加工齿轮时，相同模数、压力角，但齿数不同的齿轮可用同一把刀具加工，其齿形理论上均为精确的渐开线齿廓，加工精度高，而且加工连续，生产率高，可用于大批量生产。

三、根切现象

在用展成法加工标准齿轮时，有时会发生齿根的渐开线被切去一部分的现象，即根切，如图 5-19 所示。根切会使齿根厚度变小，轮齿抗弯曲能力下降，而且根切使渐开线线段缩短，从而可能使齿轮传动的重合度下降，还使得在根切部位啮合时传动比发生变化，影响传动的平稳性。一般情况下，应尽量避免根切现象的发生。

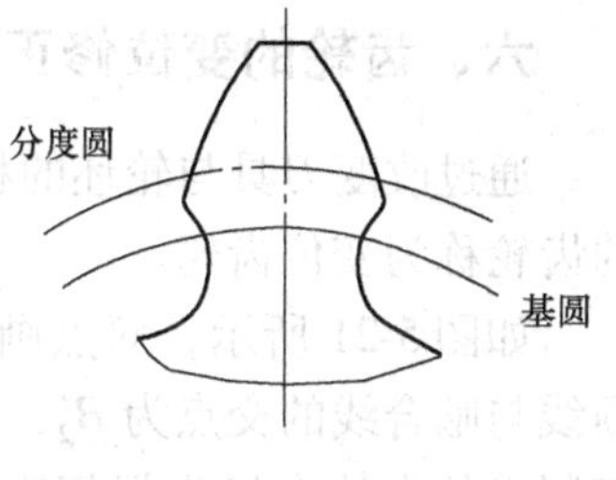

图 5-19　根切现象

用展成法切齿时产生根切的原因是：刀具的齿顶线超过了极限啮合点 N_1。

四、标准齿轮不发生根切的最少齿数 z_{min}

用标准齿条型刀具切制标准齿轮时，欲使被加工齿轮不发生根切，则啮合极限点 N_1 应在刀具齿顶线之上。在 m、α 一定的情况下，N_1 点的位置由被加工齿轮的齿数 z 确定。z 越大，基圆半径 r_b 越大，N_1 点离 P 点越远。如图 5-20 所示，不发生根切应满足

$$\overline{N_1M} \geqslant h_a^* m$$

$$\overline{N_1M} = \overline{N_1P}\sin\alpha = r_1 \sin^2\alpha$$

即

$$\frac{mz}{2}\sin^2\alpha \geqslant h_a^* m$$

$$z \geqslant \frac{2h_a^*}{\sin^2\alpha}$$

不发生根切的最少齿数为

$$z_{min} = \frac{2h_a^*}{\sin^2\alpha} \tag{5-21}$$

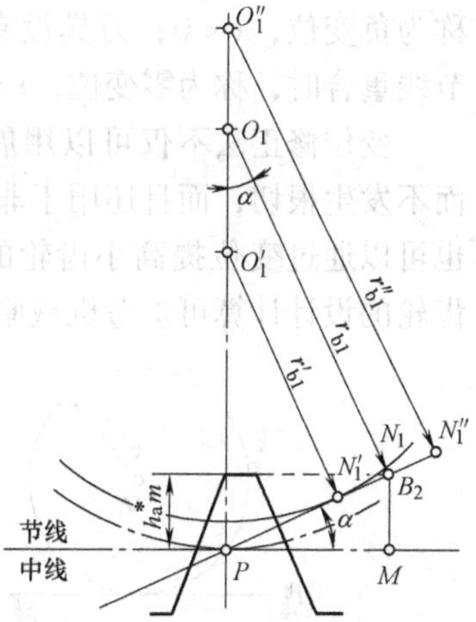

图 5-20　不发生根切的最少齿数

从上式可以看出，z_{min} 与压力角 α 和齿顶高系数 h_a^* 有关，表 5-7 中列出了不发生根切的最小齿数 z_{min}。

表 5-7　不发生根切的最小齿数 z_{min}

α	20°		15°	
h_a^*	1	0.8	1	0.8
z_{min}	17	14	30	24

五、避免发生根切现象的方法

从以上分析得知用展成法切制齿轮产生根切的原因是刀具齿顶线超过了极限啮合点，因此，要避免根切，就必须寻求使极限啮合点高出刀具齿顶线的方法。

有两种解决方法。一是修改设计参数，减小齿顶高系数 h_a^* 和增大压力角 α。理论上来说，减小齿顶高系数 h_a^* 和增大压力角 α 可以减小 z_{min}，但齿顶高系数 h_a^* 和压力角 α 是标准

值，不能随意改变，否则就要采用非标准的刀具。另一种方法就是改变刀具的相对位置，即刀具相对轮坯中心外移，使刀具的齿顶线不再超过极限啮合点，这就是变位修正法。

六、齿轮的变位修正

通过改变刀具与轮坯的相对径向位置来切制齿轮的方法称为变位修正法，这样切制出来的齿轮称为变位齿轮。

如图 5-21 所示，双点画线所示刀具位置，刀具齿顶线与啮合线的交点为 B_2'，超过极限啮合点 N_1，这时切制出的齿轮会发生根切现象。若将刀具向远离轮坯中心的方向移动一个距离 xm，这时 B_2'移动到 B_2，不超过极限啮合点 N_1，便不会发生根切现象，称 xm 为变位量，x 为变位系数。规定：刀具向远离轮坯方向移动，称为正变位，$x>0$；刀具向靠近轮坯方向移动，称为负变位，$x<0$；刀具没有移动，即刀具的中线与节线重合时，称为零变位，$x=0$，如图 5-22 所示。

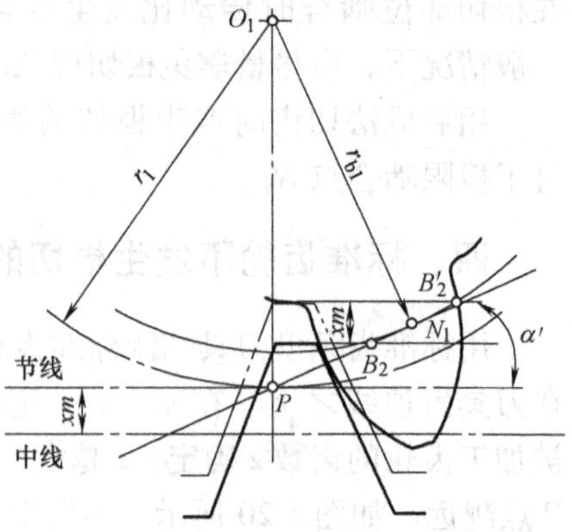

图 5-21　变位修正法

变位修正法不仅可以用展成法加工 $z<z_{\min}$ 的齿轮而不发生根切，而且还用于非标准安装中心距的场合，也可以通过变位提高小齿轮的弯曲强度等。有关变位齿轮的设计计算可参考机械原理教材等。

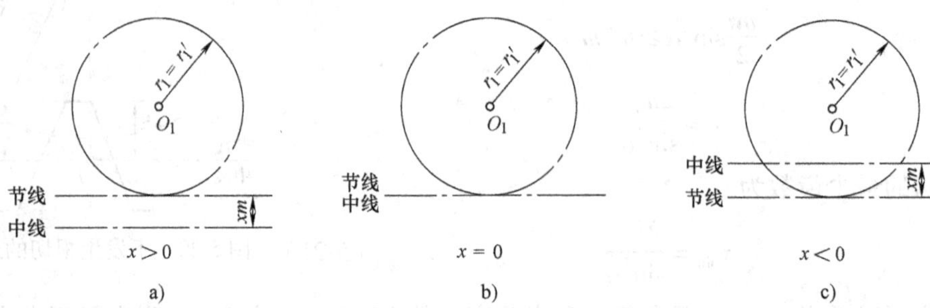

图 5-22　变位的类型

a）正变位　b）零变位　c）负变位

七、被加工齿轮不发生根切时，刀具的最小变位系数 $x_{\min}$

如图 5-23 所示，刀具的齿顶线超过了极限啮合点 N_1，齿廓发生根切，如果移动刀具位置，使其齿顶刚好通过极限啮合点 N_1，可以得到不发生根切时刀具的最小变位系数 $x_{\min}$，即不发生根切，应使

$$h_a^* m - xm \leqslant \overline{N_1 M} = r_1 \sin^2\alpha$$

$$h_a^* m - xm \leqslant \frac{mz}{2}\sin^2\alpha$$

可解得

$$x \geqslant h_a^* - \frac{z}{2}\sin^2\alpha$$

又将式（5-21）代入，有

$$x \geqslant h_a^* \frac{z_{min} - z}{z_{min}}$$

所以，不发生根切的最小变位系数为

$$x_{min} = h_a^* \frac{z_{min} - z}{z_{min}} \tag{5-22}$$

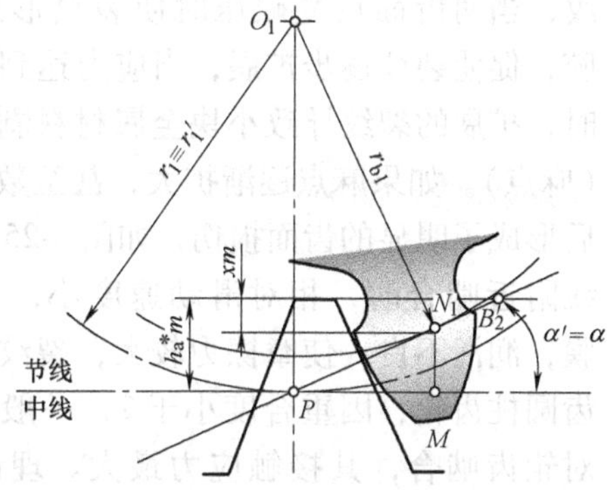

图 5-23　最小变位系数 x_{min}

上式的几点说明如下。

1）当被加工齿轮的齿数 $z < z_{min}$ 时，$x_{min} > 0$，表示必须进行正变位，且 $x \geqslant x_{min}$，才能保证加工出来的齿轮不发生根切现象。

2）当被加工齿轮的齿数 $z = z_{min}$ 时，$x_{min} = 0$，表示可以不进行变位，便不会发生根切现象，但若为了改善齿轮的啮合特性，也可正变位。

3）当被加工齿轮的齿数 $z > z_{min}$ 时，$x_{min} < 0$，这并不是表示必须负变位，而是表示齿轮可以承受一定的负变位量。只要 $x \geqslant x_{min}$，齿轮便不会发生根切现象。但若为了改善齿轮的啮合特性也可采用标准齿轮或正变位齿轮。

第六节　齿轮传动的主要失效形式

齿轮传动的工作条件、装置形式、材料的性能及热处理工艺等决定其失效形式。由于齿轮的轮齿是传递运动和动力的关键部位，因此它也是薄弱环节。一般来说，齿轮的失效主要发生在轮齿上，而齿轮其他部分（齿圈、轮辐、轮毂等）通常是根据经验设计的，其尺寸对于强度和刚度而言均较富裕，实践中也极少失效。轮齿的失效可分为轮齿折断和齿面损伤两大类。常见的主要失效形式有以下几种。

1. 轮齿折断

轮齿折断是指受载齿轮的一个或多个轮齿的整体或局部断裂，一般发生在齿根部分。

1）疲劳折断。轮齿受载时，齿根处产生的弯曲应力最大并且循环变化，又由于齿根过渡部分的截面尺寸突变和加工刀痕等引起的应力集中，当轮齿长期重复工作受载后，齿根弯曲应力超过许用弯曲应力时，齿根处受拉应力的一侧就会产生疲劳裂纹，随着变应力循环次数的增加，裂纹逐步扩展，致使轮齿疲劳断裂，如图 5-24 所示。

图 5-24　轮齿折断

2）过载折断。由于短时意外过载或冲击载荷的作用，致使轮齿上作用的应力超过其极限应力时发生过载折断或剪断。一般此情况属于静强度破坏。

此外，对于开式齿轮传动，轮齿经过严重磨损后，齿厚过分减小时，即使在正常载荷作用下也会发生轮齿折断。

2. 齿面疲劳点蚀（疲劳磨损）

齿面点蚀是由于轮齿受载时，齿面上的接触应力脉动循环变化，在接触应力反复作用下，当齿面最大接触应力超过许用接触应力时，齿面就会产生疲劳裂纹，使润滑油渗入裂纹，当两齿面反复碾压时使裂纹形成封闭的压力油腔，促使裂纹逐步扩展，当应力达到一定的循环次数时，扩展的裂纹导致小块金属材料剥落，即疲劳点蚀（麻点）。如果麻点逐渐扩大，甚至数点连成一片，最后形成了明显的齿面损伤，如图 5-25 所示。轮齿在节线附近啮合时，相对滑动速度小，不易形成润滑油膜，润滑不良，使摩擦力较大，裂纹易形成；对于直齿圆柱齿轮，因重合度小于 2，一般在节线处只有一对轮齿啮合，其接触应力最大。理论分析和实践表明，疲劳点蚀首先出现在节线附近的齿根面上，然后向其他部位扩展。

图 5-25 齿面疲劳点蚀

齿面疲劳点蚀是齿面疲劳损伤的现象之一。在润滑良好的闭式软齿面齿轮传动中，齿面疲劳点蚀是最主要的失效形式。对于开式齿轮传动，由于齿面磨损较快，表面或次表面上产生的疲劳裂纹会被迅速磨掉，所以很少出现点蚀。

3. 齿面磨损

齿面磨损是开式齿轮传动的主要失效形式。

齿面磨损是由于在齿轮传动过程中，两齿面间存在较大的压力及相对滑动。由于相互搓削引起的磨损，称为研磨磨损；由于落入啮合齿面间的硬质颗粒（如砂粒、铁屑等）起磨料的作用所引起的磨损，称为磨粒磨损。磨粒磨损常出现在开式齿轮传动中，如图 5-26 所示。

齿面磨损后使得渐开线齿廓失真，齿形破坏，传动比不再等于常数，运动精度降低；侧隙增大，引起振动、冲击、噪声增大；轮齿变薄，易发生轮齿折断。

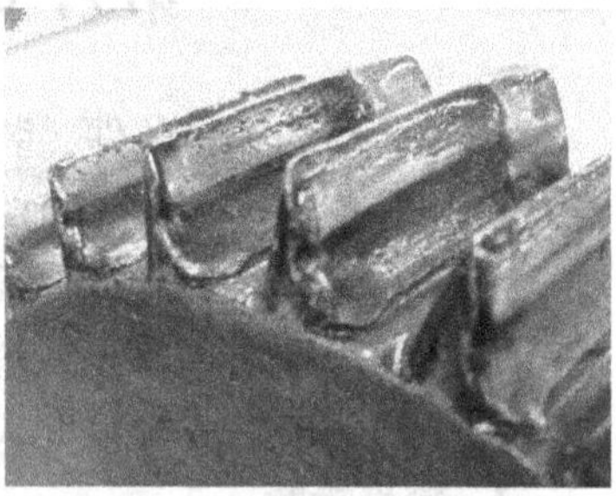

图 5-26 齿面磨损

4. 齿面胶合（粘着磨损）

胶合主要出现在高速重载的闭式齿轮传动中。由于齿面间压力大，速度高，摩擦产生高温破坏油膜，使两齿面金属直接接触而粘焊在一起。当齿面相对滑动时，粘着点被撕脱，齿面上形成沟痕，如图 5-27 所示。胶合主要发生在齿顶、齿根等滑动速度较大的部位。

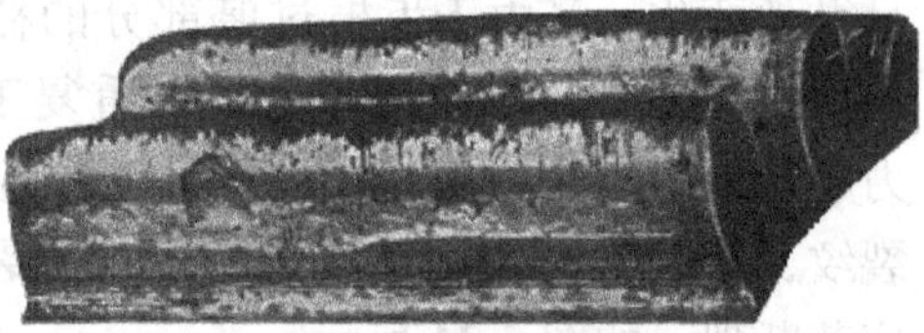

图 5-27 齿面胶合

低速重载时，由于油膜不易形成，会出现“冷焊粘着”。

5. 齿面塑性变形

低速重载或频繁起动的软齿面齿轮传动中，在较大载荷作用下，较软齿面上可能产生局部的塑性变形，使齿面失去正确的形态。

提高齿面硬度、降低齿面粗糙度值、增大齿根过渡曲线圆角半径以及选用较大黏度的润滑油等措施，均可有效避免或减轻失效的发生。

第七节　齿轮的材料及其选择

一、对齿轮材料性能的要求

由于齿轮的失效主要发生在齿根和齿面，因此齿轮的齿体应具有较高的抗折断能力，而齿面应有较强的抗点蚀、抗磨损和抗胶合能力等，要求轮齿面硬芯韧。此外，还应考虑机械加工和热处理的工艺性以及经济性的要求。

二、常用齿轮材料和热处理

制造齿轮最常用的材料是钢，其次是铸铁，还有非金属材料。

1. 钢

钢材的强度高、韧性好、耐冲击。许多钢材经适当热处理或表面处理后，能提高其性能，可以成为常用的齿轮材料，所以是应用最广泛的齿轮材料。钢材分为锻钢（轧制钢材）和铸钢两大类。

（1）锻钢　锻钢的力学性能比铸钢好，因此是首选的齿轮材料。

1）软齿面齿轮（齿面硬度≤350HBW）。软齿面齿轮通常用于对结构尺寸、强度、速度、精度要求不高的齿轮传动。常用的材料主要有中碳钢或中碳合金钢，如45、40Cr、40MnB、38SiMnMo等。热处理方法一般是调质或正火处理。在热处理后进行切齿，加工比较容易，生产率较高，易于磨合，不需磨齿等设备，齿轮精度一般为8级，精密切齿可达7级。但承载能力较低，齿轮传动尺寸较大。

一对齿轮啮合时，小齿轮的啮合次数多于大齿轮，所以小齿轮容易失效，为了使大小两齿轮寿命接近相等，应使小齿轮的硬度高于大齿轮的硬度30～50HBW。

2）硬齿面齿轮（齿面硬度>350HBW）。硬齿面齿轮用于高速、重载、要求结构尺寸紧凑的齿轮传动。齿面硬度一般在40～62HRC，强度和精度较高。加工方法是齿轮毛坯经过正火或调质热处理后切齿，再经齿面硬化，之后一般要经过磨齿等精加工，齿轮精度可达到5级或4级。常用的齿面硬化处理方法有整体淬火、表面淬火、渗碳淬火、渗氮（氮化）、碳氮共渗等。

（2）铸钢　铸钢的力学性能较好，但应进行退火和正火处理，必要时可进行调质。多用于结构尺寸较大的齿轮（$d \geqslant 400 \sim 500\text{mm}$），如ZG340-640、ZG42SiMn等材料。

2. 铸铁

灰铸铁较脆，其抗弯、抗拉强度较低，抗冲击性和耐磨性都较差，但抗胶合性及抗点蚀能力较强，易于加工。灰铸铁中的石墨起自润滑作用。因此对于开式传动，低速、轻载且平稳等次要场合，常采用HT300等材料。

球墨铸铁的抗冲击等力学性能比灰铸铁高得多，在齿轮传动中得到日益广泛的应用。

另外，有色金属如铜合金、铝合金在特殊要求情况下也作为齿轮材料。

3. 非金属材料

对于高速、轻载、要求精度不高的齿轮传动，为了降低噪声常用非金属材料，如夹布胶木、尼龙等制作小齿轮。由于非金属材料的耐热性和导热性较差，大齿轮仍用钢或铸铁制作，以利于散热。同时为了使大齿轮具有足够的抗磨损和抗点蚀能力，齿面硬度应为250～350HBW。

常用的齿轮材料及其力学性能，见表5-8。

表5-8　常用的齿轮材料及其力学性能

材料牌号	热处理方法	硬　度	弯曲疲劳极限 σ_{Flim}/MPa	接触疲劳极限 σ_{Hlim}/MPa
45	正火	162～217HBW	280～340	350～400
	调质	217～255 HBW	400～460	560～620
	表面淬火	40～50HRC	700～720	1070～1150
40Cr	调质	241～286 HBW	580～620	680～760
	表面淬火	48～55 HRC	700～740	1150～1210
40MnB	调质	241～286 HBW	580～620	680～760
	表面淬火	45～55 HRC	690～720	1130～1210
38SiMnMo	调质	217～269 HBW	550～600	650～720
	表面淬火	45～55 HRC	690～720	1130～1210
	碳氮共渗	57～63 HRC	790	880～950
20 CrMnTi	渗氮	>850HV	715	1000
	渗碳、淬火、回火	56～62 HRC	850	1500
20Cr	渗碳、淬火、回火	56～62 HRC	850	1500
ZG340-640	正火	179～207 HBW	240～270	310～340
ZG42SiMn	调质	197～248 HBW	450～490	550～620
	表面淬火	45～53 HRC	690～720	1130～1190
HT300	时效	187～255HBW	100～150	330～390
QT600-3	正火	190～270 HBW	280～310	490～580

注：σ_{Flim}、σ_{Hlim}值与齿面硬度成比例，根据齿面硬度按材料品质和热处理质量达到中等要求时查得的。

第八节　直齿圆柱齿轮传动的强度计算

在一般闭式齿轮传动中，轮齿的主要失效形式是齿根弯曲疲劳折断和齿面接触疲劳点蚀。国家标准中已制定了渐开线圆柱齿轮和锥齿轮的强度计算方法，但是这些方法过于复杂，本章的计算方法是在国家标准规定的计算方法基础上适当简化得到的。

齿轮传动时，传递的转矩为

$$T = 10^6 \frac{P}{\omega} = 9.55 \times 10^6 \frac{P}{n} \tag{5-23}$$

式中　P——齿轮传递的名义功率（kW）；

T——齿轮传递的名义转矩（N · mm）；

ω——齿轮的角速度（rad/s）；

n——齿轮的转速（r/min）。

一、轮齿上的作用力

图 5-28 所示为标准直齿圆柱齿轮传动主动轮齿上的受力分析。如果忽略齿面间的摩擦力，则轮齿间的总压力为法向力 F_n，作用在分度圆齿宽中点处并沿啮合线垂直于齿面。

为了计算方便，将法向力 F_n 分解为相互垂直的两个分力，即圆周力 F_t 和径向力 F_r。各力的大小分别为

$$\begin{cases} F_t = \dfrac{2T_1}{d_1} \\ F_r = F_t \tan\alpha \\ F_n = \dfrac{F_t}{\cos\alpha} \end{cases} \tag{5-24}$$

式中 T_1——小齿轮传递的名义转矩（N·mm）；

d_1——小齿轮的分度圆直径（mm）；

α——分度圆压力角（°）。

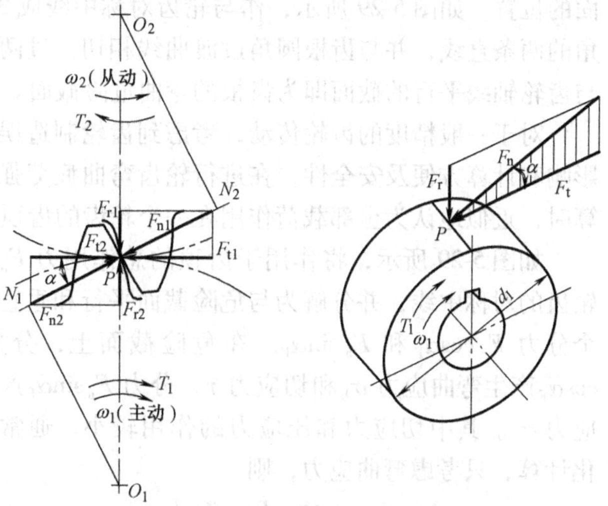

图 5-28 标准直齿圆柱齿轮传动主动轮齿上的受力分析

作用在从动轮齿上的各分力与主动轮齿上各分力大小相等，方向相反。各分力的方向判定如下。

1）圆周力 F_t。在主动轮齿上是工作阻力，其方向与力作用点的速度方向相反，阻止它转动；在从动轮齿上是驱动力，其方向与力作用点的速度方向相同，驱使它转动。

2）径向力 F_r。由啮合点沿半径分别指向各自的轮心。

二、计算载荷

齿轮在实际传动时，由于原动机和工作机的性能，轮齿啮合过程中产生的动载荷，齿轮的制造、安装误差和受载后轮齿、系统产生的弹性变形，载荷沿齿面接触线分布不均及载荷在同时啮合的各齿对间分配不均等因素的影响，轮齿上的局部受力大于名义载荷沿齿宽的均布力。为此，引入载荷系数 K，将名义载荷 F_n 进行修正得到计算载荷 F_{nca}，即

$$F_{nca} = KF_n \tag{5-25}$$

载荷系数 K 值可近似地按表 5-9 选取。

表 5-9 载荷系数 K

工作机械的载荷特性	原动机		
	电动机	多缸内燃机	单缸内燃机
均匀	1～1.2	1.2～1.6	1.6～1.8
中等冲击	1.2～1.6	1.6～1.8	1.8～2.0
大冲击	1.6～1.8	1.9～2.1	2.2～2.4

三、齿根弯曲疲劳强度的计算

由于齿轮的轮体刚度较大，可将轮齿近似地简化为悬臂梁，并用30°切线法确定危险截面的位置。如图5-29所示，作与轮齿对称中线成30°夹角的两条直线，并与齿根圆角过渡曲线相切，过两切点与齿轮轴线平行的截面即为齿根的弯曲危险截面。

对于一般精度的齿轮传动，考虑到齿轮制造误差的影响和计算方便及安全性，在进行轮齿弯曲疲劳强度计算时，近似地认为全部载荷作用在一个轮齿的齿顶。

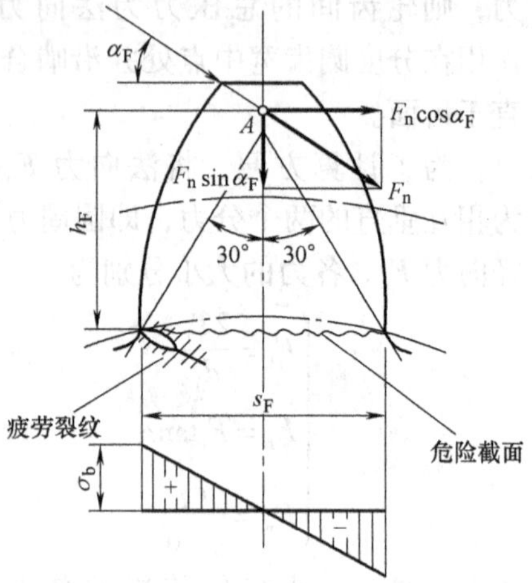

图5-29　齿根弯曲应力计算简图

如图5-29所示，将作用于齿顶的总作用力F_n移至轮齿的对称中线，并分解为与危险截面平行和垂直的两个分力$F_n\cos\alpha_F$和$F_n\sin\alpha_F$。在危险截面上，分力$F_n\cos\alpha_F$产生弯曲应力σ_b和切应力τ，分力$F_n\sin\alpha_F$产生压应力σ_c。其中切应力和压应力的作用较小，通常为简化计算，只考虑弯曲应力，则

$$\sigma_F=\frac{M}{W}=\frac{F_n\cos\alpha_F h_F}{bs_F^2/6}$$

以计算载荷$F_{nca}=KF_n=KF_t/\cos\alpha$代入上式，经整理

$$\sigma_F=\frac{KF_t 6\cos\alpha_F\ (h_F/m)}{bm\ (s_F/m)^2\cos\alpha}$$

令$Y_{Fa}=\dfrac{6(h_F/m)\cos\alpha_F}{(s_F/m)^2\cos\alpha}$，称为齿形系数，其值可由表5-10查取。

实际中还应考虑齿根过渡圆角所引起的应力集中以及切应力和压应力的影响，为此引入应力修正系数Y_{Sa}，其值可由表5-10查取；再将$F_t=2T_1/d_1$和$d_1=mz_1$代入，则可得齿根弯曲疲劳强度校核计算公式

$$\sigma_F=\frac{KF_t}{bm}Y_{Fa}Y_{Sa}=\frac{2KT_1}{bmd_1}Y_{Fa}Y_{Sa}=\frac{2KT_1}{bm^2z_1}Y_{Fa}Y_{Sa}\leqslant[\sigma_F] \tag{5-26}$$

令$\phi_d=b/d_1$，称为齿宽系数。以$b=\phi_d d_1$代入上式，于是得设计计算公式

$$m\geqslant\sqrt[3]{\frac{2KT_1}{\phi_d z_1^2}\left(\frac{Y_{Fa}Y_{Sa}}{[\sigma_F]}\right)} \tag{5-27}$$

表5-10　齿形系数Y_{Fa}和应力修正系数Y_{Sa}

z (z_v)	17	18	19	20	21	22	23	24	25	26	27	28	29
Y_{Fa}	2.97	2.91	2.85	2.80	2.76	2.72	2.69	2.65	2.62	2.60	2.57	2.55	2.53
Y_{Sa}	1.52	1.53	1.54	1.55	1.56	1.57	1.575	1.58	1.59	1.595	1.60	1.61	1.62
z (z_v)	30	35	40	45	50	60	70	80	90	100	150	200	∞
Y_{Fa}	2.52	2.45	2.40	2.35	2.32	2.28	2.24	2.22	2.20	2.18	2.14	2.12	2.06
Y_{Sa}	1.625	1.65	1.67	1.68	1.70	1.73	1.75	1.77	1.78	1.79	1.83	1.865	1.97

注：基准齿形的参数为$\alpha=20°$，$h_a^*=1$，$c^*=0.25$，齿顶过渡圆弧$\rho=0.38m$（模数）。

注意：

1）齿形系数 Y_{Fa}、应力修正系数 Y_{Sa}是无量纲量。Y_{Fa}反映轮齿形状对齿根弯曲应力的影响，只与轮齿的齿廓形状（齿数 z）有关，而与轮齿的大小（模数 m）无关。随着齿数 z 的增多，Y_{Fa}减小，而 Y_{Sa}增大，但两者的乘积减小，即一对传动齿轮，小齿轮的齿根弯曲应力 σ_{F1}大于大齿轮的齿根弯曲应力 σ_{F2}。

2）通常一对传动齿轮的齿数 $z_1 \neq z_2$，$Y_{Fa1}Y_{Sa1} \neq Y_{Fa2}Y_{Sa2}$，所以 $\sigma_{F1} \neq \sigma_{F2}$，又因两齿轮的材料、齿面硬度各不相同，$[\sigma_{F1}] \neq [\sigma_{F2}]$，因此应分别计算校核两齿轮的弯曲疲劳强度。

3）校核计算式（5-26）中的 T_1 和 d_1（或 z_1）是代替 F_t 而得到的，因此，在计算 σ_{F1}、σ_{F2}时，由于 $F_{t1} = F_{t2}$，因此区别只是 $Y_{Fa1}Y_{Sa1}$、$Y_{Fa2}Y_{Sa2}$的值不同。所以 σ_{F1}、σ_{F2}的关系为

$$\sigma_{F2} = \sigma_{F1}\frac{Y_{Fa2}Y_{Sa2}}{Y_{Fa1}Y_{Sa1}}$$

4）齿根的弯曲强度可用$\frac{[\sigma_F]}{\sigma_F}$来衡量，由上述分析可知，$\sigma_{F1}$、$\sigma_{F2}$中只有 $Y_{Fa}Y_{Sa}$值不同，所以$\frac{[\sigma_{F1}]}{Y_{Fa1}Y_{Sa1}}$、$\frac{[\sigma_{F2}]}{Y_{Fa2}Y_{Sa2}}$中，大者的齿根弯曲强度较高。应用式（5-27）设计计算时，应将$\frac{Y_{Fa1}Y_{Sa1}}{[\sigma_{F1}]}$、$\frac{Y_{Fa2}Y_{Sa2}}{[\sigma_{F2}]}$中比值较大者代入计算模数 m，并按表 5-2 选取标准值。

5）模数 m 反映轮齿大小对齿根弯曲应力的影响。在齿宽系数、材料及齿数已定的情况下，m 是决定齿轮弯曲疲劳强度的主要参数。

四、齿面接触疲劳强度的计算

计算齿面接触疲劳强度的目的是为了防止齿面发生疲劳点蚀，而齿面疲劳点蚀与齿面接触应力的大小有关。齿面间最大接触应力 σ_H 计算的基本公式是赫兹公式，即

$$\sigma_H = \sqrt{\frac{F_n}{\pi L} \times \frac{\frac{1}{\rho_1} \pm \frac{1}{\rho_2}}{\frac{1-\mu_1^2}{E_1} + \frac{1-\mu_2^2}{E_2}}}$$

令 $Z_E = \sqrt{\frac{1}{\pi\left(\frac{1-\mu_1^2}{E_1} + \frac{1-\mu_2^2}{E_2}\right)}}$，称为弹性影响系数，其值与两配对齿轮的材料有关，可由表 5-11 查取。

表 5-11　弹性影响系数 Z_E　　（单位：$\sqrt{MPa}$）

齿轮材料	弹性模量 E/MPa	配对齿轮材料			
		锻　钢	铸　钢	球墨铸铁	灰铸铁
灰铸铁	11.8×10^4	162.0	161.4	156.6	143.7
球墨铸铁	17.3×10^4	181.4	180.5	173.9	—
铸钢	20.2×10^4	188.9	188.0	—	—
锻钢	20.6×10^4	189.8	—	—	—
夹布胶木	0.785×10^4	56.4	—	—	—

赫兹公式计算的是两圆柱体的接触应力，而一对轮齿啮合是渐开曲面接触，因此，把两轮齿啮合视为在接触点处以渐开线的曲率半径 ρ_1、ρ_2 为半径的两圆柱体接触。

由于点蚀往往出现在节线附近。因此，为了计算方便，通常以节点 P 处啮合的接触应力作为疲劳强度计算的依据。

以节点处两轮齿廓的曲率半径代替圆柱体的曲率半径，对于标准齿轮传动，由图 5-30 可知，节点处轮齿的曲率半径为

$$\rho = PN = \frac{d}{2}\sin\alpha$$

节点处综合曲率

$$\frac{1}{\rho_\Sigma} = \frac{1}{\rho_1} \pm \frac{1}{\rho_2} = \frac{\rho_2 \pm \rho_1}{\rho_1\rho_2} = \frac{2\ (d_2 \pm d_1)}{d_1 d_2 \sin\alpha}$$

$$= \frac{2\left(\dfrac{d_2}{d_1} \pm 1\right)}{d_1 \dfrac{d_2}{d_1}\sin\alpha} = \frac{2}{d_1 \sin\alpha}\,\frac{i \pm 1}{i}$$

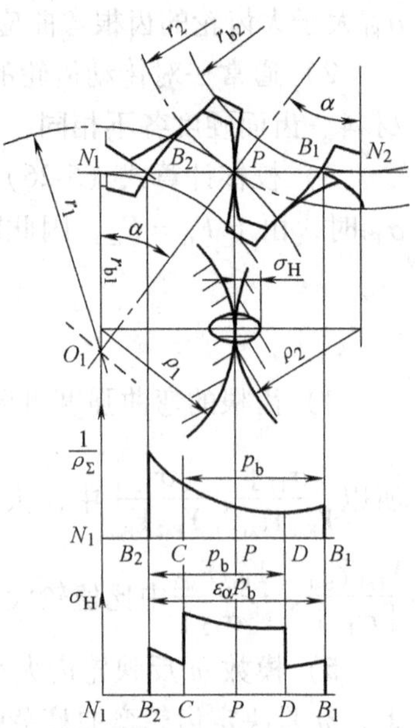

图 5-30 齿面接触应力计算简图

以实际接触齿宽 b 代替两圆柱体的接触宽度 L，再将计算载荷 $F_{nca} = KF_n = KF_t/\cos\alpha$ 和综合曲率代入赫兹公式，则节点处齿面接触应力 σ_H 为

$$\sigma_H = \sqrt{\frac{KF_t}{bd_1}\left(\frac{i \pm 1}{i}\right)\frac{2}{\sin\alpha\cos\alpha}}Z_E$$

令 $Z_H = \sqrt{\dfrac{2}{\sin\alpha\cos\alpha}}$，称为节点区域系数。标准直齿轮压力角 $\alpha = 20°$时，$Z_H \approx 2.5$，并将 $F_t = 2T_1/d_1$ 代入上式，则可得节点处齿面接触疲劳强度的校核计算公式

$$\sigma_H = \sqrt{\frac{KF_t}{bd_1}\left(\frac{i \pm 1}{i}\right)}Z_E Z_H = \sqrt{\frac{2KT_1}{bd_1^2}\left(\frac{i \pm 1}{i}\right)}Z_E Z_H \leqslant [\sigma_H] \tag{5-28}$$

引入齿宽系数 $\phi_d = b/d_1$，以 $b = \phi_d d_1$ 代入上式，于是得设计计算公式

$$d_1 \geqslant \sqrt[3]{\frac{2KT_1}{\phi_d}\left(\frac{i \pm 1}{i}\right)\left(\frac{Z_E Z_H}{[\sigma_H]}\right)^2} \tag{5-29}$$

注意：

1）一对啮合齿轮的齿面接触应力 $\sigma_{H1} = \sigma_{H2} = \sigma_H$，但一般两齿轮的齿面硬度不同，所以许用应力 $[\sigma_{H1}] \neq [\sigma_{H2}]$。其中许用应力 $[\sigma_H]$ 较小的齿轮，其齿面接触疲劳强度较低。因此，只需按许用应力 $[\sigma_H] = \min\{[\sigma_{H1}], [\sigma_{H2}]\}$ 进行校核或计算即可。

2）小齿轮分度圆直径 d_1或中心距 a（传动比 i 一定）反映齿轮传动尺寸对齿面接触应力的影响。在齿宽系数、材料及齿数比已定的情况下，d_1或 a 是决定齿面接触疲劳强度的主要因素。

五、齿轮的许用应力

1. 弯曲疲劳许用应力 $[\sigma_F]$

$$[\sigma_F] = \frac{\sigma_{Flim}}{S_F} \tag{5-30}$$

式中 σ_{Flim}——齿轮的弯曲疲劳极限（MPa），由表5-8查取，表5-8中值为轮齿单向受载，齿根弯曲应力为脉动循环变应力时的疲劳极限应力值，若轮齿双向受载，齿根弯曲应力为对称循环变应力时，其疲劳极限应力值仅为表5-8中值的70%；

S_F——弯曲疲劳强度安全系数，一般取1.25~1.5。

2. 接触疲劳许用应力［σ_H］

$$[\sigma_H]=\frac{\sigma_{Hlim}}{S_H} \tag{5-31}$$

式中 σ_{Hlim}——齿轮材料的接触疲劳极限（MPa），由表5-8查取；

S_H——接触疲劳强度安全系数，由于点蚀发生后仅加剧振动、噪声，并不会导致齿轮立即停止工作，故可取为1。

六、齿轮传动的主要参数选择

1. 传动比 i

一对齿轮的传动比不宜取得过大，否则大小两轮的尺寸相差悬殊，增大传动装置的结构尺寸。一般直齿圆柱齿轮 $i\leqslant5$；斜齿圆柱齿轮 i 可适当大些。当小齿轮的齿数 z_1 选定后，按传动比 i 确定大齿轮的齿数 $z_2=i\,z_1$（圆整）。为使各个相啮合的齿对磨损均匀，传动平稳，应尽量使两齿数 z_1、z_2 互为质数。

2. 齿数 z 和模数 m

1）为避免轮齿根切，对于标准直齿圆柱齿轮，应取齿数 $z\geqslant z_{min}$。

2）对于闭式软齿面齿轮传动，按齿面接触强度确定小齿轮分度圆直径 d_1 后，可选取较多齿数（模数相应减小），不仅能够增大重合度提高传动平稳性，而且还可降低齿高，减小滑动系数，对于高速传动齿轮可以减小齿面磨损和胶合的危险。另外还可以减轻齿轮的重量，减少金属切削量（模数小则齿槽小），延长刀具使用寿命，减少加工工时等。但是模数减小会使齿厚随之变薄，降低齿根的弯曲强度。因此，在满足弯曲强度的条件下，齿数宜取多一些。一般取小齿轮的齿数 $z_1=20\sim40$。对于传递动力的齿轮，为防止轮齿太小而引起意外折断，一般模数 $m\geqslant1.5\sim2$mm。

3）对于闭式硬齿面齿轮传动，齿根弯曲疲劳强度相对较弱，所以模数不宜过小，齿数可适当少一些。一般取小齿轮的齿数 $z_1=17\sim25$（或30）。

4）对于开式或半开式齿轮传动，由于轮齿的主要失效形式为磨损，为使磨损后的轮齿不至于过小，要求有较大的模数，所以齿数不宜取得过多，一般取小齿轮的齿数 $z_1=17\sim20$。

3. 齿宽系数 ϕ_d 及齿宽 b

齿宽系数 ϕ_d 越大，齿轮的径向尺寸越小，传动装置结构越紧凑，承载能力越高，所以齿宽系数 ϕ_d 不宜过小；但齿宽系数大，齿轮的轴向尺寸（齿宽）大，沿齿宽载荷分布不均匀性增大，故齿宽系数也不宜过大。齿宽系数值可参照表5-12选取。

齿宽按 $b=\phi_d\,d_1$ 计算，然后进行适当圆整作为大齿轮的齿宽 b_2，而小齿轮的齿宽 $b_1=b_2+(5\sim10)$ mm，以防止因装配误差使大小齿轮产生轴向错位时导致实际接触（啮合）齿宽的减小，如图5-31所示。

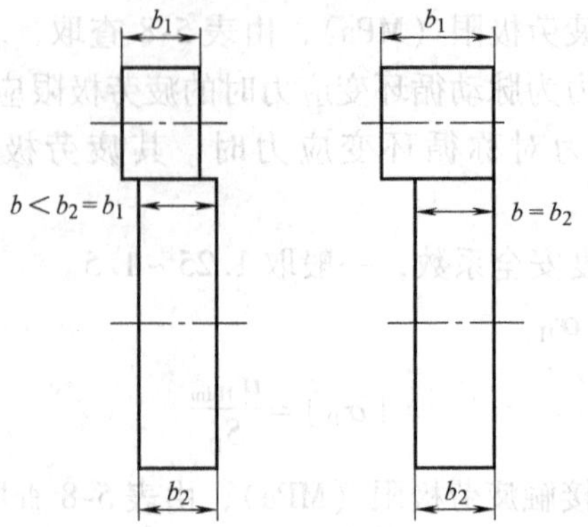

图 5-31　有装配误差时的实际接触（啮合）齿宽

表 5-12　圆柱齿轮的齿宽系数 ϕ_d

齿轮相对于轴承的位置	齿面硬度	
	软齿面（≤350HBW）	硬齿面（>350HBW）
对称布置	0.8～1.4	0.4～0.9
非对称布置	0.6～1.2	0.3～0.6
悬臂布置	0.3～0.4	0.2～0.3

七、齿轮传动的设计准则

闭式软齿面齿轮传动，由于齿面硬度较低易发生点蚀，因此应首先按照齿面接触疲劳强度进行设计，然后按照齿根弯曲疲劳强度进行校核。

闭式硬齿面齿轮传动，由于齿面硬度较高不易发生点蚀，而易发生轮齿折断，因此应首先按弯曲疲劳强度进行设计，然后按照接触疲劳强度进行校核。

设计时，也可以分别按齿根弯曲疲劳强度和齿面接触疲劳强度的设计计算公式计算模数 m 和小齿轮分度圆直径 d_1，然后根据 m、d_1 确定其他参数和传动尺寸，使得设计更合理。

开式齿轮传动，由于其主要失效形式是磨损、断齿，一般不会出现点蚀，所以只需按照齿根弯曲疲劳强度设计，然后将计算出的模数 m 加大 10%～20% 以考虑磨损后轮齿减薄的影响。

例 5-2　图 5-32 所示为带式输送机传动装置，试设计减速器的直齿圆柱齿轮传动。已知输入功率 $P_1=15\text{kW}$，小齿轮转速 $n_1=960\text{r/min}$，传动比 $i=3.2$，电动机驱动，预期工作寿命 10 年，每年工作 300 天，两班制工作。带式输送机传动平稳，单向转动，要求结构尺寸紧凑。

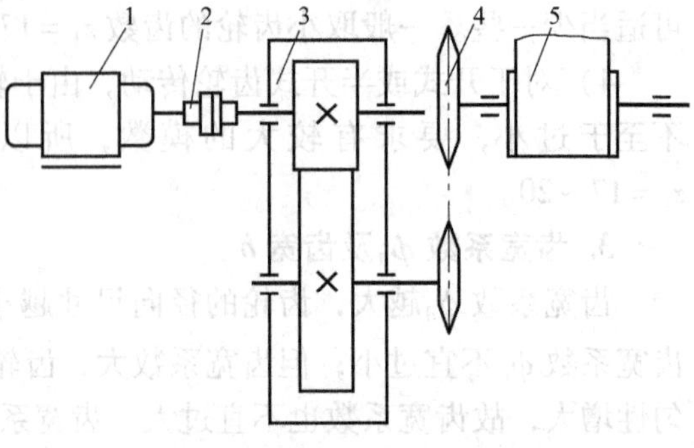

图 5-32　带式输送机传动装置

1—电动机　2—联轴器　3—减速器
4—链传动　5—输送带

解　根据题意，要求结构尺寸紧凑，因此该对齿轮采用硬齿面。

（1）选择齿轮精度等级、齿数和材料并确

定许用应力

1）选择精度等级。输送机为一般工作机器，速度不高，故初选8级精度。

2）选择齿数。初选小轮齿数 $z_1=19$，则大轮齿数 $z_2=i\,z_1=19\times3.2=60.8$，取 $z_2=61$，则实际传动比为

$$i=\frac{z_2}{z_1}=\frac{61}{19}=3.21$$

3）选择材料确定许用应力。根据表5-8，大、小齿轮均选用20Cr渗碳淬火，硬度为56～62HRC，弯曲疲劳极限 $\sigma_{\mathrm{Flim}}=850\mathrm{MPa}$；接触疲劳极限 $\sigma_{\mathrm{Hlim}}=1500\mathrm{MPa}$。

取弯曲疲劳强度安全系数 $S_{\mathrm{F}}=1.3$，接触疲劳强度安全系数 $S_{\mathrm{H}}=1$。

由式（5-30）和式（5-31）计算许用应力为

$$[\sigma_{\mathrm{F1}}]=[\sigma_{\mathrm{F2}}]=\frac{\sigma_{\mathrm{Flim}}}{S_{\mathrm{F}}}=\frac{850}{1.3}\mathrm{MPa}=653.85\mathrm{MPa}$$

$$[\sigma_{\mathrm{H1}}]=[\sigma_{\mathrm{H2}}]=\frac{\sigma_{\mathrm{Hlim}}}{S_{\mathrm{H}}}=\frac{1500}{1}\mathrm{MPa}=1500\mathrm{MPa}$$

（2）按齿根弯曲疲劳强度计算　设计计算公式为

$$m\geqslant\sqrt[3]{\frac{2KT_1}{\phi_{\mathrm{d}}z_1^2}\left(\frac{Y_{\mathrm{Fa}}Y_{\mathrm{Sa}}}{[\sigma_{\mathrm{F}}]}\right)}$$

1）由表5-9选取载荷系数 $K=1.2$。

2）计算小齿轮传递的转矩。

$$T_1=9.55\times10^6\frac{P_1}{n_1}=9.55\times10^6\times\frac{15}{960}\mathrm{N\cdot mm}=14.922\times10^4\mathrm{N\cdot mm}$$

3）由表5-12选取齿宽系数 $\phi_{\mathrm{d}}=0.6$。

4）由表5-10选取齿形系数 $Y_{\mathrm{Fa1}}=2.85$，$Y_{\mathrm{Fa2}}=2.276$；应力修正系数 $Y_{\mathrm{Sa1}}=1.54$，$Y_{\mathrm{Sa2}}=1.732$。

计算并比较两齿轮的 $\frac{Y_{\mathrm{Fa}}Y_{\mathrm{Sa}}}{[\sigma_{\mathrm{F}}]}$ 值。由于 $[\sigma_{\mathrm{F1}}]=[\sigma_{\mathrm{F2}}]$，$Y_{\mathrm{Fa1}}Y_{\mathrm{Sa1}}=2.85\times1.54=4.389>Y_{\mathrm{Fa2}}Y_{\mathrm{Sa2}}=2.276\times1.732=3.935$，小齿轮1的值较大，弯曲疲劳强度较低，将其代入计算式。

5）计算模数。

$$m\geqslant\sqrt[3]{\frac{2KT_1}{\phi_{\mathrm{d}}z_1^2}\left(\frac{Y_{\mathrm{Fa1}}Y_{\mathrm{Sa1}}}{[\sigma_{\mathrm{F1}}]}\right)}=\sqrt[3]{\frac{2\times1.2\times14.922\times10^4}{0.6\times19^2}\times\frac{4.389}{653.85}}\mathrm{mm}=2.23\mathrm{mm}$$

按表5-2，取标准模数 $m=2.5\mathrm{mm}$。

（3）按齿面接触疲劳强度计算　设计计算公式为

$$d_1\geqslant\sqrt[3]{\frac{2KT_1}{\phi_{\mathrm{d}}}\left(\frac{i+1}{i}\right)\left(\frac{Z_{\mathrm{E}}Z_{\mathrm{H}}}{[\sigma_{\mathrm{H}}]}\right)^2}$$

1）由表5-11选取材料的弹性影响系数 $Z_{\mathrm{E}}=189.8\sqrt{\mathrm{MPa}}$。

2）节点区域系数 $Z_{\mathrm{H}}=2.5$。

3）计算小齿轮分度圆直径。

$$d_1\geqslant\sqrt[3]{\frac{2KT_1}{\phi_{\mathrm{d}}}\left(\frac{i+1}{i}\right)\left(\frac{Z_{\mathrm{E}}Z_{\mathrm{H}}}{[\sigma_{\mathrm{H}}]}\right)^2}=\sqrt[3]{\frac{2\times1.2\times14.922\times10^4}{0.6}\left(\frac{3.21+1}{3.21}\right)\left(\frac{189.8\times2.5}{1500}\right)^2}\mathrm{mm}=42.79\mathrm{mm}$$

4）确定齿数。按既满足弯曲疲劳强度的模数 $m=2.5\text{mm}$，同时又满足接触疲劳强度的小齿轮分度圆直径 $d_1=42.79\text{mm}$，确定所需要的齿数为

$$z_1=\frac{d_1}{m}=\frac{42.79\text{mm}}{2.5\text{mm}}=17.116$$

取 $z_1=18$，$z_2=iz_1=57.6$ 取 $z_2=58$，实际传动比 $i=58/18=3.22$ 与初选值接近，不必返回修正计算。

（4）计算几何尺寸

1）计算分度圆直径。$d_1=mz_1=2.5\text{mm}\times18=45\text{mm}$（基本参数 m、z 确定后，计算出的此 d_1 值应不小于由接触疲劳强度计算出的 $d_1=42.97\text{mm}$，否则，不满足接触疲劳强度）；$d_2=mz_2=2.5\text{mm}\times58=145\text{mm}$。

2）计算齿宽。$b=\phi_d d_1=0.6\times45\text{mm}=27\text{mm}$，圆整取 $b_2=30\text{mm}$；$b_1=b_2+(5\sim10)\text{mm}=(35\sim40)\text{mm}$，取 $b_1=35\text{mm}$（圆整的目的是便于加工检测）

3）计算中心距。

$$a=\frac{m}{2}(z_1+z_2)=\frac{2.5\text{mm}}{2}(18+58)=95\text{mm}$$

（5）计算圆周速度

$$v=\frac{\pi d_1 n_1}{60\times1000}=\frac{\pi\times45\times960}{60\times1000}\text{m/s}=2.262\text{m/s}$$

对照表 5-1，选用 8 级精度是合适的。

（6）结构设计及绘制齿轮零件图（略）

第九节　斜齿圆柱齿轮传动及其强度计算

一、齿廓曲面的形成及啮合特点

1. 齿廓曲面的形成

直齿圆柱齿轮的齿廓曲面是相切于基圆柱 NN 线的发生面沿基圆柱进行纯滚动时，发生面上任一与基圆柱平行的直线 KK 的轨迹形成的渐开面，如图 5-33a 所示。

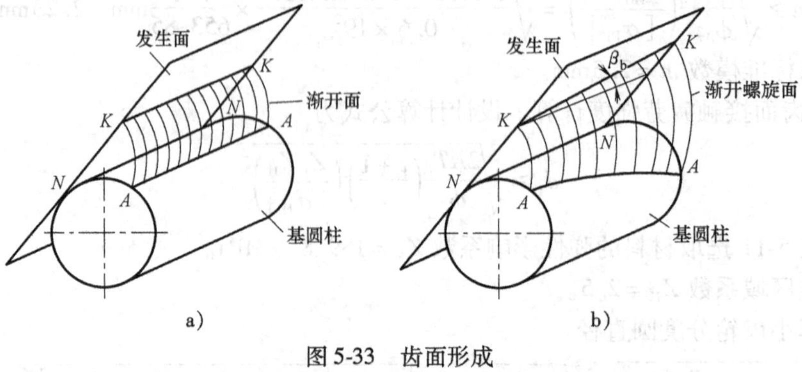

图 5-33　齿面形成

a）直齿圆柱齿轮齿面形成　b）斜齿圆柱齿轮齿面形成

斜齿圆柱齿轮的齿面形成与直齿圆柱齿轮类似，只是发生面上的直线 *KK* 不再与齿轮轴线相平行，而是倾斜了一个角度 β_b。当发生面沿基圆柱进行纯滚动时，直线 *KK* 的轨迹形成渐开螺旋面，如图 5-33b 所示。

一对平行轴斜齿圆柱齿轮啮合情况与直齿圆柱齿轮的啮合情况相似，如图 5-34 所示。两齿廓的公法面 *S* 与两基圆柱相切，一对渐开螺旋面相切接触（啮合）于 *KK* 线，*KK* 线与齿轮轴线夹角为 β_b。啮合传动时，两齿廓的接触线 *KK* 将在 *S* 面内平行移动，显然，*S* 面即为啮合面。

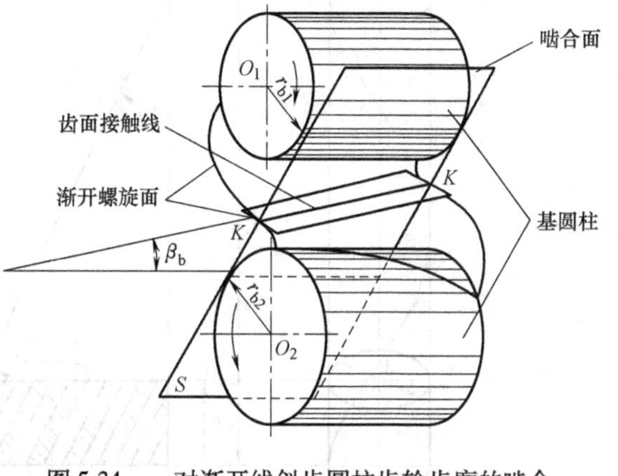

图 5-34　一对渐开线斜齿圆柱齿轮齿廓的啮合

2. 啮合特点

一对直齿圆柱齿轮啮合时，两轮齿廓曲面的接触线是与轴线平行的直线；而一对斜齿圆柱齿轮啮合时，两轮齿廓曲面的接触线是斜直线，如图 5-35 所示。因此，与直齿圆柱齿轮相比，斜齿圆柱齿轮具有如下特点。

1）两齿廓的接触线与齿轮轴线成 β_b 角，长度由短变长进入啮合，由长变短退出啮合，因而传动较直齿轮平稳，冲击、振动和噪声较小。

2）轮齿是螺旋形的，所以在啮合区内，齿面上的接触线的总长度要比直齿轮的长，这将会减小齿面的接触应力，提高齿轮的承载能力。

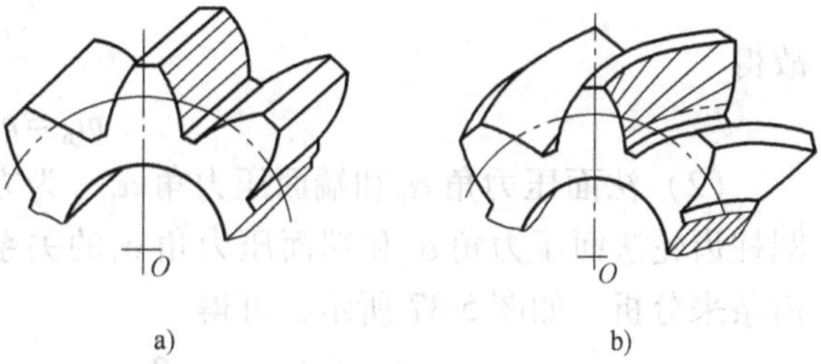

图 5-35　接触线

a）直齿圆柱齿轮　b）斜齿圆柱齿轮

由于斜齿圆柱齿轮传动的这些特点，所以被广泛应用于高速、重载的传动中。

二、基本参数及几何尺寸

1. 分度圆柱螺旋角 β

如图 5-36 所示，将斜齿圆柱齿轮沿其分度圆柱展开。图中阴影部分为轮齿，空白部分为齿槽，*Ph* 为螺旋线导程。由于各圆柱的直径不同，而渐开螺旋面在各圆柱上的导程相同，故各圆柱上的螺旋角是不同的。分度圆柱上的螺旋角定义为斜齿圆柱齿轮的螺旋角。

斜齿圆柱齿轮的轮齿螺旋方向有左旋、右旋之分。

2. 法面参数与端面参数的关系

在斜齿圆柱齿轮上，与轴线垂直的平面称为端面，与轮齿螺旋线垂直的平面称为法面，由于这两个面上轮齿的齿形不同，所以斜齿圆柱齿轮就有端面参数和法向参数，以下标“t”或“n”区分。在切制斜齿圆柱齿轮时，刀具通常是沿着螺旋线方向进刀的，所以法面参数与刀具参数相同。因此，国家标准规定法面参数为标准值，其取值方法与直齿轮相同。

（1）法面模数 m_n 和端面模数 m_t　如图 5-36 所示，法面齿距 p_n 与端面齿距 p_t 的关系为

$$p_n = p_t\cos\beta = \pi m_n = \pi m_t\cos\beta$$

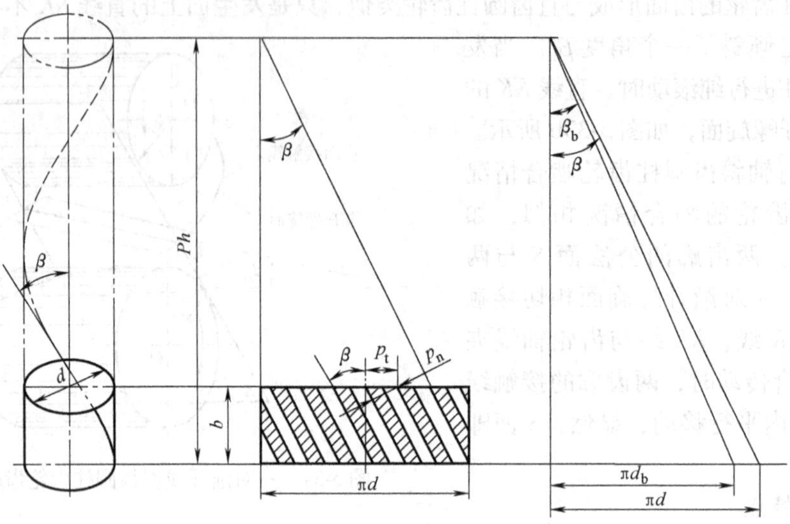

图 5-36　斜齿圆柱齿轮沿分度圆柱展开

故得

$$m_n = m_t\cos\beta \tag{5-32}$$

（2）法面压力角 α_n 和端面压力角 α_t　为方便分析斜齿圆柱齿轮法面压力角 α_n 和端面压力角 α_t 的关系，借助于斜齿条来分析，如图 5-37 所示，可得

$$\tan\alpha_n = \tan\alpha_t\cos\beta \tag{5-33}$$

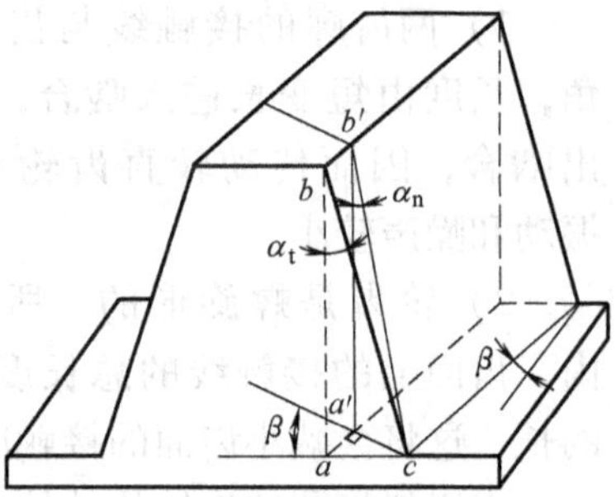

图 5-37　斜齿条

3. 当量齿轮与当量齿数

当量齿轮是齿形与斜齿圆柱齿轮的法向齿形相当的一个虚拟的直齿圆柱齿轮，其齿数用 z_v 表示，称为当量齿数。引入当量齿轮的目的：一是在用仿形法加工斜齿圆柱齿轮时，齿轮铣刀沿螺旋线齿槽方向进刀，齿轮的法面齿形与刀具的齿形一致，可以利用当量齿数来选择刀号；二是在计算斜齿圆柱齿轮的强度时可以利用直齿圆柱齿轮的强度计算公式与结论。

如图 5-38 所示，通过斜齿圆柱齿轮分度圆上的一点 c 作轮齿法面 n—n，截得分度圆柱的断面为一椭圆面，其长半轴为 $a=\dfrac{d}{2\cos\beta}=\dfrac{r}{\cos\beta}$，短半轴为 $b=r$。c 点附近的一段椭圆曲线与以椭圆该点处的曲率半径 ρ 为半径所画的圆弧非常接近，如图中点画线圆所示，因此可以虚拟一个以 ρ 为分度圆半径，斜齿圆柱齿轮的 m_n 为模数，α_n 为压力角的直齿圆柱齿轮，其齿形与斜齿圆柱齿轮的法面齿形相当，此虚拟的直齿圆柱齿轮即为斜齿圆柱齿轮的当量齿轮。

由高等数学可知，椭圆在 c 点的曲率半径为

$$\rho=\frac{a^2}{b}=\frac{r}{\cos^2\beta}=\frac{m_n z}{2\cos^3\beta}=r_v=\frac{m_n z_v}{2}$$

$$z_v=\frac{z}{\cos^3\beta} \tag{5-34}$$

显然，当量齿数 z_v 不为整数，且大于实际齿数 z。

标准斜齿圆柱齿轮不发生根切的最少齿数也可由上式求得

$$z_{\min}=z_{v\min}\cos^3\beta \tag{5-35}$$

式中 $z_{v\min}$——当量直齿圆柱齿轮不发生根切的最少齿数。可见 $z_{\min}<z_{v\min}$，标准斜齿圆柱齿轮不发生根切的最少齿数比直齿圆柱齿轮少，结构紧凑。

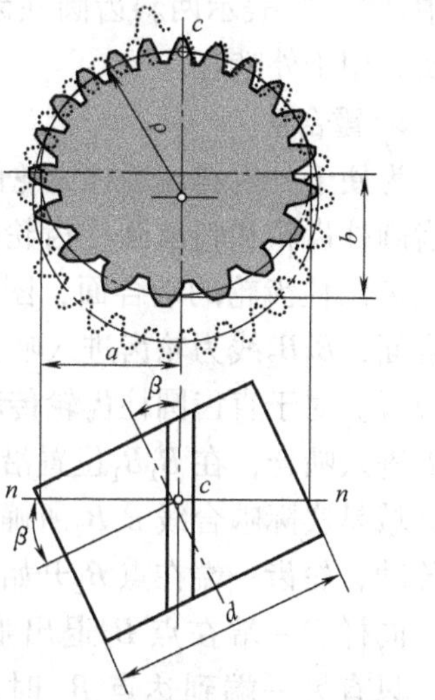

图 5-38 斜齿圆柱齿轮的当量齿轮

4. 几何尺寸计算

斜齿圆柱齿轮几何尺寸在端面与直齿圆柱齿轮完全相同，故尺寸按端面模数计算，标准中心距是两齿轮的分度圆半径之和。标准斜齿圆柱齿轮的几何尺寸计算公式，见表 5-13。

表 5-13 标准斜齿圆柱齿轮的几何尺寸计算公式

基本参数	z_1，z_2，m_n，$\alpha_n=20°$，$h_{an}^*=1$，$c_n^*=0.25$，β	
名称	符号	公式
端面模数	m_t	$m_t=m_n/\cos\beta$
端面压力角	α_t	$\tan\alpha_t=\tan\alpha_n/\cos\beta$
分度圆直径	d	$d=m_tz=\dfrac{m_nz}{\cos\beta}$
齿顶高	h_a	$h_a=m_th_{at}^*=m_nh_{an}^*$
齿根高	h_f	$h_f=m_t(h_{at}^*+c_t^*)=m_n(h_{an}^*+c_n^*)$
齿顶圆直径	d_a	$d_a=d+2h_a$
齿根圆直径	d_f	$d_f=d-2h_f$
基圆直径	d_b	$d_b=d\cos\alpha_t$
当量齿数	z_v	$z_v=z/\cos^3\beta$
不根切的最少齿数	$z_{\min}$	$z_{\min}=z_{v\min}\cos^3\beta$
标准中心距	a	$a=\dfrac{d_1+d_2}{2}=\dfrac{1}{2}m_t(z_1+z_2)=\dfrac{m_n}{2\cos\beta}(z_1+z_2)$

由中心距的计算公式可知，改变螺旋角 β 的大小可以调整中心距。故斜齿圆柱齿轮的中心距常进行圆整，以利于加工。

三、斜齿圆柱齿轮的啮合传动

1. 正确啮合条件

一对斜齿圆柱齿轮的正确啮合条件，除了与直齿圆柱齿轮一样要保证模数和压力角应分别相等外，螺旋角还应匹配，即

$$\begin{cases}m_{n1}=m_{n2}=m_n\\ \alpha_{n1}=\alpha_{n2}=\alpha_n\\ \beta_1=\pm\beta_2\end{cases} \tag{5-36}$$

式中，“＋”表示两斜齿圆柱齿轮旋向相同，用于内啮合；“－”表示两斜齿圆柱齿轮旋向相反，用于外啮合。

2. 重合度

为便于分析斜齿圆柱齿轮的重合度，以端面尺寸相同的直齿圆柱齿轮和斜齿圆柱齿轮传动对比分析。图5-39a所示为直齿圆柱齿轮的啮合面，图5-39b所示为斜齿圆柱齿轮的啮合面，B_2B_2线为轮齿进入啮合位置，B_1B_1线为轮齿退出啮合位置。对于直齿圆柱齿轮传动，轮齿在B_2B_2位置沿整个齿宽b进入啮合，在B_1B_1位置沿整个齿宽退出啮合，参加啮合的区域是实际啮合线B_1B_2所确定的区域。而对于斜齿圆柱齿轮传动，轮齿一端在点B_2开始啮合时，另外一端并未进入啮合。同样，一端在点B_1退出啮合时，另外一端正在啮合之中，只有另一端到达点B_1时，这对轮齿才完全退出啮合，所以斜齿圆柱齿轮的啮合区域比直齿圆柱齿轮增大了$\Delta L=b\tan\beta_b$，由此得到斜齿圆柱齿轮的重合度由两部分组成，一部分是与直齿圆柱齿轮相同的端面重合度ε_α，另一部分是由于ΔL而产生的轴面重合度ε_β，即

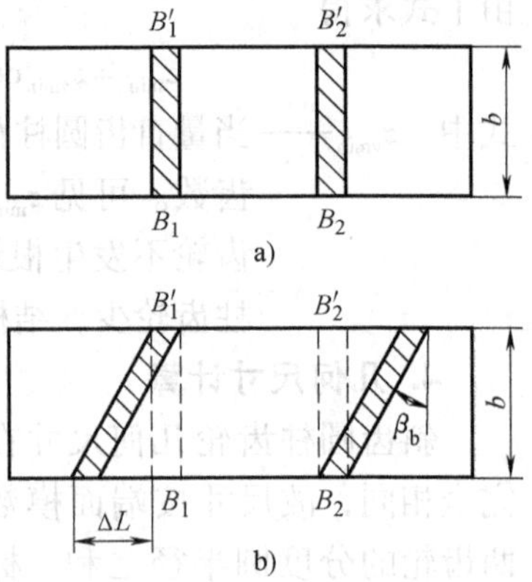

图5-39 重合度

a）直齿圆柱齿轮 b）斜齿圆柱齿轮

$$\varepsilon_\alpha=\frac{\overline{B_1B_2}}{p_{bt}}$$

$$\varepsilon_\beta=\frac{\Delta L}{p_{bt}}=\frac{b\tan\beta_b}{p_{bt}}=\frac{b\sin\beta}{\pi m_n} \tag{5-37}$$

$$\varepsilon_\gamma=\varepsilon_\alpha+\varepsilon_\beta \tag{5-38}$$

上式表明，斜齿圆柱齿轮的重合度比直齿圆柱齿轮的大，且随齿宽b和螺旋角β的增大而增大。

四、斜齿圆柱齿轮的强度计算

1. 轮齿上的作用力

图5-40所示为标准斜齿圆柱齿轮传动主动轮的受力分析。如果忽略齿面间的摩擦力，则轮齿间的法向力F_n作用在垂直于齿面的法面内，F_n可分解为相互垂直的三个分力，即圆周力F_t、径向力F_r和轴向力F_a。各力的大小分别为

$$\begin{cases}F_t=\dfrac{2T_1}{d_1}\\[2mm] F_r=F_t\tan\alpha_t=\dfrac{F_t\tan\alpha_n}{\cos\beta}\\[2mm] F_a=F_t\tan\beta\\[2mm] F_n=\dfrac{F_t}{\cos\alpha_n\cos\beta}=\dfrac{F_t}{\cos\alpha_t\cos\beta_b}\end{cases} \tag{5-39}$$

作用在从动轮与主动轮上的各分力大小相等，方向相反。圆周力和径向力方向的判定与直齿圆柱齿轮相同；轴向力的方向可用“左、右手法则”确定，即在主动轮齿上，左旋齿

轮用左手，右旋齿轮用右手，四指按齿轮转动方向（简称转向）弯曲，则拇指的指向即轴向力的方向。如图5-40所示，主动齿轮1为右旋，用右手判定。

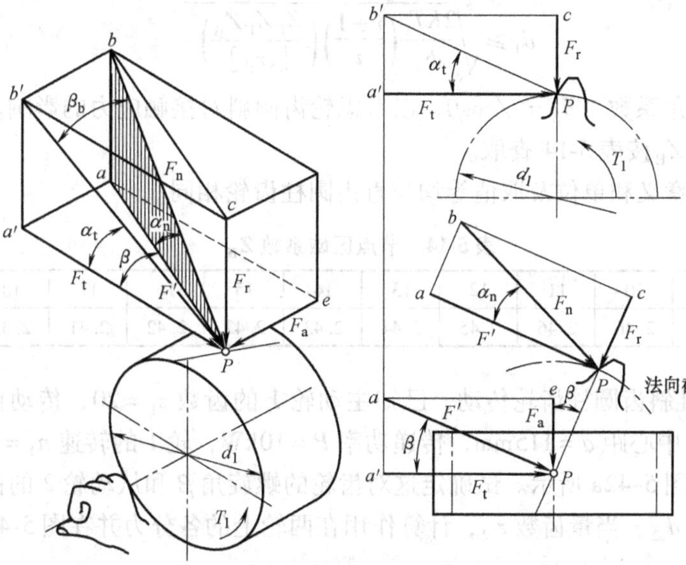

图5-40 标准斜齿圆柱齿轮传动主动轮的受力分析

斜齿圆柱齿轮传动与直齿圆柱齿轮相比有许多优点，且随螺旋角β的增大而显著，但β过大又会产生较大的轴向力。为控制过大的轴向力，一般取$\beta=8°\sim20°$。若采用人字齿轮，如图5-41所示，其所产生的轴向力可互相抵消，故其螺旋角可取为$\beta=25°\sim40°$，但人字齿轮的制造比较困难。

图5-41 人字齿轮轴向力

2. 强度计算

斜齿圆柱齿轮的强度计算与直齿圆柱齿轮相似，其方法是按轮齿的法面当量齿轮进行分析。但需要注意的是斜齿圆柱齿轮传动的重合度大，同时啮合的轮齿对数多，接触线是倾斜的，长度大于直齿圆柱齿轮，法面内当量齿轮的分度圆半径也较大，因此斜齿圆柱齿轮的弯曲应力和接触应力均比直齿圆柱齿轮有所降低。有关详细讨论可参阅机械设计教材。下面给出的是经过简化处理以后的强度计算公式。

（1）齿根弯曲疲劳强度计算　齿根弯曲疲劳强度的校核计算公式及设计计算公式为

$$\sigma_F=\frac{2KT_1}{bm_nd_1}Y_{Fa}Y_{Sa}\leqslant[\sigma_F] \tag{5-40}$$

$$m_n\geqslant\sqrt[3]{\frac{2KT_1\cos^2\beta}{\phi_d z_1^2}\left(\frac{Y_{Fa}Y_{Sa}}{[\sigma_F]}\right)} \tag{5-41}$$

式中　Y_{Fa}——斜齿圆柱齿轮的齿形系数，按当量齿数z_v由表5-10查取；

Y_{Sa}——斜齿圆柱齿轮的应力修正系数，按当量齿数z_v由表5-10查取。

其余各符号的意义和单位及取值等均与直齿圆柱齿轮相同。

（2）齿面接触疲劳强度计算　齿面接触疲劳强度的校核计算公式及设计计算公式为

$$\sigma_H=\sqrt{\frac{KF_t}{bd_1}\left(\frac{i\pm1}{i}\right)}Z_EZ_HZ_\beta=\sqrt{\frac{2KT_1}{bd_1^2}\left(\frac{i\pm1}{i}\right)}Z_EZ_HZ_\beta\leqslant[\sigma_H] \tag{5-42}$$

$$d_1\geqslant\sqrt[3]{\frac{2KT_1}{\phi_d}\left(\frac{i\pm1}{i}\right)\left(\frac{Z_EZ_HZ_\beta}{[\sigma_H]}\right)^2} \tag{5-43}$$

式中　Z_β——螺旋角系数，$Z_\beta=\sqrt{\cos\beta}$，以考虑轮齿倾斜对接触应力的影响。

节点区域系数 Z_H 按表 5-14 查取。

其余各符号的意义和单位及取值等均与直齿圆柱齿轮相同。

表 5-14　节点区域系数 Z_H

β/(°)	8	9	10	11	12	13	14	15	16	17	18	19	20
Z_H	2.47	2.47	2.46	2.46	2.45	2.44	2.43	2.42	2.42	2.41	2.39	2.38	2.37

例 5-3　一标准斜齿圆柱齿轮传动，已知主动轮 1 的齿数 $z_1=20$，传动比 $i=3.5$，法面模数 $m_n=2.5\text{mm}$，中心距 $a=115\text{mm}$，传递功率 $P=10\text{kW}$，轮 1 的转速 $n_1=970\text{r/min}$，转向及螺旋线方向，如图 5-42a 所示。试确定这对齿轮的螺旋角 β 和从动轮 2 的齿数及分度圆直径 d_2、齿顶圆直径 d_{a2}、当量齿数 z_{v2}，计算作用在两轮上的各分力并在图 5-42b、c 中画出方向。

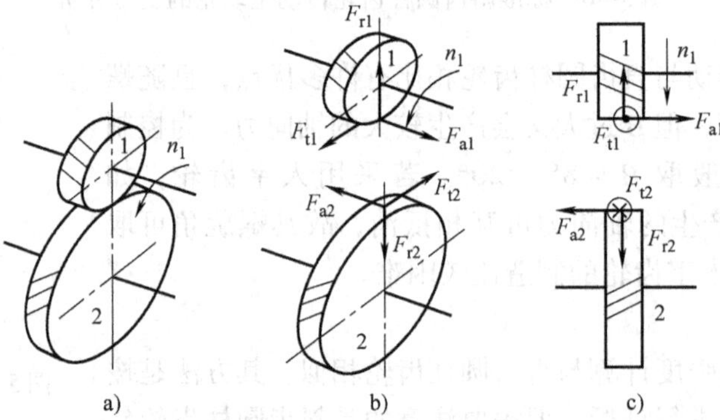

图 5-42　例 5-3 图

解　$z_2=i\,z_1=3.5\times20=70$

$$\beta=\arccos\frac{m_nz_1(1+i)}{2a}=\arccos\frac{2.5\text{mm}\times20\times(1+3.5)}{2\times115\text{mm}}=11.9687°$$

$$d_2=\frac{m_nz_2}{\cos\beta}=\frac{2.5\times70}{\cos11.9687°}\text{mm}=178.8889\text{mm}$$

$$d_{a2}=d_2+2h_a=(178.8889+2\times2.5)\text{mm}=183.8889\text{mm}$$

$$z_{v2}=\frac{z_2}{\cos^3\beta}=\frac{70}{\cos^3 11.9687°}=74.77$$

$$T_1=9.55\times10^6\times\frac{P}{n_1}=9.55\times10^6\,\frac{10}{970}\text{N}\cdot\text{mm}=98453.608\text{N}\cdot\text{mm}$$

$$F_{t1}=F_{t2}=\frac{2T_1}{d_1}=\frac{2\times98453.608}{2.5\times20/\cos11.9687°}\text{N}=3852.53\text{N}$$

$$F_{a1}=F_{a2}=F_{t1}\tan\beta=3852.53\times\tan11.9687°\text{N}=816.68\text{N}$$

$$F_{r1}=F_{r2}=\frac{F_{t1}\tan\alpha_n}{\cos\beta}=\frac{3852.53\times\tan20°}{\cos11.9687°}\text{N}=1433.37\text{N}$$

各分力的方向如图5-42b、c所示。对于主动轮1，由于轮齿右螺旋，用右手按转动方向可确定轴向力 F_{a1} 的方向，根据圆周力阻止其相对运动可确定圆周力 F_{t1} 的方向，径向力 F_{r1} 的方向指向其轴心；从动轮2上的力与主动轮1上的对应力方向相反。

例5-4 试设计某两级减速器的高速级斜齿圆柱齿轮传动，已知输入功率 $P_1=10\text{kW}$，小齿轮转速 $n_1=960\text{r/min}$，传动比 $i=3.2$，电动机驱动，预期工作寿命15年，每年工作300天，两班制工作，载荷中等冲击，单向转动。

解 根据题意，该对齿轮采用软齿面。

（1）选择齿轮精度等级、齿数和材料并确定许用应力

1）选择精度等级。减速器初选8级精度。

2）选择齿数。初选小轮齿数 $z_1=24$，则大轮齿数 $z_2=z_1 i=24\times3.2=76.8$，取 $z_2=77$，则实际传动比 $i=\frac{z_2}{z_1}=\frac{77}{24}=3.208$。

3）选择材料并确定许用应力。根据表5-8，选择小齿轮用45钢调质，硬度217～255HBW；大齿轮用45钢正火，硬度162～217HBW。小齿轮弯曲疲劳极限 $\sigma_{\text{Flim1}}=430\text{MPa}$，大齿轮弯曲疲劳极限 $\sigma_{\text{Flim2}}=310\text{MPa}$；小齿轮接触疲劳极限 $\sigma_{\text{Hlim1}}=590\text{MPa}$，大齿轮接触疲劳极限 $\sigma_{\text{Hlim2}}=380\text{MPa}$。

取弯曲疲劳强度安全系数 $S_F=1.4$，接触疲劳强度安全系数 $S_H=1$。

由式（5-30）和式（5-31）计算许用应力为

$$[\sigma_{F1}]=\frac{\sigma_{\text{Flim1}}}{S_F}=\frac{430}{1.4}\text{MPa}=307.14\text{MPa}$$

$$[\sigma_{F2}]=\frac{\sigma_{\text{Flim2}}}{S_F}=\frac{310}{1.4}\text{MPa}=221.43\text{MPa}$$

$$[\sigma_{H1}]=\frac{\sigma_{\text{Hlim1}}}{S_H}=\frac{590}{1}\text{MPa}=590\text{MPa}$$

$$[\sigma_{H2}]=\frac{\sigma_{\text{Hlim2}}}{S_H}=\frac{380}{1}\text{MPa}=380\text{MPa}$$

（2）按齿面接触疲劳强度计算 设计计算公式为

$$d_1\geqslant\sqrt[3]{\frac{2KT_1}{\phi_d}\left(\frac{i+1}{i}\right)\left(\frac{Z_E Z_H Z_\beta}{[\sigma_H]}\right)^2}$$

1）由表5-9选载荷系数 $K=1.5$。

2）由式（5-23）计算小齿轮传递的转矩。

$$T_1=9.55\times10^6\frac{P_1}{n_1}=9.55\times10^6\times\frac{10}{960}\text{N}\cdot\text{mm}=9.948\times10^4\text{N}\cdot\text{mm}$$

3）由表5-12选取齿宽系数 $\phi_d=1$。

4）由表5-11选取材料的弹性影响系数 $Z_E=189.8\sqrt{\text{MPa}}$。

5）初选螺旋角 $\beta=14°$；螺旋角系数 $Z_\beta=\sqrt{\cos\beta}=\sqrt{\cos 14°}=0.985$。

6）由表5-14选取节点区域系数 $Z_H=2.43$。

7）齿面接触疲劳许用应力 $[\sigma_H]=\min\{[\sigma_{H1}],[\sigma_{H2}]\}=380\text{MPa}$。

8）计算小齿轮分度圆直径。

$$d_1 \geqslant \sqrt[3]{\frac{2KT_1}{\phi_d}\left(\frac{i+1}{i}\right)\left(\frac{Z_E Z_H Z_\beta}{[\sigma_H]}\right)^2}$$

$$=\sqrt[3]{\frac{2\times1.5\times9.948\times10^4}{1}\left(\frac{3.208+1}{3.208}\right)\left(\frac{189.8\times2.43\times0.985}{380}\right)^2}\text{mm}=82.402\text{mm}$$

（3）按齿根弯曲疲劳强度计算　设计计算公式为

$$m_n \geqslant \sqrt[3]{\frac{2KT_1\cos^2\beta}{\phi_d z_1^2}\left(\frac{Y_{Fa}Y_{Sa}}{[\sigma_F]}\right)^2}$$

1）计算当量齿数。

$$z_{v1}=\frac{z_1}{\cos^3\beta}=\frac{24}{\cos^3 14°}=26.27$$

$$z_{v2}=\frac{z_2}{\cos^3\beta}=\frac{77}{\cos^3 14°}=84.29$$

由表5-10选取齿形系数 $Y_{Fa1}=2.59$，$Y_{Fa2}=2.21$；应力修正系数 $Y_{Sa1}=1.596$，$Y_{Sa2}=1.774$。

2）计算并比较两齿轮的 $\frac{Y_{Fa}Y_{Sa}}{[\sigma_F]}$ 值。

$$\frac{Y_{Fa1}Y_{Sa1}}{[\sigma_{F1}]}=\frac{2.59\times1.596}{307.14\text{MPa}}=0.013458\text{MPa},$$

$$\frac{Y_{Fa2}Y_{Sa2}}{[\sigma_{F2}]}=\frac{2.21\times1.774}{221.43\text{MPa}}=0.017706\text{MPa}$$

大齿轮2的值较大，弯曲疲劳强度较低，将其代入计算式。

3）计算模数。

$$m_n \geqslant \sqrt[3]{\frac{2KT_1\cos^2\beta}{\phi_d z_1^2}\left(\frac{Y_{Fa2}Y_{Sa2}}{[\sigma_{F2}]}\right)}=\sqrt[3]{\frac{2\times1.5\times9.948\times10^4\times0.9703^2}{1\times24^2}\times0.017706}\ \text{mm}=2.052\text{mm}$$

按表5-2，取标准模数 $m_n=2.5\text{mm}$。

4）计算齿数。

$$z_1=\frac{d_1\cos\beta}{m_n}=\frac{82.402\text{mm}\cos14°}{2.5\text{mm}}=31.98$$

取 $z_1=32$，则 $z_2=z_1 i=32\times3.2=102.4$，取 $z_2=103$（大于初选齿数，有利于传动）。

（4）计算几何尺寸

1）计算中心距。

$$a=\frac{m_n}{2\cos\beta}(z_1+z_2)=\frac{2.5}{2\cos 14°}(32+103)\text{mm}=173.916\text{mm}$$

圆整中心距，取 $a=175\text{mm}$（或174mm，圆整的目的是便于加工检测）。

2）计算螺旋角。

$$\beta = \arccos\frac{m_n(z_1+z_2)}{2a} = \arccos\frac{2.5\text{mm}\times(32+103)}{2\times175\text{mm}} = 15.3589°$$

螺旋角 β 大于初选值，引起参数 Z_β 的变化很小，且有利于强度提高，所以不必修正计算。

3）计算分度圆直径。

$$d_1 = \frac{m_n z_1}{\cos\beta} = \frac{2.5\times32}{\cos15.3589°}\text{mm} = 82.963\text{mm}$$

基本参数确定后，计算出的此 d_1 值应不小于由接触疲劳强度计算出的 $d_1 = 82.402\text{mm}$，否则，不满足接触疲劳强度。

$$d_2 = \frac{m_n z_2}{\cos\beta} = \frac{2.5\times103}{\cos15.3589°}\text{mm} = 267.037\text{mm}$$

4）计算齿轮宽度。

$$b = \phi_d\, d_1 = 1\times82.963\text{mm} = 82.963\text{mm}$$

圆整齿宽，取 $b_2 = 85\text{mm}$，$b_1 = 90\text{mm}$。

（5）计算圆周速度

$$v = \frac{\pi d_1 n_1}{60\times1000} = \frac{\pi\times82.963\times960}{60\times1000}\text{m/s} = 4.17\text{m/s}$$

对照表 5-1，选用 8 级精度是合适的。

（6）结构设计及绘制齿轮零件图（略）。

第十节　直齿锥齿轮传动及其强度计算

一、锥齿轮传动的特点

锥齿轮传动用来传递空间两相交轴间的运动和动力。与圆柱齿轮传动类似，一对锥齿轮传动相当于一对节圆锥进行纯滚动。如图 5-43 所示，当一对标准锥齿轮标准安装时，节圆锥与分度圆锥重合，轴交角 Σ 等于两分度圆锥角 δ_1、δ_2 之和，即 $\Sigma = \delta_1 + \delta_2$，一般 $\Sigma = 90°$。锥齿轮的轮齿分布在一个圆锥上，因此，在圆柱齿轮中的分度圆柱、基圆柱和齿顶圆柱等分别变成了分度圆锥、基圆锥和齿顶圆锥等。大端与小端的齿形不同，为计算和测量方便，通常研究大端的齿形。

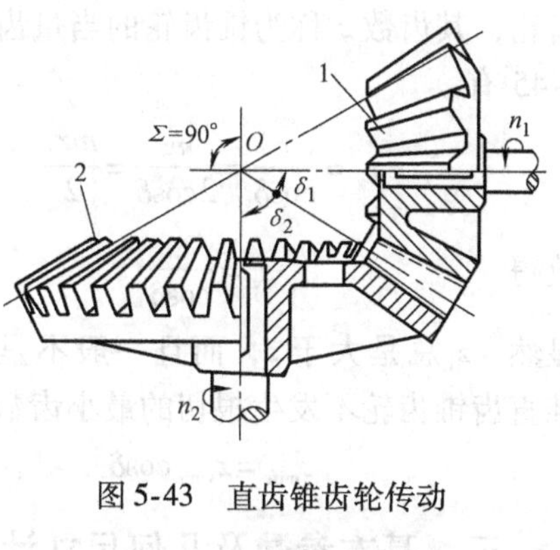

图 5-43　直齿锥齿轮传动

二、背锥及当量齿轮

1. 齿廓曲线

如图 5-44 所示，一对锥齿轮啮合时，其锥顶相交于一点 O，只有与锥顶为等距离的对应点才能相互啮合，所以锥齿轮的共轭齿廓分布在以 O 为圆心的球面上。理论上，锥齿轮的齿廓曲线为球面渐开线。

2. 背锥和当量齿轮

由于球面曲线不能展成平面，这给锥齿轮的设计和制造带来很多困难。为了便于在工程上应用，用一种近似的方法来研究锥齿轮的球面渐开线。

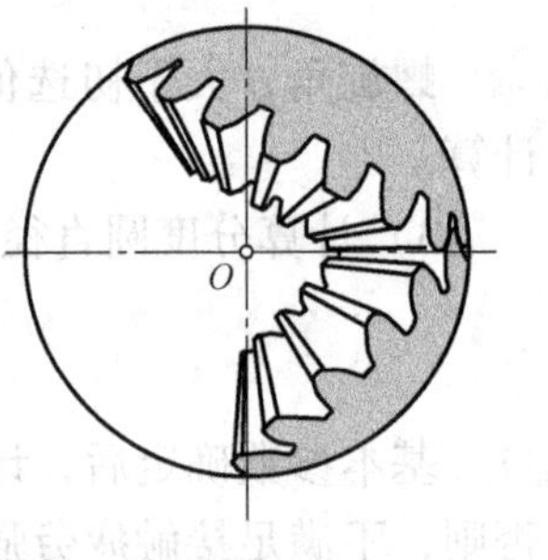

图 5-44　锥齿轮的共轭齿廓

图 5-45a 所示为一标准锥齿轮的轴向半剖视图。OAA 为其分度圆锥，Obb 为其齿顶圆锥，Oaa 为其齿根圆锥，$\overset{\frown}{bA}$和$\overset{\frown}{aA}$为轮齿在球面上的齿顶高和齿根高，r 为分度圆锥大端半径。通过 A 点作直线 $AO_1 \perp AO$，与锥齿轮轴线相交于 O_1 点。以 OO_1 为轴线，O_1A 为母线作一圆锥，称为背锥。显然，背锥与球面相切于锥齿轮大端的分度圆上，如图 5-45a 所示。

将球面渐开线上的 a、b 点投影到背锥上，得到 a'、b'点，由于在 A 点附近背锥面与球面非常接近，且齿轮模数 m 与球面半径 R 的比值越小，背锥面与球面就越接近，因而球面渐开线$\overset{\frown}{ab}$同它在背锥面上的投影$a'b'$之间的差别就越小。所以，可以用背锥面上的齿形近似地代替球面上的齿形，即锥齿轮的大端齿形。背锥可以展开成平面而得到一扇形齿轮，如图 5-45b 所示。该扇形齿轮的分度圆半径 r_v 为背锥距 O_1A，其参数与锥齿轮大端参数相同。将扇形齿轮补足成完整的圆柱齿轮，其齿数将从 z 增至 z_v，该虚拟的圆柱齿轮称为锥齿轮的当量齿轮，其齿数 z_v 称为锥齿轮的当量齿数。由图 5-45 有

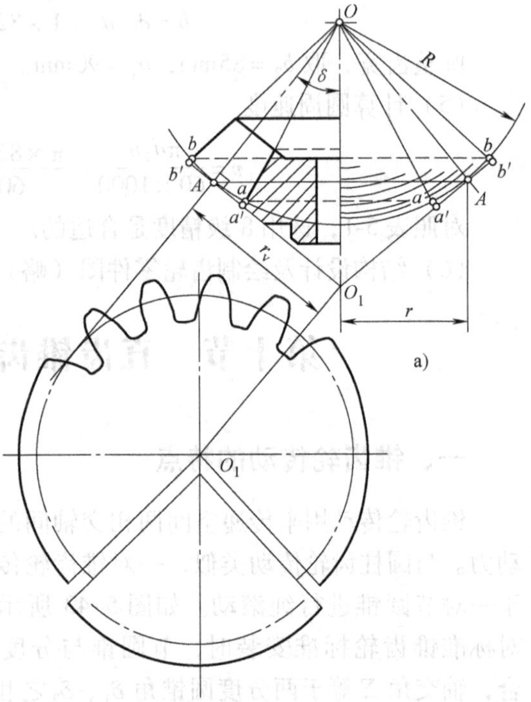

图 5-45　锥齿轮的背锥和当量齿轮

a）背锥　b）当量齿轮

$$r_v = \frac{r}{\cos\delta} = \frac{mz}{2\cos\delta} = \frac{mz_v}{2}$$

故得
$$z_v = \frac{z}{\cos\delta} \tag{5-44}$$

显然，z_v 总是大于 z，而且一般不是整数。标准直齿锥齿轮不发生根切的最小齿数为

$$z_{min} = z_{vmin}\cos\delta \tag{5-45}$$

三、基本参数及几何尺寸计算

1. 基本参数及标准值

与圆柱齿轮相仿，锥齿轮的基本参数有 m、α、z、h_a^*、c^* 和 δ，规定大端参数为标准值。锥齿轮的标准模数，见表 5-15。

表 5-15 锥齿轮的标准模数（GB 12368—1990） （单位：mm）

…	1	1.125	1.25	1.375	1.5	1.75	2	2.25	2.5	2.75	3	3.25	3.5	3.75
4	4.5	5	5.5	6	6.5	7	8	9	10	…				

2. 正确啮合条件

由于一对直齿锥齿轮的啮合相当于一对当量直齿圆柱齿轮的啮合，所以其正确啮合条件为两锥齿轮的大端模数和压力角分别相等，即

$$\begin{cases} m_1 = m_2 = m \\ \alpha_1 = \alpha_2 = \alpha \end{cases} \tag{5-46}$$

并且两齿轮的锥距必须相等。

3. 传动比

传动比为

$$i = \frac{\omega_1}{\omega_2} = \frac{z_2}{z_1} = \frac{r_2}{r_1} = \frac{R\sin\delta_2}{R\sin\delta_1} = \frac{\sin\delta_2}{\sin\delta_1} \tag{5-47}$$

$\Sigma = 90°$时

$$i = \frac{z_2}{z_1} = \cot\delta_1 = \tan\delta_2 \tag{5-48}$$

4. 几何尺寸计算

通常直齿锥齿轮的齿高从大端到小端逐渐收缩，称为收缩齿。正常收缩齿的齿顶圆锥、分度圆锥和齿根圆锥交于一点 O，如图 5-46 所示。

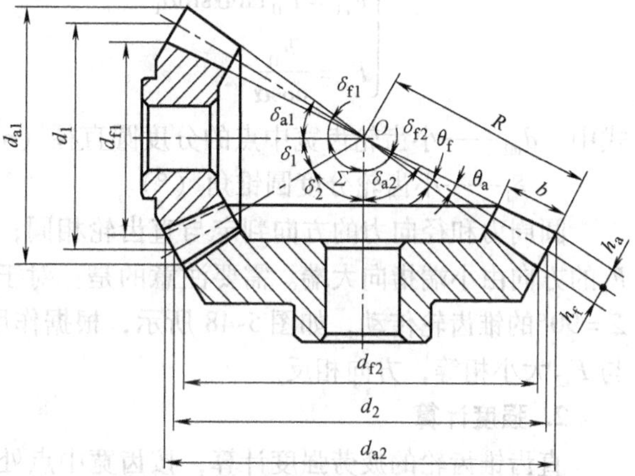

图 5-46 标准直齿锥齿轮的几何尺寸

$\Sigma = 90°$的标准直齿锥齿轮的几何尺寸计算公式，见表 5-16。

表 5-16 $\Sigma = 90°$的标准直齿锥齿轮的几何尺寸计算公式

基本参数	z_1，z_2，m，$\alpha = 20°$，$h_a^* = 1$，$c^* = 0.2$，δ	
名称	符号	公式
分度圆锥角	δ	$\delta_1 = \text{arccot}(z_2/z_1)$，$\delta_2 = 90° - \delta_1$
分度圆直径	d	$d_1 = mz_1$，$d_2 = mz_2$
齿顶高	h_a	$h_a = h_a^* m$
齿根高	h_f	$h_f = (h_a^* + c^*)m$
齿顶圆直径	d_a	$d_{a1} = d_1 + 2h_a\cos\delta_1$，$d_{a2} = d_2 + 2h_a\cos\delta_2$
齿根圆直径	d_f	$d_{f1} = d_1 - 2h_f\cos\delta_1$，$d_{f2} = d_2 - 2h_f\cos\delta_2$
锥距	R	$R = \frac{1}{2}\sqrt{d_1^2 + d_2^2} = \frac{m}{2}\sqrt{z_1^2 + z_2^2} = \frac{d_1}{2\sin\delta_1} = \frac{d_2}{2\sin\delta_2}$
齿顶角	θ_a	$\theta_{a1} = \theta_{a2} = \arctan(h_a/R)$
齿根角	θ_f	$\theta_{f1} = \theta_{f2} = \arctan(h_f/R)$
当量齿数	z_v	$z_{v1} = z_1/\cos\delta_1$，$z_{v2} = z_2/\cos\delta_2$
根锥角	δ_f	$\delta_{f1} = \delta_1 - \theta_{f1}$，$\delta_{f2} = \delta_2 - \theta_{f2}$
顶锥角	δ_a	$\delta_{a1} = \delta_1 + \theta_{a1}$，$\delta_{a2} = \delta_2 + \theta_{a2}$
不根切的最少齿数	z_{min}	$z_{min} = z_{vmin}\cos\delta$

四、强度计算

1. 轮齿上的作用力

图 5-47 所示为直齿锥齿轮的轮齿受力分析。通常把轮齿上的总法向力 F_n 视为作用于齿宽中点。F_n 可分解为相互垂直的三个分力，即圆周力 F_{t1}、径向力 F_{t1} 和轴向力 F_{a1}。各力的大小分别为

$$\begin{cases} F_{t1} = \dfrac{2T_1}{d_{m1}} \\ F_{r1} = F_{t1}\tan\alpha\cos\delta_1 \\ F_{a1} = F_{t1}\tan\alpha\sin\delta_1 \\ F_n = \dfrac{F_{t1}}{\cos\alpha} \end{cases} \tag{5-49}$$

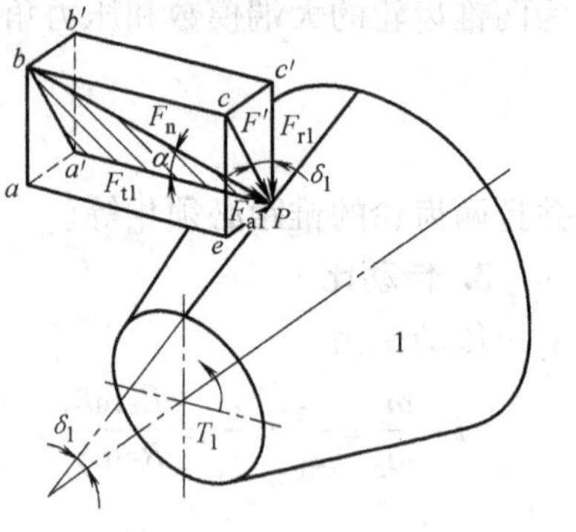

图 5-47 直齿锥齿轮的轮齿受力分析

式中 d_{m1}——小齿轮齿宽中点的分度圆直径（mm）；

δ_1——小齿轮分度圆锥角（°）。

圆周力和径向力的方向判定与直齿轮相同；轴向力 F_a 的方向由小端指向大端。需要注意的是：对于轴交角 $\Sigma=90°$ 的锥齿轮传动，如图 5-48 所示，根据作用及反作用力关系，F_{t1} 与 F_{t2}、F_{a1} 与 F_{r2}、F_{r1} 与 F_{a2} 大小相等，方向相反。

2. 强度计算

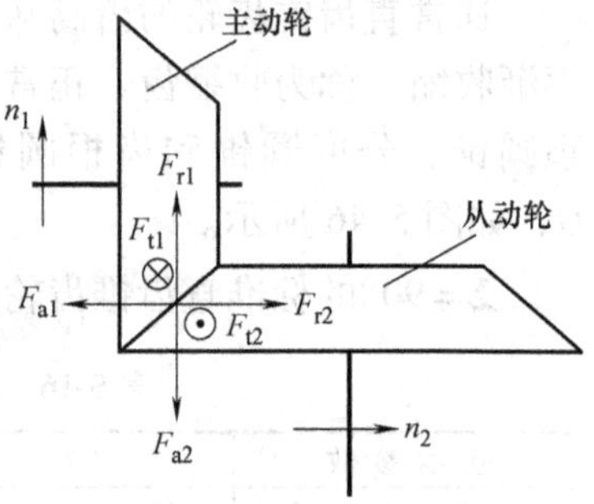

图 5-48 $\Sigma=90°$ 锥齿轮受力关系

直齿锥齿轮的疲劳强度计算，按齿宽中点处的当量直齿圆柱齿轮传动计算。

（1）齿根弯曲疲劳强度计算　将齿宽中点处的当量直齿圆柱齿轮有关参数代入式（5-26），经变换整理可得直齿锥齿轮的齿根弯曲疲劳强度校核计算公式和设计计算公式为

$$\sigma_F = \frac{2KT_1}{bm^2(1-0.5\phi_R)^2 z_1} Y_{Fa} Y_{Sa} \leqslant [\sigma_F] \tag{5-50}$$

$$m \geqslant \sqrt[3]{\frac{4KT_1}{\phi_R(1-0.5\phi_R)^2 z_1^2\sqrt{i^2+1}}\left(\frac{Y_{Fa}Y_{Sa}}{[\sigma_F]}\right)} \tag{5-51}$$

式中 K——载荷系数，一般小锥齿轮悬臂布置，轴系受载变形较大，影响载荷分布的均匀性，其值可参考表 5-9 选取大一些；

Y_{Fa}——锥齿轮的齿形系数，按当量齿数 z_v 由表 5-10 查取；

Y_{Sa}——锥齿轮的应力修正系数，按当量齿数 z_v 由表 5-10 查取；

ϕ_R——齿宽系数，通常取 $\phi_R=\dfrac{b}{R}=0.25\sim0.35$，$b$ 为齿宽，为了保证安装时便于调整，两轮锥顶重合，$b_1=b_2$。

其余各符号的意义和单位及取值等均与直齿圆柱齿轮相同。

（2）齿面接触疲劳强度计算　将齿宽中点处的当量直齿圆柱齿轮有关参数代入式（5-28），经变换整理可得直齿锥齿轮的齿面接触疲劳强度校核计算公式和设计计算公式为

$$\sigma_H = \sqrt{\frac{4KT_1}{\phi_R(1-0.5\phi_R)^2 d_1^3 i}} Z_E Z_H \leqslant [\sigma_H] \tag{5-52}$$

$$d_1 \geqslant \sqrt[3]{\frac{4KT_1}{\phi_R i(1-0.5\phi_R)^2}\left(\frac{Z_E Z_H}{[\sigma_H]}\right)^2} \tag{5-53}$$

式中各符号的意义和单位及取值等均与直齿圆柱齿轮相同。

第十一节　齿轮的结构设计

通过齿轮的强度计算，确定出齿轮的参数后，即可确定其分度圆、齿顶圆、齿根圆直径和齿宽等。齿圈、轮毂和轮辐等结构形式及大小尺寸，通常需由结构设计而确定。

齿轮的结构与其几何尺寸、材料、加工方法、使用要求及经济性等因素有关。通常先根据齿轮的直径选定合适的结构形式，然后再根据经验公式及数据进行结构设计。

当齿顶圆直径较小，$d_a \leqslant 160\text{mm}$ 时，可制成实心结构，如图 5-49 所示。当圆柱齿轮齿根圆到轮毂键槽底部的距离 $e < 2m_t$（端面模数），锥齿轮小端齿根圆到键槽底部的距离 $e < 1.6m$（大端模数）时，应将齿轮与轴制成一体，称为齿轮轴，如图 5-50 所示。否则，齿轮与轴应分开制造。

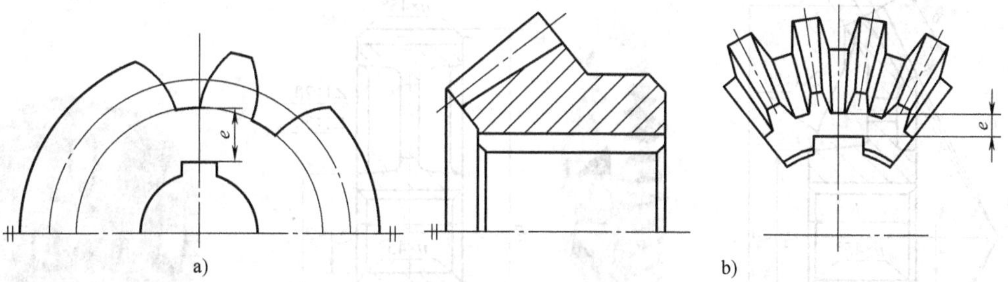

图 5-49　实心齿轮
a）圆柱齿轮　b）锥齿轮

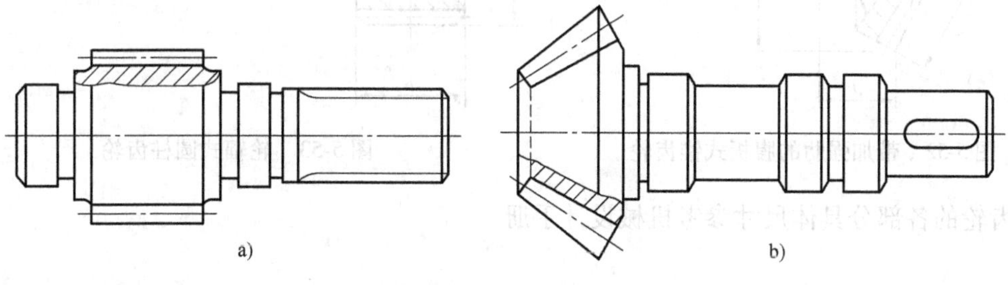

图 5-50　齿轮轴
a）圆柱齿轮　b）锥齿轮

当齿顶圆直径 $d_a \leqslant 500\text{mm}$ 时，可制成腹板式结构。腹板上孔的数目由结构尺寸的大小及需要而定，如图 5-51 所示。

齿顶圆直径 $d_a > 300\text{mm}$ 的铸造锥齿轮，可制成带加强肋的腹板式结构，如图 5-52 所示。

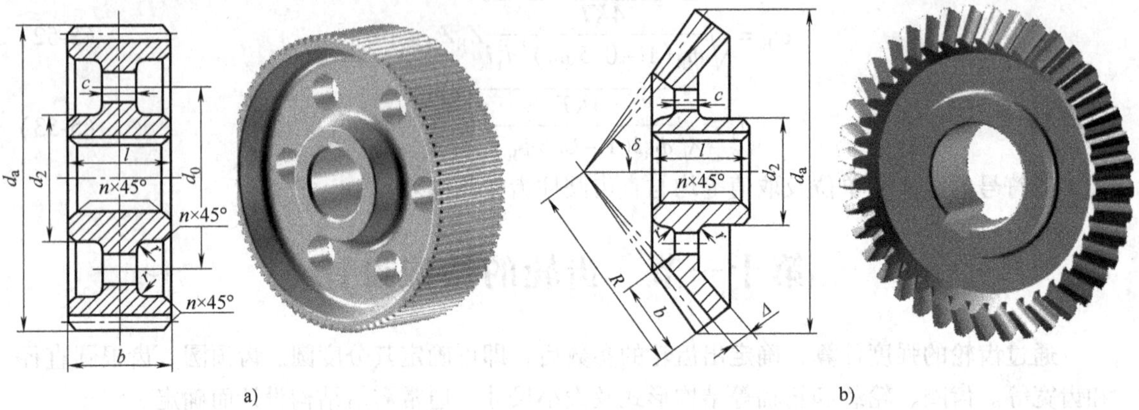

图 5-51　腹板式齿轮

a）圆柱齿轮　b）锥齿轮

当齿顶圆直径 $d_a>400$mm 时，常用铸铁或铸钢制作，并制成轮辐式结构，如图 5-53 所示。

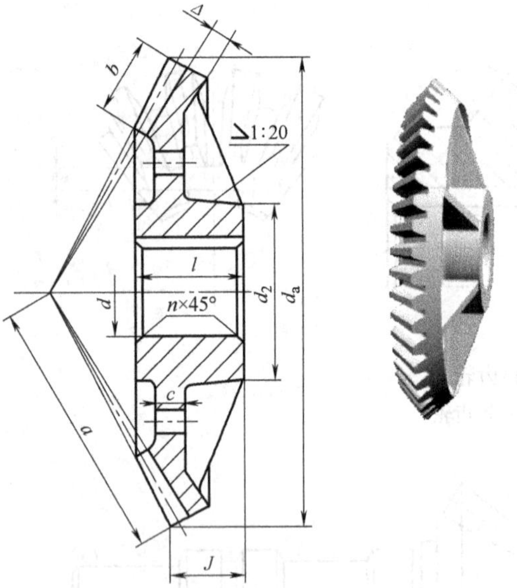

图 5-52　带加强肋的腹板式锥齿轮

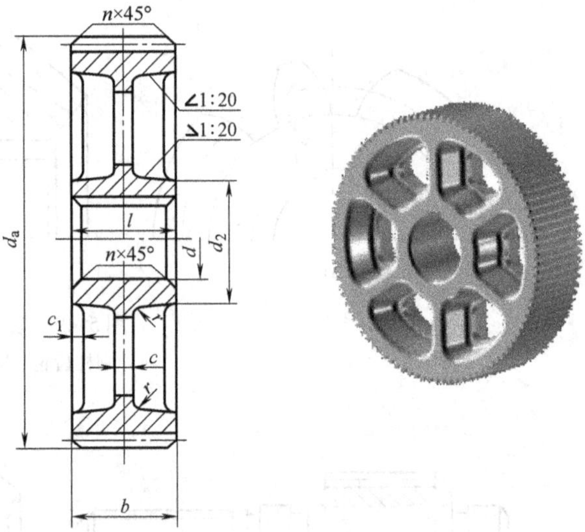

图 5-53　轮辐式圆柱齿轮

齿轮的各部分具体尺寸参考机械设计手册。

第十二节　齿轮传动的润滑

齿轮传动时，啮合齿面间存在相对滑动，因此产生摩擦磨损，增加功耗，降低传动效率。啮合齿面间加注润滑剂，既可以避免金属直接接触，减少摩擦损失，还可以起到散热和防锈的作用。因此，为改善轮齿的工作状况，确保齿轮正常运转及预期寿命，需要对齿轮传动进行适当地润滑。

一、齿轮传动的润滑方式

开式、半开式或速度较低的闭式齿轮传动，通常采用人工定期润滑，可用润滑油或润滑脂。

对一般闭式齿轮传动，当齿轮的圆周速度 $v \leqslant 12\text{m/s}$ 时，常采用油池润滑，即将大齿轮的轮齿浸入油池一定深度，如图 5-54 所示。当齿轮运转时，就会把润滑油带到啮合齿面上，同时也把一部分润滑油甩到箱壁上以散热。齿轮浸入油中的深度可视其圆周速度的大小而定。对于圆柱齿轮一般不超过一个齿高，但也不应小于 10mm；对于锥齿轮一般不超过全齿宽，但也不应小于半个齿宽。在多级齿轮传动中，当各个大齿轮的直径不相等，且悬殊较大时，可借助于带油轮将油带到未浸入油池齿轮的齿面上，如图 5-55 所示。

油池中的油量，根据齿轮传递功率的大小而定。对于单级齿轮传动，每传递功率 1kW 需油量约 0.35～0.7L。对于多级齿轮传动，需油量按级数成倍增加。

当齿轮的圆周速度 $v > 12\text{m/s}$ 时，不宜采用油池润滑，原因是：①圆周速度过高，轮齿上的油大多被甩出而不能到达啮合区；②搅油激烈，增加油的温升，使润滑性能降低；③搅起油池底部的沉淀杂质，加速齿面磨损。所以此时应采用喷油润滑，用油泵以一定的压力供油，由油嘴将润滑油直接喷到啮合齿面上，如图 5-56 所示。

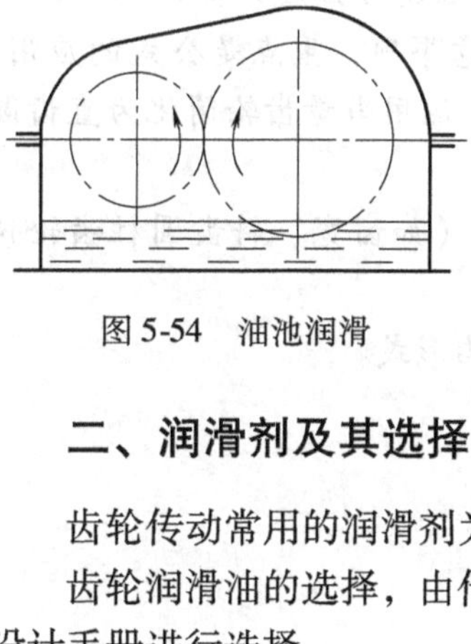

图 5-54 油池润滑

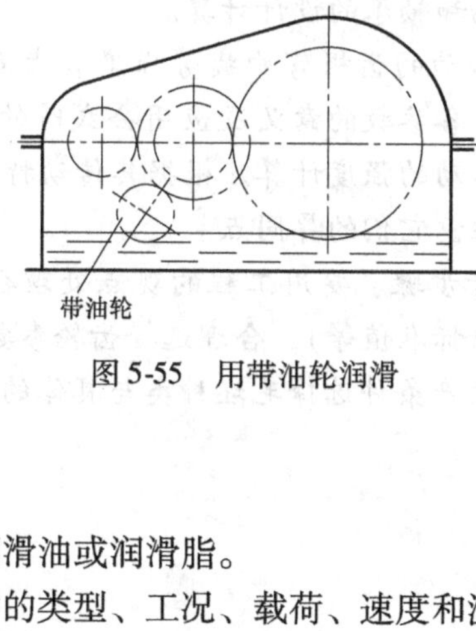

图 5-55 用带油轮润滑

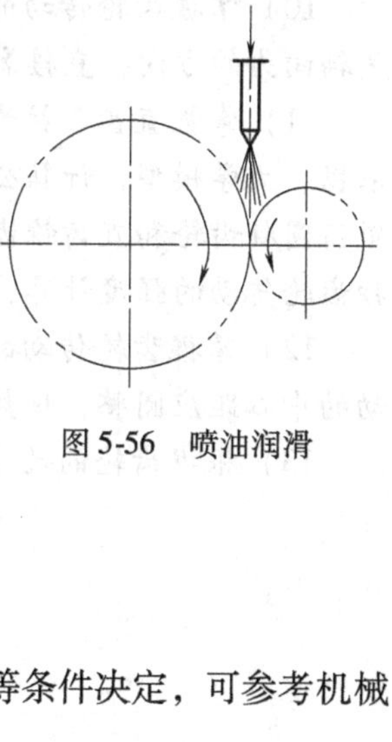

图 5-56 喷油润滑

二、润滑剂及其选择

齿轮传动常用的润滑剂为润滑油或润滑脂。

齿轮润滑油的选择，由传动的类型、工况、载荷、速度和温升等条件决定，可参考机械设计手册进行选择。

本章学习要点

1）了解齿轮机构的特点、类型和应用。掌握平面齿轮机构的齿廓啮合基本定律。

2）掌握渐开线的形成、性质。重点是渐开线性质的理解。

3）掌握渐开线齿廓的啮合特点：渐开线齿廓啮合能保证定传动比传动；其中心距具有可分性；啮合线为一定直线，传动平稳；啮合角随中心距而变化。

4）对于单个标准齿轮来说，注意齿轮的五个基本参数，即模数、齿数、压力角、齿顶高系数和顶隙系数。这五个参数中，除了齿数外均需按国家标准取值。理解分度圆、标准齿轮的概念。齿轮的几何尺寸主要包括齿轮的分度圆、基圆、齿顶圆、齿根圆、分度圆齿厚、分度圆齿槽宽、齿顶高、齿根高、全齿高、顶隙等。重点掌握齿轮的计算，注意齿条的特点。

5）对于一对标准齿轮啮合，注意理解齿轮啮合时的标准中心距、实际中心距、啮合角、节圆等概念，理解并掌握齿轮的正确啮合条件、连续传动条件等内容。重点掌握齿轮啮合传动，注意齿轮齿条传动的特点。

6）了解渐开线齿轮的切制方法，掌握两种切制方法的优缺点和适用场合。理解展成法加工齿轮时产生根切现象的原因和解决方法。

7）对于斜齿圆柱齿轮传动和锥齿轮传动，要从其与直齿圆柱齿轮相比较入手（齿廓形成特点、正确啮合条件、连续传动条件等），这样就不难得到相应的几何尺寸计算公式和优缺点，其中要注意理解斜齿圆柱齿轮和锥齿轮当量齿轮的概念。对于这几种齿轮机构，还要注意标准参数取在哪个面上，几何参数在哪个面上计算。

8）了解齿轮传动中轮齿的各种失效（损伤）形式的特点、产生的机理和部位，防止和减轻失效（损伤）的措施及相应的设计准则。

9）了解对齿轮材料的基本要求，软齿面与硬齿面材料的常用热处理方法及配对齿轮材料的选用原则。

10）掌握齿轮传动的受力分析方法，正确计算、判断轮齿上各力的大小和方向，尤其是轴向力的方向，直接影响轴和轴承的设计计算。

11）掌握直齿圆柱齿轮传动的齿根弯曲疲劳强度和齿面接触疲劳强度计算的基本理论依据、力学模型，计算公式中各参数的意义及应用公式时的注意事项，重点是公式的应用。斜齿圆柱齿轮和直齿锥齿轮传动的强度计算应根据其传动特点，运用当量齿轮简化为直齿圆柱齿轮传动的强度计算，并注意它们的异同点。

12）掌握齿轮传动的设计步骤、要用工程的观点处理数据（如齿宽、斜齿圆柱齿轮传动的中心距应圆整，模数应取标准值等），合理选择齿轮参数。

13）根据齿轮的尺寸、生产条件选择毛坯种类与具体的结构形式。

第六章

蜗杆传动

提示 本章介绍蜗杆传动的特点、类型、基本参数及几何尺寸计算；研究蜗杆传动的失效形式、设计准则、受力分析、工作能力计算、效率和热平衡计算等问题。重点是几何尺寸计算及受力分析，难点是工作能力计算。

第一节 蜗杆传动的特点和类型

一、组成及特点

蜗杆传动由蜗杆和蜗轮组成，如图6-1所示，用于两交错轴间传递运动和动力，通常取$\Sigma=90°$。传动中一般蜗杆是主动件，蜗轮是从动件，用于减速装置中。

与齿轮传动相比，蜗杆传动主要有以下特点。

1）可以实现较大的传动比，结构紧凑。用于动力传动时，传动比$i=8\sim80$；用于运动传递时，传动比最大可达1000。

2）传动平稳，噪声小。

3）当蜗杆导程角小于当量摩擦角时，蜗杆传动具有自锁性，即当蜗轮主动时传动终止，因此常用于起重机械等需要自锁性（安全保护）的场合。

4）齿面滑动速度大，易产生发热、磨损、胶合，故蜗轮常用耐磨材料，如青铜，因此成本较高，而且还要求良好的润滑和散热条件。

5）蜗杆传动的机械效率较低，一般只有0.7～0.8，具有自锁性的蜗杆传动效率低于0.5，因此不宜用于功率较大的传动和长时间运转的传动。

图6-1 圆柱蜗杆传动

二、类型

根据蜗杆的外廓形状，蜗杆传动可以分为圆柱蜗杆传动、环面蜗杆传动和锥蜗杆传动，如图6-2所示。圆柱蜗杆传动又可以分为普通圆柱蜗杆传动和圆弧齿圆柱蜗杆传动（工程中用代号ZC表示）两类。在普通圆柱蜗杆传动中，蜗杆包括阿基米德蜗杆（ZA）、渐开线蜗杆（ZI）、法向直廓蜗杆（ZN）和锥面包络蜗杆（ZK），其中阿基米德蜗杆加工工艺性好，生产率高，在机械传动中应用广泛。本章仅讨论阿基米德蜗杆。

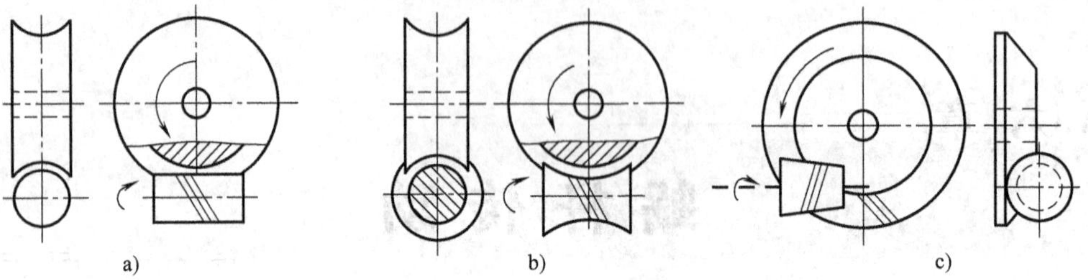

图 6-2　蜗杆传动的类型

a）圆柱蜗杆传动　b）环面蜗杆传动　c）锥蜗杆传动

第二节　普通圆柱蜗杆传动的主要参数和几何尺寸

一、主要参数

1. 模数和压力角

通过蜗杆轴线并与蜗轮轴线垂直的平面称为蜗杆传动的中间平面（也称为主平面），如图 6-3 所示。显然，中间平面是蜗杆的轴面，是蜗轮的端面。由于蜗轮是用与蜗杆形状相仿的滚刀按展成原理切制的，所以在中间平面内，蜗杆和蜗轮的啮合就相当于渐开线齿轮和齿条的啮合，因此蜗杆传动的正确啮合条件是蜗杆轴面模数和压力角分别等于蜗轮端面模数和压力角，且等于标准值，即

$$\begin{aligned} m_{a1} &= m_{t2} = m \\ \alpha_{a1} &= \alpha_{t2} = \alpha \end{aligned} \qquad (6\text{-}1)$$

普通圆柱蜗杆传动的标准模数 m，见表 6-2。标准压力角 $\alpha = 20°$。

在轴错角 $\Sigma = 90°$ 的蜗杆传动中，蜗杆分度圆上的导程角 γ（下文介绍）应等于蜗轮分度圆上的螺旋角 β，如图 6-4 所示，且两者旋向相同，即

$$\gamma = \beta \qquad (6\text{-}2)$$

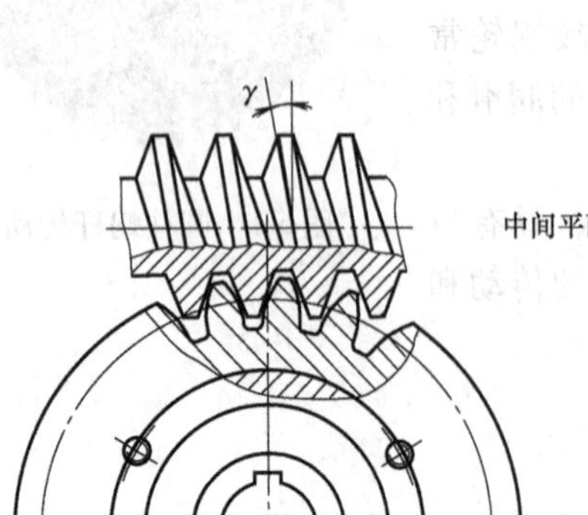

图 6-3　蜗杆和蜗轮的啮合

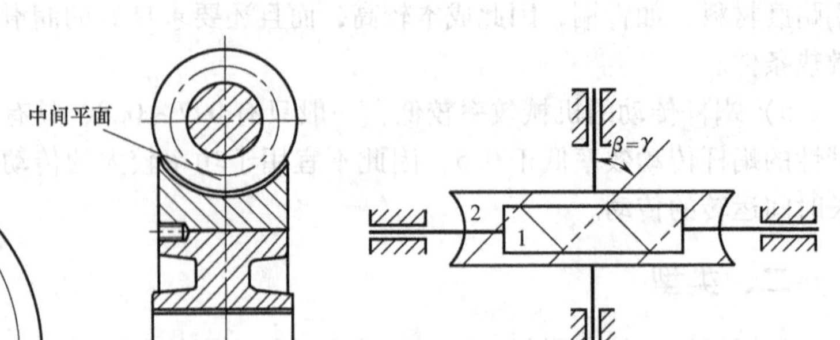

图 6-4　蜗杆和蜗轮的旋向相同

2. 蜗杆头数 z_1、蜗轮齿数 z_2 及传动比

在一个导程 Ph 中，螺旋线的条数，即为蜗杆的头数 z_1，一般可取 $z_1 = 1 \sim 10$，推荐取

$z_1=1$、2、4、6。$z_1=1$ 和 $z_1=2$ 分别称为单头蜗杆和双头蜗杆，$z_1\geqslant 3$ 称为多头蜗杆。当要求传动比较大或反行程自锁时，z_1取小些；当要求传动效率高时，z_1取大些。蜗轮齿数 z_2按传动比计算而得。对于动力传动，一般推荐 $z_2=29\sim 70$。这是考虑 z_2过小，会发生根切，且传动不平稳；z_2过大，会导致结构尺寸过大，蜗杆长度过长，蜗杆的刚度降低。

与齿轮传动相同，蜗杆传动的传动比也等于齿数的反比，但不等于分度圆直径的反比，即

$$i=\frac{\omega_1}{\omega_2}=\frac{z_2}{z_1}\neq\frac{d_2}{d_1} \tag{6-3}$$

蜗杆头数 z_1、蜗轮齿数 z_2 和传动比 i 的推荐值，见表 6-1。

表 6-1　蜗杆头数 z_1、蜗轮齿数 z_2和传动比 i 的推荐值

传动比 i	5 ~ 8	7 ~ 15	14 ~ 30	29 ~ 82
蜗杆头数 z_1	6，4	4	2	1
蜗轮齿数 z_2	29 ~ 32	29 ~ 61	29 ~ 61	29 ~ 82

3. 蜗杆的导程角 γ

蜗杆与螺杆相似，也有左旋和右旋之分，但通常右旋较多。蜗杆分度圆柱螺旋线上任一点的切线与蜗杆端平面所夹的锐角 γ 称为导程角。图 6-5 所示为蜗杆分度圆柱及其展开图，导程 $P_h=z_1p_{a1}=z_1\pi m$，则

$$\tan\gamma=\frac{P_h}{\pi d_1}=\frac{z_1p_{a1}}{\pi d_1}=\frac{z_1m}{d_1} \tag{6-4}$$

式中　p_{a1}——蜗杆 1 的轴面齿距（mm）；

　　d_1——蜗杆分度圆直径（mm）。

导程角 γ 越大，蜗杆传动的效率越高，但蜗杆加工困难；反之，导程角 γ 越小，则蜗杆传动的自锁性越好。

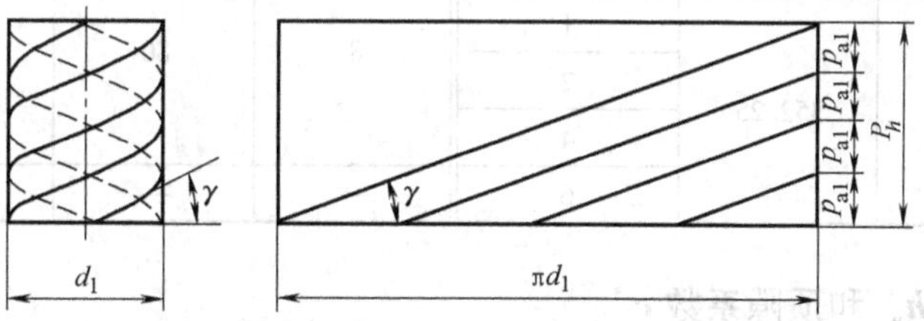

图 6-5　蜗杆分度圆柱及其展开图

4. 蜗杆分度圆（中圆）直径 d_1及直径系数 q

由式（6-4）可得，蜗杆分度圆直径为

$$d_1=\frac{z_1m}{\tan\gamma} \tag{6-5}$$

由上式可知，蜗杆的分度圆直径除了与模数 m、头数 z_1有关外，还与蜗杆导程角 γ 有关。即对于 m、z_1相同而 γ 不同的蜗杆，其 d_1也不相同，而蜗轮是用与相配对的蜗杆同参数的蜗轮滚刀加工的，所以切制蜗轮的刀具分度圆直径也不同。为了限制蜗轮滚刀的数量，国

家标准规定将蜗杆的分度圆直径标准化，且与模数、头数相匹配。d_1 与 m 的比值称为蜗杆直径系数，用 q 表示，即

$$q = \frac{d_1}{m} \tag{6-6}$$

普通圆柱蜗杆的基本尺寸和参数，见表6-2。

表6-2　普通圆柱蜗杆的基本尺寸和参数

<table>
<tr><th>模数 m/mm</th><th>蜗杆分度圆直径 d_1/mm</th><th>m^2d_1/mm³</th><th>蜗杆头数 z_1</th><th>模数 m/mm</th><th>蜗杆分度圆直径 d_1/mm</th><th>m^2d_1/mm³</th><th>蜗杆头数 z_1</th></tr>
<tr><td>1</td><td>18</td><td>18</td><td>1</td><td>3.15</td><td>56</td><td>555.66</td><td>1</td></tr>
<tr><td rowspan="2">1.25</td><td>20</td><td>31.25</td><td rowspan="2">1</td><td rowspan="5">4</td><td rowspan="4">40</td><td rowspan="4">640</td><td>1</td></tr>
<tr><td>22.4</td><td>35</td><td>2</td></tr>
<tr><td rowspan="4">1.6</td><td rowspan="3">20</td><td rowspan="3">51.2</td><td>1</td><td>4</td></tr>
<tr><td>2</td><td>6</td></tr>
<tr><td>4</td><td>71</td><td>1136</td><td>1</td></tr>
<tr><td>28</td><td>71.68</td><td>1</td><td rowspan="5">5</td><td rowspan="4">50</td><td rowspan="4">1250</td><td>1</td></tr>
<tr><td rowspan="5">2</td><td rowspan="4">22.4</td><td rowspan="4">89.6</td><td>1</td><td>2</td></tr>
<tr><td>2</td><td>4</td></tr>
<tr><td>4</td><td>6</td></tr>
<tr><td>6</td><td>90</td><td>2250</td><td>1</td></tr>
<tr><td>35.5</td><td>142</td><td>1</td><td rowspan="5">6.3</td><td rowspan="4">63</td><td rowspan="4">2500.47</td><td>1</td></tr>
<tr><td rowspan="5">2.5</td><td rowspan="4">28</td><td rowspan="4">175</td><td>1</td><td>2</td></tr>
<tr><td>2</td><td>4</td></tr>
<tr><td>4</td><td>6</td></tr>
<tr><td>6</td><td>112</td><td>4445.28</td><td>1</td></tr>
<tr><td>45</td><td>281.25</td><td>1</td><td rowspan="4">8</td><td rowspan="4">80</td><td rowspan="4">5120</td><td>1</td></tr>
<tr><td rowspan="4">3.15</td><td rowspan="4">35.5</td><td rowspan="4">352.25</td><td>1</td><td>2</td></tr>
<tr><td>2</td><td>4</td></tr>
<tr><td>4</td><td>6</td></tr>
<tr><td>6</td><td>—</td><td>—</td><td>—</td><td>—</td></tr>
</table>

5. 齿顶高系数 h_a^* 和顶隙系数 c^*

蜗杆传动的齿顶高系数和顶隙系数分别为 $h_a^* = 1$，$c^* = 0.2$。

二、几何尺寸计算

蜗杆传动的几何尺寸计算公式与齿轮传动基本相同，见表6-3。

表6-3　蜗杆传动的几何尺寸计算公式

<table>
<tr><th rowspan="2">名　称</th><th rowspan="2">符　号</th><th colspan="2">公　式</th></tr>
<tr><th>蜗　杆</th><th>蜗　轮</th></tr>
<tr><td>齿顶高</td><td>h_a</td><td colspan="2">$h_a = h_a^* m$</td></tr>
<tr><td>齿根高</td><td>h_f</td><td colspan="2">$h_f = (h_a^* + c^*)m$</td></tr>
</table>

（续）

名　称	符　号	公　式	
		蜗　杆	蜗　轮
全齿高	h	$h=h_a+h_f=(2h_a^*+c^*)m$	
分度圆直径	d	从表6-2中选取	$d_2=mz_2$
齿顶圆直径	d_a	$d_{a1}=d_1+2h_a$	$d_{a2}=d_2+2h_a=(z_2+2h_a^*)m$
齿根圆直径	d_f	$d_{f1}=d_1-2h_f$	$d_{f2}=d_2-2h_f=(z_2-2h_a^*-2c^*)m$
蜗杆导程角	γ	$\gamma=\arctan(mz_1/d_1)$	—
蜗轮螺旋角	β	—	$\beta=\gamma$
中心距	a	$a=(d_1+d_2)/2$	

第三节　蜗杆传动的效率和润滑

一、相对滑动速度

蜗杆传动即使在节点 P 处啮合，齿面之间也存在较大的相对滑动，相对滑动速度 v_s 沿着齿面螺旋线的方向，如图6-6所示。设 v_1 和 v_2 分别为蜗杆和蜗轮在节点的圆周速度，因为蜗杆和蜗轮轴错角为90°，故相对滑动速度为

$$v_s=\frac{v_1}{\cos\gamma}=\frac{v_2}{\sin\gamma}=\sqrt{v_1^2+v_2^2} \tag{6-7}$$

由式（6-7）可知，蜗杆和蜗轮齿面间的相对滑动速度 v_s 很大，这是导致蜗杆传动齿面间摩擦力大、发热量大、传动效率低的根本原因。它对蜗杆传动的失效形式和润滑情况都有直接的影响。一般限制 $v_s\leqslant 15\text{m/s}$。

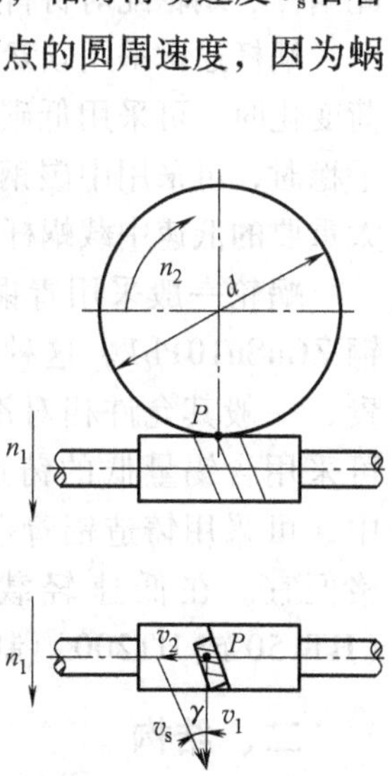

图6-6　相对滑动速度

二、传动效率

闭式蜗杆传动的功率损耗包括三个部分，即啮合摩擦损耗，轴承摩擦损耗及浸入油池零件的搅油损耗。因此蜗杆传动的效率为

$$\eta=\eta_1\eta_2\eta_3 \tag{6-8}$$

$$\eta_1=\frac{\tan\gamma}{\tan(\gamma+\varphi_v)} \tag{6-9}$$

式中　η_1——蜗杆传动的啮合效率；

η_2——轴承效率，通常滑动轴承效率取0.98，滚动轴承效率取0.99；

η_3——考虑搅油损耗的效率，通常取0.96～0.99；

φ_v——当量摩擦角。对于铜制蜗轮且采用油池润滑的传动，一般取2°17′30″～2°52′；对于开式传动，一般取5°42′30″～6°50′30″。

初始设计时，可根据蜗杆头数，按表6-4近似估取传动的总效率。

表 6-4 蜗杆传动的总效率

蜗杆头数 z_1	1	2	4 或 6
传动的总效率 η	0.70～0.75	0.75～0.82	0.82～0.92

三、润滑

由于蜗杆传动齿面间的相对滑动速度 v_s 较大，易产生胶合和磨损等失效，所以润滑对于蜗杆传动十分重要。闭式蜗杆传动一般采用油池润滑和压力喷油润滑。当 v_s 较小时，采用油池润滑。若 v_s 较大，附着在齿面上的润滑油会在离心力的作用下被甩出而不能进入啮合区，故采用压力喷油润滑，且使喷油器对准蜗杆的啮入端喷油。开式蜗杆传动一般采用黏度高的齿轮油或润滑脂润滑。

第四节　蜗杆和蜗轮的常用材料及结构设计

一、常用材料

蜗杆副的材料不仅要求有足够的强度，更重要的是要有良好的减摩性和摩擦相容性，因此蜗杆、蜗轮配对材料应该一硬一软。实践证明，钢制蜗杆与青铜蜗轮有最佳配合性能。

蜗杆通常采用碳素钢或合金钢制造，并经淬火处理获得较高的齿面硬度。高速重载、载荷变化时，可采用低碳合金钢渗碳淬火，如 20Cr、20CrMnTi、12CrNi3A；高速重载、载荷平稳时，可采用中碳钢、中碳合金钢表面淬火，如 40Cr、45、40CrNi、42SiMn 等；一般不太重要的低速中载蜗杆，可采用 40 或 45 钢，调质处理。

蜗轮一般采用青铜类材料。在高速或重要的蜗杆传动中，蜗轮材料常采用铸造锡青铜 ZCuSn10Pb1。这种材料减摩和耐磨性好，抗胶合能力强，但其强度较低，价格较贵，一般其允许相对滑动速度 $v_s \leqslant 25\text{m/s}$。在相对滑动速度 $v_s < 12\text{m/s}$ 的蜗杆传动中，可采用含锡量低的铸造锡青铜 ZCuSn5Pb5Zn5。在相对滑动速度 $v_s < 4\text{m/s}$ 的蜗杆传动中，可采用铸造铝青铜 ZCuAl10Fe3。它的抗胶合能力远比锡青铜差，但强度较高，价格便宜。在低速轻载、相对滑动速度 $v_s < 2\text{m/s}$ 时，蜗轮可用球墨铸铁或灰铸铁（HT150 或 HT200）制造。

二、结构

蜗杆通常与轴制成一个整体，称为蜗杆轴，如图 6-7 所示。按蜗杆螺旋齿面的加工方法不同，蜗杆轴可分为车制蜗杆轴和铣制蜗杆轴两类。图 6-7a 所示为车制蜗杆轴，轴上应有退刀槽；图 6-7b 所示为铣制蜗杆轴，可在轴上直接铣出螺旋齿面，不需要退刀槽。

蜗轮可制成整体式或装配式。为了节约贵重的有色金属，大多数蜗轮制成装配式。常用的蜗轮结构形式有以下几种。

1）整体式（图 6-8a）。这种结构主要用于铸铁蜗轮、铝合金蜗轮及直径小于 100mm 的青铜蜗轮。

2）齿圈压配式（图 6-8b）。这种结构由青铜齿圈和铸铁轮芯组成，齿圈与轮芯多采用过盈配合 H7/s6，并沿结合面周围加装 4 ~6 个螺钉，以增强连接的可靠性。为了便于钻孔，应将螺纹孔中心线向材料较硬的一边偏移 2 ~3mm。这种结构用于尺寸不大及工作温度变化较小的蜗轮，以免热膨胀影响配合质量。

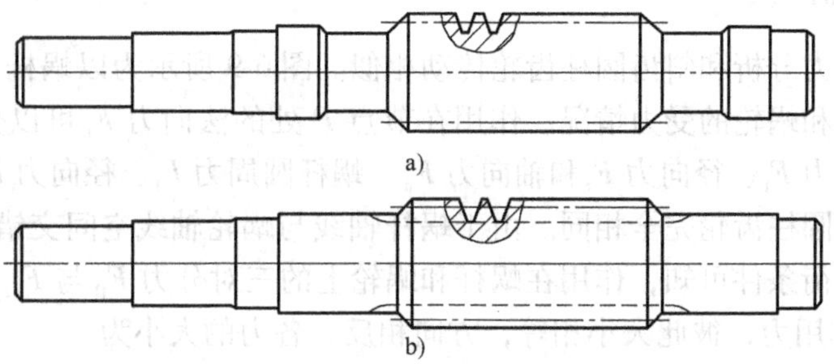

图 6-7 蜗杆轴的结构形式

a）车制蜗杆轴 b）铣制蜗杆轴

3）镶铸式（图 6-8c）。这种结构的青铜齿圈浇注在铸铁轮芯上，然后切齿。为防止齿圈与轮芯相对滑动，在轮芯外圆柱上预制出榫槽。此方法只用于大批生产的蜗轮。

4）螺栓连接式（图 6-8d）。这种结构由青铜齿圈和铸铁轮芯组成。齿圈与轮芯可采用过盈配合 H7/js6，用普通螺栓连接；也可采用间隙配合 H7/h6，用铰制孔用螺栓连接。蜗轮的圆周力靠螺栓连接来传递，因此螺栓的尺寸和数目必须经过强度计算来决定。这种结构工作可靠、装拆方便，多用于尺寸较大或易于磨损，需更换齿圈的蜗轮。

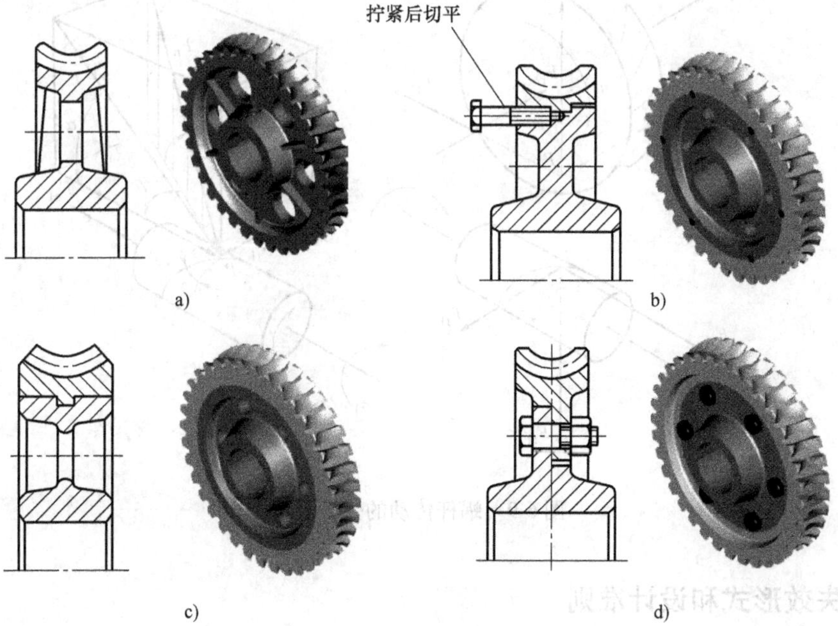

图 6-8 蜗轮的结构形式

a）整体式 b）齿圈压配式 c）镶铸式 d）螺栓连接式

第五节　蜗杆传动的受力分析、设计准则及工作能力计算

一、受力分析

蜗杆传动的受力分析和斜齿圆柱齿轮传动相似。图 6-9 所示为以蜗杆 1 为主动件、按图示方向转动时蜗杆和蜗轮的受力情况。作用在节点 P 处的法向力 F_n 可以分解为三个互相垂直的分力，即圆周力 F_t、径向力 F_r 和轴向力 F_a。蜗杆圆周力 F_t、径向力 F_r 和轴向力 F_a 的方向判定方法与斜齿圆柱齿轮完全相同。由于蜗杆轴线与蜗轮轴线空间交错 90°，忽略摩擦力的影响，由力的平衡条件可知，作用在蜗杆和蜗轮上的三对分力 F_{t1} 与 F_{a2}、F_{a1} 与 F_{t2}、F_{r1} 与 F_{r2} 为作用力和反作用力，彼此大小相等，方向相反，各力的大小为

$$\begin{cases} F_{t1}=F_{a2}=\dfrac{2T_1}{d_1} \\ F_{a1}=F_{t2}=\dfrac{2T_2}{d_2} \\ F_{r1}=F_{r2}=F_{t2}\tan\alpha \\ F_n=\dfrac{F_{a1}}{\cos\alpha_n\cos\gamma}=\dfrac{F_{t2}}{\cos\alpha_n\cos\gamma}=\dfrac{2T_2}{d_2\cos\alpha_n\cos\gamma} \end{cases} \tag{6-10}$$

式中　T_1、T_2——蜗杆、蜗轮的工作转矩（$T_2=T_1 i\eta_1$，i 为传动比，η_1 为啮合效率）；

α_n——蜗杆法向压力角。

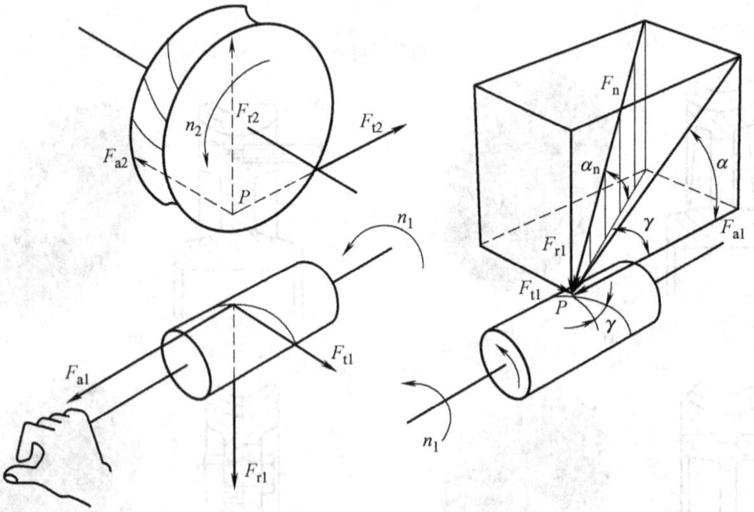

图 6-9　蜗杆传动的受力分析

二、失效形式和设计准则

由于蜗杆具有连续的螺旋齿，且材料强度高于蜗轮，因此蜗杆传动的主要失效多发生在蜗轮上，常见的失效形式有胶合、点蚀、磨损和断齿。由于蜗杆传动齿面间有很大的相对滑

动速度，因而传动效率低，发热量大，易使润滑油温度升高而黏度降低，润滑条件变差，所以蜗杆传动因齿面胶合而失效的可能性更大。

在闭式传动中，多发生胶合或点蚀失效，因此闭式传动通常按齿面接触疲劳强度设计，再按齿根弯曲疲劳强度校核。由于闭式传动温升较高，还需进行热平衡计算。

对于开式传动，因磨损速度大于点蚀速度，主要发生齿面磨损和轮齿折断失效，故只需按弯曲疲劳强度进行设计。

对于细长蜗杆或重载蜗杆，必要时对蜗杆进行刚度计算。

三、蜗杆传动的工作能力计算

1. 蜗轮齿面接触疲劳强度计算

蜗轮齿面接触疲劳强度的计算仍以赫兹公式为基础，校核计算公式为

$$\sigma_H = 480\sqrt{\frac{KT_2}{m^2 d_1 z_2^2}} \leqslant [\sigma_H] \tag{6-11}$$

设计计算公式为

$$m^2 d_1 \geqslant KT_2\left(\frac{480}{z_2[\sigma_H]}\right)^2 \tag{6-12}$$

式中 K——载荷系数，取1.1~1.3，载荷变化较大，蜗轮圆周速度较高时，取较大值；

$[\sigma_H]$——蜗轮接触疲劳许用应力。当蜗轮材料为铸铁或 $\sigma_b > 300$MPa 的青铜时，传动的承载能力常取决于蜗轮的抗胶合能力，其接触疲劳许用应力 $[\sigma_H]$ 可根据 v_s 按表 6-5 选取。当蜗轮材料为 $\sigma_b \leqslant 300$MPa 的青铜时，传动的承载能力常取决于蜗轮的接触疲劳强度，此时 $[\sigma_H]$ 与应力循环次数 N 有关。$[\sigma_H] = K_{HN}[\sigma_H]'$，其中 $[\sigma_H]'$ 为基本接触疲劳许用应力，见表 6-6；寿命系数 $K_{HN} = \sqrt[8]{\frac{10^7}{N}}$，当 $N > 25\times10^7$，取 $N = 25\times10^7$，当 $N < 2.6\times10^5$，取 $N = 2.6\times10^5$。

根据式（6-12）计算出 $m^2 d_1$ 的值，查表 6-2 即可确定蜗杆传动的模数 m 和蜗杆分度圆直径 d_1。

表 6-5 铸铁或 $\sigma_b > 300$MPa 青铜蜗轮的接触疲劳许用应力 $[\sigma_H]$ （单位：MPa）

材料		相对滑动速度 v_s/(m/s)						
蜗杆	蜗轮	<0.25	0.25	0.5	1	2	3	4
20 或 20Cr 渗碳淬火，45 钢淬火	HT150	206	166	150	127	95	—	—
	HT200	250	202	182	154	115	—	—
	ZCuAl10Fe3	—	—	250	230	210	180	160
45 钢	HT150	172	139	125	106	79	—	—
	HT200	208	168	152	128	96	—	—

表 6-6 $\sigma_b \leqslant 300$MPa 青铜蜗轮的基本接触疲劳许用应力 $[\sigma_H]'$ （单位：MPa）

蜗轮材料	铸造方法	蜗杆齿面硬度	
		≤45HRC	>45HRC
ZCuSn10Pb1	砂型	150	180
	金属型	220	268

（续）

蜗轮材料	铸造方法	蜗杆齿面硬度	
		≤45HRC	>45HRC
ZCuSn5PbZn5	砂型	113	135
	金属型	128	140
	离心铸造	158	183

2. 蜗轮齿根弯曲疲劳强度计算

由于蜗轮齿形复杂，精确计算其齿根的应力很困难，一般参照斜齿圆柱齿轮进行近似强度计算，其校核计算公式为

$$\sigma_F = \frac{1.64KT_2}{d_1 d_2 m} Y_{Fa2} \leqslant [\sigma_F] \tag{6-13}$$

设计计算公式为

$$m^2 d_1 \geqslant \frac{1.64KT_2}{z_2[\sigma_F]} Y_{Fa2} \tag{6-14}$$

式中 Y_{Fa2}——蜗轮齿形系数，根据当量齿数 z_v，查表6-7；

$[\sigma_F]$——蜗轮弯曲疲劳许用应力。$[\sigma_F] = K_{FN}[\sigma_F]'$，其中 $[\sigma_F]'$为基本弯曲疲劳许用应力，见表6-8；寿命系数 $K_{FN} = \sqrt[9]{\frac{10^6}{N}}$，当 $N > 25\times10^7$，取 $N = 25\times10^7$，当 $N < 2.6\times10^5$，取 $N = 2.6\times10^5$。

表6-7 蜗轮齿形系数

z_v	Y_{Fa2}	z_v	Y_{Fa2}	z_v	Y_{Fa2}	z_v	Y_{Fa2}
20	2.24	30	1.99	40	1.76	80	1.52
24	2.12	32	1.94	45	1.68	100	1.47
26	2.10	35	1.86	50	1.64	150	1.44
28	2.04	37	1.82	60	1.59	300	1.40

表6-8 蜗轮的基本弯曲疲劳许用应力 $[\sigma_F]'$ （单位：MPa）

蜗轮材料	ZCuSn10Pb1		ZCuSn5PbZn5		ZCuAl10Fe3		灰铸铁	
							HT150	HT200
铸造方法	砂型	金属型	砂型	金属型	砂型	金属型	砂型	
单侧工作	40	56	26	32	80	90	40	48
双侧工作	29	40	22	26	57	64	28	34

3. 蜗杆的刚度计算

当蜗杆轴在啮合部位受力后，将产生挠曲变形，挠度过大会影响正常的啮合和传动。由于蜗杆轴的挠曲是由圆周力 F_{t1} 和径向力 F_{r1} 导致，故刚度校核计算公式为

$$y = \frac{\sqrt{F_{t1}^2 + F_{r1}^2}}{48EI} L^3 \leqslant [y] \tag{6-15}$$

式中 E——蜗杆材料的弹性模量（MPa）；

I——蜗杆危险截面的惯性矩（mm^4），$I=\pi d_{f1}^4/64$，其中 d_{f1} 为蜗杆齿根圆直径；

L——蜗杆两端支承间的跨距（mm），初步计算时，可取 $L\approx 0.9d_2$，其中 d_2 为蜗轮分度圆的直径；

$[y]$——最大许用挠度（mm），一般取 $[y]=d_1/1000$，其中 d_1 为蜗杆分度圆直径。

4. 热平衡计算

由于蜗杆传动的相对滑动速度大、效率低，发热量较大，如果闭式蜗杆传动散热条件较差，温升过高，就会使润滑油黏度下降，润滑作用减小，进而导致磨损加剧，甚至引起齿面胶合。所以，对连续工作的闭式蜗杆传动来说，必须进行热平衡计算，以保证油温能稳定在规定的范围内。达到热平衡时，传动的发热速率应和箱体的散热速率相等。

摩擦损耗的功率 $P_f=P_1(1-\eta)$，在单位时间的发热量为

$$Q_1=1000\,P_1(1-\eta)$$

式中 P_1——蜗杆传递的功率；

η——蜗杆传动的总效率。

若为自然冷却方式，则从箱体外壁散发到周围空气中的热量为

$$Q_2=\alpha_s A(t_1-t_0)$$

式中 α_s——箱体表面传热系数［$W/(m^2℃)$］，可取 $\alpha_s=12\sim18W/(m^2℃)$，通风良好的环境，取大值；

A——散热面积（m^2），即箱体内表面被油浸着或油能溅到且外表面又被空气冷却的箱体表面积，凸缘及散热片的散热面积按其表面积的50%计算；

t_0——环境温度（℃），在常温下可取 $t_0=20℃$；

t_1——达到热平衡时的油温（℃）。

根据热平衡条件 $Q_1=Q_2$，可求出达到热平衡的油温为

$$t_1=\frac{1000P_1(1-\eta)}{\alpha_s A}+t_0 \tag{6-16}$$

或在既定条件下，保持正常工作温度所需要的散热面积为

$$A=\frac{1000P_1(1-\eta)}{\alpha_s(t_1-t_0)} \tag{6-17}$$

一般可限制 $t_1<60\sim70℃$，最高不超过80℃。若 t_1 超过许用值，可采取以下措施，以增加传动的散热能力。

1）在箱体外增加散热片，以增大散热面积 A（注意散热片配置的方向要有利于散热）。

2）在蜗杆轴端设置风扇，进行人工通风，以增大表面传热系数 α_s，此时 $\alpha_s=20\sim28W/(m^2℃)$，如图6-10a所示。

3）在箱体油池中装设蛇形冷却管，如图6-10b所示。

4）采用压力喷油冷却，如图6-10c所示。

初步计算时（箱体有较好散热片），可用下式估算其散热面积，即

$$A\approx 9\times10^{-5}a^{1.88}$$

式中 a——蜗杆传动的中心距。

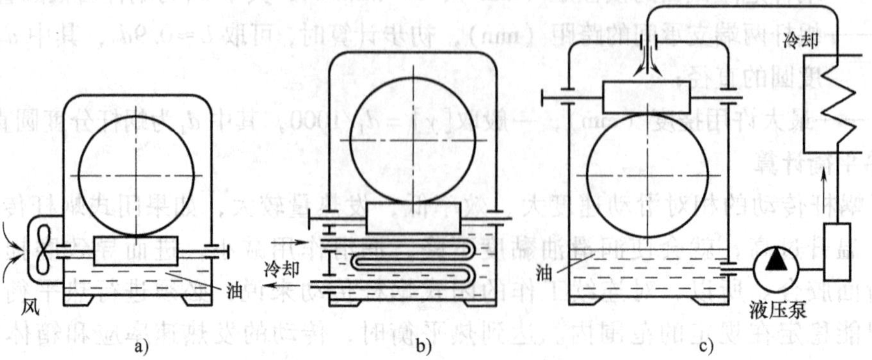

图 6-10 蜗杆传动的冷却方法
a）风扇冷却 b）冷却水管冷却 c）压力喷油冷却

本章学习要点

1）掌握正确啮合条件、几何计算和传动特点，应注意标准参数取在哪个面上，几何参数在哪个面上计算。

2）蜗杆受力分析与斜齿轮相同，但要注意蜗杆蜗轮的啮合特点作用在蜗杆和蜗轮上的三对分力 F_{t1} 与 F_{a2}、F_{a1} 与 F_{t2}、F_{r1} 与 F_{r2}，彼此大小相等，方向相反，由此确定蜗轮的受力。

3）由于蜗杆传动齿面相对滑动速度较大，因此在选择材料时特别要注意材料应具有良好的减摩性、耐磨性和抗胶合能力。

4）由于结构和材料的原因，失效主要发生在蜗轮上，主要失效形式是胶合、磨损、点蚀。蜗杆传动的工作能力计算，不仅要进行蜗轮齿面接触疲劳强度、齿根弯曲疲劳强度计算，而且要进行蜗杆刚度计算，对闭式蜗杆传动还要进行热平衡计算。

第七章 轮　系

提示　本章首先介绍轮系的分类，然后重点论述各种轮系传动比的计算和轮系在机械传动中的功用。本章重点是转化机构（轮系）法求周转轮系的传动比，难点是复合轮系传动比的计算。

第一节　轮系的分类

在齿轮传动一章中对啮合原理和几何运动设计问题进行了研究，但是在实际机械中，为了满足不同的工作需要，常常需要采用由一系列互相啮合的齿轮组成的传动系统，如汽车和各种机床的变速箱、减速器以及各种机器中普遍使用的机械变速传动系统等。这种由一系列齿轮所组成的传动系统称为齿轮系，简称轮系。它通常置于原动机和执行机构或执行构件之间，把原动机的运动和动力变换后传递给执行机构或执行构件。

根据轮系运转时各齿轮轴线的相对位置是否固定，可以将其分为以下三类。

一、定轴轮系

轮系在运转时，所有齿轮的几何轴线相对于机架的位置都是固定不变的，这样的轮系称为定轴轮系。在图 7-1 所示的定轴轮系中，所有齿轮轴线互相平行，则称该轮系为平面定轴轮系。在图 7-2 所示的定轴轮系中，包含有锥齿轮、蜗杆蜗轮等空间齿轮机构，其轴线不是全部平行，或者说，齿轮运动不在同一平面或互相平行的平面内，则称该轮系为空间定轴轮系。

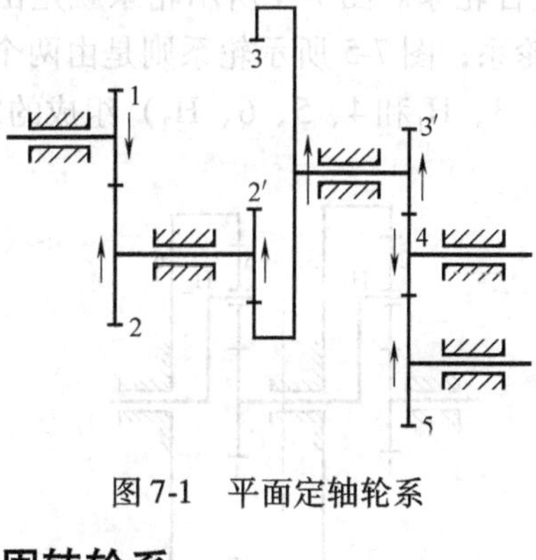

图 7-1　平面定轴轮系

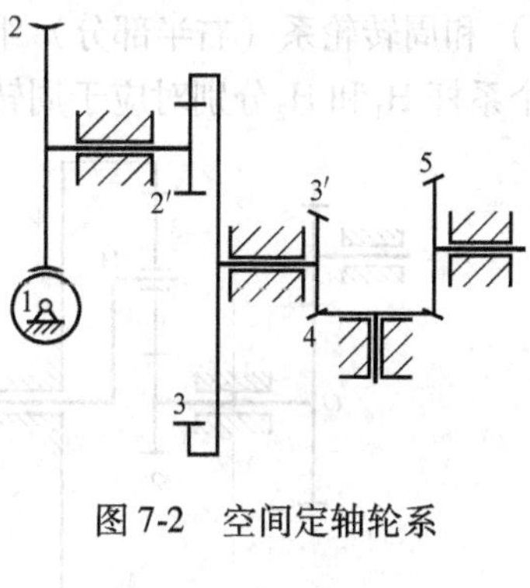

图 7-2　空间定轴轮系

二、周转轮系

轮系运动时，如果至少有一个齿轮的几何轴线相对于机架的位置不固定，而是绕着某一固定轴线转动，这样的轮系就称为周转轮系。图 7-3 所示为周转轮系，其中齿轮 2 随构件 H 绕轴线 O_1O_H转动（O_1O_H轴线称为主轴线），同时与齿轮 1 和齿轮 3 相啮合，又绕自身轴线 O_2O_2转动，这种既自转又公转的齿轮称为行星轮；支承行星轮的构件 H 称为系杆或行星架；齿轮 1 和齿轮 3 的轴线固定并与主轴线重合，而且都与行星轮相啮合，这种齿轮称为太阳轮（用 K 表示）。由于系杆 H 和太阳轮 1、3 的回转轴线的位置均固定，通常它们作为运动的输入构件或输出构件，故又称其为周转轮系的基本构件。

周转轮系按其自由度可分为差动轮系和行星轮系。

1. 差动轮系

如图 7-3a 所示，两个太阳轮 1 和 3 均不固定，轮系的自由度为 2，即必须向轮系输入两个独立运动，该周转轮系称为差动轮系。

2. 行星轮系

如图 7-3b 所示，固定其中一个太阳轮（如轮 3），则轮系的自由度为 1，只需输入一个独立运动，该周转轮系称为行星轮系。

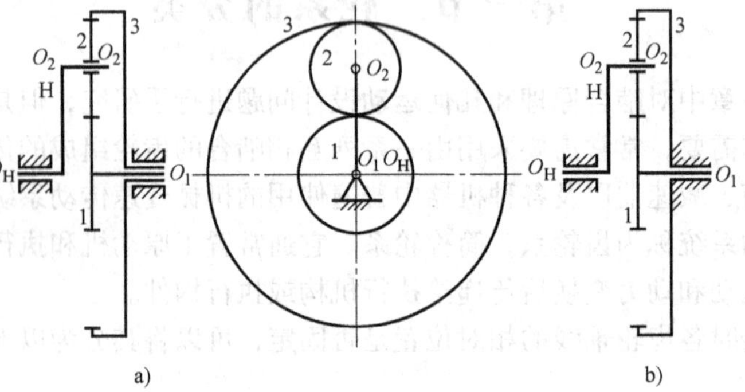

图 7-3 周转轮系

a) 差动轮系 b) 行星轮系

三、复合轮系

在实际机械中所用的轮系，往往既包含定轴轮系部分，又包含周转轮系部分，或者是由几个基本周转轮系所组成，这种复杂的轮系统称为复合轮系。图 7-4 所示轮系就是由定轴轮系（左半部分）和周转轮系（右半部分）组成的复合轮系；图 7-5 所示轮系则是由两个基本周转轮系（两个系杆 H_1和 H_2分别对应于周转轮系 1、2、3、H_1和 4、5、6、H_2）组成的复合轮系。

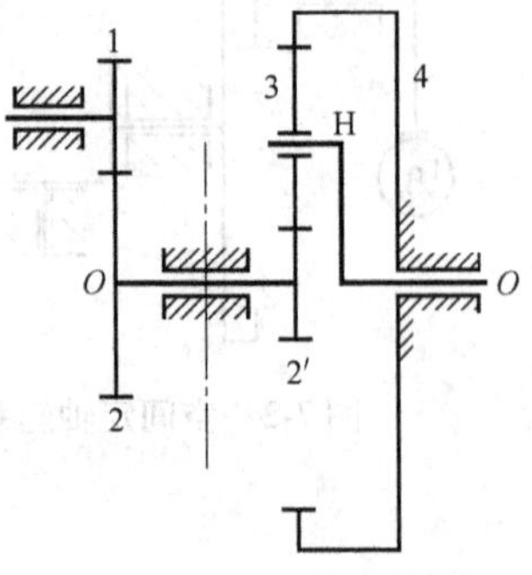

图 7-4 复合轮系 1

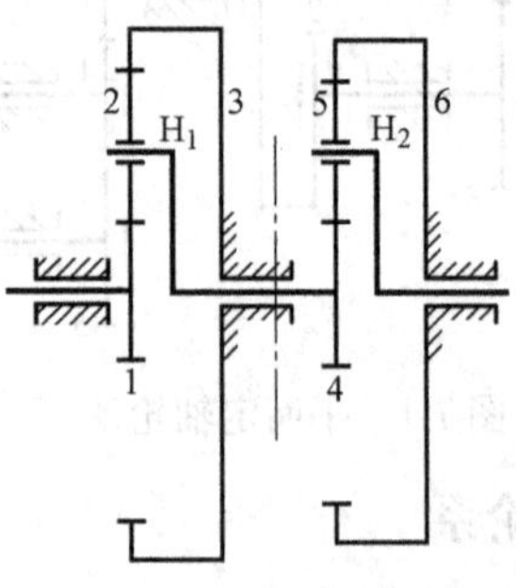

图 7-5 复合轮系 2

第二节　轮系的传动比计算

一、定轴轮系的传动比计算

轮系运转时，其输入轴的角速度（或转速）与输出轴的角速度（或转速）之比称为轮系的传动比。若输入轴用“A”，输出轴用“B”表示，则其传动比的大小为

$$i_{AB}=\frac{\omega_A}{\omega_B}=\frac{n_A}{n_B} \tag{7-1}$$

在进行轮系的运动分析时，主要是确定其传动比 i_{AB} 的大小及输入输出轴的转向关系。齿轮传动的转向关系可以用正负号或用箭头表示。如图 7-6a 所示，一对外啮合齿轮传动时，两轮转向相反，i_{12} 取负号，表示两轮转向的箭头方向相反；如图 7-6b 所示，一对内啮合齿轮传动时，两轮转向相同，i_{12} 取正号，表示两轮转向的箭头方向相同。

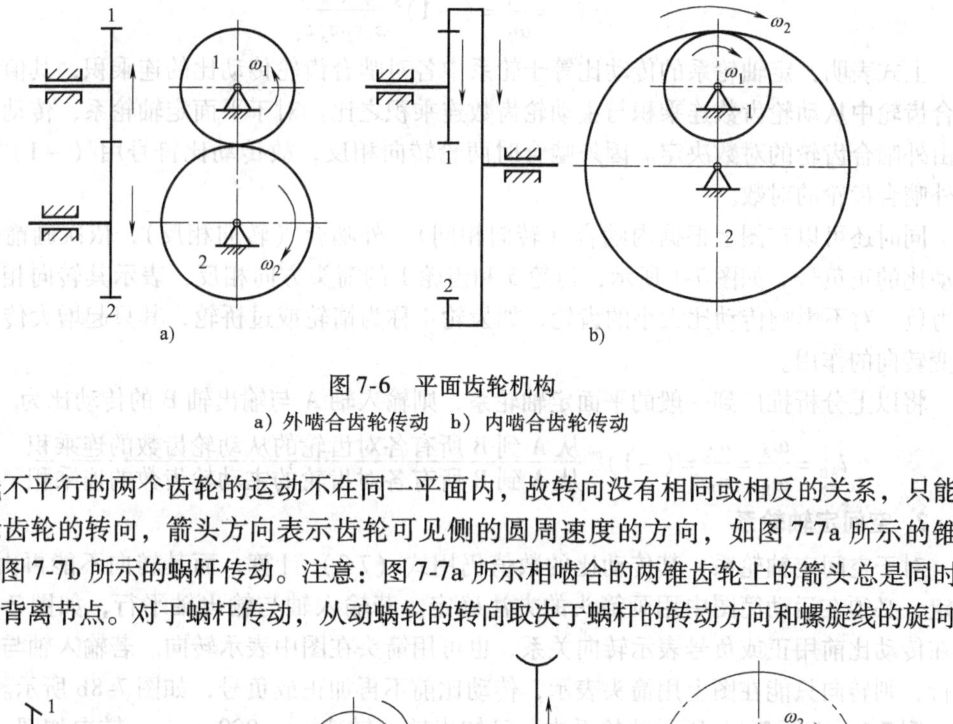

图 7-6　平面齿轮机构
a）外啮合齿轮传动　b）内啮合齿轮传动

轴线不平行的两个齿轮的运动不在同一平面内，故转向没有相同或相反的关系，只能用箭头表示齿轮的转向，箭头方向表示齿轮可见侧的圆周速度的方向，如图 7-7a 所示的锥齿轮传动和图 7-7b 所示的蜗杆传动。注意：图 7-7a 所示相啮合的两锥齿轮上的箭头总是同时指向节点或背离节点。对于蜗杆传动，从动蜗轮的转向取决于蜗杆的转动方向和螺旋线的旋向。

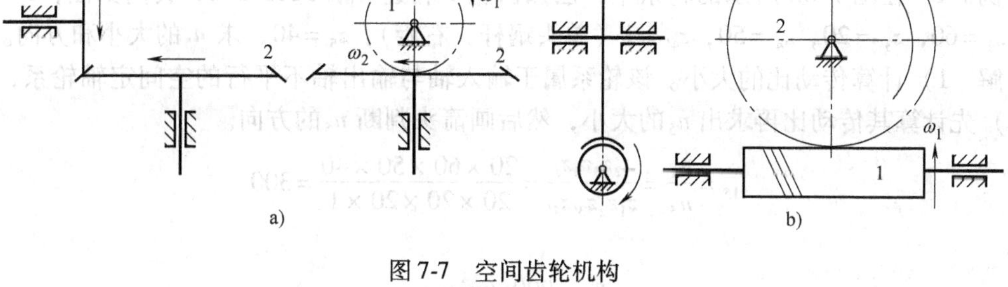

图 7-7　空间齿轮机构
a）锥齿轮传动　b）蜗杆传动

1. 平面定轴轮系

图 7-1 所示为平面定轴轮系，设齿轮 1 的轴为输入轴，齿轮 5 的轴为输出轴，则轮系的传动比为

$$i_{15}=\frac{\omega_1}{\omega_5}=\frac{n_1}{n_5}$$

齿轮 1 到齿轮 5 之间的传动，是通过一对对齿轮依次啮合来实现的。为此，应首先计算各对啮合齿轮的传动比，即

$$i_{12}=\frac{\omega_1}{\omega_2}=-\frac{z_2}{z_1}\quad i_{2'3}=\frac{\omega_{2'}}{\omega_3}=\frac{z_3}{z_{2'}}\quad i_{3'4}=\frac{\omega_{3'}}{\omega_4}=-\frac{z_4}{z_{3'}}\quad i_{45}=\frac{\omega_4}{\omega_5}=-\frac{z_5}{z_4}$$

将以上四式等号两边分别相乘得

$$i_{12}i_{2'3}i_{3'4}i_{45}=\frac{\omega_1\omega_{2'}\omega_{3'}\omega_4}{\omega_2\omega_3\omega_4\omega_5}=\frac{\omega_1}{\omega_5}=i_{15}$$

上式中 $\omega_{2'}=\omega_2$、$\omega_{3'}=\omega_3$，故该轮系的传动比为

$$i_{15}=\frac{\omega_1}{\omega_5}=(-1)^3\ \frac{z_2z_3z_4z_5}{z_1z_{2'}z_{3'}z_4}$$

上式表明：定轴轮系的传动比等于轮系中各对啮合齿轮传动比的连乘积，其值等于各对啮合齿轮中从动轮齿数连乘积与主动轮齿数连乘积之比。对于平面定轴轮系，传动比的符号则由外啮合齿轮的对数决定。因外啮合时两轮转向相反，故传动比符号用 $(-1)^m$确定，m 为外啮合齿轮的对数。

同时还可以在图上根据内啮合（转向相同）、外啮合（转向相反），依次画箭头来确定传动比的正负号。如图 7-1 所示，齿轮 5 和齿轮 1 的箭头方向相反，表示其转向相反，所以 i_{15}为负。对不影响传动比大小的齿轮，如齿轮 4 称为惰轮或过桥轮，其只起增大传动距离和改变转向的作用。

将以上分析推广到一般的平面定轴轮系，则输入轴 A 与输出轴 B 的传动比为

$$i_{AB}=\frac{\omega_A}{\omega_B}=\frac{n_A}{n_B}=(-1)^m\frac{\text{从 A 到 B 所有各对齿轮的从动轮齿数的连乘积}}{\text{从 A 到 B 所有各对齿轮的主动轮齿数的连乘积}}\tag{7-2}$$

2. 空间定轴轮系

对于空间定轴轮系，其传动比的数值仍用式（7-2）计算，而其转向不能再由 $(-1)^m$ 决定，必须在运动简图中用画箭头的方法确定。若输入轴与输出轴平行，如图 7-8a 所示，可在传动比前用正或负号表示转向关系，也可用箭头在图中表示转向。若输入轴与输出轴不平行，则转向只能在图上用箭头表示，传动比前不再加正或负号，如图 7-8b 所示。

例 7-1 在图 7-8b 所示的轮系中，已知齿轮 1 转速 $n_1=900\text{r/min}$，转向如图，$z_1=z_2=20$，$z_3=60$，$z_{3'}=20$，$z_4=50$，$z_{4'}=1$（单头蜗杆，右旋），$z_5=40$，求 n_5的大小和方向。

解 1）计算传动比的大小。该轮系属于输入轴与输出轴不平行的空间定轴轮系，用式（7-2）先计算其传动比再求出 n_5的大小，然后画箭头判断 n_5的方向。

$$i_{15}=\frac{n_1}{n_5}=\frac{z_2z_3z_4z_5}{z_1z_2z_{3'}z_{4'}}=\frac{20\times60\times50\times40}{20\times20\times20\times1}=300$$

所以

$$n_5=\frac{n_1}{i_{15}}=\frac{900\text{r/min}}{300}=3\text{r/min}$$

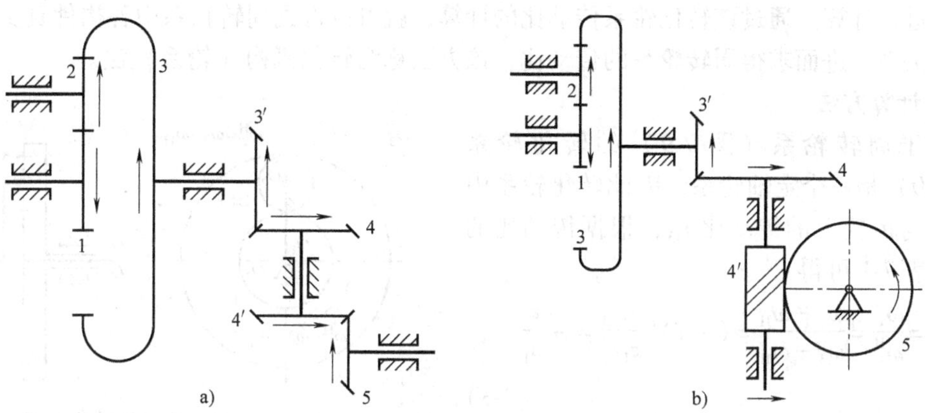

图 7-8 空间定轴轮系的转向

a）输入轴与输出轴平行的空间定轴轮系 b）输入轴与输出轴不平行的空间定轴轮系

2）确定 n_5的方向。n_5的方向，如图 7-8b 中箭头所示（逆时针转向）。

二、周转轮系的传动比计算

在周转轮系中，由于行星轮的运动是既自转又公转的平面运动，因此不能直接利用定轴轮系传动比的计算方法来求周转轮系的传动比。

1. 基本思路

周转轮系与定轴轮系的根本区别在于周转轮系中有一个转动着的系杆，使得行星轮既自转又公转。如果能够设法使系杆固定不动，那么周转轮系就可以转化成为一个定轴轮系。为此，假想给整个周转轮系加上一个绕 O_H转动的公共角速度（$-\omega_H$），根据相对运动原理可知，各构件之间的相对运动关系并不改变，但此时系杆的角速度就变成了 $\omega_H^H=\omega_H-\omega_H=0$，即系杆已成为"静止"的机架。于是，周转轮系转化成了一个假想的定轴轮系，这一假想的定轴轮系称为原周转轮系的转化轮系或转化机构。

图 7-9 所示为 2K-H 型周转轮系，当给该轮系加上一个公共的角速度（$-\omega_H$）后，各构件角速度的变化情况，见表 7-1。

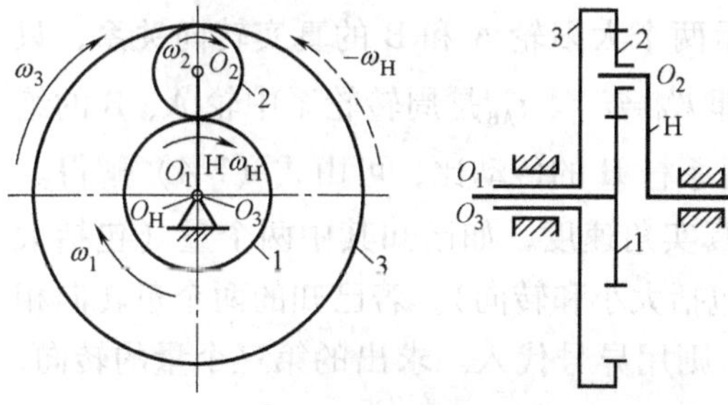

图 7-9 2K-H 型周转轮系

表 7-1 周转轮系及其转化轮系中各构件的角速度

构件代号	原轮系中的（相对于机架的）角速度	在转化轮系中的角速度（相对于系杆的角速度）
1	ω_1	$\omega_1^H=\omega_1-\omega_H$
2	ω_2	$\omega_2^H=\omega_2-\omega_H$
3	ω_3	$\omega_3^H=\omega_3-\omega_H$
H	ω_H	$\omega_H^H=\omega_H-\omega_H=0$

表 7-1 中 ω_1^H、ω_2^H、ω_3^H 分别表示在系杆固定后所得到的转化轮系中齿轮 1、2、3 的角速度，即各齿轮相对于假想机架系杆 H 的相对角速度。由于系杆固定后上述周转轮系转化成了图 7-10 所示假想的定轴轮系，因此该转化轮系的传动比就可以按照定轴轮系传动比的计

算方法进行计算。通过该转化轮系传动比的计算，就可以得到周转轮系中各构件真实角速度之间的关系，进而求得周转轮系的传动比，该方法称为转化机构（轮系）法。

2. 计算方法

由于周转轮系（图 7-9）的转化轮系（图 7-10）是一个定轴轮系，因此转化轮系中齿轮 1 与齿轮 3 的传动比 i_{13}^{H}，根据传动比的定义及表 7-1 可得

$$i_{13}^{H}=\frac{\omega_1^{H}}{\omega_3^{H}}=\frac{\omega_1-\omega_H}{\omega_3-\omega_H}=(-1)^1\frac{z_2z_3}{z_1z_2}=-\frac{z_3}{z_1} \tag{7-3}$$

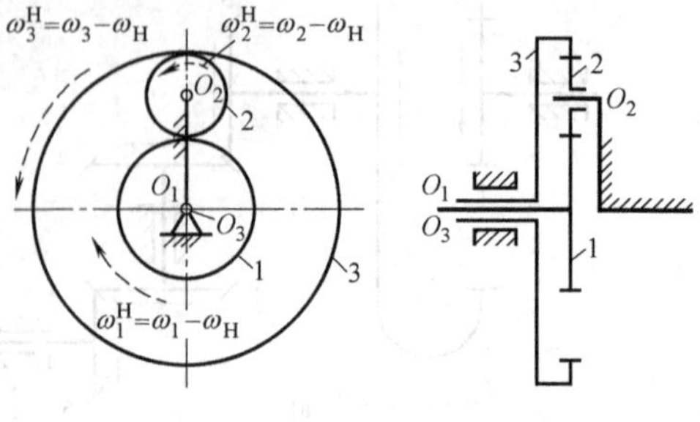

图 7-10 周转轮系的转化轮系

转化轮系中任意两轮 A 与 B 的传动比计算的一般公式为

$$i_{AB}^{H}=\frac{\omega_A^{H}}{\omega_B^{H}}=\frac{\omega_A-\omega_H}{\omega_B-\omega_H}=\pm\frac{\text{从 A 到 B 所有各对齿轮的从动轮齿数的连乘积}}{\text{从 A 到 B 所有各对齿轮的主动轮齿数的连乘积}} \tag{7-4}$$

应用式（7-4）计算周转轮系传动比时，需要注意以下几点。

1）式（7-4）只适用于周转轮系中轮 A、B 的轴线与系杆轴线平行的各构件之间的传动比计算。对于由锥齿轮组成的空间周转轮系，如图 7-11 所示，由于行星轮 2 的轴线与太阳轮和系杆的轴线不平行，因此其角速度不能按代数量进行加减，即

$$\omega_2^{H}\neq\omega_2-\omega_H$$

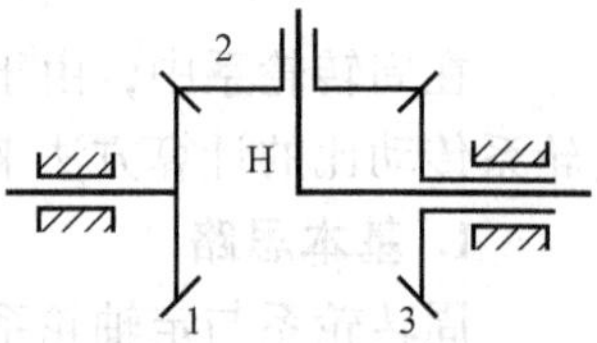

图 7-11 空间周转轮系

故

$$i_{12}^{H}\neq\frac{\omega_1-\omega_H}{\omega_2-\omega_H}$$

所以，式（7-4）不能用来计算由锥齿轮所组成的周转轮系中的行星轮的角速度，而只可用来计算其基本构件的角速度。当需要计算行星轮的角速度时，可按角速度矢量法来进行计算。

2）式（7-4）中 i_{AB}^{H}是转化轮系中轮 A 主动、轮 B 从动时的传动比，其大小和正负号完全按定轴轮系的方法来确定。i_{AB}^{H}的正负号并不表示两个太阳轮 A 和 B 的真实转向关系，只表明在转化轮系中轮 A 和轮 B 之间的转向关系，即 $i_{AB}^{H}\neq i_{AB}$。i_{AB}是周转轮系中轮 A、B 的绝对（真实）传动比，i_{AB}^{H}是转化轮系中轮 A、B 相对系杆 H 的传动比，可由式（7-4）解得。

3）ω_A、ω_B和 ω_H是周转轮系中各基本构件的真实角速度，如已知其中两个量（包括大小和转向），根据式（7-4）就可求出第三个量（包括大小和转向）。若已知的两个量转向相同时，用同号代入；若已知的两个量转向相反时，则用异号代入。求出的第三个量的转向，应根据计算结果的正负号来判定。

4）对于行星轮系，由于其中一个太阳轮是固定的，这时可以直接由式（7-4）求出其余两个基本构件间的传动比。

3. 计算举例

例 7-2 在图 7-12 所示的周转轮系中，各轮齿数为 $z_1=z_2=48$，$z_{2'}=18$，$z_3=24$。已知

$n_1=250\text{r/min}$，$n_3=100\text{r/min}$。试求：1）n_1、n_3转向相反时，n_H的大小和方向；2）n_1、n_3转向相同时，n_H的大小和方向。

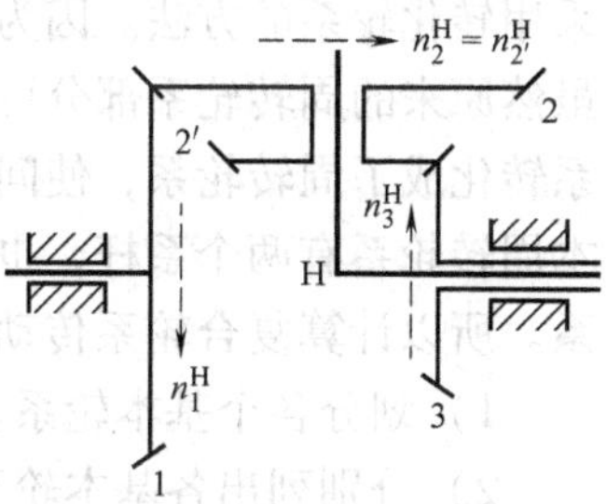

图 7-12 例 7-2 图

解 该轮系是双排行星轮的 2K-H 型空间周转轮系，其转化轮系的传动比为

$$i_{13}^H=\frac{n_1^H}{n_3^H}=\frac{n_1-n_H}{n_3-n_H}=-\frac{z_2z_3}{z_1z_{2'}}$$

1）当n_1与n_3转向相反时，应以异号代入。设n_1为正，n_3为负（反之也可），则

$$\frac{250\text{r/min}-n_H}{(-100)\text{r/min}-n_H}=-\frac{48\times24}{48\times18}=-\frac{4}{3}$$

求得$n_H=50\text{r/min}$，求出的n_H为正，说明系杆 H 转向与轮 1 转向相同，与轮 3 转向相反。

2）当n_1与n_3转向相同时，应以同号代入。设n_1、n_3为正（为负也可），则

$$\frac{250-n_H}{100-n_H}=-\frac{48\times24}{48\times18}=-\frac{4}{3}$$

求得$n_H\approx164.3\text{r/min}$，求出的$n_H$为正，说明系杆 H 转向与轮 1、轮 3 转向相同。

例 7-3 在图 7-13 所示的周转轮系中，已知各轮齿数为$z_1=100$，$z_2=101$，$z_{2'}=100$，$z_3=99$。试求传动比i_{H1}。

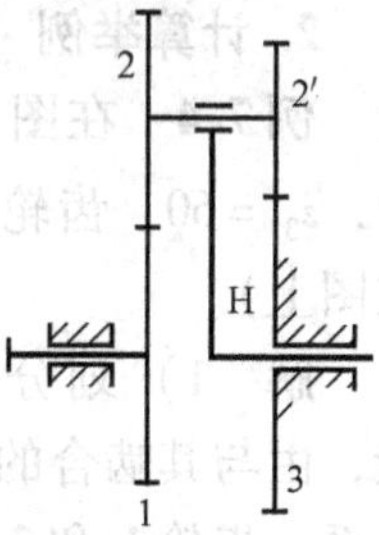

图 7-13 例 7-3 图

解 在图 7-13 所示的轮系中，由于轮 3 固定（即$n_3=0$），故该轮系为一行星轮系，其转化轮系的传动比为

$$i_{13}^H=\frac{n_1-n_H}{0-n_H}=(-1)^2\frac{z_2z_3}{z_1z_{2'}}$$

所以可得行星轮系的传动比为

$$i_{1H}=\frac{n_1}{n_H}=1-i_{13}^H=1-\frac{z_2z_3}{z_1z_{2'}}=1-\frac{101\times99}{100\times100}=\frac{1}{10000}$$

故$i_{H1}=n_H/n_1=1/i_{1H}=10000$，即当系杆 H 转 10000 圈时，轮 1 转 1 圈，其转向与系杆 H 的转向相同，说明行星轮系可获得很大的传动比。但是这种轮系的效率很低，并且当轮 1 主动时将会发生自锁，因此，只适用于轻载下的运动传递或微调机构。

现将z_3由 99 改为 100，则

$$i_{1H}=1-i_{13}^H=1-\frac{z_2z_3}{z_1z_{2'}}=1-\frac{101\times100}{100\times100}=-\frac{1}{100}$$

故

$$i_{H1}=1/i_{1H}=-100$$

即当系杆 H 转 100 圈时，轮 1 反向转一圈。可见行星轮系中从动轮的转向不仅与主动轮的转向有关，而且与轮系中各轮的齿数有关。在本例题中，只将z_3增加一个齿，轮 1 就反向回转，而且传动比发生了巨大变化。可见周转轮系与定轴轮系有很大的不同。

三、复合轮系的传动比计算

1. 计算方法

在计算复合轮系传动比时，既不能将整个轮系作为定轴轮系来处理，也不能对整个轮系

采用转化轮系的方法。因为若将图 7-4 所示的复合轮系加上一个（$-\omega_H$）的公共角速度后，虽然原来的周转轮系部分可以转化为一个定轴轮系，但同时却使原来由 z_1 和 z_2 组成的定轴轮系转化成了周转轮系，使问题仍然得不到解决。对于如图 7-5 所示的复合轮系，由于两个基本周转轮系有两个系杆，也无法加上一个公共的角速度（$-\omega_H$）将整个轮系转化为定轴轮系。所以计算复合轮系传动比的正确方法如下。

1）划分各个基本轮系。

2）分别列出各基本轮系的传动比方程式。

3）找出各基本轮系之间的联系。

4）把各基本轮系传动比方程式联立求解，即可求得复合轮系的传动比。

这里的关键是正确划分各个基本轮系。所谓基本轮系，是指单一的定轴轮系或单一的周转轮系。在划分基本轮系时，首先要找出各个单一的周转轮系。周转轮系的特点是具有行星轮，所以首先要找到行星轮，然后找出系杆（它是支承行星轮的构件），以及几何轴线与系杆重合且直接与行星轮相啮合的所有太阳轮。每一个系杆，连同系杆上的行星轮和与行星轮相啮合的太阳轮就构成一个基本的周转轮系。将所有周转轮系划分出来以后，剩下的那些由定轴齿轮组成的部分就是定轴轮系。

2. 计算举例

例 7-4 在图 7-14 所示的复合轮系中，已知各轮的齿数 $z_1=z_3=40$，$z_{1'}=z_2=z_{2'}=z_4=20$，$z_{3'}=60$，齿轮 1 的转速 $n_1=800\text{r/min}$，方向如图。试求 n_H 的大小和方向（用箭头表示在图上）。

解 1）划分轮系。齿轮 4 的轴线位置不固定为行星轮，由与其啮合的太阳轮 2′和 3′以及系杆 H 一起组成差动轮系。齿轮 1 和 2、齿轮 1′和 3 组成定轴轮系。

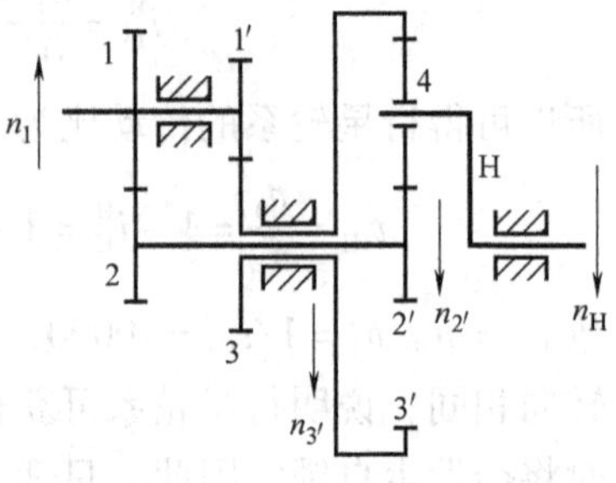

图 7-14 例 7-4 图

2）分别计算传动比。对于由齿轮 1 和 2、齿轮 1′和 3 组成的定轴轮系有

$$i_{12}=\frac{n_1}{n_2}=-\frac{z_2}{z_1}=-\frac{20}{40}=-\frac{1}{2},n_2=n_{2'}=-1600\text{r/min}$$

n_2 和 $n_{2'}$ 箭头方向向下。

$$i_{1'3}=\frac{n_{1'}}{n_3}=-\frac{z_3}{z_{1'}}=-\frac{40}{20}=-2,n_3=n_3=-400\text{r/min}$$

n_3 和 $n_{3'}$ 箭头方向向下。

对于由齿轮 2′、3′和 4 以及系杆 H 组成的差动轮系有

$$i_{2'3'}^{H}=\frac{n_{2'}-n_H}{n_{3'}-n_H}=-\frac{z_{3'}}{z_{2'}}=-\frac{60}{20}=-3$$

3）建立联系条件，联立求解。联系条件是 $n_2=n_{2'}$、$n_3=n_{3'}$，同时 $n_{2'}$ 和 $n_{3'}$ 转向相同，以同样符号代入，有

$$\frac{-1600\text{r/min}-n_H}{-400\text{r/min}-n_H}=-3,\quad n_H=-700\text{r/min}$$

由于 n_H 符号与 $n_{2'}$ 和 $n_{3'}$ 符号相同，所以转向相同，即 n_H 箭头方向向下。

第三节 轮系的功用

在工程实际中，轮系的应用十分广泛，其功用可概括为以下几个方面。

一、实现分路传动

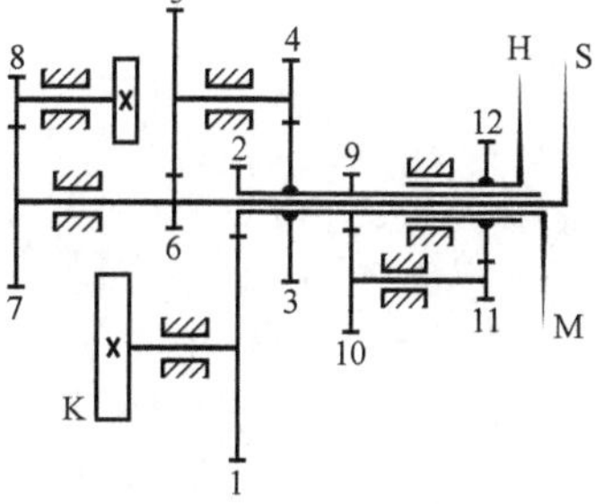

图 7-15 钟表传动图

利用轮系可以用一主动轴带动若干从动轴同时以不同的转速旋转，以带动各个部件或附件同时工作。如图 7-15 所示的钟表传动图，由发条 K 驱动齿轮 1 转动时，通过齿轮 1 与 2 相啮合使分针 M 转动；由齿轮 1、2、3、4、5 和 6 组成的轮系可使秒针 S 获得一种转速；由齿轮 1、2、9、10、11 和 12 组成的轮系可使时针 H 获得另一种转速。按传动比的要求，适当选择各轮齿数，即可获得时针、分针、秒针之间的走时关系。

二、实现大传动比传动

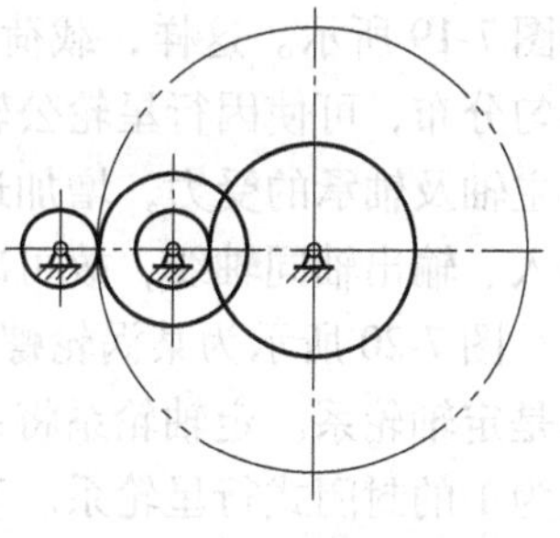
图 7-16 实现大传动比传动

当两轴之间需要较大的传动比时，如果仅用一对齿轮传动，则大小轮直径相差悬殊，如图 7-16 中双点画线所示，这样会使传动机构的外廓尺寸庞大，小齿轮易于磨损，而大齿轮的工作能力又得不到充分发挥。如采用图 7-16 中实线所示的轮系，则可避免上述缺点。特别是采用周转轮系，可以用很少几个齿轮，在结构非常紧凑的条件下，获得很大的传动比。例 7-3 中的轮系就是一个很好的例子。

三、实现变速与换向传动

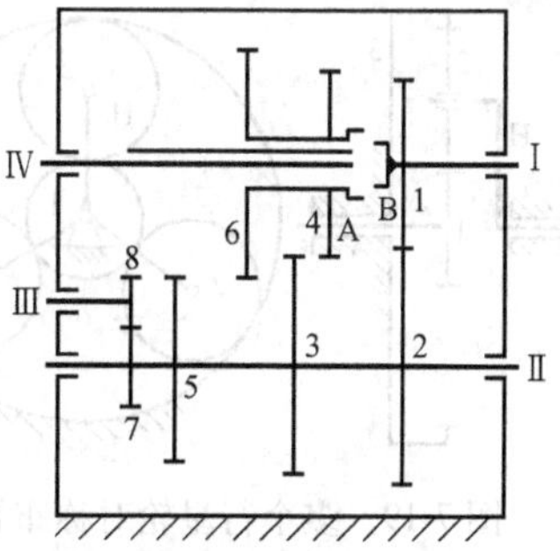

图 7-17 汽车变速器

利用轮系可在主动轴转速、转向不变的条件下，使从动轴获得多种转速或改变转向。图 7-17 所示的汽车变速器中，Ⅰ、Ⅳ轴分别是输入、输出轴，A、B 是牙嵌离合器，轮 4-6 是滑移齿轮。该变速器具有低、中、高三个前进档和一个倒退档。

第一档（低速档）：Ⅰ轴→z_2/z_1→z_6/z_5→Ⅳ轴。

第二档（中速档）：Ⅰ轴→z_2/z_1→z_4/z_3→Ⅳ轴。

第三档（高速档）：Ⅰ轴→A＋B→Ⅳ轴。

倒退档（换向）：Ⅰ轴→z_2/z_1→z_8/z_7→z_6/z_8→Ⅳ轴。

图 7-18 所示的周转轮系变速器也可实现变速传动。在轮系中分别用制动器 1 对太阳轮 6 和用制动器 2 对太阳轮 3 制动，轮系有不同的传动比 i_{4H}，从而使输出轴 H 在输入轴 1-4 转速不变时得到两种不同的转速。

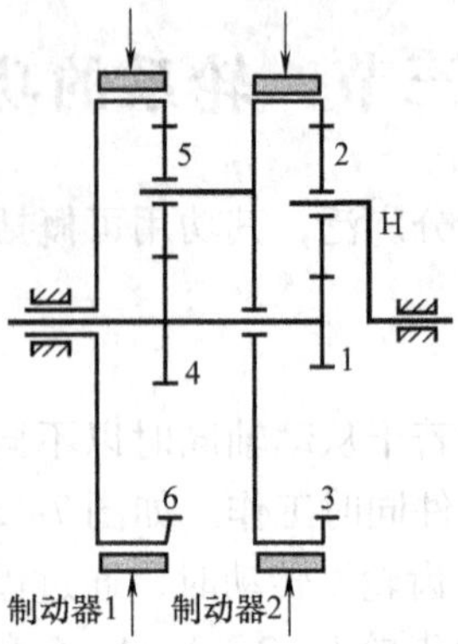

图 7-18　周转轮系变速器

四、实现结构紧凑的大功率传动

在周转轮系中，一般采用多个行星轮的结构形式，各行星轮均匀地分布在太阳轮周围，如图 7-19 所示。这样，载荷由多对齿轮承受，可大大提高承载能力；同时又因多个行星轮均匀分布，可使因行星轮公转所产生的离心惯性力及各齿廓啮合处的径向力得以平衡，以减小主轴及轴承的受力，增加运转的平稳性。此外，采用内啮合又有效地利用了空间，加之其输入、输出轴同轴线，故可减小径向尺寸。因此可在结构紧凑的条件下，实现大功率传动。

图 7-20 所示为某涡轮螺旋桨发动机主减速器的传动简图。轮系的右边是差动轮系，左边是定轴轮系。定轴轮系将差动轮系的内齿轮 3 与系杆 H 的运动联系起来，构成一个自由度为 1 的封闭式行星轮系。动力自太阳轮 1 输入后，经系杆 H 和内齿轮 3 分两路输往左边，最后汇合到一起输往螺旋桨。由于采用多个行星轮 2 和多个齿轮 4（图 7-20 中各只画出了一个），加上功率分路传递，所以在较小的外廓尺寸下（该减速器的外廓尺寸仅为 ϕ430mm），传递功率达到 2850kW，整个轮系的传动比 $i_{1H}=11.45$。

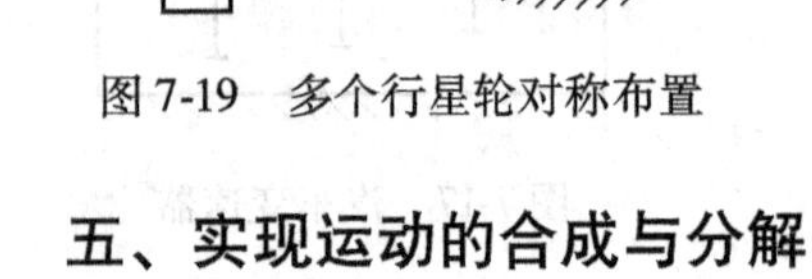

图 7-19　多个行星轮对称布置

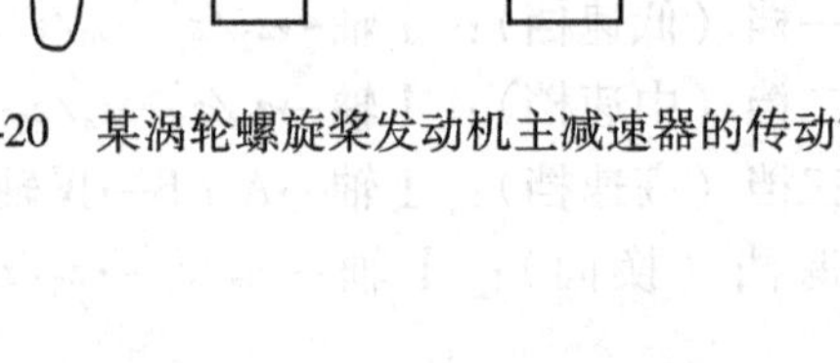

图 7-20　某涡轮螺旋桨发动机主减速器的传动简图

五、实现运动的合成与分解

差动轮系有两个自由度。利用差动轮系的这一特点，可以把两个运动合成为一个运动，或者将一个运动按确定的关系分解为两个运动。如图 7-11 所示的差动轮系中，$z_1=z_3$，则

$$i_{13}^{H}=\frac{n_1-n_H}{n_3-n_H}=-\frac{z_3}{z_1}=-1$$

即

$$n_H = (n_1 + n_3)/2$$

上式表明，系杆 H 的转速是两个太阳轮转速的合成，故这种轮系可用作两个运动的合成即加法机构。

如果在该轮系中，以系杆 H 和任一太阳轮（如齿轮 3）作为主动件时，则上式可改写成

$$n_1 = 2n_H - n_3$$

这说明该轮系又可用作两个运动的分解即减法机构。因为转速有正负之分，所以这种加减是代数量的加减。

差动轮系还可以将一个基本构件的转动，按确定的关系分解为另两个基本构件的不同转动。汽车后桥差速器就是利用了差动轮系的这一特性。它能根据汽车转弯半径的不同，自动改变左右两后轮的转速（借助于轮胎与地面间的摩擦力），以保证转弯过程中两后轮在地面上的纯滚动来减少后轮胎的磨损。

图 7-21a 所示为安装在汽车后桥上的差速器简图，其中齿轮 1、2、3、4（H）组成差动轮系。汽车发动机的运动从变速器经传动轴传给齿轮 5，再带动齿轮 4 及固定在齿轮 4 上的系杆 H 转动。在差动轮系中 $z_1 = z_3$，所以

$$i_{13}^{H} = \frac{n_1 - n_H}{n_3 - n_H} = -\frac{z_3}{z_1} = -1 \quad (7\text{-}5)$$

故

$$n_H = \frac{1}{2}(n_1 + n_3)$$

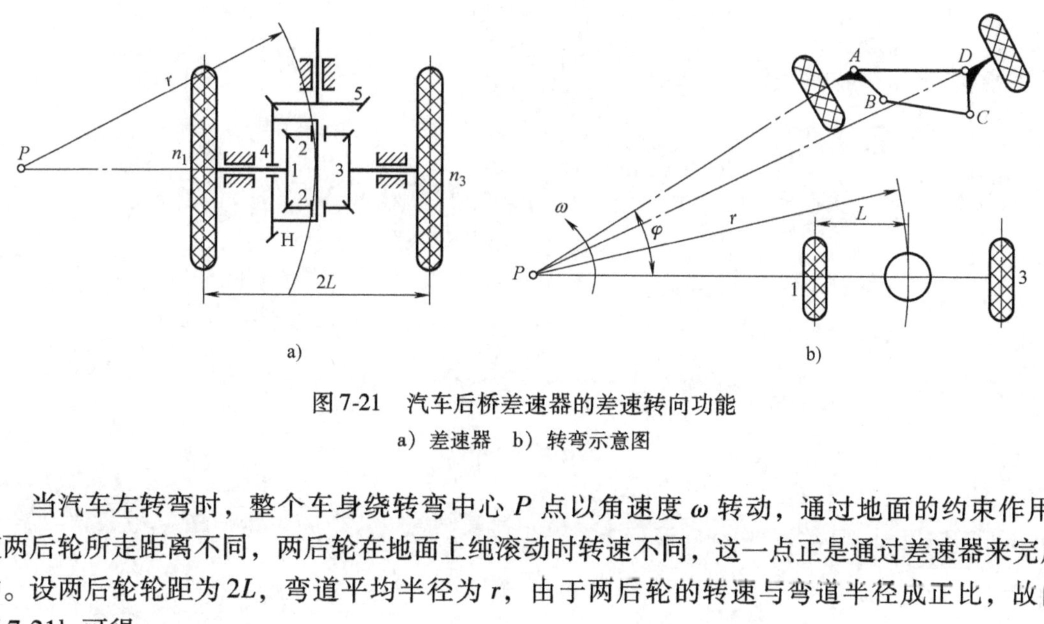

图 7-21 汽车后桥差速器的差速转向功能

a）差速器 b）转弯示意图

当汽车左转弯时，整个车身绕转弯中心 P 点以角速度 ω 转动，通过地面的约束作用，使两后轮所走距离不同，两后轮在地面上纯滚动时转速不同，这一点正是通过差速器来完成的。设两后轮轮距为 $2L$，弯道平均半径为 r，由于两后轮的转速与弯道半径成正比，故由图 7-21b 可得

$$\frac{n_1}{n_3} = \frac{r-L}{r+L} \quad (7\text{-}6)$$

联立解式（7-5）和式（7-6），可求得此时汽车两后轮的转速分别为

$$\begin{cases} n_1 = \left(1 - \dfrac{L}{r}\right) n_H \\ n_3 = \left(1 + \dfrac{L}{r}\right) n_H \end{cases} \tag{7-7}$$

以上分析说明，当汽车转弯时，可利用差速器自动将传动轴的转速分解为两个后轮的不同转速。差速器能够自动差速分解运动的前提条件是：两后轮转动之间必须具有一个确定的关系，这个确定的关系是由地面的约束条件决定的。

当汽车直线行驶时，即转弯半径 $r \to \infty$，代入式（7-7）得 $n_1 = n_3 = n_H = n_4$，即齿轮 1，3 和系杆 H 之间没有相对运动，整个差动轮系相当于同齿轮 4 固结在一起成为一个整体，随齿轮 4 一起转动，此时行星轮 2 只有公转没有相对于系杆的自转。

本章学习要点

1）了解各类轮系的组成和运动特点，学会判断一个已知轮系属于何种轮系。

2）熟练掌握各种轮系传动比的计算方法。转化机构（轮系）法计算周转轮系的传动比是本章的重点，是计算各种周转轮系传动比的基础。复合轮系传动比的计算是本章的难点，其关键要掌握正确划分轮系，分别计算传动比，建立联系条件，联立求解。另外要掌握确定主、从动轮的转向关系。

3）了解各类轮系的功用。

第八章 常用间歇机构

提示 本章介绍棘轮机构和槽轮机构的工作原理、应用场合、主要参数和几何尺寸的确定方法。重点是其工作原理和运动特点。

第一节 棘轮机构

一、工作原理和类型

如图8-1所示，棘轮机构是由棘轮、棘爪及机架等组成。主动摇杆1空套在与棘轮3固连的从动轴上，做往复摆动。当主动摇杆1逆时针方向摆动时，其上用转动副连接的驱动棘爪2将插入棘轮3的齿槽，推动棘轮3转过一定角度，这时止动棘爪4在棘轮3的齿背上滑动。当主动摇杆1顺时针方向摆动时，驱动棘爪2在棘轮3的齿背上滑过，而止动棘爪4则阻止棘轮3随同主动摇杆1转动，使棘轮3静止不动。为保证棘爪工作可靠，常利用弹簧5使止动棘爪4紧压在齿面上。这样，当主动摇杆1做往复摆动时，就实现了棘轮的单向间歇运动。

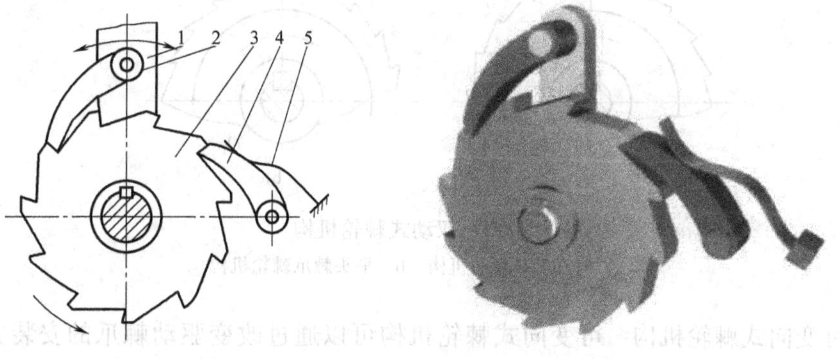

图8-1 外啮合棘轮机构

1—主动摇杆 2—驱动棘爪 3—棘轮 4—止动棘爪 5—弹簧

根据棘轮机构的结构和工作原理，棘轮机构可分为齿式棘轮机构和摩擦式棘轮机构。齿式棘轮机构依靠轮缘上轮齿的刚性推动来传动，而摩擦式棘轮机构则由构件之间的摩擦力来传动。从啮合情况看，这两种棘轮机构又都可分为外啮合与内啮合两种形式，但无论是哪一种类型的棘轮机构，都可以使棘轮实现间歇运动。

1. 齿式棘轮机构

齿式棘轮机构的棘轮外缘、内缘或端面（图 8-2a、b）上布满刚性的轮齿，有外啮合（图 8-1）、内啮合（图 8-2a）和端面式（图 8-2b）三种形式。当棘轮的直径为无穷大，棘轮变为棘条（图 8-2c），此时棘轮的单向转动变为棘条的单向移动。根据棘轮运动情况不同，又可分为单动式、双动式和可变向式棘轮机构。

（1）单动式棘轮机构　主动摇杆往复摆动一次，驱动棘爪只能推动棘轮沿同一方向间歇转动一次，如图 8-1 和图 8-2 所示。

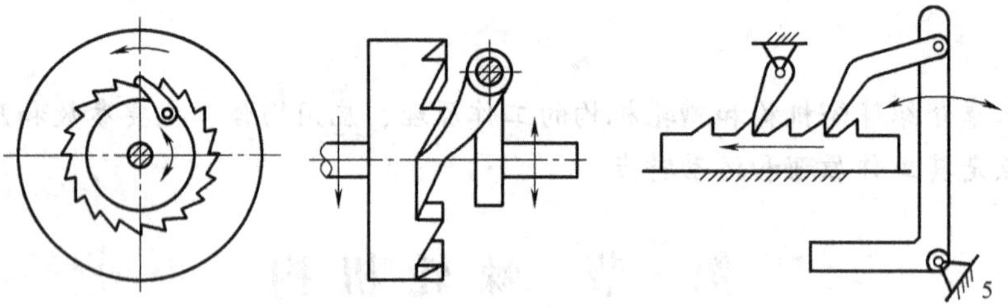

图 8-2　齿式棘轮机构

a）内啮合棘轮机构　b）端面式棘轮机构　c）棘条棘爪机构

（2）双动式棘轮机构　棘轮机构的主动摇杆上装有两个驱动棘爪，主动摇杆连续往复摆动时都能使棘轮沿同一个方向转动。驱动棘爪可以制成钩头的，如图 8-3a 所示；也可以制成平头的，如图 8-3b 所示。

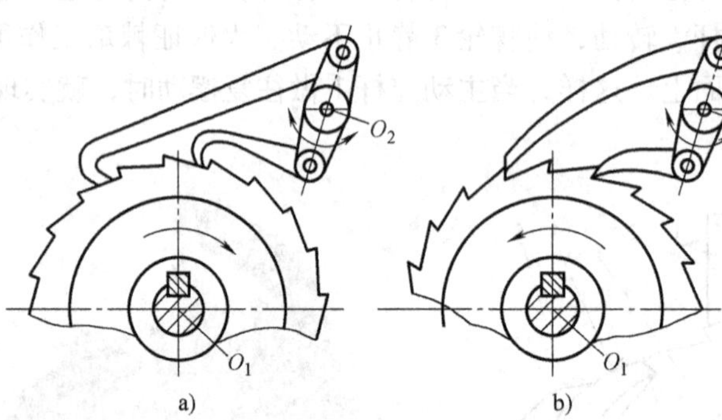

图 8-3　双动式棘轮机构

a）钩头棘爪棘轮机构　b）平头棘爪棘轮机构

（3）可变向式棘轮机构　可变向式棘轮机构可以通过改变驱动棘爪的安装方位，实现棘轮沿两个方向的单向转动。图 8-4a 所示为一种可变向式棘轮机构，棘爪具有对称的爪端，可绕 A 点转动，棘轮采用梯形齿。在图 8-4a 所示实线位置时，棘爪推动棘轮做逆时针方向的间歇转动；若将棘爪翻转到双点画线位置时，棘爪则推动棘轮做顺时针方向的间歇转动。图 8-4b 所示为另一种可变向式棘轮机构，其常用来实现工作台的送进运动，棘轮采用矩形齿。在图 8-4b 所示位置时，棘爪推动棘轮齿槽的左侧，使棘轮做逆时针方向的间歇转动；若将棘爪提起绕自身轴线转 180°后放下，棘爪则推动棘轮齿槽的右侧，使棘轮做顺时针方向的间歇转动；又若将棘爪提起绕自身轴线转 90°，并搁置在壳体平台上，棘爪与棘轮脱开，则当棘爪往复摆动时，棘轮静止不动。

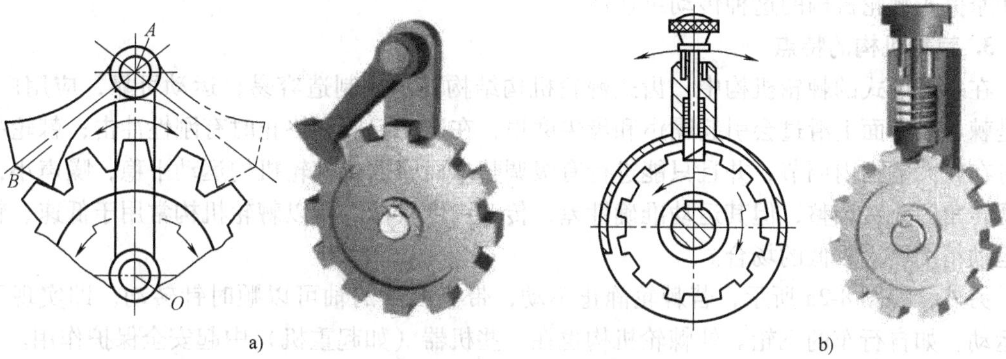

a)　　　　b)

图 8-4　可变向式棘轮机构

a）梯形齿　b）矩形齿

2. 摩擦式棘轮机构

摩擦式棘轮机构也可分为外啮合（图 8-5a）和内啮合（图 8-5b）。它的工作原理与齿式棘轮机构相似，用驱动楔块 2（止动楔块 4）代替齿式棘轮机构中的驱动棘爪（止动棘爪），用没有轮齿的摩擦轮 3 代替棘轮。当主动摇杆 1 摆动时，驱动楔块 2 通过摩擦力推动摩擦轮 3 做单向间歇运动。

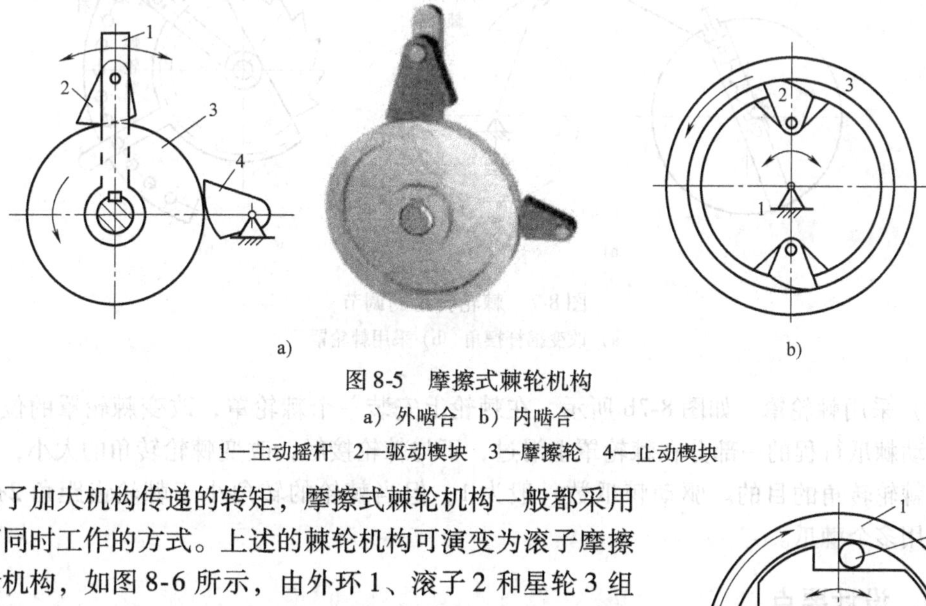

a)　　　　b)

图 8-5　摩擦式棘轮机构

a）外啮合　b）内啮合

1—主动摇杆　2—驱动楔块　3—摩擦轮　4—止动楔块

为了加大机构传递的转矩，摩擦式棘轮机构一般都采用多表面同时工作的方式。上述的棘轮机构可演变为滚子摩擦式棘轮机构，如图 8-6 所示，由外环 1、滚子 2 和星轮 3 组成。当外环 1 顺时针方向转动时，外环 1 与滚子 2 间的摩擦力，使滚子 2 向外环 1 和星轮 3 之间的狭窄处楔紧，而楔紧所产生的摩擦力则使外环 1 和星轮 3 形成一个刚体，从而使星轮 3 与外环 1 一起转动。当外环 1 逆时针方向转动时，滚子 2 在摩擦力作用下从狭窄处退出，使外环 1 和星轮 3 松开，故星轮 3 静止不动。因此，当外环 1 往复转动时，就实现了星轮 3 的单向间歇运动。反之，若运动由星轮 3 输入，

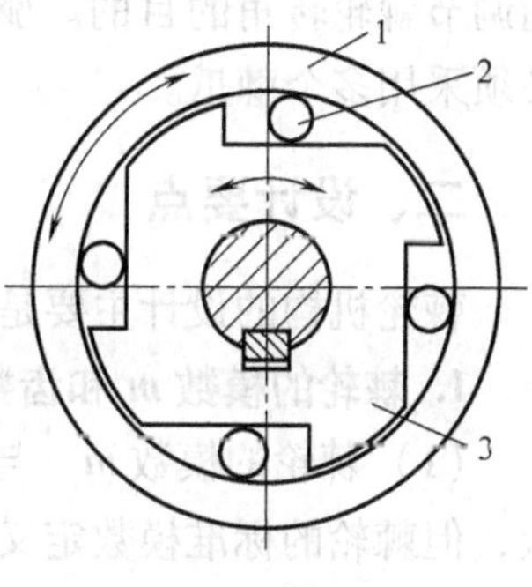

图 8-6　滚子摩擦式棘轮机构

1—外环　2—滚子　3—星轮

即星轮 3 为主动件，外环 1 也能实现单向间歇运动。许多机械传动装置都利用了齿式棘轮机构和摩擦式棘轮机构的这种传动可逆性。

3. 棘轮机构的特点

在多种形式的棘轮机构中，齿式棘轮机构结构简单，制造容易，运动可靠，应用广泛。但是棘爪在齿面上滑过会引起噪声和齿尖磨损，在运动起始和终止时有刚性冲击；棘轮的转角可在较大范围内调节，并且只能进行有级调整。而摩擦式棘轮机构运动平稳，噪声小，可实现转角的无级调整，但其运动准确性差，传动精度较低。所以棘轮机构常用于低速、轻载和运动精度要求较低的场合。

另外，如图 8-2a 所示，若棘轮静止不动，带有棘爪的轴可以顺时针转动，即实现了超越运动，如自行车的飞轮。外棘轮机构也在一些机器（如起重机）中起安全保护作用。

4. 棘轮转角的调节

根据不同的工作情况，棘轮的转角应能够进行调节。常用的调节方法有两种，即改变摇杆摆角和采用棘轮罩。

（1）改变摇杆摆角　如图 8-7a 所示，驱动棘爪是由曲柄摇杆机构的摇杆带动做往复运动，通过改变曲柄长度来改变摇杆的摆角大小，从而达到调节棘轮转角大小的目的。

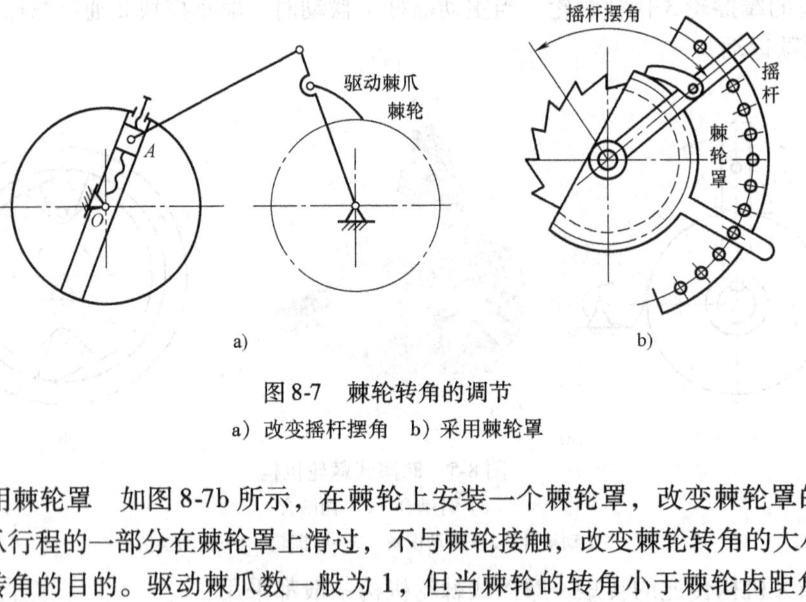

图 8-7　棘轮转角的调节

a）改变摇杆摆角　b）采用棘轮罩

（2）采用棘轮罩　如图 8-7b 所示，在棘轮上安装一个棘轮罩，改变棘轮罩的位置，可以使驱动棘爪行程的一部分在棘轮罩上滑过，不与棘轮接触，改变棘轮转角的大小，从而达到调节棘轮转角的目的。驱动棘爪数一般为 1，但当棘轮的转角小于棘轮齿距角 $2\pi/z$ 时，必须采用多个棘爪。

二、设计要点

棘轮机构的设计主要是确定棘轮的模数和齿数、棘轮齿面角、驱动棘爪回转轴的位置。

1. 棘轮的模数 m 和齿数 z 的确定

（1）棘轮的模数 m　与齿轮相同，棘轮轮齿的有关尺寸也用模数 m 作为计算的基本参数，但棘轮的标准模数定义在齿顶圆上，即 $d_a = mz$。

为了使棘轮齿顶圆直径 d_a 便于设计和制造，对模数进行了标准化，常用的模数值有 1、1.25、1.5、2、2.5、3、4、5、…。

（2）棘轮的齿数 z　一般根据棘轮机构的使用条件和运动要求选定。对于一般进给和分度使用的棘轮机构，可根据所要求的棘轮最小转角 θ_{min} 来确定棘轮的齿数，即 $z \geqslant 2\pi/\theta_{min}$，一般取 $z=8\sim30$，然后选定模数，确定棘轮齿顶圆直径 d_a。

2. 棘轮齿面角 α 和驱动棘爪回转轴位置的确定

图 8-8 所示为驱动棘爪与棘轮齿尖 P 接触的情形。为使在传递相同转矩时驱动棘爪受力最小，驱动棘爪转轴中心 O_1 与棘轮齿尖 P 的连线应垂直于过棘轮齿尖 P 的向径，即 $\overline{O_1P} \perp \overline{O_2P}$。棘轮齿面角 α 为轮齿工作面与齿尖向径间的夹角，其作用是使驱动棘爪受力时能自动滑向棘轮齿根面，保证棘轮机构可靠的工作。为了使驱动棘爪能顺利进入棘轮齿槽，使驱动棘爪滑入齿槽的力矩应大于棘轮阻止驱动棘爪滑入齿槽的摩擦力矩，即

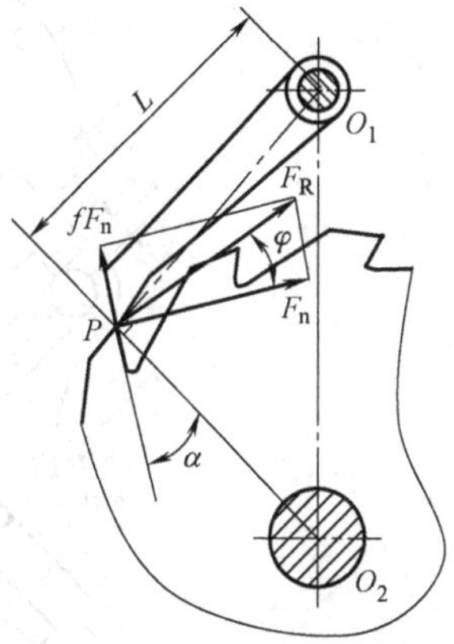

图 8-8　驱动棘爪受力分析

$$F_n L\sin\alpha > fF_n L\cos\alpha$$

则

$$\tan\alpha > f$$

若取摩擦角 $\varphi = \arctan f$，即

$$\alpha > \varphi \tag{8-1}$$

由以上分析可知，驱动棘爪能顺利进入棘轮齿槽的条件是：棘轮齿面角 α 大于摩擦角 φ。

第二节　槽 轮 机 构

一、工作原理和类型

如图 8-9a 所示，槽轮机构由安装有圆销的拨盘 1、带有径向槽的槽轮 2 和机架组成。拨盘 1 逆时针做等速连续转动，当圆销 A 未进入槽轮的径向槽时，槽轮 2 因其内凹的锁止弧 $\widehat{nn}$ 被拨盘 1 外凸的锁止弧 $\widehat{mm'm}$ 锁住而静止；当圆销 A 开始进入槽轮 2 的径向槽时，两锁止弧脱开，槽轮 2 在圆销 A 的驱动下顺时针转动；当圆销 A 开始脱离径向槽时，槽轮 2 因另一锁止弧又被锁住而静止，直至圆销 A 再次进入槽轮 2 的另一个径向槽时，又重复上述运动，从而实现槽轮 2 的单向间歇转动。

普通槽轮机构可分为外槽轮机构（图 8-9a）和内槽轮机构（图 8-9b）。它们均用于实现平行轴间的间歇传动。但外槽轮机构的主、从动轴转向相反；而内槽轮机构的主、从动轴的转向相同。与外槽轮机构相比，内槽轮机构传动平稳、停歇时间短、所占空间小。

根据圆销数，可分为单圆销槽轮机构（图 8-9）和多圆销槽轮机构。

槽轮机构的优点是结构简单，外形尺寸小，工作可靠，能准确地控制转角，机械效率高；缺点主要是在槽轮的起动和停止时加速度变化大、具有柔性冲击，且随着转速的增加或轮槽数的减少而加剧，因而不适用于高速的场合。

槽轮机构一般用于转速较低的自动机械、轻工机械或仪器仪表中。图 8-10 所示为槽轮机构在转塔车床转塔刀架的转位机构中的应用。与槽轮固连的转塔刀架上可装 6 种刀具，所以槽轮 2 上开有 6 个径向槽。拨盘 1 每转一周，槽轮 2 便转过 60°，从而将下一工序所需要

的刀具转到工作位置上。图 8-11 所示为槽轮机构在电影放映机中的应用，为了适应人眼的视觉暂留现象，要求影片做间歇移动。

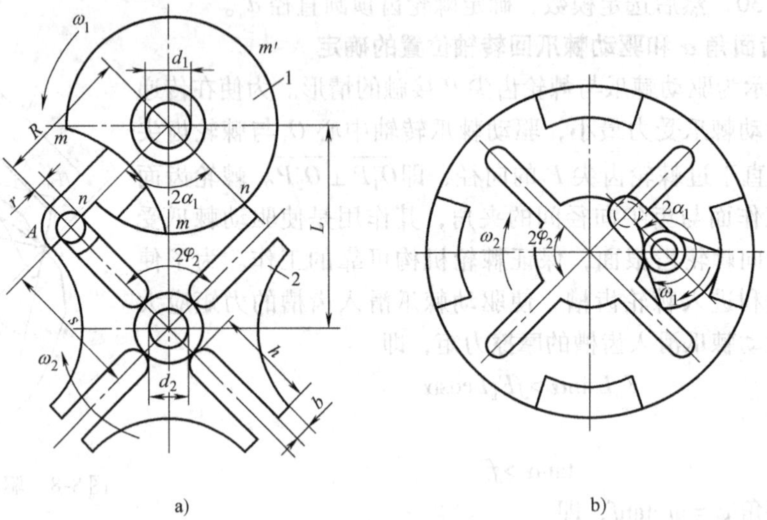

图 8-9　单圆销槽轮机构

a）单圆销外槽轮机构　b）单圆销内槽轮机构

1—拨盘　2—槽轮

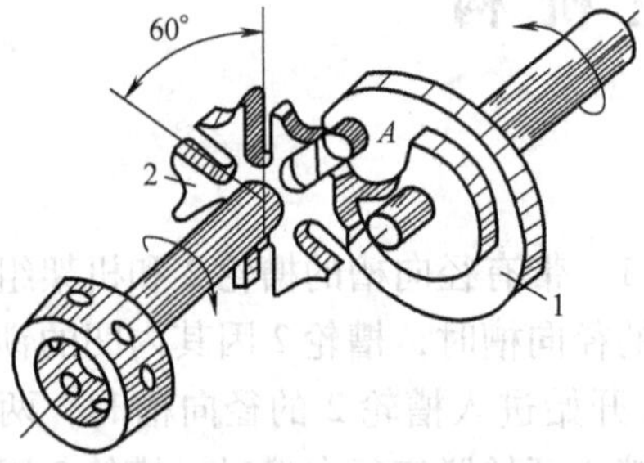

图 8-10　槽轮机构在转塔车床转塔刀架的转位机构中的应用

1—拨盘　2—槽轮

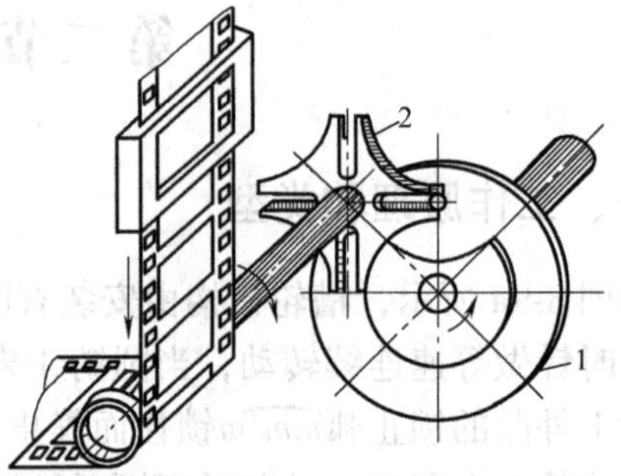

图 8-11　槽轮机构在电影放映机中的应用

1—拨盘　2—槽轮

二、运动分析

在图 8-9a 所示的外槽轮机构中，当拨盘 1 转一周时，槽轮 2 的运动时间 t_d 与拨盘 1 转一周的总时间 t 之比，称为该槽轮机构的运动系数，用 k 表示。

由于拨盘 1 一般为等速转动，所以运动系数 k 也可以用拨盘 1 的转角之比来表示，t_d 和 t 所对应的拨盘 1 转角分别为 $2\alpha_1$ 和 2π。为了避免圆销 A 和径向槽间发生刚性冲击，在圆销 A 开始进入或脱出径向槽的瞬时，其线速度方向应沿着径向槽的中心线。由图 8-9a 可知，$2\alpha_1 = \pi - 2\varphi_2$，其中，$2\varphi_2$ 为槽轮 2 的槽间角。设槽轮 2 有 z 个均布的径向槽，则 $2\varphi_2 = 2\pi/z$。因此可以推导出槽轮机构的运动系数 k 为

$$k=\frac{t_d}{t}=\frac{\pi-2\varphi_2}{2\pi}=\frac{\pi-(2\pi/z)}{2\pi}=\frac{1}{2}-\frac{1}{z} \tag{8-2}$$

分析上式可知：

1）因为运动系数 k 应大于零（$k=0$ 表示槽轮 2 始终静止），外槽轮机构径向槽数 $z\geqslant3$。

2）运动系数 k 总小于 0.5，即单圆销外槽轮机构槽轮的运动时间总小于其静止时间。

如果要使槽轮机构的运动系数 k 大于 0.5，可以采用多个圆销。设在拨盘 1 上均匀分布 n 个圆销，则当拨盘 1 转动一周时，槽轮 2 将被拨动 n 次，故槽轮的运动时间为单圆销时的 n 倍，因此运动系数 k 为单圆销时的 n 倍，即

$$k=n\left(\frac{1}{2}-\frac{1}{z}\right) \tag{8-3}$$

当 $k=1$ 时，槽轮做连续转动，不能实现间歇运动，因此运动系数 k 应小于 1。所以由式（8-3）可得

$$n<\frac{2z}{z-2} \tag{8-4}$$

由式（8-4）分析可知槽数 z 和圆销数 n 之间的关系，见表 8-1。

表 8-1　槽数 z 和圆销数 n 之间的关系

槽数 z	3	4	5，6	≥7
圆销数 n	1~5	1~3	1~2	1~2

三、槽轮机构的几何尺寸计算

在机械中，最常用的是径向槽均匀分布的外槽轮机构。对于设计图 8-9a 所示的外槽轮机构时，首先应根据工作要求确定槽轮的槽数 z 和拨盘的圆销数 n；然后按受力情况和实际机械允许的安装尺寸，确定中心距 L 和圆销半径 r；再按下列各式计算尺寸，即

$$R=L\sin\varphi_2=L\sin(\pi/z) \tag{8-5}$$

$$s=L\cos\varphi_2=L\cos(\pi/z) \tag{8-6}$$

$$h\geqslant s-(L-R-r) \tag{8-7}$$

锁止弧的半径大小根据槽轮轮叶齿顶厚度 b 来确定，通常取 $b=3\sim10\text{mm}$。其他尺寸计算可参见机械设计手册。

本章学习要点

1）掌握棘轮机构和槽轮机构的工作原理、特点及应用场合。

2）了解槽轮机构中运动系数 k 的计算方法以及槽数 z 和圆销数 n 之间的关系。

第九章

带传动和链传动

提示 本章介绍带传动和链传动的类型、工作原理、运动特性，V 带传动及滚子链传动的设计计算及主要参数选择。本章重点是影响带传动的因素和链传动设计参数的选择。

第一节 带传动的类型和特点

一、类型

带传动是一种应用很广泛的挠性机械传动，其由带轮（主动带轮和从动带轮）和传动带组成，如图 9-1 所示。带传动分为摩擦型带传动（图 9-2）和啮合型带传动（图 9-3）两类，前者利用带和带轮间的摩擦力进行传动，后者利用带上凸齿与带轮齿的啮合进行传动。本章只介绍摩擦型带传动。

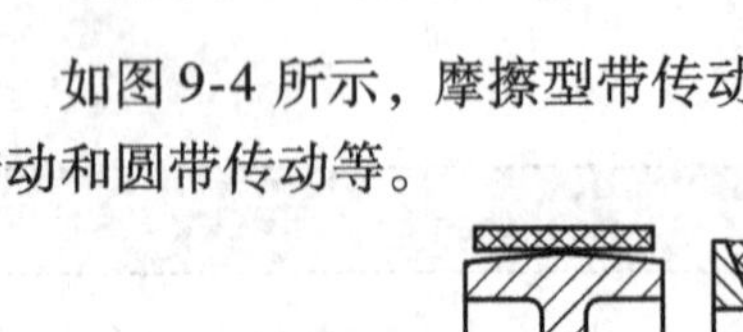

图 9-1 带传动的机构运动示意图
1—主动带轮 2—传动带 3—从动带轮

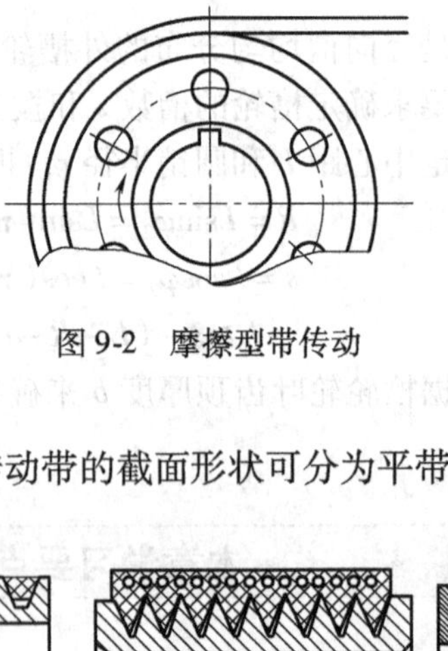

图 9-2 摩擦型带传动

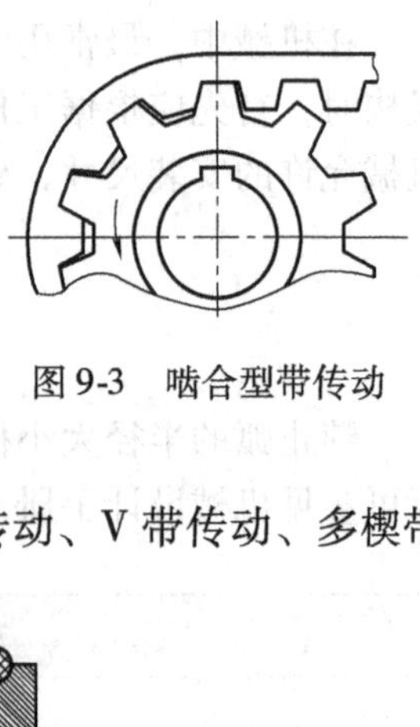

图 9-3 啮合型带传动

如图 9-4 所示，摩擦型带传动按传动带的截面形状可分为平带传动、V 带传动、多楔带传动和圆带传动等。

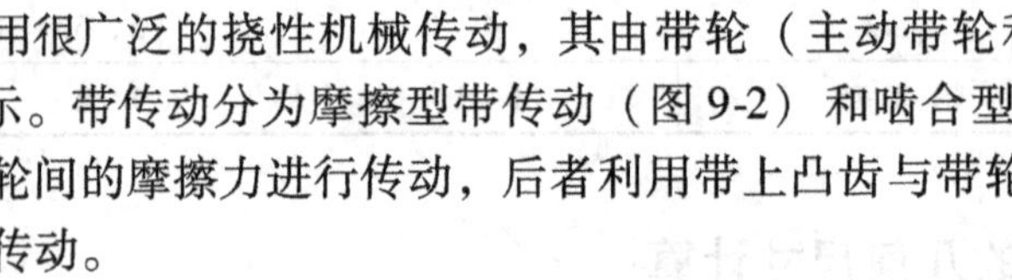

图 9-4 摩擦型带传动的几种类型
a）平带传动 b）V 带传动 c）多楔带传动 d）圆带传动

平带以其内周面为工作面，带轮结构简单，容易制造，在中心距较大的场合应用较多。

V 带以其两侧面为工作面，由于楔形增压原理，在相同的张紧力下，比平带传动能产生更大的摩擦力，从而具有较大的传动能力。

多楔带传动兼有 V 带传动和平带传动的优点，不但摩擦力大，而且带的挠曲性好、载荷沿带宽分布较均匀。近年来，多楔带传动的应用得到迅速发展。

圆带传动便于快速装拆，但只能传递很小的功率，一般用于轻型机械，如缝纫机等。

二、特点和应用

摩擦型带传动的主要优点是：①带是弹性体，能缓冲吸振，故传动平稳，噪声小；②过载时，带在带轮上打滑，可防止其他零件损坏；③适用于两轴中心距较大的场合；④结构简单，易于制造和安装，故成本较低。

摩擦型带传动的主要缺点是：①摩擦型带传动有弹性滑动和打滑的现象，传动比不恒定；②传动效率较低；③带的寿命较短；④需较大张紧力，轴和轴承受力较大；⑤外廓尺寸较大。

摩擦型带传动在多级传动系统中通常用于高速级传动。由于带传动效率较齿轮传动低，所以大功率带传动较为少用，常见功率 P 一般不大于 50kW，带速通常为 5 ~ 25m/s，特种高速带可达到 60m/s 以上；常用的传动比为 2 ~ 4，平带可达到 5，V 带可以达到 7，有张紧轮时可以达到 10。

第二节 普通 V 带和带轮的结构

V 带的种类有普通 V 带、窄 V 带、宽 V 带、大楔角 V 带、齿形 V 带、联组 V 带和接头 V 带等，其中普通 V 带应用最广，本节主要介绍普通 V 带和带轮。

一、普通 V 带的结构和规格

普通 V 带是无接头的环形带。其结构如图 9-5 所示。它由四部分组成：用多层橡胶制成的伸张层；由粗绳或帘布构成的强力层；用橡胶填充成的压缩层；由橡胶帆布构成的包布层。绳芯结构 V 带挠曲性好，帘布芯结构 V 带抗拉能力大，制造容易。

当带垂直其底边弯曲时，在带中保持原长度不变的一条周线称为节线（图 9-6a），由全部节线构成的面称为节面（图 9-6b）。带的节面宽度称为节宽，以 b_p 表示。带在弯曲时，节宽保持不变。把 V 带套在规定尺寸的测量带轮上，在规定的张紧力下，沿 V 带的节宽巡行一周，即为 V 带的基准长度 L_d。此时带的节宽对应的直径（节圆直径），即为带轮的基准直径 d_d。V 带的基准长度用于带传动的几何尺寸计算和带的标记，已经标准化。普通 V 带的基准长度系列，见表 9-5。

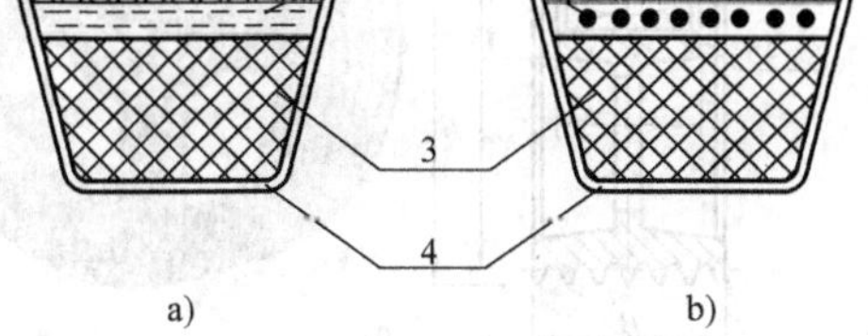

图 9-5 普通 V 带的结构

a）帘布芯结构 b）绳芯结构

1—伸张层 2—强力层 3—压缩层 4—包布层

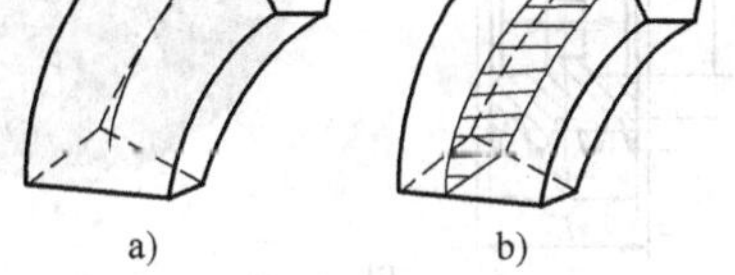

图 9-6 普通 V 带的节线和节面

a）节线 b）节面

普通 V 带已经标准化，按截面面积的大小分为 Y、Z、A、B、C、D、E 七个型号，尺寸依次增大。普通 V 带的截面尺寸，见表 9-1。

表 9-1　普通 V 带的截面尺寸和单位长度质量

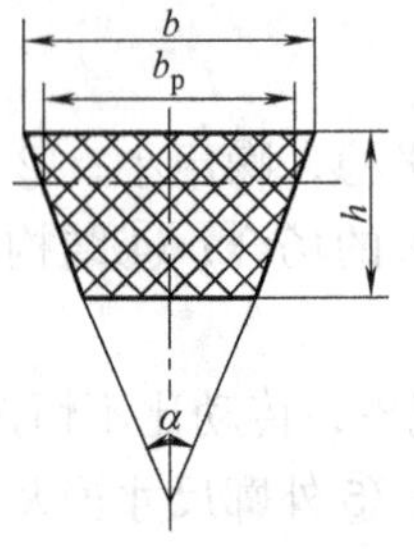

带型 普通 V 带	节宽 b_p/mm	顶宽 b/mm	高度 h/mm	楔角 α/(°)	单位长度质量 q/(kg/m)
Y	5.3	6	4	40°	0.04
Z	8.5	10	6		0.06
A	11.0	13	8		0.10
B	14.0	17	11		0.17
C	19.0	22	14		0.30
D	27.0	32	19		0.60
E	32.0	38	23		0.87

普通 V 带的标记为型号、基准长度、标准号，如标记为 B1000　GB/T 11544—2012，表示 B 型带、基准长度为 1000mm。

二、V 带轮的结构和材料

常用的 V 带轮材料为铸铁，牌号为 HT150 和 HT200。转速较高时宜采用铸钢或用钢板冲压后焊接而成；小功率时可用铸铝或塑料。

V 带轮由轮缘、轮毂和轮辐（或腹板）组成。轮缘位于外部，用来安装传动带；轮毂位于带轮内部，实现与轴的连接；轮辐（或腹板）介于轮缘和轮毂之间，起连接轮缘和轮毂的作用。

V 带轮的结构可以分为实心式、腹板式、孔板式和椭圆轮辐式，如图 9-7 所示。

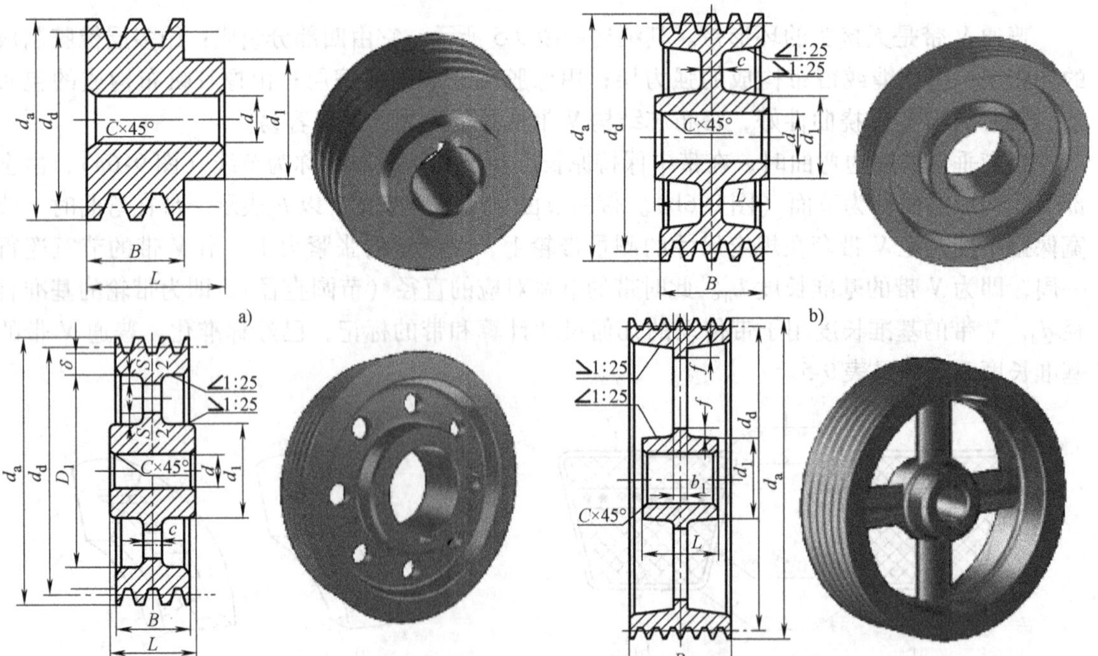

图 9-7　V 带轮的结构

a）实心式　b）腹板式　c）孔板式　d）椭圆轮辐式

V 带轮主要是根据带轮的基准直径选择结构形式。当带轮基准直径为 $d_d \leqslant 2.5d$（d 为安装带轮处轴的直径），可采用实心式；当 $d_d \leqslant 300$mm 时，可采用腹板式（$D_1 - d_1 \geqslant 100$mm 时，可采用孔板式）；当 $d_d > 300$mm 时，可采用轮辐式。轮毂和轮辐的尺寸参见机械设计手册。

V 带轮的轮槽和所选用的 V 带的型号相对应，见表 9-2。

各种普通 V 带的楔角均为 40°，但 V 带绕在 V 带轮上以后发生弯曲变形，使 V 带工作面的夹角变小。为了使 V 带的工作面和 V 带轮的轮槽工作面紧密贴合，将 V 带轮的轮槽工作面的夹角制成小于 40°，其值见表 9-2。

V 带安装到轮槽中以后，一般不应超出 V 带轮外圆，也不应与轮槽底部接触。为此规定了基准直径到 V 带轮外圆和底部的最小高度 h_{amin} 和 h_{fmin}（表 9-2）。

表 9-2　轮槽截面尺寸　　（单位：mm）

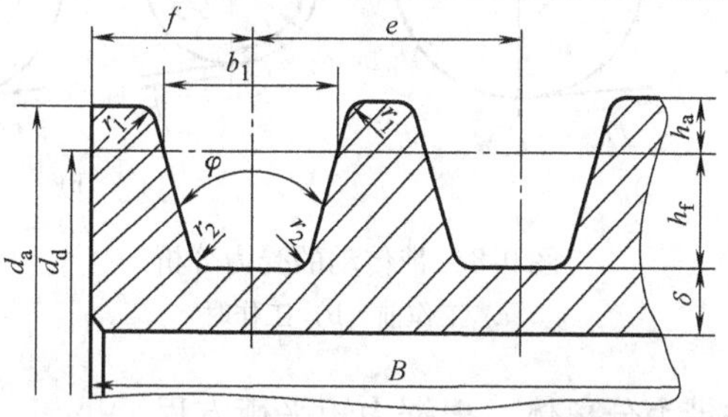

项目	符号	Y	Z	A	B	C	D	E
		槽型						
基准宽度	b_1	5.3	8.5	11.0	14.0	19.0	27.0	32.0
基准线上槽高	h_{amin}	1.6	2.0	2.75	3.5	4.8	8.1	9.6
基准线下槽高	h_{fmin}	4.7	7.0	8.7	10.8	14.3	19.9	23.4
槽间距	e	8±0.3	12±0.3	15±0.3	19±0.4	25.5±0.5	37±0.6	44.5±0.7
槽边距	f_{min}	6	7	9	11.5	16	23	28
轮缘厚度	δ_{min}	5	5.5	6	7.5	10	12	15
圆角半径	r_1、r_2	0.2~0.3						
带轮宽	B	$B=(z-1)e+2f$　z——轮槽数						
外径	d_a	$d_a=d_d+2h_a$						
轮槽角 φ 32°	相应的基准直径 d_d	≤60	—	—	—	—	—	—
轮槽角 φ 34°	相应的基准直径 d_d	—	≤80	≤118	≤190	≤315	—	—
轮槽角 φ 36°	相应的基准直径 d_d	>60	—	—	—	—	≤475	≤600
轮槽角 φ 38°	相应的基准直径 d_d	—	>80	>118	>190	>315	>475	>600
轮槽角 φ 极限偏差		±30′						

注：槽间距 e 的极限偏差适用于任何两个轮槽对称中心面的距离，不论相邻还是不相邻。

第三节　带传动的工作情况分析

一、受力分析

1. 带传动的有效拉力 F_e

摩擦型带传动在安装时，带必须以一定的初拉力 F_0 紧套在带轮上。由于 F_0 的作用，带和带轮的接触面上产生正压力。在工作前，带的两边拉力相等，均等于F_0，如图9-8a所示。当主动带轮受到驱动转矩T_1作用开始转动时，在主动带轮一端，带轮为主动，带为从动，带轮给带的摩擦力$\sum F_f$向上；在从动带轮一端，带为主动，带轮为从动，故带轮给带的摩擦力$\sum F_f$也向上，如图9-8b所示。显然，带在摩擦力的作用下，进入主动带轮的一边被进一步拉紧，形成紧边，其拉力由F_0增大到F_1；退出主动带轮的一边拉力减小，形成松边，其拉力由F_0减小到F_2。

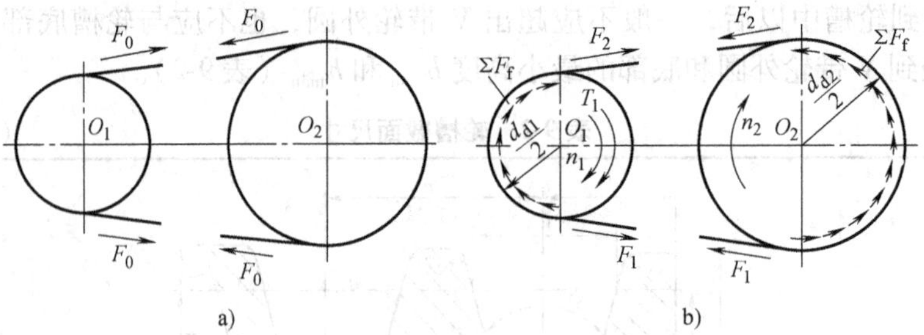

图9-8 带传动的受力分析

a）工作前 b）工作时

取主动轮及其一侧的带为分离体，根据力矩平衡方程

$$T_1 = (F_1 - F_2)\frac{d_{d1}}{2}$$

式中 d_{d1}——小带轮的基准直径（mm）。

紧边拉力F_1与松边拉力F_2的差值称为带传动的有效拉力（传递的有效圆周力）F_e，由静定条件可知，其值等于分布在带和带轮接触面上摩擦力的总和$\sum F_f$。带传动依靠有效拉力F_e实现功率P的传递，因此有

$$F_e = \sum F_f = F_1 - F_2 = \frac{1000P}{v} \tag{9-1}$$

式中 P——带传递的功率（kW）；

v——带速（m/s）；

F_e——带传动的有效拉力（N）。

设带在弹性变化范围内，符合胡克定律，如果认为带工作时总长度不变，则带紧边的伸长量等于松边的缩短量

$$F_1 - F_0 = F_0 - F_2$$

$$F_1 + F_2 = 2F_0 \tag{9-2}$$

与式（9-1）联立，可得

$$F_1 = F_0 + \frac{F_e}{2} \qquad F_2 = F_0 - \frac{F_e}{2} \tag{9-3}$$

因为$\sum F_f$与接触面间的正压力成正比，所以F_e（$\sum F_f$）必定随着初拉力F_0的增大而增大，但F_0受材料、强度等因素的限制，不能无限制增大；而接触面间的摩擦系数f也受限于某一数值，因此带传动的有效拉力F_e必有一极限值F_{ec}，当$F_e > F_{ec}$时，就会发生打滑

现象。带传递的功率 P 一定时，v 越大，则所需的 F_e 越小，越不易打滑，所以带传动通常放在高速级上。

2. 离心拉力 F_c

带传动工作时，具有一定质量的带绕在带轮上做圆周运动时会产生离心拉力。根据理论推导，离心拉力大小为

$$F_c = qv^2 \tag{9-4}$$

式中 q——带单位长度的质量（kg/m），见表9-1；

v——带速（m/s）；

由于带为封闭环形，因此 F_c 作用于带的全长。

3. 带传动的极限有效拉力及其影响因素

带传动中，当其他条件不变且初拉力 F_0 一定时，带和带轮之间的摩擦力有一极限值，该极限值限制着带的传动能力，可用柔性体摩擦的欧拉（Euler）公式来表示，此时，F_1、F_2 两者之间的关系为

$$\frac{F_1}{F_2} = e^{f\alpha_1} \tag{9-5}$$

式中 e——自然对数的底；

f——摩擦因数，对于V带传动，为当量摩擦因数 f_v；

α_1——带在小带轮上的包角（rad）。

由于小带轮上的包角 α_1 小于大带轮上的包角 α_2，因此小带轮上的总摩擦力相应地小于大带轮上的总摩擦力。因此，带传动的工作能力取决于小带轮上的总摩擦力，所以上式中包角用 α_1。

由 $F_1/F_2 = e^{f\alpha_1}$ 可得带与带轮之间的极限摩擦力 $\sum F_{fmax}$，即带传动的极限有效拉力 F_{ec} 为

$$F_{ec} = \sum F_{fmax} = 2F_{0min}\left(1 - \frac{2}{e^{f\alpha_1} + 1}\right) \tag{9-6}$$

欧拉公式给出的是带传动在极限状态下各力之间的关系，或者说是给出了一个具体的带传动所能提供的极限有效拉力 F_{ec}。当已知带传递的载荷时，可根据欧拉公式确定所需要的最小初拉力 F_{0min}。

由上式可知，极限有效拉力 F_{ec} 与初拉力 F_0、小带轮包角 α_1 以及带与带轮之间的摩擦因数 f 有关，因此，增大初拉力、包角、摩擦系数时都可增大极限摩擦力，从而提高带传动的承载能力，但 F_0 过大会使带产生塑性变形，反而使 F_0 减小，同时缩短带的使用寿命。

二、应力分析

带传动工作时，带中的应力有以下几种。

1. 拉应力

拉应力包括紧边拉应力 σ_1 和松边拉应力 σ_2

$$\sigma_1 = \frac{F_1}{A}, \quad \sigma_2 = \frac{F_2}{A} \tag{9-7}$$

式中 A——带的横截面面积（mm^2）。

2. 离心拉应力

$$\sigma_c = \frac{F_c}{A} = \frac{qv^2}{A} \tag{9-8}$$

3. 弯曲应力

传动带绕在带轮上时，在带中会产生弯曲应力 σ_{b1} 和 σ_{b2}，由材料力学可知，带最外层的弯曲应力为

$$\sigma_b = \frac{2E_b y_0}{d_d} \tag{9-9}$$

式中 E_b——带的弹性模量（MPa）；

y_0——带的最外层到节面的距离（mm）；

d_d——带轮基准直径（mm）。

由上式可知，带越厚、带轮直径越小，弯曲应力就越大，所以带轮直径不宜太小。

图 9-9 所示为带工作时的应力分布情况。带中可能产生的瞬时最大应力发生在带的紧边开始绕上小带轮处，此处的最大应力可近似的表示为

$$\sigma_{max} \approx \sigma_1 + \sigma_{b1} + \sigma_c \tag{9-10}$$

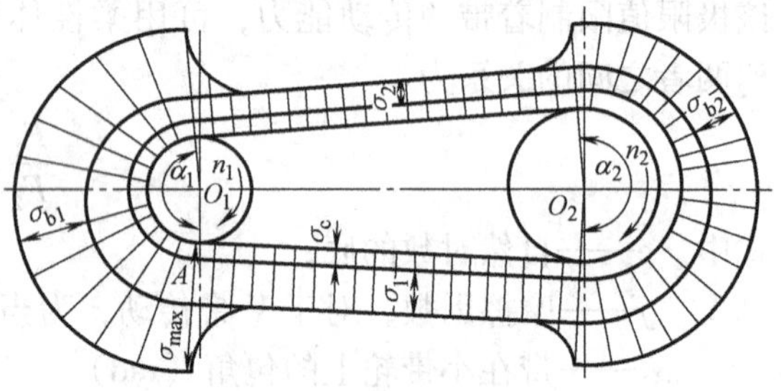

图 9-9 带工作时的应力分布情况

由图 9-9 可见，带在运动过程中，带上任一点的应力都要发生变化。当带工作一定的时间之后，将会因为疲劳而发生断裂或塑性变形。

三、运动分析

1. 带传动的弹性滑动和打滑

带是弹性体，受力后会产生弹性变形，由于松、紧边受力不同，所以变形量不同，如图 9-10 所示。在小带轮上，带的拉力从紧边拉力 F_1 逐渐降低到松边拉力 F_2，带的弹性变形量逐渐减少，因此带相对于小带轮表面向后退缩，使得带的速度低于小带轮的线速度 v_1；在大带轮上，带的拉力从松边拉力 F_2 逐渐增大到紧边拉力 F_1，带的弹性变形量逐渐增加，带相对大带轮表面向前伸长，使得带的速度高于大带轮的线速度 v_2。这种由于带的弹性变形而引起的带与带轮表面间的微量滑动，称为带传动的弹性滑动。因为带传动工作时，紧边和松边拉力不同，所以弹性滑动也总是存在的，它是摩擦型带传动正常工作时不可避免的固有特性。

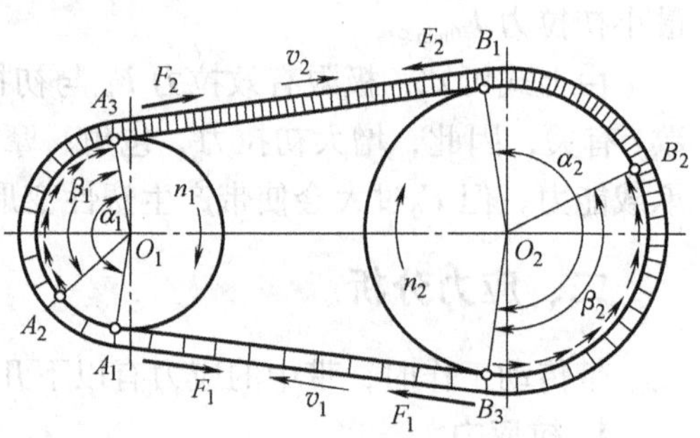

图 9-10 带传动的弹性滑动

由于弹性滑动的存在，大带轮的线速度 v_2 小于小带轮的线速度 v_1，降低了传动效率，使得带与带轮磨损增加和温度升高。

试验结果表明，弹性滑动只发生在带离开带轮前的部分接触弧$\overset{\frown}{A_2A_3}$和$\overset{\frown}{B_2B_3}$上，这部分接触弧称为滑动弧，$\overset{\frown}{A_1A_2}$和$\overset{\frown}{B_1B_2}$则称为静弧（图9-10）。滑动弧和静弧所对应的中心角分别称为滑动角（β_1、β_2）和静角。滑动弧随载荷的增大而增大，当传递的有效拉力达到极限值F_{ec}时，小带轮上的滑动弧增至全部接触弧，即$\beta_1 = \alpha_1$。如果载荷继续增大，则带与小带轮接触面间将发生显著的相对滑动，这种现象称为打滑。打滑将使带严重磨损和发热，从动轮转速急剧下降，从而使带传动失效，所以带正常工作时应避免打滑。但在传动突然超载时，打滑却可以起到过载保护的作用，避免其他零件发生损坏。

2. 滑动率 ε 和传动比 i

由带的弹性滑动引起的从动轮相对于主动轮圆周速度的降低率 ε 称为滑动率，即

$$\varepsilon = \frac{v_1 - v_2}{v_1} \times 100\% = \frac{\pi d_{d1} n_1 - \pi d_{d2} n_2}{\pi d_{d1} n_1} \times 100\% = 1 - \frac{d_{d2} n_2}{d_{d1} n_1} \times 100\% \tag{9-11}$$

式中　n_1、n_2——主、从动轮转速（r/min）；

d_{d1}、d_{d2}——主、从动轮的基准直径（mm）。

由上式可得传动比 i 和从动轮基准直径 d_{d2} 分别为

$$i = \frac{n_1}{n_2} = \frac{d_{d2}}{d_{d1}(1-\varepsilon)}, \quad d_{d2} = (1-\varepsilon)\frac{d_{d1} n_1}{n_2} = (1-\varepsilon) d_{d1} i \tag{9-12}$$

滑动率反映了弹性滑动的大小，它与传递的有效拉力及带的结构、材质等因素有关，通常不是恒定的数值，因此带传动不能保持恒定的传动比。一般 ε 为 1% ~2%，粗略计算时可以忽略不计。

第四节　普通 V 带传动的设计计算

一、失效形式和设计准则

带传动的主要失效形式是打滑和疲劳破坏。因此带传动的设计准则是：在保证不打滑的条件下，具有一定的疲劳强度和寿命。

二、单根普通 V 带的许用功率

由式（9-1）、式（9-5）和式（9-7）可得带传动不出现打滑的极限有效拉力为

$$F_{ec} = \sum F_{fmax} = F_1\left(1 - \frac{1}{e^{f\alpha_1}}\right) = \sigma_1 A\left(1 - \frac{1}{e^{f\alpha_1}}\right) \tag{9-13}$$

根据带的应力分析，带的疲劳强度条件为

$$\sigma_{max} \approx \sigma_1 + \sigma_{b1} + \sigma_c \leqslant [\sigma] \tag{9-14}$$

式中　$[\sigma]$——由带的疲劳寿命决定的许用拉应力（MPa）。

由式（9-13）、式（9-14）和式（9-1），可得带传动的基本额定功率为

$$P_0 = \frac{F_{ec} v}{1000} = ([\sigma] - \sigma_{b1} - \sigma_c)\left(1 - \frac{1}{e^{f\alpha_1}}\right)\frac{Av}{1000} \tag{9-15}$$

表9-3 列出了根据式（9-15）确定的普通 V 带在特定条件（载荷平稳，L_d 为特定长度，

$i=1$ 即 $\alpha_1=\alpha_2=180°$）下所能传递的基本额定功率 P_0，以便设计时直接查用。

当使用条件与特定条件不符时，引入附加项和修正系数。经过修正后的单根普通 V 带许用功率的计算公式为

$$P_r=(P_0+\Delta P_0)K_L K_\alpha \tag{9-16}$$

式中 ΔP_0——额定功率增量，考虑 $i\neq1$ 时，带在大轮上的弯曲应力较小，对带的疲劳强度有利，在相同的寿命条件下，可比 $i=1$ 时传递的功率大，由表 9-4 查取；

K_L——长度系数，考虑带长不为特定长度时对传动能力的影响，见表 9-5；

K_α——包角系数，考虑 $\alpha_1\neq180°$时对传动能力的影响，见表 9-6。

表 9-3 单根普通 V 带的基本额定功率 P_0（$\alpha_1=\alpha_2=180°$，特定长度，载荷平稳）（单位：kW）

带型	小带轮基准直径 d_{d1}/mm	小带轮转速 n_1/(r/min)										
		400	730	980	1200	1460	1600	2000	2400	2800	3600	5000
Z	50	0.06	0.09	0.12	0.14	0.16	0.17	0.20	0.22	0.26	0.30	0.34
	63	0.08	0.13	0.18	0.22	0.25	0.27	0.32	0.37	0.41	0.47	0.50
	71	0.09	0.17	0.23	0.27	0.31	0.33	0.39	0.46	0.50	0.58	0.62
	80	0.14	0.20	0.26	0.30	0.36	0.39	0.44	0.50	0.56	0.64	0.66
A	75	0.27	0.42	0.52	0.60	0.68	0.73	0.84	0.92	1.00	1.08	1.02
	90	0.39	0.63	0.79	0.93	1.07	1.15	1.34	1.50	1.64	1.83	1.82
	100	0.47	0.77	0.97	1.14	1.32	1.42	1.66	1.87	2.05	2.28	2.25
	125	0.67	1.11	1.40	1.66	1.93	2.07	2.44	2.74	2.98	3.26	2.91
B	125	0.84	1.34	1.67	1.93	2.20	2.33	2.64	2.85	2.96	2.80	1.09
	140	1.05	1.69	2.13	2.47	2.83	3.00	3.42	3.70	3.85	3.63	1.29
	160	1.32	2.16	2.72	3.17	3.64	3.86	4.40	4.75	4.89	4.46	0.81
	180	1.59	2.61	3.30	3.85	4.41	4.68	5.30	5.67	5.76	4.92	—
C	200	2.41	3.80	4.66	5.29	5.86	6.07	6.34	6.02	5.01	—	—
	250	3.62	5.82	7.18	8.21	9.06	9.38	9.62	8.75	6.56	—	—
	315	5.14	8.34	10.23	11.53	12.48	12.72	12.14	9.43	4.16	—	—
	400	7.06	11.52	13.67	15.04	15.51	15.24	11.95	4.34	—	—	—
D	355	9.24	14.04	16.30	17.25	16.70	15.63	—	—	—	—	—
	400	11.45	17.58	20.25	21.20	20.03	18.31	—	—	—	—	—
	450	13.85	21.12	24.16	24.84	22.42	19.59	—	—	—	—	—
	500	16.20	24.52	27.60	26.71	23.28	18.88	—	—	—	—	—

表 9-4 单根普通 V 带 $i\neq1$ 时的额定功率增量 ΔP_0（单位：kW）

带型	小带轮转速 n_1/(r/min)	传动比 i									
		1.00～1.01	1.02～1.04	1.05～1.08	1.09～1.12	1.13～1.18	1.19～1.24	1.25～1.34	1.35～1.51	1.52～1.99	≥2.0
Z	400	0.00	0.00	0.00	0.00	0.00	0.00	0.00	0.00	0.01	0.01
	3600	0.00	0.02	0.03	0.03	0.03	0.04	0.04	0.05	0.05	0.06
A	400	0.00	0.01	0.01	0.02	0.02	0.03	0.03	0.04	0.04	0.05
	5000	0.00	0.07	0.14	0.02	0.27	0.34	0.40	0.47	0.54	0.60
B	400	0.00	0.01	0.03	0.04	0.06	0.07	0.08	0.10	0.11	0.13
	5000	0.00	0.18	0.36	0.53	0.71	0.89	1.07	1.24	1.42	1.60

（续）

带型	小带轮转速 n_1/(r/min)	传动比 i									
		1.00～1.01	1.02～1.04	1.05～1.08	1.09～1.12	1.13～1.18	1.19～1.24	1.25～1.34	1.35～1.51	1.52～1.99	≥2.0
C	400	0.00	0.04	0.08	0.12	0.16	0.20	0.23	0.27	0.31	0.35
	2800	0.00	0.27	0.55	0.82	1.10	1.37	1.64	1.92	2.19	2.47
D	400	0.00	0.14	0.28	0.42	0.56	0.70	0.83	0.97	1.11	1.25
	1600	0.00	0.56	1.11	1.67	2.23	2.78	3.33	3.89	4.45	5.00

表 9-5　普通 V 带的基准长度系列和长度系数 K_L

基准长度 L_d/mm	型号 Y	Z	A	B	C	基准长度 L_d/mm	型号 A	B	C	D	E
200	0.81					2000	1.03	0.98	0.88		
224	0.82					2240	1.06	1.00	0.91		
250	0.84					2500	1.09	1.03	0.93		
280	0.87					2800	1.11	1.05	0.95	0.83	
315	0.89					3150	1.13	1.09	0.97	0.86	
355	0.92					3550	1.17	1.10	0.99	0.89	
400	0.96	0.87				4000	1.19	1.13	1.02	0.91	
450	1.00	0.89				4500		1.15	1.04	0.93	0.90
500	1.02	0.91				5000		1.18	1.07	0.96	0.92
560		0.94				5600			1.09	0.98	0.95
630		0.96	0.81			6300			1.12	1.00	0.97
710		0.99	0.83			7100			1.15	1.03	1.00
800		1.00	0.85			8000			1.18	1.06	1.02
900		1.03	0.87	0.82		9000			1.21	1.08	1.05
1000		1.06	0.89	0.84		10000			1.23	1.11	1.07
1120		1.08	0.91	0.86		11200				1.14	1.10
1250		1.11	0.93	0.88		12500				1.17	1.12
1400		1.14	0.96	0.90		14000				1.20	1.15
1600		1.16	0.99	0.92	0.83	16000				1.22	1.18
1800		1.18	1.01	0.95	0.86						

注：无长度系数的规格均无标准 V 带供货。

表 9-6　包角系数 K_α

包角 α_1/(°)	180	170	160	150	140	130	120	110	100	90
K_α	1.00	0.98	0.95	0.92	0.89	0.86	0.82	0.78	0.74	0.69

三、参数选择

1. 小带轮的基准直径 d_{d1}

在带传递的功率一定时，减小带轮的直径，会减小带速，增加带传动的有效拉力，从而导致 V 带根数的增加，这样不仅增大了带轮的宽度，而且也增大了载荷在 V 带之间分配的不均匀性。另外，带轮直径的减小，增加了带的弯曲应力，导致疲劳寿命降低。一般情况下，应保证 $d_{d1} \geqslant d_{dmin}$。V 带轮的最小基准直径推荐值列于表 9-7 中。

表 9-7　V 带轮的最小基准直径 d_{dmin} 和推荐轮槽数 z

槽　型	Y	Z	A	B	C	D	E
d_{dmin}/mm	20	50	75	125	200	355	500
推荐轮槽数 z	1 ~ 3	1 ~ 4	1 ~ 6	2 ~ 8	3 ~ 9	3 ~ 9	3 ~ 9

2. 传动比 i

传动比大，会减小带轮的包角（中心距一定时），从而减小极限有效拉力 F_{ec}。当带轮的包角减小到一定程度时，带传动就会打滑，从而无法传递规定的功率。因此，传动比一般为 $i \leqslant 7$，推荐值为 $i = 2 \sim 5$。

3. 带速 v

当带传递的功率一定时，提高带速，可以减小带传动的有效拉力，相应地减少带的根数或者 V 带的横截面面积，总体上减小带传动的尺寸；但提高带速，也增大了 V 带的离心拉力，从而减小带与带轮间的压力，使极限有效拉力 F_{ec} 减小，导致传动能力下降，同时提高带速也增加了单位时间内带的循环次数，不利于提高带传动的疲劳强度和寿命。

由此可见，带速不宜过高或过低，一般推荐 $v = 5 \sim 25\text{m/s}$，最佳带速为 $v = 20 \sim 25\text{m/s}$。

4. 中心距 a

中心距大，可以增加带轮的包角（带轮直径一定时），减少单位时间内带的循环次数，有利于提高带的寿命。但是中心距过大，则会加剧带的波动，降低带传动的平稳性，同时增大带传动的整体尺寸。中心距小，则有相反的利弊。一般初选带传动的中心距 a_0 为

$$0.7(d_{d1} + d_{d2}) \leqslant a_0 \leqslant 2(d_{d1} + d_{d2}) \tag{9-17}$$

四、设计计算

1. 已知条件和设计内容

设计带传动时的已知条件包括：传递的功率 P，主、从动轮转速 n_1 和 n_2 或传动比 i，对传动装置和总体尺寸的要求，工作条件等。

设计内容包括：确定带的型号、长度和根数，传动中心距，带轮的材料、结构和尺寸，初拉力和作用在轴上的压力，张紧装置等。

2. 设计步骤和方法

（1）确定计算功率 P_{ca}　计算功率 P_{ca} 是根据传递的名义功率 P，并考虑载荷性质、原动机种类和每天运转的时间等因素而确定的，即

$$P_{ca} = K_A P \tag{9-18}$$

式中　K_A——工况系数，见表 9-8。

表 9-8　工况系数 K_A

载荷性质	工作机	原动机					
		空、轻载起动			重载起动		
		每天运转时间/h					
		<10	10 ~ 16	>16	<10	10 ~ 16	>16
工作平稳或载荷变动微小	液体搅拌机、离心式水泵、鼓风机和通风机（≤7.5kW）、离心式压缩机、轻型输送机	1.0	1.1	1.2	1.1	1.2	1.3

（续）

载荷性质	工作机	原动机					
		空、轻载起动			重载起动		
		每天运转时间/h					
		<10	10~16	>16	<10	10~16	>16
载荷变化小	带式输送机（运送砂、石、谷物）、通风机（>7.5kW）、发电机、旋转式水泵、机床、压力机、印刷机、锯木机和木工机械	1.1	1.2	1.3	1.2	1.3	1.4
载荷变化较大	螺旋式输送机、斗式提升机、往复式水泵和压缩机、锻锤、粉碎机、纺织机、振动筛、剪床	1.2	1.3	1.4	1.4	1.5	1.6
冲击载荷	破碎机（旋转式，颚式）、球磨机、棒磨机、起重机、挖掘机、橡胶辊压机	1.3	1.4	1.5	1.5	1.6	1.8

注：在反复起动、正反转频繁、工作条件恶劣等场合，K_A应乘以1.1；增速传动，K_A应乘以1.2；当在松边外侧加张紧轮时，K_A应乘以1.1。

（2）选择V带型号　根据计算功率P_{ca}和小带轮的转速n_1由图9-11初选带型。当在两种型号交界线附近时，可以对两种型号同时进行计算，最后择优选定。

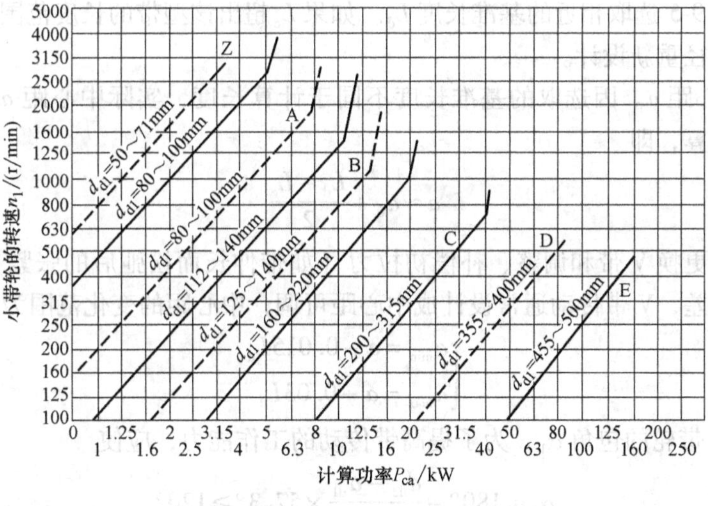

图9-11　普通V带选型图

（3）确定带轮的基准直径d_d并验算带速v

1）初选小带轮的基准直径d_{d1}

根据V带的带型，参考表9-7及推荐的标准系列值确定小带轮的基准直径d_{d1}。

2）验算带速v。

$$v=\frac{\pi d_{d1}n_1}{60\times1000}$$

一般应5m/s≤v≤25m/s。

3）计算大带轮的基准直径 d_{d2}。当要求传动比 i 较精确时，应由式（9-12）计算 d_{d2}。一般可忽略滑动率 ε，则

$$d_{d2} \approx \frac{n_1}{n_2} d_{d1} = i d_{d1}$$

算得的 d_{d2} 应按标准系列圆整。

V 带轮基准直径 d_d 的标准系列为 50mm、63mm、75mm、80mm、85mm、90mm、100mm、106mm、112mm、118mm、125mm、132mm、140mm、150mm、160mm、170mm、180mm、200mm、212mm、224mm、236mm、250mm、265mm、280mm、300mm、315mm、335mm、355mm、375mm、400mm、425mm、450mm、475mm、500mm、530mm、560mm、600mm、630mm、670mm、710mm、750mm、800mm、900mm、1000mm、1060mm、1120mm、1250mm、1400mm、1500mm、1600mm、1800mm、2000mm 等。

（4）确定中心距，并选择 V 带的基准长度 L_d

1）初选中心距 a_0。根据带传动总体尺寸的限制条件或要求的中心距并结合式（9-17）初定中心距 a_0。

2）初算带长 L_c 和确定基准长度 L_d。初选 a_0 后，根据传动带的几何关系，可按下式初算带长

$$L_c = 2a_0 + \frac{\pi}{2}(d_{d1} + d_{d2}) + \frac{(d_{d2} - d_{d1})^2}{4a_0} \tag{9-19}$$

然后，查表 9-5 选取相近的基准长度 L_d。如果 L_c 超出该型带的长度范围，则应改变中心距或带轮基准直径重新设计。

3）确定中心距 a。因选取的基准长度不同于计算长度，实际中心距 a 需要重新确定，可用下式近似计算，即

$$a \approx a_0 + \frac{L_d - L_c}{2} \tag{9-20}$$

考虑安装、更换 V 带和调整、补偿初拉力（如带伸长而松弛后的张紧）以及带轮的制造误差、带长误差，V 带传动通常设计成中心距可调，中心距的变化范围为

$$\begin{cases} a_{min} = a - 0.015L_d \\ a_{max} = a + 0.03L_d \end{cases} \tag{9-21}$$

（5）验算小带轮的包角 α_1　为了提高带传动的工作能力，应使

$$\alpha_1 \approx 180° - \frac{d_{d2} - d_{d1}}{a} \times 57.3° \geqslant 120° \tag{9-22}$$

特殊情况允许 $\alpha_1 \geqslant 90°$。

（6）确定 V 带根数 z

$$z \geqslant \frac{P_{ca}}{P_r} = \frac{K_A P}{(P_0 + \Delta P_0) K_L K_\alpha} \tag{9-23}$$

带的根数 z 应进行圆整。为了使各根 V 带受力均匀，带的根数不宜过多，一般应少于 10 根。否则应改选带轮直径或改选横截面面积较大型号的 V 带重新设计。

（7）确定初拉力 F_0　初拉力过小时，带与带轮之间的极限摩擦力小，带传动未达到额定功率时就可能出现打滑；初拉力过大时，带中应力过大，将使带的寿命大大缩短，同时加

大了轴和轴承的受力。

由式（9-6），计入离心拉力和包角的影响，既能保证传递额定功率时不打滑，又能保证 V 带具有一定寿命，单根 V 带所需最小的初拉力为

$$F_{0\min}=500\frac{(2.5-K_{\alpha})P_{ca}}{K_{\alpha}zv}+qv^2 \tag{9-24}$$

对于新安装的 V 带，初拉力应为 $1.5F_{0\min}$；对于运转后的 V 带，初拉力应为 $1.3F_{0\min}$。

（8）计算带传动的压轴力 F_Q　为了设计轴和轴承，必须计算 V 带传动作用在轴上的压力（径向力）F_Q。如果不考虑带松紧两边的拉力差和离心拉力的影响，则 F_Q 可近似地按张紧时带两边拉力均为 zF_0 的合力计算（图 9-12），即

$$F_Q\approx 2zF_0\sin(\alpha_1/2) \tag{9-25}$$

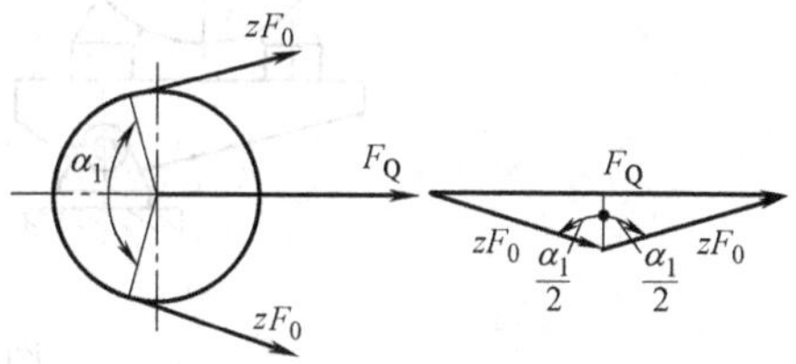

图 9-12　压轴力计算简图

五、V 带传动的张紧装置

V 带传动运转一段时间以后，会因为带的塑性变形和磨损而松弛。为了保证带传动正常工作，应定期检查带的松弛程度，采取相应的补救措施，使传动带重新张紧。常见的张紧装置有以下几种。

1. 定期张紧装置

采用定期改变中心距的方法来调节带的初拉力，使带重新张紧。图 9-13a 所示为滑道式张紧装置，图 9-13b 所示为摆架式张紧装置。

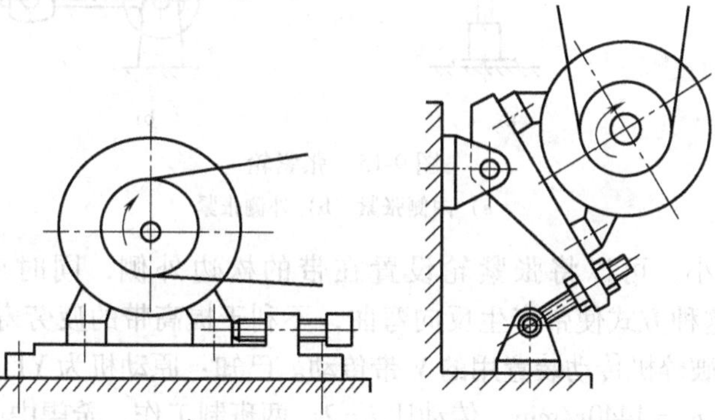

图 9-13　带的定期张紧装置

a）滑道式　b）摆架式

2. 自动张紧装置

如图 9-14a 所示，将装有带轮的电动机安装在浮动的摆架上，利用电动机的自重，使带轮随同电动机绕固定轴摆动，以自动保持初拉力。如图 9-14b 所示，利用外加砝码拖动带轮及活动支承，以自动保持张紧，常用于带传动的试验装置。

3. 采用张紧轮的张紧装置

当中心距不能调节时，可采用张紧轮将带张紧，如图 9-15 所示。设置张紧轮时应注意：①一般应放在松边内侧，使带只受单向弯曲，并且松边力小，张紧轮受力小，摩擦小；②张

紧轮还应该尽量靠近大带轮，以免减小带在小带轮上的包角；③张紧轮的轮槽尺寸与带轮相同，且直径小于小带轮的直径。

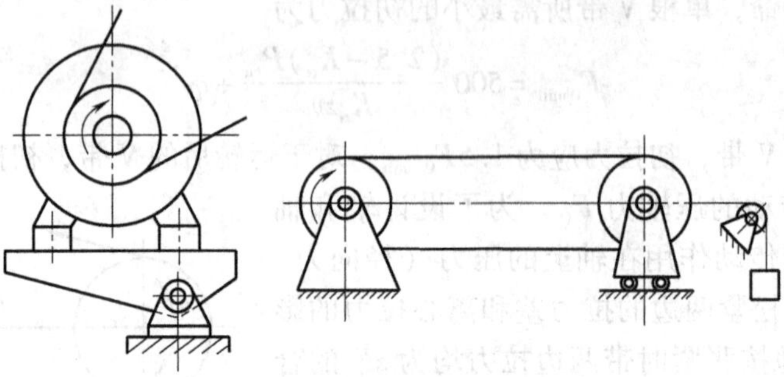

图 9-14　带的自动张紧装置

a）利用自重　b）外加砝码

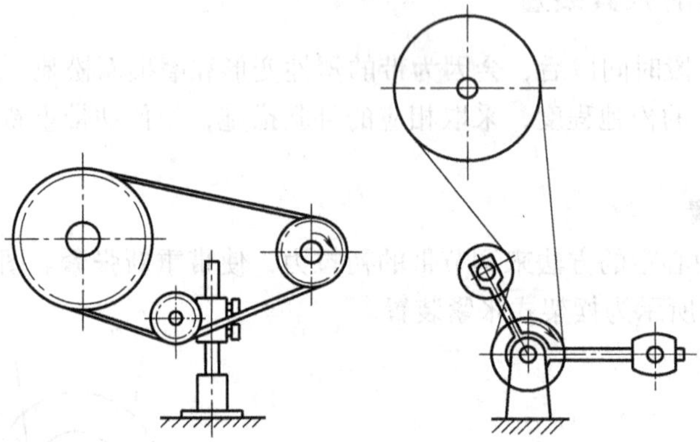

图 9-15　张紧轮

a）内侧张紧　b）外侧张紧

如果中心距过小，可以将张紧轮设置在带的松边外侧，同时应尽量靠近小轮，如图 9-15b 所示。但这种方式使带产生反向弯曲，不利于提高带的疲劳寿命。

例 9-1　设计一破碎机传动装置用的 V 带传动。已知：原动机为 Y112-4 异步电动机，额定功率 $P=4\text{kW}$，转速 $n_1=1440\text{r/min}$，传动比 $i=2$，两班制工作，希望中心距不超过 600mm。

解　1）确定计算功率 P_{ca}。由表 9-8 查得工况系数 $K_A=1.4$，故

$$P_{ca}=K_A P=1.4\times 4\text{kW}=5.6\text{kW}$$

2）选择带的型号。根据 $P_{ca}=5.6\text{kW}$ 和 $n_1=1440\text{r/min}$ 由图 9-11 初步选 A 型带。

3）选取带轮基准直径 d_{d1}，d_{d2}。

① 由表 9-7 及推荐的标准系列值选取 $d_{d1}=125\text{mm}$。

② 验算带速 v

$$v=\frac{\pi d_{d1}n_1}{60\times 1000}=\frac{\pi\times 125\text{mm}\times 1440\text{r/min}}{60\times 1000}=9.42\text{m/s}$$

在 5 ~ 25m/s 范围内，带速合适。

③ 计算大带轮直径 d_{d2}。由式（9-12）得（设滑动率 $\varepsilon=1\%$）

$$d_{d2}=(1-\varepsilon)d_{d1}i=(1-0.01)\times125\text{mm}\times2=247.5\text{mm}$$

选用推荐的标准系列值，取 $d_{d2}=250\text{mm}$

4）确定中心距 a 和基准长度 L_d。

① 初定中心距 a_0。在 $0.7(d_{d1}+d_{d2})\leqslant a_0\leqslant 2(d_{d1}+d_{d2})$ 范围内，初定中心距 $a_0=500\text{mm}$。

② 由式（9-19）得

$$L_c=2a_0+\frac{\pi}{2}(d_{d1}+d_{d2})+\frac{(d_{d2}-d_{d1})^2}{4a_0}$$

$$=2\times500\text{mm}+\frac{3.14}{2}\times(125\text{mm}+250\text{mm})+\frac{(250\text{mm}-125\text{mm})^2}{4\times500\text{mm}}=1596.56\text{mm}$$

查表 9-5 选定 A 型带的基准长度 $L_d=1600\text{mm}$。

③ 确定中心距 a。

$$a\approx a_0+(L_d-L_c)/2=500\text{mm}+(1600\text{mm}-1596.56\text{mm})/2=501.72\text{mm}$$

取 $a=502\text{mm}<600\text{mm}$。

中心距变化范围为

$$a_{min}=a-0.015L_d=(502-0.015\times1600)\text{mm}=478\text{mm}$$

$$a_{max}=a+0.03L_d=(502+0.03\times1600)\text{mm}=550\text{mm}$$

5）验算包角 α_1。

$$\alpha_1\approx180°-(d_{d2}-d_{d1})\times57.3°$$

$$=180°-\left(\frac{250\text{mm}-125\text{mm}}{502\text{mm}}\right)\times57.3°=165.73°\geqslant120°$$

包角合适。

6）确定带的根数 z。因 $d_{d1}=125\text{mm}$、转速 $n_1=1440\text{r/min}$、传动比 $i=2$，由表 9-3 查得 $P_0=1.91\text{kW}$，由表 9-4 查得 $\Delta P_0=0.17\text{kW}$，由表 9-6 查得 $K_\alpha=0.965$，由表 9-5 查得 $K_L=0.99$。则由式（9-23）得

$$z\geqslant\frac{P_{ca}}{P_r}=\frac{K_AP}{(P_0+\Delta P_0)K_LK_\alpha}=\frac{5.6\text{kW}}{(1.91\text{kW}+0.17\text{kW})\times0.965\times0.99}=2.82$$

取 $z=3$ 根。

7）确定初拉力 F_0。由式（9-24）得单根普通 V 带的初拉力

$$F_{0min}=500(2.5-K_\alpha)P_{ca}/(K_\alpha zv)+qv^2$$

$$=500\times(2.5-0.965)\times5.6\text{kW}/(0.965\times3\times9.42\text{m/s})+0.1\times(9.42\text{m/s})^2=166.5\text{N}$$

8）计算带轮轴所受的压轴力 F_Q。由式（9-25）得

$$F_Q\approx2zF_{0min}\sin(\alpha_1/2)=2\times3\times166.5\text{N}\times\sin\frac{165.73°}{2}=991.3\text{N}$$

9）带轮设计略。

第五节　链传动的特点和应用

一、特点

链传动是一种以链条为中间挠性件的啮合传动。它由装在平行轴上的小链轮、大链轮和

绕在链轮上的链条组成，如图 9-16 所示。通过链轮轮齿和链条链节的啮合来传递运动和动力。

与摩擦型带传动相比，链传动没有弹性滑动和整体打滑现象，因而能保持准确的平均传动比，传动效率较高；又因为链条不需要像带那样张得很紧，所以作用于轴上的压轴力较小；链条采用金属材料制造，在同样的使用条件下，链传动的整体尺寸较小，结构较为紧凑；链传动能在高温、高湿、粉尘等恶劣条件下工作，同时能在低速重载下较好的工作。

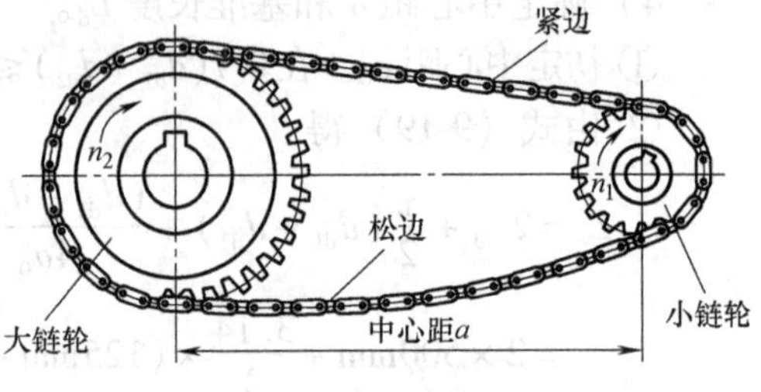

图 9-16　链传动

与齿轮传动相比，链传动的制造和安装精度要求较低，成本低廉；在远距离传动时，其结构比齿轮传动轻便多。

链传动的主要缺点是：在两根平行轴间只能用于同向回转；运转时不能保持恒定的瞬时传动比；磨损后易发生跳齿；工作时有噪声；不适用于在载荷变化很大、急速反向和频繁起动的场合，无过载保护作用。

二、应用

链传动主要用于要求工作可靠，两轴相距较远，低速重载，工作环境恶劣以及其他不宜采用齿轮传动和带传动的场合。例如：摩托车上应用了链传动，结构上大为简化，而且使用方便可靠；挖掘机的运行机构采用了链传动，其虽然经常受到土块、泥浆和瞬时过载等的影响，却依然能很好的工作。

链传动传递的功率一般在 100kW 以下，传动比 $i\leqslant7$，传动速度一般小于 15m/s。它广泛应用于石油、化工、冶金、农业、采矿、起重、运输、纺织等各种机械和动力传动中。

第六节　传动链及链轮的结构特点

链条按用途不同分为传动链、起重链和曳引链三种。传动链在机械传动中主要用来传递运动和动力，应用较为广泛，起重链和曳引链主要用在起重和运输机械中。本章只介绍传动链。

一、传动链的结构

传动链按结构的不同又分为传动用短节距精密滚子链（简称滚子链）、齿形链等类型。

1. 滚子链

滚子链的结构，如图 9-17 所示。它由滚子、套筒、销轴、内链板和外链板所组成。内链板与套筒之间、外链板与销轴之间为过盈配合；滚子与套筒之间、套筒与销轴之间均为间隙配合。当内、外链板相对挠曲时，套筒可以绕销轴自由转动。滚子是活套在套筒上的，工作时滚子沿链轮齿廓滚动，滚子和轮齿间主要发生滚动摩擦，这样就可以减轻齿廓的磨损。链的磨损主要发生在销轴和套筒的接触面上。因此，内、外链板间应留少许间隙，以便润滑油能渗入销轴和套筒的摩擦面间。链板一般制成 8 字形，以使它的各个横截面具有接近相等的抗拉强度，同时也减小了链的质量和运动时的惯性力。

当传递大功率时，可采用双排链（图 9-18）或多排链。多排链的承载能力与排数成正比，但由于精度的影响，各排链承受的载荷不易均匀，故排数不宜过多。

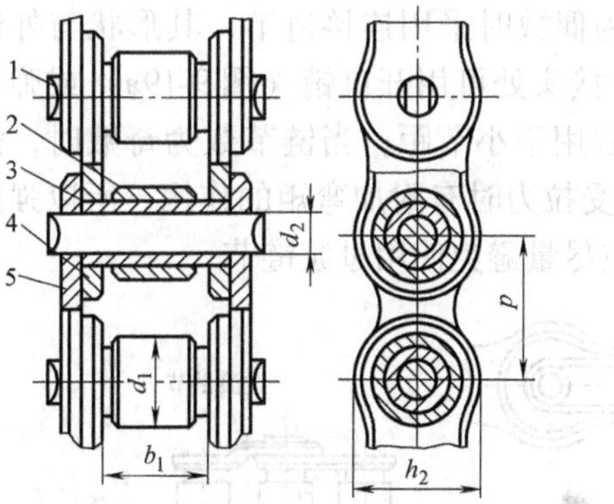

图 9-17　滚子链的结构

1—销轴　2—滚子　3—套筒　4—内链板　5—外链板

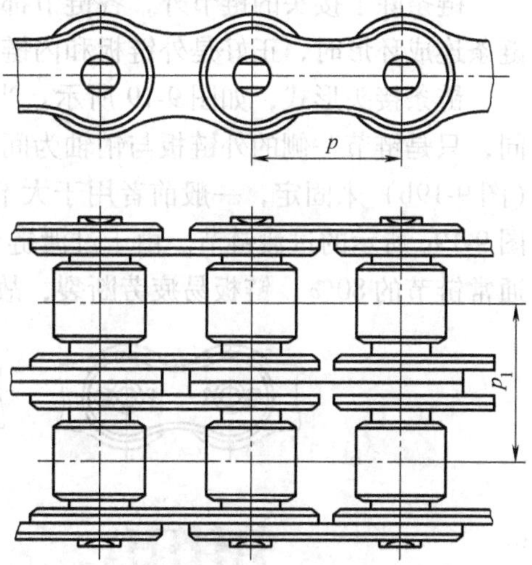

图 9-18　双排链

节距 p 是链的主要参数，其是指滚子链上相邻两滚子中心间的距离。节距 p 增大，链的各零件尺寸相应增大，承载能力也相应提高，但重量也随之增大。链的使用寿命在很大程度上取决于链的材料及热处理方法，因此组成链的所有元件均需经过热处理，以提高其强度、耐磨性和耐冲击性。

滚子链已经标准化，标准编号为 GB/T 1243—2006。它分为两个系列，一种系列是源自 ANSI 标准（用后缀 A 标记），另一系列是源自欧洲（用后缀 B 标记）。这两种系列相互补充，覆盖了最广泛的应用领域。滚子链的规格及主要参数，见表 9-9。本章介绍我国主要使用的 A 系列滚子链传动的设计。

表 9-9　滚子链的规格及主要参数

链号	节距 p/mm	排距 p_1/mm	滚子直径 $d_{1\max}$/mm	内链节内宽 $b_{1\min}$/mm	销轴直径 $d_{2\max}$/mm	内链板高度 $h_{2\max}$/mm	单排拉伸载荷 $F_{\lim}$/N	单位长度的质量 q/(kg/m)
05B	8.00	5.64	5.00	3.00	2.31	7.11	4400	0.18
06B	9.525	10.24	6.35	5.72	3.28	8.26	8900	0.40
08A	12.70	14.38	7.95	7.85	3.96	12.07	13800	0.60
10A	15.875	18.11	10.16	9.40	5.08	15.09	21800	1.00
12A	19.05	22.78	11.91	12.57	5.94	18.08	31100	1.50
16A	25.40	29.29	15.88	15.75	7.92	24.13	55600	2.60
20A	31.75	35.76	19.05	18.90	9.53	30.18	86700	3.80
24A	38.10	45.44	22.23	25.22	11.10	36.20	124600	5.60
28A	44.45	48.87	25.40	25.22	12.70	42.24	169000	7.50
32A	50.80	58.55	28.58	31.55	14.27	48.26	222400	10.10

注：过渡链节的极限拉伸载荷按 $0.8F_{\lim}$ 计算。

滚子链的标记方法为：链号-排数-整链链节数 标准编号

例如：16A-1-80 GB/T 1243—2006 表示 A 系列、节距 25.4mm（节距 = 链号 × 25.4/16mm）、单排、80 节的滚子链。

链条除了接头的链节外，各链节都是不可分离的，所以链的长度用链节数表示。为了使链条连成环形时，正好是外链板和内链板相连接，链节数最好为偶数。

链条接头形式，如图 9-19 所示。当链节数为偶数时采用连接链节，其形状与外链节相同，只是链节一侧的外链板与销轴为间隙配合，接头处可用开口销（图 9-19a）或弹簧卡片（图 9-19b）来固定，一般前者用于大节距，后者用于小节距；当链节数为奇数时，需采用图 9-19c 所示的过渡链节。由于过渡链节的链板受拉力时有附加弯矩的作用，所以强度仅为通常链节的 80%，链板易疲劳断裂，故设计时应尽量避免使用过渡链节。

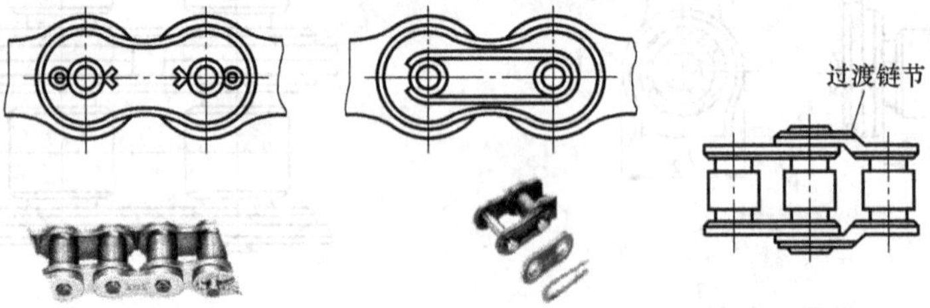

a) b) c)

图 9-19 链条接头形式

a）开口销 b）弹簧卡片 c）过渡链节

2. 齿形链

齿形链又称无声链，它是由一组带有两个齿的链齿板左右交错并列铰接而成，如图 9-20a 所示。每个链齿板的两个外侧直边为工作面，其间的夹角称为齿楔角，齿楔角一般为60°，如图 9-20b 所示。工作时链齿板工作面与链轮轮齿相啮合而传递运动。

与滚子链相比，齿形链传动平稳、噪声小，并且承受冲击性能好，工作可靠，允许的速度较高，最大可达到 30m/s，但是它结构复杂，难于制造，重量大，价格较高。这种链多用于高速或运动精度要求较高、大传动比和小中心距等工作条件较为严酷的传动装置中。

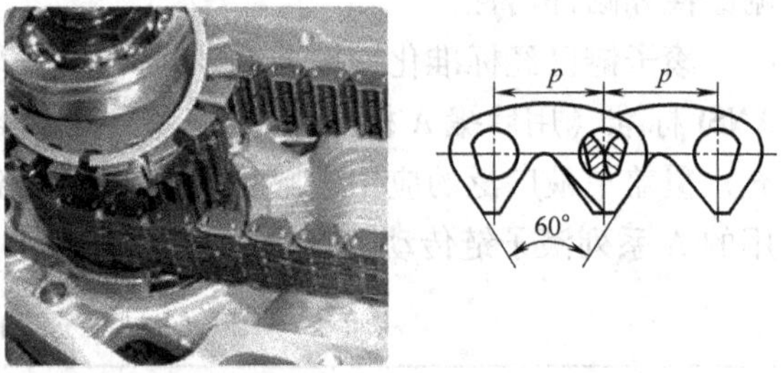

a) b)

图 9-20 齿形链

a）齿形链和链轮 b）齿形链链齿板

二、链轮的齿形

滚子链与链轮的啮合属于非共轭啮合，其链轮齿形的设计比较灵活。在 GB/T 1243—2006 中没有规定具体的链轮齿形，仅仅规定了最小和最大齿槽形状及其极限参数。实际齿槽形状取决于加工轮齿的刀具和加工方法，应使其位于最小和最大的齿槽形状之间。

常用的三圆弧一直线齿形符合上述规定的齿槽形状范围，它是由三段圆弧和一直线构成。另外也可用渐开线齿形，其滚刀亦标准化。对于上述两种齿形，在链轮工作图中，无须绘出其齿形，只需注明何种齿形即可。

三、链轮的结构

如图9-21所示，小直径的链轮可制成整体式；中等尺寸的链轮可制成孔板式；大直径的链轮可制成组装式，常将齿圈用螺栓连接或焊接在轮毂上。

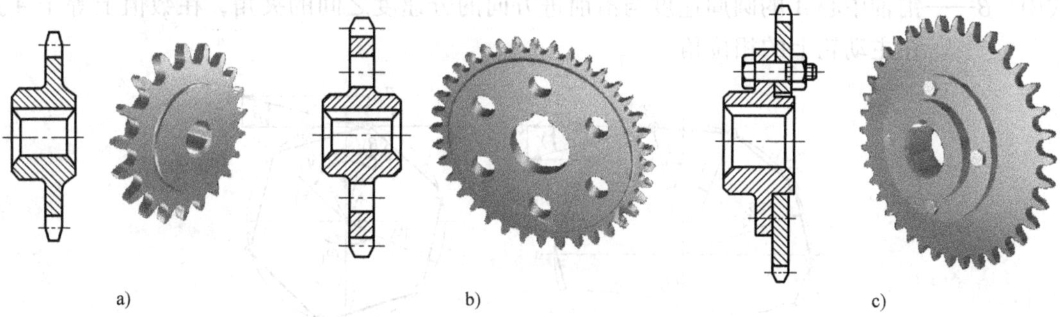

图9-21 链轮的结构

a）整体式 b）孔板式 c）组装式

链轮轮齿要具有足够的耐磨性和强度。由于小链轮轮齿的啮合次数比大链轮多，所受的冲击也较大，故小链轮应采用较好的材料制造。

链轮常用的材料为低碳钢、中碳钢、合金钢和灰铸铁等，其特点和应用范围详见机械设计手册。

第七节 链传动的工作情况分析

一、运动特性

与带传动相比，链传动相当于链条呈折线绕在多边形链轮上，形成一局部正多边形。多边形的边长等于节距 p。链轮每转一周，链就移动一个多边形的周长 zp，故链的平均速度为

$$v = \frac{z_1 p n_1}{60 \times 1000} = \frac{z_2 p n_2}{60 \times 1000} \tag{9-26}$$

式中 p——链节距（mm）；

z_1、z_2——主、从动链轮的齿数；

n_1、n_2——主、从动链轮的转速（r/min）。

链传动的平均传动比为

$$i = \frac{n_1}{n_2} = \frac{z_2}{z_1} \tag{9-27}$$

因为链传动是啮合传动，链条和链轮之间没有相对滑动，所以平均链速和平均传动比都是常数。但是链传动的瞬时传动比和链速并非常数，而是在不断地周期性变化。

为了便于分析，设链的紧边（即主动边）在传动时总处于水平位置，如图9-22所示。

在主动轮上仅需分析任一链节从销轴中心 A 进入啮合开始，到相邻的下一链节进入啮合为止的一段时间的运动情况。设主动链轮以角速度 ω_1 匀速转动，其节圆半径为 R_1，销轴中心 A 也随之做等速圆周运动，其圆周速度 $v_1=R_1\omega_1$，v_1 可分解为沿链条前进方向的分速度 v_x 和垂直链条前进方向的分速度 v_{y1}，其值分别为

$$v_x=R_1\omega_1\cos\beta \tag{9-28}$$

$$v_{y1}=R_1\omega_1\sin\beta \tag{9-29}$$

式中　β——销轴中心 A 的圆周速度与沿前进方向的分速度之间的夹角，在数值上等于 A 点在主动轮上的相位角。

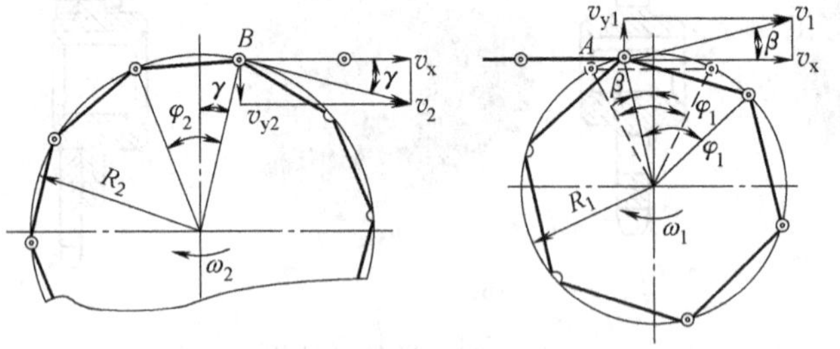

图 9-22　链传动的速度分析

由图 9-22 可知，相位角 β 在 $\pm\varphi_1/2(\pm180°/z_1)$ 之间变化。当 $\beta=\pm180°/z_1$ 时，链条前进的速度为最小，$v_{xmin}=R_1\omega_1\cos(\pm180°/z_1)$；当 $\beta=0°$ 时，前进的速度为最大，$v_{xmax}=R_1\omega_1$。由此可知，链条前进的速度由小变大，再由大变小，每转过一个链节，链速周期性变化一次，链速的变化，见表 9-10。它使得传动不平稳，并产生周期性的振动。链速变化的程度与主动链轮的转速 n_1、齿数 z_1 以及半径 R_1 有关。转速越高，齿数越少，半径越大，则链速的变化范围就越大。同理，v_{y1} 的大小由 $R_1\omega_1\sin(180°/z_1)$（向上）到 0，又由 0 到 $R_1\omega_1\sin(-180°/z_1)$（向下）周期性变化，即每转过一链节，链速就重复变化一次。这种链速 v_x 时快时慢，v_{y1} 忽上忽下的链传动的不均匀性的特征，是由于围绕在链轮上的链条形成了正多边形这一特点所造成的，故又称为链传动的多边形效应。

表 9-10　相位角 β 与沿链条前进方向的分速度 v_x、垂直链条前进方向的分速度 v_{y1} 的关系

相位角 β	沿链条前进方向的分速度 v_x	垂直链条上下波动速度 v_{y1}	位　置　图
$\pm\dfrac{180°}{z_1}$	$v_{xmin}=R_1\omega_1\cos\left(\pm\dfrac{180°}{z_1}\right)$	$v_{y1max}=R_1\omega_1\sin\left(\pm\dfrac{180°}{z_1}\right)$	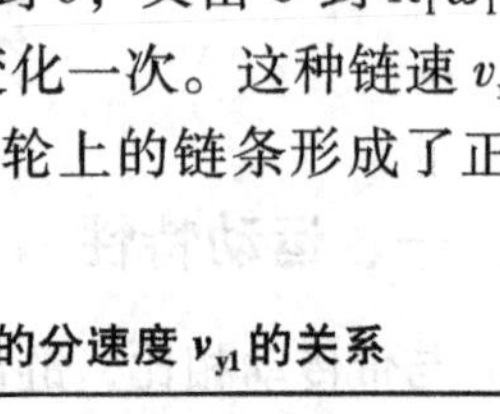
0	$v_{xmax}=R_1\omega_1$	$v_{y1min}=0$	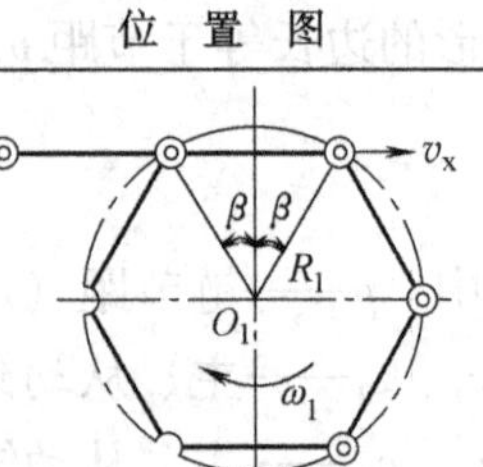

同理，在从动轮上，只需分析某一链节销轴中心 B 脱离啮合开始，到相邻链节开始脱离啮合时为止时间内的运动情况。假设从动轮角速度为 ω_2，节圆半径为 R_2，销轴中心 B 的速度为 v_2，由图 9-22 可知

$$v_2 = \frac{v_x}{\cos\gamma} = \frac{R_1\omega_1\cos\beta}{\cos\gamma} = R_2\omega_2 \tag{9-30}$$

$$\omega_2 = \frac{R_1\omega_1\cos\beta}{R_2\cos\gamma} \tag{9-31}$$

式中 γ——销轴中心 B 的圆周速度与沿前进方向的分速度之间的夹角，在数值上等于 B 点在从动轮上的相位角。

所以链传动瞬时传动比为

$$i_t = \frac{\omega_1}{\omega_2} = \frac{R_2\cos\gamma}{R_1\cos\beta} \tag{9-32}$$

因为 γ、β 是随时间而变化的，所以瞬时传动比 i_t 也相应随时间而变化，且与链轮齿数有关。只有在两链轮齿数相等，且中心距恰好是节距的整数倍时，瞬时传动比 i_t 才是常数。

二、动载荷

链传动中的动载荷包括外部附加动载荷和链运动时链速变化产生的内部附加动载荷。

外部附加动载荷是由于工作载荷和原动机的工作特性带来的振动、冲击等因素引起的附加载荷，这种动载荷在工作情况系数中加以考虑。

内部附加动载荷由下列因素产生。

1）由于链速 v_x 的周期性变化产生的加速度 a，当 $\beta = \pm\varphi_1/2$ 时，加速度达到最大值

$$a_{max} = \pm R_1\omega_1^{\ 2}\sin\frac{\varphi_1}{2} = \pm R_1\omega_1^{\ 2}\sin\frac{180°}{z_1} = \pm\frac{\omega_1^{\ 2}p}{2} \tag{9-33}$$

而链的惯性力 $F = ma$，所以由上式可知，链轮的转速越高、节距越大，链的加速度越大，则惯性力就越大，相应地动载荷就越大。

2）链的横向速度 v_y（垂直链条前进方向的分速度）周期性变化会产生链传动的横向振动，这种横向振动是链传动动载荷中很重要的一部分，也是引起共振的主要原因。

3）当链节与链轮轮齿啮合的瞬间，由于链节的运动速度与链轮轮齿的运动速度在大小和方向上都不同，从而产生瞬时冲击和附加动载荷，如图 9-23 所示。

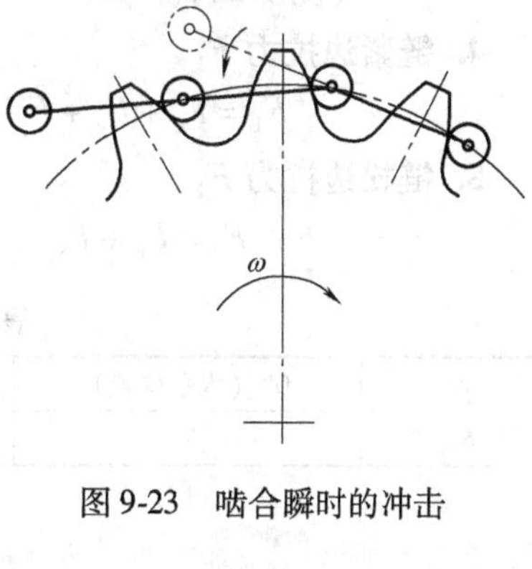

图 9-23 啮合瞬时的冲击

4）链和链轮的制造误差以及安装误差。

5）由于链条的松弛，在起动、制动、反转、突然超载或卸载情况下出现的惯性冲击等。

由于上述原因产生的动载荷都将增加功率消耗，降低链传动的寿命，造成过大的噪声，因此在设计中应合理地选择参数，尽可能使用较小的链节距、较多的齿数等措施来降低链传动中的动载荷。

三、受力分析

安装链传动时，应使链条受到一定的张紧力。链传动张紧的目的主要是使松边的垂度不致过大。否则，当松边在下时，会导致链轮啮合齿数较少，链条拉力增大，加速磨损，产生较大振动、跳齿和脱链。又由于链传动是啮合传动，所以与带传动相比，链传动所需的张紧力要小得多。

如果不计传动中的动载荷，则链在传动中的力包括以下几种。

1. 工作拉力 F_e

$$F_e = \frac{1000P}{v}$$

式中　P——传递的功率（kW）；

v——链速（m/s）。

2. 离心拉力 F_c

$$F_c = qv^2$$

式中　q——链条单位长度的质量（kg/m）。

3. 悬垂拉力 F_y

F_y为由链条本身质量而产生的悬垂拉力，其值取决于传动的布置方式及链在工作时允许的垂度，即

$$F_y = K_y qga$$

式中　a——链传动的中心距（m）；

g——重力加速度（m/s^2）；

K_y——垂度系数，即下垂量为 $y = 0.02a$ 时的拉力系数，见表 9-11，表中 α 为两链轮中心连线与水平面的夹角（图 9-24）。

4. 链紧边拉力 F_1

$$F_1 = F_e + F_c + F_y \qquad (9\text{-}34)$$

5. 链松边拉力 F_2

$$F_2 = F_c + F_y \qquad (9\text{-}35)$$

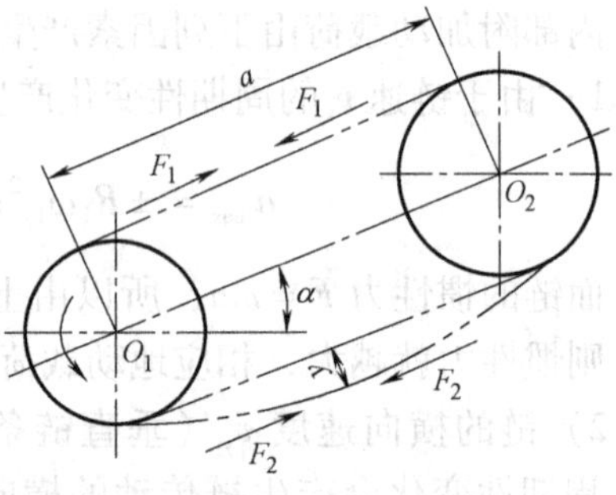

图 9-24　作用在链上的力及链的下垂度

表 9-11　垂度系数 K_y（$y = 0.02a$）

α	0°（水平位置）	30°	60°	75°	90°（垂直位置）
K_y	7	6	4	2.5	1

第八节　滚子链传动的设计计算

链是标准件，因而链传动的设计计算主要是根据传动要求选择链的类型，确定链的型号和排数，确定传动布置和润滑方式，选用链轮材料和结构。

一、主要失效形式

1. 链条铰链磨损

链节在进入和退出啮合时，销轴和套筒之间存在相对滑动，润滑不充分时将引起铰链的过度磨损。磨损导致链轮节圆增大，最终将产生跳齿或脱链而使传动失效。同时磨损还将导致外链节节距变长。实际链节距的不均匀性增大，使传动更不平稳。

2. 链板疲劳破坏

链在运动过程中，链板在变应力状态下工作，经过一定的循环次数链板会产生疲劳断裂。在润滑条件良好且设计安装正确的情况下，链板的疲劳强度是决定链传动能力的主要因素。对于链速 $v \geq 0.6\text{m/s}$ 的中、高速链传动，这是主要的失效形式。

3. 滚子、套筒点蚀和冲击疲劳破坏

工作中由于链条反复起动、制动、反转或受重复冲击载荷时承受较大的动载荷，经过多次冲击，滚子、套筒表面产生点蚀，并且滚子、套筒和销轴会产生冲击断裂。此时应力循环次数一般小于 10^4，其载荷一般较疲劳破坏允许的载荷要大，但比脆性破断载荷小。

4. 销轴与套筒的胶合

由于套筒和销轴间存在相对运动，在变载荷作用下，润滑油膜难以形成，当转速过高时，套筒与销轴间摩擦产生的热量导致套筒与销轴的胶合失效。胶合限制了链传动的极限转速。

5. 过载拉断

在低速重载（$v < 0.6\text{m/s}$）的传动中或者链传动严重过载时，链元件被拉断。

通常链轮的寿命为链条寿命的 2 ~ 3 倍以上，所以链传动的承载能力以链条的强度和寿命为依据。

二、功率曲线

1. 极限功率曲线

链传动的各种失效形式都与链速有关。图 9-25 所示为链在一定寿命下，小链轮在不同转速时由各种失效形式所限定的极限功率曲线。图中 1 是在润滑良好的条件下，由链条铰链磨损破坏限定的极限功率；2 是在变应力作用下链板疲劳破坏限定的极限功率；3 是由滚子、套筒的点蚀和冲击疲劳破坏限定的极限功率；4 是由销轴与套筒胶合限定的极限功率；5 是良好润滑条件下的额定功率曲线，是设计时所使用的曲线；6 是润滑条件不良或者工作环境恶劣的情况下的极限功率曲线，这种情况下链磨损严重，所能传递的功率甚低。由图 9-25 可见，在中等速度的链传动中，链传动的承载能力主要取决于链板的疲劳强度；随着链轮转速的增高，传动能力主要取决于滚子和套筒的冲击疲劳强度；高速时会出现铰链胶合现象，使链条迅速失效。

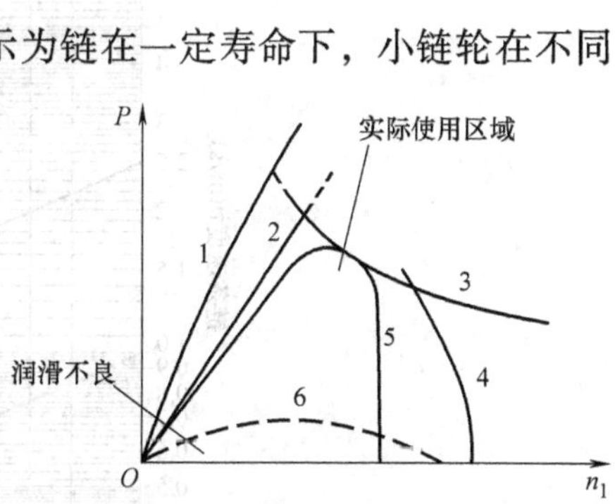

图 9-25 极限功率曲线

2. 额定功率曲线

图 9-26 所示为 A 系列滚子链在特定条件下，链速 $v \geq 0.6\text{m/s}$ 时允许传递的额定功率 P_0。

它是将在特定条件下由试验得到的极限功率曲线（图 9-25 中的 2、3、4 曲线）进行修正后得到的。所谓的特定条件是指：小链轮的齿数 $z_1=25$；链条长度为 120 个链节（链长小于此长度时，使用寿命将按比例减少）；传动比 $i=3$；单排链；两链轮共面且两轴在同一水平面内；载荷平稳；按推荐的润滑方式（图 9-27）；工作寿命为 15000h；链条因磨损而引起的相对伸长量≤3%；工作温度在 -5 ~70℃。

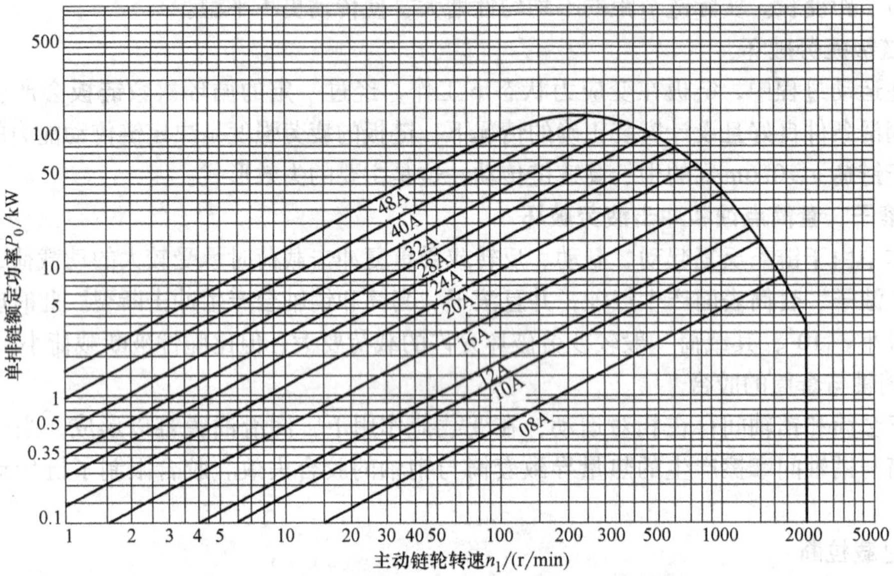

图 9-26　A 系列单排滚子链的额定功率曲线

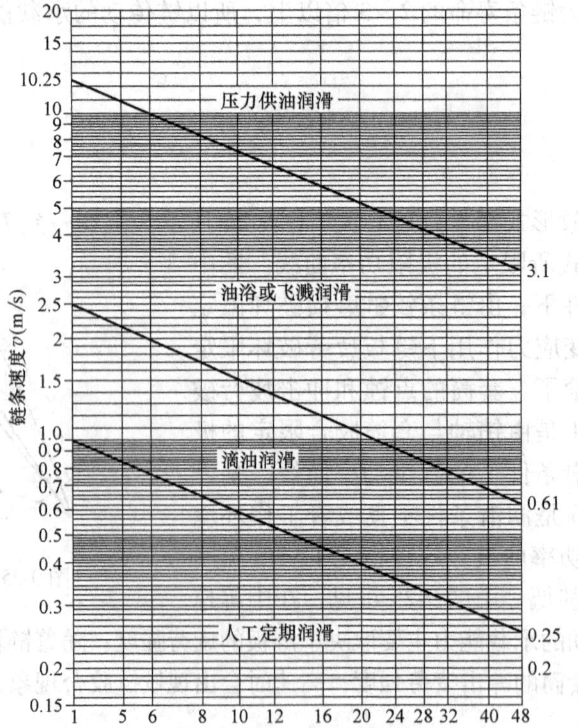

图 9-27　推荐的润滑方式

三、参数选择

1. 链轮齿数 z_1、z_2

链轮齿数的多少对传动平稳性和使用寿命有很大影响，小链轮齿数不宜过多或过少。

当小链轮齿数过少时，传动的不均匀性和动载荷会很大；链节在进入和退出啮合时，相对转角增大，销轴和套筒的磨损增大。因此，在一般情况下，滚子链传动小链轮最少齿数 z_1 可根据链速按表 9-12 选取。当链速很低时，允许最小齿数 $z_1 \geqslant 9$。

小链轮齿数 z_1 也不宜取得太大。在传动比给定时，z_1 大，大链轮齿数 z_2 也相应增大，其结果不仅增大了传动的总体尺寸和质量，而且还容易发生跳齿和脱链，从另一方面限制了链条的使用寿命。如图 9-28 所示，链节距增量和直径增量的关系

$$\Delta d = \frac{\Delta p}{\sin \dfrac{180°}{z}} \tag{9-36}$$

上式表明，当磨损量一定，即链节的增长量 Δp 一定时，链轮的齿数 z 越多，铰链所在圆的直径增加量 Δd 就越大，铰链会更接近齿顶，更易发生跳齿和脱链。所以链轮齿数不宜过多，应控制 $z_{max} \leqslant 120$。

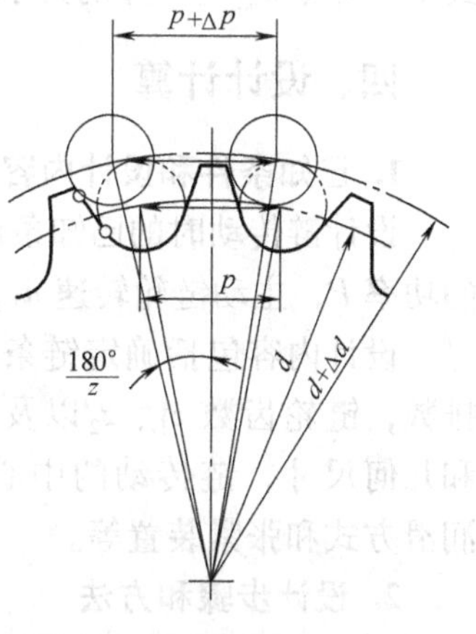

图 9-28　链节距增量和直径增量

由于链节数通常是偶数，为使链条和链轮磨损均匀，常取链轮齿数为奇数，并尽可能与链节数互为质数。优先选用的链轮齿数系列为 17、19、21、23、25、38、57、76、95 和 114。

表 9-12　小链轮齿数 z_1

链速 v/(m/s)	0.6～3	3～8	>8
z_1	≥17	≥21	≥25

2. 传动比 i

传动比过大，链条在小链轮上的包角就会很小，参与啮合的齿数减少，每个轮齿承受的载荷增大，加速轮齿的磨损，且易出现跳齿和脱链现象。一般链传动的传动比 $i \leqslant 7$，常取 $i = 2 \sim 4$。但在 $v \leqslant 3$m/s、载荷平稳、外形尺寸不受限制时，i_{max} 可达 10。链条在小链轮上包角不应小于 120°。

3. 节距 p 和排数 n

链节距的大小直接决定了链的尺寸、质量和承载能力，而且也影响链传动的运动不均匀性。链节距越大，承载能力就越高，但总体尺寸大，多边形效应显著，振动、冲击和噪声也严重。为使结构紧凑和延长寿命，在满足承载能力的前提下，尽可能选用较小的节距。在高速重载时，宜用小节距多排链；低速重载时，选大节距排数较少的链。

4. 中心距 a

中心距的大小对传动有很大影响。中心距过小，链速一定时，单位时间内链条的绕转次数增多，链条屈伸次数和应力循环次数增多，因而加剧了链的磨损和疲劳。同时，由于中心距过

小，链条在小链轮上的包角变小（$i\neq1$），每个轮齿所受的载荷增大，且易出现跳齿和脱链现象。中心距太大，松边垂度过大，传动时造成松边颤动，冲击大。设计时如无结构上的特殊要求，一般可初定中心距 $a_0=(30\sim50)p$，$a_{max}=80p$，最小中心距 a_{0min} 可按下式取值，即

$i\leqslant3$ 时：
$$a_{0min}=\frac{1}{2}(d_{a1}+d_{a2})+30\sim50\text{mm} \tag{9-37}$$

$i>3$ 时：
$$a_{0min}=\frac{1}{2}(d_{a1}+d_{a2})\times\frac{9+i}{2} \tag{9-38}$$

式中 d_{a1}、d_{a2}——分别为小、大链轮的齿顶圆直径（mm）。

四、设计计算

1. 已知条件和设计内容

设计链传动时的已知条件包括链传动的工作条件，传动位置与总体尺寸限制，所需传递的功率 P，主动链轮转速 n_1，从动链轮转速 n_2 或传动比 i。

设计内容包括确定链条型号，链节数 L_p 和排数，链轮齿数 z_1、z_2 以及链轮的结构、材料和几何尺寸，链传动的中心距 a、压轴力 F_Q、润滑方式和张紧装置等。

2. 设计步骤和方法

（1）$v\geqslant0.6$m/s 的链传动设计计算

1）选择链轮齿数。假设链速，根据假设的链速由表 9-12 选择小链轮齿数 z_1。大链轮的齿数 $z_2=iz_1$。

2）确定额定功率。当链传动的工作情况、主动链轮齿数和链条排数不符合测量额定功率曲线时的特定试验条件时，应将链所传递的功率 P 乘以相应的系数，将其修正为当量的单排链额定功率，即

$$P_0=P\frac{K_AK_z}{K_p} \tag{9-39}$$

式中 K_A——工况系数，见表 9-13；

K_z——主动链轮齿数系数，如图 9-29 所示；

K_p——多排链系数，双排时 $K_p=1.75$，三排时 $K_p=2.5$。

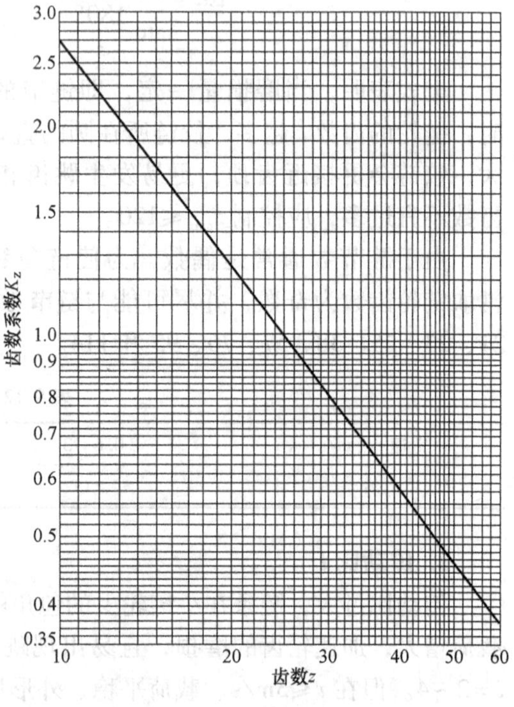

图 9-29 主动链轮齿数系数 K_z

表 9-13 链传动的工况系数 K_A

工作机特性	原动机特性		
	运转平稳（电动机、汽轮机等）	轻微冲击（经常起动的电动机等）	中等冲击（少于六缸带机械式联轴器的内燃机等）
平稳运转（离心式泵和压缩机等）	1.0	1.1	1.3

（续）

工作机特性	原动机特性		
	运转平稳（电动机、汽轮机等）	轻微冲击（经常起动的电动机等）	中等冲击（少于六缸带机械式联轴器的内燃机等）
中等冲击（三缸以上的泵和压缩机等）	1.4	1.5	1.7
严重冲击（轧机和球磨机等）	1.8	1.9	2.4

当不能按图 9-27 中推荐的方式润滑而使润滑不良时，应将额定功率值 P_0 按如下数值降低。$v \leqslant 1.5\text{m/s}$：润滑不良时取图 9-27 中值的 30% ~60%，无润滑时取图 9-27 中值的 15%（寿命不能保证 15000h）；$1.5\text{m/s} \leqslant v \leqslant 7\text{m/s}$：润滑不良时取图 9-27 中值的 15% ~30%；$v > 7\text{m/s}$：润滑不良时该传动不可靠，不宜采用。

3）确定链条型号和节距。根据当量的单排链额定功率 P_0 和小链轮转速 n_1 由图 9-26 确定链条型号，然后由表 9-9 确定链条节距 p。

4）验算链速。

$$v = \frac{z_1 p n_1}{60 \times 1000} = \frac{z_2 p n_2}{60 \times 1000}$$

与假设的链速相比较，如不符合则需要重新设计。

5）计算链节数和中心距。初选中心距 $a_0 = (30 \sim 50)p$。利用带传动中带长的计算式（9-19），将该式两端除以链节距 p，经整理后的链节数 L_{p0} 为

$$L_{p0} = \frac{2a_0}{p} + \frac{z_1 + z_2}{2} + \left(\frac{z_2 - z_1}{2\pi}\right)^2 \frac{p}{a_0} \tag{9-40}$$

为了避免使用过渡链节，链节数应取偶数，将计算出的链节数 L_{p0} 圆整为偶数 L_p。链节数圆整后的中心距为

$$a = \frac{p}{4}\left[L_p - \frac{(z_1 + z_2)}{2} + \sqrt{\left(L_p - \frac{z_1 + z_2}{2}\right)^2 - 8\left(\frac{z_2 - z_1}{2\pi}\right)^2}\right] \tag{9-41}$$

一般为了便于链条的安装和保证链条与链轮齿能顺利地啮合，应使链条松边有一定的垂度，实际中心距应较计算中心距约小 2 ~5mm。

6）求作用在轴上的压轴力 F_Q。链作用于轴上的压轴力 F_Q 可近似取为

$$F_Q = F_1 + F_2 \approx (1.2 \sim 1.3) F_e \tag{9-42}$$

7）根据链速和链号，按图 9-27 所示选择润滑方式。

（2）低速链传动 $v < 0.6\text{m/s}$，按静强度设计　当链速 $v < 0.6\text{m/s}$ 时，其主要失效形式是链条静力拉断，故应进行静强度校核。静强度安全系数应满足下式要求，即

$$S = \frac{nF_{\lim}}{K_A F_1} \geqslant 4 \sim 8 \tag{9-43}$$

式中　n——链的排数；

$F_{\lim}$——单排拉伸载荷（N），见表 9-9；

K_A——工况系数，见表 9-13；

F_1——链紧边拉力（N），按式（9-34）计算。

第九节 链传动的润滑、布置和张紧

一、润滑

良好的润滑有利于减少铰链磨损，提高传动效率，缓和冲击，从而延长链条寿命。通常根据链速和链号按图 9-27 所示选择推荐的润滑方式。

润滑油可采用 L-AN32、L-AN46、L-AN68、L-AN100 等全损耗系统用油。环境温度、速度高时宜采用黏度较高的润滑油。对于开式及低速重载传动，可在润滑油中加入 MoS_2、WS_2 等添加剂。对于不便使用润滑油的场合，允许使用润滑脂，但应定期清洗和更换润滑脂。

二、布置

链传动的布置合理与否，对传动的工作性能和使用寿命有较大影响。布置时，链轮必须位于铅垂面内，两链轮应位于同一平面内；链轮的两轴应平行，一般宜水平或接近水平布置；一般紧边在上，松边在下，以免松边在上时下垂量过大而阻碍链轮的顺利运转。

三、张紧

链传动张紧的目的，主要是为了避免在链条的松边垂度过大时产生啮合不良和链条的振动现象，同时也为了增加链条与链轮的啮合包角。当中心线和水平线的夹角大于 60°时，通常设计有张紧装置。

张紧方法根据中心距是否可调分为两大类。

1）通过调整中心距控制张紧程度，调整方法同带传动。

2）当中心距不可调时，可以采取如下方法。

① 安装张紧轮，如图 9-30 所示。张紧轮一般压在松边外侧靠近小链轮处。张紧轮可以是链轮，也可以是无齿的辊轮，其直径应与小链轮直径接近。张紧轮有自动张紧（图 9-30a、b）和定期张紧（图 9-30c、d），

② 中心距较大时，可以用托板张紧（图 9-30e）。

③ 缩短链长，在链条磨损变长后从中去掉一两个链节，以恢复原有的张紧程度。

例 9-2 设计拖动某带式输送机用的链传动。已知：电动机驱动齿轮减速器，然后经链传动拖动带式输送机；链传动的额定功率 $P=3\text{kW}$，主动链轮转速 $n_1=90\text{r/min}$，传动比 $i=3.2$，载荷平稳，水平布置。

解 1）选择链轮齿数 z_1、z_2。假设链速 $v=0.6\sim3\text{m/s}$，由表 9-12 取小链轮齿数 $z_1=19$，大链轮的齿数

$$z_2=iz_1=3.2\times19=60.8，取\ z_2=61$$

2）计算当量的单排链额定功率。由表 9-13 查 $K_A=1.0$，由图 9-29 查 $K_z=1.35$，单排链，则额定功率为

$$P_0=K_AK_zP=1.0\times1.35\times3\text{kW}=4.05\text{kW}$$

3）确定链条型号和节距。根据额定功率 $P_0=4.05\text{kW}$ 和小链轮转速 $n_1=90\text{r/min}$ 由图 9-26 确定链条型号为 20A，然后由表 9-9 确定链条节距 $p=31.75\text{mm}$。

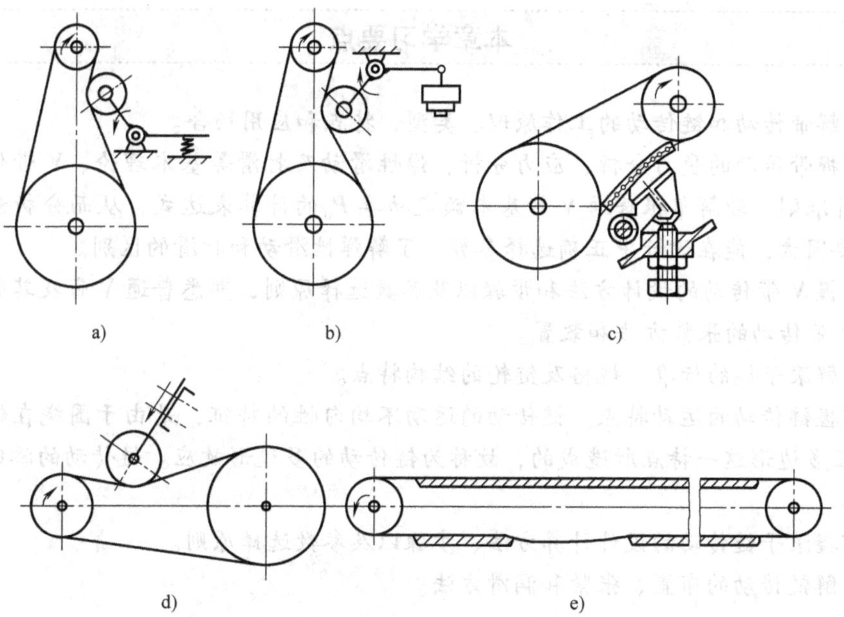

图 9-30　链传动的张紧装置

a）弹簧调节　b）挂重调节　c）螺纹调节　d）螺旋调节　e）托板调节

4）验算链速。

$$v=\frac{z_1pn_1}{60\times1000}=\frac{19\times31.75\text{mm}\times90\text{r/min}}{60\times1000}=0.9\text{m/s}$$

与假设的链速相符合。

5）计算链节数和中心距。初选中心距 $a_0=(30\sim50)p=(30\sim50)\times31.75\text{mm}=952.5\sim1587.5\text{mm}$，取 $a_0=1000\text{mm}$，则相应的链节数为 L_{p0}

$$L_{p0}=\frac{2a_0}{p}+\frac{z_1+z_2}{2}+\left(\frac{z_2-z_1}{2\pi}\right)^2\frac{p}{a_0}=\frac{2\times1000\text{mm}}{31.75\text{mm}}+\frac{19+61}{2}+\left(\frac{61-19}{2\times3.14}\right)^2\frac{31.75\text{mm}}{1000\text{mm}}=104.41$$

圆整为偶数 $L_p=104$，则链传动的最大中心距为

$$a=\frac{p}{4}\left[L_p-\frac{(z_1+z_2)}{2}+\sqrt{\left(L_p-\frac{z_1+z_2}{2}\right)^2-8\left(\frac{z_2-z_1}{2\pi}\right)^2}\right]$$

$$=\frac{31.75\text{mm}}{4}\left[104-\frac{(19+61)}{2}+\sqrt{\left(104-\frac{19+61}{2}\right)^2-8\left(\frac{61-19}{2\times3.14}\right)^2}\right]=993\text{mm}$$

6）求作用在轴上的压轴力 F_Q。工作拉力为

$$F_e=1000\frac{P}{v}=1000\times\frac{3\text{kW}}{0.9\text{m/s}}=3333\text{N}$$

压轴力 F_Q可近似取为

$$F_Q=(1.2\sim1.3)F_e=(1.2\sim1.3)\times3333\text{N}=3999.6\sim4332.9\text{N}$$

7）根据链速和链号，按图 9-27 所示选择滴油润滑方式。

8）链轮尺寸略。

本章学习要点

1）了解带传动和链传动的工作原理、类型、特点和应用场合。

2）掌握带传动的受力分析、应力分析、弹性滑动及打滑等基本理论、V带传动的失效形式及设计准则。理解单根普通V带基本额定功率 P_0 的计算表达式，从而分析影响带传动能力的主要因素，能在设计中正确选择参数。了解弹性滑动和打滑的区别。

3）掌握V带传动的设计方法和步骤以及参数选择原则，熟悉普通V带及其带轮的结构和标准、V带传动的张紧方法和装置。

4）了解滚子链的标准、规格及链轮的结构特点。

5）掌握链传动的运动特点。链传动的运动不均匀性的特征，是由于围绕在链轮上的链条形成了正多边形这一特点所造成的，故称为链传动的多边形效应。链传动的瞬时传动比不是常数。

6）掌握滚子链传动的设计计算方法、步骤以及参数选择原则。

7）了解链传动的布置、张紧和润滑方法。

第十章 连接

提示 本章介绍机器中的一些最常用的典型连接。本章主要阐述螺纹连接，其次是键连接和销连接。本章重点是螺纹连接的基本类型、结构特点、预紧和防松；螺栓连接的受力分析和强度计算；普通平键的尺寸选择和强度计算。本章难点是受轴向工作载荷螺栓连接的强度计算。

为了便于机器的制造、安装、维修和运输，在机器的各零部件间广泛采用各种连接。连接分为可拆连接和不可拆连接两类。不损坏连接中的任一零件就可将被连接件拆开的连接称为可拆连接，这类连接经多次装拆仍无损于其使用性能，如螺纹连接、键连接、销连接、型面连接和胀套连接等。不可拆连接是指至少必须毁坏连接中的某一部分才能拆开的连接，如焊接、铆钉连接和粘接等。另外，还有一种可以做成可拆或不可拆的过盈配合连接。

设计中选用何种连接，主要取决于使用要求和经济要求。一般说来，采用可拆连接是由于结构、安装、维修和运输上的需要；而采用不可拆连接，主要是由于工艺和经济上的要求。本章只讨论可拆连接。

第一节 螺 纹

一、螺纹的类型与主要参数

1. 螺纹的形成

如图 10-1 所示，把一锐角为 γ 的直角三角形绕在直径为 d_2 的圆柱体上，并使底边与圆柱体的底边重合，则斜边在圆柱体上形成一条螺旋线。直角三角形的底角 γ 称为螺旋线的升角。

如用一个平面图形（如三角形、矩形、梯形或锯齿形）沿螺旋线运动并使该平面始终通过圆柱体的轴线，这样就形成了不同牙型的螺纹。

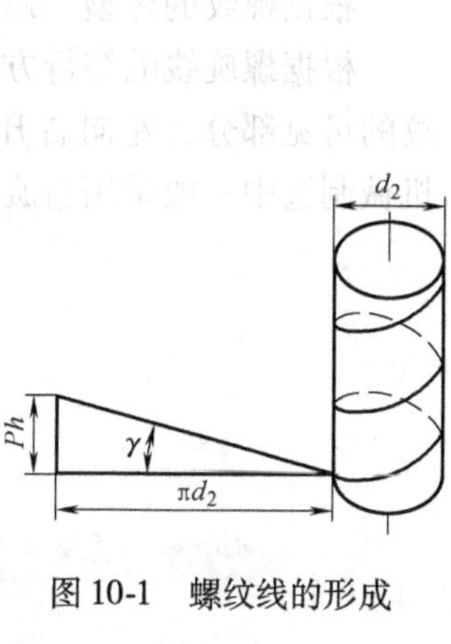

图 10-1 螺纹线的形成

2. 螺纹的主要参数

以图 10-2 所示普通圆柱三角形外螺纹为例，介绍螺纹的主要参数。

（1）大径 d 螺纹的最大直径，即与螺纹牙顶相重合的假想圆柱面直径，是螺纹的公称直径。

（2）小径 d_1　螺纹的最小直径，即与螺纹牙底相重合的假想圆柱面直径，在强度计算中作为危险断面的计算直径。

（3）中径 d_2　轴向断面内牙厚与牙间宽相等处的假想圆柱面的直径，近似等于螺纹的平均直径，$d_2 \approx (d+d_1)/2$。

内螺纹的直径用相应的大写字母 D、D_1、D_2 表示。

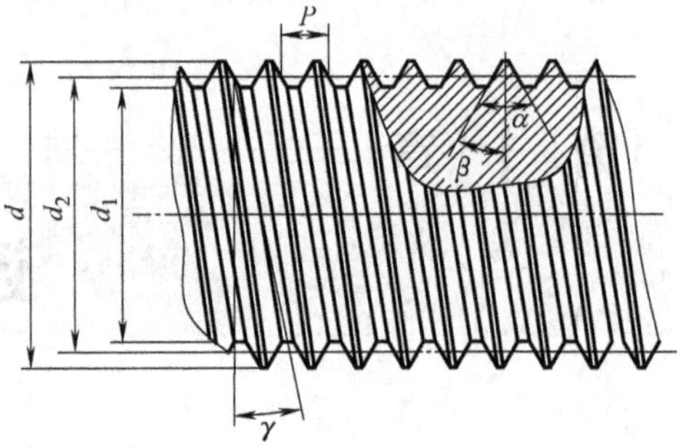

图 10-2　螺纹的主要参数

（4）线数 n　螺纹螺旋线数目，为便于制造一般 $n \leqslant 4$。

（5）螺距 P　相邻两牙在中径圆柱面的母线上对应两点间的轴向距离。

（6）导程 P_h　同一螺旋线上相邻两牙在中径圆柱面的母线上对应两点间的轴向距离。$P_h = nP$。

（7）牙型角 α　螺纹轴向平面内螺纹牙型两侧边的夹角。

（8）牙型斜角 β　螺纹牙型的侧边与螺纹轴线的垂直平面的夹角，也称牙侧角。对于对称牙型，$\beta = \alpha/2$。

（9）螺纹升角 γ　在中径圆柱面上螺旋线的切线与垂直于螺旋线轴线的平面的夹角。

$$\gamma = \arctan\frac{P_h}{\pi d_2} = \arctan\frac{nP}{\pi d_2} \tag{10-1}$$

3. 螺纹的类型、特点和应用

根据螺纹分布的部位，螺纹可分为内螺纹和外螺纹。在圆柱孔的内表面形成的螺纹称为内螺纹。在圆柱体的外表面形成的螺纹称为外螺纹。内螺纹和外螺纹旋合组成螺旋副，或称螺纹副。

根据工作性质，螺纹可分为连接螺纹和传动螺纹。连接螺纹的当量摩擦角较大，有利于自锁，使连接可靠；传动螺纹的当量摩擦角较小，有利于提高传动的效率。

根据螺纹的牙型，螺纹可分为三角形螺纹、矩形螺纹、梯形螺纹和锯齿形螺纹等。

根据螺旋线的绕行方向，螺纹可分为左旋螺纹和右旋螺纹。将螺纹轴线垂直放置时，螺纹的可见部分自左向右升高者，称为右旋螺纹（图 10-3a）；反之为左旋螺纹（图 10-3b）。机械制造中一般采用右旋螺纹，只有在特殊情况下才采用左旋螺纹。

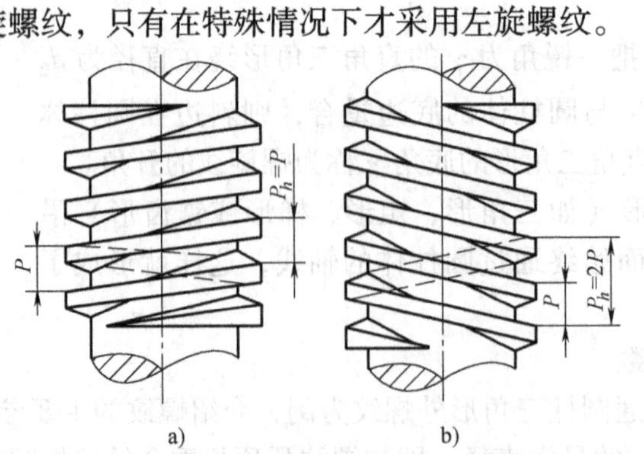

图 10-3　螺纹的旋向和线数

a）右旋单线螺纹　b）左旋双线螺纹

根据螺旋线的数目，螺纹可分为单线螺纹（图 10-3a）、双线螺纹（图 10-3b）和多线螺纹。

根据螺距（大径相同时）不同，螺纹可分为粗牙螺纹和细牙螺纹。

根据母体形状，螺纹可分为圆柱螺纹和圆锥螺纹。

各种类型螺纹的牙型、特点和应用，见表 10-1。普通螺纹的基本尺寸，见表 10-2。

表 10-1 各种类型螺纹的牙型、特点和应用

螺纹类型		牙型图	特点及应用
连接螺纹	普通螺纹	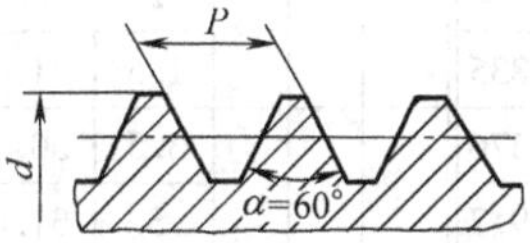	牙型为牙型角 $\alpha=60°$ 的等边三角形，牙根较厚，牙根强度较高。内外螺纹旋合后留有径向间隙。同一公称直径可以有多种螺距的螺纹，其中螺距最大的螺纹称为粗牙螺纹，其余螺纹都称为细牙螺纹。粗牙螺纹应用最广。细牙螺纹的升角小、小径大，因而自锁性能好、强度高，但不耐磨、易滑扣，故适用于薄壁、细小零件及受冲击、振动和变载荷的连接中，也可用于微调机构的调整
	55°非密封管螺纹	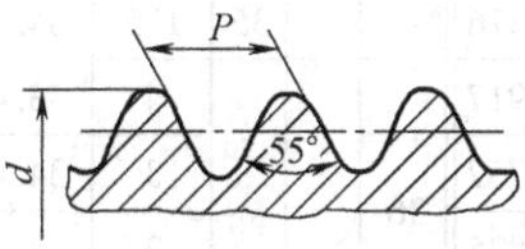	牙型为牙型角 $\alpha=55°$ 的等腰三角形，牙顶有较大的圆角，内外螺纹旋合后无径向间隙。管螺纹为寸制细牙螺纹。螺旋副本身不具有密封性，连接要求密封时，可压紧被连接件螺纹副外的密封面，也可在密封面间添加密封物。它多用于水、煤气、润滑和电线管路系统
	55°密封管螺纹	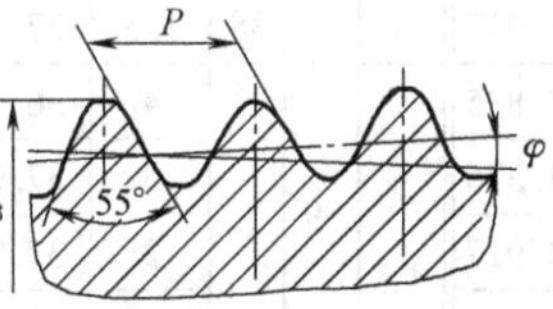	牙型为牙型角 $\alpha=55°$ 的等腰三角形，螺纹具有 1∶16 的锥度。内外螺纹旋合后无径向间隙，利用本身的变形就可以保证连接的紧密性，不需要任何填料，密封简单。它适用于密封要求较高的管路连接中
	米制锥螺纹	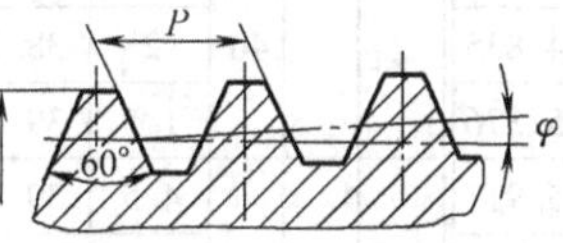	牙型角 $\alpha=60°$，螺纹牙顶为平顶，螺纹具有 1∶16 的锥度。它用于气体或液体管路系统中依靠螺纹密封的螺纹连接处（水、煤气管道除外）
传动螺纹	矩形螺纹	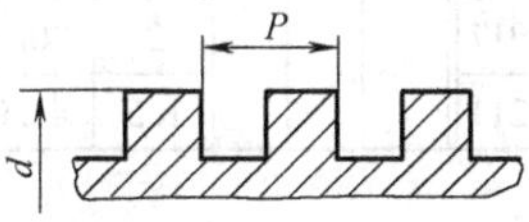	牙型为矩形，牙型角 $\alpha=0°$，传动效率高于其他螺纹。但它牙根强度低，精确制造困难，对中精度低，未标准化，逐渐被梯形螺纹代替
	梯形螺纹	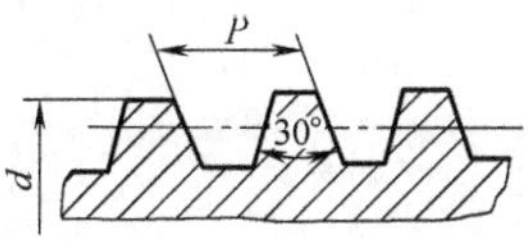	牙型为等腰梯形，牙型角 $\alpha=30°$。它的传动效率比矩形螺纹低，但牙根强度高，工艺性好，对中性好，广泛应用于传动
	锯齿形螺纹	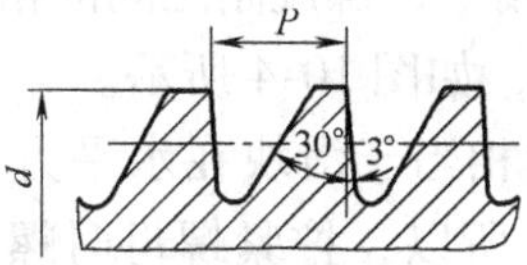	牙型为不等腰梯形，牙型角 $\alpha=33°$，工作面的牙型斜角 $\beta=3°$。它综合了矩形螺纹效率高和梯形螺纹牙根强度高的特点，但只适用于承受单方向受力的螺纹传动

表 10-2　普通螺纹的基本尺寸

公称直径 D、d 1	2	3	螺距 P	中径 D_2、d_2	小径 D_1、d_1	公称直径 D、d 1	2	3	螺距 P	中径 D_2、d_2	小径 D_1、d_1	公称直径 D、d 1	2	3	螺距 P	中径 D_2、d_2	小径 D_1、d_1
8			1.25	7.188	6.647		18		2.5	16.376	15.294	30			3	29.051	26.752
			1	7.350	6.917				2	16.701	15.835				2	28.701	27.835
			0.75	7.513	7.188				1.5	17.026	16.376				1.5	29.026	28.376
		9	1.25	8.188	7.647				1	17.350	16.917				1	29.350	28.917
			1	8.350	7.917	20			2.5	18.376	17.294			32	2	30.701	29.835
			0.75	8.513	8.188				2	18.701	17.835				1.5	31.026	30.376
10			1.5	9.026	8.376				1.5	19.026	18.376		33		3.5	30.727	29.211
			1.25	9.188	8.647				1	19.350	18.917				3	31.051	29.752
			1	9.350	8.917		22		2.5	20.376	19.294				2	31.701	30.835
			0.75	9.513	9.188				2	20.701	19.835				1.5	32.026	31.376
		11	1.5	10.026	9.376				1.5	21.026	20.376			35	1.5	34.026	33.376
			1	10.350	9.917				1	21.350	20.917	36			4	33.402	31.670
			0.75	10.513	10.188	24			3	22.051	20.752				3	34.051	32.752
12			1.75	10.863	10.106				2	22.701	21.835				2	34.701	33.835
			1.5	11.026	10.376				1.5	23.026	22.376				1.5	35.026	34.376
			1.25	11.188	10.647				1	23.350	22.917			38	1.5	37.026	36.376
			1	11.350	10.917			25	2	23.701	22.835		39		4	36.402	34.670
	14		2	12.701	11.835				2.5	24.026	23.376				3	37.051	35.752
			1.5	13.026	12.376				1	24.350	23.917				2	37.701	36.835
			1.25	13.188	12.647			26	1.5	25.026	24.376				1.5	38.026	37.376
			1	13.350	12.917		27		3	25.051	23.752			40	3	38.051	36.752
		15	1.5	14.026	13.376				2	25.701	24.835				2	38.701	37.835
			1	14.350	13.917				1.5	26.026	25.376				1.5	39.026	38.376
16			2	14.701	13.835				1	26.350	25.917	42			4.5	39.077	37.129
			1.5	15.026	14.376			28	2	26.701	25.835				4	39.402	37.670
			1	15.350	14.917				1.5	27.026	26.376				3	40.051	38.752
		17	1.5	16.026	15.376				1	27.350	26.917				2	40.701	39.835
			1	16.350	15.917	30			3.5	27.727	26.211				1.5	41.026	40.376

注：1. “螺距 P”栏中的第 1 个数值为粗牙螺距，其余为细牙螺距。

2. 1、2、3 为螺纹系列，优先选用第 1 系列，其次是第 2 系列，再次是第 3 系列。

二、螺旋副的受力分析、效率和自锁

1. 矩形螺纹（$\beta=0°$）

螺母与螺杆组成矩形螺旋副，在力矩和轴向载荷作用下，螺旋副之间的相对运动，可看成作用在中径的水平力推动滑块（重物）沿螺纹面运动，如图 10-4 所示。

（1）拧紧螺母　可将螺母视为滑块，拧紧螺母时，相当于滑块在水平力 F 作用下沿螺纹面等速上升。将矩形螺纹沿中径 d_2 展开可得一斜面。所以，拧紧螺母时螺旋副的受力分析，可以用滑块在力 F 的作用下沿斜面以速度 v 上升时的受力分析代替，如图 10-5a 所示。图 10-5a 中，γ 为螺纹升角，F_a为轴向载荷，F 为作用于中径处的水平力，F_n 为法向反力，F_f 为摩擦力，φ 为摩擦角（$\varphi = \arctan f$）。当滑块沿斜面等速上升时，F_a为工作阻力，F 为驱动力。因摩擦力 F_f沿斜面向下，故总反力 F_c与 F_a的夹角为 $\gamma+\varphi$。由力的平衡条件可知，F_c、F 和 F_a三力组成封闭的力多边形。由图 10-5b 可知。

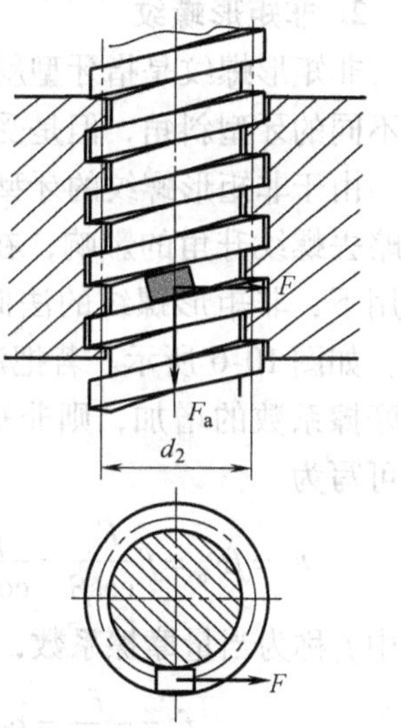

图 10-4　螺旋副受力的简化

$$F = F_a \tan(\gamma+\varphi) \tag{10-2}$$

作用在螺旋副上的相应驱动力矩为

$$T = F\frac{d_2}{2} = \frac{d_2}{2}F_a \tan(\gamma+\varphi) \tag{10-3}$$

（2）放松螺母　将螺母视为滑块，放松螺母时，相当于滑块在水平力 F 作用下沿螺纹面等速下滑。此时，轴向力 F_a为驱动力，而 F 则为阻力，也是维持滑块等速运动所需的平衡力，如图 10-5c 所示。

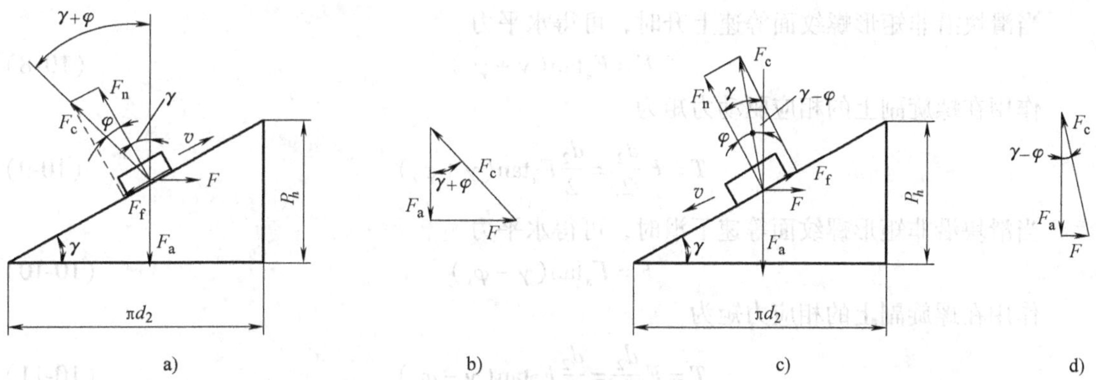

图 10-5　矩形螺纹的受力分析

a）拧紧螺母时的受力分析　b）力多边形　c）放松螺母时的受力分析　d）力多边形

由力的平衡条件可知，F_c、F 和 F_a三力组成封闭的力多边形。由图 10-5d 可知

$$F = F_a \tan(\gamma-\varphi) \tag{10-4}$$

作用在螺旋副上的相应力矩为

$$T = F\frac{d_2}{2} = \frac{d_2}{2}F_a \tan(\gamma-\varphi) \tag{10-5}$$

式（10-4）求出的 F 值可为正，也可为负。当 $\gamma>\varphi$ 时，平衡力 F 为正，如图 10-5c 所示，其阻止滑块加速，以保持等速下滑，故 F 是阻力。当 $\gamma<\varphi$ 时，平衡力 F 为负，其方向与图 10-5c 所示方向相反（即 F 与运动方向成锐角），为驱动力的一部分，表明滑块不能在 F_a 作用下自行下滑，处于自锁状态，即无论轴向力 F_a多大，都不能使螺旋副相对运动，必须施加驱动力 F 才能使滑块等速下滑。

2. 非矩形螺纹

非矩形螺纹是指牙型斜角$\beta\neq 0°$的三角形螺纹、梯形螺纹和锯齿形螺纹等。它们各自具有不同的牙型斜角，但是受力分析都与矩形螺纹相似。

由于非矩形螺纹的牙型斜角$\beta\neq 0°$，所以若略去螺纹升角的影响，在相同轴向载荷F_a作用下，非矩形螺纹的法向反力比矩形螺纹大，如图10-6所示。若把法向反力的增加看成摩擦系数的增加，则非矩形螺纹的摩擦阻力可写为

$$F_f = fF_n = f\frac{F_a}{\cos\beta} = \frac{f}{\cos\beta}F_a = f_vF_a \tag{10-6}$$

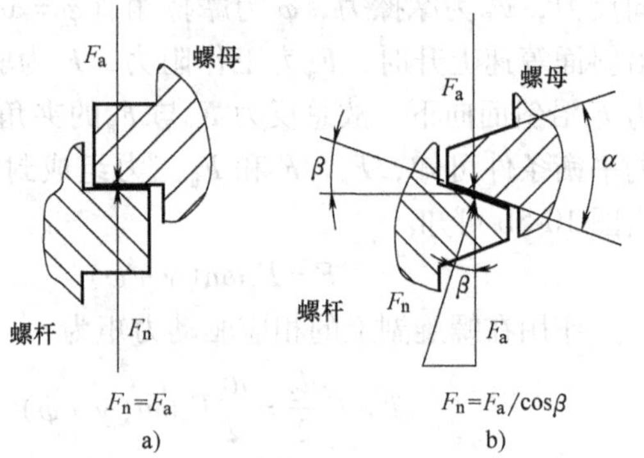

图10-6　螺纹的法向反力

a）矩形螺纹　b）非矩形螺纹

式中f_v称为当量摩擦系数，即

$$f_v = \frac{f}{\cos\beta} = \tan\varphi_v \tag{10-7}$$

φ_v称为当量摩擦角。因此，在式（10-2）、式（10-3）、式（10-4）和式（10-5）中，将φ改为φ_v，就可以用矩形螺纹的方法进行非矩形螺纹的力分析。

当滑块沿非矩形螺纹面等速上升时，可得水平力

$$F = F_a\tan(\gamma + \varphi_v) \tag{10-8}$$

作用在螺旋副上的相应驱动力矩为

$$T = F\frac{d_2}{2} = \frac{d_2}{2}F_a\tan(\gamma + \varphi_v) \tag{10-9}$$

当滑块沿非矩形螺纹面等速下滑时，可得水平力

$$F = F_a\tan(\gamma - \varphi_v) \tag{10-10}$$

作用在螺旋副上的相应力矩为

$$T = F\frac{d_2}{2} = \frac{d_2}{2}F_a\tan(\gamma - \varphi_v) \tag{10-11}$$

与矩形螺纹分析相同，当螺纹升角γ小于当量摩擦角φ_v时，螺旋副具有自锁特性。考虑到极限情况，可得非矩形螺纹的自锁条件

$$\gamma \leqslant \varphi_v \tag{10-12}$$

为了防止螺母在轴向力作用下自动松开，用于连接的螺纹必须满足自锁条件。

拧紧螺母时，螺母旋转一周的输入功为$W_1 = 2\pi T$，此时螺母克服阻力F_a上升一个导程P_h，其有效功为$W_2 = F_aP_h$，因此螺旋副的效率为

$$\eta = \frac{W_2}{W_1} = \frac{F_aP_h}{2\pi T} = \frac{\tan\gamma}{\tan(\gamma + \varphi_v)} \tag{10-13}$$

由上式可知，当量摩擦角φ_v一定时，效率仅为螺纹升角γ的函数。取$d\eta/d\gamma = 0$，可得当$\gamma = 45° - \varphi_v/2$时效率最高。当$\gamma < 45° - \varphi_v/2$时，效率随螺纹升角$\gamma$的增加而增加，但过大的螺纹升角制造困难，并且效率增加也不显著，所以螺纹升角一般不大于25°。

第二节 螺纹连接的类型和螺纹紧固件

一、螺纹连接的基本类型

螺纹连接有四种基本类型，即螺栓连接、双头螺柱连接、螺钉连接和紧定螺钉连接，前两种需拧紧螺母才能实现连接，后两种不需要螺母。设计时可按被连接件的强度、装拆次数及被连接件的厚度、结构尺寸等具体条件选用。

1. 螺栓连接

如图 10-7 所示，螺栓连接是利用螺栓穿过被连接件的孔与螺母旋合将被连接件连成一体。被连接件的孔无须切制螺纹，使用时不受被连接件材料的限制，常用于被连接件不太厚、便于制作通孔的场合。

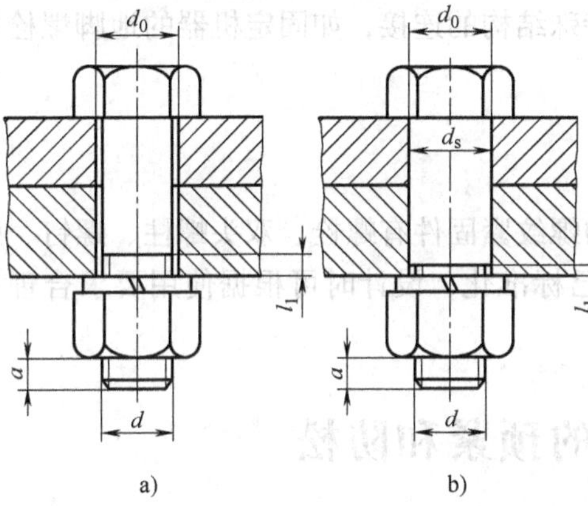

螺纹余留长度 l_1：

静载荷 $l_1 \geqslant (0.3 \sim 0.5)d$

变载荷 $l_1 \geqslant 0.75d$

冲击载荷或弯曲载荷 $l_1 \geqslant d$

铰制孔用螺栓 l_1 要尽可能小，$l_1 \approx (0.1 \sim 0.2)d$

螺纹伸出长度 $a = (0.3 \sim 0.5)d$

图 10-7 螺栓连接

a）普通螺栓连接 b）铰制孔用螺栓连接

图 10-7a 所示为普通螺栓连接，装配后孔与螺栓杆之间有间隙（$d_0 > d$）。该连接依靠被连接件结合面间的摩擦力传递横向载荷，螺栓需要较大的预紧力，故又称为受拉螺栓连接。这种连接结构简单，装拆方便，容易加工，成本低，应用较广。

图 10-7b 所示为铰制孔用螺栓连接，其螺杆光杆直径 d_s 与螺栓孔的内径 d_0 具有同一基本尺寸（$d_s = d_0 > d$），装配后孔与螺栓光杆之间没有间隙，常采用基孔制过渡配合（H7/m6，H7/n6）。该连接传递横向载荷能力取决于光杆的剪切强度和光杆与孔的挤压强度，仅需要较小的预紧力，故又称为受剪螺栓连接。这种连接能精确固定被连接件相互位置，但孔的加工精度要求较高（高精度铰削加工）。

2. 双头螺柱连接

如图 10-8a 所示，双头螺柱连接是将螺柱一端旋入较厚被连接件的螺纹孔内，另一端穿过较薄被连接件的通孔，旋上螺母将被连接件连成一体。这种连接多用于被连接件之一厚度较大，不便钻成通孔，要求结构紧凑

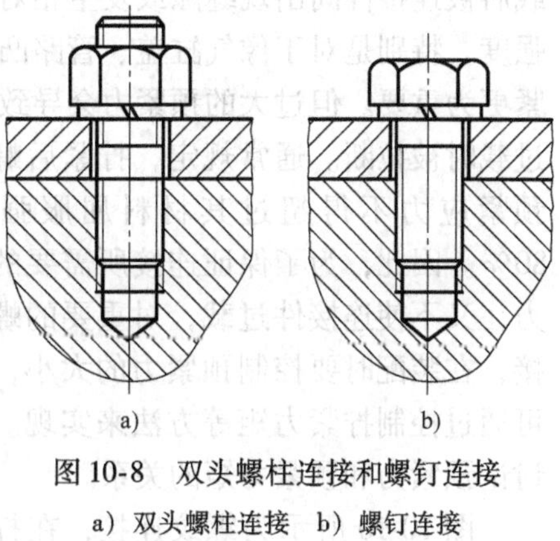

图 10-8 双头螺柱连接和螺钉连接

a）双头螺柱连接 b）螺钉连接

或须经常装拆的场合。拆装时只需拆螺母，不必将双头螺柱从被连接件中拧出，故不损坏被连接零件的螺纹孔而允许多次装拆。

3. 螺钉连接

如图 10-8b 所示，螺钉连接是用螺钉直接旋入被连接件的螺纹孔中，省去了螺母，因此结构上比较简单。这种连接适于被连接件之一较厚（带螺纹孔）的场合，不宜经常装拆，以免损坏被连接件的螺纹孔。

4. 紧定螺钉连接

如图 10-9 所示，紧定螺钉连接是利用紧定螺钉旋入被连接件之一的螺纹孔中，并以其末端顶住另一被连接件的表面或顶入该零件的凹槽中以固定两个零件的相互位置。该连接常用于在光轴上固定零件的相对位置，并可传递不大的力或转矩。

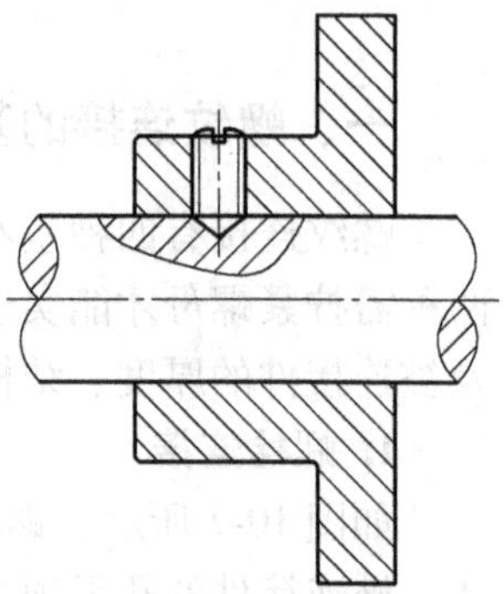

图 10-9 紧定螺钉连接

除上述四种基本螺纹连接形式外，还有一些特殊结构的连接，如固定机器的地脚螺栓连接，用于起吊较大零部件的吊环螺钉连接等。

二、螺纹紧固件

螺纹紧固件的类型很多，在机械制造中常见的螺纹紧固件有螺栓、双头螺柱、螺钉、螺母和垫圈等。螺纹紧固件的结构形式和尺寸大都已标准化，设计时可根据使用要求合理选择。它们的结构特点和应用参见设计手册。

第三节 螺纹连接的预紧和防松

一、螺纹连接的预紧

在实际使用中，绝大多数螺纹连接在装配时都必须拧紧，使连接在承受工作载荷之前，预先受到力的作用，称为预紧。这个预加的作用力称为预紧力 F_0。需预紧的螺纹连接称为紧连接。极少数不需要预紧的螺纹连接，称为松连接。

预紧的目的是为了增强连接的可靠性、紧密性和刚性，提高连接的防松能力，以防止受载后被连接件间出现缝隙或发生相对滑移；此外，预紧还可提高受变载荷的螺纹连接的疲劳强度。特别是对于像气缸盖、管路凸缘、齿轮箱、轴承盖等紧密性要求较高的螺纹连接，预紧更为重要。但过大的预紧力会导致整个连接的结构尺寸增大，也会使连接件在装配或偶然过载时被拉断。通常规定，拧紧后螺栓的预紧应力不得超过其材料屈服强度的 80%。因此，为了保证连接所需要的预紧力，又不使连接件过载，对重要的螺纹连接，在装配时要控制预紧力的大小，其值可通过控制拧紧力矩等方法来实现。下面讨论预紧力和预紧力矩的关系。

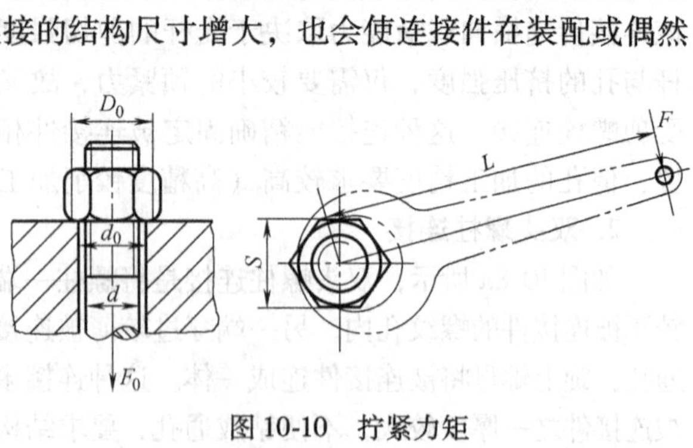

图 10-10 拧紧力矩

图 10-10 所示为螺纹连接，在拧紧螺

母时，由于加在扳手上的拧紧力矩 T 的作用，使螺栓与被连接件之间产生预紧力 F_0。拧紧力矩 T 等于克服螺旋副相对转动的阻力矩 T_1 与螺母环形端面和被连接件（或垫圈）支承面间的摩擦阻力矩 T_2 之和，即

$$T = T_1 + T_2 \tag{10-14}$$

对于 M10 ~ M68 的粗牙普通螺纹，拧紧力矩 T 为

$$T \approx 0.2F_0 d \tag{10-15}$$

对于已知公称直径 d 的螺栓，当给定所要求的预紧力 F_0 时，可按式（10-15）估计扳手的拧紧力矩 T。普通标准扳手的长度 $L \approx 15d$，若拧紧力为 F，则 $T = FL$，因此有 $F_0 \approx 75F$。假设拧紧力为 $F = 300\text{N}$，则预紧力为 $F_0 \approx 22500\text{N}$。如果用这个预紧力拧紧 M12 以下的钢制螺栓，螺栓就有可能被过载拧断。因此，对于重要的有强度要求的螺栓连接，应尽量不采用直径过小的螺栓。必须使用时，应严格控制其拧紧力矩。图 10-11 所示为控制拧紧力矩所用的测力矩扳手和定力矩扳手。对于预紧力控制精度要求高的螺栓连接或大型螺栓连接，也可采用测定螺栓伸长量的方法来控制预紧力。

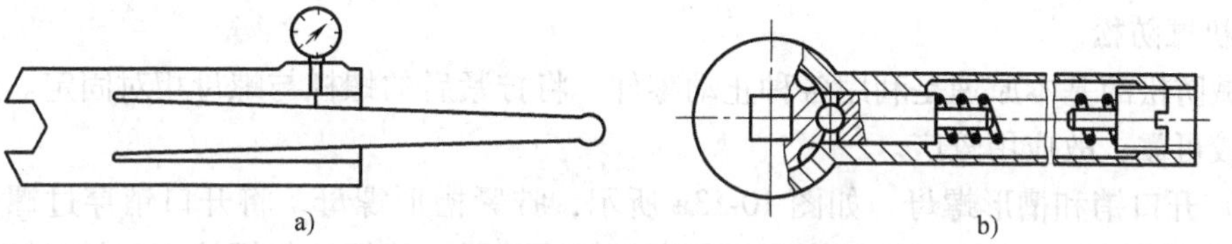

图 10-11 测力矩扳手和定力矩扳手

a）测力矩扳手 b）定力矩扳手

二、螺纹连接的防松

螺纹紧固件一般采用单线普通螺纹，其螺纹升角很小，能满足自锁条件。此外，拧紧以后螺母和螺栓头部与支承面间的摩擦力也有防松作用。所以在静载荷和工作温度变化不大时，螺纹连接不会自动松脱。但在冲击、振动或变载荷的作用下，预紧力和摩擦力可能在某一瞬间消失，连接仍可能失去自锁作用而松脱，使连接失效，造成事故。在高温或温度变化较大的情况下，由于温度变形差异等原因，螺纹连接也可能发生松脱现象。因此，为了防止连接松脱，保证连接安全可靠，设计时必须采取有效的防松措施。

防松的根本问题在于防止螺旋副的相对转动。防松的方法很多，按工作原理的不同，可分为摩擦防松、机械防松和永久防松等。

1. 摩擦防松

摩擦防松的基本原理是增加螺杆与螺母牙间的摩擦力。采用这种防松方法时，拧紧的螺纹之间有不随外载荷变化的压力，因而始终有摩擦力矩防止相对转动。这种方法不十分可靠，故多用于冲击和振动较小的场合。

（1）弹簧垫圈 图 10-12a 所示垫圈材料为弹簧钢，装配后垫圈被压平，其反弹力能使螺纹面间保持压紧力和摩擦力。同时垫圈斜口的尖端抵住螺母和被连接件的支承面也有防松作用。这种方法结构简单、使用方便。但由于垫圈的弹性力不均匀，在冲击、振动的工作条件下，其防松效果较差，一般用于不太重要的连接。

（2）对顶螺母 图 10-12b 所示为利用两螺母的对顶作用使螺纹面间始终受到附加的压力和摩擦力。这种方法结构简单，适用于低速重载场合，但结构尺寸不紧凑。

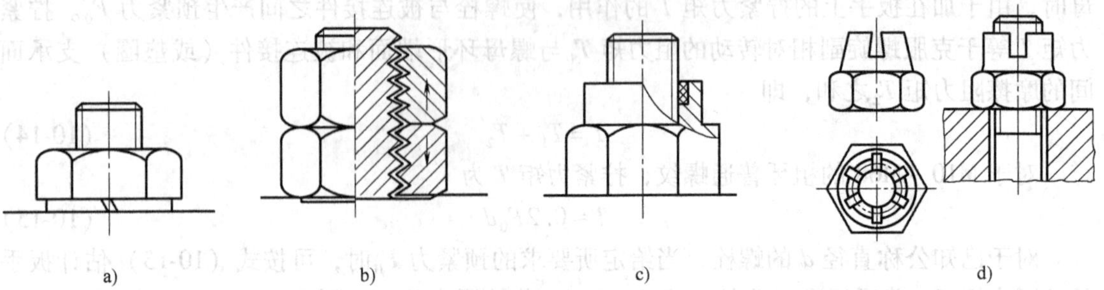

图 10-12　摩擦防松

a）弹簧垫圈　b）对顶螺母　c）尼龙圈锁紧螺母　d）金属锁紧螺母

（3）自锁螺母　图 10-12c 所示为尼龙圈锁紧螺母，螺母中嵌有尼龙圈，拧上后尼龙圈内孔被胀大，箍紧螺栓；图 10-12d 所示为金属锁紧螺母，利用螺母末端径向收口的弹性变形使旋合螺纹压紧。自锁螺母防松结构简单，防松可靠，可多次装拆而不降低防松性能。

2. 机械防松

机械防松的基本原理是利用各种止动零件，将拧紧后的螺杆与螺母相对固定。这种方法防松比较可靠，故应用较广。

（1）开口销和槽形螺母　如图 10-13a 所示，拧紧槽形螺母，将开口销穿过螺栓尾部小孔和螺母的凹槽后，掰开开口销尾部至与螺母侧面贴紧，使螺母与螺栓不能相对转动。也可用普通螺母代替槽形螺母，但需拧紧螺母后再加工开口销孔。这种防松措施常用于有较大冲击、振动的高速机械中。

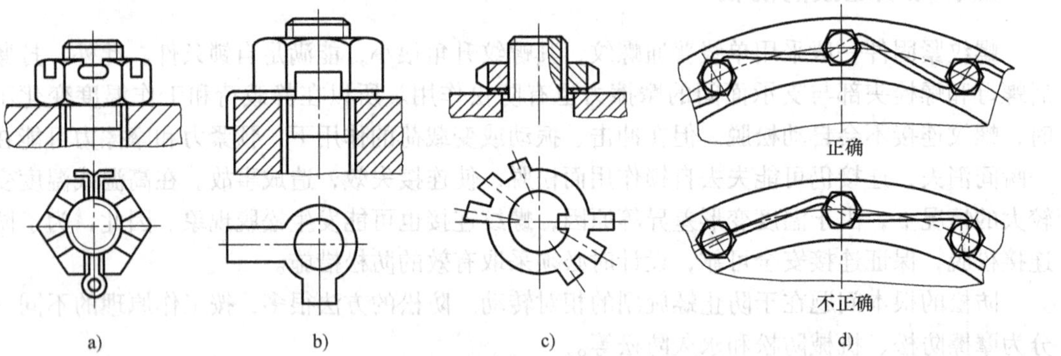

图 10-13　机械防松

a）开口销和槽形螺母　b）止动垫圈　c）圆螺母和带翅垫圈　d）串联钢丝

（2）止动垫圈　如图 10-13b 所示，螺母拧紧后，将双耳止动垫圈分别向螺母和被连接件的侧面折弯贴紧，即可将螺母锁住。这种防松措施结构简单，防松可靠，多用于较重要或受力较大的场合。

（3）圆螺母和带翅垫圈　如图 10-13c 所示，先将垫圈内翅嵌入螺栓的轴向槽内，拧紧螺母后将垫圈的其中一个外翅折嵌于螺母的一个槽内锁住螺母。这种防松措施常用于滚动轴承内圈等与轴一起转动的零件的轴向定位。

（4）串联钢丝　如图 10-13d 所示，用低碳钢钢丝穿入各螺钉头部的孔内，将各螺钉串联起来，使其相互制动。使用时必须注意钢丝的穿绕方向，要促使螺钉拧紧。这种防松措施防松可靠，但装拆不便，仅适用于螺钉组连接。

3. 永久防松

永久防松破坏了螺旋副的运动关系，排除了相对运动的可能性，但不能重复使用。

（1）冲点　如图 10-14a 所示，螺母拧紧后，用冲头在螺栓尾与螺母旋合的末端打冲，损坏螺旋副，使其不能松脱。这种防松措施防松可靠，适用于不需拆卸的场合。

（2）粘接　如图 10-14b 所示，将粘合剂涂于螺纹旋合表面，拧紧螺母后，粘合剂能自行固化，防松效果良好。

（3）焊接　如图 10-14c 所示，螺母拧紧后，将螺栓尾与螺母旋合的末端焊死，使其不能松脱。

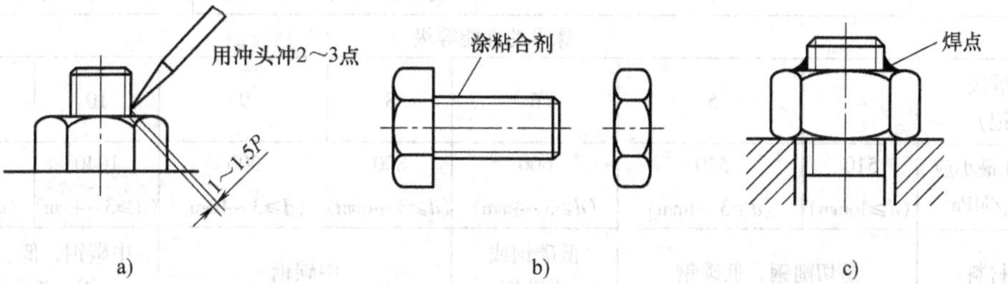

图 10-14　永久防松
a）冲点　b）粘接　c）焊接

第四节　螺纹紧固件的材料及许用应力

一、螺纹紧固件的材料

螺纹紧固件的常用材料为 Q215、Q235、10、35 和 45 钢。对于重要的螺纹紧固件，可采用 15Cr、30CrMnSi、40Cr 等力学性能较高的合金钢。对于特殊用途（如防锈蚀、防磁、导电或耐高温等）的螺纹紧固件，可采用特种钢或铜合金、铝合金等。普通垫圈的材料，推荐采用 Q235、15、35 钢。弹簧垫圈用 65Mn 制造，并经热处理和表面处理。

材料相同，但制造工艺不同可使螺栓、螺母的力学性能有较大的差异。因此国家标准（GB/T 3098. 1—2010 和 GB/T 3098. 2—2000）规定了螺纹紧固件按材料的力学性能分出的性能等级。螺栓、螺柱、螺钉的性能等级分为十级，螺母的性能等级分为七级（表 10-3）。在一般用途的设计中，通常选用 4. 8 级左右的螺栓；在重要的或有特殊要求设计中的螺纹紧固件，要选用高的性能等级，如在压力容器中常采用 8. 8 级的螺栓。选用时需注意所用螺母的性能等级应不低于与其相配螺栓的性能等级。

螺栓、螺柱、螺钉的性能等级以带点数字表示，如 4. 8。点前数字为抗拉强度 $\sigma_b/100$，点后数字为屈服强度 σ_s（或 $\sigma_{p0.2}$）$/\sigma_b \times 10$。螺母的性能等级用一位数字表示最小保证应力 $\sigma_{min}/100$。

表 10-3 螺栓、螺柱、螺钉、螺母的性能等级

螺栓、螺钉和螺柱的性能等级

性能等级（标记）	4.6	4.8	5.6	5.8	6.8	8.8	9.8	10.9	12.9	12.9
抗拉强度 σ_b/MPa	400		500		600	800	900	1000	1200	1200
屈服强度 σ_s（或 $\sigma_{p0.2}$）/MPa	240	320	300	400	480	640	720	900	1080	1080
硬度 HBW_{min}	114	124	147	152	181	245	286	316	380	380
推荐材料	碳素钢或添加元素的碳素钢					添加元素的碳素钢、碳素钢或合金钢，淬火并回火			合金钢淬火并回火	添加元素的碳素钢淬火并回火

螺母的性能等级

性能等级（标记）	4	5	6	8	9	10	12
螺母保证最小应力 σ_{min}/MPa	510（$d \geqslant 16$mm）	520（$d \geqslant 3 \sim 4$mm）	600（$d \geqslant 3 \sim 4$mm）	800（$d \geqslant 3 \sim 4$mm）	900（$d \geqslant 3 \sim 4$mm）	1040（$d \geqslant 3 \sim 4$mm）	1150（$d \geqslant 3 \sim 4$mm）
推荐材料	易切削钢，低碳钢		低碳钢或中碳钢	中碳钢		中碳钢，低、中碳合金钢，淬火并回火	
相配螺栓的性能等级	3.6，4.6，4.8（$d > 16$mm）	3.6，4.6，4.8（$d \leqslant 16$mm）；5.6，5.8（$d \leqslant 39$mm）	6.8（$d \leqslant 39$mm）	8.8（$d \leqslant 39$mm）	9.8（$d \leqslant 16$mm）	10.9（$d \leqslant 39$mm）	12.9（$d \leqslant 39$mm）

注：1. 规定性能等级的螺栓、螺母在图样中只标出性能等级，不应标出材料牌号。
2. 均指粗牙螺纹。
3. 8.8 级及更高性能级别屈服强度为 $\sigma_{p0.2}$。
4. 性能等级为 10、12 的螺母硬度最大值为 38HRC，其余性能等级的螺母硬度最大值为 30HRC。

二、螺纹紧固的许用应力

螺纹紧固件的许用应力与载荷性质（静、变载荷）、装配情况（松、紧连接）、预紧力是否控制以及螺纹紧固件的材料、结构尺寸等因素有关。

许用拉应力

$$[\sigma] = \frac{\sigma_s}{S} \tag{10-16}$$

许用切应力

$$[\tau] = \frac{\sigma_s}{S_\tau} \tag{10-17}$$

许用挤压应力

$$[\sigma_p] = \frac{\sigma_{lim}}{S_p} \tag{10-18}$$

式中 σ_s——螺纹紧固件的下屈服极限（MPa），根据其性能等级确定；

σ_{lim}——连接件与被连接件中较弱的极限应力（MPa），若均为钢材，则取材料的屈服极限 σ_s，若被连接件是铸件，则取其铸件的强度极限 σ_b；

S、S_τ、S_p——拉伸、剪切、挤压安全系数，见表 10-4。

表 10-4 安全系数

<table>
<tr><td colspan="3">载荷性质</td><td colspan="4">静载荷</td><td colspan="4">变载荷</td></tr>
<tr><td colspan="3">松螺栓连接</td><td colspan="8">1.2～1.7</td></tr>
<tr><td rowspan="5">紧螺栓连接</td><td rowspan="4">受轴向或横向载荷的普通螺栓连接</td><td rowspan="3">不控制预紧力的计算</td><td>规格 / 材料</td><td>M6～M16</td><td>M16～M30</td><td>M30～M60</td><td>规格 / 材料</td><td>M6～M16</td><td>M16～M30</td><td>M30～M60</td></tr>
<tr><td>碳素钢</td><td>4～3</td><td>3～2</td><td>2～1.3</td><td>碳素钢</td><td>10～6.5</td><td>6.5</td><td>6.5～10</td></tr>
<tr><td>合金钢</td><td>5～4</td><td>4～2.5</td><td>2.5</td><td>合金钢</td><td>7.5～5</td><td>5</td><td>5～7.5</td></tr>
<tr><td>控制预紧力的计算</td><td colspan="4">1.2～1.5</td><td colspan="4">1.2～1.5</td></tr>
<tr><td colspan="2">铰制孔用螺栓连接</td><td colspan="4">钢：$S_\tau=2.5$，$S_p=1.25$
铸铁：$S_p=2.0～2.5$</td><td colspan="4">钢：$S_\tau=3.5～5$，$S_p=1.5$
铸铁：$S_p=2.5～3.0$</td></tr>
</table>

注：螺钉、双头螺柱连接按表中普通螺栓连接查取。

第五节 螺栓连接的强度计算

强度计算的目的是确定螺栓危险截面的直径（螺纹小径 d_1）。螺栓的其他部分（螺纹牙、螺栓头、光杆）及螺母、垫圈的结构尺寸等，是根据等强度条件及使用经验规定的，通常不需要进行强度计算，可按螺纹的公称直径由标准中选定。

普通螺栓在外载荷的作用下，失效多为螺纹部分的塑性变形或螺栓被拉断。铰制孔用螺栓在外载荷的作用下，可能发生螺栓和被连接件孔壁接触面被压溃或螺栓杆被剪断。螺栓连接的强度计算按普通螺栓和铰制孔用螺栓分别进行。

一、普通螺栓连接的强度计算

1. 松螺栓连接

松螺栓连接的特点是在装配时不需要预紧，在承受工作载荷之前螺栓不受力，受载后螺栓杆纯拉伸。图 10-15 所示的起重滑轮的螺栓连接就是松螺栓连接的一个实例。当滑轮起吊重物时，螺栓所受到的工作拉力仅为工作载荷 F，故螺栓危险截面的拉伸强度条件为

$$\sigma=\frac{4F}{\pi d_1^2}\leqslant[\sigma] \tag{10-19}$$

或

$$d_1\geqslant\sqrt{\frac{4F}{\pi[\sigma]}} \tag{10-20}$$

式中 F——螺栓承受的轴向工作载荷（N）；

$[\sigma]$——松螺栓连接的许用应力（MPa）。

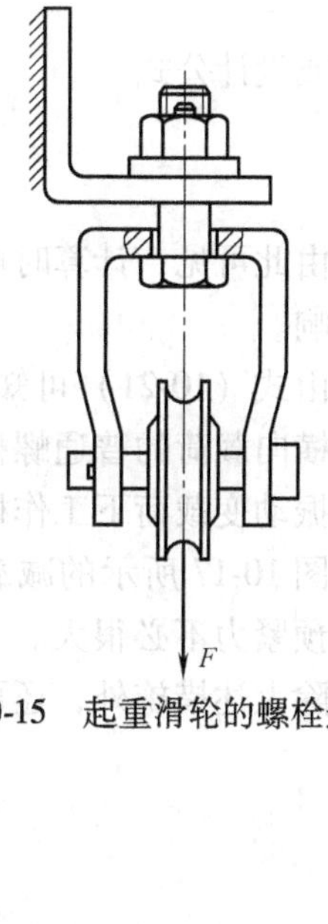

图 10-15 起重滑轮的螺栓连接

2. 紧螺栓连接

紧螺栓连接在装配时需要预紧。根据所承受的载荷类型，紧螺栓连接可分为受横向工作载荷的紧螺栓连接和受轴向工作载荷的紧螺栓连接。

（1）受横向工作载荷　如图10-16所示，在横向工作载荷 F_R 的作用下，被连接件的接合面间有相对滑移趋势，连接预紧后在接合面间产生的摩擦力来抵抗横向载荷 F_R。接合面间产生的最大摩擦力必须大于或等于横向载荷。考虑到接合面间粗糙度、可能有润滑油渗入及载荷不稳定等因素的影响导致摩擦力不稳定，故引入可靠性系数 K_f，则有

$$F_0 fm \geqslant K_f F_R \text{ 或 } F_0 \geqslant \frac{K_f F_R}{fm} \quad (10\text{-}21)$$

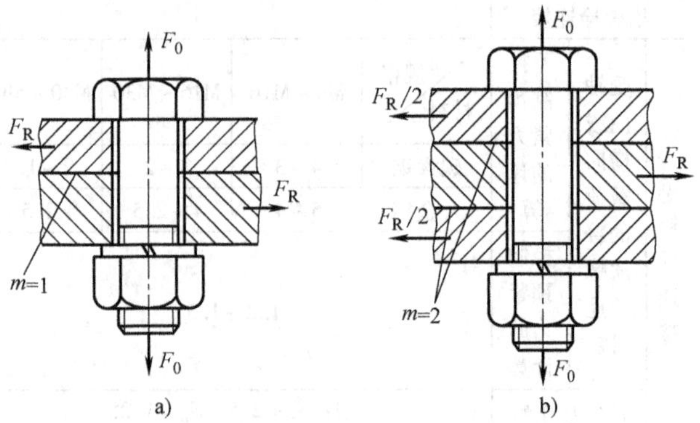

图10-16　受横向工作载荷的紧螺栓连接

a）$m=1$　b）$m=2$

式中　m——接合面数目；

f——接合面间的摩擦系数。

K_f——可靠性系数，一般取 $K_f=1.1\sim1.3$。

紧螺栓连接，在拧紧时螺栓同时承受拉伸和扭转作用。

预紧力引起的拉应力为

$$\sigma=\frac{4F_0}{\pi d_1^2}$$

螺牙间的摩擦力矩引起螺杆的扭转切应力 τ。对于M10～M68的普通螺纹，$\tau\approx0.5\sigma$。根据第四强度理论，螺栓的计算应力为

$$\sigma_{ca}=\sqrt{\sigma^2+3\tau^2}=\sqrt{\sigma^2+3(0.5\sigma)^2}\approx1.3\sigma$$

故强度条件为

$$\sigma_{ca}=\frac{4\times1.3F_0}{\pi d_1^2}\leqslant[\sigma] \quad (10\text{-}22)$$

或设计公式

$$d_1\geqslant\sqrt{\frac{4\times1.3F_0}{\pi[\sigma]}} \quad (10\text{-}23)$$

由此可见，计算时可以只按抗拉强度计算，但将所受的拉伸应力加大30%来考虑扭转的影响。

由式（10-21）可知，当 $m=1$、$f=0.15$、$K_f=1.2$ 时，则 $F_0\geqslant8F_R$，说明这种靠摩擦力承受横向载荷的普通螺栓连接，预紧力较工作载荷大得多，结果必然是螺栓直径大，并且在冲击振动变载荷下工作极不可靠。为增加连接的可靠性，减小螺栓直径，提高承载能力，可采用图10-17所示的减载装置，用减载零件承担横向载荷，而螺栓只起到连接的作用，因此，预紧力不必很大。

除上述措施外，还可改用铰制孔用螺栓连接。

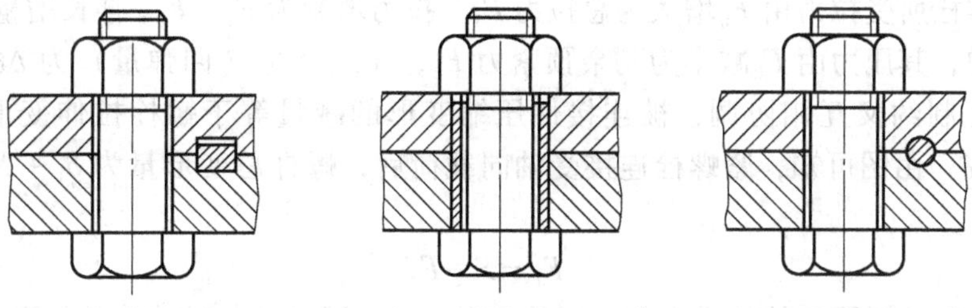

图 10-17 减载装置

a）减载键 b）减载套筒 c）减载销

（2）受轴向工作载荷

1）螺栓的受力。承受轴向工作载荷，采用普通紧螺栓连接，常见于对紧密性要求较高的压力容器中，如气缸、油缸中的法兰连接（图 10-18）。这种连接拧紧后螺栓受预紧力 F_0，工作时还受轴向工作载荷 F（$F=F_\Sigma/z$，z 为螺栓数目）。一般情况下，螺栓的总拉力 F_1 并不等于 F 与 F_0 之和，现分析如下。

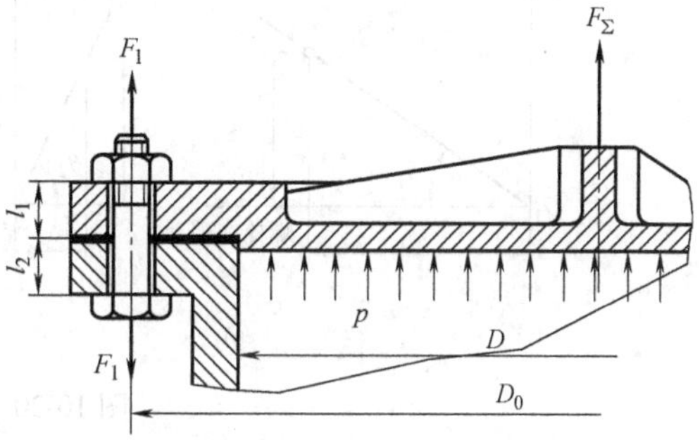

图 10-18 气缸盖中的螺栓连接

螺栓和被连接件受载前后的情况如图 10-19 所示。图 10-19a 所示为螺母刚好拧到与被连接件接触时的情况。此时螺栓与被连接件均未受力，因而也不产生变形。

图 10-19b 所示为螺母拧紧后，但还未承受工作载荷的情况。此时螺栓只受预紧力 F_0 的作用。根据静力平衡条件，被连接件所受压力与螺栓所受拉力大小相等，也为 F_0。以 C_1 和 C_2 分别表示螺栓和被连接件的刚度，则螺栓产生伸长变形 $\delta_1=F_0/C_1$，被连接件产生压缩变形 $\delta_2=F_0/C_2$。一般螺栓杆与被连接件材料不同，故两者刚度不相等，变形也不同（$\delta_1\neq\delta_2$）。

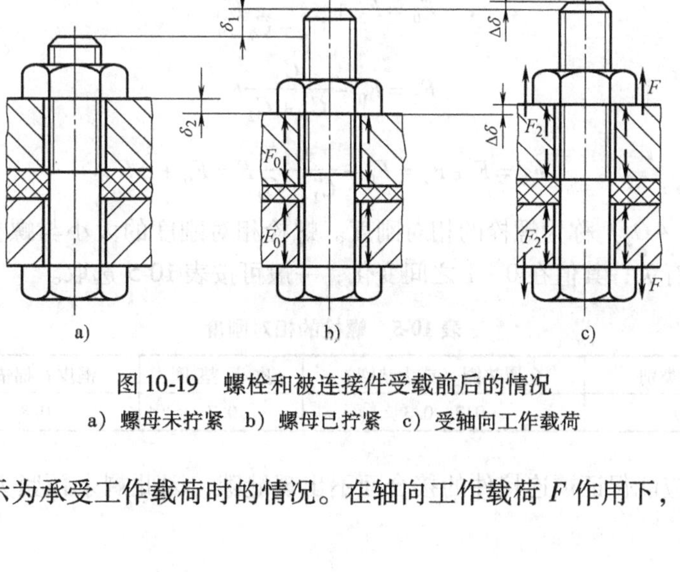

图 10-19 螺栓和被连接件受载前后的情况

a）螺母未拧紧 b）螺母已拧紧 c）受轴向工作载荷

图 10-19c 所示为承受工作载荷时的情况。在轴向工作载荷 F 作用下，接合面有分离趋

势，这时，螺栓所受拉力由 F_0增大为总拉力 F_1，拉力增量为 F_1-F_0，伸长增量为 $\Delta\delta_1$，被连接件随之回弹，其压力由 F_0减小为剩余预紧力 F_2，压缩减量（回弹量）为 $\Delta\delta_2$。由于弹性体的变形相互制约又互相协调，被连接件压缩变形的减量等于螺栓拉伸变形的增量，即 $\Delta\delta_1=\Delta\delta_2=\Delta\delta$。由图可知，紧螺栓连接受轴向载荷后，螺杆总变形量为 $\delta_1+\Delta\delta$，对应的总拉力为

$$F_1=F+F_2 \tag{10-24}$$

为了更清楚地说明连接的受力与变形的关系，将上述螺栓与被连接件的受力及变形的关系用图 10-20 表示。图 10-20a 所示为螺母拧紧后，但还未承受轴向工作载荷时螺栓与被连接件的受力及变形的关系。图 10-20b 所示为承受轴向工作载荷时的情况，螺栓受轴向工作载荷 F 时，螺栓总拉力为 F_1，其总拉伸量为 $\delta_1+\Delta\delta$，被连接件的压缩力等于剩余预紧力 F_2，其总压缩量为 $\delta_2-\Delta\delta$。

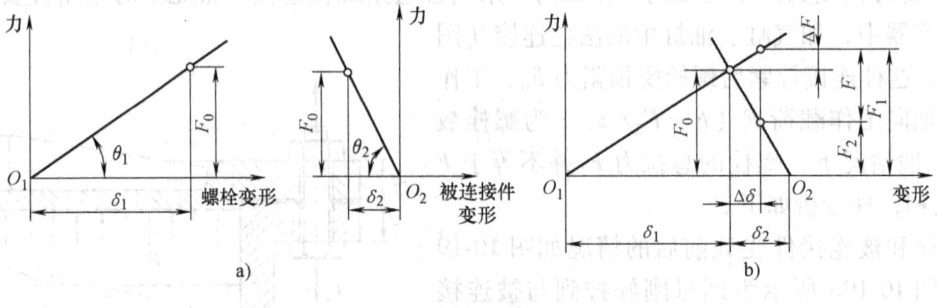

图 10-20　受力及变形的关系

a）螺母拧紧时　b）受轴向工作载荷时

因此，螺栓所受的总拉力 F_1应为轴向工作载荷 F 与剩余预紧力 F_2之和。

F、F_0、F_1、F_2之间的关系，由图 10-20 所示的几何关系可知

$$\Delta\delta=\frac{F_1-F_0}{C_1}=\frac{F+F_2-F_0}{C_1}=\frac{F_0-F_2}{C_2}$$

得

$$F_0=F_2+\frac{C_2}{C_1+C_2}F \tag{10-25}$$

$$F_2=F_0-\frac{C_2}{C_1+C_2}F \tag{10-26}$$

$$F_1=F+F_2=F_0+\frac{C_1}{C_1+C_2}F=F_0+\Delta F \tag{10-27}$$

式中 $C_1/(C_1+C_2)$ 称为螺栓的相对刚度。螺栓相对刚度的大小与螺栓及被连接件的材料、尺寸和结构有关，其值在 0～1 之间变化，一般可按表 10-5 选取。

表 10-5　螺栓的相对刚度

被连接件间垫圈类别	金属垫圈（或无垫圈）	皮 革 垫 圈	铜皮石棉垫圈	橡 胶 垫 圈
$C_1/(C_1+C_2)$	0.2～0.3	0.7	0.8	0.9

紧螺栓连接应能保证被连接件的接合面不出现缝隙，因此剩余预紧力 F_2应大于零。当

轴向工作载荷 F 没有变化时，可取 $F_2=(0.2\sim0.6)F$；当 F 有变化时，$F_2=(0.6\sim1.0)F$；对于有紧密性要求的连接（如压力容器的螺栓连接），$F_2=(1.5\sim1.8)F$。设计时，通常在求出 F 后，即可根据连接的工作要求选择 F_2，然后由式（10-27）求 F_1 以计算螺栓的强度。

2）螺栓的强度条件。

$$\sigma=\frac{4\times1.3F_1}{\pi d_1^2}\leqslant[\sigma] \tag{10-28}$$

设计公式

$$d_1\geqslant\sqrt{\frac{4\times1.3F_1}{\pi[\sigma]}} \tag{10-29}$$

二、铰制孔用螺栓连接的强度计算

如图 10-21 所示，受横向工作载荷的铰制孔用螺栓连接中，杆与孔壁间无间隙，载荷是依靠螺栓杆的剪切以及螺栓杆和被连接件间的挤压来传递的。装配时只需对连接中的螺栓施加较小的预紧力，因此可以忽略接合面间的摩擦，螺栓仅受工作载荷 F_R。其失效形式有两种：螺栓杆受剪面的塑性变形或剪断；螺栓杆与被连接件中较弱的挤压面被压溃。

螺栓杆的剪切强度条件为

$$\tau=\frac{4F_R}{\pi d_s^2}\leqslant[\tau] \tag{10-30}$$

螺栓杆与孔壁的挤压强度条件为

$$\sigma_p=\frac{F_R}{d_s h_{min}}\leqslant[\sigma_p] \tag{10-31}$$

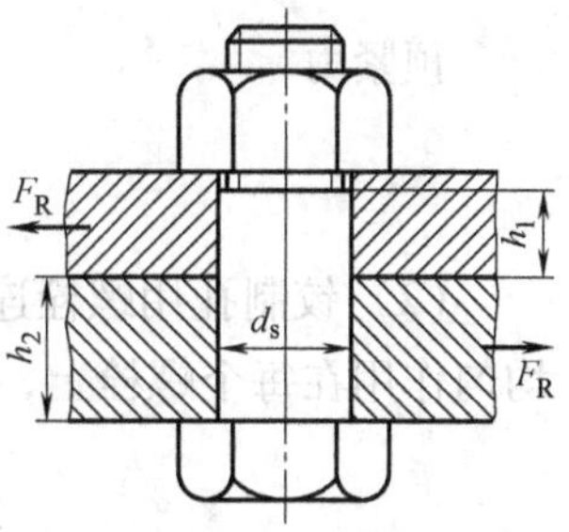

图 10-21 铰制孔用螺栓连接

式中 F_R——螺栓所受的横向工作载荷（N）；

d_s——螺栓剪切面直径，即螺栓杆直径（mm）；

h_{min}——螺栓杆与孔壁挤压面的最小高度（mm）；

$[\tau]$——螺栓许用切应力（MPa）；

$[\sigma_p]$——螺栓或被连接件的许用挤压应力（MPa）。

三、螺栓组连接的强度计算

在机器中，螺栓（或螺钉、螺柱）大多数都是成组使用，与被连接件构成螺栓组连接。设计螺栓组连接时，首先应根据连接的用途、被连接件的结构和受载情况，确定螺栓的数目和布置形式。然后分析螺栓组的受载情况，找出受载最大的螺栓，并求出工作载荷，以便对螺栓进行强度计算。为了提高螺栓组连接的结构工艺性，通常都采用相同的螺栓类型和尺寸。

为了简化计算，通常进行如下假设：所有螺栓的材料、直径、长度和预紧力均相同，受载后材料变形在弹性范围内，螺栓组的对称中心与连接接合面的形心重合，受载后连接接合面仍保持为平面。

1. 受横向工作载荷

如图 10-22 所示，横向工作载荷 $F_{R\Sigma}$ 的作用线与螺栓轴线垂直。可以采用普通螺栓和铰制孔用螺栓连接。

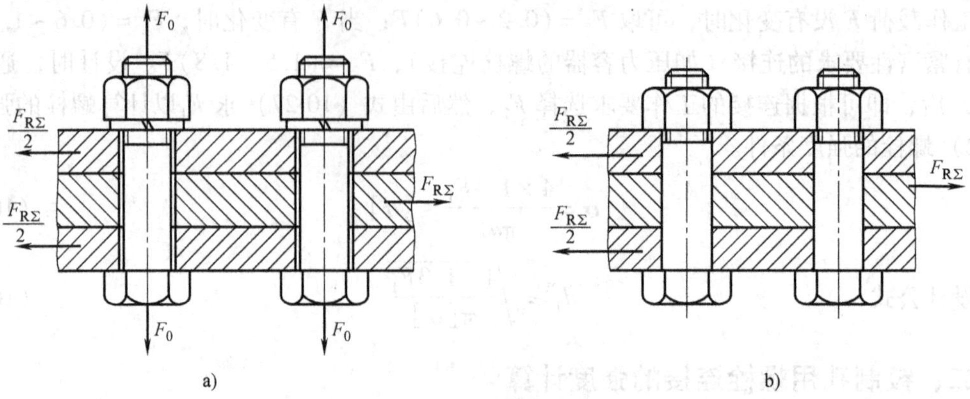

图 10-22　受横向工作载荷的螺栓组连接
a）普通螺栓　b）铰制孔用螺栓

（1）普通螺栓连接　在如图 10-22a 所示的螺栓连接中，依靠预紧后在接合面间产生的摩擦力来承受横向工作载荷。由于各螺栓预紧力相同，则 z 个螺栓产生的总摩擦力应大于等于横向工作载荷，即可保证结合面不滑移，因此有

$$F_0 fzm \geqslant K_f F_{R\Sigma} \tag{10-32}$$

预紧力

$$F_0 \geqslant \frac{K_f F_{R\Sigma}}{fzm} \tag{10-33}$$

（2）铰制孔用螺栓连接　在图 10-22b 所示的螺栓组连接中，可认为横向工作载荷 $F_{R\Sigma}$ 均匀作用在每个螺栓上，即

$$F_R = \frac{F_{R\Sigma}}{z} \tag{10-34}$$

2. 受轴向工作载荷

这种连接只能采用普通螺栓。如图 10-18 所示，受轴向工作载荷的气缸盖螺栓组连接。轴向总载荷 F_Σ 的作用线与螺栓轴线平行，并通过螺栓组形心。总载荷均匀地作用在每个螺栓上，故每个螺栓所受轴向工作载荷为

$$F = \frac{F_\Sigma}{z} \tag{10-35}$$

3. 受转矩

如图 10-23 所示，转矩 T 作用在连接接合面内，T 绕通过螺栓组中心 O 并与接合面垂直的轴线回转。这时可以采用普通螺栓和铰制孔用螺栓连接。

（1）普通螺栓连接　如图 10-23a 所示，用普通螺栓连接时，靠接合面间的摩擦力矩来平衡转矩 T。假设各螺栓的预紧力均为 F_0，则各螺栓连接接合面处产生的摩擦力相等，并假设此摩擦力集中作用在

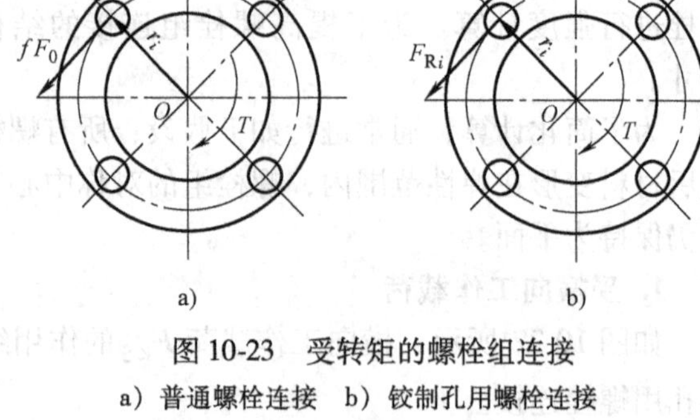

图 10-23　受转矩的螺栓组连接
a）普通螺栓连接　b）铰制孔用螺栓连接

螺栓中心处。为阻止接合面产生相对转动，各摩擦力方向应与各螺栓中心到底板旋转中心 O 的连线垂直。根据底板的力矩平衡条件得

$$fF_0r_1 + fF_0r_2 + \cdots + fF_0r_z = K_fT$$

或

$$F_0 = \frac{K_fT}{f(r_1 + r_2 + \cdots + r_z)} = \frac{K_fT}{f\sum_{i=1}^{z} r_i} = \frac{K_fT}{fzr} \tag{10-36}$$

式中 r_1、r_2、…、r_z——各螺栓中心到旋转中心 O 的距离。

（2）铰制孔用螺栓连接　如图 10-23b 所示，用铰制孔用螺栓连接时，设各螺栓作用在底板上的力 F_{Ri} 方向与各螺栓中心到底板旋转中心 O 的连线垂直。忽略各螺栓的预紧力和摩擦力，则根据底板的力矩平衡条件得

$$F_{R1}r_1 + F_{R2}r_2 + \cdots + F_{Rz}r_z = \sum_{i=1}^{z} F_{Ri}r_i = T \tag{10-37}$$

式中 F_{R1}、F_{R2}、…、F_{Rz}——各螺栓的工作载荷；

r_1、r_2、…、r_z——各螺栓中心到底板旋转中心 O 的距离。

由于每个螺栓中心到底板旋转中心 O 的距离 r_i 均相等，可得螺栓工作载荷为

$$F_R = \frac{T}{zr} \tag{10-38}$$

通过螺栓组连接的受力分析，求出每个螺栓受力的大小后，即可按单个螺栓连接强度的计算方法进行计算。

例 10-1　如图 10-18 所示，一气缸盖与缸体凸缘采用普通螺栓连接。已知：气缸中的压力 p 为 2MPa，气缸内径 $D = 500$mm，螺栓分布直径 $D_0 = 650$mm，两连接件厚度为 $l_1 = l_2 = 25$mm，为保证气密性要求，要求剩余预紧力 $F_2 = 1.8\ F$，螺栓间距 $t \leqslant 4.5\ d$（d 为螺栓的大径），螺栓材料的许用拉应力 $[\sigma] = 120$MPa，选用铜皮石棉垫圈，螺栓的相对刚度 $C_1/(C_1 + C_2) = 0.8$，试确定螺栓的数目和尺寸。

解　1）设取螺栓数目 $z = 24$，则单个螺栓所受的轴向工作载荷 F 为

$$F = \frac{p\pi D^2}{4z} = \frac{2 \times 3.14 \times (500\text{mm})^2}{4 \times 24} = 16354.17\text{N}$$

2）单个螺栓所受的总拉力 F_1 为

$$F_1 = F + F_2 = F + 1.8F = 2.8F = 2.8 \times 16354.17\text{N} = 45791.67\text{N}$$

3）所需的螺栓直径 d_1

$$d_1 \geqslant \sqrt{\frac{4 \times 1.3 \times F_1}{\pi[\sigma]}} = \sqrt{\frac{4 \times 1.3 \times 45791.67\text{N}}{3.14 \times 120\text{MPa}}} = 25.139\text{mm}$$

查表 10-2，M30 的 $d_1 = 26.211\text{mm} > 25.139\text{mm}$。

4）校核螺栓间距 t

$$t = \frac{\pi D_0}{z} = \frac{3.14 \times 650\text{mm}}{24} = 85.04\text{mm} < 4.5d = 4.5 \times 30 = 135\text{mm}$$

5）确定螺栓的数目和尺寸

$$z = 24, \text{M30}, \text{公称长度 } l = 80\text{mm}$$

例 10-2　如图 10-24 所示，一牵曳钩用 2 个 M10（$d_1 = 8.376$mm）的普通螺栓固定于机

体上。已知接合面间摩擦系数 $f=0.15$，可靠性系数 $K_f=1.2$，螺栓性能等级为4.6级，装配时控制预紧力。试计算该螺栓组连接允许的最大牵曳力 F_{max}。

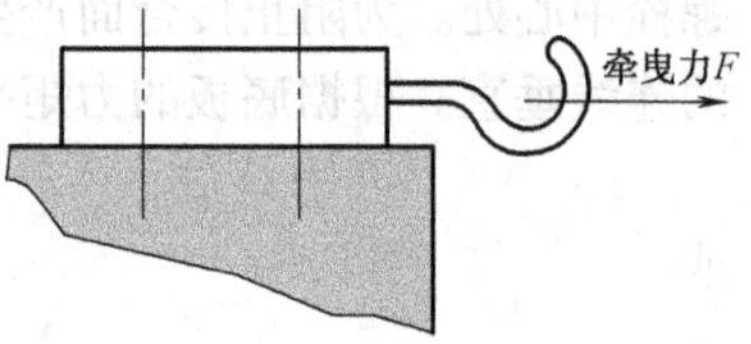

图 10-24　例 10-2 图

解　$\sigma_s=240\text{MPa}$。查表10-4，取 $S=1.2$。

$$[\sigma]=\frac{\sigma_s}{S}=\frac{240\text{MPa}}{1.2}=200\text{MPa}$$

由强度条件 $\dfrac{1.3F_0}{\dfrac{\pi d_1^2}{4}}\leqslant[\sigma]$ 得

$$F_0\leqslant\frac{\pi d_1^2[\sigma]}{1.3\times4}=\frac{3.14\times(8.376\text{mm})^2\times200\text{MPa}}{1.3\times4}=8472.85\text{N}$$

由承载条件 $F_0\geqslant\dfrac{K_fF}{fz}$ 得

$$F\leqslant\frac{F_0fz}{K_f}=\frac{8472.85\text{N}\times0.15\times2}{1.2}=2118.21\text{N}$$

故有 $F_{max}=2118.21\text{N}$。

第六节　螺栓组连接的结构设计

螺栓组连接结构设计的主要目的是在于合理地确定连接接合面的几何形状和螺栓的数目及其布置形式，力求使各螺栓和连接接合面间受力均匀而且较小，避免螺栓受各种附加载荷，同时便于加工和装配等。为此，设计时应综合考虑以下几方面的问题。

一、连接接合面的几何形状

通常连接接合面都设计成轴对称的简单几何形状，如图10-25所示，如圆形、环形、矩形、框形、三角形等。这样不但便于加工制造，而且便于对称布置螺栓，使螺栓组的对称中心和连接接合面的形心重合，以保证连接接合面受力比较均匀。

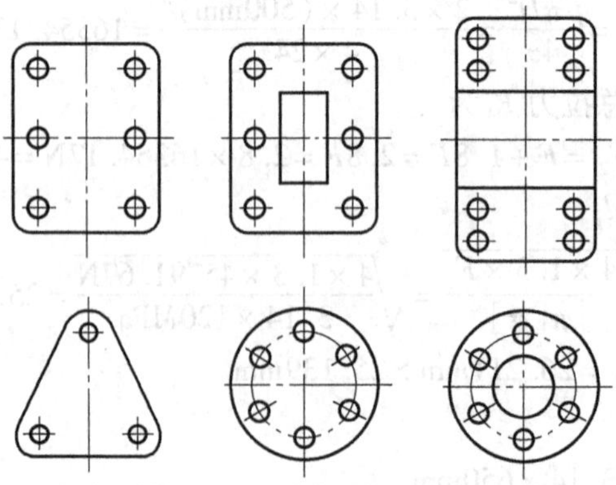

图 10-25　连接接合面常用的形状

二、螺栓的布置

螺栓的布置应使各螺栓的受力合理。当螺栓组连接承受转矩时，应使螺栓位置尽量远离对称轴，适当靠近连接接合面的边缘，以减小螺栓受力，增加连接的可靠性（图 10-26）。对于受横向载荷的螺栓组，沿受力方向布置的螺栓不宜超过 6 ~ 8 个，以免各螺栓受力严重不均匀。如果螺栓同时承受轴向载荷和较大的横向载荷时，应采用键、套筒、销等抗剪零件来承受横向载荷（图 10-17），以减小螺栓的预紧力及结构尺寸。

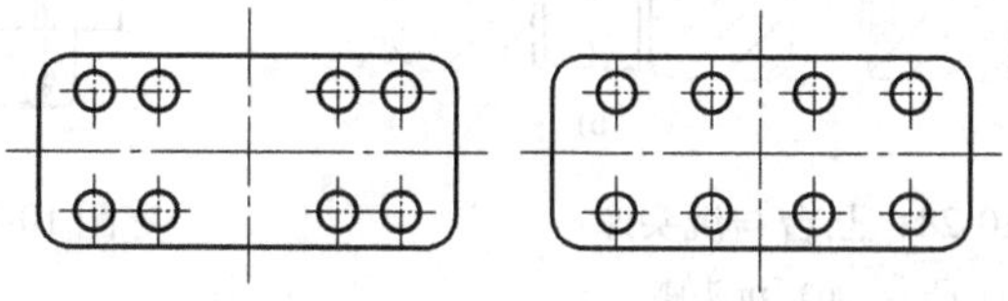

a) b)

图 10-26 螺栓组连接承受转矩时螺栓的布置

a）合理 b）不合理

三、分布在同一圆周上的螺栓数目

通常应取 6、8、10、12 等偶数，以便于分度画线和加工。

四、螺栓的布置应有合理的边距和间距

螺栓的周围应留有足够的空间，以便扳手转动，扳手空间可查阅机械设计手册。对于压力容器等紧密性要求高的重要连接，螺栓间距 t 不得大于表 10-6 中所推荐的数值。

表 10-6 螺栓间距 t

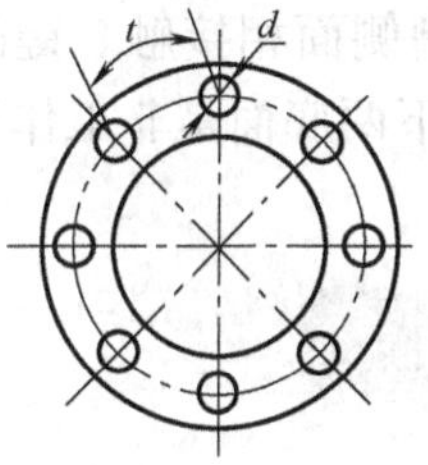	工作压力/MPa					
	≤1.6	>1.6 ~4	>4 ~10	>10 ~16	>16 ~20	>20 ~30
	t/mm					
	$7d$	$5.5d$	$4.5d$	$4d$	$3.5d$	$3d$

五、应避免产生附加弯曲应力

由于制造和装配误差或设计不当，易使螺栓产生附加弯曲应力，如图 10-27 所示。此外，螺母与螺栓头部支承面的粗糙不平或偏斜，也会引起附加弯曲应力。为减小附加弯曲应力，应从结构、制造及装配等方面采取措施。例如：铸、锻件等粗糙表面为支承面时，应制成凸台或沉头座，如图 10-28 所示；当支承面为倾斜表面时，应采用斜面垫圈为支承面，如图 10-29 所示。

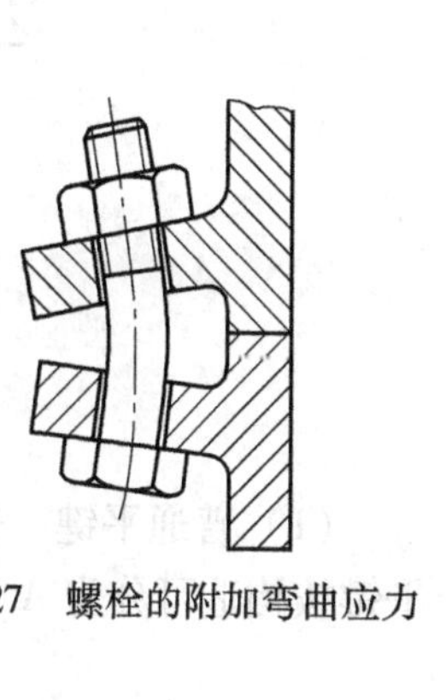

图 10-27 螺栓的附加弯曲应力

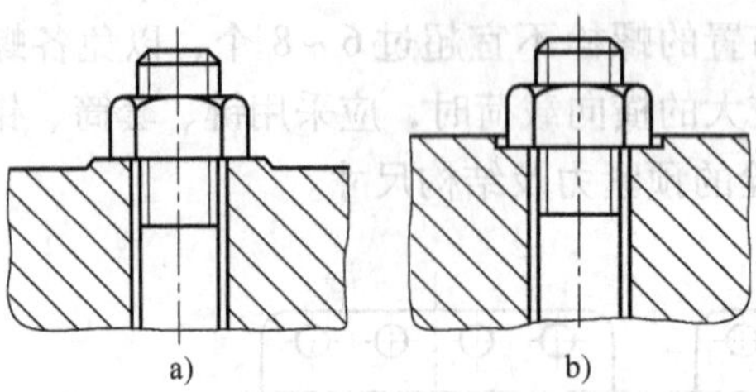

图 10-28 凸台与沉头座
a）凸台 b）沉头座

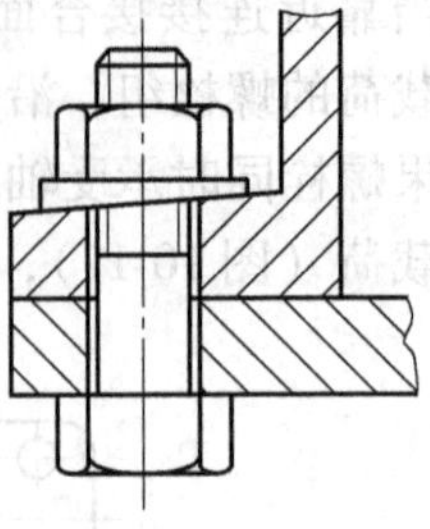

图 10-29 斜面垫圈

第七节 键连接和花键连接

一、键连接的功能与类型

键主要用来实现轴和轴上零件之间的周向固定以传递运动和转矩，有些键还可实现轴上零件的轴向固定或轴向导向移动。键是一种标准零件，分为平键、半圆键、楔键和切向键等。

设计时应根据各类键的结构和特点按标准选取，并进行强度校核。

1. 平键连接

平键连接分为普通平键连接、导向平键连接和滑键连接。

平键连接结构简单、装拆方便、对中性好，应用广泛。但这种键连接不能承受轴向力，对轴上零件不能起轴向固定作用。

图 10-30a 所示为普通平键连接。键的两侧面与轴和轮毂的键槽侧面相接触。键的上表面与轮毂上键槽底面之间则留有间隙。键的两个侧面是工作面，上下两底面是非工作面。工作时，靠键与键槽侧面的挤压力传递转矩。

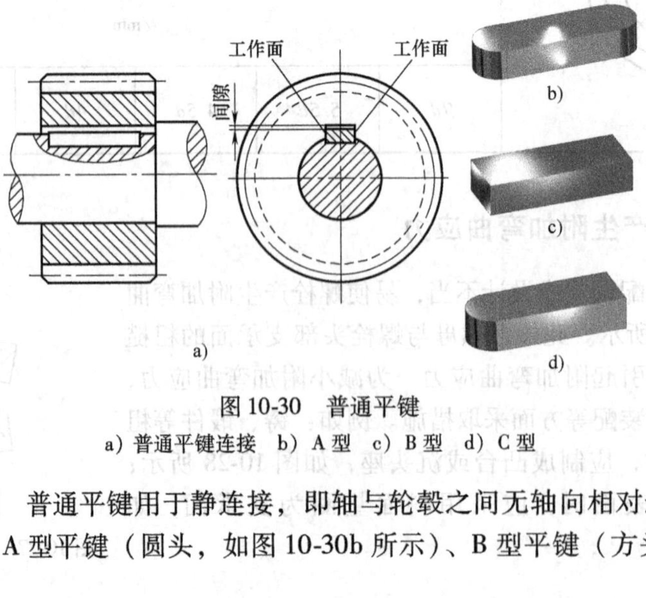

图 10-30 普通平键
a）普通平键连接 b）A 型 c）B 型 d）C 型

（1）普通平键 普通平键用于静连接，即轴与轮毂之间无轴向相对运动的连接。普通平键按构造可分为 A 型平键（圆头，如图 10-30b 所示）、B 型平键（方头，如图 10-30c 所示）和 C 型平键（半圆头，如图 10-30d 所示）。

A 型平键轴上键槽用指形齿轮铣刀加工，键在键槽中固定良好，但键的圆头部与轮毂键槽不接触，所以键长不能充分利用，且轴上键槽端部应力集中较大。B 型平键轴上键槽用盘形铣刀加工，轴上键槽端部应力集中小，键长充分利用。但 B 型平键的键长小于键槽长度，故对键槽较长的大尺寸键，宜用紧定螺钉固定在轴上键槽中，以防松动。C 型平键用于轴端与轮状零件的连接。

如果强度不够，可采用两个普通平键，相隔 180°布置。这样布置，制造方便，两键的挤压力对轴平衡，对轴不产生附加弯矩，对受力有利，并且对轴的削弱均匀，对中性好。

（2）导向平键和滑键　导向平键和滑键用于动连接，即轴与轮毂之间有轴向相对运动的连接。如图 10-31a 所示，导向平键是一种较长的平键，用螺钉固定在轴上的键槽中，轴上传动零件可沿键做轴向滑移，为了便于拆装，在键上制有起键螺纹孔。导向平键有 A、B 两种型号，适用于零件移动距离不大的场合，如变速箱中的滑移齿轮。若零件滑移距离较大时，所需导向平键长度过大，制造困难，宜用滑键。如图 10-31b 所示，滑键固定在轮毂上，轴上零件带动滑键在轴上的键槽中做轴向滑移。使用滑键时轴上需铣出较长的键槽。

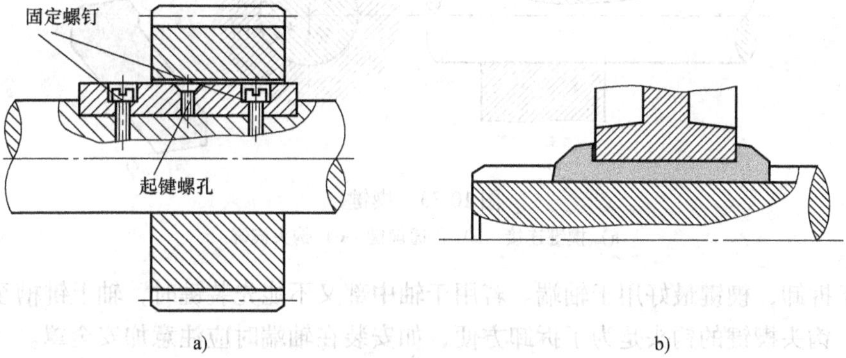

图 10-31　导向平键和滑键
a）导向平键　b）滑键

2. 半圆键连接

如图 10-32a 所示，半圆键的工作面也是两侧面。它与平键一样具有定心较好的优点。轴上键槽用尺寸与半圆键相同的半圆键槽铣刀铣出，所以键在键槽中能绕其几何中心摆动，以适应轮毂中键槽的斜度，常用于锥形轴端与轮毂的连接（图 10-32b）。它的缺点是轴上键槽较深，键槽对轴的削弱较大，一般只用于轻载连接。如果需要采用两个半圆键时，一般布置在轴的同一母线上。

3. 楔键连接和切向键连接

楔键有普通楔键（图 10-33b）和钩头楔键（图 10-33c）。普通楔键有圆头、平头和半圆头三种形式。楔键上下两面是工作面，键的上表面和与它相配合的轮毂键槽底面均有1∶100 的斜度（图 10-33a）。

装配后，键楔紧在轴和轮毂的键槽里。工作时，依靠键的楔紧作用来传递转矩，同时还可以承受单向的轴向载荷。楔紧时破坏了轴与轮毂的对中性，使轴和轮毂产生偏心，加之依靠摩擦传力，所以不宜用于对中要求严格或高速、精密的连接。

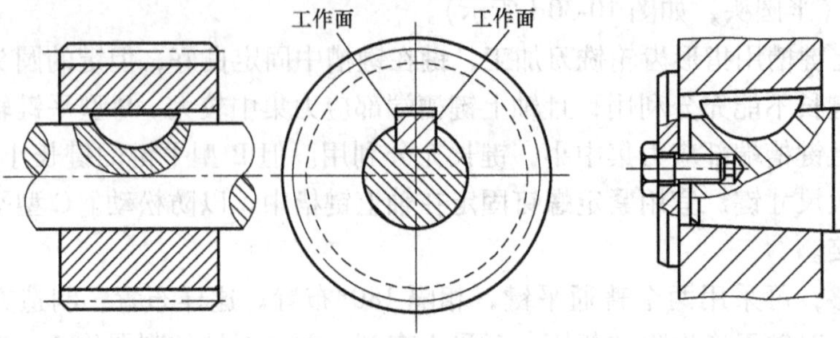

图 10-32 半圆键

a）半圆键的工作面 b）半圆键用于锥形轴端

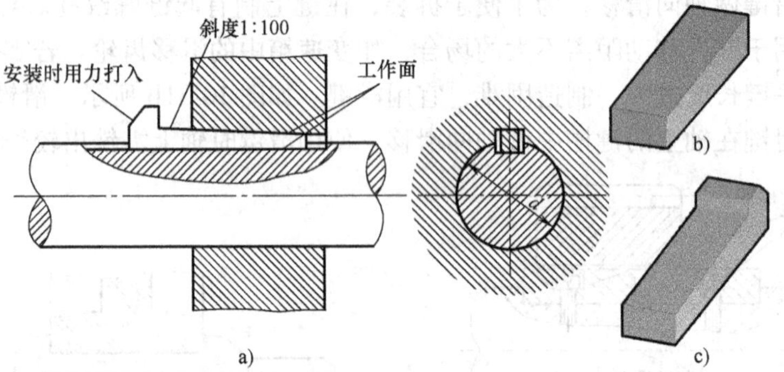

图 10-33 楔键

a）楔键连接 b）普通楔键 c）钩头楔键

为便于拆卸，楔键最好用于轴端。若用于轴中部又不能先装键时，轴上键槽至少应为键长的两倍。钩头楔键的钩头是为了拆卸方便，如安装在轴端时应注意加安全罩。

如图 10-34a 所示，切向键由一对斜度为 1 : 100 的楔键组成，两个楔键沿斜面拼合后互相平行的两个窄面是工作面。装配时，把一对楔键分别从轮毂两端打入，其中一个的工作面通过轴心线的平面，使工作面上的压力沿轴的切线方向作用，能传递很大的转矩。工作时，靠工作面上的挤压力和轴与轮毂之间的摩擦力来传递转矩。采用一个切向键时，只能传递单向转矩（图 10-34b）；当要传递双向转矩时，需采用两个切向键（图 10-34c）。为了不至于严重削弱轴和轮毂的强度，两个切向键应成 120°～130°布置。

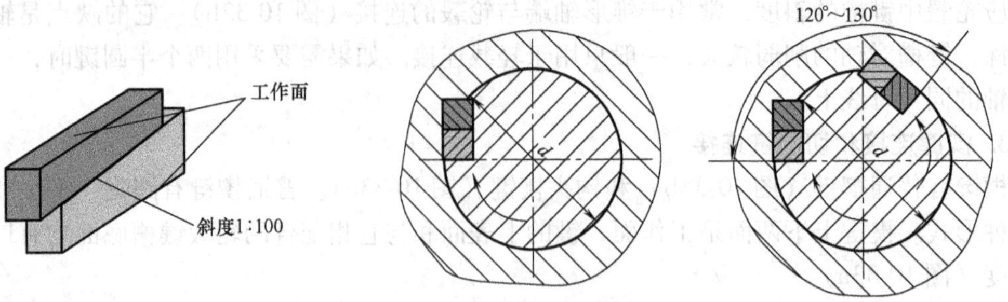

图 10-34 切向键

a）切向键 b）传递单向转矩 c）传递双向转矩

二、键的选择

键是标准件，其选择包括类型选择和尺寸选择两部分。

键的类型可根据连接的结构特点、使用要求和工作条件选择，选择时应考虑需要传递转矩的大小，连接于轴上的零件是否需要沿轴向滑动及滑动距离的长短，连接的对中性要求，键是否需要具有轴向固定的作用以及键在轴上的位置（在轴的中部还是端部）等。

键的截面尺寸 $b\times h$（b 为键宽，h 为键高）可从标准中选出，键的长度 L 一般可根据轮毂长度选取，键的长度比轮毂略短 5 ~ 10mm，同时应符合标准规定的尺寸系列。普通平键和键槽的主要尺寸，见表 10-7。

表 10-7　普通平键和键槽的主要尺寸　（单位：mm）

<table>
<tr><th>轴</th><th>键</th><th colspan="9">键　槽</th></tr>
<tr><th rowspan="4">公称直径 d</th><th rowspan="4">公称尺寸
$b\times h$</th><th colspan="5">宽度极限偏差</th><th colspan="4">深　度</th></tr>
<tr><th colspan="2">松连接</th><th colspan="2">正常连接</th><th>紧密连接</th><th colspan="2">轴 t_1</th><th colspan="2">毂 t_2</th></tr>
<tr><th rowspan="2">轴 H9</th><th rowspan="2">毂 D10</th><th rowspan="2">轴 N9</th><th rowspan="2">毂 JS9</th><th rowspan="2">轴和毂
P9</th><th rowspan="2">公称尺寸</th><th rowspan="2">极限偏差</th><th rowspan="2">公称尺寸</th><th rowspan="2">极限偏差</th></tr>
<tr></tr>
<tr><td>6 ~ 8</td><td>2×2</td><td rowspan="2">+0.025
0</td><td rowspan="2">+0.060
+0.020</td><td rowspan="2">-0.004
-0.029</td><td rowspan="2">±0.0125</td><td rowspan="2">-0.006
-0.031</td><td>1.2</td><td rowspan="5">+0.1
0</td><td>1</td><td rowspan="5">+0.1
0</td></tr>
<tr><td>>8 ~ 10</td><td>3×3</td><td>1.8</td><td>1.4</td></tr>
<tr><td>>10 ~ 12</td><td>4×4</td><td rowspan="3">+0.030
0</td><td rowspan="3">+0.078
+0.030</td><td rowspan="3">0
-0.030</td><td rowspan="3">±0.015</td><td rowspan="3">-0.012
-0.042</td><td>2.5</td><td>1.8</td></tr>
<tr><td>>12 ~ 17</td><td>5×5</td><td>3</td><td>2.3</td></tr>
<tr><td>>17 ~ 22</td><td>6×6</td><td>3.5</td><td>2.8</td></tr>
<tr><td>>22 ~ 30</td><td>8×7</td><td rowspan="2">+0.036
0</td><td rowspan="2">+0.098
+0.040</td><td rowspan="2">0
-0.036</td><td rowspan="2">±0.018</td><td rowspan="2">-0.015
-0.051</td><td>4</td><td rowspan="13">+0.2
0</td><td>3.3</td><td rowspan="13">+0.2
0</td></tr>
<tr><td>>30 ~ 38</td><td>10×8</td><td>5</td><td>3.3</td></tr>
<tr><td>>38 ~ 44</td><td>12×8</td><td rowspan="4">+0.043
0</td><td rowspan="4">+0.120
+0.050</td><td rowspan="4">0
-0.043</td><td rowspan="4">±0.0215</td><td rowspan="4">-0.018
-0.061</td><td>5</td><td>3.3</td></tr>
<tr><td>>44 ~ 50</td><td>14×9</td><td>5.5</td><td>3.8</td></tr>
<tr><td>>50 ~ 58</td><td>16×10</td><td>6</td><td>4.3</td></tr>
<tr><td>>58 ~ 65</td><td>18×11</td><td>7</td><td>4.4</td></tr>
<tr><td>>65 ~ 75</td><td>20×12</td><td rowspan="4">+0.052
0</td><td rowspan="4">+0.149
+0.065</td><td rowspan="4">0
-0.052</td><td rowspan="4">±0.026</td><td rowspan="4">-0.022
-0.074</td><td>7.5</td><td>4.9</td></tr>
<tr><td>>75 ~ 85</td><td>22×14</td><td>9</td><td>5.4</td></tr>
<tr><td>>85 ~ 95</td><td>25×14</td><td>9</td><td>5.4</td></tr>
<tr><td>>95 ~ 110</td><td>28×16</td><td>10</td><td>6.4</td></tr>
<tr><td colspan="11">键的长度（L）系列：6、8、10、12、14、16、18、20、22、25、28、32、36、40、45、50、56、63、70、80、90、100、110、125、140、180、200</td></tr>
<tr><td colspan="11">$b=8$、$h=7$、$L=70$ 的普通 A 型平键标记为：GB/T 1096 键 8×7×70
$b=10$、$h=8$、$L=50$ 的普通 B 型平键标记为：GB/T 1096 键 B 10×8×50
$b=20$、$h=12$、$L=36$ 的普通 C 型平键标记为：GB/T 1096 键 C 20×12×36</td></tr>
</table>

三、平键连接的强度校核

平键连接的主要失效形式是键、轴与轮毂上的键槽三者中最薄弱的工作面被压溃（静连接，图 10-35a、b）或磨损（动连接）。除非有严重过载，一般不会出现键的剪断（图 10-35c）。因此，普通平键连接通常只按工作面的挤压强度进行校核计算。导向平键为动连接，其主要的失效形式为工作面的过度磨损，因此通常只按工作面上的压力进行条件性的强度校核计算。

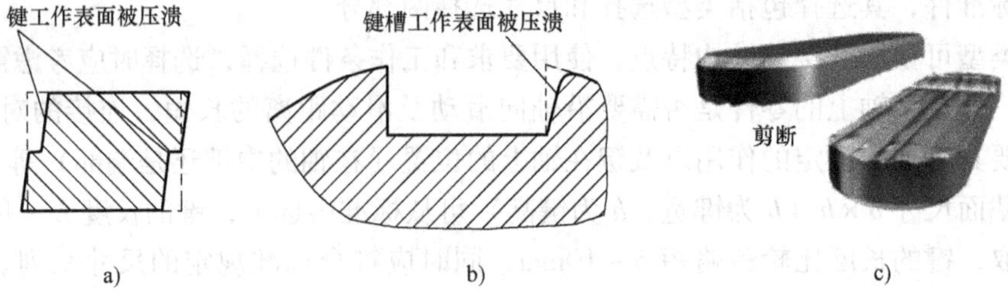

图 10-35　键的失效

a）键工作表面被压溃　b）键槽工作表面被压溃　c）键被剪断

计算时，假定载荷沿键的两侧工作面均匀分布，由图 10-36 得普通平键连接的挤压强度条件为

$$\sigma_p = \frac{2T/d}{kl} = \frac{2T}{kld} \leqslant [\sigma_p] \qquad (10\text{-}39)$$

对于导向平键连接（动连接），计算依据是磨损，其强度条件为

$$p = \frac{2T/d}{kl} = \frac{2T}{kld} \leqslant [p] \qquad (10\text{-}40)$$

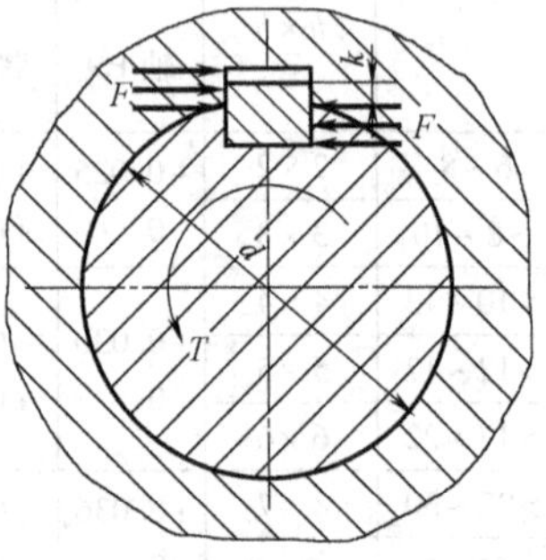

图 10-36　普通平键连接受力情况

式中　σ_p——键连接工作表面的挤压应力（MPa）；

p——键连接工作表面的压力（MPa）；

T——转矩（N · mm）；

l——键的工作长度（mm），A 型键 $l = L - b$，B 型键 $l = L$，C 型键 $l = L - b/2$，L 为键的长度，b 为键的宽度；

k——键的工作高度（mm），$k \approx h/2$，h 为键的高度；

d——轴径（mm）；

$[\sigma_p]$——键、轴、轮毂中最弱材料的许用挤压应力（MPa），其值见表 10-8；

$[p]$——键、轴、轮毂中最弱材料的许用压力（MPa），其值见表 10-8。

表 10-8　键连接的许用挤压应力和许用压力　（单位：MPa）

许用挤压应力和许用压力	连接工作方式	键、轴、轮毂中最弱材料	载荷性质		
			静载荷	轻微冲击	冲击
$[\sigma_p]$	静连接	钢	120 ~ 150	100 ~ 120	60 ~ 90
		铸铁	70 ~ 80	50 ~ 60	30 ~ 45
$[p]$	动连接	钢	50	40	30

注：动连接的相对滑动表面经表面淬火处理，则 $[p]$ 可提高 2 ~ 3 倍。

若强度不够采用双键时，考虑到载荷分布的不均匀性，在强度校核中可按 1.5 个键计算。

例 10-3　某减速器的低速轴与圆柱齿轮之间采用键连接。已知轴传递的转矩 $T = 1000\text{N} \cdot \text{m}$，齿轮和轴的材料均为锻钢，工作时有轻微冲击，连接处轴的直径为 90mm，轮毂长度为

90mm。试选择键的类型和尺寸，并校核连接的强度。

解 1）选A型平键。根据轴径 $d=90\text{mm}$，查表10-7得键的截面尺寸为 $b=25\text{mm}$，$h=14\text{mm}$。

根据轮毂长度90mm，取键长 $L=80\text{mm}$。键的标记：GB/T 1096 键 25×14×80

2）校核连接强度。齿轮、键的材料均为钢，查表10-8，取 $[\sigma_p]=110\text{MPa}$。$k=7\text{mm}$，工作长度 $l=L-25\text{mm}=55\text{mm}$。

$$\sigma_p=\frac{2T}{kld}=\frac{2\times1000\times10^3\text{N}\cdot\text{mm}}{7\text{mm}\times55\text{mm}\times90\text{mm}}=57.72\text{MPa}\leqslant[\sigma_p]$$

满足强度要求。

四、花键连接

如图10-37所示，花键连接由具有周向均匀分布的多个键齿的花键轴和具有相同数目键槽的轮毂组成，工作时依靠齿侧的挤压力传递转矩。因花键连接齿数较多，总接触面积较大，因而可承受较大载荷。花键各齿受力较均匀，齿根处应力集中较小，轴上零件对中性好，导向性好，其缺点是齿根仍有应力集中，加工时需专用设备。

图10-37 花键

花键连接适用于定心精度要求高、载荷大或经常滑移的连接。花键已标准化，花键连接的齿数、尺寸、配合等均应按标准选取。

花键连接可用于静连接或动连接。按齿形不同，花键分为矩形花键和渐开线花键。

1. 矩形花键

按齿高不同，矩形花键（图10-38a）的齿形尺寸在标准中规定了轻、中两个系列：轻系列承载能力小，多用于静连接或轻载连接；中系列用于中等载荷的静连接或仅在空载下移动的动连接。

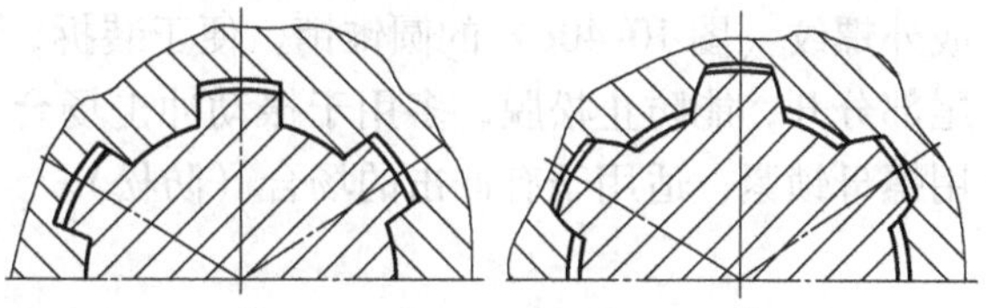

a) b)

图10-38 花键类型

a）矩形花键 b）渐开线花键

矩形花键的定心方式为内径定心，外花键和内花键的小径为配合面，定心精度高，定心稳定性好，能用磨削的方法消除热处理引起的变形。

2. 渐开线花键

如图10-38b所示，渐开线花键的齿廓为渐开线，分度圆压力角有30°和45°两种。压力角为45°的渐开线花键，齿形钝而短，对连接件的削弱小，但齿的工作面高度小，故承载能力低，用于载荷轻、直径较小的静连接，特别适用于薄壁零件的轴毂连接。

渐开线花键可利用加工齿轮的设备及刀具进行加工，因此工艺性好，可获得较高精度及互换性。由于齿根圆角大，齿根部较厚，故齿根应力集中小，强度高，承载能力大，寿命长。渐开线花键由齿形自动定心，有利于各齿均载及保证连接的同心度。但加工内花键用渐开线拉刀，其制造复杂，成本高，故适宜于传递大转矩、对中性要求高的大直径轴。

第八节 销 连 接

销连接也是工程中常用的一种重要连接形式，主要用来固定零件之间的相对位置（定位销，如图 10-39a 所示），当载荷不大时也可以用作传递载荷的连接（连接销，如图 10-39b 所示），同时可以作为安全装置中的过载剪断元件（安全销，如图 10-39c 所示）。

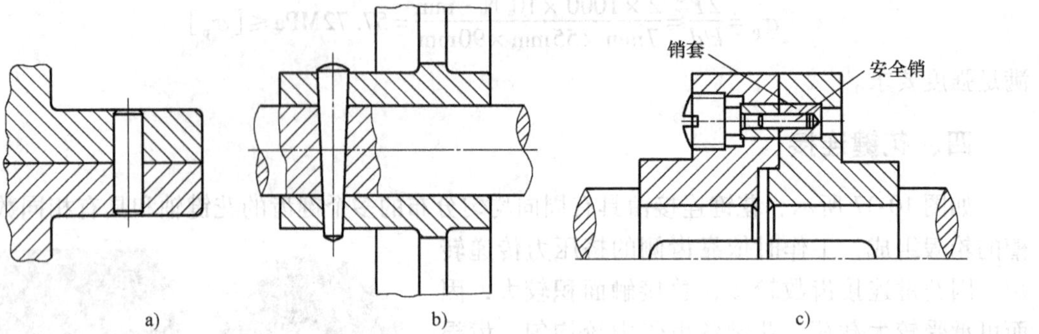

图 10-39 销的类型

a）定位销 b）连接销 c）安全销

销是标准件，主要形式有圆柱销、圆锥销和开口销等。

圆柱销（图 10-39a）利用微量过盈固定在销孔中，经过多次装拆后，连接的紧固性及定位精度会降低，故只宜用于不经常拆卸处。

圆锥销（图 10-40）有 1∶50 的锥度，装拆比圆柱销方便，多次装拆对连接的紧固性及定位精度影响较小，因此应用广泛。圆锥销还有许多特殊形式。大端有内螺纹（图 10-40b）或外螺纹（图 10-40c）的圆锥销，便于装拆，可用于不通孔；开尾圆锥销（图 10-40d）的尾部分开，能防止松脱，多用于振动冲击场合；小端有外螺纹（图 10-40e）的圆锥销，可用螺母锁紧，适用于有冲击的场合（防松）。

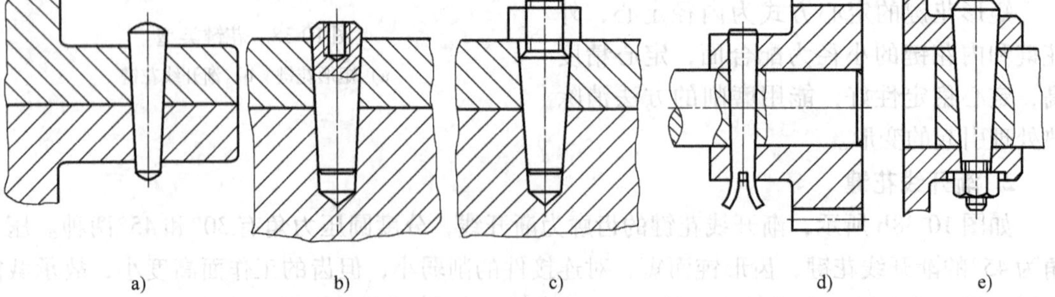

图 10-40 圆锥销

a）普通圆锥销 b）大端有内螺纹 c）大端有外螺纹 d）开尾圆锥销 e）小端有外螺纹

开口销常与销轴构成铰链连接（图 10-41）。装配时，将尾部分开，以防脱出。开口销除与销轴配用外，还常用作防松零件，用来防止连接螺母松动或锁紧其他紧固件。

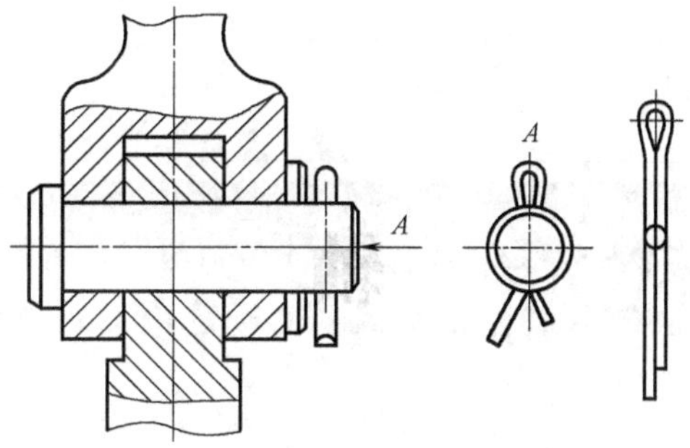

图 10-41 开口销

定位销是组合加工和装配时的重要辅助零件。定位销通常不受载荷或只受很小的载荷，故不做强度校核计算，其直径可按结构确定，数目一般不少于两个。销装入每一被连接件内的长度约为销直径的 1～2 倍。连接销在工作中通常受到挤压和剪切。设计时，可以根据连接结构的特点和工作要求来选择销的类型、材料和尺寸，必要时再按剪切和挤压强度条件进行校核计算。安全销在机器过载时应被剪断，因此，销的直径应按过载时被剪断的条件确定。为了确保安全销被剪断而不提前发生挤压破坏，通常可在安全销上加一个销套。

本章学习要点

1）了解螺纹的主要参数、分类和应用。掌握螺旋副的受力分析、效率计算及自锁条件。能判断给定的螺旋副是否自锁。通常用于连接的螺栓必须满足自锁条件。

2）掌握螺纹连接的基本类型、结构特点及应用场合。要正确区分普通螺栓连接和铰制孔用螺栓连接在结构、受力、失效形式方面的不同点。

3）了解螺纹连接预紧的目的和拧紧力矩的计算方法。了解螺纹连接防松的必要性以及防松的基本原理和措施。

4）掌握螺栓连接的受力分析和强度计算。首先判断是何种连接（普通螺栓连接或铰制孔用螺栓连接），然后正确区分螺栓连接所受载荷的类型（横向工作载荷或轴向工作载荷），确定螺栓的受力，最后代入相应的强度计算公式进行计算。

5）了解螺栓的材料、许用应力及提高螺栓连接强度的措施。

6）掌握键连接的主要类型、结构特点、工作原理及使用场合。重点掌握普通平键的尺寸选择、失效形式及强度校核计算。要遵循先选择再校核的原则，不能由强度条件直接求键长。

7）了解花键连接的特点及应用。

8）了解销连接的类型、特点及应用。

第十一章 轴

提示　本章讨论轴的设计问题，介绍了轴的分类、材料、结构设计和工作能力计算等内容，重点是轴的结构设计，难点是轴的强度计算。

第一节　概　述

轴是组成机器的重要零件之一，主要功用是支承做回转运动的零件（如齿轮、链轮和带轮等），并传递运动和动力。

一、轴的分类

根据几何轴线的形状，轴可分为直轴、曲轴（图 11-1）和钢丝软轴（图 11-2）。曲轴常用于往复式机械中，是内燃机、空气压缩机及活塞泵等机器的专用零件；钢丝软轴是由一根钢丝芯、外面缠绕多组钢丝分层卷绕而成，具有良好的挠性，能将扭转或旋转运动灵活地传到任何所需的位置，常用于医疗设备、操纵机构、仪表等机械，如汽车和摩托车上的里程表软轴等。本章主要讨论应用最广的直轴。

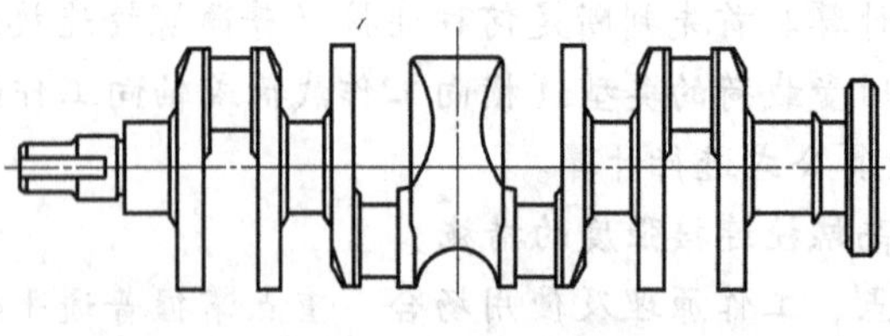

图 11-1　曲轴

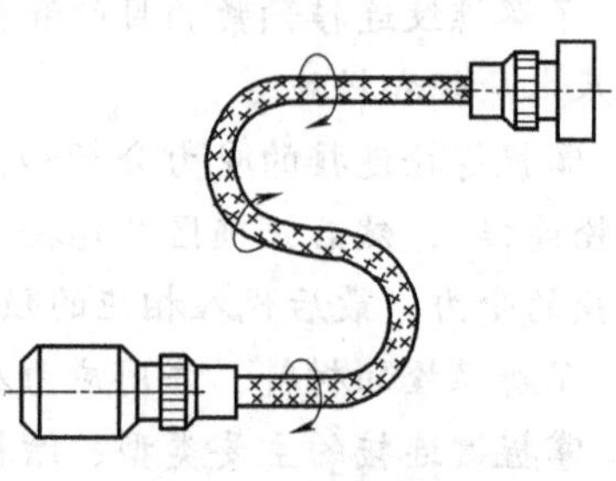

图 11-2　钢丝软轴

根据轴承受载荷的性质不同，直轴分为转轴、心轴和传动轴。转轴工作时同时承受弯矩和转矩，是机器中较常用的轴，如图 11-3 所示的减速器中支承齿轮的轴。心轴只承受弯矩而不传递转矩（图 11-4）。心轴有固定心轴与转动心轴两种。固定心轴工作时不转动，轴上承受的弯曲应力为静应力，如图 11-4a 所示的轴；转动心轴工作时随转动件一起转动，轴上承受的弯曲应力按对称循环变化，如图 11-4b 所示的轴。传动轴只传递转矩而不承受弯矩或所承受的弯矩很小，如图 11-5 所示的汽车中连接变速器与后桥之间的轴。

直轴按其外形的不同又可分为光轴和阶梯轴两种。光轴形状简单、加工容易、应力集中源少，主要用于传动轴。阶梯轴设计成中间粗两端细的阶梯状，便于轴上零件的装拆和固定，并且符合等强度原则，在机器中的应用最为广泛。直轴一般都制成实心轴，但为了减轻重量或满足某些机器结构上的需要，也可以采用空心轴。

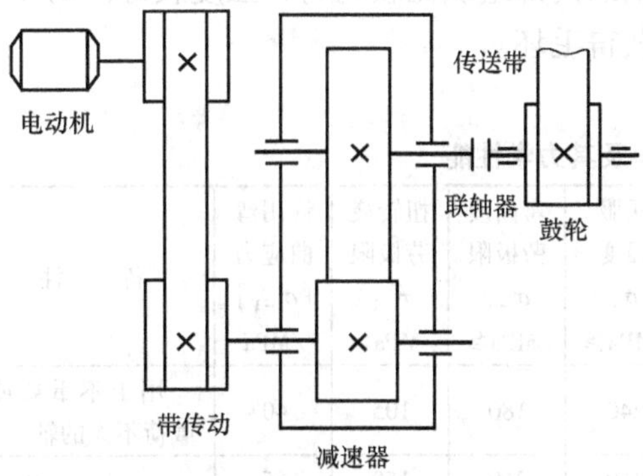

图 11-3　减速器中支承齿轮的轴

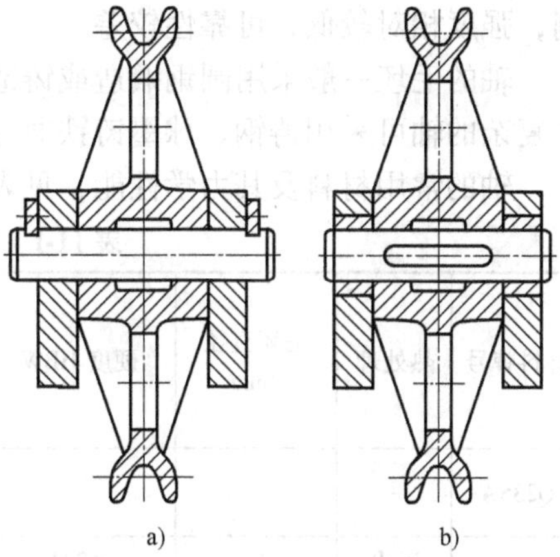

图 11-4　心轴

a）固定心轴　b）转动心轴

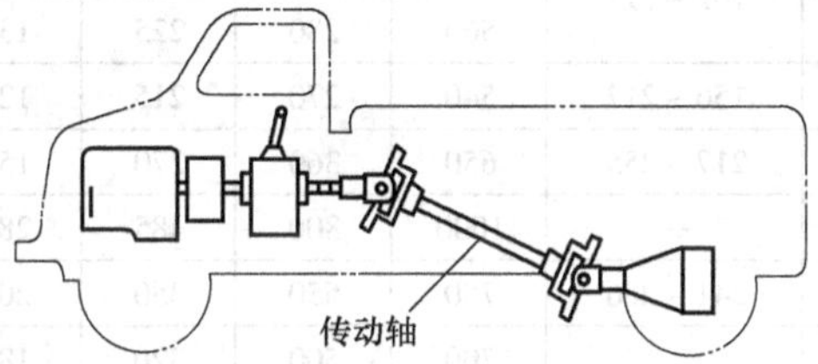

图 11-5　汽车中连接变速器与后桥之间的轴

二、轴的材料

轴工作时产生的应力多为变应力，故轴的破坏主要是疲劳破坏。因此，轴的材料应该具有足够的疲劳强度，并具有一定的刚度、韧性、耐磨性和耐蚀性，同时还应该考虑工艺性和经济性。

轴的常用材料主要有以下几种。

1. 碳素钢

常用碳素钢为 35、45、50 钢，其中最常用的是 45 钢。为了改善轴的力学性能，通常进行调质或正火处理。对受力较小或不重要的轴，可用 Q235、Q275 等碳素结构钢。碳素钢比合金钢价廉，对应力集中的敏感性小，力学性能也比较好，所以应用较为广泛。

2. 合金钢

合金钢比碳素钢具有更高的机械强度和更好的热处理性能，但对应力集中比较敏感，价格也较贵，因此多用于受力较大，轴的尺寸或重量受到限制及有某些特殊要求的场合。例如：采用滑动轴承的高速轴，常用 20Cr、20CrMnTi 等低碳合金钢，经渗碳淬火后可提高轴颈耐磨性；汽轮发电机转子轴在高温、高速和重载条件下工作，必须具有良好的高温力学性能，常采用 40CrNi、38CrMoAlA 等合金钢制造。

由于合金钢对应力集中敏感性高，因此在轴的结构设计时，要尽量减小应力集中，并减小表面粗糙度。另外合金钢与碳素钢的弹性模量相差不多，故不宜用合金钢来提高轴的刚度。

3. 铸铁

铸铁具有良好的吸振性和减摩性，对应力集中的敏感性较低。但是铸造轴的品质不易控制，强度相对较低，可靠性较差。

轴的毛坯一般采用圆钢锻造或铸造获得。锻钢的内部组织比较均匀，强度较好。对于形状复杂的轴可采用铸钢、球墨铸铁通过铸造工艺获得毛坯。

轴的常用材料及其力学性能，见表 11-1。

表 11-1　轴的常用材料及其力学性能

材料牌号	热处理	毛坯直径 /mm	硬度 HBW	抗拉强度 σ_b /MPa	屈服强度 σ_s /MPa≥	弯曲疲劳极限 σ_{-1} /MPa≥	扭转疲劳极限 τ_{-1} /MPa≥	许用弯曲应力 $[\sigma_{-1}]$ /MPa	备　注
Q235A	—	—	—	440	240	180	105	40	用于不重要或载荷不大的轴
45	正火	25	≤241	610	360	260	150	55	应用最广泛
	正火	≤100	170～217	600	300	240	140	55	
		>100～300	162～217	580	290	235	135		
	回火	>300～500		560	280	225	130		
		>500～750	156～217	540	270	215	125		
	调质	≤200	217～255	650	360	270	155	60	
40Cr	调质	25	—	1000	800	485	280	70	用于载荷较大，而无很大冲击的重要轴
		≤100	241～286	750	550	350	200	70	
		>100～300	229～269	700	500	320	185		
		>300～500		650	450	295	170		
		>500～800	217～255	600	350	255	145		
35SiMn (42SiMn)	调质	25	—	900	750	445	255	70	性能接近 40Cr，用于中小型轴
		≤100	229～286	800	520	355	205	70	
		>100～300	217～269	750	450	320	185		
		>300～400	217～255	700	400	295	170		
		>400～500	196～255	650	380	275	160		
40MnB	调质	25	—	1000	800	485	280	70	性能同 40Cr，用于重要的轴
		≤200	241～286	750	500	335	195	70	
		≤100	207～269	750	550	350	200	70	
		>100～300		700	500	320	185		
		>300～500		650	450	295	170		
		>500～800		600	400	270	155		
20CrMnTi	渗碳淬火回火	15	表面 56～62HRC	1100	850	525	300	100	用于要求强度和韧性均较高的轴，如某些齿轮轴、蜗杆等
QT400-15	—	—	156～197	400	300	145	125	—	—
QT450-10	—	—	170～207	450	330	160	140	—	—

注：1. 表中所列疲劳极限数据，均按下式计算，即 $\sigma_{-1} \approx 0.27\ (\sigma_b + \sigma_s)$，$\tau_{-1} \approx 0.156\ (\sigma_b + \sigma_s)$。

2. 球墨铸铁 $\sigma_{-1} \approx 0.36\sigma_b$，$\tau_{-1} \approx 0.31\sigma_b$。

3. 许用弯曲应力 $[\sigma_{-1}] \approx \sigma_{-1}/[S]$，许用静应力 $[\sigma_{+1}] = \sigma_b/[S]$。

三、轴设计的主要内容

轴设计的主要内容是根据工作要求并考虑制造工艺等因素，选用合适的材料，进行结构设计，并进行强度和刚度计算，确定出轴的结构和尺寸，必要时还要考虑振动稳定性。

第二节　轴的结构设计

轴的结构设计任务是确定轴的合理形状和全部尺寸。影响轴的因素很多，因此，轴的结构没有标准形式，设计时应根据不同情况进行具体分析。轴的结构设计的主要要求是：①轴应便于加工，轴上零件要易于装拆（制造安装要求）；②轴和轴上零件要有准确的工作位置（定位要求）；③各零件在受载后仍可靠地固定在预定位置（固定要求）；④改善受力状况，减小应力集中，提高疲劳强度和刚度（受力结构要求）。

下面以图 11-6 所示的某减速器的轴为例，讨论轴的结构设计问题。

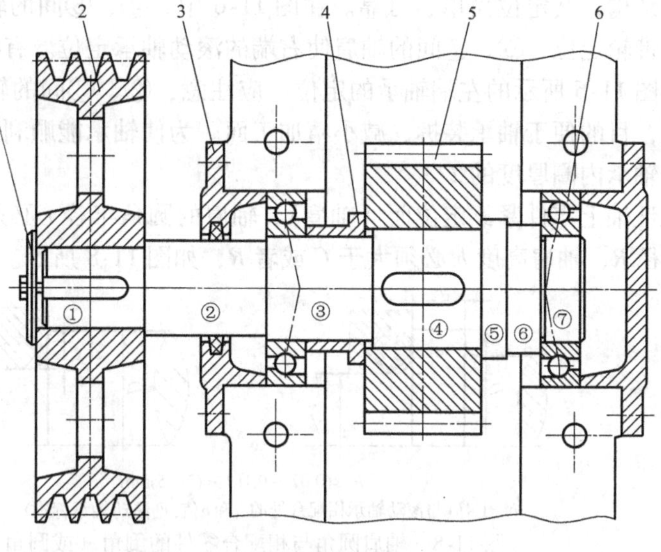

图 11-6　轴的结构设计

1—轴端挡圈　2—带轮　3—轴承盖　4—套筒　5—齿轮　6—滚动轴承

一、轴的制造安装要求

图 11-6 所示轴的结构中，可以将齿轮、套筒、左端滚动轴承、轴承盖和带轮从轴的左端装拆，右端的滚动轴承则从轴的右端装拆。因此，轴的直径一般是从两端向中间逐渐增大，形成阶梯形。

对于有配合要求的部位，如安装滚动轴承、齿轮等处，为了装拆方便和减少配合表面擦伤，零件装拆时所经过的各段轴径都要小于零件的孔径。如图 11-6 所示，齿轮在装拆时所经过的轴段为①、②、③，这些轴段的直径均小于齿轮的孔径。

为便于轴上零件的安装，轴的端部应制出 45°的倒角。轴上需要磨削加工的表面，一般应制出砂轮越程槽（图 11-7a），以利于磨削加工，如图 11-6 所示⑥与⑦轴段交界处的砂轮越程槽。轴上加工螺纹处应有螺纹退刀槽，如图 11-7b 所示。

为了减少装夹工件的时间，同一轴上不同轴段的键槽应布置在轴的同一母线上；为减少加工刀具的种类和提高劳动生产率，轴上直径相近处的圆角、倒角、键槽宽度、砂轮越程槽宽度和退刀槽宽度等应尽可能采用相同的尺寸。

一般来说，轴的结构越简单，工艺性越好。因此，在满足使用要求的情况下，轴的形状和尺寸力求简单，以便于加工。

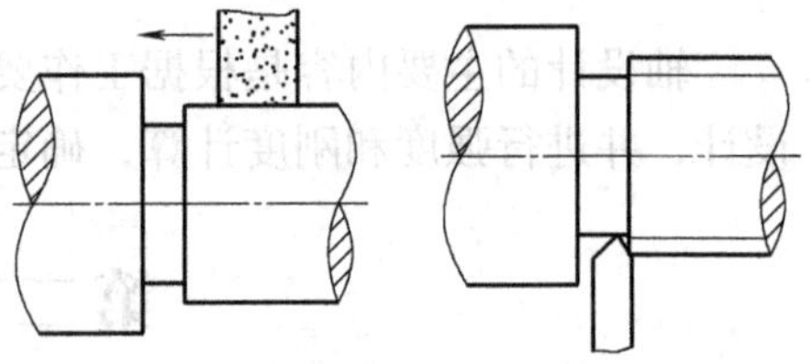

图 11-7　砂轮越程槽和退刀槽

a）砂轮越程槽　b）螺纹退刀槽

二、轴上零件的轴向定位和固定

1. 轴上零件的轴向定位

安装在轴上的零件，必须有确定的轴向定位。轴肩（轴截面变化阶梯处）、轴环为常用的轴向定位结构，其定位简单、可靠。在图 11-6 中，④、⑤间的轴肩使齿轮定位，①、②间的轴肩使带轮定位，⑥、⑦间的轴肩使右端的滚动轴承定位。有些零件也可以通过套筒轴向定位，如图 11-6 所示的左端轴承的定位。应注意：②、③间的轴肩为非定位轴肩，称之为工艺轴肩，目的便于轴承装拆、减小精加工面。为使轴承能顺利拆卸，⑥、⑦间的轴肩高度不得大于轴承内圈厚度的 2/3。

为了保证轴上零件紧靠定位面（轴肩），轴肩的圆角半径 r 必须小于相配合零件的倒角 C 或圆角半径 R，轴肩高度 h 必须大于 C 或者 R，如图 11-8 所示。

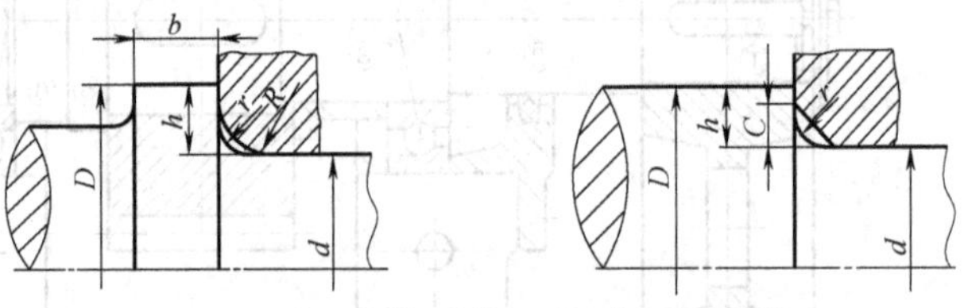

$h \approx (0.07 \sim 0.1)d \geqslant (3 \sim 5)$mm

$b \approx 1.4h$（与滚动轴承相配合处的 h 和 b 值，见滚动轴承标准）

图 11-8　轴肩圆角与相配合零件的倒角（或圆角）

2. 轴上零件的轴向固定

轴上零件的轴向固定，常采用轴肩、套筒、螺母或轴端挡圈等形式。在图 11-6 中，齿轮能实现轴向双向固定，齿轮右侧通过④、⑤间的轴肩固定，左侧通过套筒顶在滚动轴承内圈上固定。带轮的固定靠左侧轴端挡圈和右侧①、②间的轴肩实现。

常用的轴向定位和固定的方法有轴肩、套筒、螺母或轴端挡圈（又称压板）等，见表 11-2。

表 11-2　轴上零件的轴向定位和固定的方法、特点和应用

	简　图	特点和应用
轴肩和轴环	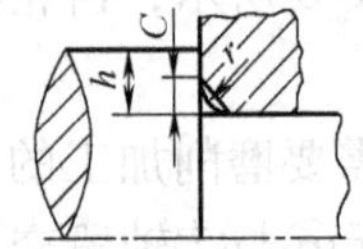 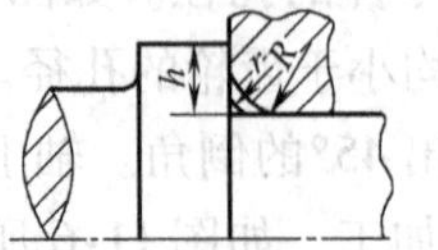	结构简单、可靠，能承受较大的轴向力

（续）

	简　图	特点和应用
套筒	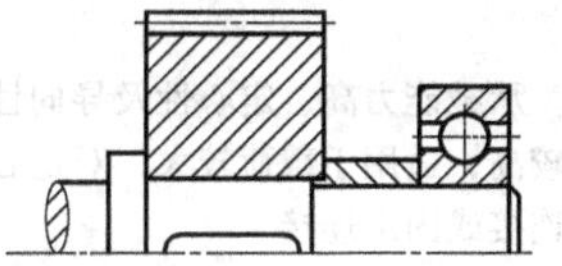	结构简单、可靠，适用于轴上两零件间的定位和固定，适用于两零件间距离不大的场合
圆螺母	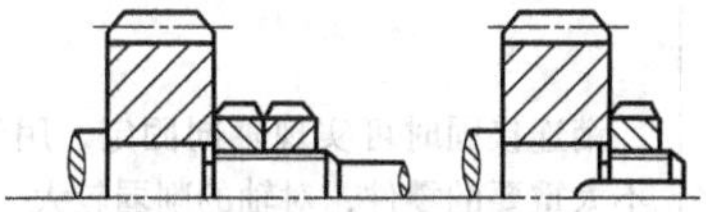	固定可靠，装拆方便，可承受较大的轴向力。由于轴上切制螺纹，轴应力集中较严重，疲劳强度降低。常用双圆螺母或圆螺母与止动垫圈固定轴端零件。当零件间距离较大时，也可用圆螺母代替套筒以减轻结构重量
弹性挡圈	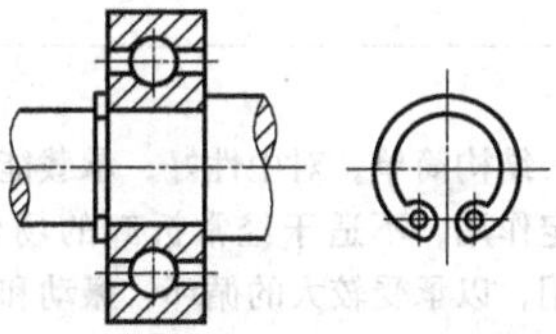	结构简单、紧凑，只能承受较小的轴向力，可靠性差，常用于固定滚动轴承
轴端挡圈	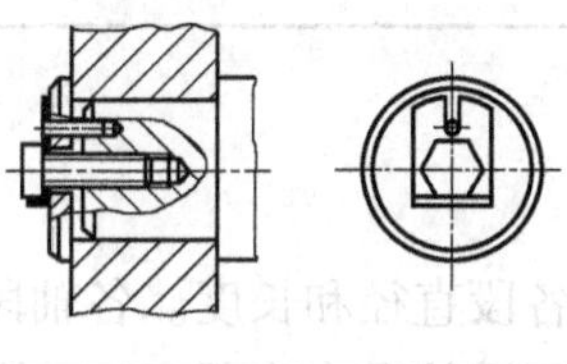	适于轴端零件的定位和固定，可承受剧烈的振动和冲击载荷，需采取防松措施，如图中所示的防松结构
紧定螺钉	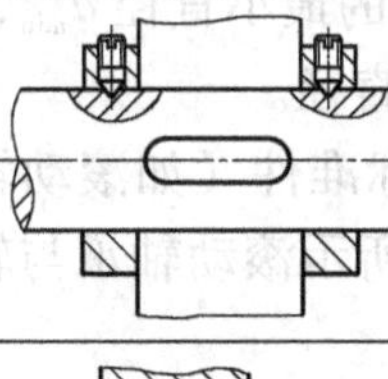	结构简单，不能承受大的轴向力。紧定螺钉同时也起周向固定作用
圆锥面	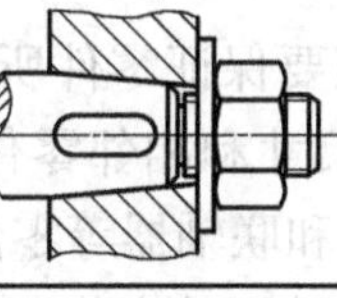	轴和轮毂间无径向间隙，装拆较方便，可兼起周向固定作用，能承受冲击载荷，多用于轴端零件的定位与固定，常与轴端压板和圆螺母联合使用

三、轴上零件的周向固定

轴上零件周向固定的目的是使零件能随同轴一起转动，传递运动和转矩。轴上零件的周向固定方法、特点和应用，见表 11-3。

表 11-3　轴上零件的周向固定方法、特点和应用

	简　图	特点和应用
平键连接	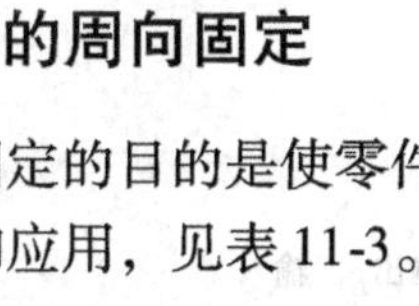	平键对中性好，可用于较高精度、高转速及冲击或变载荷作用的场合

（续）

	简　图	特点和应用
花键连接	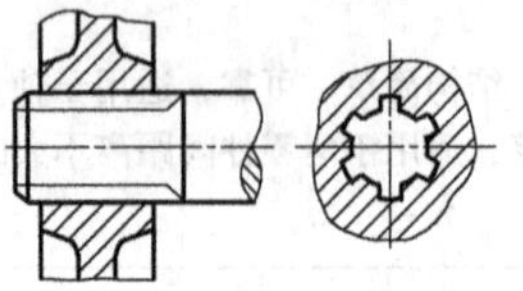	承载能力高、定心性及导向性好，制造困难，成本较高，适用于载荷较大，对定心精度要求较高的滑动连接或固定连接
销连接	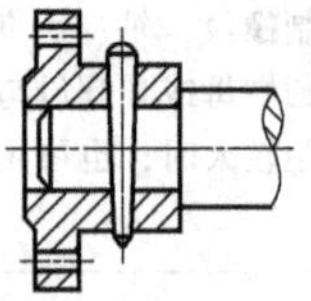	销连接同时可实现轴向固定，用于固定载荷很小、不太重要的零件，对轴的削弱较大
过盈配合连接	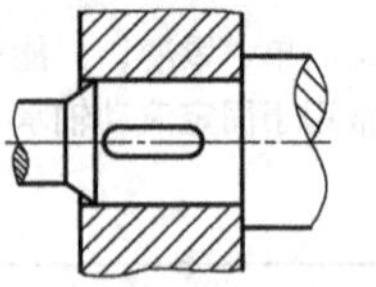	结构简单，对中性好，承载能力高，同时起轴向固定作用，不适于经常拆卸的场合，常与平键联合使用，以承受较大的循环、振动和冲击载荷

四、轴的各段直径和长度的确定

零件在轴上的布置方案确定后，可以确定轴的各段直径和长度。各轴段的直径与轴上载荷的大小有关，一般可根据式（11-2）初步估算轴所需的最小直径 d_{min}，然后再按轴上零件的装配方案和定位要求，从 d_{min}处起逐一确定各段轴的直径。

有配合要求的轴段，应尽量采用标准直径。安装标准件（如滚动轴承、联轴器、密封圈等）部位的轴径，应取为相应的标准值。如图 11-6 所示滚动轴承与轴的配合，应符合标准件内径系列的要求。

确定各轴段长度时，应尽可能使结构紧凑，同时还要保证零件所需的装配或调整空间。轴的各段长度主要是根据各零件与轴配合部分的轴向尺寸和相邻零件间必要的空隙来确定的。为了保证轴上零件的轴向定位和固定可靠，与齿轮和联轴器等零件相配合部分的轴段长度一般应比轮毂长度短 2 ~3mm，如图 11-6 所示齿轮左端面的定位以及带轮左端面的定位。

五、改善轴的受力状况，减小应力集中

1. 合理安排传动路线，改善轴的受力情况

良好的传动路线可以减小轴所受的载荷。例如：当动力从多轮输出时，为了减小轴上载荷，应将输入轮布置在中间。如图 11-9a 所示，轴的最大转矩 T_1+T_2；而在图 11-9b 的布置中，轴的最大转矩为 T_1。

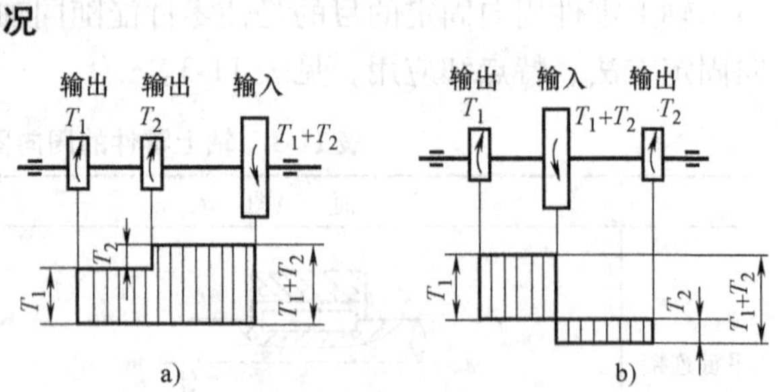

图 11-9　轴上零件布置

a）不合理　b）合理

图 11-10 所示为起重机卷筒的两种安装方案。图 11-10a 所示方案中，大齿轮和卷筒连在一起，转矩经大齿轮直接传给卷

筒，卷筒轴只受弯矩而不受转矩。而图 11-10b 所示大齿轮将转矩通过轴传到卷筒，因而卷筒轴既受弯矩又受转矩，在同样载荷的作用下，前者比后者轴径小。

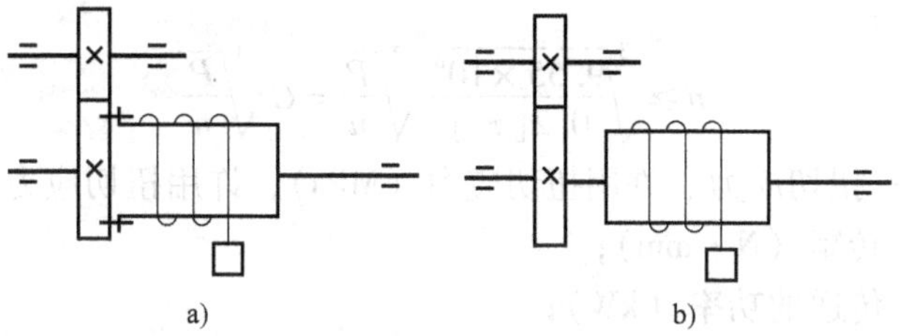

图 11-10 起重机卷筒的两种安装方案

a）不合理 b）合理

2. 改善轴的结构形状，减小应力集中

零件截面发生突然变化的地方，如轴肩、键槽、环槽等，都会产生应力集中现象，使轴产生疲劳破坏，这也是轴破坏的主要形式，因此在轴的设计中应力求降低应力集中。合金钢对应力集中比较敏感，尤需加以注意。

对于阶梯轴，在截面尺寸变化处应采用圆角过渡，圆角半径不宜过小，并尽量避免在轴上（特别是应力大的部位）开横孔、切口或凹槽。必须开横孔时，孔边要倒圆。在重要的结构中，可采用卸载槽（图 11-11a）、过渡肩环（图 11-11b）或凹切圆角（图 11-11c）以增加轴肩处过渡圆角半径，减小应力集中。

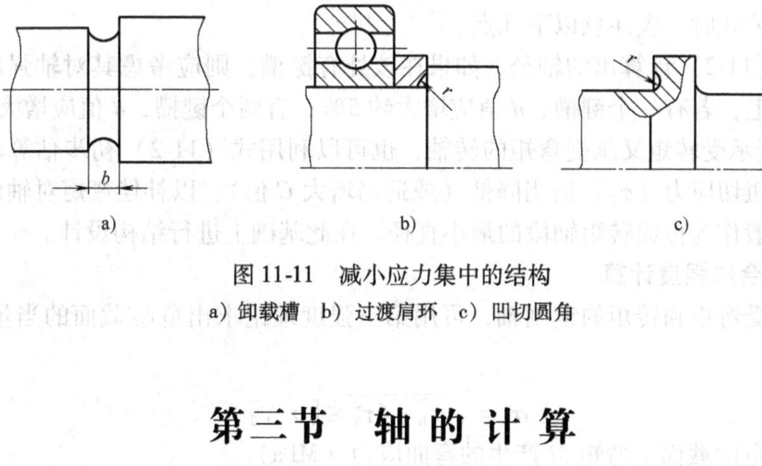

图 11-11 减小应力集中的结构

a）卸载槽 b）过渡肩环 c）凹切圆角

第三节 轴的计算

一、轴的强度计算

轴的强度计算应根据轴的承载情况，采用相应的计算方法。常见轴的强度计算方法有两种，即按扭转强度计算、按弯扭合成强度计算。

1. 按扭转强度计算

根据轴所受的转矩进行计算，适用于只承受转矩的传动轴的计算，也可用于既受弯矩又受转矩的转轴的初步计算。

对于只承受转矩的圆截面轴，其强度条件为

$$\tau_T=\frac{T}{W_T}=\frac{9.55\times10^6 P}{0.2d^3 n}\leqslant[\tau_T] \tag{11-1}$$

设计公式为

$$d\geqslant\sqrt[3]{\frac{9.55\times10^6}{0.2[\tau_T]}}\sqrt[3]{\frac{P}{n}}=C\sqrt[3]{\frac{P}{n}} \tag{11-2}$$

式中　τ_T、$[\tau_T]$——扭切应力、许用扭切应力（MPa），许用扭切应力见表 11-4；

T——转矩（N·mm）；

P——传递的功率（kW）；

W_T——抗扭截面系数（mm^3），圆截面 $W_T=\frac{\pi d^3}{16}\approx0.2d^3$；

d——轴的直径（mm）；

n——轴的转速（r/min）；

C——由轴的材料和承载情况确定的常数，由表 11-4 查得。

表 11-4　常用材料的 C 值和 $[\tau_T]$ 值

轴的材料	Q235、20	Q275、35	45	40Cr、35SiMn 等合金钢
$[\tau_T]$ /MPa	12 ~ 20	20 ~ 30	30 ~ 40	40 ~ 52
C	158 ~ 134	134 ~ 117	117 ~ 106	106 ~ 97

注：1. 当弯矩相对转矩很小或只受转矩时，$[\tau_T]$ 取较大值，C 取较小值；反之则 $[\tau_T]$ 取较小值，C 取较大值。
2. 当用 Q235、Q275 或者 35SiMn 时，$[\tau_T]$ 取较小值，C 取较大值。

使用以上公式时，应注意以下几点。

1）按式（11-2）计算出的轴径，如果在该处有键槽，则应考虑其对轴强度的削弱。因此，同一截面上，若有一个键槽，d 值应增大约 5%；有两个键槽，d 值应增大约 10%。

2）对于既承受转矩又承受弯矩的转轴，也可以利用式（11-2）初步估算轴的直径，但需将轴的许用扭切应力 $[\tau_T]$ 适当降低（或适当增大 C 值），以补偿弯矩对轴的影响。计算出的轴径 d 一般作为传递转矩轴段的最小直径，在此基础上进行结构设计。

2. 按弯扭合成强度计算

对于同时受弯矩和转矩的钢制轴，可用第三强度理论求出危险截面的当量应力 σ_e，其强度条件为

$$\sigma_e=\sqrt{\sigma_B^2+4\tau_T^2}\leqslant[\sigma_{-1}] \tag{11-3}$$

式中　σ_B——危险截面上弯矩 M 产生的弯曲应力（MPa）。

对于直径为 d 的圆截面轴

$$\sigma_B=\frac{M}{W}=\frac{M}{\pi d^3/32}\approx\frac{M}{0.1d^3}$$

$$\tau_T=\frac{T}{W_T}=\frac{T}{2W}$$

式中　W——轴的抗弯截面系数（mm^3）。

将 σ_B 和 τ_T 值代入式（11-3）得

$$\sigma_e=\sqrt{\left(\frac{M}{W}\right)^2+4\left(\frac{T}{2W}\right)^2}=\frac{1}{W}\sqrt{M^2+T^2}\leqslant[\sigma_{-1}] \tag{11-4}$$

由于一般转轴的弯曲正应力为对称循环变应力，而扭转切应力的循环特性往往不是对称循环，考虑两者循环特性不同的影响，对上式中的转矩 T 乘以折合系数 α，即

$$\sigma_e = \frac{M_e}{W} = \frac{1}{W}\sqrt{M^2 + (\alpha T)^2} = \frac{1}{0.1d^3}\sqrt{M^2 + (\alpha T)^2} \leqslant [\sigma_{-1}] \tag{11-5}$$

式中 M_e——当量弯矩（N·mm），$M_e = \sqrt{M^2 + (\alpha T)^2}$；

α——根据转矩性质而定的折算系数，对于不变的转矩，τ_T 为静应力，取 $\alpha \approx 0.3$，当转矩脉动变化时，τ_T 为脉动循环变应力，取 $\alpha \approx 0.6$，对于频繁正反转的轴，τ_T 为对称循环变应力，取 $\alpha = 1$，若转矩的变化规律不明确，并考虑到轴经常起动、停车，一般按脉动循环处理；

$[\sigma_{-1}]$——对称循环变应力的许用弯曲应力（MPa），查表 11-1。

对于一般用途的轴，按上述方法设计计算即可。对于重要的轴，尚须进一步的强度校核（如安全系数法），其计算方法可查阅有关机械设计教材。

3. 轴的强度计算实例分析

下面通过典型实例对轴的强度计算的具体方法和步骤进行分析。

例 11-1 某单级斜齿圆柱齿轮减速器的结构简图，如图 11-3 所示。经初步结构设计，确定输入轴的结构和尺寸如图 11-12a 所示。已知：该轴传递的功率为 7.27kW，轴的输入转速 $n = 523.64\text{r/min}$，单向回转，带轮的压轴力 $F_Q = 2150\text{N}$，齿轮的分度圆直径 $d_1 = 59.40\text{mm}$，分度圆螺旋角 $\beta = 14°32'26''$，法面压力角 $\alpha_n = 20°$。试校核该轴的强度。轴的材料为 45 钢，调质处理。

解 1）齿轮上作用力大小

输入轴转矩

$$T_1 = 9.55 \times 10^6 \frac{P}{n} = 9.55 \times 10^6 \times \frac{7.27\text{kW}}{523.64\text{r/min}} = 132.59 \times 10^3 \text{N} \cdot \text{mm}$$

齿轮圆周力

$$F_t = \frac{2T_1}{d_1} = \frac{2 \times 132.59 \times 10^3 \text{N} \cdot \text{mm}}{59.40\text{mm}} = 4464.31\text{N}$$

齿轮轴向力

$$F_a = F_t \tan\beta = 4464.31 \times \tan 14°32'26'' = 1157.97\text{N}$$

齿轮径向力

$$F_r = F_t \frac{\tan\alpha_n}{\cos\beta} = 4464.31\text{N} \times \frac{\tan 20°}{\cos 14°32'26''} = 1030.72\text{N}$$

各力的方向，如图 11-12b 所示。

2）绘出轴的受力计算简图。如图 11-12b 所示，取集中载荷作用于齿轮及带轮中点，滚动轴承的支承点位置按照机械设计手册选取。取 $l_{AB} = 99.4\text{mm}$、$l_{BC} = 58.6\text{mm}$、$l_{CD} = 58.6\text{mm}$。

3）求水平面支反力 R_{BH}、R_{DH} 和弯矩 M_H，作水平面受力和弯矩图（图 11-12c）。

$$R_{BH} = \frac{F_r \times l_{CD} - F_a \times \frac{d_1}{2} - F_Q \times (l_{AB} + l_{BC} + l_{CD})}{(l_{BC} + l_{CD})} = -3751.5\text{N}$$

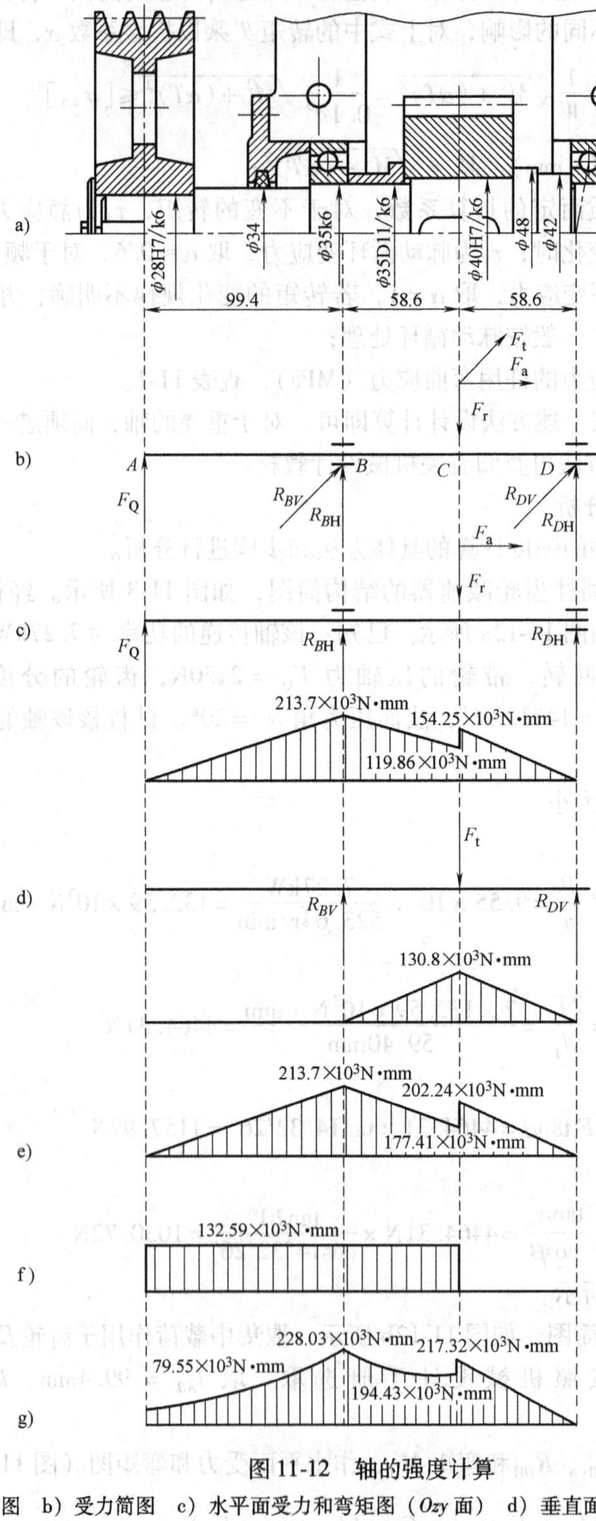

图 11-12 轴的强度计算

a）结构图 b）受力简图 c）水平面受力和弯矩图（Ozy 面） d）垂直面受力和弯矩图（Oxy 面）
e）合成弯矩图 f）转矩图 g）当量弯矩图

$$R_{DH}=\frac{F_Q\times l_{AB}+F_r\times l_{BC}+F_a\times\frac{d_1}{2}}{(l_{BC}+l_{CD})}=2632.3\text{N}$$

$$M_{BH}=F_Q\times l_{AB}=213.7\times10^3\text{N}\cdot\text{mm}$$

$$M_{CH1}=F_Q\times(l_{AB}+l_{BC})+R_{BH}\times l_{BC}=119.86\times10^3\text{N}\cdot\text{mm}$$

$$M_{CH2}=M_{CH1}+F_a\frac{d_1}{2}=154.25\times10^3\text{N}\cdot\text{mm}$$

4）求垂直面支反力 R_{BV}，R_{DV} 和弯矩 M_V，作垂直平面受力和弯矩图（图 11-12d）。

$$R_{BV}=\frac{F_t\times l_{CD}}{(l_{BC}+l_{CD})}=2232.16\text{N}$$

$$R_{DV}=\frac{F_t\times l_{BC}}{(l_{BC}+l_{CD})}=2232.16\text{N}$$

$$M_{CV}=R_{BV}\times l_{BC}=130.8\times10^3\text{N}\cdot\text{mm}$$

5）计算合成弯矩，作合成弯矩图（图 11-12e）。

$$M_B=\sqrt{M_{BH}^2+M_{BV}^2}=\sqrt{(213.7\times10^3)^2+0^2}\ \text{N}\cdot\text{mm}=213.7\times10^3\text{N}\cdot\text{mm}$$

$$M_{C1}=\sqrt{M_{CH1}^2+M_{CV}^2}=\sqrt{(119.86\times10^3)^2+(130.8\times10^3)^2}\ \text{N}\cdot\text{mm}=177.41\times10^3\text{N}\cdot\text{mm}$$

$$M_{C2}=\sqrt{M_{CH2}^2+M_{CV}^2}=\sqrt{(154.25\times10^3)^2+(130.8\times10^3)^2}\ \text{N}\cdot\text{mm}=202.24\times10^3\text{N}\cdot\text{mm}$$

6）计算转矩，作转矩图（图 11-12f）。

$$T=132.59\times10^3\text{N}\cdot\text{mm}$$

7）计算当量弯矩，作当量弯矩图（图 11-12g）。轴单向回转，转矩 T 可按脉动循环，取$\alpha=0.6$。

$$M_{Ae}=\sqrt{0^2+(\alpha T)^2}=\sqrt{0^2+(0.6\times132.59\times10^3)^2}\ \text{N}\cdot\text{mm}=79.55\times10^3\text{N}\cdot\text{mm}$$

$$M_{Be}=\sqrt{M_B^2+(\alpha T)^2}=\sqrt{(213.7\times10^3)^2+(0.6\times132.59\times10^3)^2}\ \text{N}\cdot\text{mm}=228.03\times10^3\text{N}\cdot\text{mm}$$

$$M_{C1e}=\sqrt{M_{C1}^2+(\alpha T)^2}=\sqrt{(177.41\times10^3)^2+(0.6\times132.59\times10^3)^2}\ \text{N}\cdot\text{mm}=194.43\times10^3\text{N}\cdot\text{mm}$$

$$M_{C2e}=\sqrt{M_{C2}^2+(\alpha T)^2}=\sqrt{(202.24\times10^3)^2+(0.6\times132.59\times10^3)^2}\ \text{N}\cdot\text{mm}=217.32\times10^3\text{N}\cdot\text{mm}$$

8）按弯扭合成应力校核轴的强度。截面 B 当量弯矩最大，故截面 B 为可能危险截面。查表 11-1，得 $[\sigma_{-1}]=60\text{MPa}$，则

$$\sigma_{Be}=\frac{M_{Be}}{W}=\frac{228.30\times10^3\text{N}\cdot\text{mm}}{0.1\times(35\text{mm})^3}=53.25\text{MPa}<[\sigma_{-1}]$$

所以轴的强度足够。

二、轴的刚度计算

轴属于细长杆件类零件，受载后会发生弯曲和扭转变形，变形量过大时将影响轴的正常工作，因此对于重要的或有刚度要求的轴，如机床主轴等，需要进行弯曲刚度和扭转刚度计算。

轴的弯曲刚度用轴的挠度 y 或偏转角 θ 来表征，扭转刚度用轴的扭转角 φ 来表征。轴的刚度计算，就是计算轴在工作载荷下的变形量，并要求其在允许的范围内，即

$$y\leqslant[y],\ \theta\leqslant[\theta],\ \varphi\leqslant[\varphi] \tag{11-6}$$

式中　$[y]$、$[\theta]$、$[\varphi]$ ——许用挠度、许用偏转角和许用扭转角。

轴的弯曲刚度和扭转刚度的详细计算公式可参考材料力学中的相关内容。

本章学习要点

1）了解轴的类型。根据轴所受载荷判断轴的类型及所受应力特性。

2）掌握如何选择轴的材料，重点掌握碳素钢与合金钢的应用场合。

3）掌握轴的结构设计方法，重点是轴上零件的装拆、轴向定位和周向定位方法、轴的直径及长度的确定方法，提高轴结构工艺性的措施。

4）掌握轴的强度计算方法，按扭转强度计算与按弯扭合成强度计算的适用范围，注意按扭转切应力性质而定的折算系数 α 的含义。

5）了解轴的刚度计算方法。

第十二章 轴承

提示 轴承主要用于支承轴及轴上零件，减轻转动副的摩擦和磨损，保证轴的旋转精度。根据轴承工作时的摩擦性质不同，轴承可分为滚动轴承和滑动轴承两类。本章主要介绍滚动轴承的类型、代号、尺寸选择、组合设计以及滑动轴承的特点、类型、结构形式，轴瓦和轴承衬的材料，不完全液体润滑滑动轴承的设计计算等内容。本章重点是滚动轴承的代号，寿命计算、组合设计以及不完全液体润滑滑动轴承的设计计算，难点是角接触轴承轴向力的计算。

第一节 滚动轴承的基本类型、代号及选择

一、滚动轴承的结构

滚动轴承的基本结构，如图 12-1 所示，由内圈、外圈、滚动体和保持架四部分组成。内圈用来和轴颈配合，外圈用来和轴承座孔配合。通常内圈与轴一起旋转，外圈静止，但也有内圈静止，外圈旋转，或内圈、外圈同时旋转的场合。当内、外圈相对转动时，滚动体在内、外圈的滚道之间滚动。常见的滚动体，如图 12-2 所示，有球形、滚子形等多种类型。

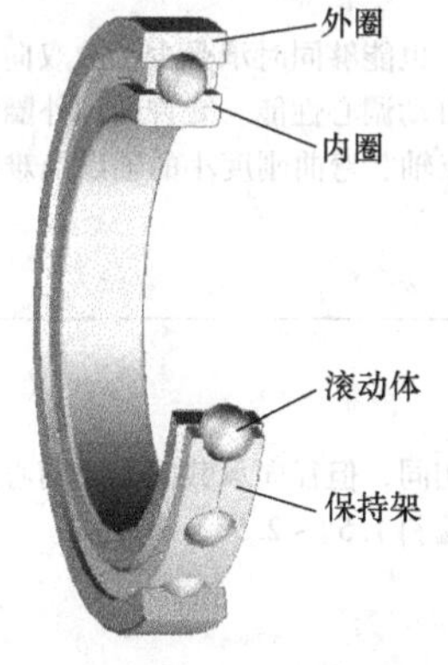

图 12-1 滚动轴承的基本结构

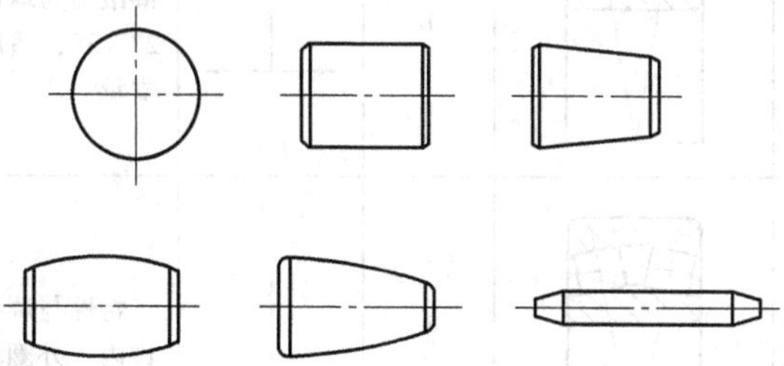

图 12-2 常见的滚动体

保持架的主要作用是均匀地将滚动体隔开，以减小滚动体的摩擦和磨损，但在某些转速不高的场合，为提高轴承的承载能力，也有采用满装滚动体（没有保持架）的结构形式。常见的保持架形式有冲压保持架、实体保持架和支柱式保持架等。

滚动轴承与滑动轴承相比，优点是：摩擦系数小（与不完全液体润滑滑动轴承相比），

起动力矩小，效率高；轴向尺寸小，可使机器结构简化、紧凑；多数滚动轴承能够同时承受径向和轴向载荷；内部间隙小，旋转精度高，还可以通过预紧消除间隙，进一步提高旋转精度；润滑简单，润滑剂消耗小，维护保养成本低；属于标准件，互换性好。缺点是：抗冲击能力较差，高速旋转时噪声大，径向尺寸较大，工作寿命不及液体润滑滑动轴承长。

二、滚动轴承的类型

滚动体和外圈接触处的法线与轴承的径向平面之间的夹角称为轴承的公称接触角，用 α 表示。它是滚动轴承的一个重要参数，滚动轴承的分类和受力分析都与之相关，α 越大，轴向承载能力越大。表 12-1 列出了各类球轴承的公称接触角。

表 12-1　各类球轴承的公称接触角

轴承类型	向心轴承		推力轴承	
	径向接触轴承	向心角接触轴承	推力角接触轴承	轴向接触轴承
公称接触角 α	$\alpha=0°$	$0°<\alpha\leqslant45°$	$45°<\alpha<90°$	$\alpha=90°$
图例	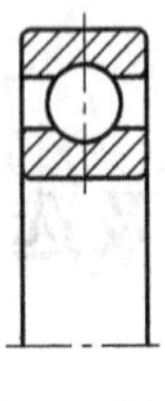	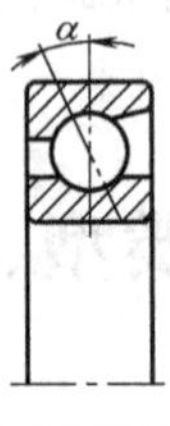	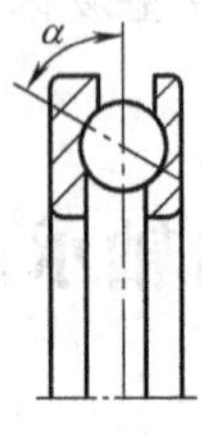	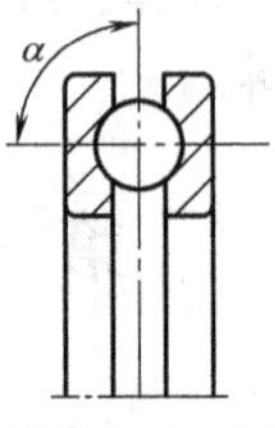

常用滚动轴承的类型及特性，见表 12-2。

表 12-2　常用滚动轴承类型及特性

类型名称	结构简图	类型代号	承载方向	特　性
调心球轴承	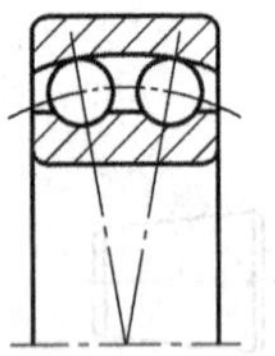	1		主要承受径向载荷，也能够同时承受少量的双向轴向载荷，外圈滚道为球面，具有自动调心性能。允许内、外圈轴线相对偏斜 2°～3°，适用于多支点轴、弯曲刚度小的轴以及难以精确对中的支承
调心滚子轴承	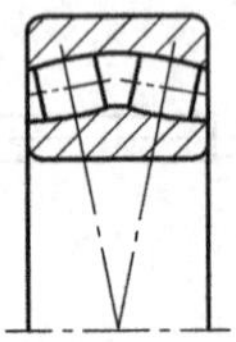	2	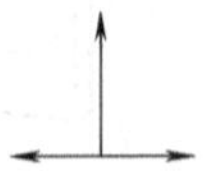	特性与调心球轴承相同，但径向承载能力比调心球轴承大，允许内、外圈轴线相对偏斜 1.5°～2.5°
推力调心滚子轴承	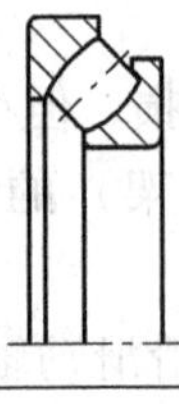	2		用于承受以轴向载荷为主的轴向、径向联合载荷。运转中滚动体受离心力矩作用，滚动体与滚道之间产生滑动，并导致轴圈与座圈分离，为保证轴承正常工作，需施加一定的轴向预载荷。允许内、外圈轴线相对偏斜 1.5°～2.5°

（续）

类型名称	结构简图	类型代号	承载方向	特性
圆锥滚子轴承	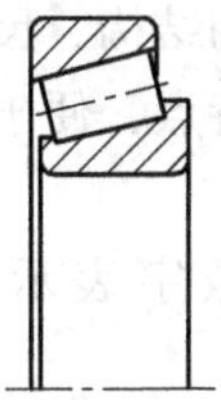	3		能够承受较大的径向载荷和单向轴向载荷，外圈可分离，安装时可以调整游隙，一般成对使用，对称安装
推力球轴承	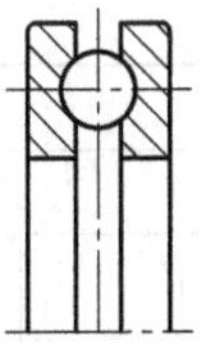	5		只能承受单向轴向载荷，两个圈的内径不一样大，内径较小的是轴圈安装在轴上（左边），内径较大的是座圈（右边）安装在机座上。为了防止滚动体与滚道之间的滑动，工作时需施加一定的轴向载荷
双向推力球轴承	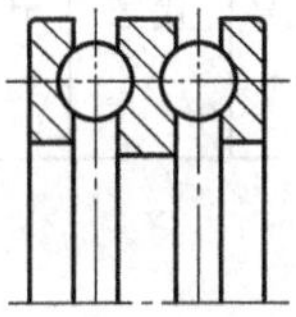	5		能够承受双向轴向载荷，中间圈为轴圈，与轴配合，另外两个圈是座圈。高速时离心力大，滚动体与保持架因摩擦而发热严重，寿命降低，故极限转速很低
深沟球轴承	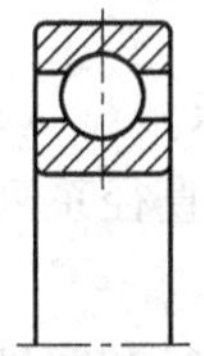	6		主要承受径向载荷，也能够承受少量的双向轴向载荷，摩擦阻力小，极限转速高，在高速时，可以用来替代推力球轴承。结构简单，价格便宜，应用最为广泛
角接触球轴承	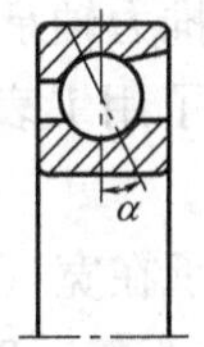	7		能够承受径向载荷和单向轴向载荷，极限转速较高，公称接触角 α 有 15°、25°、40°三种，接触角越大，轴向承载能力也越大。一般成对使用，对称安装
圆柱滚子轴承	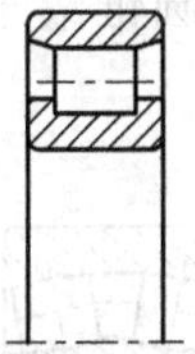	N		只能够承受径向载荷，不能承受轴向载荷。承载能力比同尺寸的球轴承大，能够承受冲击载荷，极限转速高。对轴的偏斜敏感，允许内、外圈轴线相对偏斜 2′~4′，故只能用于刚性较大的轴上，并要求轴承座孔很好地对中
	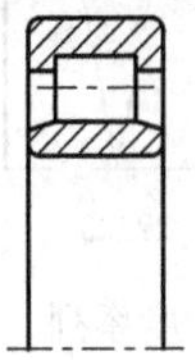	NU		

三、滚动轴承的代号

滚动轴承的类型繁多，在常用的各类滚动轴承中，每一类又有不同的结构、尺寸、游隙和公差等级等，以适应不同的技术要求。因此为了能够表征各类轴承的特点，便于选择和制造，GB/T 272—1993 规定了轴承代号的表示方法。

轴承代号由基本代号、前置代号和后置代号组成，用字母和数字表示，其构成见表 12-3。

表 12-3　滚动轴承代号的构成

<table>
<tr><td colspan="14">轴承代号</td></tr>
<tr><td>前置代号</td><td colspan="5">基本代号</td><td colspan="8">后置代号</td></tr>
<tr><td rowspan="3">轴承分部件代号</td><td>五</td><td>四</td><td>三</td><td>二</td><td>一</td><td rowspan="3">内部结构代号</td><td rowspan="3">密封与防尘结构代号</td><td rowspan="3">保持架及其材料代号</td><td rowspan="3">轴承材料代号</td><td rowspan="3">公差等级代号</td><td rowspan="3">游隙代号</td><td rowspan="3">配置代号</td><td rowspan="3">其他代号</td></tr>
<tr><td rowspan="2">类型代号</td><td colspan="2">尺寸系列代号</td><td colspan="2" rowspan="2">内径代号</td></tr>
<tr><td>宽（高）度系列代号</td><td>直径系列代号</td></tr>
</table>

1. 基本代号

基本代号表示轴承的基本类型、结构尺寸。它由轴承的类型代号、尺寸系列代号和内径代号构成。

（1）类型代号　轴承类型代号用基本代号右起第五位数字或字母表示。

（2）尺寸系列代号　尺寸系列代号由轴承的宽（高）度系列代号和直径系列代号组合而成。

轴承的直径系列如图 12-3 所示（即结构相同、内径相同的轴承在外径和宽度方面的变化系列），用基本代号右起第三位数字表示。例如：对于向心轴承和向心推力轴承，0、1 表示特轻系列，2 表示轻系列，3 表示中系列，4 表示重系列；推力轴承除了用 1 表示特轻系列之外，其余与向心轴承的表示一致。

轴承的宽（高）度系列（即结构相同、内径和直径系列都相同的轴承在宽（高）度方面的变化系列）如图 12-4 所示，用基本代号右起第四位数字表示。当宽（高）度系列为 0（正常系列）时，对多数轴承在代号中可省略，但对于调心滚子轴承和圆锥滚子轴承，宽（高）度系列代号 0 应标出。

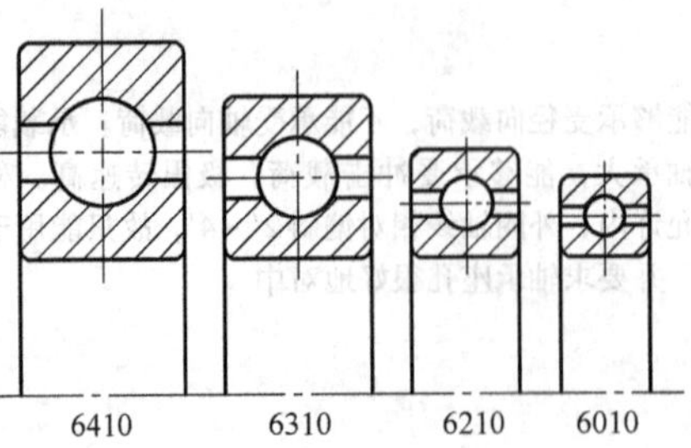

图 12-3　直径系列

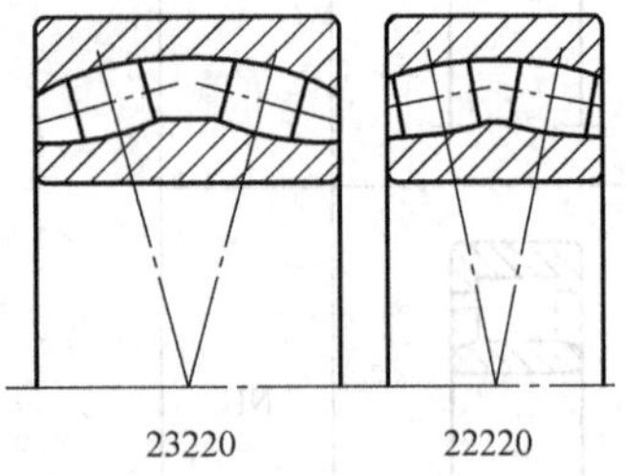

图 12-4　宽（高）度系列

（3）内径代号 轴承公称内径代号用基本代号右起第一、二位数字表示，见表 12-4。

表 12-4 轴承内径代号

代 号	00	01	02	03	04~99	内径尺寸
内径/mm	10	12	15	17	数字×5	≥500，22，28，32

2. 前置、后置代号

前置、后置代号是轴承在结构形状、尺寸、游隙、公差等技术要求有改变时，在其基本代号左右添加的补充代号，其各项含义可查阅轴承样本或设计手册。

前置代号表示轴承的分部件，以字母表示。例如：L 表示可分离轴承的可分离内圈或外圈。

后置代号的内容较多，常用的有轴承内部结构、公差等级、游隙组别及配置代号等。

内部结构代号表示同一类型轴承不同的内部结构，如 C、AC、B 分别代表公称接触角为 15°、25°和 40°的角接触轴承。

轴承公差等级代号按精度依次由高级到低级分为六个级别，2 级、4 级、5 级、6 级（或 6x 级）和 0 级，其代号分别为/P2、/P4、/P5、/P6（/P6x）、/P0，其中，6X 级仅适用于圆锥滚子轴承，0 级为普通级（在轴承代号中可省略），是最常用的轴承公差等级。

轴承游隙代号按游隙由小到大分为六个组别，1 组、2 组、0 组、3 组、4 组和 5 组，0 组游隙是常用的游隙组别，在轴承代号中不标出，其余的游隙组别在轴承代号中分别用/C1、/ C2、/ C3、/ C4、/C5 表示。

其余前置、后置代号的说明见有关的国家标准或轴承产品样本。

例 12-1 试说明轴承代号 6301、N2210、30315、7411C/P4 的含义。

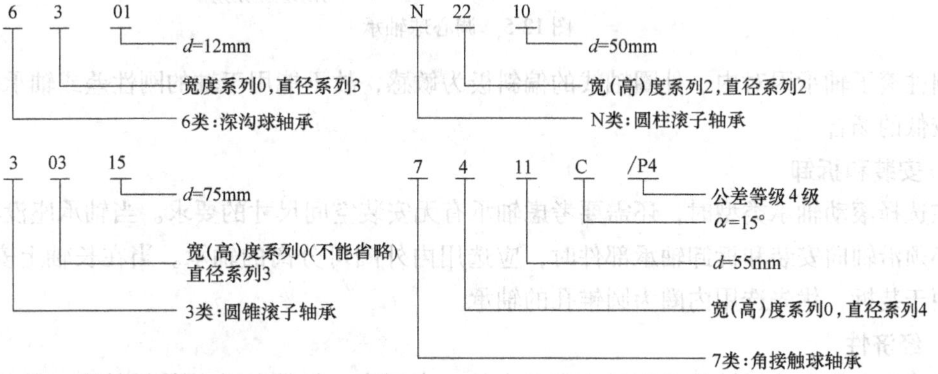

四、滚动轴承类型的选择

选择滚动轴承即确定基本代号，其中尺寸系列代号由寿命计算确定，内径代号由轴的结构设计确定，因而首先要讨论类型代号如何确定。

轴承类型的选择应考虑多种因素，具体选择时，可考虑以下因素。

1. 载荷

受纯径向载荷作用时，应选用向心轴承。受纯轴向载荷作用时，应选用推力轴承。对于同时承受径向载荷和轴向载荷作用的轴承，应根据两者的比值来确定。若轴向力相对径向力较小，可选用深沟球轴承，或接触角不大的角接触球轴承以及圆锥滚子轴承；反之，可选用接触角较大的角接触球轴承；当轴向力比径向力大得多时，则应考虑采用向心轴承和推力轴承相组合的结构类型，如深沟球轴承与推力球轴承的组合等，以分别承受径向和轴向载荷。

在相同外形尺寸的条件下，一般滚子轴承比球轴承的承载能力大，抗冲击能力强，故当载荷较大或有冲击载荷时宜选用滚子轴承。

2. 转速

通常设计时应使轴承的工作转速低于其极限转速。一般球轴承的极限转速高于滚子轴承；由于推力轴承滚动体惯性力使滚动体易偏离滚道，故其极限转速低于其他类型的轴承。因此，在高转速下可考虑采用接触角大的角接触轴承代替推力球轴承，在高速、轴向载荷较小时，可采用深沟球轴承代替推力球轴承。另外，在内径相同的同一类型轴承中，外径越大的轴承，其极限转速越低。

3. 调心性能

当两轴承座孔不同轴线或由于加工、安装误差及轴变形等原因使轴承内外圈之间偏转角较大时，如图 12-5 所示，应选用调心球轴承或调心滚子轴承。

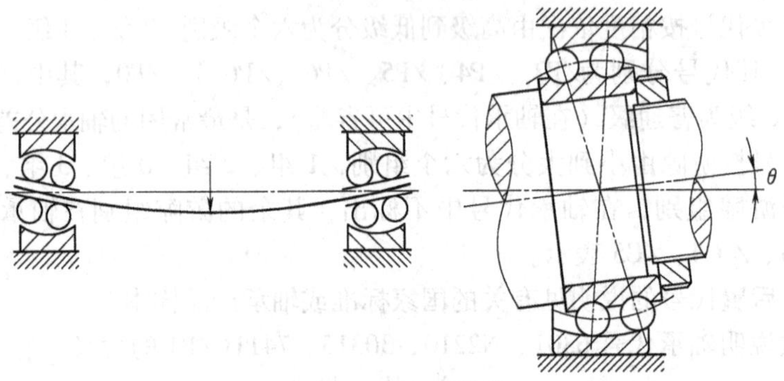

图 12-5　调心球轴承

圆柱滚子轴承因对内、外圈轴线的偏斜极为敏感，故不能用于轴的刚性差或轴承座孔同轴度较低的场合。

4. 安装和拆卸

在选择滚动轴承类型时，还需要考虑轴承有无安装空间尺寸的要求。当轴承座没有剖分面而必须沿轴向安装和拆卸轴承部件时，应选用内外圈可分离的轴承。当在长轴上安装时，为了便于装拆，优先选用内圈为圆锥孔的轴承。

5. 经济性

经济性也是在选择轴承类型时应当考虑的一个因素，轴承的公差等级越高，价格越高。公差等级相同时一般球轴承比滚子轴承价格低。同型号、不同公差等级的轴承价格相差很大。在满足工况条件要求的前提下，应选择成本较低的类型。

第二节　滚动轴承的失效形式及选择计算

一、滚动轴承的失效形式及计算准则

滚动轴承的失效形式主要有如下几种。

1. 疲劳点蚀

轴承工作时，其各零件承受的是变应力，故通常失效形式是内、外圈滚道或滚动体上的点蚀破坏，如图 12-6 所示，从而使轴承产生振动和噪声，旋转精度下降，影响机器的正常工作。疲劳点蚀是具有良好润滑和密封条件的滚动轴承的主要失效形式。

2. 塑性变形

当轴承转速很低或间歇摆动时，一般不会发生疲劳点蚀，此时轴承往往因受过大的静载荷或冲击载荷，使内、外圈滚道与滚动体接触处的局部应力超过材料的屈服极限而产生塑性变形，发生失效，如图 12-7 所示，使得运转精度降低，并会出现振动和噪声而不能正常工作。

图 12-6　轴承的疲劳点蚀

图 12-7　轴承的塑性变形

3. 磨损

在润滑不良或密封不严的情况下，轴承工作时易发生磨损。转速越高，磨损越严重。轴承磨损后会降低旋转精度，甚至失效。

在确定轴承型号时，需要根据轴承的失效形式进行设计计算，其计算准则是：对一般工作条件下的回转滚动轴承，其主要的失效形式是疲劳点蚀，所以要进行寿命计算，必要时进行静强度校核；对于不转或转速低（如 $n \leqslant 10\text{r/min}$）的轴承，主要的失效形式是塑性变形，所以只需进行静强度计算；对于高速轴承，主要的失效形式是粘着磨损、烧伤胶合，所以除进行寿命计算外，还需校验极限转速。

二、滚动轴承的寿命与寿命计算

1. 基本额定寿命

轴承寿命是指轴承中任何一个滚动体或内、外圈滚道上出现疲劳点蚀前，转过的总转数或在一定转速下总的工作小时数。

一批类型、尺寸相同的轴承，由于材料和制造等方面的差异，在完全相同的条件下工作，它们的寿命也不完全相同，寿命可能相差几倍甚至几十倍。图 12-8 所示为滚动轴承的寿命分布曲线。因此，人们很难预测单个轴承的具体寿命。为了保证轴承工作的可靠性，在国家标准中规定以基本额定寿命作为计算依据。

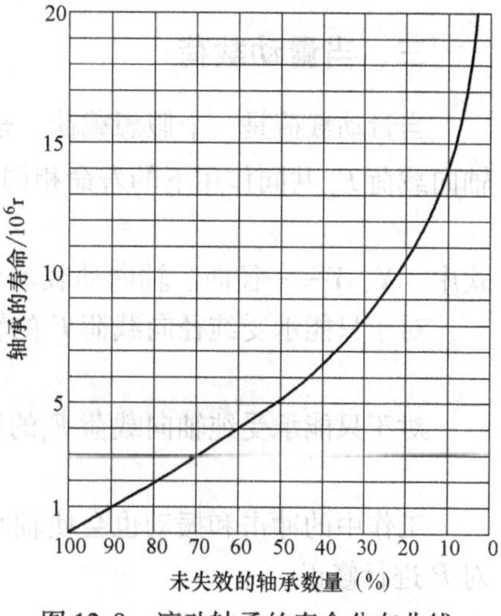

图 12-8　滚动轴承的寿命分布曲线

轴承的基本额定寿命是指一批相同的轴承，在同样条件下工作，其中10%的轴承产生疲劳点蚀时转过的总转数，以L_{10}表示。

2. 基本额定动载荷

基本额定寿命为10^6r时轴承能承受的载荷值，称为基本额定动载荷，以C表示。基本额定动载荷是衡量轴承承载能力的主要指标，其值越大，轴承抵抗点蚀破坏的能力越强。基本额定动载荷分为两类：对主要承受径向载荷的向心轴承为基本径向额定动载荷，以C_r表示；对主要承受轴向载荷的推力轴承，为基本轴向额定动载荷，以C_a表示。各种轴承的基本额定动载荷C_r（或C_a）值可查阅有关机械设计手册。

3. 滚动轴承的寿命计算

大量试验表明，当作用在轴承上的载荷P等于基本额定动载荷C时，轴承的寿命等于10^6r。滚动轴承的载荷P与寿命L_{10}的关系为

$$L_{10} = 10^6 \left(\frac{C}{P}\right)^{\varepsilon} \tag{12-1}$$

式中　ε——寿命指数，球轴承$\varepsilon=3$，滚子轴承$\varepsilon=10/3$。

实际计算时，可用小时表示轴承寿命L_h。若轴承的转速为n(r/min)，式（12-1）可以改写为

$$L_h = \frac{10^6}{60n}\left(\frac{C}{P}\right)^{\varepsilon} \tag{12-2}$$

由于滚动轴承的基本额定动载荷C是在工作温度不大于120℃条件下确定的，而当轴承的工作温度高于120℃时，会影响轴承的寿命，降低基本额定动载荷，故在用上式计算轴承寿命时，应引入温度系数f_t（表12-5），此时，轴承的寿命计算式为

$$L_h = \frac{10^6}{60n}\left(\frac{f_t C}{P}\right)^{\varepsilon} \tag{12-3}$$

表12-5　温度系数

轴承工作温度/℃	≤120	125	150	175	200	225	250	300	350
温度系数f_t	1.00	0.95	0.90	0.85	0.80	0.75	0.70	0.60	0.50

三、当量动载荷

当量动载荷是一个假想载荷。轴承在这个载荷作用下，轴承的寿命与实际径向载荷F_r、轴向载荷F_a共同作用下的寿命相同。

$$P = XF_r + YF_a \tag{12-4}$$

式中　X、Y——径向、轴向动载荷系数，其值见表12-6。

对于只能承受纯径向载荷F_r的轴承

$$P = F_r \tag{12-5}$$

对于只能承受纯轴向载荷F_a的轴承

$$P = F_a \tag{12-6}$$

工作中的冲击和振动也会使轴承实际工作载荷增加，因此引入载荷系数f_p（表12-7），对P进行修正

$$P = f_p(XF_r + YF_a) \tag{12-7}$$

表 12-6 动载荷系数

轴承类型		相对轴向载荷	$F_a/F_r \leqslant e$		$F_a/F_r > e$		判断系数 e
名称	代号	F_a/C_0	X	Y	X	Y	
调心球轴承	10000	—	1	(Y_1)	0.65	(Y_2)	(Y_2)
调心滚子轴承	20000	—	1	(Y_1)	0.67	(Y_2)	(Y_2)
圆锥滚子轴承	30000	—	1	0	0.40	(Y)	(e)
深沟球轴承	60000	0.025	1	0	0.56	2.0	0.22
		0.040				1.8	0.24
		0.070				1.6	0.27
		0.130				1.4	0.31
		0.250				1.2	0.37
		0.500				1.0	0.44
角接触球轴承	70000C $\alpha=15°$	0.015	1	0	0.44	1.47	0.38
		0.029				1.40	0.40
		0.058				1.30	0.43
		0.087				1.23	0.46
		0.120				1.19	0.47
		0.170				1.12	0.50
		0.290				1.02	0.55
		0.440				1.00	0.56
		0.580				1.00	0.56
	70000AC $\alpha=25°$	—	1	0	0.41	0.87	0.68
	70000B $\alpha=40°$	—	1	0	0.35	0.57	1.14

注：1. C_0是轴承基本额定静载荷；α是接触角。

2. 表中括号内的系数 Y、Y_1、Y_2和 e 的值应查轴承手册，对不同型号的轴承，有不同的值。

3. 深沟球轴承的 X、Y 值仅适用于 0 组游隙的轴承，对于其他游隙组别的轴承可查轴承手册。

4. 对于深沟球轴承先根据算得的相对轴向载荷值查出对应的 e 值，然后再得出相应的 X、Y 值。对于表中未列出的 F_a/C_0值，可按线性插值法求得相应的 e、X、Y 值。

5. 两套相同的角接触球轴承可在同一支点上“背对背”、“面对面”或“串联”安装作为一个整体使用，这种轴承的基本额定动载荷及 X、Y 值可查轴承手册。

表 12-7 载荷系数

载荷性质	f_P	举 例
无冲击或轻微冲击	1.0～1.2	电动机、汽轮机、通风机、水泵
中等冲击	1.2～1.8	车辆、机床、起重机、冶金设备、内燃机
强烈冲击	1.8～3.0	破碎机、轧钢机、石油钻机、振动筛

四、角接触轴承的载荷计算

角接触轴承包括角接触球轴承和圆锥滚子轴承。如图 12-9 所示，由于角接触轴承存在接触角 α，使得轴承在受到载荷作用时，承载区内每一个滚动体的法向力 F'_{Ni}可分解为径向分力 F_{Ni}和轴向分力 F_{di}。各滚动体轴向分力之和 F_d（$\sum F_{di}$）将使轴承外圈与内圈沿轴向有分离的趋势，故这类轴承都应成对使用。

F_d是在径向载荷作用下产生的轴向力，通常称为派生（或内部）轴向力，其大小按表 12-8 中所给公式求出，方向由轴承外圈的宽边指向窄边。

角接触轴承由于存在派生轴向力，所以一般是成对使用。图 12-10 所示为两种不同的安装方式，即正装和反装。正装，轴承外圈窄边相对，如图 12-10a 所示；反装，轴承外圈宽边相对，如图 12-10b所示。

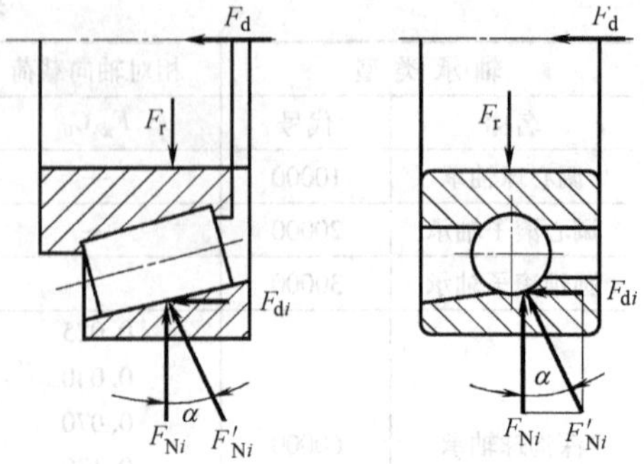

图 12-9　角接触球轴承的派生轴向力

在按式（12-4）计算各轴承的当量动载荷 P 时，其中的轴向载荷 F_a并不完全由轴向外载荷（外加轴向力）F_{ae}产生，而是应根据整个轴上的轴向载荷（包括因径向载荷 F_r产生的派生轴向力 F_d）之间的平衡条件得出。

表 12-8　派生轴向力的计算公式

圆锥滚子轴承	角接触球轴承		
	70000C（$\alpha=15°$）	70000AC（$\alpha=25°$）	70000B（$\alpha=40°$）
$F_d=\frac{F_r}{2Y}$①	$F_d=e$② F_r	$F_d=0.68F_r$	$F_d=1.14F_r$

① Y 是对应表 12-6 中$\frac{F_a}{F_r}>e$ 的 Y 值。

② e 值由表 12-6 查出。

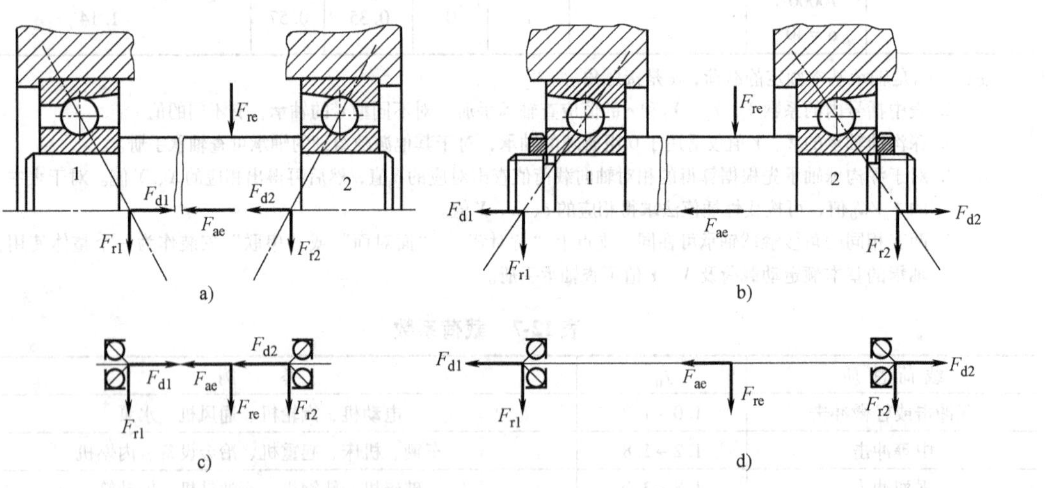

图 12-10　角接触球轴承的载荷分析

a）正装　b）反装　c）正装简图　d）反装简图

下面以图 12-10 所示角接触球轴承的两种安装方式为例来讨论轴向力的计算。

如图 12-10a 所示，轴承正装，取轴和与其相配合的轴承内圈为分离体，其上的轴向力有以下三种关系。

1）当 $F_{ae}+F_{d2}=F_{d1}$时，轴系处于轴向平衡状态，轴承 1、2 所受的总轴向力分别为其本身的派生轴向力，即

$$F_{a1} = F_{d1} \tag{12-8}$$

$$F_{a2} = F_{d2} \tag{12-9}$$

2）当 $F_{ae} + F_{d2} > F_{d1}$ 时，则轴系有向左移动的趋势，由轴系结构，轴承外圈相对箱体固定不动，而内圈随轴运动，故轴承 1 被“压紧”，轴承 2 被“放松”。轴承座必然要通过轴承施加一个附加的轴向力来防止轴的移动，所以被“压紧”的轴承 1 所受的总轴向力 F_{a1} 必与 $F_{ae} + F_{d2}$ 相平衡，即

$$F_{a1} = F_{ae} + F_{d2} \tag{12-10}$$

而被“放松”的轴承 2 只受其本身派生的轴向力 F_{d2}，即

$$F_{a2} = F_{d2} \tag{12-11}$$

3）当 $F_{ae} + F_{d2} < F_{d1}$ 时，则轴系有向右移动的趋势，使得轴承 2 被“压紧”，轴承 1 被“放松”。被“放松”的轴承 1 只受其本身派生的轴向力 F_{d1}，即

$$F_{a1} = F_{d1} \tag{12-12}$$

而被“压紧”的轴承 2 所受的总轴向力 F_{a2} 为

$$F_{a2} = F_{d1} - F_{ae} \tag{12-13}$$

同理，如图 12-10b 所示的反装情况分析与正装类似。

综上所述，计算角接触轴承所受轴向力的方法可以归结为：通过派生轴向力及外加轴向力的分析与计算，确定轴的移动趋势，判定被“放松”和被“压紧”的轴承；被“放松”轴承的轴向力等于其本身的派生轴向力，而被“压紧”轴承的轴向力则为除去本身派生的轴向力外其余各轴向力的代数和。

轴承反力的径向分力在轴心线上的作用点称为轴承的压力中心。图 12-10a、b 所示两种安装方式，对应两种不同的压力中心位置。但当两轴承支点间的距离较大时，常以轴承宽度的中点作为支点的简化计算。

五、滚动轴承的静载荷

轴承静载荷计算的目的是防止轴承产生过大的塑性变形。国家标准规定，使受载最大的滚动体与滚道接触中心处引起的接触应力达到一定值的载荷，作为轴承静强度的界限，称为基本额定静载荷，用 C_0（或 C_{0r}、C_{0a}）表示。

轴承上作用的径向载荷 F_r 和轴向载荷 F_a，应折合成一个当量静载荷 P_0，即

$$P_0 = X_0 F_r + Y_0 F_a \tag{12-14}$$

式中 X_0、Y_0——当量静载荷的径向、轴向载荷系数，其值可查轴承手册。

按轴承承受静载荷能力选择轴承的公式为

$$\frac{C_0}{P_0} \geqslant S_0 \tag{12-15}$$

式中 S_0——轴承的静强度安全系数，其值取决于轴承的使用条件。当要求轴承传动很平稳时，则 S_0 应取大于 1；当对轴承传动平稳性要求不高，又无冲击载荷，或轴承仅作摆动时，则 S_0 可取 1 或小于 1。

例 12-2 如图 12-11 所示，一蜗轮轴上安装有一对 30207 轴承，轴承上的载荷分别为 $F_{r1} = 5000\text{N}$，$F_{r2} = 2800\text{ N}$，轴向力 $F_{ae} = 1000\text{N}$，工作温度低于 120℃，载荷平稳，$n = 720\text{r/min}$。试计算两轴承的寿命。

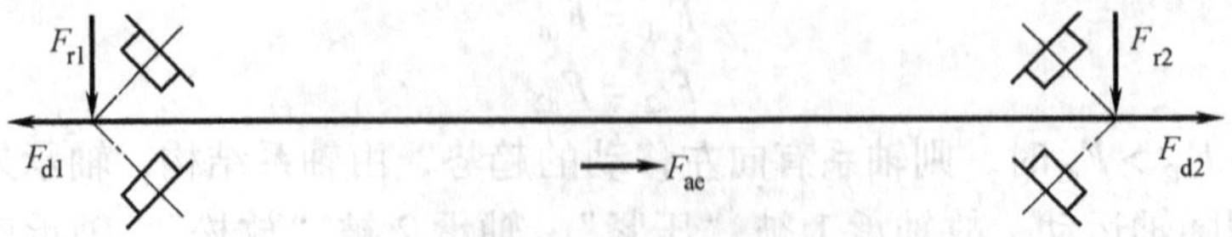

图 12-11 例 12-2 图

解 1）确定轴向力 F_{a1}、F_{a2}。查表 12-12 可知，轴承 30207，$C=54.2\text{kN}$，$Y=1.6$，$e=0.37$。按表 12-8，派生轴向力

$$F_{d1}=\frac{F_{r1}}{2Y}=\frac{5000\text{N}}{2\times1.6}=1562.5\text{N}$$

$$F_{d2}=\frac{F_{r2}}{2Y}=\frac{2800\text{N}}{2\times1.6}=875\text{N}$$

两轴承反装，F_{d1}、F_{d2} 方向相背，如图 12-11 所示。

$$F_{ae}+F_{d2}=1000\text{N}+875\text{N}=1875\text{N}>F_{d1}=1562.5\text{N}$$

轴承 1 被“压紧”，轴承 2 被“放松”

$$F_{a1}=F_{d2}+F_{ae}=875\text{N}+1000\text{N}=1875\text{N}$$

$$F_{a2}=F_{d2}=875\text{N}$$

2）求轴承的当量动载荷 P_1 和 P_2。根据题意，载荷平稳，查表 12-7，$f_p=1.0\sim1.2$，取 $f_p=1$。

$$\frac{F_{a1}}{F_{r1}}=\frac{1875\text{N}}{5000\text{N}}=0.375>e \quad X_1=0.4, Y_1=1.6$$

$$\frac{F_{a2}}{F_{r2}}=\frac{875\text{N}}{2800\text{N}}=0.3125<e \quad X_2=1, Y_2=0$$

由式（12-7）得

$$P_1=f_p(X_1F_{r1}+Y_1F_{a1})=0.4\times5000\text{N}+1.6\times1875\text{N}=5000\text{N}$$

$$P_2=f_p(X_2F_{r2}+Y_2F_{a2})=1\times2800\text{N}=2800\text{N}$$

3）计算轴承寿命 L_h。因为 $P_1>P_2$，所以只按轴承“1”计算，取 $P=P_1$。因为工作温度低为 120°，查表 12-5 可知 $f_t=1$。圆锥滚子轴承 $\varepsilon=10/3$，则

$$L_h=\frac{10^6}{60n}\left(\frac{f_tC}{P}\right)^{\varepsilon}=\frac{10^6}{60\times720}\times\left(\frac{1\times54200}{5000}\right)^{\frac{10}{3}}\text{h}=65255\text{h}$$

第三节 滚动轴承的组合设计

为了保证轴承的正常工作，除了正确选择轴承的类型和尺寸外，还要合理地进行轴承部件的组合设计。轴承部件的组合设计，包括轴承的固定、调整、配合、装拆、润滑和密封等。

一、滚动轴承的轴向定位

轴承在轴上一般用轴肩或套筒定位。轴承内圈的轴向固定应根据轴向载荷的大小选用

图 12-12 所示的轴用弹性挡圈、轴端挡圈、圆螺母等结构。外圈则采用图 12-13 所示的孔用弹性挡圈或轴承盖来固定。

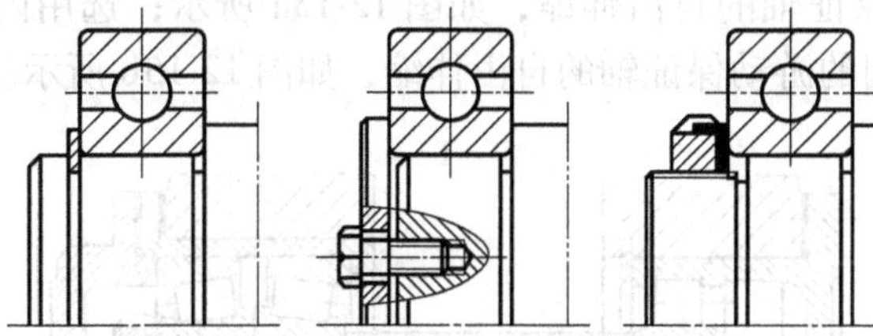

图 12-12　内圈轴向固定的方法

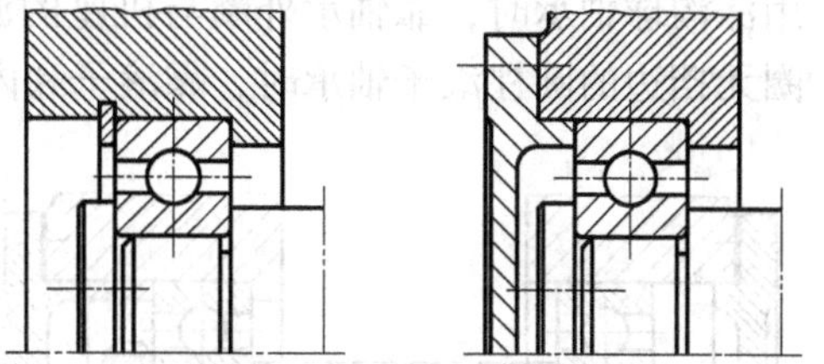

图 12-13　外圈轴向固定的方法

二、轴系支承端结构形式

一般来说，一根轴需要两个支点，每个支点可有一个或一个以上的轴承组成。为保证滚动轴承轴系能正常传递轴向力且不发生轴向窜动及轴受热膨胀后不致将轴承卡死，必须合理地设计轴系支承端的结构形式。常见的轴系支承端结构形式有以下两种。

1. 两端各单向固定支承

两端各单向固定支承适用于普通工作温度下的短轴（跨距 $L<400$mm），支点常采用一对深沟球轴承、一对角接触球轴承或一对圆锥滚子轴承，如图 12-14 所示。由两个支承分别限制轴沿着一个方向的轴向移动，从而限制轴的双向移动。轴承的轴向固定是利用内圈和轴肩、外圈和轴承端盖来实现的。为了补偿轴的受热伸长，外圈端面与轴承盖之间留有一定的间隙 c，这个间隙不能太大，否则在开始工作时轴温度尚低，由于轴承间隙过大而易产生窜动，间隙量常用调整垫片或调整螺钉调节。如图 12-14b 所示，这个间隙通常不画出。

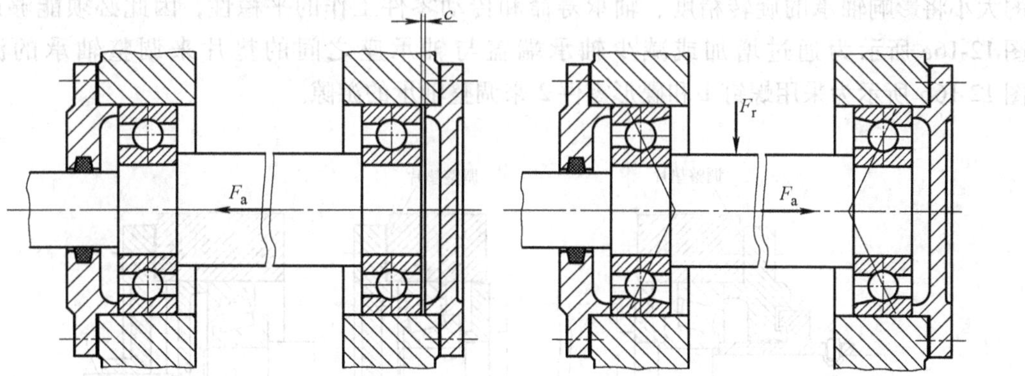

图 12-14　两端各单向固定
a）深沟球轴承　b）角接触球轴承

2. 一端固定一端游动支承

当轴较长（$L\geqslant400$mm）或工作温度较高时，轴的伸缩量大，通常采用一端双向固定、一端游动的支点结构。固定端由单个深沟球轴承或一对角接触球轴承（圆锥滚子轴承）或深沟球轴承和一对推力球轴承组成，能够承受双向轴向力，而游动端则保证轴伸缩时能自由游动，可用深沟球轴承或圆柱滚子轴承。

如图 12-15 所示，右端为固定端，采用图 12-15a 所示的深沟球轴承，内外圈轴向双向固定，承受双向轴向载荷，也可采用图 12-15b 所示的一对圆锥滚子轴承。左端为游动端，选用深沟球轴承时，靠轴承外圈与机座的游动保证轴的自由伸缩，如图 12-15a 所示；选用内圈无挡边的圆柱滚子轴承时，靠滚子和内圈间的游动保证轴的自由伸缩，如图 12-15b 所示。

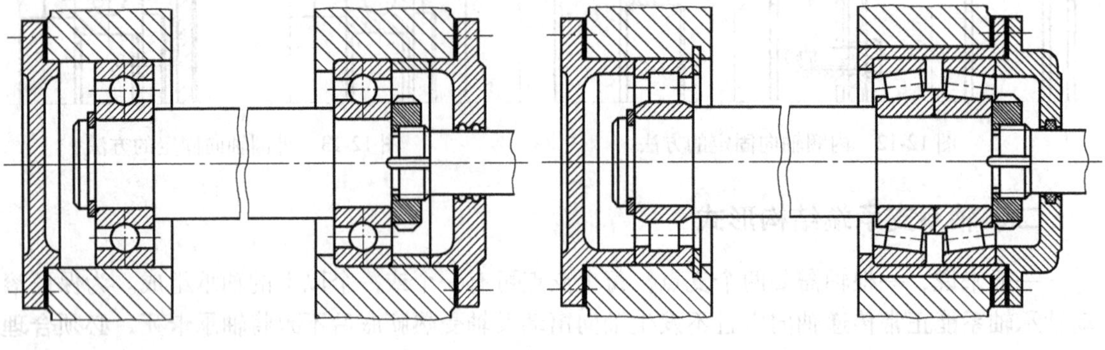

a)　　b)

图 12-15　一端固定、一端游动

a）两端均为深沟球轴承　b）固定端为圆锥滚子轴承，游动端为圆柱滚子轴承

三、滚动轴承游隙和轴系轴向位置的调整

1. 轴承游隙的调整

为保证轴承的正常运转，在轴承内部一般要留有适当的间隙，即轴承的游隙。轴承游隙的大小将影响轴承的旋转精度、轴承寿命和传动零件工作的平稳性，因此必须能够调整。图 12-16a 所示为通过增加或减少轴承端盖与轴承座之间的垫片来调整轴承的游隙；图 12-16b 所示为采用螺钉 1 和碟形零件 2 来调整轴承的游隙。

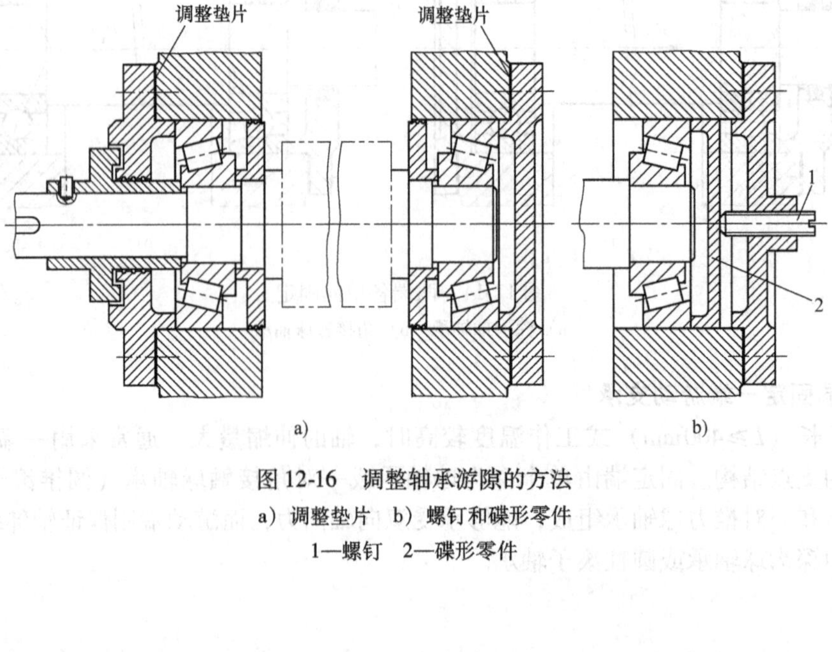

a)　　b)

图 12-16　调整轴承游隙的方法

a）调整垫片　b）螺钉和碟形零件

1—螺钉　2—碟形零件

2. 轴系轴向位置的调整

轴系轴向位置调整的目的是使轴上零件有准确的位置。有些传动件如带轮、圆柱齿轮等，对轴向位置要求不高，一般不需要严格地调整，但对于锥齿轮，为了保证正确啮合，要求两个节锥顶点重合，因此必须使轴系能如图 12-17a 所示的在水平和垂直两个方向进行调整。对于蜗杆传动，要求蜗轮中间端面通过蜗杆轴线，因此必须使轴系能如图 12-17b 所示的方向调整。

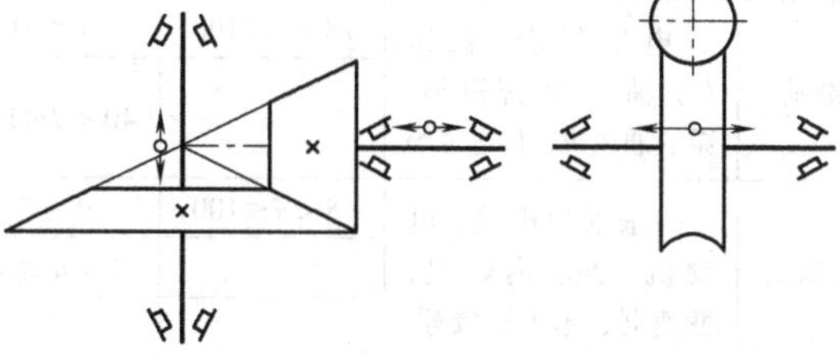

图 12-17 轴系轴向位置的调整

a）锥齿轮传动 b）蜗杆传动

图 12-18 所示为锥齿轮轴承部件组合结构。锥齿轮轴向位置的调整是靠套杯与机体之间的垫片组 1 来实现，而轴承的游隙是靠套杯和轴承盖之间的垫片组 2 来实现。

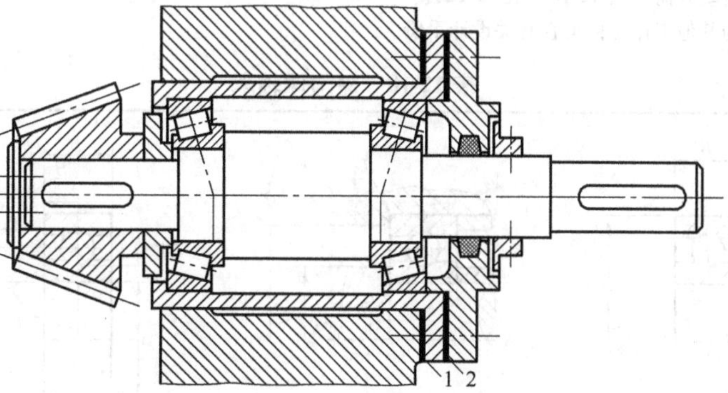

图 12-18 锥齿轮轴承部件组合结构

四、滚动轴承的配合

轴承的配合主要是指轴承内圈与轴颈的配合以及轴承外圈与座孔的配合。由于轴承是标准件，选择配合时以它为标准，因此轴承内圈与轴的配合采用基孔制，外圈与座孔的配合采用基轴制。一般圆柱体的配合中，基孔制孔的极限偏差为正值，而轴承内圈孔的基孔制极限偏差为负值，所以轴承内圈与轴的配合比圆柱公差标准中规定的基孔制同类配合要紧得多。在标注配合时，不需标注轴承内径及外径的公差带代号，只标注轴直径及座孔直径的公差带代号。

一般来说，转动圈（通常是内圈与轴一起转动）转速越高，载荷越大，工作温度越高，则内圈与轴颈应采用越紧的配合；而外圈与座孔间（特别是需要做轴向游动）常采用较松的配合。轴公差带代号常取 n6、m6、k6、js6 等；座孔公差带代号常用 J7、J6、H7 和 G7 等，具体配合见表 12-9。

表 12-9 安装滚动轴承的轴和轴承座孔公差带代号

	轴承座圈工作条件		应用举例	深沟球轴承和角接触球轴承	圆锥滚子轴承和圆柱滚子轴承	调心滚子轴承	公差带代号
	旋转状态	载荷		轴承公称内径 d/mm			
轴	内圈相对于载荷方向旋转或载荷方向摆动	轻载荷	电器仪表、机床（主轴）、精密机械、泵、通风机、传送带等	$18<d\leqslant100$	$d\leqslant40$	$d\leqslant40$	j6
					$40<d\leqslant140$	$40<d\leqslant100$	k6
		正常载荷	一般通用机械、电动机、泵、内燃机、变速器、木工机械等	$18<d\leqslant100$	$d\leqslant40$	$d\leqslant40$	k5
					$40<d\leqslant100$	$40<d\leqslant65$	m5
						$65<d\leqslant100$	m6
轴承座孔	外圈相对于载荷方向静止	轻载荷和正常载荷	烘干筒、有调心滚子轴承的大电动机等	所有尺寸的径向接触轴承和向心角接触轴承			G7
			一般机械、铁路车辆轴箱等				H7

注：1. 轻载荷：球轴承 $P\leqslant0.07C$，圆锥滚子轴承 $P\leqslant0.13C$，其他滚子轴承 $P\leqslant0.08C$；正常载荷：球轴承 $0.07C<P\leqslant0.15C$，圆锥滚子轴承 $0.13C<P\leqslant0.26C$，其他滚子轴承 $0.08C<P\leqslant0.18C$，P 为当量动载荷，C 为轴承的基本额定动载荷（表 12-10～表 12-12）。

2. 轴承座圈的其他工作条件可查有关设计手册。

表 12-10 深沟球轴承

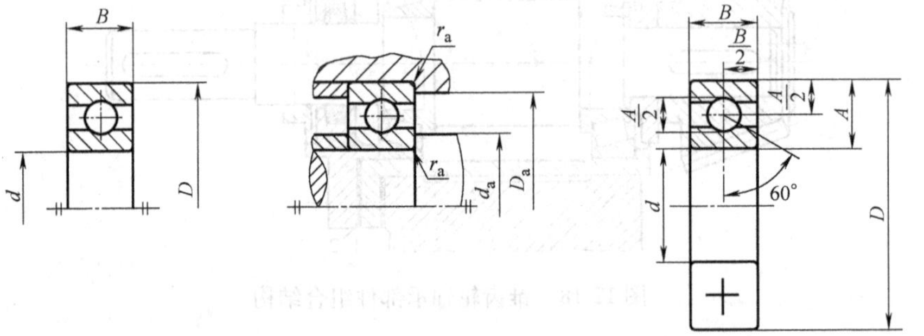

规定画法

轴承代号	基本尺寸/mm			安装尺寸/mm			基本额定动载荷	基本额定静载荷
	d	D	B	d_{amin}	D_{amax}	r_{amax}	C/kN	C_0/kN
6004	20	42	12	25	38	0.6	9.38	5.03
6204		47	14	26	41	1.0	12.80	6.65
6304		52	15	27	45	1.0	15.90	7.88
6404		72	19	27	65	1.0	31.00	15.30
6005	25	47	12	30	43	0.6	10.10	5.85
6205		52	15	31	46	1.0	14.00	7.88
6305		62	17	32	55	1.0	22.40	11.50
6405		80	21	34	71	1.5	38.30	19.20

（续）

轴承代号	基本尺寸/mm			安装尺寸/mm			基本额定动载荷 C/kN	基本额定静载荷 C_0/kN
	d	D	B	d_{amin}	D_{amax}	r_{amax}		
6006	30	55	13	36	50	1.0	13.20	8.30
6206		62	16	36	56	1.0	19.50	11.30
6306		72	19	37	65	1.0	27.00	15.20
6406		90	23	39	81	1.5	47.30	24.50
6007	35	62	14	41	57	1.0	16.20	10.40
6207		72	17	42	65	1.0	25.70	15.30
6307		80	21	44	71	1.5	33.40	19.20
6407		100	25	44	91	1.5	56.90	29.60
6008	40	68	15	46	63	1.0	17.00	11.70
6208		80	18	47	73	1.0	29.50	18.10
6308		90	23	48	81	1.5	40.80	24.00
6408		110	27	50	100	2.0	65.50	37.70
6009	45	75	16	51	70	1.0	21.10	14.80
6209		85	19	52	78	1.0	31.70	20.70
6309		100	25	54	91	1.5	52.90	31.80
6409		120	29	55	110	2.0	77.40	45.40
6010	50	80	16	56	75	1.0	22.00	16.30
6210		90	20	57	83	1.0	35.10	23.20
6310		110	27	60	100	2.0	61.90	37.90
6410		130	31	62	118	2.1	92.30	55.10
6011	55	90	18	63	83	1.0	30.30	21.90
6211		100	21	64	91	1.5	43.40	29.20
6311		120	29	65	110	2.0	71.60	44.80
6411		140	33	67	128	2.1	101.00	62.50
6012	60	95	18	67	88	1.0	31.70	24.20
6212		110	22	69	101	1.5	47.80	32.90
6312		130	31	72	118	2.1	81.80	51.90
6412		150	35	72	138	2.1	109.00	70.10
6013	65	100	18	72	93	1.0	32.10	24.90
6213		120	23	74	111	1.5	57.20	40.00
6313		140	33	77	128	2.1	93.90	60.40
6413		160	37	77	148	2.1	118.00	78.60
6014	70	110	20	78	102	1.0	38.60	30.40
6214		125	24	79	116	1.5	60.80	45.00
6314		150	35	82	138	2.1	104.00	68.00
6414		180	42	84	166	2.5	140.00	99.60
6015	75	115	20	83	107	1.0	40.20	33.20
6215		130	25	84	121	1.5	66.10	49.50
6315		160	37	87	148	2.1	113.00	77.00
6415		190	45	89	176	2.5	154.00	114.00

注：部分摘自 GB/T 276—2013《滚动轴承　深沟球轴承　外形尺寸》。

表 12-11　角接触球轴承

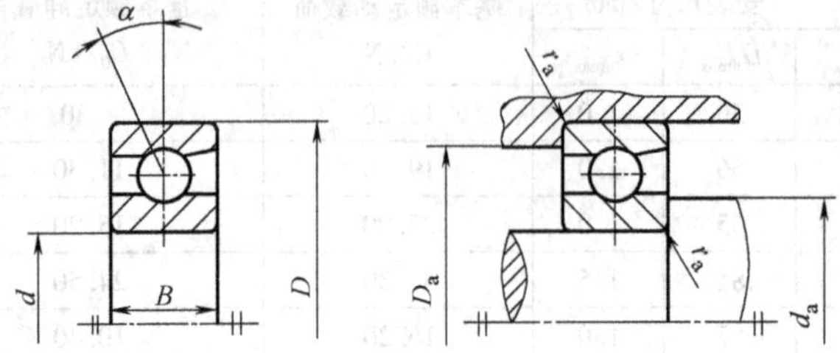

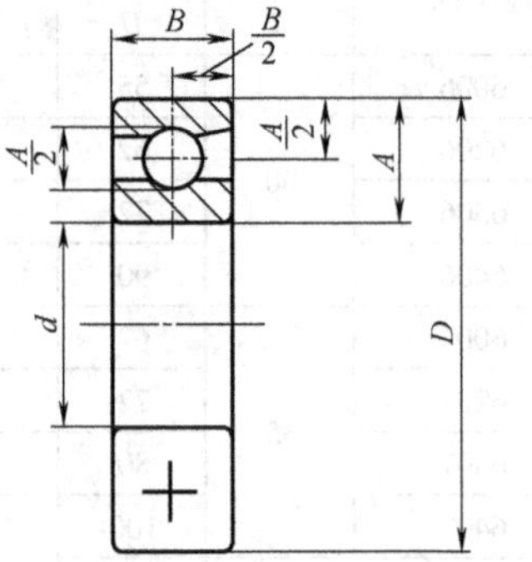

规定画法

轴承代号	基本尺寸/mm			安装尺寸/mm			基本额定动载荷 C/kN	基本额定静载荷 C_0/kN
	d	D	B	d_{amin}	D_{amax}	r_{amax}		
7204C	20	47	14	26	41	1.0	11.2	7.46
7204AC							10.8	7.00
7204B							10.8	6.78
7205C	25	52	15	31	46	1.0	12.8	8.95
7205AC							12.2	8.38
7205B							12.2	7.88
7305C		62	17	32	55	1.0	21.5	15.80
7206C	30	62	16	36	56	1.0	17.8	12.80
7206AC							16.8	12.20
7206B							15.8	11.20
7306B		72	19	37	65	1.0	24.8	17.50
7207C	35	72	17	42	65	1.0	23.5	17.50
7207AC							22.5	16.50
7207B							20.8	15.20
7307B		80	21	44	71	1.5	29.5	21.20
7208C	40	80	18	47	73	1.0	26.8	20.50
7208AC							25.8	19.20
7208B							25.0	18.80
7308C		90	23	49	81	1.5	40.2	32.30
7308AC							38.5	30.50
7308B							35.5	26.20
7408AC		110	27	50	100	2.0	62.0	49.50
7408B							51.5	41.80
7209C	45	85	19	52	78	1.0	29.8	23.80
7209AC							28.2	22.50
7209B							27.8	21.20
7309B		100	25	54	91	1.5	45.8	34.50

（续）

轴承代号	基本尺寸/mm			安装尺寸/mm			基本额定动载荷 C/kN	基本额定静载荷 C_0/kN
	d	D	B	d_{amin}	D_{amax}	r_{amax}		
7210C	50	90	20	57	83	1.0	32.8	26.80
7210AC							31.5	25.20
7210B							28.8	22.80
7310B		110	27	60	100	2.0	52.5	40.80
7211C	55	100	21	64	91	1.5	40.8	33.80
7211AC							38.8	31.80
7211B							35.5	28.80
7311B		120	29	65	110	2.0	60.5	48.00
7212C	60	110	22	69	101	1.5	44.8	37.80
7212AC							42.8	35.50
7212B							43.2	35.50
7312B		130	31	72	118	2.1	69.2	55.50
7213C	65	120	23	74	111	1.5	53.8	46.00
7213AC							51.2	43.20
7213B							48.8	41.80
7313B		140	33	77	128	2.1	79.5	64.80
7214C	70	125	24	79	116	1.5	56.0	49.20
7214AC							53.2	46.20
7214B							53.0	45.50
7314B		150	35	82	138	2.1	88.0	72.80
7215C	75	130	25	84	121	1.5	79.2	65.70
7215AC							75.3	62.90
7215B							72.8	61.60
7315B		160	37	87	148	2.1	124.0	97.20

注：1. 部分摘自 GB/T 292—2007《滚动轴承 角接触球轴承 外形尺寸》。

2. 轴承代号中的 C、AC、B 分别代表轴承接触角 $\alpha=15°$、25°、40°。

表 12-12 圆锥滚子轴承

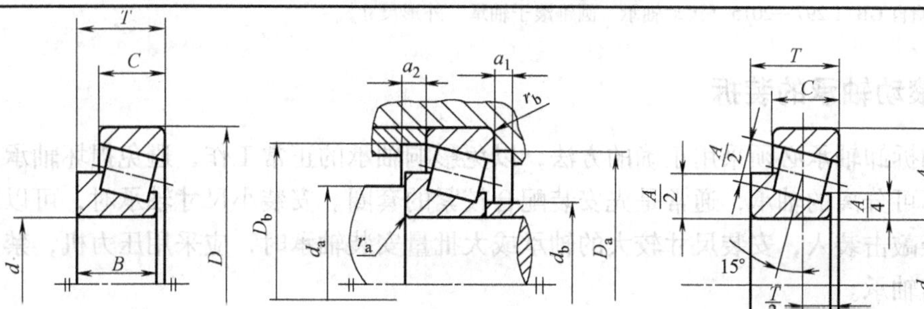

规定画法

（续）

轴承代号	基本尺寸/mm					安装尺寸/mm								基本额定动载荷	基本额定静载荷	计算系数		
	d	D	T	B	C	d_{amin}	d_{bmax}	D_{amax}	D_{bmin}	a_{1min}	a_{2min}	r_{amax}	r_{bmax}	C/kN	C_0/kN	e	Y	Y_0
30204	20	47	15.25	14	12	26	27	41	43	2.0	3.5	1.0	1.0	28.2	30.6	0.35	1.7	1.0
30304		52	16.25	15	13	27	28	45	48	3.0	3.5	1.5	1.5	33.1	33.2	0.3	2.0	1.1
30205	25	52	16.25	15	13	31	31	46	48	2.0	3.5	1.0	1.0	32.2	37.0	0.37	1.6	0.9
30305		62	18.25	17	15	32	34	55	58	3.0	3.5	1.5	1.5	46.9	48.1	0.3	2.0	1.1
30206	30	62	17.25	16	14	36	37	56	58	2.0	3.5	1.0	1.0	43.3	50.5	0.37	1.6	0.9
30306		72	20.75	19	16	37	40	65	66	3.0	5.0	1.5	1.5	59.0	63.1	0.31	1.9	1.0
30207	35	72	18.25	17	15	42	44	65	67	2.0	3.5	1.5	1.5	54.2	63.5	0.37	1.6	0.9
30307		80	22.75	21	18	44	45	71	74	3.0	5.5	2.0	1.5	75.3	82.6	0.31	1.9	1.0
30208	40	80	19.25	18	16	47	49	73	75	3.0	4.0	1.5	1.5	63.0	74.0	0.37	1.6	0.9
30308		90	25.25	23	20	49	52	81	84	3.0	5.5	2.0	1.5	90.9	108.0	0.35	1.7	1.0
30209	45	85	20.75	19	16	52	53	78	80	3.0	5.0	1.5	1.5	67.9	83.6	0.4	1.5	0.8
30309		100	27.75	25	22	54	59	91	94	3.0	5.0	2.0	1.5	109.0	130.0	0.35	1.7	1.0
30210	50	90	21.75	20	17	57	58	83	86	3.0	5.0	1.5	1.5	73.3	92.1	0.42	1.4	0.8
30310		110	29.25	27	23	60	65	100	103	4.0	6.5	2.1	2.0	130.0	157.0	0.35	1.7	1.0
30211	55	100	22.75	21	18	64	64	91	95	4.0	5.0	2.0	1.5	90.8	114.0	0.4	1.5	0.8
30311		120	31.50	29	25	65	70	110	112	4.0	6.5	2.1	2.0	153.0	188.0	0.35	1.7	1.0
30212	60	110	23.75	22	19	69	69	101	103	4.0	5.0	2.0	1.5	103.0	130.0	0.4	1.5	0.8
30312		130	33.50	31	26	72	76	118	121	5.0	7.5	2.5	2.1	171.0	210.0	0.35	1.7	1.0
30213	65	120	24.75	23	20	74	77	111	114	4.0	5.0	2.0	1.5	121.0	153.0	0.4	1.5	0.8
30313		140	36.0	33	28	77	83	128	131	5.0	8.0	2.5	2.1	196.0	242.0	0.35	1.7	1.0
30214	70	120	26.25	24	21	79	81	116	119	4.0	5.5	2.0	1.5	132.0	174.0	0.42	1.4	0.8
30314		150	38.0	35	30	82	89	138	141	5.0	8.0	2.5	2.1	219.0	272.0	0.35	1.7	1.0
30215	75	130	27.25	25	22	84	85	121	125	4.0	5.0	2.0	1.5	138.0	185.0	0.44	1.4	0.8
30315		160	40.0	37	31	87	95	148	150	5.0	9.0	2.5	2.1	253.0	353.0	0.35	1.7	1.0

注：部分摘自 GB/T 297—2015《滚动轴承　圆锥滚子轴承　外形尺寸》。

五、滚动轴承的装拆

安装和拆卸轴承必须采用正确的方法，以免影响轴承的正常工作，避免损坏轴承。对于内、外圈不可分离的轴承，通常是先安装配合较紧的套圈。安装小尺寸轴承时，可以用铜锤均匀地轻轻敲击装入，安装尺寸较大的轴承或大批量安装轴承时，应采用压力机，禁止用重锤直接敲击轴承。

安装轴承时，应把力加在要装配的套圈上，如不能在装内圈时敲击外圈，这样会损伤滚动体，如图 12-19 所示。

拆卸轴承的原则与安装时相同。如图 12-20 所示，用专用工具加力于内圈以拆卸轴承。轴肩高度通常不大于轴承内圈高度的 2/3，过高时不便于拆卸轴承。

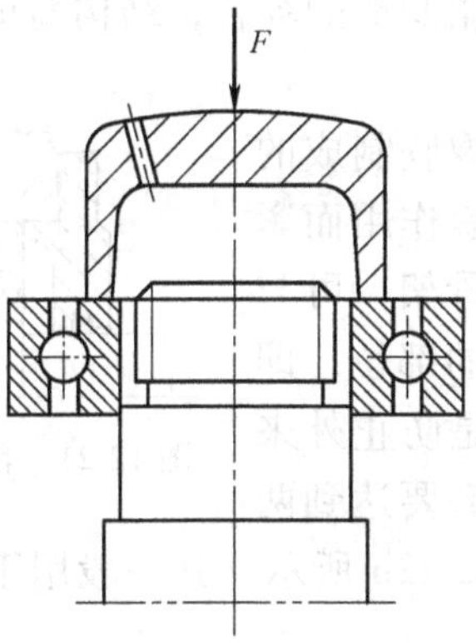

图 12-19　安装轴承内圈

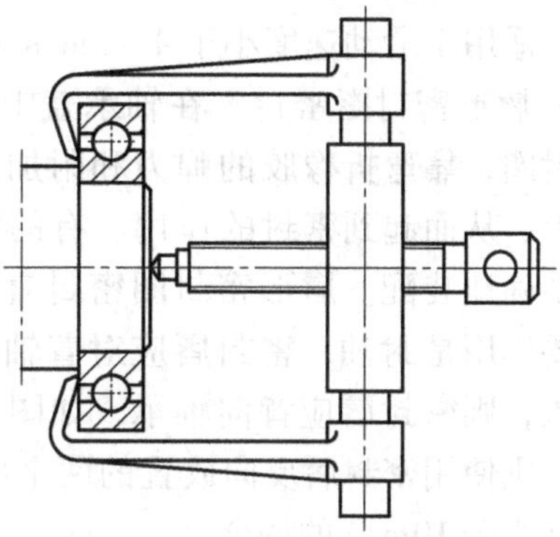

图 12-20　钩爪器拆卸轴承

六、滚动轴承的润滑

滚动轴承的润滑剂可以是润滑脂、润滑油或固体润滑剂。一般情况下，滚动轴承采用润滑脂润滑。具体润滑方法，见表 12-13。

表 12-13　滚动轴承润滑方法的选择

轴承类型	速度因数 dn/(mm · r/min)				
	脂润滑	浸油飞溅润滑	滴油润滑	喷油润滑	油雾润滑
深沟球轴承	1.6×10^5	2.5×10^5	4×10^5	6×10^5	$>6\times10^5$
调心球轴承				—	—
角接触球轴承				6×10^5	$>6\times10^5$
圆柱滚子轴承	1.2×10^5	—	—	—	—
圆锥滚子轴承	1.0×10^5	1.6×10^5	2.3×10^5	3×10^5	—
推力球轴承	0.4×10^5	0.6×10^5	1.2×10^5	1.5×10^5	—
调心滚子轴承	0.8×10^5	1.2×10^5	—	2.5×10^5	—

脂润滑因润滑脂不易流失，故便于密封和维护，且一次充填润滑脂可运转较长时间。油润滑的优点是较脂润滑摩擦阻力小，并能散热，主要用于高速或工作温度较高的轴承。

润滑油的黏度可按轴承的速度因数 dn 和工作温度 t 来确定。油量不宜过多。如果采用油润滑，则油面高度不超过最低滚动体的中心，以免产生过大的搅油损耗和热量。高速轴承通常采用喷油或喷雾方法润滑。

七、滚动轴承的密封

轴承的密封是为了防止润滑剂的泄露和防止灰尘、水分、气或其他污物侵入轴承。轴承密封形式可分为接触式和非接触式两大类。

1. 接触式密封

在轴承盖内放置软材料与转动轴直接接触而起密封作用。下面介绍几种常用的密封结构形式。

(1) 毡圈密封　在轴承盖上加工出梯形槽，将毛毡按标准制成环形或带形，放置在梯形槽中与轴密合接触，如图 12-21 所示。这种密封主要用于脂润滑的场合，结构简单，但摩擦较大，适用于滑动速度小于 4 ~5m/s 的场合。

（2）唇形密封圈密封　在轴承盖中，放置一个用耐油橡胶制成的唇形密封圈，靠弯折橡胶的弹力和附加环形螺旋弹簧的扣紧作用而紧套在轴上，从而起到密封的作用。有的唇形密封圈还带有骨架，可与端盖更精确地装配。唇形密封圈密封唇的方向要朝向密封的部位，即如果主要作用是封油，密封唇应对着轴承，如果主要作用是防止外来物质侵入，则密封唇应背向轴承，如图 12-22a 所示；如果需要达到两个目的，则使用密封唇反向放置的两个唇形密封圈，如图 12-22b 所示，其一般用于接触面滑动速度小于 10m/s 的场合。

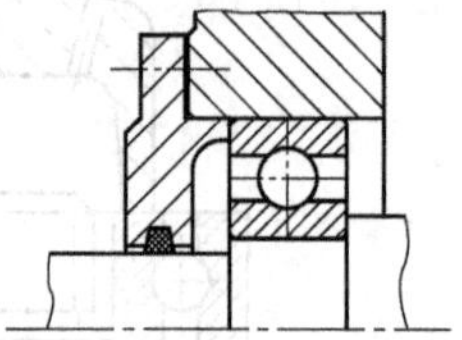
图 12-21　毡圈密封

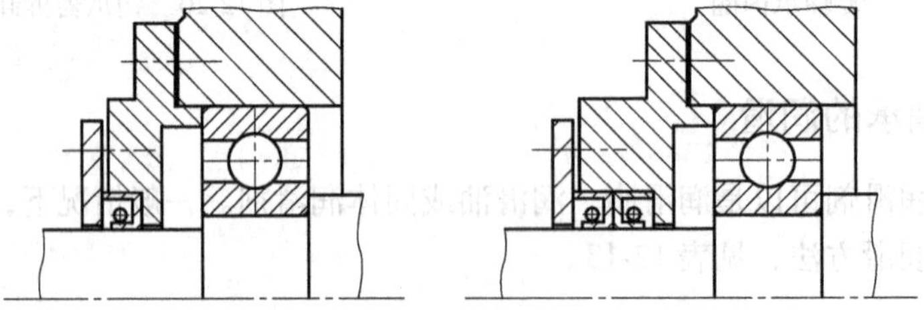

图 12-22　唇形密封圈密封

a）单个唇形密封圈　b）两个唇形密封圈

2. 非接触式密封

非接触式密封时，密封装置与其相对运动的零件不接触，在工作中几乎不产生摩擦热，没有磨损，适用于高速与高温场合。常用的非接触式密封有以下几种结构形式。

（1）缝隙密封　在轴承盖的孔壁和轴之间留出一个很窄的缝隙，缝隙 δ 通常为 0.1 ~0.3 mm，如图 12-23a 所示。如果在轴承盖上加工环形槽，在槽中填入润滑脂，如图 12-23b 所示，可以提高密封的效果。这种密封适用于脂润滑轴承。

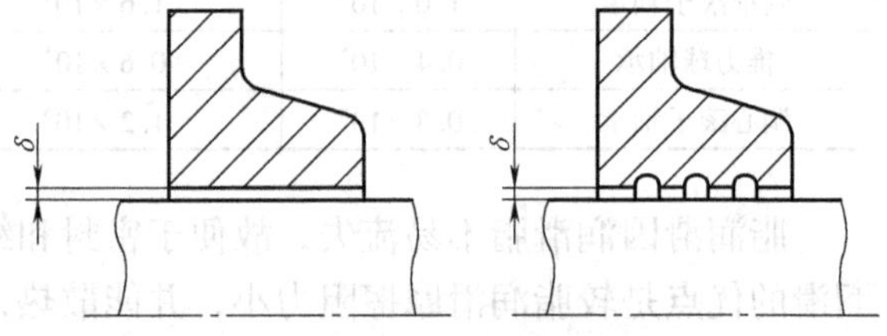

图 12-23　缝隙密封

a）缝隙密封　b）缝隙密封加环形槽密封

（2）曲路密封　曲路密封是由旋转的和固定的密封零件之间拼合成的曲折缝隙所形成，缝隙中填入润滑脂，可以增加密封的效果。根据部件的结构，曲路的布置可以是径向的，如图 12-24a 所示，也可以是轴向的，如图 12-24b 所示。采用轴向曲路密封时，轴承端盖应为剖分式。当轴因温度变化而伸缩或采用调心轴承时，可能造成曲路中密封零件的接触，设计时应加以考虑。

3. 组合密封

若联合采用两种以上的密封方法，如图 12-25 所示，采用毡圈密封和曲路密封，称为组合密封，密封效果更好，多适用于密封要求较高的场合。

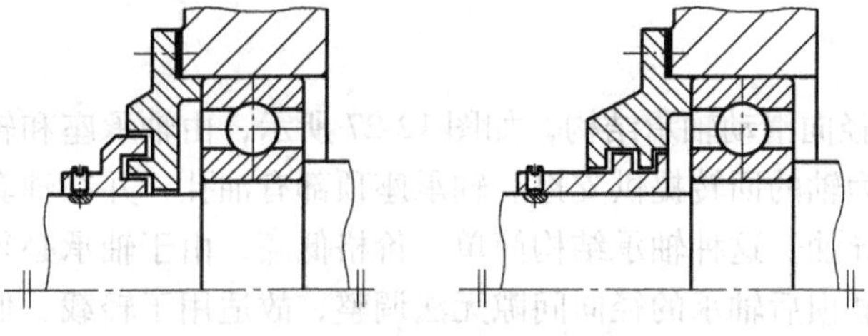

a)　　　b)

图 12-24　曲路密封

a）径向曲路密封　b）轴向曲路密封

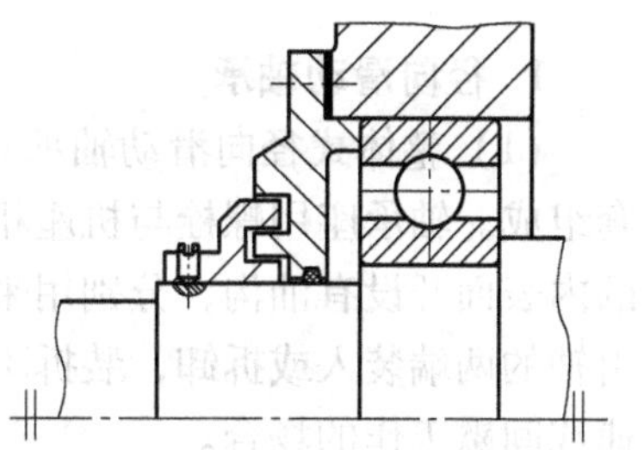

图 12-25　组合密封

第四节　滑动轴承的结构形式

滚动轴承具有产品标准化、系列化、摩擦阻力小、起动方便等优点，在一般机械中得到了广泛应用。但是，在高速、高精度、重载荷及结构要求紧凑或者需要采用剖分结构的场合，滑动轴承有其独特的优势，因而在大型汽轮机、发电机、轧钢机、高速磨床以及内燃机曲轴中应用广泛。此外，在低速而带有冲击载荷的机器中，如水泥搅拌机、滚筒清砂机、破碎机等场合也常采用滑动轴承。

一、滑动轴承的类型

滑动轴承按摩擦状态可分为液体摩擦滑动轴承和非液体摩擦滑动轴承两大类。

（1）液体摩擦滑动轴承（完全液体润滑滑动轴承）　在液体摩擦滑动轴承中，轴颈与轴承的摩擦面间形成压力油膜，将轴颈和轴瓦表面完全隔开，两滑动表面没有直接接触，处于液体摩擦状态，因而摩擦系数很小，一般约为 0.001 ~ 0.008。由于始终能保持稳定的液体润滑状态，这种轴承适用于高速、高精度和重载等场合，但是制造精度要求也较高，并需要在一定条件下才能实现压力油膜。

（2）非液体摩擦滑动轴承（不完全液体润滑滑动轴承）　非液体摩擦滑动轴承依靠吸附于轴颈和轴承表面的油膜进行润滑，虽然工作表面间有润滑油存在，但不能完全将两摩擦表面隔开，在表面局部突起部分仍有一部分金属直接接触，滑动表面处于边界摩擦或混合摩擦状态，因而摩擦系数较大，约为 0.1 ~ 0.3。如果润滑油膜被破坏，将会出现剧烈摩擦、磨损，甚至发生胶合破坏。但这种轴承结构简单，对制造精度和工作条件要求不高，故在机械设备中仍然有广泛的应用。

滑动轴承按其承受载荷的方向又可分为径向滑动轴承和推力滑动轴承，如图 12-26 所示。

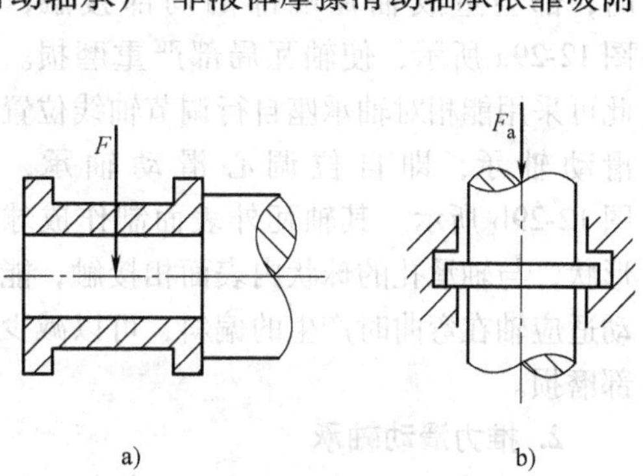

a)　　　b)

图 12-26　滑动轴承的类型

a）径向滑动轴承　b）推力滑动轴承

二、滑动轴承的结构形式

1. 径向滑动轴承

（1）整体式径向滑动轴承　整体式径向滑动轴承结构，如图12-27所示，由轴承座和轴套组成。轴承座用螺栓与机座相连接，为轴的回转提供支撑。轴承座顶部有油孔，并在轴套的内表面开设有油沟，分别用来注油和导油。这种轴承结构简单，价格低廉，由于轴承必须由轴的两端装入或拆卸，装拆不方便，磨损后轴承的径向间隙无法调整，故适用于轻载、低速或间歇工作的场合。

（2）剖分式（对开式）径向滑动轴承　如图12-28所示，剖分式径向滑动轴承由轴承座1、轴承盖2、剖分式轴瓦3、双头螺柱4和螺母垫圈等组成。为了安装时容易定位对中和防止横向错动，轴承座和轴承盖接合面设计成阶梯形。轴承盖上有螺纹孔，便于安放油杯或油管。剖分式轴瓦由上、下轴瓦组成，上轴瓦开设有油孔和油沟便于润滑轴承。上、下轴瓦的剖分面之间放有垫片，当轴瓦工作表面磨损之后，可适当取出一些垫片，并进行修刮轴瓦，可调整轴颈和轴瓦之间的间隙。剖分式径向滑动轴承装拆方便，应用较广。

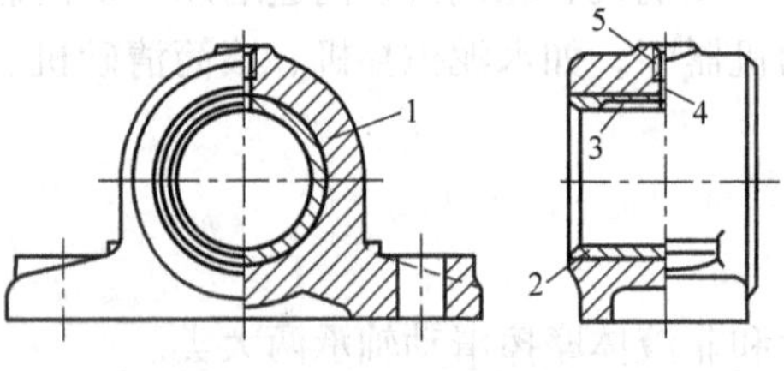

图12-27　整体式径向滑动轴承

1—轴承座　2—轴套　3—油沟　4—油孔　5—油杯螺纹孔

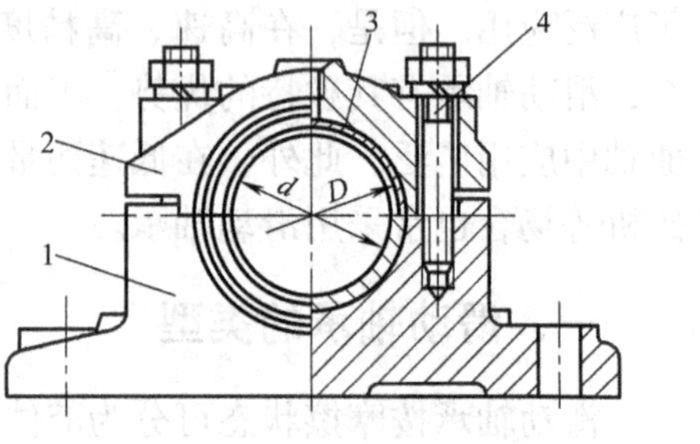

图12-28　剖分式径向滑动轴承

1—轴承座　2—轴承盖　3—剖分式轴瓦　4—双头螺柱

（3）自位调心滑动轴承　当轴颈较长（宽径比$B/d>1.5\sim1.75$），轴的刚度较小，或者由于两滑动轴承安装同心度较难保证时，都会造成轴瓦端部的局部接触，如图12-29a所示，使轴瓦局部严重磨损。为此可采用能相对轴承座自行调节轴线位置的滑动轴承，即自位调心滑动轴承，如图12-29b所示。其轴瓦外表面制作成球面形状，与轴承孔的球状内表面相接触，能自动适应轴在弯曲时产生的偏斜，可以减少局部磨损。

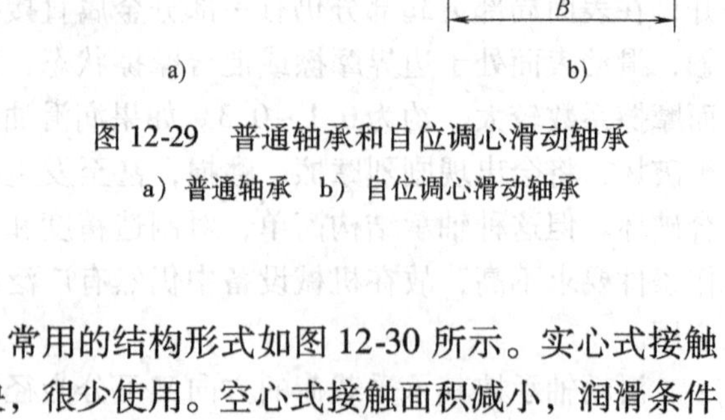

图12-29　普通轴承和自位调心滑动轴承

a）普通轴承　b）自位调心滑动轴承

2. 推力滑动轴承

推力滑动轴承由轴承座和止推轴颈组成，常用的结构形式如图12-30所示。实心式接触面上的压强分布不均，靠近边缘部分磨损较快，很少使用。空心式接触面积减小，润滑条件改善，避免了磨损不均。单环式推力轴承结构简单，用于低速轻载场合。多环式采用多个环承担载荷，用于载荷较大的场合，并且可以承受双向轴向载荷。

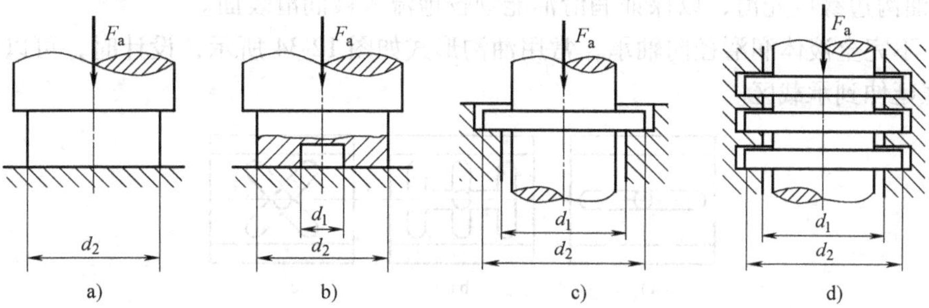

图 12-30　轴承座和止推轴颈形状

a）实心式　b）空心式　c）单环式　d）多环式

三、轴瓦和轴承衬的结构

轴瓦是滑动轴承中的重要零件，其结构设计对滑动轴承的承载性能影响很大。轴瓦应具有一定的强度和刚度，定位可靠，便于输入润滑剂且容易散热，装拆、调整方便。

常用的轴瓦分为整体式和剖分式两种结构。图 12-31 所示为整体式轴瓦（俗称轴套）。图 12-32 所示为剖分式轴瓦，有承载区和非承载区，一般载荷向下，故上瓦为非承载区，下瓦为承载区。

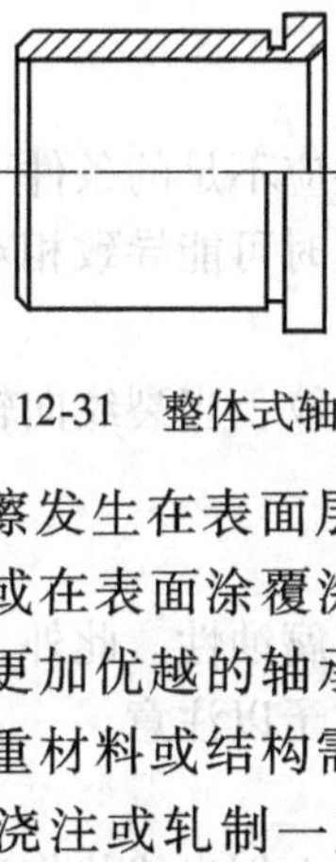

图 12-31　整体式轴瓦

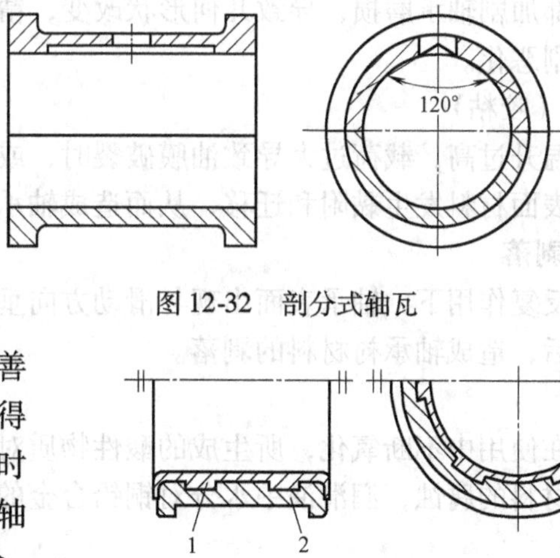

图 12-32　剖分式轴瓦

由于摩擦发生在表面层，通过改善表面层材料或在表面涂覆涂层，能获得比单一材料更加优越的轴承性能。有时为了节省贵重材料或结构需要，常在轴瓦的内表面浇注或轧制一层轴承合金，称为轴承衬，如图 12-33 所示。

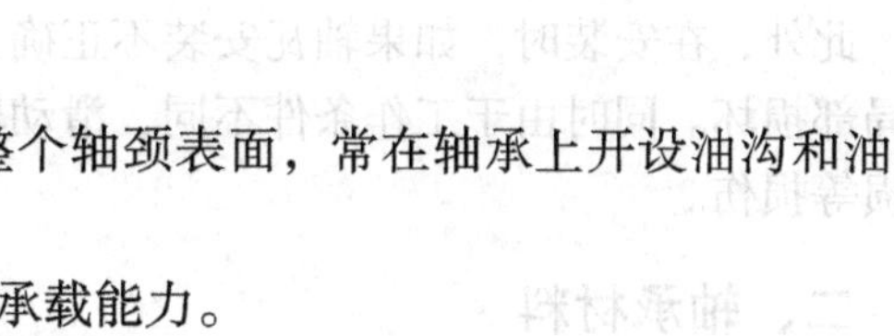

图 12-33　多材料轴瓦结构

1—轴承衬　2—轴瓦

四、油沟、油孔

为了将润滑油导入滑动轴承，使其分布到整个轴颈表面，常在轴承上开设油沟和油孔。开设油沟、油孔时应注意以下几点。

1）尽量开在非承载区，否则会降低油膜的承载能力。

2）轴向油沟一般不开通，以免润滑油从两端流失。

3）周向油沟一般只开半圈，不要延伸到承载区。

4）如果载荷方向经常变化，油沟也可开在轴颈上。

5）油沟边缘应光滑，以保证润滑油能顺畅地流入被润滑表面。

对于不完全液体润滑径向轴承，常用油沟形式如图 12-34 所示，设计时，可以将油沟从非承载区延伸到承载区。

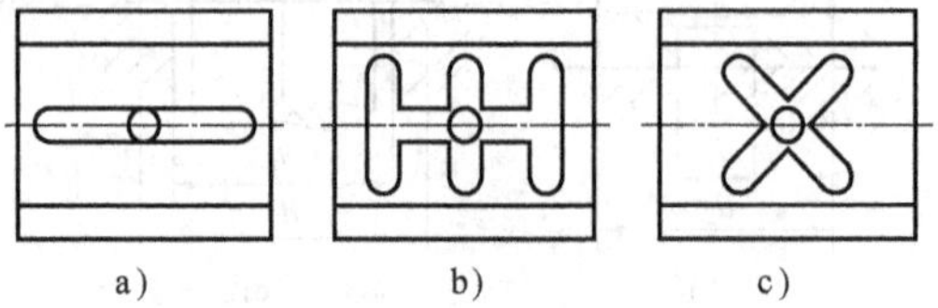

图 12-34　常见油沟形式
a）直线式油沟　b）王字式油沟　c）十字式油沟

第五节　滑动轴承的失效形式及常用材料

一、主要失效形式

1. 磨粒磨损

进入滑动轴承间隙的硬质颗粒（如灰尘、砂粒等）可能嵌入轴承表面，或者游离于间隙中并随轴一起转动，都将对轴颈和轴承表面起研磨作用。在起动、停车或轴颈发生边缘接触时，它们都加剧轴承磨损，导致几何形状改变，精度降低，轴间隙加大，使轴承性能在预期寿命前急剧恶化。

2. 胶合（咬粘）

当轴承温升过高，载荷过大导致油膜破裂时，或者润滑油供应不足的条件下，轴和轴承的相对运动表面材料发生黏附和迁移，从而造成轴承损坏。严重时可能导致相对运动终止。

3. 疲劳剥落

在载荷反复作用下，轴承表面出现与滑动方向垂直的疲劳裂纹，当裂纹向轴承衬与衬背结合面扩展后，造成轴承衬材料的剥落。

4. 腐蚀

润滑剂在使用中不断氧化，所生成的酸性物质对轴承材料有腐蚀性。此外，硫对含银或含铜的轴承材料的腐蚀，润滑油中水分对铜铅合金的腐蚀，都应予以注意。

5. 刮伤

进入轴承间隙的硬颗粒或轴颈表面粗糙的轮廓凸峰，在轴承上划出线状伤痕，导致轴承因刮伤而失效。

此外，在安装时，如果轴瓦安装不正确，引起扭曲或局部接触，在工作时就很容易使轴瓦局部损坏。同时由于工作条件不同，滑动轴承还可能出现气蚀、流体侵蚀、电侵蚀和微动磨损等损伤。

二、轴承材料

1. 轴承材料应具备的性能

轴瓦和轴承衬的材料统称为轴承材料。考虑滑动轴承的失效形式，对轴承材料要求如下。

1）减摩性。轴承材料组成的摩擦副应当具有较低的摩擦系数。

2）摩擦相容性。轴颈与轴瓦之间直接接触时防止发生黏附和形成边界润滑的性能。影响摩擦相容性的主要因素有轴承材料与润滑剂的亲和能力、材料的微观组织、热导率等。

3）摩擦顺应性。材料通过表层弹塑性变形来补偿轴承滑动表面初始配合不良和轴的挠曲的能力。

4）嵌入性。材料允许混入润滑剂中的硬质颗粒嵌入而防止刮伤或磨粒磨损的能力。

5）磨合性。轴瓦与轴颈表面经短期轻载运行后，形成相互吻合的表面形状和粗糙度的能力。

6）足够的抗拉强度、疲劳强度和冲击能力。

7）良好的工艺性和经济性等。

2. 常用材料

根据使用要求，轴瓦可以由一种材料制成，也可以在轴瓦上浇注一层金属衬，称为轴承衬。常用的轴瓦和轴承衬材料有如下几种。

1）轴承合金（巴氏合金或白合金）。轴承合金有锡锑轴承合金和铅锑轴承合金两类。它们的减摩性、耐磨性、磨合性、导热性等都很好，而且容易制造，但价格昂贵、强度较低，因此它们不能单独使用，只能作为轴承衬的材料浇注到由铸铁、钢和青铜等制成的轴瓦的内表面上。此轴承适用于高速、重载的场合。

2）青铜。青铜主要有锡青铜、铝青铜等几种。它的减摩性、耐磨性、磨合性等都不如轴承合金好，但价格比轴承合金便宜，是一般机械中常用的轴承材料，适用于中速、重载的轴承。

3）铸铁。铸铁性能不如轴承合金和青铜，具有一定的减摩性和耐磨性，但价格便宜，适用于低速、轻载的轴承。

除了以上几种材料外，粉末冶金、塑料、尼龙等也可用作轴瓦材料。

常用金属轴承材料的性能，见表12-14。

表12-14 常用金属轴承材料的性能

<table>
<tr><th colspan="2" rowspan="2">轴承材料</th><th colspan="3">最大许用值</th><th rowspan="2">最高工作温度 t/℃</th><th rowspan="2">轴颈硬度（HBW）</th><th rowspan="2">备 注</th></tr>
<tr><th>[p]/MPa</th><th>[v]/(m/s)</th><th>[pv]/(MPa·m/s)</th></tr>
<tr><td rowspan="4">锡锑轴承合金</td><td rowspan="4">ZSnSb11Cu6</td><td colspan="3">平稳载荷</td><td rowspan="4">150</td><td rowspan="4">150</td><td rowspan="4">用于高速、重载的重要轴承，变载荷下易于疲劳，价格高</td></tr>
<tr><td>25</td><td>80</td><td>20</td></tr>
<tr><td colspan="3">冲击载荷</td></tr>
<tr><td>20</td><td>60</td><td>15</td></tr>
<tr><td>铅锑轴承合金</td><td>ZPbSb16Sn16Cu2</td><td>15</td><td>12</td><td>10</td><td>150</td><td>150</td><td>用于中速、中等载荷轴承，不宜受显著冲击</td></tr>
<tr><td rowspan="2">锡青铜</td><td>ZCuSn10P1</td><td>15</td><td>10</td><td>15</td><td rowspan="2">280</td><td rowspan="2">300~400</td><td>用于中速、重载及受变载荷的轴承</td></tr>
<tr><td>ZCuSn5Pb5Zn5</td><td>8</td><td>3</td><td>15</td><td>用于中速、中载的轴承</td></tr>
</table>

（续）

轴承材料		最大许用值			最高工作温度 t/℃	轴颈硬度（HBW）	备注
		[p]/MPa	[v]/(m/s)	[pv]/(MPa·m/s)			
铅青铜	ZCuPb30	25	12	30	280	300	用于高速、重载轴承，能承受变载荷及冲击载荷
铝青铜	ZCuAl10Fe3	15	4	12	280	300	最宜用于润滑充分的低速、重载轴承
铝基轴承合金	2%铝锡合金	28~35	14	—	140	300	用于高速、中载轴承，强度高、耐蚀、表面性能好
耐磨铸铁	HT300	0.1~6	3~0.75	0.3~4.5	150	<150	宜用于低速、轻载的不重要轴承，价格低
灰铸铁	HT150~HT250	1~4	2~0.5	—	—	—	

注：[pv] 为不完全液体润滑下的许用值。

第六节 润滑剂和润滑方式

滑动轴承工作时需要有良好的润滑，对减少摩擦，提高效率，减少磨损，延长寿命，冷却和散热以及保证轴承正常工作十分重要。

一、润滑剂及其选择

润滑剂分为气体、液体、半固体和固体四种基本类型。液体润滑剂中应用最广泛的是润滑油，包括矿物油、动植物油、合成油和各种乳剂。半固体润滑剂主要是指各种润滑脂。固体润滑剂是在摩擦表面上形成固体膜以减少摩擦阻力的物质，如石墨、二硫化钼、聚四氟乙烯等。任何气体都可作为气体润滑剂，其中用得最多的是空气，主要用在气体轴承中。

1. 润滑油

目前使用的润滑油大部分为石油产品，即矿物油。对液体动压润滑轴承，黏度是选择润滑油最重要的参考指标。选择黏度时，应考虑如下基本原则。

1）在压力大、温度高、载荷冲击变动大时，应选用黏度大的润滑油。

2）滑动速度高时，容易形成油膜，为减少摩擦阻力应选用黏度较低的润滑油。

3）加工粗糙或未经磨合的表面，应选用黏度较高的润滑油。

润滑油的性能及选用原则，参见第一章第八节。

2. 润滑脂

润滑脂是由润滑油和各种稠化剂（如钙、钠、铝、锂等金属皂）混合稠化而成。工程上有时为改善某些性能，还经常加入一些添加剂。润滑脂具有不易流失、不需要经常添加、密封简单等优点，但是摩擦损耗较大，机械效率较低。滑动轴承润滑脂，见表12-15。对于要求不高、转速较低、难以经常供油或摆动工作的非液体摩擦滑动轴承，可用润滑脂进行润滑。

表 12-15　滑动轴承润滑脂

压力 p/MPa	轴颈圆周速度 v/(m/s)	最高工作温度/℃	牌　号
≤1.0	≤1	75	L-XAAMHA3
1.0~6.5	0.5~5	55	L-XAAMHA2
≥6.5	≤0.5	75	L-XAAMHA3
≤6.5	0.5~5	120	L-XAGMGA2
>6.5	≤0.5	110	ZGN-1
1.0~6.5	≤1	-20~120	ZGN-2

二、润滑方式

滑动轴承的供油方法很多，常分为间歇式和连续式。

低速和间歇工作的轴承可用油壶定时向轴承的油孔内注油。为了不使污物进入轴承，可在油孔内装注油杯。比较重要的轴承应使用连续供油方法，如针阀式油杯。

在高速重载、变载荷或重要设备中使用的滑动轴承，应采用压力循环润滑。它是利用油泵系统将润滑油经油路送入轴承表面，油泵的供油压力通常为 0.1~0.5 MPa。这是一种比较完善的润滑方法，不仅润滑效果好，并且还能起冷却冲洗作用，但结构复杂，成本较高。

滑动轴承的润滑方式，可计算求得 k 值后选择，即

$$k=\sqrt{pv^3} \tag{12-16}$$

式中　p——轴颈平均压力（MPa）；

v——轴颈圆周速度（m/s）。

当 $k\leqslant 2$ 时，选择润滑脂润滑，用旋盖式油杯手工加脂。

当 $k>2\sim16$ 时，用针阀式油杯润滑。

当 $k>16\sim32$ 时，用油环润滑或飞溅润滑。

当 $k>32$ 时，用油泵进行连续压力供油润滑。

第七节　不完全液体润滑滑动轴承的设计计算

大多数轴承实际处在非液体摩擦状态，即边界摩擦、液体摩擦与干摩擦同时存在的状态，主要失效形式是工作表面的磨损和由于边界膜破裂导致的工作表面胶合，其可靠工作的条件是：维持边界膜不受破坏，以减少发热和磨损，并根据边界膜的机械强度和破裂温度来决定轴承的工作能力。但影响边界膜的因素较复杂，所以目前所采用的计算方法仍限于简化条件性计算。

由于径向轴承应用广泛，故本章仅介绍径向滑动轴承的设计计算，有关推力滑动轴承的计算可参考有关机械设计教材或机械设计手册。

径向滑动轴承计算示意图，如图 12-35 所示。

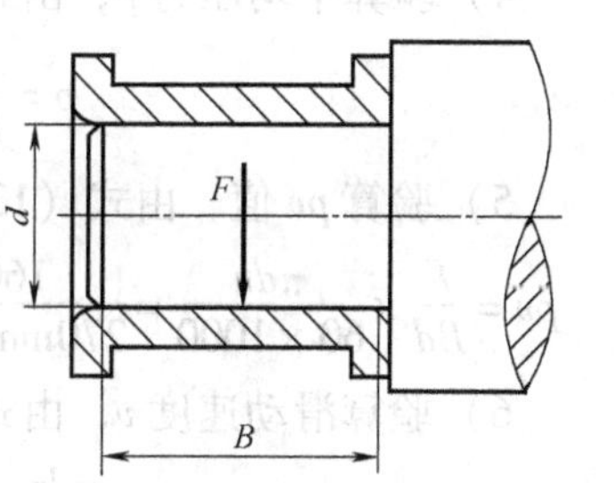

图 12-35　径向滑动轴承计算示意图

1. 限制平均压力 p

限制轴承平均压力的目的在于保证润滑油不被过大的压力所挤出，避免工作表面过度磨损，即

$$p=\frac{F}{Bd}\leqslant[p] \tag{12-17}$$

式中　F——径向载荷（N）；

d、B——轴颈的直径和工作宽度（mm）；

$[p]$——许用压力（MPa），见表12-14。

2. 限制轴承的压强速度值 pv

pv 值与摩擦功率损耗成正比，反映了单位面积上的摩擦功耗与发热。pv 越高，轴承温升越高，容易引起边界膜的破裂。所以，限制 pv 值的目的是为了限制滑动轴承的温升，避免发生胶合，故应满足

$$pv=\frac{F}{Bd}\times\frac{\pi dn}{60\times1000}=\frac{Fn}{19100B}\leqslant[pv] \tag{12-18}$$

式中　n——轴颈与轴瓦的相对转速（r/min）；

$[pv]$——轴承材料许用 pv 值（MPa·m/s），见表12-14。

3. 限制滑动速度 v

当压力 p 较小时，即使 p 与 pv 都在许用范围内，也可能因滑动速度 v 过大而加剧磨损。故要求

$$v=\frac{\pi dn}{60\times1000}\leqslant[v] \tag{12-19}$$

式中　$[v]$——轴承材料的许用 v 值（m/s），见表12-14。

在不完全液体润滑滑动轴承中，为了保证一定的旋转精度，应合理地选择轴承的配合，以保证一定的间隙。轴承间隙主要由轴的转速确定，转速越高，间隙应当越大。在相同转速下，载荷越大，间隙应当越小。一般配合可选 H7/f7、H7/f8 或 H7/d11 等。

例12-3　试设计一起重卷筒的滑动轴承，按不完全液体摩擦状态设计。已知：轴颈 $d=180\text{mm}$，转速 $n=260\text{r/min}$，载荷 $F=1.6\times10^5\text{N}$。

解　1）确定轴承的结构形式。根据轴承重载低速的工作要求，按非液体摩擦滑动轴承设计，采用剖分式结构便于安装和维护。

2）选择轴承材料。按低速重载条件，由表12-14选用轴承材料为ZCuAl10Fe3，查得

$$[p]=15\text{MPa},\quad [pv]=12\text{MPa}\cdot\text{m/s},\quad [v]=4\text{m/s}$$

3）确定轴承宽度。对于起重装置，轴承的宽径比可取大些，取宽径比为 $B/d=1.5$，则轴承的工作宽度

$$B=1.5\times180\text{mm}=270\text{mm}$$

4）验算平均压力 p，由式（12-17）得

$$p=\frac{F}{Bd}=\frac{160000\text{N}}{270\text{mm}\times180\text{mm}}=3.29\text{MPa}\leqslant[p]$$

5）验算 pv 值，由式（12-18）得

$$pv=\frac{F}{Bd}\times\frac{\pi dn}{60\times1000}=\frac{160000\text{N}}{270\text{mm}\times180\text{mm}}\times\frac{3.14\times180\text{mm}\times260\text{r/min}}{60\times1000}=8.06\text{MPa}\cdot\text{m/s}\leqslant[pv]$$

6）验算滑动速度 v，由式（12-19）得

$$v=\frac{\pi dn}{60\times1000}=\frac{3.14\times180\text{mm}\times260\text{r/min}}{60\times1000}=2.45\text{m/s}\leqslant[v]$$

所以选用 ZCuAl10Fe3 作为轴瓦材料满足使用要求。

7）确定润滑方式，由式（12-16）得

$$k=\sqrt{pv^3}=\sqrt{3.29\times(2.45)^3}=6.96$$

由 k 值可知，润滑方式采用针阀式油杯润滑。

第八节 液体润滑滑动轴承简介

获得液体润滑主要有两种方法：①依靠摩擦表面间的相对运动速度和油的黏性而在油膜中自动产生压力场，并以此油膜压力平衡外载荷，从而保持一定油膜厚度，这种轴承称为液体动压润滑滑动轴承。②利用外界产生的油压把轴颈浮起，使接触表面分离来实现液体润滑，利用液体静压力来平衡外载荷，这种轴承称为液体静压润滑滑动轴承。

一、液体动压润滑滑动轴承

图 12-36 所示为液体动压润滑滑动轴承，其工作时利用轴颈本身回转时的吸附作用，把油带入摩擦面间，建立压力油膜而把摩擦面分开来实现液体润滑。

液体动压润滑滑动轴承在制造装配时，轴颈与轴瓦之间为间隙配合，静止时轴颈处于轴承孔的最低位置并与轴瓦接触，轴心处于图 12-36a 所示的 O_1 位置，此时轴颈和轴瓦表面间自然形成收敛的楔形空间；当径向滑动轴承低速起动后，带入轴承间隙中的油量较少，轴瓦对轴颈摩擦力的方向与轴颈表面圆周速度方向相反，迫使轴颈沿孔壁向右爬升，轴心处于图 12-36b 所示的 O_1 位置；随着转速的增大，带入楔形空间的油量也逐渐增加，楔形区域的润滑油产生的压力越大。当轴颈达到稳定运转时，轴心稳定在一定的偏心位置上，如图 12-36c 所示。这时，轴径与轴瓦之间处于流体动力润滑状态，油膜产生的动压力与外载荷 F 相平衡。

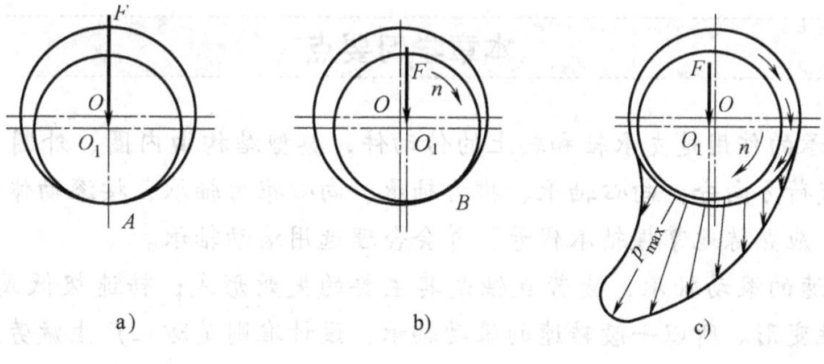

图 12-36 液体动压润滑滑动轴承

a）静止 b） 开始转动 c）稳定运转

从上述分析可以看出，形成液体动压润滑必须具备下列条件。

1）相对运动的两表面间形成收敛的楔形空间。

2）被油膜分开的表面必须有一定的相对运动速度，其运动方向使润滑油由楔形空间的大口流进，从小口流出。

3）润滑油必须有一定黏度，供油要充分。

二、液体静压润滑滑动轴承

液体静压润滑滑动轴承是利用专门的供油装置，把具有一定压力的润滑油送入轴承静压油腔，形成具有压力的油膜，利用静压腔间压力差，平衡外载荷，保证轴承在完全液体润滑状态下工作。

图 12-37 所示为液体静压润滑径向轴承的工作原理图。静压轴承在轴瓦内表面开有四个对称的矩形油腔和四个回油槽，油腔外边的圆弧面称为封油面。在油腔中央有一个装有节流器的进油孔，油泵的压力油经节流器进入油腔，而后经过轴与封油面之间的微小间隙返回回油槽，流回油箱形成油路。工作时，若无外载荷作用（不计轴自重），轴颈浮在轴承的中心位置，各油腔的压力相等。当轴受载荷 F 作用时，轴颈向下移 e，则轴与下油腔 3 四周的封油面间隙减小，流量也随之减少，p_3 也增大。在上油腔 1 处则反之，间隙增大，回油量大，油压下降。上下油腔的压力差与外载荷平衡，节流器能随外载荷的变化自由调节各油腔内的压力。因此，选择合适的节流器是静压轴承设计的关键。

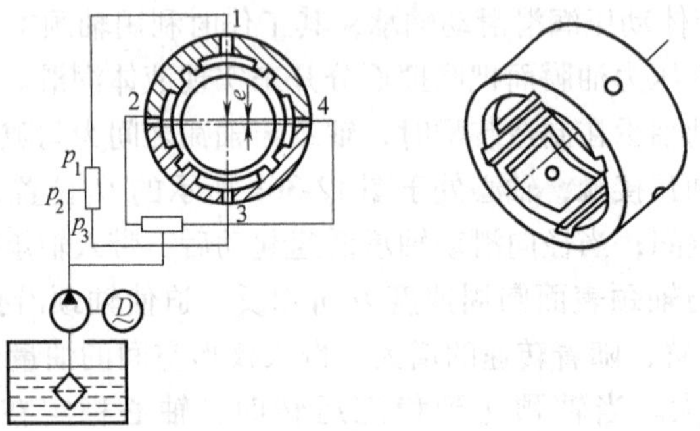

图 12-37　液体静压润滑径向轴承的工作原理图

本章学习要点

1）滚动轴承的作用是支承轴和轴上的传动件，典型结构由内圈、外圈、滚动体和保持架组成。按受载荷方向分：向心轴承、推力轴承、向心推力轴承；按滚动体的形状分：球轴承、滚子轴承。应熟练地掌握轴承代号，并会合理选用滚动轴承。

2）一般转速的滚动轴承，疲劳点蚀是其主要的失效形式；转速极低或做摆动的轴承，失效形式为塑性变形。所以一般转速的滚动轴承，设计准则是防止产生疲劳点蚀，进行疲劳寿命的计算；转速极低或做摆动的轴承，设计准则是防止产生塑性变形，进行静强度计算。

3）要熟练地掌握滚动轴承的寿命计算方法，理解寿命计算公式中各参数的意义，其中的难点是角接触轴承轴向力的计算，其计算方法可以归结为：先通过派生轴向力及外加轴向力的分析与计算，判定被“放松”和被“压紧”的轴承；然后确定被“放松”轴承的轴向力仅为其本身派生的轴向力，被“压紧”轴承的轴向力则为除去本身派生的轴向力外其余各轴向力的代数和。

4）为保证轴承顺利工作，还要进行轴承部件的组合设计。轴承部件的组合设计主要是正确解决轴承的安装、固定、调节、润滑、密封等问题。

5）了解滑动轴承的特点、类型、应用，轴承材料的分类、选择原则；重点是掌握轴承的结构，材料的特点、轴承失效形式。因滑动轴承的主要失效形式是胶合和磨损，因此在材料选择方面应当主要考虑这两方面。轴承材料包括青铜、轴承合金、多孔质金属材料和非金属材料等，其中轴承合金只能用来制作轴承衬。

6）掌握不完全液体润滑轴承的强度校核方法，重点理解限制 $p\leqslant[p]$、$pv\leqslant[pv]$、$v\leqslant[v]$ 的目的，即通过校核 $p\leqslant[p]$ 限制其过度磨损，校核 $pv\leqslant[pv]$ 限制温升避免胶合，校核 $v\leqslant[v]$ 限制其加剧磨损。

7）掌握液体动压形成的原理和形成条件，即相对运动的两表面间必须形成收敛的楔形空间；被油膜分开的表面必须有一定的相对运动速度，其运动方向必须使润滑油由楔形空间大口流进，从小口流出；润滑油必须有一定黏度，供油要充分。

第十三章 联轴器和离合器

提示 本章介绍了联轴器和离合器的功用、类型、结构特点、应用范围和选择方法，重点是联轴器和离合器各种类型的工作原理及选用。

联轴器和离合器是机器中常见的连接传动部件，其功用是连接两轴一起转动，并在其间传递运动和转矩，有时也可用作安全装置。联轴器只有在机器停止运转时，经过装拆后才能使两轴接合或分离。而离合器在机器工作中不用停车就能方便地使两轴接合或分离。联轴器和离合器大多数已经标准化了，可依据机器的工作条件合理选用。

第一节 联 轴 器

一、联轴器的组成和分类

联轴器一般由两个半联轴器及连接件组成。半联轴器与主动轴、从动轴常采用键、花键等连接。联轴器连接的两轴一般属于两个不同的机器或部件。

由于制造及安装误差、承载后的变形以及温度变化的影响，一般无法保证被连接的两轴精确同心，往往存在着某种程度的相对位移。两轴间会产生轴向位移 x、径向位移 y、角位移 α 或这些位移组合的综合位移，如图 13-1 所示。因此，设计联轴器时要从结构上采取各种不同的措施，使联轴器具有补偿各种偏移量的能力，以避免传动时在联轴器、轴和轴承间产生附加动载荷，甚至引起强烈振动。因而，联轴器除了能传递所需的转矩外，还应具有补偿两轴线的相对位移、缓冲与减振以及保护机器等性能。

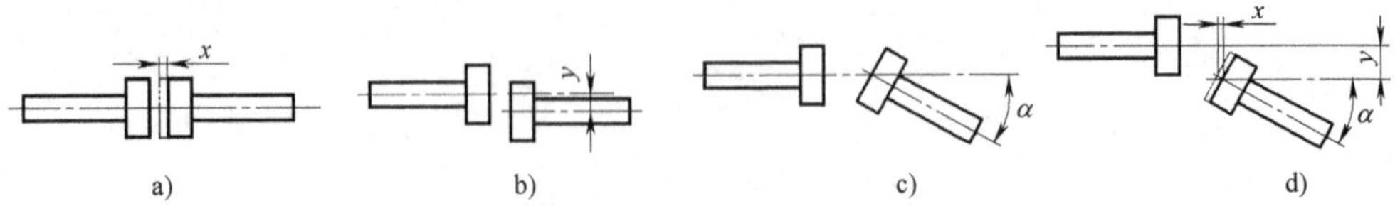

a)　　b)　　c)　　d)

图 13-1 两轴间的位移

a）轴向位移 x b）径向位移 y c）角位移 α d）综合位移 x、y、α

根据两半联轴器间的连接和中间传力件是刚性还是弹性及能否缓冲减振，联轴器可分为刚性联轴器和弹性联轴器两大类。刚性联轴器又可分为固定式和可移式两种类型。固定式刚性联轴器无中间传力件，由两半联轴器刚性连接，不能补偿两轴的相对位移。可移式刚性联轴器有刚性中间传力件，能补偿两轴间的相对位移。弹性联轴器含有弹性中间传力元件，除了能补偿两轴间的相对位移外，还具有减小振动和缓和冲击的能力。联轴器的分类及常用类型，见表13-1。

表13-1 联轴器的分类及常用类型

刚性联轴器							弹性联轴器			
固定式刚性联轴器			可移式刚性联轴器							
凸缘联轴器	套筒联轴器	夹壳联轴器	滑块联轴器	齿式联轴器	万向联轴器	滚子链联轴器	弹性套柱销联轴器	弹性柱销联轴器	梅花形弹性联轴器	轮胎式弹性联轴器

二、常用联轴器

1. 固定式刚性联轴器

固定式刚性联轴器由刚性元件组成，连接后成为一刚性整体，工作中无相对运动，用于无位移补偿要求、轴的对中性好的场合。固定式刚性联轴器有凸缘式、套筒式、夹壳式等。

（1）凸缘联轴器 凸缘联轴器是应用较广的刚性联轴器，其用螺栓将两个半联轴器的凸缘连接起来，以实现两轴连接。

凸缘联轴器按对中方式不同分为基本型和对中榫型。基本型又称GY型，如图13-2a所示，靠铰制孔用螺栓来实现两轴同心，螺栓杆承受挤压与剪切来传递转矩，较容易拆卸。对中榫型又称GYS型，如图13-2b所示，靠凸肩和凹槽（即对中榫）来实现两轴同心，通过预紧普通螺栓在凸缘接触表面产生的摩擦力传递转矩。

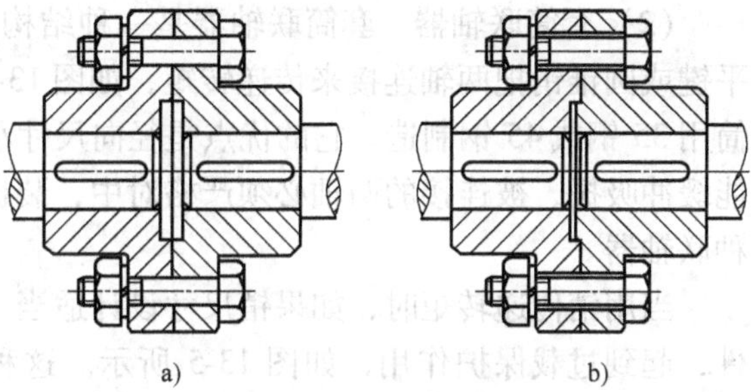

a) b)

图13-2 凸缘联轴器

a）GY型 b）GYS型

半联轴器的材料通常为铸铁，如HT200，当受重载或圆周速度$v \geqslant 30$m/s时，可采用铸钢或锻钢，如ZG270-500或35钢。

凸缘联轴器的结构简单，使用方便，应用较广，可传递较大的转矩，但不能缓冲吸振，常用于载荷较平稳、两轴对中性较好的场合。

另外，凸缘联轴器还有一种安全式，如图13-3所示。销轴由较低强度的材料制造，起对中和传递转矩的作用。过载时，销轴被剪断，可确保机器中其他零件的安全。

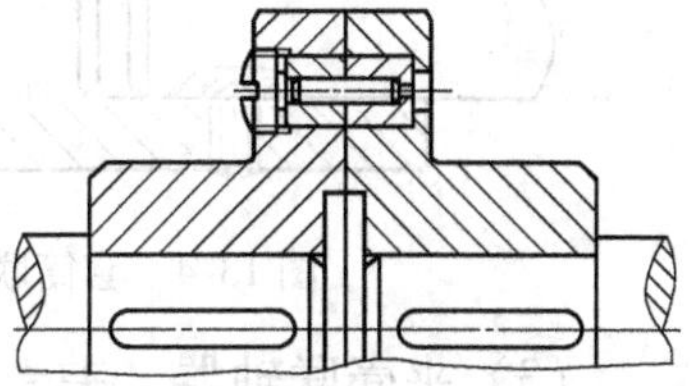

图13-3 安全式凸缘联轴器

凸缘联轴器基本参数和主要尺寸，见表13-2，具体选用时查设计手册。

表13-2 凸缘联轴器基本参数和主要尺寸

型号	公称转矩 T_n/N·m	许用转速 [n]/(r/min)	轴孔直径 d_1、d_2/mm	轴孔长度 L/mm	
				Y型	J_1型
GY3、GYS3	112	9500	20、22、24	52	38
			25、28	62	44

（续）

型号	公称转矩 T_n/N·m	许用转速 [n]/(r/min)	轴孔直径 d_1、d_2/mm	轴孔长度 L/mm	
				Y 型	J_1 型
GY4、GYS4	224	9000	25、28	62	44
			30、32、35	82	60
GY5、GYS5	400	8000	30、32、35、38	82	60
			40、42	112	84
GY6、GYS6	900	6800	40、42、45、48、50	112	84
GY7、GYS7	1600	6000	48、50、55、56	112	84
GY8、GYS8	3150	4800	60、63、65、70、71、75	142	107

标记示例 1　GY5 凸缘联轴器　主动端：Y 型轴孔，A 型键槽，$d=30$mm，$L=82$mm；从动端：J_1 型轴孔，A 型键槽，$d=30$mm，$L=60$mm　标记为：GY5 联轴器 $\frac{30\times82}{J_1 30\times60}$GB/T 5843—2003。

标记示例 2　GYS6 凸缘联轴器　主动端：J_1 型轴孔，A 型键槽，$d=45$mm，$L=84$mm；从动端：J_1 型轴孔，A 型键槽，$d=45$mm，$L=84$mm　标记为：GYS6 联轴器 $J_1 45\times84$ GB/T 5843—2003。

（2）套筒联轴器　套筒联轴器是一种结构最简单的联轴器，由一个圆柱形套筒和两个平键或圆锥销把两轴连接来传递转矩，如图 13-4 所示。被连接的轴径一般不超过 80mm，套筒用 35 钢或 45 钢制造。它的优点是径向尺寸小，结构简单，成本低，但传递的转矩小，不能缓冲吸振，被连接的两轴必须严格对中，装拆时轴要做轴向移动，如机床上就经常采用这种联轴器。

当用销传递转矩时，如果销尺寸设计适当，过载时销被剪断，可防止损害机器的其他零件，起到过载保护作用，如图 13-5 所示。这种能起安全作用的联轴器称为安全式套筒联轴器。

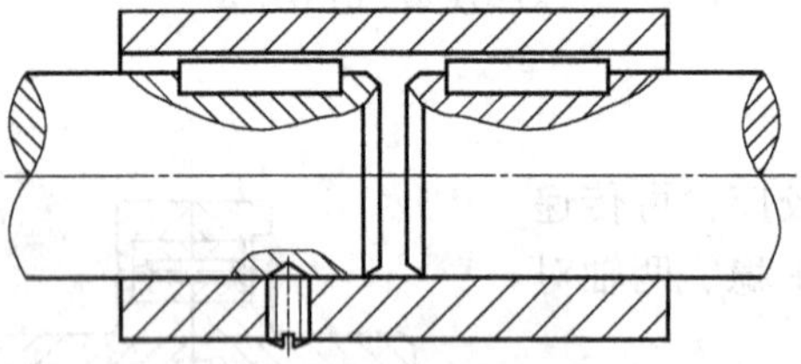

图 13-4　套筒联轴器

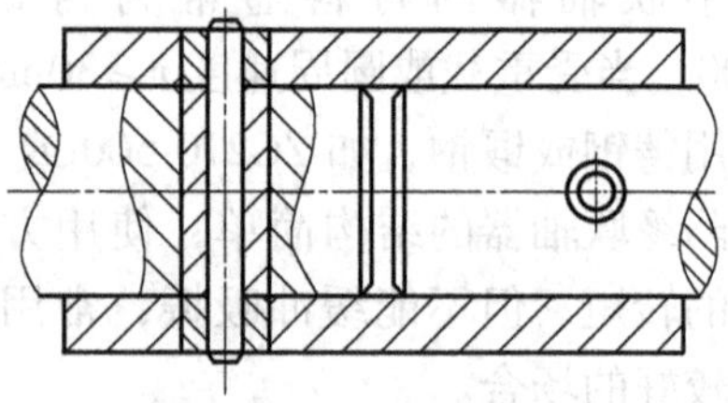

图 13-5　安全式套筒联轴器

（3）夹壳联轴器　夹壳联轴器是由两个半圆筒形的夹壳及连接它们的螺栓所组成，夹壳内孔中间嵌有两个半环，起定位作用，如图 13-6 所示。它靠夹壳与轴之间的摩擦力或键来传递转矩，优点是装拆方便，不用移动轴。但结构尺寸较大，主要用于低速、工作平稳的场合。

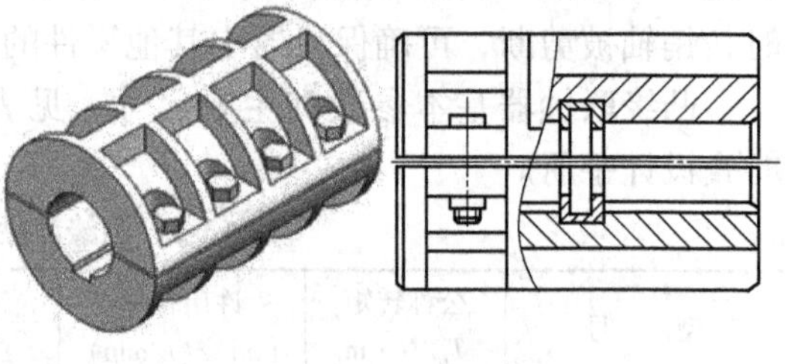

图 13-6　夹壳联轴器

2. 可移式刚性联轴器

可移式刚性联轴器有刚性中间元件，两轴相对位移的补偿是利用联轴器中零件间的相对滑动、间隙等来实现的，不能缓冲和减振。常用的可移式刚性联轴器有以下几种。

（1）滑块联轴器　滑块联轴器由两个半联轴器与十字滑块组成，如图 13-7 所示。十字滑块两侧互相垂直的凸榫分别与两个半联轴器的凹槽组成移动副。联轴器工作时，十字滑块随两轴转动，同时又相对于两轴移动以补偿两轴的径向位移。这种联轴器径向位移补偿能力较大，同时也有少量的角度和轴向补偿能力。一般允许的径向位移为 $y \leqslant 0.04d$（d 为轴的直径），角位移为 $\alpha \leqslant 30'$。滑块联轴器不宜用于高速场合，一般转速不超过 300r/min，多用中碳钢制成，其摩擦表面需淬火处理。滑块联轴器结构简单、制造容易、应用较广。

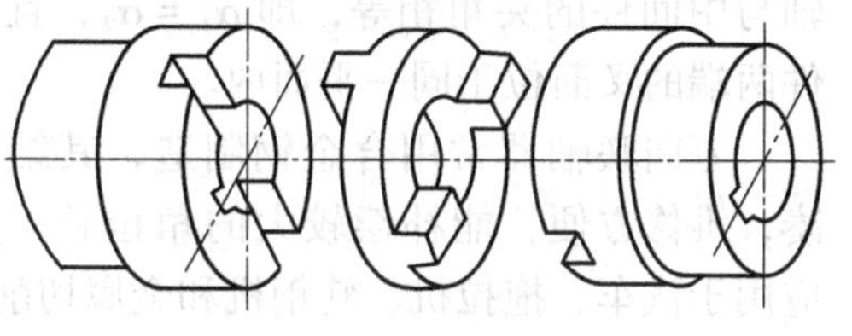

图 13-7　滑块联轴器

（2）齿式联轴器　齿式联轴器是由两个有外齿的套筒和两个有内齿的外壳所组成，如图 13-8a 所示。套筒与轴用键相连，两个外壳用螺栓连成一体。为了减少轮齿的磨损和相对移动时的摩擦阻力，在壳内储有润滑油。为防止润滑油泄漏，套筒与外壳之间设有密封圈。工作时靠啮合的轮齿传递转矩。内齿轮齿数、模数和外齿轮相等，齿数一般为 30～80，轮齿通常采用压力角为 20°的渐开线齿廓。

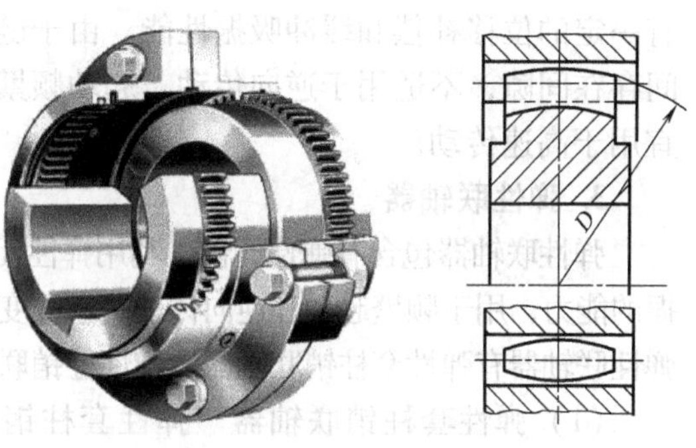

a)　　b)

图 13-8　齿式联轴器

a）结构组成　b）齿顶形状

由于轮齿间留有较大的间隙和外齿轮的齿顶制成椭球形，能补偿两轴的不同心和偏斜，允许角位移在 30′以下。若将外齿制成鼓形齿，如图 13-18b 所示，角位移可达 3°。

齿轮材料通常为 45 钢或 ZG310-570，齿面需淬火，齿轮圆周速度小于 3m/s 时，可调质处理。

齿式联轴器能传递很大的转矩，并可补偿适量的综合位移，工作可靠，安装精度要求不高，但结构复杂、质量大、制造成本高，常用于重型机械中。

（3）万向联轴器　万向联轴器又称十字铰链联轴器，中间是一个相互垂直的十字头，十字头的四端用铰链分别与两轴上的叉形接头相连，叉形接头分别与两轴通过销相连接，如图 13-9 所示。因此，当一轴的位置固定后，另一轴可以在任意方向偏斜，角位移 α 可达 40°～45°。

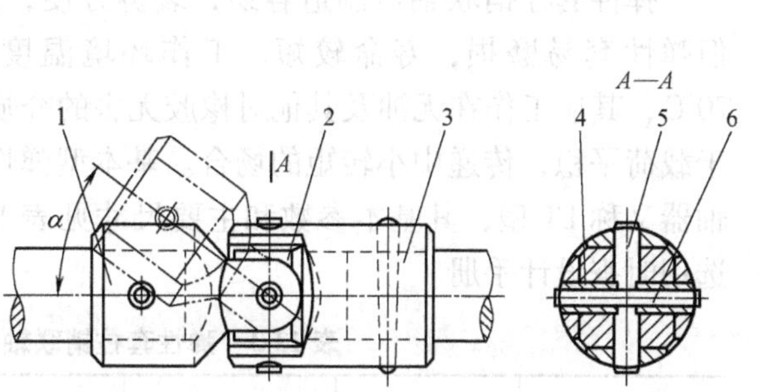

图 13-9　单万向联轴器

1—叉形接头　2—十字头　3—叉形接头

4—销套　5—销轴　6—铆钉

机器中常将万向联轴器成对使用，称为双万向联轴器，如图 13-10 所示。为使主、从动轴的角速度相等，需要保证主动轴、从动轴与中间件的夹角相等，即 $\alpha_1=\alpha_2$，且中间件两端的叉面位于同一平面内。

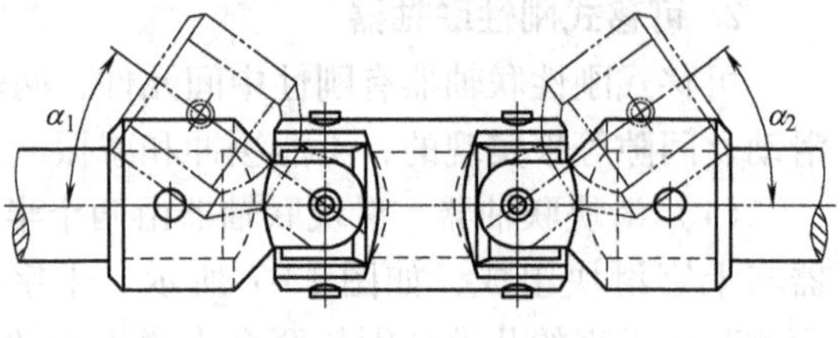

图 13-10　双万向联轴器

万向联轴器常用合金钢制造，其结构紧凑，维修方便，能补偿较大的角位移，广泛应用于汽车、拖拉机、轧钢机和金属切削机床中。

（4）滚子链联轴器　滚子链联轴器的半联轴器为两个齿数相同的链轮，分别用键与两轴连接，双排滚子链同时与两个半联轴器的链轮啮合，从而实现两轴连接和转矩传递，如图 13-11 所示。

图 13-11　滚子链联轴器

滚子链联轴器结构简单、尺寸紧凑、质量小、成本低、装拆方便、维修容易、工作可靠、使用寿命长、可在恶劣环境下工作、具有一定的位移补偿和缓冲吸振性能。由于链条的套筒与其相配件之间存在间隙，不适用于逆向传动、起动频繁的传动和立轴传动，不宜用于高速传动。

3. 弹性联轴器

弹性联轴器包含有弹性元件，利用弹性元件的弹性变形补偿两轴间的相对位移，具有缓冲吸振的能力，用于频繁起动和逆向传动、承受变载荷、高速运转和两轴对中不精确的场合。常用的弹性联轴器有弹性套柱销联轴器、弹性柱销联轴器、梅花形弹性联轴器、轮胎式弹性联轴器等。

（1）弹性套柱销联轴器　弹性套柱销联轴器结构上和凸缘联轴器相似，只是用带橡胶弹性套的柱销代替了连接螺栓，与轴连接可采用圆柱孔或圆锥孔形式，如图 13-12 所示。为了更换橡胶套时简便而不必拆移机器，设计中应注意留出距离 A。为了补偿轴向位移，安装时两半联轴器间应留出相应的间隙 c。这种联轴器能缓冲吸振，可补偿轴线的 x、y 位移和综合误差的影响。

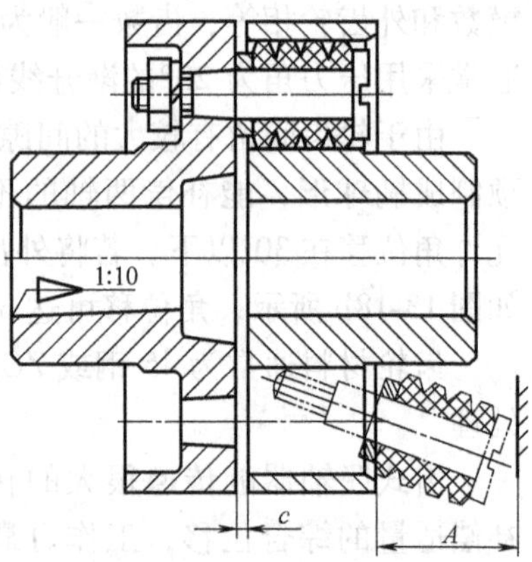

图 13-12　弹性套柱销联轴器

弹性套柱销联轴器制造容易，装拆方便，成本较低，但弹性套易磨损，寿命较短，工作环境温度为 −20 ~ 70℃，其应工作在无油及其他对橡胶无害的介质中，常用于载荷平稳，传递中小转矩的场合。基本型弹性套柱销联轴器又称 LT 型，其基本参数和主要尺寸见表 13-3，具体选用时查设计手册。

表 13-3　弹性套柱销联轴器基本参数和主要尺寸

型　号	公称转矩 T_n/N·m	许用转速 [n] /(r/min)	轴孔直径 d_1、d_2、d_z/mm	轴孔长度/mm L	轴孔长度/mm J、J_1、Z 型 L_1
LT3	31.5	6300	16、18、19	42	30
			20、22	52	38

（续）

型　号	公称转矩 T_n/N·m	许用转速 [n] /(r/min)	轴孔直径 d_1、d_2、d_z/mm	轴孔长度/mm	
				L	J、J_1、Z 型 L_1
LT4	63	5700	20、22、24	52	38
			25、28	62	44
LT5	125	4600	25、28	62	44
			30、32、35	82	60
LT6	250	3800	30、32、35	82	60
			40、42	112	84
LT7	500	3600	40、42、45、48	112	84

标记示例　LT5 弹性套柱销联轴器　主动端：Y 型轴孔，A 型键槽，$d=30$mm，$L=82$mm；从动端：J_1型轴孔，A 型键槽，$d=35$mm，$L=60$mm　标记为：LT5 联轴器 $\frac{30\times82}{J_1 35\times60}$GB/T 4323—2002。

（2）弹性柱销联轴器　弹性柱销联轴器是利用若干非金属材料制成的柱销置于两个半联轴器凸缘的孔中，以实现两轴的连接。柱销通常用尼龙材料制成，具有一定的弹性。为防止柱销脱落，两侧装有挡板，如图 13-13 所示。弹性柱销联轴器依靠弹性柱销的变形，允许两轴有一定的轴向、径向和角位移，适用于轴向窜动较大、正反转或起动频繁、转速较高的场合。由于尼龙柱销对温度较敏感，故工作温度限制在 $-20\sim60$℃的范围内。

（3）梅花形弹性联轴器　梅花形弹性联轴器是由两个带相同凸爪形状的半联轴器和弹性元件组成，利用梅花形弹性元件置于两半联轴器凸爪之间，以实现两半联轴器的连接，如图 13-14 所示。梅花形弹性元件的材料采用橡胶或尼龙，根据不同工况条件选用不同材料。

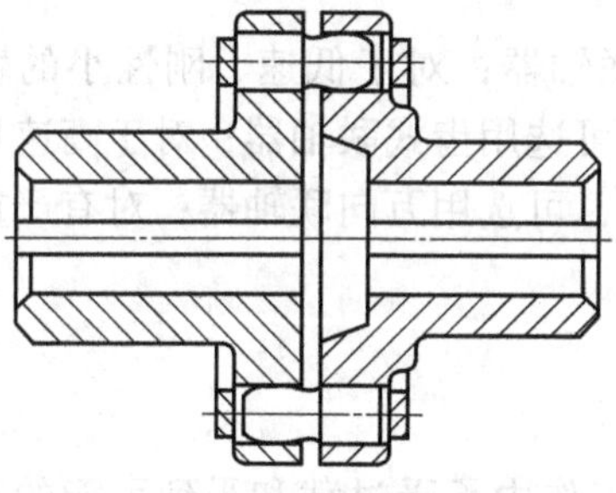

图 13-13　弹性柱销联轴器

图 13-14　梅花形弹性联轴器

梅花形弹性联轴器具有工作稳定可靠、补偿两轴相对位移、缓冲减振、径向尺寸小、结构简单、承载能力较强、维护方便等特点，适用于连接两同轴线、起动频繁、正反转变化、中高速、中小功率的传动。

（4）轮胎式弹性联轴器　轮胎式弹性联轴器是由橡胶或橡胶织物制成的轮胎弹性元件 1，通过压板 2 和螺栓 3 与两半联轴器 4 相连，如图 13-15 所示。这种联轴器结构简单、工作可靠、径向尺寸较大，但轴向尺寸较窄，有利于缩短串联机组的总长度。这种联轴器因具有轮胎弹性元件，可补偿较大的径向位移，能缓冲吸振，绝缘性能好，运转时无噪声，故适用于潮湿多尘、冲击大、起动频繁及经常正反转的场合。

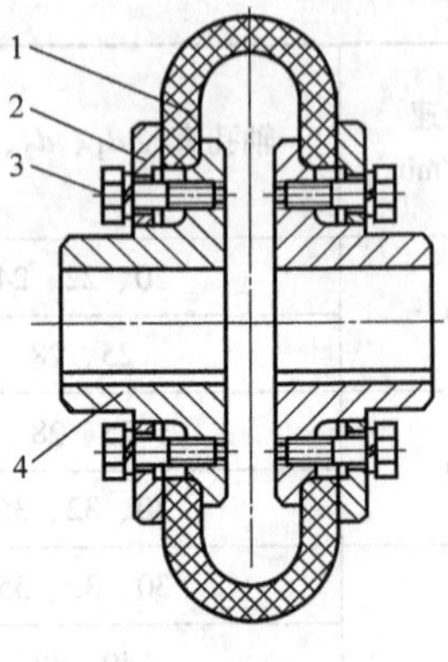

图 13-15　轮胎式弹性联轴器

1—轮胎弹性元件　2—压板　3—螺栓　4—半联轴器

三、联轴器的选择

对于标准联轴器而言，其选择的主要任务是确定联轴器类型和型号。一般可先依据机器的工作条件选定合适的类型，需要考虑转矩的大小和性质及对缓冲性能的要求、工作转速的高低、两轴相对位移的大小和方向、可靠性和工作环境、制造、安装、维护和成本等。然后按照计算转矩、轴的转速和轴端直径从标准中选择所需的型号和尺寸，必要时还应对其中的某些零件进行验算。

1. 联轴器类型的选择

选择联轴器应全面了解常用联轴器的性能、应用范围及使用场合。设计人员根据机械设计中对联轴器的要求和工作条件，选用合适的联轴器类型，另外也可以参考同类机械进行选择。

通常对于低速、刚性大的轴，可选用固定式刚性联轴器；对于低速、刚性小的轴或长轴，可选用可移式刚性联轴器；对于大功率重载传动，可选用齿式联轴器；对于高速且有冲击或振动的轴，可选用弹性联轴器；对轴线相交的两轴，可选用万向联轴器；对有严重冲击或要求减振的传动，可选用轮胎式联轴器。

2. 联轴器型号的选择

当联轴器的类型确定后，需要确定计算转矩 T_{ca}。

计算转矩 T_{ca} 应考虑机器起动时的惯性力、机器在工作中承受过载和受到可能的冲击等因素，按下式确定。

$$T_{ca} = K_A T \tag{13-1}$$

式中　K_A——工作情况系数，其值见表 13-4；

　　T——名义转矩（N · m）。

根据计算转矩 T_{ca}、轴的转速 n、轴端直径 d 和空间尺寸等要求在标准中选择适当的联轴器型号。所选择的联轴器应满足以下几点。

1）$T_{ca} \leqslant T_n$，T_n为公称转矩。

2）最大转速 $n_{max} \leqslant [n]$，$[n]$ 为联轴器的许用转速。

3）被连接两轴的直径应当在联轴器的孔径范围内。每一型号的联轴器适用的轴直径都有一个范围，被连接两轴的直径应当在此范围内。一般情况下两轴的直径可以不同，轴端的形状（圆柱、圆锥）也可以不同。

表 13-4　工作情况系数 K_A

工　作　机	原　动　机			
	电动机、汽轮机	单缸内燃机	双缸内燃机	四缸和四缸以上内燃机
转矩变化很小的机械，如发电机、小型通风机、小型离心泵	1.3	2.2	1.8	1.5
转矩变化较小的机械，如透平压缩机、木工机械、运输机	1.5	2.4	2.0	1.7
转矩变化中等的机械，如搅拌机、增压机、有飞轮的压缩机	1.7	2.6	2.2	1.9
转矩变化和冲击载荷中等的机械，如织布机、水泥搅拌机、拖拉机	1.9	2.8	2.4	2.1
转矩变化和冲击载荷较大的机械，如挖掘机、碎石机、造纸机械	2.3	3.2	2.8	2.5
转矩变化和冲击载荷大的机械，如压延机、起重机、重型轧机	3.1	4.0	3.6	3.3

第二节　离　合　器

一、离合器的组成和分类

离合器一般由主动部分、从动部分、接合部分、操纵部分等组成。主动部分与主动轴固定连接，主动部分还常用于安装接合元件。从动部分有的与从动轴固定连接，有的可以相对于从动轴做轴向移动并与操纵部分相连，从动部分上安装有接合元件。操纵部分控制接合元件的接合与分离，以实现两轴间转动和转矩的传递或中断。

离合器种类较多，按其工作原理可分为牙嵌离合器和摩擦离合器两类；按操纵方式可分为机械式离合器、电磁式离合器、液压式离合器和气压式离合器，电磁式离合器在自动化机械中作为控制转动的元件而被广泛应用；按控制方式不同可分为操纵式和自动式，自动式离合器有超越离合器、离心离合器和安全离合器等。这里只介绍牙嵌离合器和摩擦离合器的工作原理和特点，供选型参考，其主要尺寸和计算及其他类型离合器可查阅机械设计手册。

二、常用离合器

1. 牙嵌离合器

牙嵌离合器主要由两个端面带牙的半离合器组成，如图 13-16 所示。一个半离合器（主动部分）用平键与主动轴连接，另一个半离合器（从动部分）用导向平键或花键与从动轴连接，并可用操纵机构操纵使其轴向移动以实现离合器的接合与分离。传递转矩是靠两半离合器端面上相互啮合的牙齿来实现的。

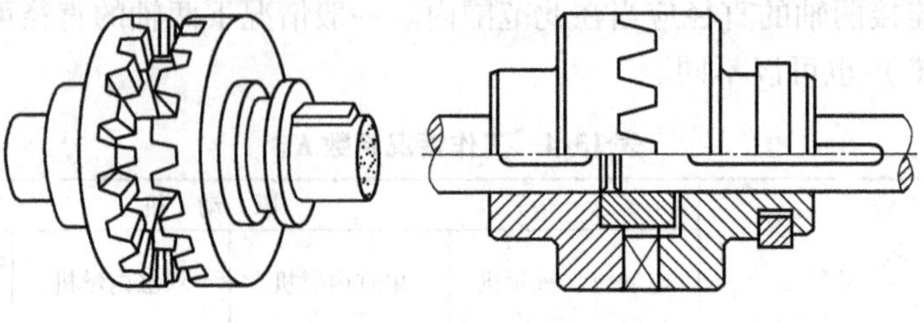

图 13-16　牙嵌离合器

牙嵌离合器常用的牙型有矩形、三角形、梯形和锯齿形等，其中梯形齿的牙强度高，承载能力大，能自行补偿磨损产生的间隙，并且接合与分离方便，应用广泛，牙数一般为 3 ~ 15。

牙嵌离合器的常用材料为低碳合金钢，如 20Cr、20MnB，经渗碳淬火后使牙面硬度达到 56 ~ 62HRC。有时也采用中碳合金钢如 40Cr、45MnB，经表面淬火等热处理后硬度达 48 ~ 58HRC。

牙嵌离合器的特点是结构简单，尺寸紧凑，工作可靠，承载能力大，传动准确，但在运转时接合有冲击，容易打坏牙齿，所以一般离合操作只在低速或静止状况下进行。

牙嵌离合器也可以借助电磁线圈的吸力来操纵，称为电磁牙嵌离合器。电磁牙嵌离合器通常采用嵌入方便的三角形细牙，其依据信息而动作，便于遥控和程序控制。

2. 摩擦离合器

摩擦离合器是靠接合元件间产生的摩擦力来传递转矩的。接合元件所受的正压力 F_a 调整确定后，接合元件之间的最大摩擦力随之确定，离合器传递的最大转矩 T_{max} 也随之确定。离合器正常工作时所传递的转矩 T 应小于或等于最大转矩 T_{max}。当过载时，接合元件间产生打滑，保护传动系统中的零件不致损坏。打滑时，接合元件磨损严重，摩擦消耗的功转变为热量使离合器温度升高，将影响到离合器的正常工作。

摩擦离合器接合元件的结构形式有圆盘式、圆锥式、块式、钢球式和闸块式等。摩擦离合器的类型很多，最常见的是圆盘摩擦离合器。

（1）单片式圆盘摩擦离合器　图 13-17 所示为单片式圆盘摩擦离合器，离合器的圆盘 1 采用紧配合连接在主动轴上，圆盘 2 可以沿导向平键在从动轴上移动，移动滑环 3 可使两圆盘接合或分离。工作时轴向压力 F_a 使两圆盘的工作表面产生摩擦力来传递转矩。

单片式圆盘摩擦离合器结构简单，散热性好，过载时打滑起保护作用，但传递转矩小，多用于轻工机械，如包装机械、纺织机械等。

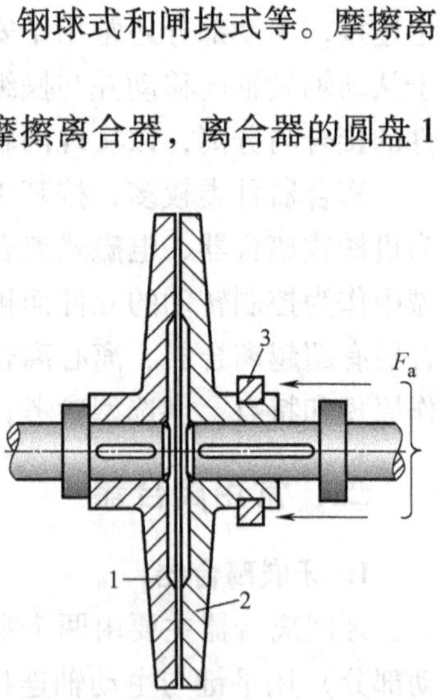

图 13-17　单片式圆盘摩擦离合器

1、2—圆盘　3—滑环

（2）多片式圆盘摩擦离合器　图 13-18 所示为多片式圆盘摩擦离合器。主动轴 1 与外壳 2 相连接，从动轴 9 与套筒 8 相连接。外壳 2 的内缘开有轴向槽，外摩擦片 4 以其凸齿插入外壳 2 的轴向槽中，因此外摩擦片 4 与主动轴 1 一起转动，并可在轴向力推动下沿轴向移动。内摩擦片 5 的内孔凸齿与套筒 8 上的纵向凹槽相连接，故内摩擦片 5 可与从动轴

9一起转动并可沿轴向移动。内、外摩擦片间隔安装。另外，在套筒8上开有三个轴向槽，其中安置可绕销轴10转动的曲臂杠杆7。当滑环6向左移动时，压下曲臂杠杆7的右端，通过曲臂杠杆7的左端和压板3使两组摩擦片压紧，离合器即处于接合状态。若滑环6向右移动时，曲臂杠杆7在弹簧11的作用下右端抬起，使摩擦片被松开，离合器即分离。多片式圆盘摩擦离合器的摩擦片材料为淬火钢片或压制石棉片。摩擦片数目多，可以增大所传递的转矩。但片数过多，将使各层间压力分布不均匀，所以一般不超过15片。

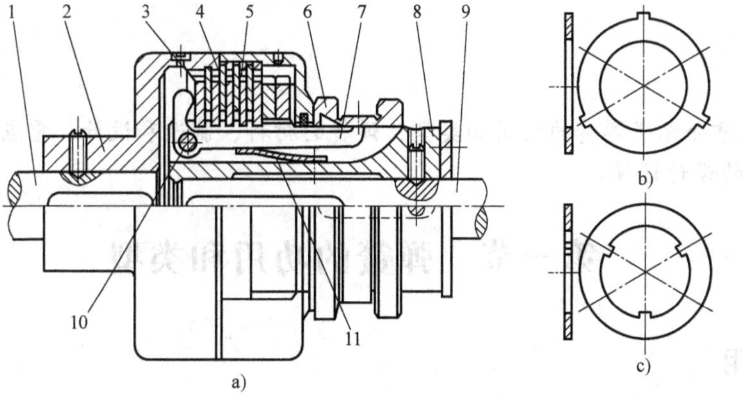

图13-18 多片式圆盘摩擦离合器

a）结构组成 b）外摩擦片 c）内摩擦片

1—主动轴 2—外壳 3—压板 4—外摩擦片 5—内摩擦片 6—滑环 7—曲臂杠杆 8—套筒 9—从动轴 10—销轴 11—弹簧

多片式圆盘摩擦离合器的优点是两轴能在任何转速下接合，接合与分离过程平稳，过载时会发生打滑，适用载荷范围大；其缺点是结构复杂，成本较高，产生滑动时两轴不能同步转动。

摩擦离合器也可用电磁力来操纵，称为电磁离合器，其中电磁摩擦离合器是应用最广泛的一种。电磁摩擦离合器在电路上尚可进一步实现各种特殊要求，如快速励磁电路可以实现快速接合，提高了离合器的灵敏度。相反，缓冲励磁电路可抑制励磁电流的增长，使起动缓慢，从而避免起动冲击。

三、离合器的选择

选择离合器时，首先应根据机器的工作特点和使用要求，结合各类离合器的特点，确定离合器的类型。然后，再根据两轴的直径、转速、转矩等从有关手册中选取合适的规格，必要时对其薄弱环节进行承载能力的校核。

本章学习要点

1）了解常用联轴器的类型、特点，掌握选用方法。

2）了解常用离合器的类型、特点，掌握选用方法。

第十四章
弹　簧

提示　本章介绍了弹簧的功用和类型，弹簧的材料、制造和设计，重点是圆柱螺旋压缩（拉伸）弹簧的设计计算。

第一节　弹簧的功用和类型

一、功用

弹簧是一种在机械设备中应用广泛的弹性元件，具有刚度小、弹性大、在载荷作用下易产生较大弹性变形等特点。弹簧的功用主要如下。

1）缓和冲击和吸收振动。利用弹簧变形来缓和冲击和吸收振动时的能量，如各种缓冲器、车辆和锻压设备的缓冲弹簧、联轴器中的吸振弹簧等。

2）控制机构的运动。利用弹簧的弹力保持零件之间的接触，以控制机构的运动，如内燃机中的阀门弹簧，制动器、离合器、凸轮机构、调速器中的控制弹簧，安全阀上的安全弹簧等。

3）储存及输出能量。利用弹簧变形时所储存的能量做功，如钟表弹簧、枪栓弹簧、自动机床中刀架自动返回装置中的弹簧等。

4）测量力的大小。利用弹簧变形量与其承受的力呈线性关系的特性来测量力的大小，如测力器、弹簧秤、发动机示功器中的弹簧等。

5）改变机器的自振频率。为避免机器自身共振产生危害，可通过弹簧振动改变机器的自振频率，降低机器自振产生的负面影响。

二、类型

弹簧的种类很多，按弹簧形状不同可分为螺旋弹簧、碟形弹簧、环形弹簧、盘弹簧、板弹簧等；按承受载荷的不同可分为压缩弹簧、拉伸弹簧、扭转弹簧和弯曲弹簧等。常用的各种类型弹簧，如图14-1所示。

圆柱螺旋弹簧用金属丝按螺旋线卷绕而成，制造简便、应用广泛，又分为圆柱螺旋拉伸弹簧、圆柱螺旋压缩弹簧、圆柱螺旋扭转弹簧等。

碟形弹簧和环形弹簧都是压缩弹簧，在工作过程中，一部分能量消耗在各圈之间的摩擦上，因此具有很高的缓冲吸振能力，多用于重型机械的缓冲装置。

盘弹簧又称为平面涡卷弹簧，其轴向尺寸很小，常用作仪器和钟表的储能装置。

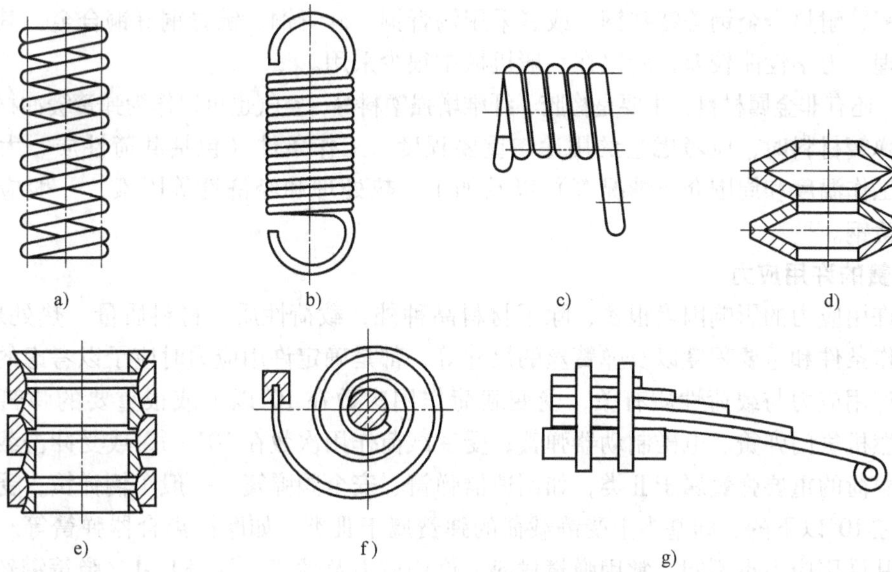

图 14-1 常用的各种类型弹簧

a）圆柱螺旋压缩弹簧 b）圆柱螺旋拉伸弹簧 c）圆柱螺旋扭转弹簧 d）碟形弹簧 e）环形弹簧 f）盘弹簧（平面涡卷弹簧） g）板弹簧

板弹簧是由许多长度不同的钢板叠合而成，主要用作各种车辆的减振装置。

另外使用的弹簧还有橡胶弹簧和空气弹簧。橡胶弹簧是利用橡胶的弹性变形实现弹簧的作用，常用作仪器底座、发动机的支撑、机器隔振装置等。空气弹簧是在柔性的橡胶囊中冲入压力空气，利用空气的可压缩性实现弹性作用的非金属弹簧，主要用在车辆的悬挂装置上。

在一般机械中，最常用的弹簧是圆柱螺旋弹簧。本章主要介绍圆柱螺旋压缩、拉伸弹簧的结构和设计。

第二节 弹簧的材料、许用应力和制造

一、弹簧的材料和许用应力

1. 弹簧的材料

弹簧主要在动载荷作用下工作，而且要求在较大应力情况下不产生塑性变形，因此弹簧材料必须有高的弹性极限和疲劳极限，同时应具有足够的冲击韧性以及良好的可热处理性。

常用的弹簧材料有优质碳素弹簧钢、合金弹簧钢和有色金属合金等。

碳素弹簧钢中碳的质量分数范围为0.6%～0.9%，如65、70、85等弹簧钢。这类钢价廉易得，热处理后具有较高的强度、适宜的韧性和塑性，但当弹簧丝直径大于12mm时，不易淬透，故适用于制造小尺寸的一般用途的螺旋弹簧和板弹簧。

合金弹簧钢用于承受变载荷、冲击载荷或工作温度较高的场合，常用的有低锰弹簧钢、硅锰弹簧钢和铬矾弹簧钢等。低锰弹簧钢比碳素弹簧钢的强度高、淬透性好，但淬火后易产生裂纹并具有热脆性，常用作一般机械中尺寸不大的弹簧材料。

若弹簧受力较小同时又要求具有耐蚀、防磁、导电性好等特性，则可以采用不锈耐酸钢、耐热钢、耐热合金钢等特殊钢，或者采用锡青铜、硅青铜、铍青铜等铜合金，其缺点是不易热处理，力学性能较差，所以在一般机械中很少采用。

此外，还有非金属材料，主要是橡胶、纤维增强塑料等，空气也可以作为弹簧缓冲材料。

选择弹簧材料时，应考虑它的用途、重要程度、工作条件（包括载荷性质、大小及循环特性，工作温度和周围介质情况等）以及加工、热处理和经济性等因素，一般应优先采用碳素弹簧钢。

2. 弹簧的许用应力

弹簧许用应力的影响因素很多，除了材料品种外，载荷性质、材料质量、热处理方法、弹簧的工作条件和重要程度以及弹簧丝的尺寸等，都是确定许用应力时应予以考虑的。

弹簧许用应力与载荷性质有关，受变载荷作用次数在 10^6 以上或很重要的弹簧属于Ⅰ类，如内燃机气门弹簧、电磁制动器弹簧；受变载荷作用次数在 10^3 ~ 10^5 或受冲击载荷的弹簧或受静载荷的重要弹簧属于Ⅱ类，如调速器弹簧、安全阀弹簧、一般车辆弹簧；受变载荷作用次数在 10^3 以下的，即基本上受静载荷的弹簧属于Ⅲ类，如摩擦离合器弹簧等。弹簧类别不同，其许用应力也不同。常用弹簧材料、许用应力及性能，见表 14-1。弹簧钢丝的许用应力还与抗拉强度 σ_b 有关，其抗拉强度值见表 14-2。

表 14-1　常用弹簧材料、许用应力及性能

<table>
<tr><th rowspan="2">类别、牌号</th><th colspan="3">圆柱压缩弹簧许用切应力 [τ]/MPa</th><th colspan="2">圆柱扭转弹簧许用弯曲应力 [σ_B]/MPa</th><th rowspan="2">剪切模量 G/MPa</th><th rowspan="2">弹性模量 E/MPa</th><th rowspan="2">推荐硬度（HRC）</th><th rowspan="2">推荐温度/℃</th><th rowspan="2">性　能</th></tr>
<tr><th>Ⅰ类</th><th>Ⅱ类</th><th>Ⅲ类</th><th>Ⅱ类</th><th>Ⅲ类</th></tr>
<tr><td>碳素弹簧钢丝、琴钢丝</td><td>(0.3 ~ 0.38) σ_b</td><td>(0.3 ~ 0.45) σ_b</td><td>0.5 σ_b</td><td>(0.6 ~ 0.68) σ_b</td><td>0.8 σ_b</td><td rowspan="7">79 × 10^3</td><td rowspan="7">206 × 10^3</td><td rowspan="3">—</td><td rowspan="3">-40 ~ 120</td><td rowspan="3">强度高、性能好，用于小弹簧或要求不高的大弹簧</td></tr>
<tr><td>油淬-回火碳素弹簧钢丝</td><td>(0.35 ~ 0.4) σ_b</td><td>(0.4 ~ 0.47) σ_b</td><td>0.55 σ_b</td><td>(0.6 ~ 0.68) σ_b</td><td>0.8 σ_b</td></tr>
<tr><td>65Mn</td><td>340</td><td>455</td><td>570</td><td>570</td><td>710</td></tr>
<tr><td>60Si2Mn、60Si2MnA</td><td rowspan="2">445</td><td rowspan="2">590</td><td rowspan="2">740</td><td rowspan="2">740</td><td rowspan="2">925</td><td>40 ~ 45</td><td>-40 ~ 200</td><td>弹性好、回火稳定性好，用于大载荷弹簧</td></tr>
<tr><td>50CrVA</td><td>45 ~ 50</td><td>-40 ~ 210</td><td>用于截面大、高应力或变载荷、高温下弹簧</td></tr>
<tr><td>60Si2CrVA</td><td>560</td><td>745</td><td>931</td><td>931</td><td>1167</td><td>47 ~ 52</td><td>-40 ~ 250</td><td>强度高、弹性好，耐高温、耐冲击</td></tr>
<tr><td>30W4Cr2VA</td><td>442</td><td>588</td><td>735</td><td>735</td><td>920</td><td>43 ~ 47</td><td>-40 ~ 350</td><td>高温时强度高，淬透性好</td></tr>
</table>

注：1. 圆柱拉伸弹簧的许用切应力为圆柱压缩弹簧的 80%。

2. 表中 [τ]、[σ_B]、G 和 E 值是在常温下按表中推荐硬度范围的下限值时的数值。

3. 不锈钢丝、青铜丝等其他弹簧材料查机械设计手册。

表 14-2　弹簧钢丝的抗拉强度值　（单位：MPa）

冷拉碳素弹簧钢丝（GB/T 4357—2009）	钢丝直径 d/mm	1.0	2.0	2.5	3.0	4.0	5.0	6.0	7.0	8.0
	SL 型	1845	1635	1575	1525	1420	1355	1300	1250	1210
	SM 型	2100	1875	1790	1730	1630	1555	1490	1440	1405
	SH 型	2350	2100	2005	1940	1845	1735	1680	1625	1575
油淬-回火碳素弹簧钢丝（GB/T 18983—2003）	钢丝直径 d/mm	1.6	2.0	3.0	3.5	4.0	5.0	6.0	8.0	10
	低强度	1975	1785	1675	1655	1625	1570	1545	1425	1435
	中强度	1800	1750	1645	1635	1600	1550	1515	1455	1445

注：表中 σ_b 详细范围值可查阅相对应标准或设计手册。

二、弹簧的制造

螺旋弹簧的制造过程包括卷绕、两端面加工（指压缩弹簧）或挂钩（杆臂）的制作（指拉伸弹簧和扭转弹簧）、热处理、工艺性试验和强压处理等。

大批量生产时，弹簧的卷制是在自动机床上进行的，小批量生产则常在卧式车床上或者手工卷制。弹簧的卷绕方法可分为冷卷和热卷两种。当弹簧丝直径小于 10 mm 时，常用冷卷法。冷卷时，一般用冷拉的碳素弹簧钢丝在常温下卷成，不再淬火，只经低温回火消除内应力。热卷在 800～1000℃的温度下进行，用于直径大的弹簧丝。热卷弹簧卷成后须经过淬火和回火处理。冷卷的螺旋压缩弹簧和拉伸弹簧分别用 Y 和 L 表示，热卷的螺旋压缩弹簧和拉伸弹簧分别用 RY 和 RL 表示。

弹簧在卷绕和热处理后要进行表面检验及工艺性试验，以鉴定弹簧的质量。对于重要的压缩弹簧，为了保证两端的承压面与其轴线垂直，应将端面圈在专用的磨床上磨平。对于拉伸弹簧和扭转弹簧，为了便于连接和加载，两端应制有挂钩或杆臂。

弹簧制成后，如再进行强压处理，可提高承载能力。但经强压处理的弹簧，不宜在高温、变载荷及有腐蚀性介质的条件下应用。因为在上述情况下，强压处理产生的残余应力是不稳定的。受变载荷的压缩弹簧，可采用喷丸处理提高其疲劳寿命。

第三节　圆柱螺旋压缩（拉伸）弹簧的设计计算

一、结构形式和几何参数

1. 圆柱螺旋压缩（拉伸）弹簧的结构

（1）圆柱螺旋压缩弹簧　圆柱螺旋压缩弹簧的结构如图 14-2 所示，其节距为 t，在自由状态下，各圈之间应有适当的间距 δ，以便弹簧受载时，有产生相应变形的空间。为使弹簧压缩后仍能保持一定的弹性，设计时还应考虑在最大载荷的作用下，各圈之间应保留一定的间距 δ_1，一般推荐为 $\delta_1=0.1d\geqslant0.2\text{mm}$，$d$ 为弹簧丝直径。

压缩弹簧的两个端面圈各有 0.75～1.75 圈，应与邻圈并紧，只起支承作用，工作中不参与变形，故称为支承圈或死圈。当弹簧的有效圈数 $n\leqslant7$ 时，弹簧每端的支承圈约为 0.75 圈；当 $n>7$ 时，弹簧每端的支承圈约为 1～1.75 圈。弹簧端部的支承圈结构具有多种形式，如图 14-3 所示。其中冷卷压缩弹簧有两端圈并紧并磨平的 YⅠ型，两端圈并紧不磨平的 YⅡ

型，两端圈不并紧的 YⅢ型；热卷压缩弹簧有两端圈并紧并磨平的 RYⅠ型，两端圈制扁并紧磨平或不磨的 RYⅡ型。两端面磨平时，磨平部分应不少于圆周长的 3/4，磨平端面的尖部厚度不小于 $d/8$。在重要的场合，应采用 YⅠ和 RYⅠ型弹簧，以保证两支承端面与弹簧的轴线垂直，从而使弹簧在受压时不致产生歪斜。当弹簧丝的直径 $d \leqslant 0.5\text{mm}$ 时可不磨平，用于对支承要求不是很高的场合，这时可采用 YⅡ型或 RYⅡ型。两端圈不并紧时，结构最简单，一般用于不太重要的弹簧，这时可采用 YⅢ型。

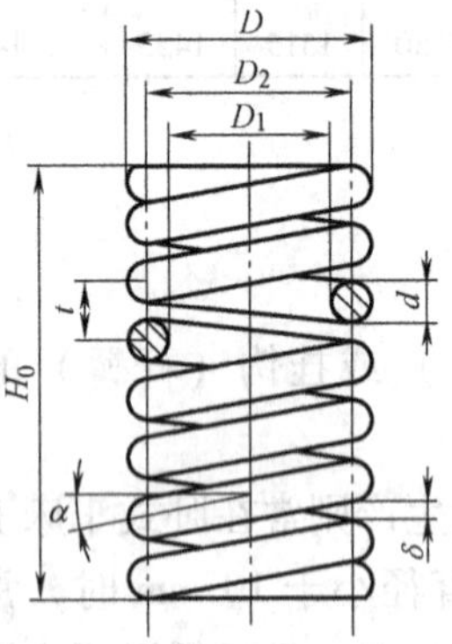

图 14-2　圆柱螺旋压缩弹簧的结构

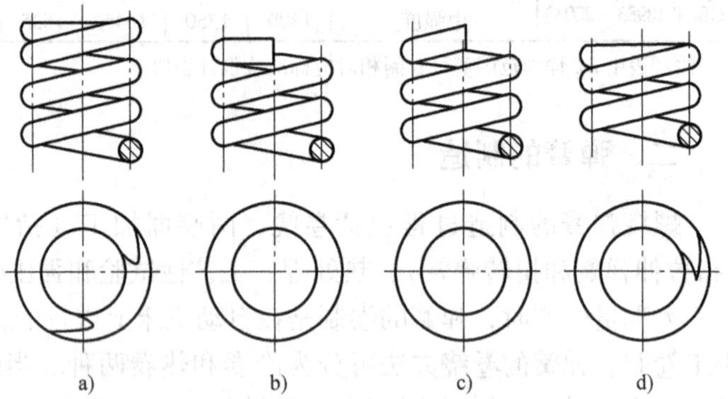

图 14-3　圆柱螺旋压缩弹簧的支承圈结构

a) YⅠ、RYⅠ型　b) YⅡ型　c) YⅢ型　d) RYⅡ

（2）圆柱螺旋拉伸弹簧　圆柱螺旋拉伸弹簧的结构如图 14-4 所示，分无初应力和有初应力两种，空载时弹簧各圈应相互并拢。无初应力的拉伸弹簧受拉时各圈间产生间隙。有初应力的拉伸弹簧各圈间具有一定的压紧力，只有在外加拉力大于压紧力后各圈才开始分离，因而可节省弹簧的轴向工作空间。

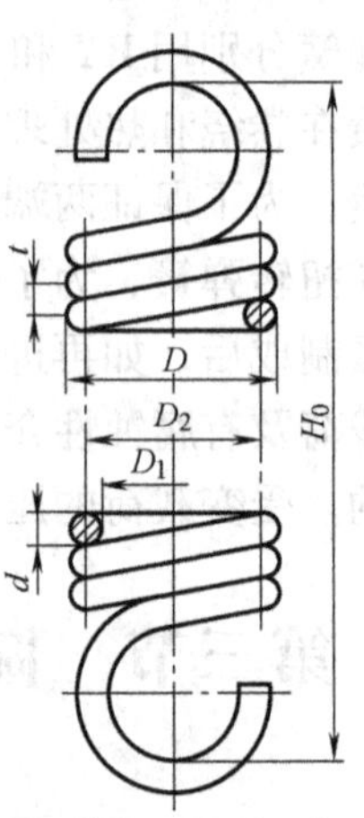

图 14-4　圆柱螺旋拉伸弹簧的结构

拉伸弹簧的两端部制有挂钩，以便弹簧的安装和加载。挂钩的形式有 LⅠ ~ LⅧ型共八种（热卷时为 RLⅠ ~ RLⅢ）。LⅠ ~ LⅥ型的钩环由弹簧丝弯曲制成，制造方便，应用很广，但因在钩环弯折处会产生很大的弯曲应力，故只宜用于弹簧丝直径 $d \leqslant 10\text{mm}$ 的弹簧中；LⅦ、LⅧ型两端的钩环不与弹簧丝连成一体，弹簧强度不受钩环的影响，且钩环可转到任意方向，便于安装，适用于受力较大的场合，但其价格较高。图 14-5 所示为其中的四种。

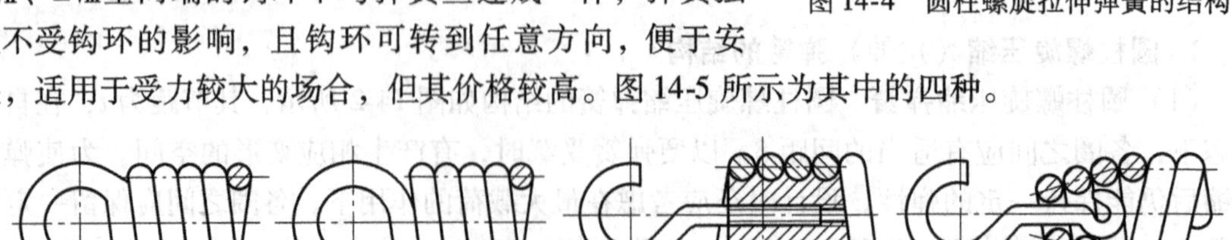

图 14-5　拉伸弹簧的端部挂钩形式

a) LⅠ、RLⅠ型 半圆钩环　b) LⅡ、RLⅡ型 圆钩环　c) LⅦ型 可调钩环　d) LⅧ型 可转钩环

2. 圆柱螺旋压缩（拉伸）弹簧的几何尺寸

圆柱螺旋弹簧的主要几何尺寸有弹簧丝直径 d、弹簧外径 D、中径 D_2、内径 D_1、节距 t、螺旋角 α、自由高度 H_0、有效圈数 n、总圈数 n_1 及螺旋旋向。弹簧旋向可以是右旋或左旋，如无特殊要求，一般都用右旋。圆柱螺旋压缩（拉伸）弹簧的几何尺寸计算公式，见表 14-3。

表 14-3 圆柱螺旋压缩（拉伸）弹簧的几何尺寸计算公式

名称与代号	压缩弹簧	拉伸弹簧
弹簧丝直径 d	由强度计算公式确定	
弹簧中径 D_2	$D_2=Cd$	
弹簧内径 D_1	$D_1=D_2-d$	
弹簧外径 D	$D=D_2+d$	
弹簧指数 C	$C=D_2/d$，一般 $4\leqslant C\leqslant 16$	
螺旋角 α	$\alpha=\arctan(t/\pi D_2)$	
有效圈数 n	由变形条件计算确定，一般 $n>2$	
总圈数 n_1	$n_1=n+(2\sim2.5)$ 冷卷 $n_1=n+(1.5\sim2)$ YⅡ型、热卷	$n_1=n$，n_1 的尾数为 0.25、0.5、0.75 或整圈，推荐 0.5 圈
自由高度 H_0	两端圈磨平 $n_1=n+1.5$ 时，$H_0=nt+d$ $n_1=n+2$ 时，$H_0=nt+1.5d$ $n_1=n+2.5$ 时，$H_0=nt+2d$ 两端圈不磨平 $n_1=n+2$ 时，$H_0=nt+3d$ $n_1=n+2.5$ 时，$H_0=nt+3.5d$	LⅠ型 $H_0=(n+1)d+D_1$ LⅡ型 $H_0=(n+1)d+2D_1$ LⅢ型 $H_0=(n+1.5)d+2D_1$
工作高度 H_n	$H_n=H_0-\lambda_n$	$H_n=H_0+\lambda_n$，λ_n 为变形量
节距 t	$t=d+\frac{\alpha}{n}+\delta_1=\pi D_2\tan\alpha(\alpha=5°\sim9°)$	$t=d$
间距 δ	$\delta=t-d$	$\delta=0$
压缩弹簧高径比 b	$b=H_0/D_2$	
展开长度 L	$L=\frac{\pi D_2 n_1}{\cos\alpha}$	$L=\pi D_2 n+$ 钩环展开长度

二、弹簧的特性曲线

弹簧应在弹性极限内工作，工作中弹簧受载与变形间有一定关系，并保持相对稳定，不允许产生塑性变形。弹簧所受载荷与变形之间的关系曲线称为弹簧的特性曲线，其是设计和生产弹簧过程中进行检验或试验的依据，通常绘在弹簧工作图中。

圆柱螺旋压缩弹簧的特性曲线，如图 14-6 所示。H_0 为弹簧未受载时的自由高度，F_{min} 为最小工作载荷，其是为了使弹簧能可靠地安装在工作位置上所预加的初始载荷。在 F_{min} 作用下，弹簧从自由高度 H_0 被压缩到 H_1，此时弹簧的压缩变形量为 λ_{min}。F_{max} 为弹簧的最大工作载荷，在它的作用下，弹簧的高度被压缩到 H_2，弹簧的压缩变形量增加到 λ_{max}。弹簧的工作行程 $h=H_1-H_2=\lambda_{max}-\lambda_{min}$。$F_{lim}$ 为弹簧的极限载荷，在该载荷的作用下，弹簧丝内的应力达到了材料的弹性极限，弹簧的高度相应为 H_{lim}，变形量为 λ_{lim}。

圆柱螺旋拉伸弹簧的特性曲线，如图 14-7 所示。拉伸弹簧分为无初应力和有初应力两种，无初应力的拉伸弹簧，其特性曲线和压缩弹簧的特性曲线相同。有初应力的拉伸弹簧的特性曲线增加了一段假想的变形量 x，相应的初拉力 F_0 是使弹簧开始变形时所需的初拉力，即当工作载荷大于 F_0 时，弹簧才开始伸长。

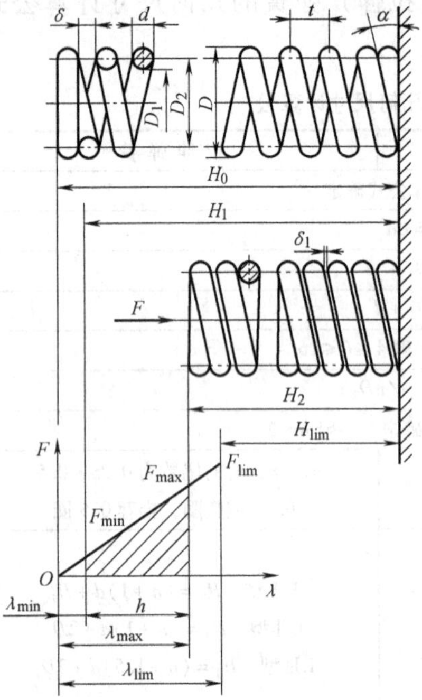

图 14-6　圆柱螺旋压缩弹簧的特性曲线

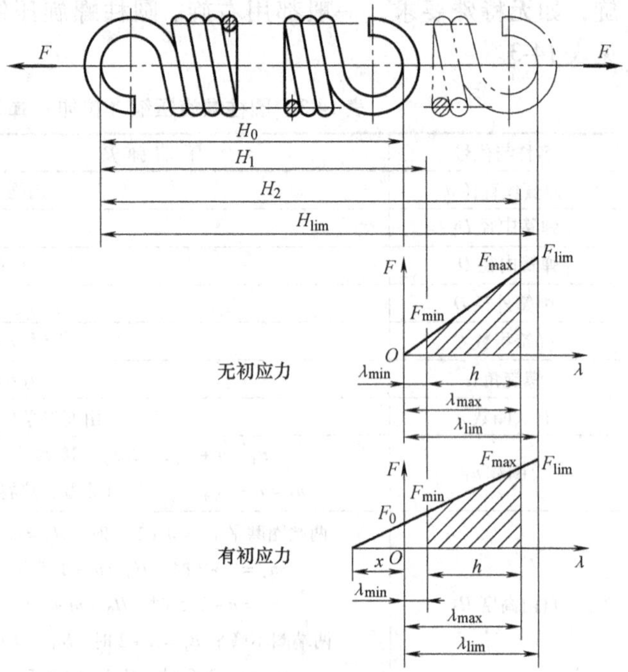

图 14-7　圆柱螺旋拉伸弹簧的特性曲线

一般圆柱螺旋压缩、拉伸弹簧的最小工作载荷通常取 $F_{\min} \geqslant 0.2F_{\lim}$，对于有初应力的拉伸弹簧，$F_{\min} > F_0$；弹簧的最大工作载荷应小于极限载荷，通常取 $F_{\max} < 0.8F_{\lim}$。因此弹簧的工作变形量应取在 $(0.2 \sim 0.8)\lambda_{\lim}$ 范围内，以便保持弹簧的线性弹性曲线。

等节距的圆柱螺旋压缩、拉伸弹簧的特性曲线为一直线，即压缩、拉伸（无初应力）弹簧有关系式

$$\frac{F_{\min}}{\lambda_{\min}} = \frac{F_{\max}}{\lambda_{\max}} = \frac{F_{\lim}}{\lambda_{\lim}} = \text{常数}$$

有初应力的拉伸弹簧有关系式

$$\frac{F_0}{x} = \frac{F_{\min}}{x+\lambda_{\min}} = \frac{F_{\max}}{x+\lambda_{\max}} = \frac{F_{\lim}}{x+\lambda_{\lim}} = \text{常数}$$

三、弹簧受载时的应力、变形和稳定性

1. 弹簧受载时的应力

应力计算的目的是确定弹簧丝的直径。圆柱螺旋弹簧受压或受拉时，弹簧丝的受力情况完全相同，现以图 14-8a 所示的承受轴向载荷的圆柱螺旋压缩弹簧进行分析。

由于弹簧丝具有螺旋角 α，故在通过弹簧的轴向截面 $A—A$ 上，弹簧丝截面呈椭圆形，而在弹簧丝的法截面 $B—B$ 上，弹簧丝的截面为圆形。$A—A$ 与 $B—B$ 截面的夹角等于螺旋角。由于弹簧的螺旋角较小，可以把弹簧丝的 $A—A$ 截面看成是以直径为 d 的圆形截面，从

而使计算大为简化。

弹簧丝 $A—A$ 截面上的受力情况，如图 14-8b 所示。由于弹簧丝承受轴向载荷 F 的作用，因此在该截面上作用着 F 产生的切应力 τ_F 及由转矩 $T=FD_2/2$ 产生的扭转切应力 τ_T，应力分布如图 14-8c ~ e 所示，这样截面上的应力可以近似地取为

$$\tau_\Sigma=\tau_F+\tau_T=\frac{F}{\pi d^2/4}+\frac{FD_2/2}{\pi d^3/16}=\frac{8FD_2}{\pi d^3}\left(\frac{1}{2C}+1\right) \tag{14-1}$$

式中 C——弹簧指数（或称为旋绕比），$C=D_2/d$，C 值的范围为 4 ~ 16，常用值为 5 ~ 8。

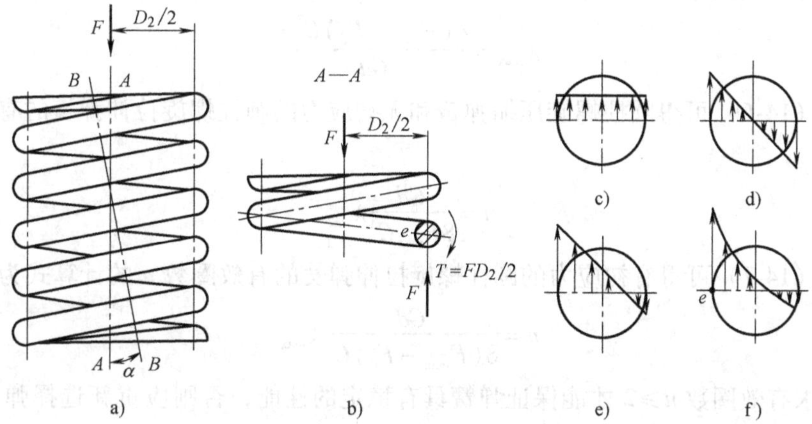

图 14-8 圆柱螺旋压缩弹簧的受力及应力分析
a）载荷图 b）$A—A$ 截面受力图 c）切应力图 d）扭转切应力图
e）切应力和扭转切应力合成图 f）实际应力合成图

如图 14-8f 所示，最大应力产生在弹簧丝截面内侧的 e 点上，实践证明，弹簧的破坏也大多由这点开始。考虑到弹簧丝螺旋角和曲率对弹簧丝中应力的影响，引入一个曲度系数 K，则弹簧丝内侧的最大应力及强度表达式为

$$\tau_{max}=K\frac{8F_{max}D_2}{\pi d^3}\leqslant[\tau] \tag{14-2}$$

式中 K——曲度系数（或称补偿系数），$K=\dfrac{4C-1}{4C-4}+\dfrac{0.615}{C}$。 (14-3)

则弹簧丝直径 d 的设计计算式为

$$d\geqslant1.6\sqrt{\frac{KF_{max}C}{[\tau]}} \tag{14-4}$$

式中 F_{max}——弹簧的最大工作载荷（N）；

$[\tau]$——许用切应力（MPa），按表 14-1 选取。

应用上式计算弹簧丝直径时，因弹簧指数 C 和许用切应力 $[\tau]$ 均与直径 d 有关，所以需要试算才能得出弹簧丝的直径 d。

2. 弹簧的变形

变形计算的目的是确定弹簧的有效圈数，即工作圈数。圆柱螺旋弹簧受载后的轴向变形量 λ 可根据材料力学公式求得，即

$$\lambda=\frac{8FC^3n}{Gd} \tag{14-5}$$

式中　G——弹簧材料的剪切模量（MPa），见表14-1。

如以 F_{max} 代替 F，则圆柱螺旋压缩弹簧和无初应力的圆柱螺旋拉伸弹簧的最大轴向变形量为

$$\lambda_{max}=\frac{8F_{max}C^3n}{Gd} \tag{14-6}$$

有初应力的圆柱螺旋拉伸弹簧的最大轴向变形量为

$$\lambda_{max}=\frac{8(F_{max}-F_0)C^3n}{Gd} \tag{14-7}$$

根据式（14-6）可得圆柱螺旋压缩弹簧和无初应力的圆柱螺旋拉伸弹簧的有效圈数 n 的计算式为

$$n=\frac{Gd}{8F_{max}C^3}\lambda_{max} \tag{14-8}$$

根据式（14-7）可得有初应力的圆柱螺旋拉伸弹簧的有效圈数 n 的计算式为

$$n=\frac{Gd}{8(F_{max}-F_0)C^3}\lambda_{max} \tag{14-9}$$

一般要求有效圈数 $n\geqslant 2$ 才能保证弹簧具有稳定的性能，否则应重新选择弹簧指数 C 并计算 d 和 n。对于拉伸弹簧，总圈数 $n_1\geqslant 20$ 时，一般圆整为整圈数；$n_1\leqslant 20$ 时，则可圆整为1/2圈。对于压缩弹簧总圈数 n_1 的尾数宜取1/4圈、1/2圈或整圈数，常用1/2圈。

弹簧刚度是表征弹簧性能的主要参数之一。由式（14-5）可得弹簧刚度的计算式为

$$k=\frac{F}{\lambda}=\frac{Gd}{8C^3n} \tag{14-10}$$

从上式可知，当其他条件相同时，弹簧刚度越大，单位变形所需要的力就越大，则弹簧的弹力也越大。影响弹簧刚度的因素很多，其中弹簧指数 C 对刚度的影响最大，C 值越小的弹簧，刚度越大，反之则越小。另外，弹簧刚度 k 还和 d、n 等有关，设计过程中，调整弹簧刚度时，应当综合考虑这些因素的影响。

3. 弹簧的稳定性

当作用在压缩弹簧的载荷过大或压缩弹簧的圈数过多，弹簧的高径比 $b=H_0/D_2$ 超过一定范围时，弹簧会产生较大的侧向弯曲而失去稳定，从而影响弹簧的正常工作，如图14-9a所示。

为保证弹簧的稳定性，应控制弹簧的高径比 b 不能太大。一般规定，两端固定时，取 $b\leqslant 5.3$；一端固定，另一端自由时，取 $b\leqslant 3.7$；两端自由时，取 $b\leqslant 2.6$。如未能满足上述要求，应重新选取参数进行稳定性计算。另外，在不修改原设计的基础上，还可以采用导杆或导套等来增强弹簧的稳定性，并且弹簧与导杆或导套间的间隙不宜过大，如图14-9b、c所示。

四、弹簧设计计算

单个圆柱螺旋压缩（拉伸）弹簧的一般设计计算步骤如下。

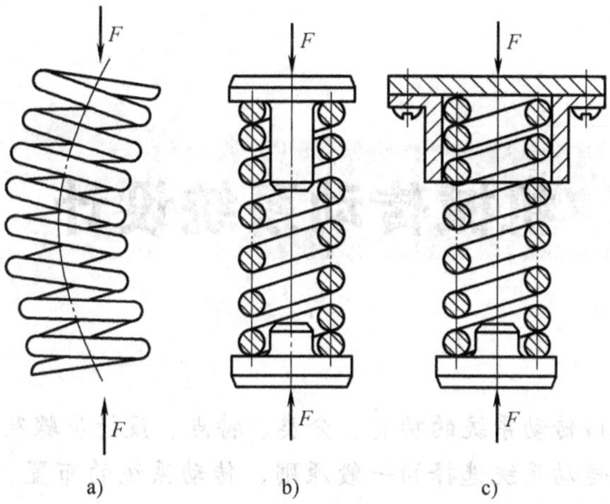

图 14-9　圆柱螺旋压缩弹簧的稳定性

a）受载失稳图　b）加装导杆　c）加装导套

1）根据工作条件选择弹簧丝材料，确定许用应力。

2）确定弹簧丝直径 d，计算中径 D_2。

3）求弹簧的有效圈数 n 和总圈数 n_1。

4）计算弹簧的变形量。

5）计算弹簧的几何尺寸，包括节距 t、自由高度 H_0、螺旋角 α 和弹簧丝展开长度 L 等。

6）若为压缩弹簧，还应校核弹簧的稳定性。

7）绘制弹簧零件工作图。

根据设计的具体要求，上述步骤可进行适当调整。

本章学习要点

1）了解弹簧的功用和类型。

2）了解弹簧的材料、许用应力。

3）掌握圆柱螺旋压缩（拉伸）弹簧的设计计算方法。

第十五章 机械传动系统设计

提示 本章介绍机械传动系统的功能、分类、特点、设计步骤及基本要求，重点介绍了各种机械传动的特点、传动系统选择的一般原则、传动系统的布置、传动比的分配等内容，最后通过实例讲述了传动系统的设计过程。

第一节 概 述

机械系统是由若干零件和机构根据一定的功能要求组成的有机整体。在第一章绪论中，按照机器的功能，已经将其分为动力系统（原动机）、传动系统、执行系统（工作机）、控制系统和辅助系统，每个系统具有不同的功能，相互协调，使整个系统获得理想的功能效果。

传动系统是机械系统中的重要组成部分，是连接原动机和执行系统的中间环节，其任务是将原动机的运动和动力按执行系统的要求进行转换并传递给执行系统。它的设计直接影响到机器的性能、可靠性、使用寿命、尺寸、造型及制造成本等，因此机械传动系统设计是机器总体方案设计中至关重要的环节。

一、传动系统的功能

传动系统的具体功能包括以下几个方面。

(1) 减速或增速　通过传动将原动机的速度降低或增高，传动系统中实现减速或增速的传动装置称为减速器或增速器。

(2) 变速　在原动机速度一定的情况下，用传动系统能获得多种输出速度，这种输入、输出速度关系可变的传动装置称为变速器。变速器可分为有级变速：仅可获得有限的几种输入、输出速度关系；无级变速：输入、输出速度关系在一定的范围内可逐渐变化。

(3) 改变运动形式　在原动机与执行机构或执行构件之间实现运动形式的变换，如将转动变为移动、摆动或间歇运动。

(4) 分配运动和动力　通过传动系统，将一个原动机的运动、动力经变换后分别传递给多个执行机构或执行构件，驱动几个工作机构工作。

(5) 实现某些操纵控制功能　如起停、离合、制动或换向等。

二、传动系统的分类及特点

按工作原理传动系统可分为机械传动系统、流体（液体、气体）传动系统、电力传动系统三大类。本章仅介绍机械传动系统。

机械传动的种类很多，可按不同的原则分类。

1. 按传动的工作原理分类

机械传动按工作原理分为啮合传动和摩擦传动两大类，见表 15-1。啮合传动工作可靠、寿命长、传动比准确、传递功率大、效率高（蜗杆传动除外）、速度范围广；缺点是对加工、制造、安装的精度要求较高。而摩擦传动工作平稳、噪声低、结构简单、造价低、具有过载保护能力，但外廓尺寸较大、传动比不准确、传动效率较低、元件寿命较短。

表 15-1 按传动的工作原理分类

<table>
<tr><th colspan="2">传动分类</th><th>主要传动形式</th></tr>
<tr><td rowspan="5">啮合传动</td><td>齿轮传动</td><td>圆柱齿轮传动、锥齿轮传动、非圆齿轮传动</td></tr>
<tr><td>蜗杆传动</td><td>圆柱蜗杆传动、环面蜗杆传动、锥蜗杆传动</td></tr>
<tr><td>螺旋传动</td><td>滑动螺旋、滚动螺旋、静压螺旋</td></tr>
<tr><td>齿轮系传动</td><td>定轴轮系传动、周转轮系传动、摆线针轮传动、谐波传动</td></tr>
<tr><td>挠性啮合传动</td><td>链传动、链式无级变速传动、同步带传动</td></tr>
<tr><td rowspan="3">摩擦传动</td><td>摩擦轮传动</td><td>圆柱平摩擦轮传动、圆柱槽摩擦轮传动、圆锥摩擦轮传动</td></tr>
<tr><td>摩擦式无级变速传动</td><td>刚性无级变速传动、挠性无级变速传动</td></tr>
<tr><td>带传动</td><td>平带、V 带、多楔带、圆带</td></tr>
</table>

2. 按传动比变化情况分类

机械传动按传动比变化情况分为定传动比传动和变传动比传动两大类，见表 15-2。

表 15-2 按传动比变化情况分类

<table>
<tr><th colspan="2">传动分类</th><th>主要传动形式</th></tr>
<tr><td colspan="2">定传动比传动</td><td>齿轮传动、蜗杆传动、带传动、链传动</td></tr>
<tr><td rowspan="3">变传动比传动</td><td>有级变速</td><td>齿轮变速箱、塔轮传动</td></tr>
<tr><td>无级变速</td><td>刚性无级变速传动、挠性无级变速传动</td></tr>
<tr><td>周期性变化</td><td>非圆齿轮传动</td></tr>
</table>

三、传动系统设计的一般步骤和基本要求

1. 传动系统设计的一般步骤

机器的执行系统方案设计和原动机的预选型完成后，即可进行传动系统的方案设计。设计的一般步骤如下。

1）确定传动系统的总传动比。

2）选择传动的类型、拟订总体布置方案并绘制传动系统的运动简图。

3）分配传动比，即根据传动布置方案，将总传动比向各级传动进行合理分配。

4）计算传动系统的性能参数，包括各级传动的功率、转速、效率、转矩等性能参数。

5）通过强度设计和几何计算，确定各级传动的基本参数和主要几何尺寸，如齿轮传动的中心距、齿数、模数、齿宽等。

2. 传动系统设计的基本要求

传动系统设计是一项复杂的工作，需要综合运用多种知识和实践经验，进行多方案分析

比较，才能设计出较为合理的方案。通常设计方案应满足以下基本要求。

1）传动系统应满足机器的功能要求，而且性能优良。

2）传动效率高。

3）结构简单紧凑、占用空间小。

4）便于操作、安全可靠。

5）可制造性好、加工成本低。

6）维修性好。

7）不污染环境。

第二节　机械传动系统的设计

一、常用机械传动的主要特性

在已知条件确定后，一般情况下，可以选择几种不同的传动系统方案，然后按照效率、功率、传动比、外廓尺寸等方面择优选择。常用机械传动的主要特性，见表 15-3。

表 15-3　常用机械传动的主要特性

特性	摩擦传动			啮合传动			
	摩擦轮传动	带传动		齿轮传动		蜗杆传动	链传动
		平带	V带	圆柱齿轮	锥齿轮		
效率 η	闭式 0.90～0.96 开式 0.80～0.88	0.94～0.98	0.90～0.94	闭式 0.96～0.99 开式 0.94～0.96	闭式 0.94～0.98 开式 0.92～0.95	闭式 0.70～0.92 开式 0.50～0.70 自锁 0.40～0.45	闭式 0.95～0.97 开式 0.90～0.93
功率 P_{max}/kW	200（20）	3500（20）	500（40）	50000	1000	750（50）	3600（100）
圆周速度 v_{max}/(m/s)	25（20）	60（10～30）	30（10～20）	150（15）	40（5）	$v_{smax}=35$（15）	40（5～20）
单级传动比 i_{max}	20（5～12）	6（2～4）	10（2～4）	10（3～5）	8（2～3）	1000（8～100）	15（5～8）
中心距 a	小	大	中	小	—	小	中
传动比是否准确	否	否	否	是	是	是	是（平均）
能否过载保护	能	能	能	否	否	否	否
缓冲吸振能力	因轮质而异	好	好	差	差	差	有一些
寿命长短	因轮质而异	短（可换带）	短（可换带）	长	长	中	中
噪声	小	小	小	大	大	小	大
价格（包括轮）	中等	廉	廉	较贵	贵	较贵	中等

注：括号内为常用数据。

二、传动系统选择的一般原则

1）小功率宜选用结构简单、价格便宜、标准化程度高的传动，以降低制造费用。

2）大功率宜优先选用传动效率高的传动，以节约能源、降低生产费用。齿轮传动效率最高，自锁蜗杆传动效率最低。

3）速度低、传动比大时，有多种方案可供选择：① 采用包括带传动、齿轮传动、链传动等多级传动；② 要求结构尺寸小时，宜采用多级齿轮传动、齿轮-蜗杆传动或多级蜗杆传动。传动链应尽量短，以减少零件数目。

4）链传动只能用于平行轴间的传动；带传动主要用于平行轴间的传动，功率小、速度低时，也可用于半交叉或交错轴间的传动；蜗杆传动能用于空间两交错轴间的传动，一般交错角$\Sigma=90°$；齿轮传动能适应各种轴线位置。

5）工作中可能出现过载的设备，宜在传动中设置一级摩擦传动，以便起到过载保护的作用。但摩擦有静电发生，在易燃、易爆的场合，不能采用。

6）载荷经常变化的传动，宜在传动系统中设置一级能缓冲吸振的传动（如带传动、链传动）。

7）工作温度较高、潮湿、多粉尘、易燃、易爆的场合，宜采用链传动、闭式齿轮传动或蜗杆传动。

8）要求两轴严格同步时，不能采用摩擦传动，只能采用齿轮传动或蜗杆传动。

三、传动系统的总体布置

传动类型确定后，就要完成系统的总体布置，对传动机构进行不同的顺序布置或进行不同的传动比分配，就会产生不同的设计效果，因此，合理安排传动路线，适当安排传动顺序，合理分配传动比，才能获得满意的传动系统性能。

1. 传动路线的确定

传动路线就是机器中的能量从原动机向执行机构流动的路线，即功率传递的路线。传动系统中的传动路线分为串联式、并联式和混联式等。其中串联式比较简单，应用也最广泛，系统中只有一个原动机和一个执行机构；并联式适用于系统中有多个执行机构，但所需总功率不大，由一台原动机驱动的传动系统；混联式是串联式和并联式几种传动路线的混合。

2. 传动顺序的确定

传动机构布置的顺序不同，对机器的性能和结构尺寸有很大影响，在安排各传动机构的顺序时，应遵循如下原则。

1）在圆柱齿轮传动中，如果同时采用斜齿轮传动和直齿轮传动，考虑传动的平稳性，斜齿轮传动重合度大，平稳性好，斜齿轮应布置在高速级，但若考虑承载能力，则斜齿轮传动的承载能力较直齿轮的强，也可以将直齿轮布置在高速级，斜齿轮布置在低速级，可减小结构尺寸。若同时采用直齿圆柱齿轮（或斜齿轮）传动和锥齿轮传动，一般应将锥齿轮传动布置在高速级，因为高速级转速高，转矩小，齿轮的尺寸小，而大尺寸的锥齿轮加工困难且尺寸大对误差较敏感。对闭式和开式齿轮传动，为防止闭式齿轮传动尺寸过大，应布置在高速级，而开式齿轮传动外廓尺寸通常没有限制，且润滑条件较差，适宜在低速级工作。

2）带传动一般布置在传动系统的高速级，带传动靠摩擦工作，在传递一定功率时，速度大，力小，不易打滑。另外带传动具有过载保护的功能，而且带是弹性体，能缓冲吸振。

3）链传动由于多边形效应，链速不均匀，冲击振动较大，而且速度越高越严重，通常布置在传动系统的低速级。

4）对改变运动形式的传动或机构，如齿轮齿条传动、螺旋传动、连杆机构及凸轮机构等一般布置在传动系统的末端，使其与执行机构靠近。这样布置不仅传动链简单，而且可以减小传动系统的惯性冲击。

5）蜗杆传动的传动比大，传动平稳，效率较低，使用于中、小功率和间歇运动的场合；当与齿轮传动同时使用时，宜布置在高速级，使其传递较小转矩，以减小蜗轮尺寸，节约有色金属。

第三节 原动机的选择及机械传动系统运动、动力参数的计算

一、原动机的选择

原动机是机器中运动和动力的来源。原动机虽不属于传动系统，但合理选择原动机却是机械传动系统设计的重要问题之一。因为原动机的类型、机械特性、运动形式、速度（转速）等，将影响机械传动系统的形式、运动链长短及工作性能等。

一般机械装置中，原动机多选用电动机。电动机输出连续转动，工作时经传动系统调整转速和转矩，可满足工作机的各种运动和动力要求。本章只介绍电动机。

电动机为标准化、系列化产品，由专门厂家按国家标准生产，性能稳定，设计时可根据设计任务的具体要求，从标准目录中选用。

1. 电动机类型的选择

电动机的类型很多，特性各异，选择合适与否会影响机械传动的形式和类型。表15-4列出了常用电动机的类型、特点及应用，供选用时参考。

表15-4 常用电动机的类型、特点及应用

类型	直流电动机	交流电动机	
		异步（三相）	同 步
特点	1）调速平滑、方便、范围广 2）过载能力大，能承受频繁的冲击载荷 3）可实现频繁的无级快速起动、制动和反转 4）制造成本高，维护工作量大	1）结构简单，制造、使用和维护方便 2）运行可靠 3）质量小、成本低 4）具有较高的效率和接近恒速的负载特性 5）调速性能差	1）运行稳定性高，过载能力大 2）转速不随负载大小而改变 3）运行效率高，低速时这一优点尤为突出
应用	广泛用于需要调速范围大的场合和要求特殊运行性能的自动控制中，但一般都在交流电动机不能满足使用要求（如调速和起动）时才选用	广泛用于一般机械中，其中Y系列三相异步电动机最常用	广泛用于恒速运转的大型机械

2. 电动机容量和转速的选择

电动机主要按照容量和转速要求选取。电动机容量大，则体积大，重量重，价格高；转

速高，磁极对数少，则体积小、重量轻，价格低。

所选电动机的容量应不小于工作要求容量，即电动机额定功率 P_{ed}一般要略大于工作机所需电动机功率 P_d，此功率也是电动机的实际输出功率，即

$$P_{ed} \geqslant P_d \tag{15-1}$$

电动机的转速也是根据工作机的要求确定的。电动机同步转速的高低取决于交流电频率和电动机绕组极数。一般常用电动机的同步转速有 3000r/min、1500r/min、1000r/min、750r/min 等几种。相同同步转速，有各种容量的电动机可选。电动机同步转速越高，磁极对数越少，外廓尺寸越小，重量越轻，价格越低。但当工作机转速一定时，原动机转速高将使传动比增大，传动系统中传动件数目增多、体积增大，导致制造成本增加。因此电动机的选择必须从整机的设计考虑，综合平衡。

二、传动比的分配

原动机选定后，根据工作机的转速即可确定传动系统的总传动比。总传动比确定后，需进行各级传动比的分配。传动比的分配是否合理，将对传动的性能、传动件的质量和寿命、外廓尺寸等都有很大影响。分配传动比时通常应考虑以下几点。

1）各级传动的传动比都应在合理范围内，以符合其工作特点并使其结构紧凑。

2）分配传动比时，应使各传动零件尺寸协调、结构均匀合理，避免发生相互干涉。如设计两级齿轮减速传动时，若传动比分配不当，可能会导致中间轴大齿轮与低速轴发生干涉，如图 15-1 所示。另如图 15-2 所示，由于带传动传动比过大，使带轮的半径大于减速器的中心高，造成安装不便。

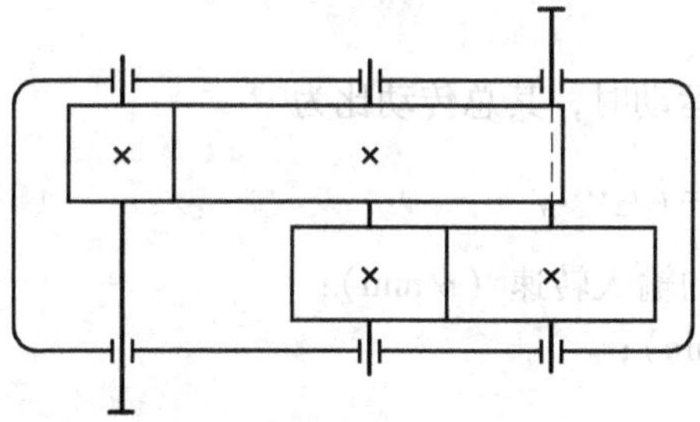

图 15-1　中间轴大齿轮与低速轴发生干涉

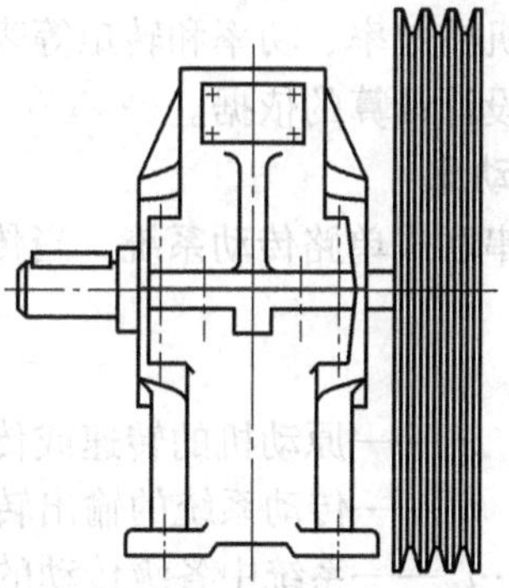

图 15-2　带轮与地面发生干涉

3）在多级齿轮减速传动中，传动比的合理分配直接影响减速器的外廓尺寸大小，承载能力能否充分发挥以及各级传动零件润滑是否方便等。因此，在分配传动比时应尽量考虑：使各级传动的承载能力接近相等；使减速器获得最小的外廓尺寸和最轻的重量；各级传动中大齿轮的浸油深度大致相等，以避免搅油损失过大。图 15-3 所示为不同传动比对减速器外廓尺寸和浸油深度的影响，其中实线表示由 1-2-3-4 齿轮组成的减速系统，两级传动比分别为 $i_{12}=5.51$ 和 $i_{34}=3.63$，其外廓尺寸较小，且两大齿轮 2 和 4 的浸油深度大致相等，可将油面高度取为 H；虚线表示由 1′-2′-3′-4′齿轮组成的减速系统，两级传动比分别为 $i_{1'2'}=3.95$ 和 $i_{3'4'}=5.06$，其外廓尺寸较大，且两大齿轮 2′和 4′的浸油深度差别较大，若将油面高度取

为 H'，则大齿轮 4′的搅油损失较大。

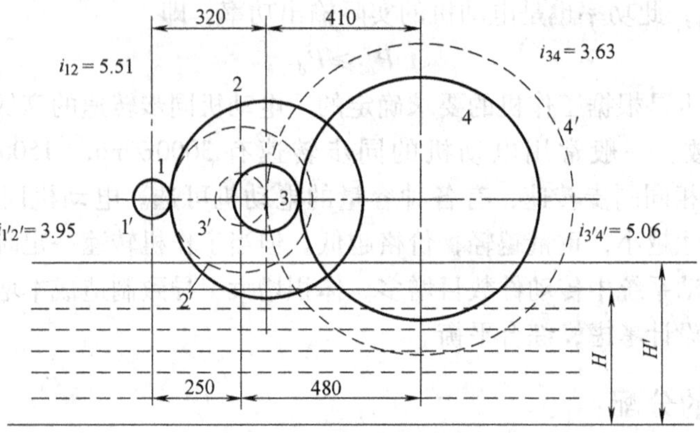

图 15-3　不同传动比对减速器外廓尺寸和油面高度的影响

4）某些传动系统要求有较高的传动精度，分配传动比时应尽量减小系统的传动比误差。齿轮传动、链传动的传动比尽量不取整数，以使轮齿磨损均匀。

传动比的分配方案因考虑问题的侧重点不同而不同，应根据具体要求和使用、加工等条件进行选取。

三、机械传动系统运动、动力参数的计算

机械传动系统的运动特性通常用运动参数如传动比、转速等表示；其动力特性通常用动力参数如机械效率、功率和转矩等表示。这些参数是传动系统的重要性能参数，也是对各级传动进行设计计算的依据。

1. 传动比

对于串联式单路传动系统，当传递回转运动时，其总传动比为

$$i=\frac{n_d}{n_c}=i_1 i_2 \cdots i_N \tag{15-2}$$

式中　n_d——原动机的转速或传动系统的输入转速（r/min）；

n_c——传动系统的输出转速（r/min）；

i_1、i_2、$\cdots i_N$——系统中各级传动的传动比。

$i>1$ 时为减速传动，$i<1$ 时为增速传动。

在各级传动的设计计算完成后，由于多种因素的影响，系统的实际总传动比 $i_{实}$ 常与理论值 $i_{理}$ 不完全相符，其传动比相对误差 Δi（也称为传动比误差）可表示为

$$\Delta i=\frac{i_{理}-i_{实}}{i_{理}}\times 100\% \tag{15-3}$$

各种机器都规定了传动比误差的许用值。

2. 转速

在传动系统中，任一传动轴的转速 n_K 可由下式计算，即

$$n_K=\frac{n_d}{i_1 i_2 \cdots i_{K-1}} \tag{15-4}$$

式中　$i_1 i_2 \cdots i_{K-1}$——从系统的输入轴到该轴之间各级传动比的连乘积。

3. 机械效率

各种机械传动及传动部件的效率值可在设计手册中查到。在一个传动系统中，设各传动及传动部件的效率分别为 η_1、η_2、…、η_n，串联式单路传动系统的总效率 η 为

$$\eta = \eta_1 \eta_2 \cdots \eta_N \tag{15-5}$$

并联与混联传动系统的总效率计算可参考有关资料。

4. 功率

机器执行机构的输出功率 P_w 可由负载参数（力或力矩）及运动参数（线速度或转速）求出，设执行机构的效率为 η_z，则传动系统的输入功率或原动机的所需功率 P_d 为

$$P_d = \frac{P_w}{\eta\eta_z} \tag{15-6}$$

按 $P_{ed} \geqslant P_d$ 的要求查手册，可确定原动机的额定功率 P_{ed}、转速及其型号。

设计各级传动时，常以传动件所在轴的输入功率 P_K 为计算依据，即

$$P_K = P' \eta_1 \eta_2 \cdots \eta_{K-1} \tag{15-7}$$

式中　η_1、η_2、…、η_{K-1}——从原动机至该轴之前各传动及传动部件的效率；

P'——设计功率。对于批量生产的通用产品，为充分发挥原动机的工作能力，应以原动机的额定功率为设计功率，即取 $P' = P_{ed}$；对于专用的单台产品，为减小传动件的尺寸，降低成本，常以原动机的所需功率为设计功率，即取 $P' = P_d$。

5. 转矩

传动系统中任一传动轴的输入转矩 T_K（N・mm）可由下式求出，即

$$T_K = 9.55 \times 10^6 \frac{P_K}{n_K} \tag{15-8}$$

式中　P_K——该轴的输入功率（kW）；

n_K——该轴的转速（r/min）。

例 15-1　设计一带式输送机的传动装置，已知：输送带的卷筒直径 $D = 300\text{mm}$，输送带的线速度 $v = 0.6\text{m/s}$，卷筒上的圆周力 $F = 3800\text{N}$；传动装置的使用寿命预定为 10 年，每年按 300 天计算，双班制工作，每班按 8h 计算；工作机的载荷性质为中等冲击，单向回转，传动比误差≤±5%。试选择电动机，并在电动机和工作机之间拟订两种可行的传动方案，并选择一种方案进行设计。

解　1）机械传动系统方案设计。为了估计传动装置的总传动比范围，以便拟订合适的传动方案，可根据现有已知条件计算出卷筒的转速，即

$$n_w = \frac{60 \times 1000 v}{\pi D} = \frac{60 \times 1000 \times 0.6\text{m/s}}{\pi \times 300\text{mm}} = 38.2\text{r/min}$$

一般常选用同步转速为 1000r/min 或 1500r/min 的电动机为原动机，因此传动装置的总传动比约为 26 或 39。由于传动比较大，为避免传动零件尺寸过大，选取三级传动，可初步拟订两种传动方案。

方案 1：V 带传动-两级展开式闭式圆柱齿轮传动（齿轮减速器），如图 15-4a 所示。

方案 2：两级展开式闭式圆柱齿轮传动（齿轮减速器）-链传动，如图 15-4b 所示。

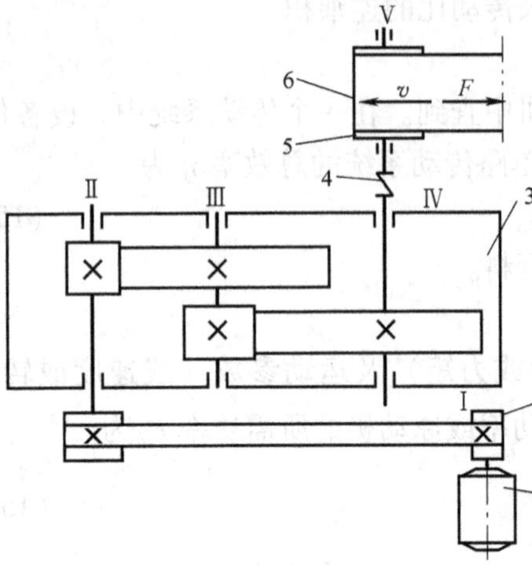

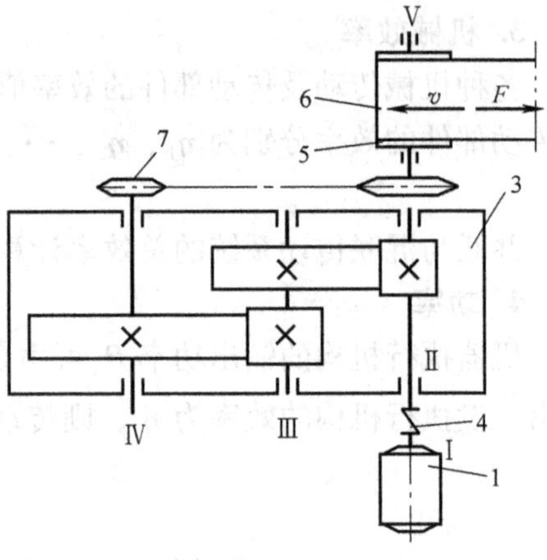

图 15-4　两种传动方案

a）V 带-齿轮减速器传动方案　b）齿轮减速器-链传动方案

1—电动机　2—带传动　3—齿轮减速器　4—联轴器　5—卷筒　6—输送带　7—链传动

由图 15-4 可知，方案 1 采用的是电动机 1 的轴上安装小带轮，通过带传动 2，然后通过齿轮减速器 3 进行三级减速，最后经联轴器 4 将运动和动力传给卷筒 5，从而带动输送带 6 运动，这个方案将带传动放在第一级，可起到缓冲吸振和过载保护的作用，且带传动加工容易，但带的寿命较短，而且不易在恶劣环境中工作，齿轮减速器尺寸较大；方案 2 采用的是电动机 1 通过联轴器 4 连接齿轮减速器 3，再经过链传动 7 进行三级减速，最后将运动和动力传给卷筒 5，从而带动输送带 6 运动，这个方案采用的是两级齿轮传动和链传动，齿轮减速器尺寸较方案 1 小，但链传动易磨损，多边形效应易产生动载荷。故先选用方案 1 进行设计计算。

2）电动机的选择。

① 电动机类型的选择。根据表 15-4，选用应用广泛的 Y 系列三相异步电动机。

② 电动机容量的选择。卷筒轴的输出功率为

$$P_{\mathrm{w}}=\frac{Fv}{1000}=\frac{3800\times0.6}{1000}\mathrm{kW}=2.28\mathrm{kW}$$

由表 15-3 和有关设计手册查得 V 带传动 $\eta_{带}=0.92$，齿轮传动 $\eta_{齿}=0.98$，联轴器 $\eta_{联}=0.99$，滚动轴承 $\eta_{滚}=0.99$，则由式（15-5），传动系统的总效率为

$$\eta=\eta_{带}\eta_{齿}^{2}\eta_{滚}^{3}\eta_{联}=0.92\times0.98^{2}\times0.99^{3}\times0.99=0.85$$

输送带效率 $\eta_{输送带}=0.96$，卷筒轴滑动轴承效率 $\eta_{滑}=0.98$，则执行机构的效率为 $\eta_{z}=\eta_{输送带}\eta_{滑}^{2}=0.96\times0.98^{2}=0.92$，则由式（15-6），所需原动机的输出功率

$$P_{\mathrm{d}}=\frac{P_{\mathrm{w}}}{\eta\eta_{z}}=\frac{2.28\mathrm{kW}}{0.85\times0.92}=2.91\mathrm{kW}$$

查设计手册，选取电动机的额定功率 $P_{\mathrm{ed}}=3\mathrm{kW}$。

③ 电动机转速的选择。同一类型、功率相同的电动机具有多种转速，为了便于选择电动机的转速，先推算电动机转速的可选范围。由表 15-3 查得 V 带传动常用传动比范围 $i_{带}=$

2 ~4，单级闭式圆柱齿轮传动的传动比 $i_{齿}=3\sim5$，则电动机转速可选范围为

$$n_m = n_w i_{带} i_{齿}^2 = 38.2\text{r/min}\times(2\sim4)\times(3\sim5)^2 = 687\sim3820\text{r/min}$$

可见同步转速为 750r/min、1000r/min、1500r/min、3000r/min 的电动机均可选，这里初选同步转速分别为 1000r/min、1500r/min 的两种电动机进行比较，见表 15-5。由表中数据可知两个方案均可行。方案 2 传动比较小，传动系统结构尺寸较小，采用此方案，选定电动机的型号为 Y132S-6。

表 15-5　电动机选择比较

方案	电动机型号	额定功率/kW	转速/（r/min）		电动机质量/kg	传动比		
			同步	满载		总传动比	V 带传动	减速器
1	Y100L2-4	3	1500	1420	38	37.17	3.1	11.99
2	Y132S-6	3	1000	960	63	25.13	2.2	11.42

3）计算传动系统的总传动比和分配各级传动比。

① 传动系统总传动比。

$$i_{总} = \frac{n_m}{n_w} = \frac{960\text{r/min}}{38.2\text{r/min}} = 25.13$$

② 分配各级传动比。取 V 带传动比 $i_{带}=2.2$，则齿轮减速器的传动比 $i_{减}=25.13/2.2=11.42$，考虑齿轮减速器中两个大齿轮的浸油深度大致相等，以避免搅油损失过大，取高速级齿轮传动比 $i_{高}$和低速级齿轮传动比 $i_{低}$的关系为

$$i_{高} = 1.2 i_{低}$$

则 $i_{高}=3.702$，$i_{低}=3.085$，都在一般闭式单级齿轮传动比的要求范围内。

4）机械传动系统运动、动力参数计算。

① 各轴转速。电动机轴 Ⅰ 的转速：$n_{\text{I}} = n_m = 960\text{r/min}$。

减速器输入轴 Ⅱ 的转速：$n_{\text{II}} = \dfrac{n_{\text{I}}}{i_{带}} = \dfrac{960\text{r/min}}{2.2} = 436.36\text{r/min}$。

减速器中间轴 Ⅲ 的转速：$n_{\text{III}} = \dfrac{n_{\text{II}}}{i_{高}} = \dfrac{436.36\text{r/min}}{3.702} = 117.87\text{r/min}$。

减速器输出轴 Ⅳ 的转速：$n_{\text{IV}} = \dfrac{n_{\text{III}}}{i_{低}} = \dfrac{117.87\text{r/min}}{3.085} = 38.21\text{r/min}$。

卷筒轴 Ⅴ 的转速：$n_{\text{V}} = n_{\text{IV}} = 38.21\text{r/min}$。

② 各轴输入功率。考虑产品的通用性，按电动机额定功率 P_{ed}，由式（15-7）计算各轴的输入功率，即

$$P_{\text{I}} = P_{ed} = 3\text{kW}$$

$$P_{\text{II}} = P_{\text{I}}\eta_{带} = 3\text{kW}\times0.92 = 2.76\text{kW}$$

$$P_{\text{III}} = P_{\text{II}}\eta_{滚}\eta_{齿} = 2.76\text{kW}\times0.99\times0.98 = 2.68\text{kW}$$

$$P_{\text{IV}} = P_{\text{III}}\eta_{滚}\eta_{齿} = 2.68\text{kW}\times0.99\times0.98 = 2.6\text{kW}$$

$$P_{\text{V}} = P_{\text{IV}}\eta_{滚}\eta_{联} = 2.6\text{kW}\times0.99\times0.99 = 2.55\text{kW}$$

③ 各轴转矩。按各轴的功率、转速，由式（15-8）计算各轴的转矩，即

$$T_{\text{I}} = 9.55\times10^6\frac{P_{\text{I}}}{n_{\text{I}}} = 9.55\times10^6\times\frac{3}{960}\text{N}\cdot\text{mm} = 29.84\times10^3\text{N}\cdot\text{mm}$$

$$T_{\mathrm{II}}=9.55\times10^{6}\frac{P_{\mathrm{II}}}{n_{\mathrm{II}}}=9.55\times10^{6}\times\frac{2.76}{436.36}\mathrm{N\cdot mm}=60.4\times10^{3}\mathrm{N\cdot mm}$$

$$T_{\mathrm{III}}=9.55\times10^{6}\frac{P_{\mathrm{III}}}{n_{\mathrm{III}}}=9.55\times10^{6}\times\frac{2.68}{117.87}\mathrm{N\cdot mm}=217.14\times10^{3}\mathrm{N\cdot mm}$$

$$T_{\mathrm{IV}}=9.55\times10^{6}\frac{P_{\mathrm{IV}}}{n_{\mathrm{IV}}}=9.55\times10^{6}\times\frac{2.6}{38.21}\mathrm{N\cdot mm}=649.83\times10^{3}\mathrm{N\cdot mm}$$

$$T_{\mathrm{V}}=9.55\times10^{6}\frac{P_{\mathrm{V}}}{n_{\mathrm{V}}}=9.55\times10^{6}\times\frac{2.55}{38.21}\mathrm{N\cdot mm}=637.33\times10^{3}\mathrm{N\cdot mm}$$

5）设计各级传动。

① V 带传动设计。根据上述计算，输入功率 $P_{\mathrm{I}}=3\mathrm{kW}$，小带轮转速 $n_{\mathrm{I}}=960/\mathrm{min}$，传动比 $i_{带}=2.2$，参照例 9-1 进行设计，设计主要结果为

V 带：A 型，根数 $z=4$，基准长度 $L_{\mathrm{d}}=1600\mathrm{mm}$

带轮：小带轮直径 $d_{\mathrm{d1}}=118\mathrm{mm}$，大带轮直径 $d_{\mathrm{d2}}=250\mathrm{mm}$

实际传动比 $i_{带}=2.119$；中心距 $a=507\mathrm{mm}$；压轴力 $F_{\mathrm{Q}}=1100\mathrm{N}$

② 齿轮传动设计。高速级和低速级齿轮均采用标准斜齿圆柱齿轮传动，参照例 5-4 进行设计，设计的主要结果见表 15-6。

表 15-6　齿轮传动设计结果

	高速级齿轮		低速级齿轮	
	小　齿　轮	大　齿　轮	小　齿　轮	大　齿　轮
材料及热处理	40Cr 调质	45 钢调质	40Cr 调质	40Cr 调质
硬度	280HBW	250HBW	280 HBW	245 HBW
精度等级	8		8	
齿数 z	27	102	28	88
实际传动比	3.778		3.142	
模数 m_{n}/mm	2		2.5	
中心距 a/mm	134		150	
螺旋角 β/(°)	15.7011		14.8351	
分度圆直径 d/mm	56.093	211.907	72.4138	227.5862
齿顶圆直径 d_{a}/mm	60.093	215.907	77.4138	232.5862
齿根圆直径 d_{f}/mm	51.093	206.907	66.1638	221.3362
齿宽 b/mm	64	58	80	74

③ 验算传动比误差。理论传动比 $i_{理}=\dfrac{n_{\mathrm{m}}}{n_{\mathrm{w}}}=\dfrac{960\mathrm{r/min}}{38.2\mathrm{r/min}}=25.13$。

实际传动比 $i_{实}=2.119\times3.778\times3.142=25.15$

传动比误差 $\Delta i=\dfrac{i_{理}-i_{实}}{i_{理}}=\dfrac{25.13-25.15}{25.13}=-0.79\%$

满足要求。

6）轴系结构设计。轴系结构设计包括选取轴的材料，初算轴的直径，轴系结构设计，校核轴的强度，计算轴承寿命，验算键的强度等步骤，可参考本书中各章的例题和相关设计资料，在此不再赘述。

7）绘制齿轮减速器装配图和零件图。设计完成后，要绘制齿轮减速器装配图和所有非标准零件的零件图（略）。

8）编制设计说明书。相关的分析、计算及在装配图中不便于表达的内容，均应写在设计说明书中。

9）设计整体效果的三维图，如图 15-5 所示。

图 15-5　设计整体效果的三维图

本章学习要点

1）了解传动系统的功能、分类和特点。

2）掌握机械传动系统中传动顺序的确定、原动机的选择、传动类型的选择、传动比的分配等内容。

参考文献

[1] 孙桓，陈作模．机械原理［M］．7版．北京：高等教育出版社，2006.
[2] 申永胜．机械原理教程［M］．北京：清华大学出版社，2005.
[3] 濮良贵，纪名刚．机械设计［M］．8版．北京：高等教育出版社，2006.
[4] 张策．机械原理与机械设计（上册）［M］．2版．北京：机械工业出版社，2011.
[5] 张策．机械原理与机械设计（下册）［M］．2版．北京：机械工业出版社，2011.
[6] 邱宣怀．机械设计［M］．4版．北京：高等教育出版社，1997.
[7] 彭文生，黄华梁，李志明．机械设计［M］．2版．北京：高等教育出版社，2008.
[8] 李秀珍．机械设计基础［M］．4版．北京：机械工业出版社，2012.
[9] 杨可桢，等．机械设计基础［M］．6版．北京：高等教育出版社，2013.
[10] 吴宗泽，等．机械设计［M］．2版．北京：高等教育出版社，2009.
[11] 郑文纬，吴克坚．机械原理［M］．7版．北京：高等教育出版社，1997.
[12] 吴克坚，等．机械设计［M］．北京：高等教育出版社，2003.
[13] 刘莹，吴宗泽．机械设计教程［M］．北京：机械工业出版社，2003.
[14] 陈国定．机械设计基础［M］．北京：机械工业出版社，2006.
[15] 黄平，朱文坚．机械设计基础［M］．北京：清华大学出版社，2012.
[16] 杨巍，何晓玲．机械原理［M］．北京：机械工业出版社，2010.
[17] 王军，何晓玲．机械设计基础［M］．北京：机械工业出版社，2012.
[18] 王军，田同海．机械设计［M］．北京：机械工业出版社，2015.
[19] 李威，王小群．机械设计基础［M］．2版．北京：机械工业出版社，2009.
[20] 张莹．机械设计基础［M］．北京：机械工业出版社，1997.
[21] 卢玉明．机械设计基础［M］：第6版．北京：人民教育出版社，1998.
[22] 周开勤．机械设计手册［M］．北京：高等教育出版社，2001.
[23] 魏兵，杨文提．机械设计基础［M］．武汉：华中科技大学出版社，2011.
[24] 王春华，王琦．机械设计基础［M］．北京：冶金工业出版社，2010.
[25] 陈云飞，卢玉明．机械设计基础［M］．北京：高等教育出版社，2008.
[26] 宋亚林，等．机械设计基础［M］．武汉：华中科技大学出版社，2007.
[27] 彭文生，等．机械设计［M］．3版．北京：高等教育出版社，2007.
[28] 李建功．机械设计基础［M］．北京：机械工业出版社，2012.
[29] 陈晓南，杨培林．机械设计基础［M］．北京：科学出版社，2012.
[30] 段福斌．机械设计基础［M］．南京：南京大学出版社，2014.
[31] 薛铜龙．机械设计基础［M］．北京：电子工业出版社，2014.
[32] 吕慧瑛．机械设计基础［M］．上海：上海交通大学出版社，2012.
[33] 张建中，何晓玲．机械设计课程设计［M］．北京：高等教育出版社，2009.
[34] 王昆，何小柏，汪信远．机械设计、机械设计基础课程设计［M］．北京：高等教育出版社，1995.
[35] 徐灏．机械设计手册［M］．2版．北京：机械工业出版社，2004.
[36] 成大先．机械设计手册［M］．5版．北京：化学工业出版社，2010.

普通高等教育“十三五”规划教材

机械设计基础作业集

（少学时）

主　编　何晓玲　王　军
副主编　田同海　陈科家
参　编　周志刚　周铭丽　党玉功
　　　　李雪飞　张中利　李更更

机械工业出版社

本作业集是编者在多年从事机械设计基础课程教学的基础上，参考了相关的教材、习题集以及考题而编写的，针对教学中学生不易掌握的难点、疑点内容，由浅入深，循序渐进。习题的选择难易适中，覆盖《机械设计基础（少学时）》教材各章的主要内容，并有一定的余量，可供选择使用。根据各章节内容的特点，习题的形式丰富多样，包含有判断题、选择题、填空题、分析与思考题、作图题、计算题、结构设计与分析题等。学生在完成该作业集的习题后，即可掌握机械设计基础解题的基本方法和机械设计基础课程的主要内容。作业集采用活页的形式，既方便学生做，也便于教师的批改，并使习题规范化。

本作业集可供高等院校近机械类和非机械类各专业学生使用，也可供参加研究生入学考试和自学考试的学生学习机械设计基础课程使用。

机械工业出版社（北京市百万庄大街 22 号　邮政编码 100037）
策划编辑：余　皞　责任编辑：余　皞　杨　璇　任正一
责任校对：陈延翔　责任印制：部　敏
封面设计：张　静
河北虎彩印刷有限公司印刷
2026 年 1 月第 1 版第 8 次印刷
184mm×260mm · 23 印张 · 538 千字
标准书号：ISBN 978-7-111-54204-9
定价：65.00 元

前言

机械设计基础是工科院校近机械类专业的一门重要的技术基础课，在人才培养方案中占有重要的地位。为了学好这门课程，除了课堂教学外，还需要完成一定量的习题。编写本作业集的目的就是配合机械设计基础课程教学，加深和巩固学生对基本概念、基本理论和基本方法的理解和掌握，提高学生机构分析与综合、通用零件的设计以及结构设计的能力，从而培养学生分析问题、解决问题和创新设计的能力，达到机械设计基础课程的教学目的。

本作业集与机械工业出版社出版，河南科技大学何晓玲、王军等编写的《机械设计基础（少学时)》教材配套使用，是编者在多年从事机械设计基础课程教学的基础上，参考了相关的教材、习题集以及考题而编写的，针对教学中学生不易掌握的难点、疑点内容，由浅入深，循序渐进。题目的选择难易适中，覆盖《机械设计基础（少学时)》教材各章的主要内容，并有一定的余量，可供选择使用。根据各章节内容的特点，作业题的形式丰富多样，包含有判断题、选择题、填空题、分析与思考题、作图题、计算题、结构设计与分析题等。学生在完成该作业集的作业后，即可掌握机械设计基础解题的基本方法和机械设计基础课程的主要内容。作业集采用活页的形式，既方便学生做，也便于教师的批改，并使作业规范化。

本作业集可供高等院校近机械类和非机械类各专业学生使用，也可供参加研究生入学考试和自学考试的学生学习机械设计基础课程使用。

本作业集附有参考答案，需要者可通过电子邮件 kdjxyl@ 163. com 与编者联系。

本作业集由河南科技大学机械原理及机械设计教研室教师编写，参加编写的有王军（第一章、五章部分内容、十五章），陈科家（第二、八章），何晓玲（第三章、五章部分内容），田同海（第四、七章），李更更（第六章），党玉功（第九章），周铭丽（第十章），周志刚（第十一章、十二章部分内容），李雪飞（第十二章部分内容）和张中利（第十三、十四章）。本作业集由何晓玲、王军担任主编。

由于编者水平所限，漏误及不当之处在所难免，敬请各位教师和使用者提出批评及改进意见。

编　者

目　录

第一章　绪　　论

1-1　选择题

(1) 下列四种叙述中，________是正确的。

A. 变应力只能由变载荷产生　　B. 静载荷只能产生静应力

C. 变应力只能由静载荷产生　　D. 变载荷和静载荷都可以产生变应力

(2) 机械零件可能产生疲劳断裂时，应按照________准则计算；可能出现过大的弹性变形时，应按照________准则计算。

A. 刚度　　B. 耐磨性　　C. 强度　　D. 热平衡

(3) 变应力特性可用σ_{max}、σ_{min}、σ_a、σ_m和r五个参数中的任意________来描述。

A. 一个　　B. 两个　　C. 三个　　D. 四个

(4) 在载荷和几何尺寸相同的情况下，钢制零件间的接触应力____铸铁零件间的接触应力。

A. >　　B. =　　C. <　　D. ≤

(5) 两零件的材料和几何尺寸都不相同，以曲面接触受载时，两者的接触应力值________。

A. 相等　　B. 不相等

C. 与材料和几何尺寸有关　　D. 与材料的硬度有关

(6) 我国国家标准代号是________，国际标准化组织的标准代号是________。

A. ZB　　B. GB　　C. JB　　D. YB　　E. ISO

1-2　填空题

(1) 机械零件的强度按失效位置可分为________强度和________强度；按失效性质特征可分为________强度和________强度。

(2) $r=-1$的变应力称为________变应力，$r=0$的变应力称为________变应力，当$r=1$时称为________应力，当$r=$其他值时称为________变应力。

(3) 在静应力作用下，塑性材料的极限应力为__________，脆性材料的极限应力为________；在对称循环变应力作用下，塑性材料的极限应力为________；在脉动循环变应力作用下，塑性材料的极限应力为________。

(4) 机械零件的磨损过程分为____________、______________和____________三个阶段。

(5) 根据摩擦面间存在润滑剂的情况，滑动摩擦可以分为__________、__________、____________、______________。

(6) 机械设计中推广“三化”，其是指__________化、__________化和__________化。

1-3　一部完整的机器由哪些部分所组成？各部分的作用是什么？试以洗衣机为例说明这些组成部分各主要包括些什么。

班级		成绩	
姓名		任课教师	
学号		批改日期	

1-4　什么是部件？什么是零件？什么是构件？指出下列各项分别属于哪一种：联轴器、滚动轴承、齿轮、弹簧、凸轮机构中的凸轮、曲轴。

1-5　什么是通用零件？什么是专用零件？试各举三个实例。

1-6　什么是标准件？下列零件中哪些是标准件：减速器中的滚动轴承、自行车的链条、摩擦离合器的摩擦片、车床上的普通 V 带、轴瓦、螺栓、键。

1-7　机械零件主要有哪些失效形式？常用的计算准则主要有哪些？

1-8　图示为一转轴所受的工作应力变化曲线，试计算该轴的平均应力 σ_m、应力幅 σ_a 和循环特性 r。

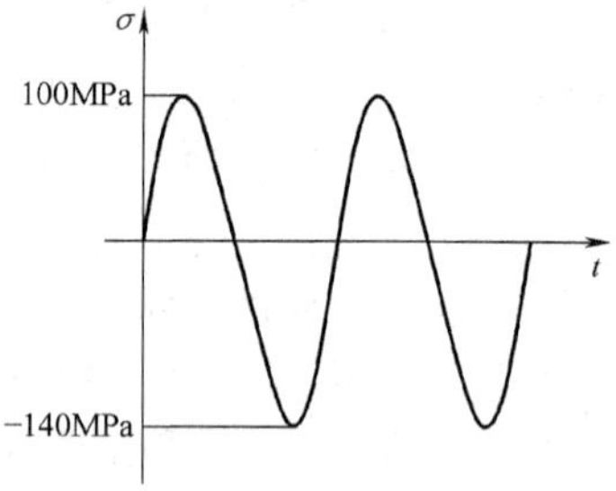

班级		成绩	
姓名		任课教师	
学号		批改日期	

第二章　平面机构的结构分析和速度分析

2-1　判断题

（1）机构中的构件可以由一个零件组成，也可以由多个零件刚性连接组成。　（　　）

（2）平面机构中，一个高副引入两个约束。　（　　）

（3）机构中只能有一个原动件。　（　　）

（4）机构中的虚约束，如果制造或安装精度不够时，会成为真实约束。　（　　）

（5）铰链四杆机构的速度瞬心数为 4 个。　（　　）

（6）组成平面高副的两构件，接触点为其速度瞬心。　（　　）

（7）三心定理仅适用于机构中的三个活动构件。　（　　）

2-2　选择题

（1）构件是机构中独立的________单元体。

A. 制造　　B. 运动　　C. 分析　　D. A 和 B

（2）机构具有确定运动的条件是________。

A. 机构的自由度为 1　　B. 机构的自由度为 2

C. 机构的自由度等于原动件数　　D. A 和 B

（3）一个平面机构有 5 个构件组成，含有 5 个低副和 1 个高副，该机构的自由度为________。

A. 1　　B. 2　　C. 3　　D. 4

（4）若两构件组成运动副，两构件必须________。

A. 直接接触且具有相对运动　　B. 不直接接触，但具有相对运动

C. 直接接触，但不具有相对运动　　D. 不直接接触，也不具有相对运动

（5）计算平面机构自由度时，若计入虚约束，则计算的机构自由度就会________。

A. 增加　　B. 减少　　C. 不变　　D. 无法确定

（6）计算平面机构自由度时，若没有发现局部自由度，则计算的机构自由度就会________。

A. 增加　　B. 减少　　C. 不变　　D. 无法确定

（7）当两构件做平面相对运动时，在任一瞬时都可认为它们在绕其________做相对转动。

A. 转动副　　B. 速度瞬心　　C. 质心　　D. 形心

2-3　填空题

（1）两构件之间以面接触组成的平面运动副，称为________副，其产生________个约束；以点、线接触组成平面运动副，称为________副，其产生________个约束。

（2）一种机构________组成不同的机器，一台机器________由不同的机构组成。

（3）当两构件组成平面移动副时，其速度瞬心位于________________处；当两构件组成高副时，其速度瞬心位于________________处。

班级		成绩	
姓名		任课教师	
学号		批改日期	

（4）做平面运动的两构件，其速度瞬心是指两构件上相对速度________，绝对速度________的瞬时重合点。

（5）平面机构中，不直接接触的两构件的速度瞬心可根据________确定。

2-4　试画出图示机构的运动简图，并计算其自由度。

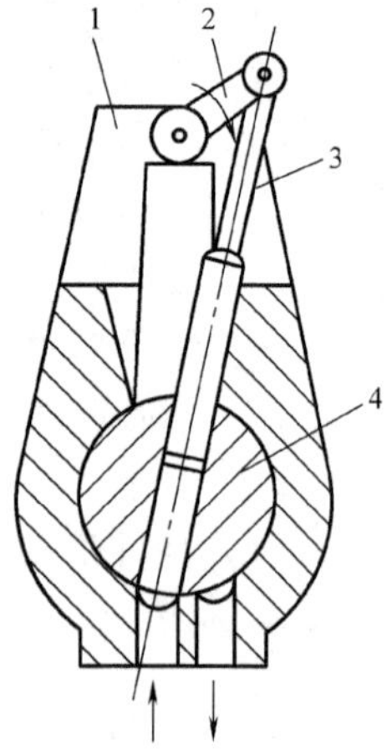

2-5　试画出图示机构的运动简图，并计算其自由度。

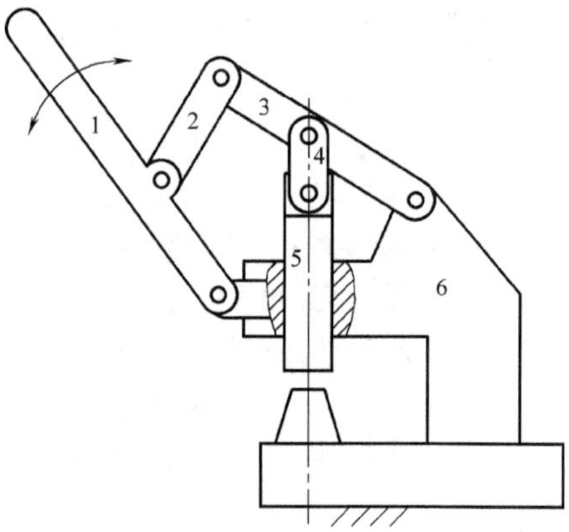

班级		成绩	
姓名		任课教师	
学号		批改日期	

2-6　计算图示机构的自由度。若机构中有复合铰链、局部自由度或虚约束，请指出。说明该机构是否具有确定的相对运动。若不具有确定的相对运动，在不改变原动件的条件下，使其具有确定的相对运动。

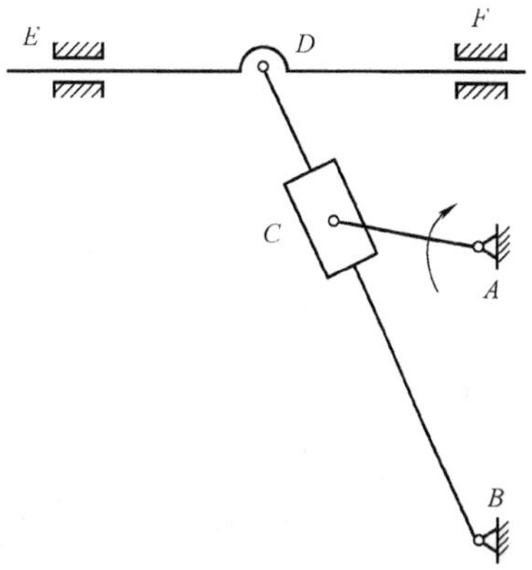

2-7　计算图示机构的自由度。若机构中有复合铰链、局部自由度或虚约束，请指出，并说明该机构具有确定运动的条件。

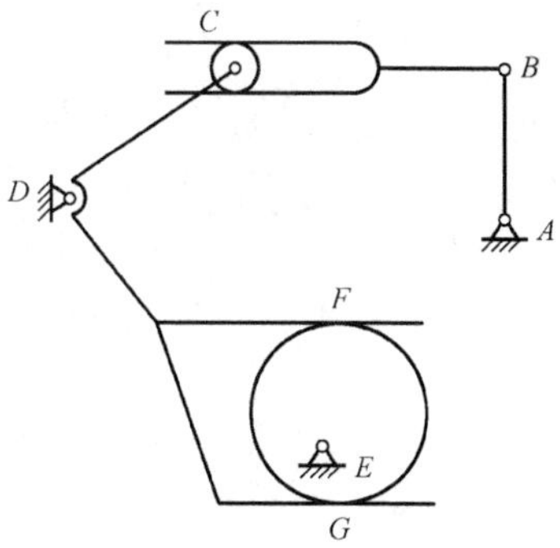

班级		成绩	
姓名		任课教师	
学号		批改日期	

2-8　计算图示机构的自由度（图中点画线圆表示齿轮节圆）。若机构中有复合铰链、局部自由度或虚约束，请指出，并说明该机构具有确定运动的条件。

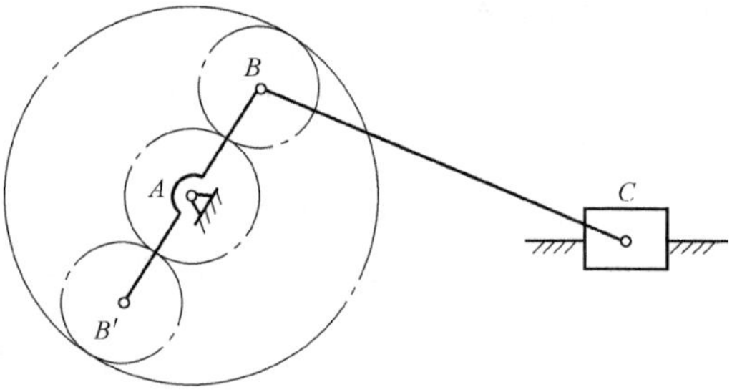

2-9　计算图示机构的自由度（图中$\overline{AB}$、$\overline{CD}$、$\overline{EF}$平行且相等）。若机构中有复合铰链、局部自由度或虚约束，请指出，并说明该机构具有确定运动的条件。

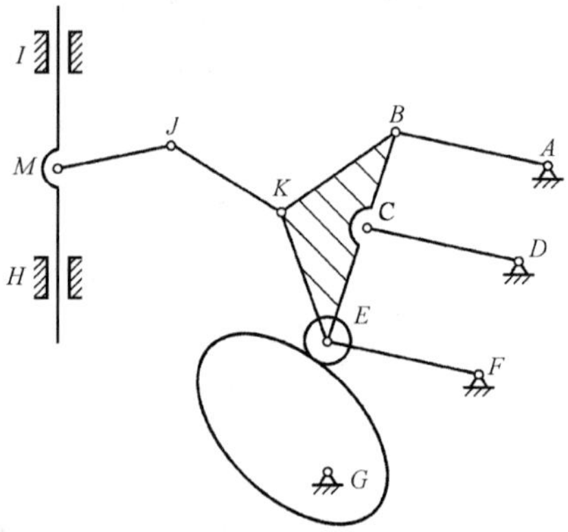

班级		成绩	
姓名		任课教师	
学号		批改日期	

2-10　计算图示机构的自由度（图中点画线圆表示齿轮节圆）。若机构中有复合铰链、局部自由度或虚约束，请指出，并说明该机构是否具有确定的相对运动。

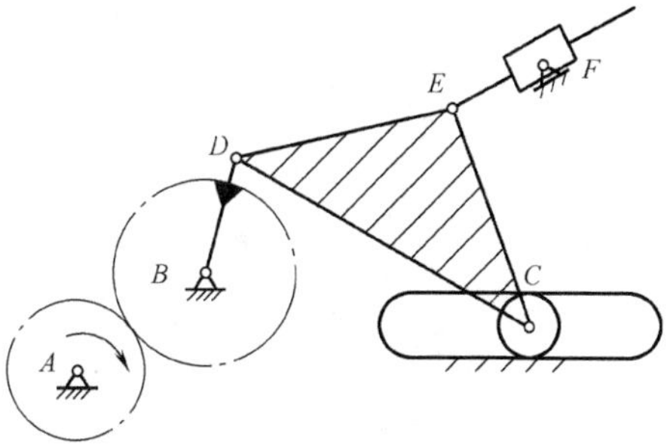

2-11　图示铰链四杆机构。已知各构件的尺寸和构件 1 的角速度 $\omega_1 = 10\ \text{rad/s}$，试求：
①机构的全部瞬心；②点 C 的速度 v_C；③构件 2 的 BC 线（或其延长线）上速度最小的点 E 的位置及其速度的大小。

$$\mu_l = 0.002\ \frac{\text{m}}{\text{mm}}$$

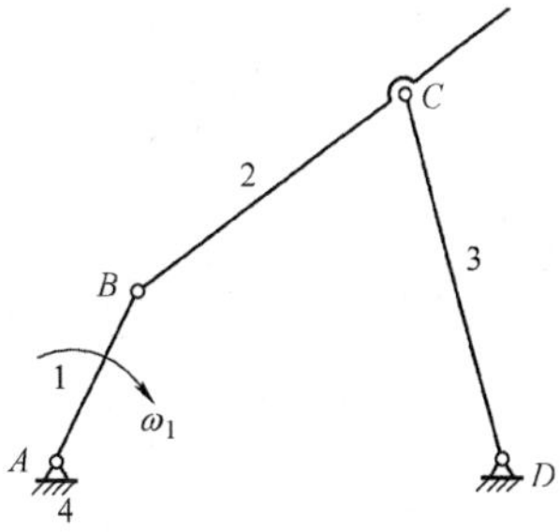

班级		成绩	
姓名		任课教师	
学号		批改日期	

2-12　图示四杆机构。已知各构件的尺寸和构件 1 的角速度 $\omega_1 = 20$ rad/s，试求机构的全部瞬心和构件 3 的角速度 ω_3的大小和方向。

$$\mu_l = 0.002\ \frac{\text{m}}{\text{mm}}$$

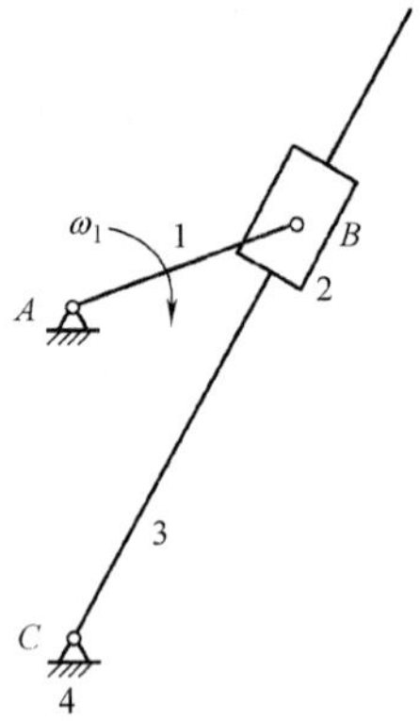

2-13　图示凸轮机构。已知各构件的尺寸和凸轮 1 的角速度 $\omega_1 = 20$rad/s，试求摆杆 2 的角速度 ω_2的大小和方向。

$$\mu_l = 0.002\ \frac{\text{m}}{\text{mm}}$$

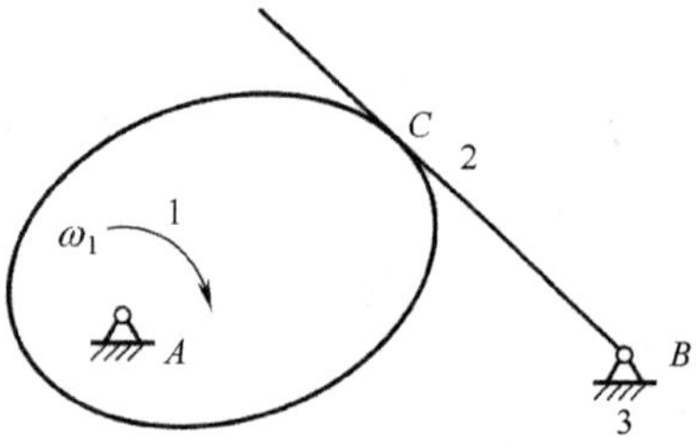

班级		成绩	
姓名		任课教师	
学号		批改日期	

第三章　平面连杆机构及其设计

3-1　判断题

（1）曲柄摇杆机构中，改变摇杆的形状即可演化形成曲柄滑块机构。（　）

（2）铰链四杆机构中若最短杆和最长杆长度之和小于其他两杆长度之和时，机构中必然有曲柄存在。（　）

（3）图示铰链四杆机构 *ABCD* 中，无论如何选取杆长 *BC*，都不能获得曲柄摇杆机构。（　）

（4）图示铰链四杆机构为双摇杆机构。（　）

（5）图示摆动导杆机构，构件 3 为原动件，该机构瞬时传动角 $\gamma<90°$。（　）

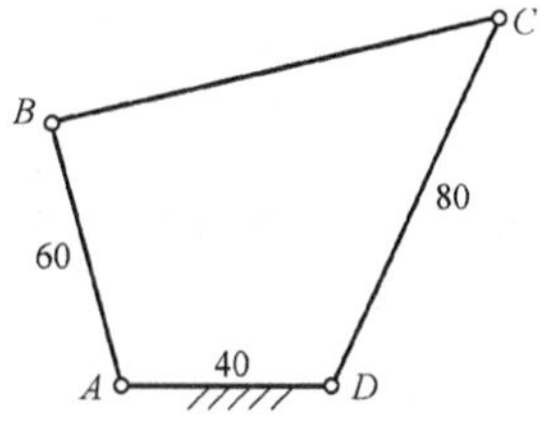

题（3）图

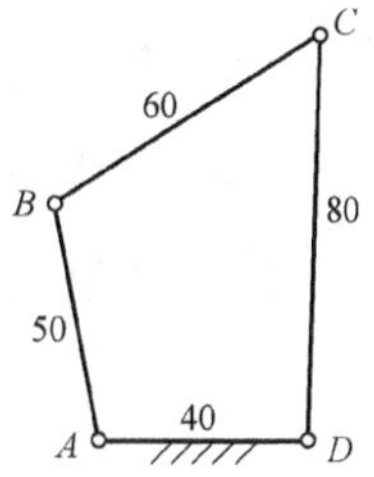

题（4）图

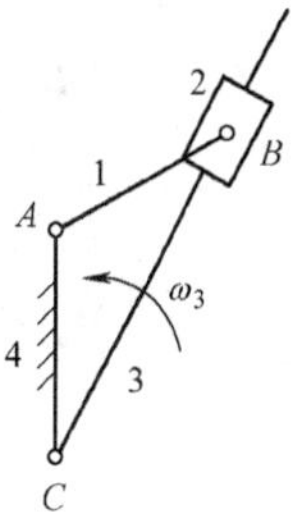

题（5）图

（6）在摆动导杆机构中，不论曲柄还是导杆为原动件时，机构的最小传动角 $\gamma_{min}\equiv 90°$。（　）

（7）曲柄摇杆机构，以曲柄为原动件且等速运动时，一定具有急回运动。（　）

（8）设计连杆机构时，要求 $\gamma\geq[\gamma]$ 是为了具有良好的传力性能。（　）

（9）曲柄滑块机构是仅用来将回转运动转换为往复移动的机构。（　）

（10）任何平面四杆机构出现死点位置时，都是不利的，因此应设法避免。（　）

3-2　填空题

（1）曲柄滑块机构是通过改变____________机构中______________________演化而成的；机构中的偏心轮是通过改变____________演化而成的；摆动导杆机构是通过改变____________机构中__________得到的。

（2）在常用的四杆机构中，能实现急回运动的机构有__________、____________、__________。

（3）曲柄摇杆机构，当________与______共线时，摇杆处于极限位置。

（4）曲柄摇杆机构以曲柄为原动件，当______与____共线时，机构出现最小传动角。

（5）机构通过死点位置的方法有______________与__________________。

（6）常用的四杆机构中，能将回转运动转换为往复摆动的机构有____________、____________；能把回转运动转换为往复直线运动的机构有________________、____________。

班级		成绩	
姓名		任课教师	
学号		批改日期	

(7）曲柄滑块或曲柄摇杆机构，当曲柄为________，且做________运动时，机构具有急回特性。

(8）摆动导杆机构中，已知曲柄主动且等速转动，机构的极位夹角 $\theta=60°$，导杆工作行程所用时间 $t_{工}=8s$，则导杆空回行程所用的时间 $t_{回}=$ ______s，该机构每分钟运动______个循环。

(9）机构处于死点位置时，其压力角等于________，传动角等于________。

(10）机构处于死点位置时，其原动件一定是________，且________与________共线。

3-3　在图示的铰链四杆机构中，已知 $l_{AB}=240mm$，$l_{BC}=600mm$，$l_{CD}=400mm$，$l_{AD}=500mm$，试回答下列问题。

(1）当取杆 4 为机架时，是否有曲柄存在？若有曲柄存在，则哪个杆为曲柄，该机构的名称是什么？

(2）要获得双曲柄机构，则应取哪个杆为机架。

(3）要获得双摇杆机构，则应取哪个杆为机架。

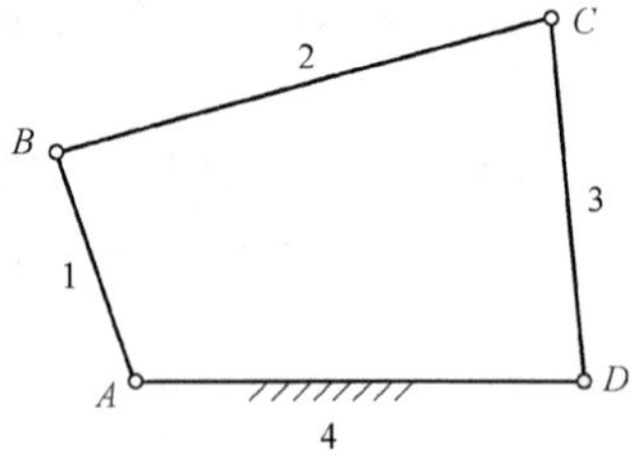

3-4　试分别标出下列机构图示位置时的压力角 α 和传动角 γ，箭头标注的构件为原动件。

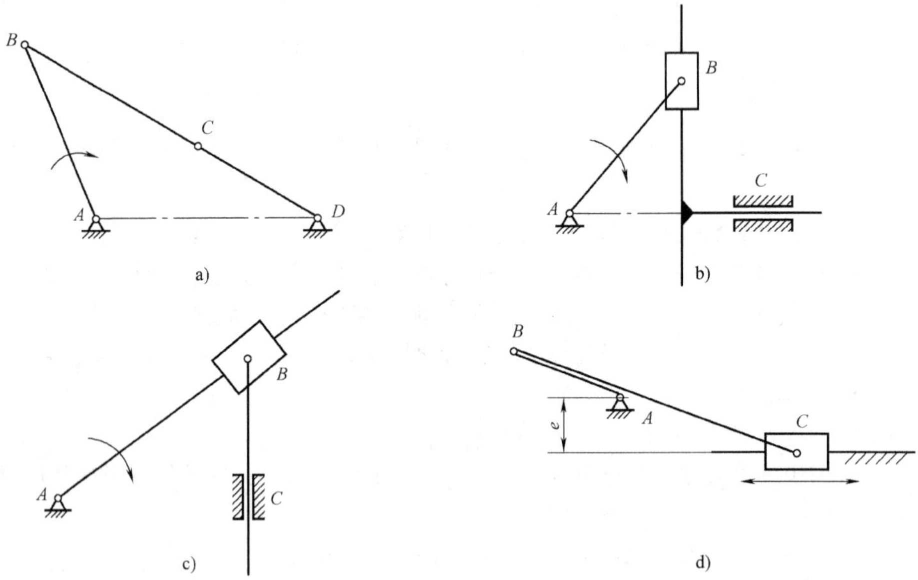

班级		成绩	
姓名		任课教师	
学号		批改日期	

3-5　在下列图示的四杆机构中，已知各构件的尺寸（比例尺 $\mu_1=0.001\mathrm{m/mm}$），要求：

（1）确定各机构的名称。

（2）杆 AB 为原动件，且逆时针转向时，试用图解法确定其极位夹角 θ，标出从动件的行程，判断机构是否存在急回运动？若存在，确定从动件工作行程的运动方向。

（3）杆 AB 为原动件时，求作最小传动角 $\gamma_{\min}$（或最大压力角 $\alpha_{\max}$）。

（4）试说明机构在什么条件下存在死点及相应的死点位置。

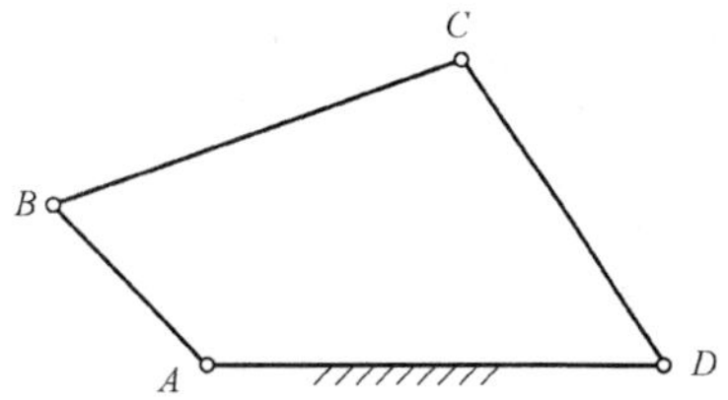

a)

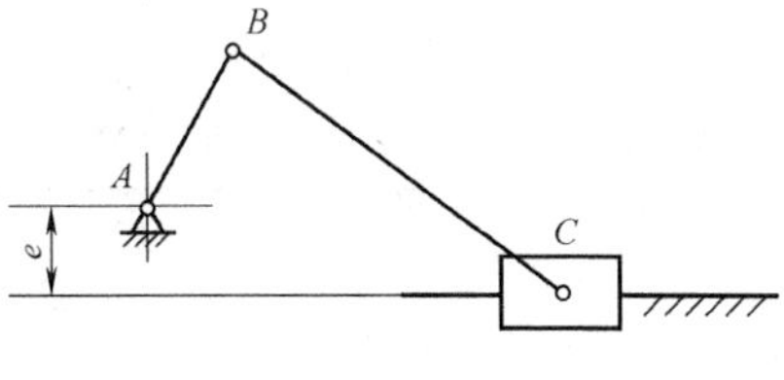

b)

班级		成绩	
姓名		任课教师	
学号		批改日期	

3-6　现欲设计一曲柄滑块机构。图示曲柄 AB 的回转中心 A、滑块偏距 e 和滑块的一个极限位置 C_1，行程速比系数 $K=1.4$。试求曲柄 AB 和连杆 BC 的长度（有两个解）。

$$\mu_l=0.002\ \frac{\mathrm{m}}{\mathrm{mm}}$$

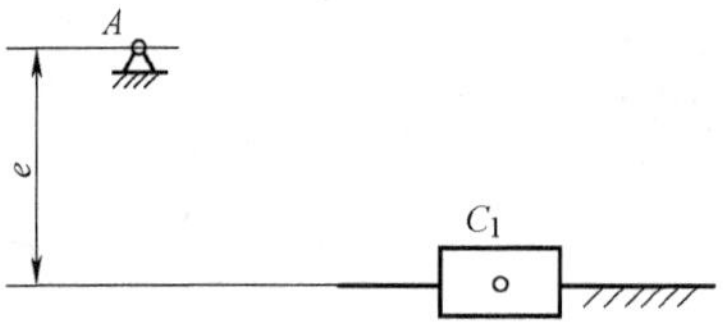

3-7　试设计一用于夹紧的铰链四杆机构。图示连杆的长度及两个位置 B_1C_1、B_2C_2。要求 C_2D 杆运动至竖直时到达夹紧位置，此时机构处于死点位置。

$$\mu_l=0.001\ \frac{\mathrm{m}}{\mathrm{mm}}$$

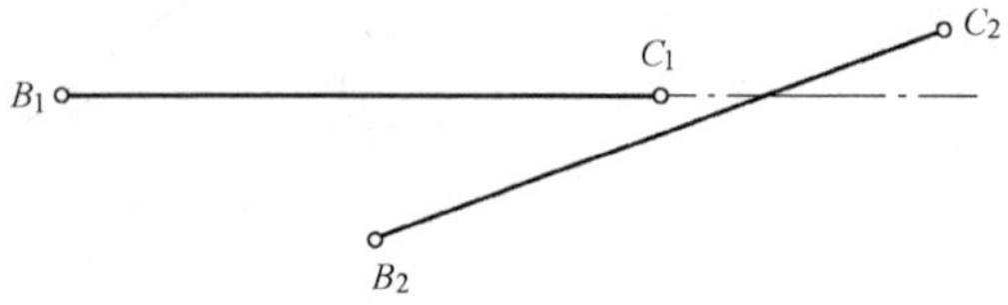

班级		成绩	
姓名		任课教师	
学号		批改日期	

3-8 设计一曲柄摇杆机构。图示其摇杆 CD 的长度 $l_{CD}=250\text{mm}$，摇杆两极限位置之间的夹角 $\varphi=40°$，行程速比系数 $K=1.4$。试求其余三杆的长度，并校验最小传动角 γ_{min}是否在允许值范围内（若 $\gamma_{min}<40°$，则应另选铰链 A 的位置，重新校验）。

$$\mu_1=0.005\ \frac{\text{m}}{\text{mm}}$$

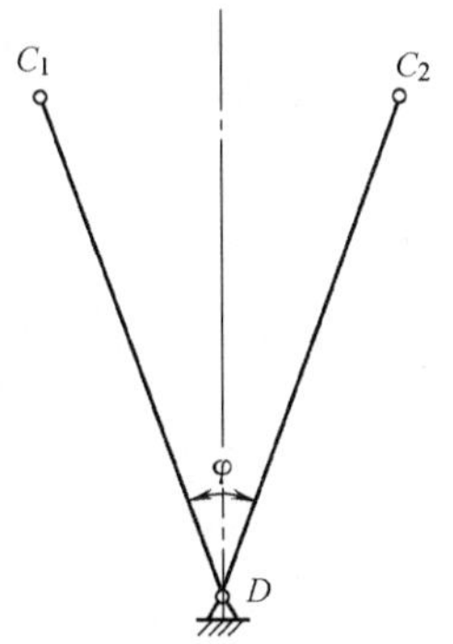

3-9 设计一曲柄摇杆机构。图示其摇杆 CD 的长度 $l_{CD}=50\text{mm}$，摇杆两极限位置间的夹角 $\varphi=50°$，行程速比系数 $K=1$，且要求机架 AD 与地面间的夹角为 60°。试求其余三杆的长度。

$$\mu_1=0.001\ \frac{\text{m}}{\text{mm}}$$

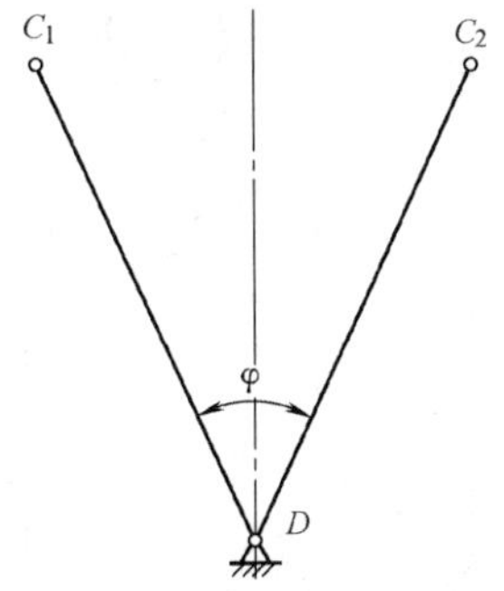

班级		成绩	
姓名		任课教师	
学号		批改日期	

3-10 设计一偏置曲柄滑块机构。图示滑块的行程 $H=50$mm，行程速比系数 $K=1.5$，导路的偏距 $e=20$mm。试求曲柄的长度 l_{AB}和连杆的长度 l_{BC}，并求作最大压力角 α_{max}。

$$\mu_1=0.001\ \frac{\text{m}}{\text{mm}}$$

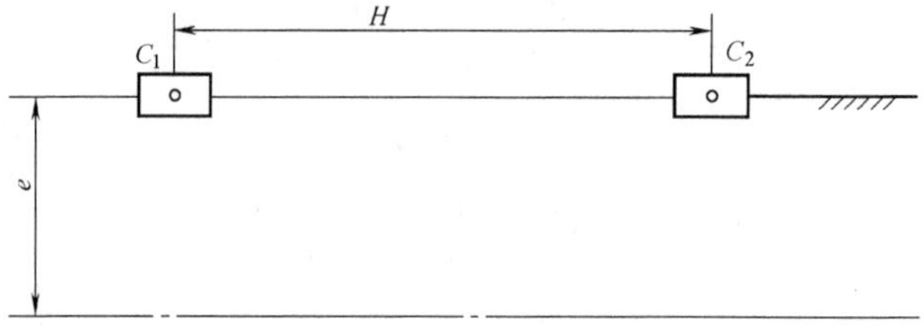

3-11 设计一摆动导杆机构。图示机架的长度 $l_{AC}=80$mm，行程速比系数 $K=2$，试求导杆摆角和曲柄的长度 l_{AB}。

$$\mu_1=0.002\ \frac{\text{m}}{\text{mm}}$$

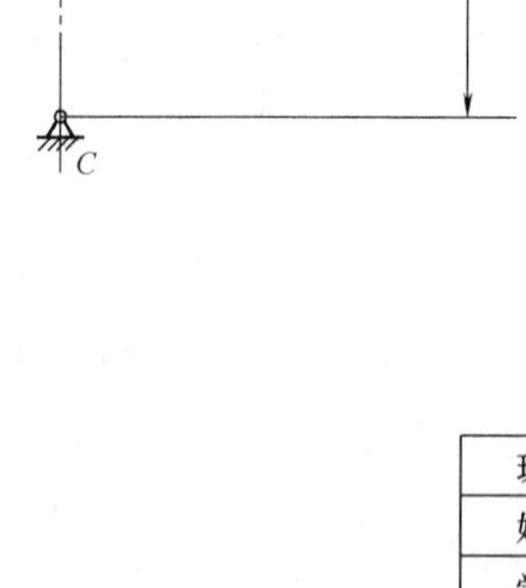

班级		成绩	
姓名		任课教师	
学号		批改日期	

第四章　凸轮机构及其设计

4-1　判断题

（1）凸轮机构的优点是只需设计适当的凸轮轮廓，便可使从动件得到所需的运动规律。（　）

（2）凸轮机构为高副机构，易于磨损，所以通常多用于传力不大的控制机构。（　）

（3）在凸轮机构中，若从动件的速度曲线不连续，则会产生柔性冲击；若从动件的加速度曲线不连续，则会产生刚性冲击。（　）

（4）在设计凸轮机构时，应保证凸轮机构的最大压力角不超过许用值的前提下，尽可能缩小凸轮的尺寸。（　）

（5）凸轮机构从动件的等加速等减速运动规律，是指从动件在推程中做等加速运动，在回程中做等减速运动，且加速度的绝对值相等。（　）

（6）要使平底直动从动件盘形凸轮机构的受力情况良好，可采用偏置的方法减小推程压力角。（　）

（7）在滚子从动件盘形凸轮机构中，只要凸轮的理论轮廓线不变，从动件的运动规律不变。（　）

（8）在滚子直动从动件盘形凸轮机构中，改变滚子的大小对从动件的运动规律无影响。（　）

（9）只增大基圆半径对滚子直动从动件的运动规律无影响。（　）

（10）凸轮机构工作时，从动件的运动规律与凸轮的转向无关。（　）

4-2　选择题

（1）在凸轮机构中，从动件的运动规律取决于凸轮__________。

A. 轮廓的大小　　B. 理论轮廓的形状　　C. 实际轮廓的形状　　D. 基圆的大小

（2）设计凸轮机构时，凸轮的轮廓线形状取决于从动件的__________。

A. 运动规律　　B. 运动形式　　C. 结构形状　　D. 受力情况

（3）等速运动规律的凸轮机构，从动件在运动开始和终止时，加速度值为______。

A. 零　　B. 无穷大　　C. 常量　　D. 任意值

（4）凸轮机构中从动件做等加速等减速运动时将产生____________冲击。

A. 刚性　　B. 柔性　　C. 无刚性也无柔性　　D. 无法确定

（5）____________从动件盘形凸轮机构的压力角恒等于常数。

A. 尖顶直动　　B. 滚子直动　　C. 平底直动　　D. 摆动滚子

（6）为防止滚子从动件运动失真，滚子半径 r_r 必须________理论轮廓线的最小曲率半径 $\rho_{\min}$。

A. 大于　　B. 小于　　C. 大于等于　　D. 等于

（7）对于滚子直动从动件盘形凸轮机构，下列做法中不能改善其传力性能的是________。

班级		成绩	
姓名		任课教师	
学号		批改日期	

A. 加大基圆半径 B. 加大滚子半径 C. 采用正偏置从动件 D. 采用负偏置从动件

(8) 在凸轮机构中，采用导路偏置法，可使推程压力角减小，同时回程压力角________。

A. 增大 B. 减小 C. 不变 D. 无法确定

(9) 具有相同理论轮廓线，只有滚子半径不同的两个对心滚子直动从动件盘形凸轮机构，其从动件的运动规律________。

A. 相同 B. 不同 C. 不一定

4-3 填空题

(1) 在凸轮机构中，从动件的运动规律为______________规律时，机构会产生刚性冲击；从动件的运动规律为______________规律时，机构会产生柔性冲击。

(2) 为减小凸轮机构的压力角，可采取的措施有____________和____________。

(3) 凸轮的基圆半径是从________________到________________的最短距离。

(4) 凸轮从动件以等加速等减速运动规律运动时，在运动阶段的________、________、__________存在____________冲击。

(5) 在设计滚子直动从动件盘形凸轮轮廓线时，若发现凸轮轮廓线有失真和变尖现象，则在几何尺寸上应采取的措施为________________或____________________。

(6) 对于尖底从动件盘形凸轮机构，其实际轮廓线______________理论轮廓线；对于滚子从动件盘形凸轮机构，其实际轮廓线与理论轮廓线为一对____________________曲线。

(7) 在设计凸轮机构时，凸轮基圆半径取得越________，其压力角__________，则凸轮机构的传力性能越好。

(8) 平底直动从动件盘形凸轮机构，平底与导路相垂直，不计摩擦时其压力角 α 等于________。

(9) 在直动从动件盘形凸轮机构中，采用偏置的目的是______________________________________。

4-4 图示偏置尖底直动从动件盘形凸轮机构的运动简图，凸轮逆时针转动。试：

(1) 在直角坐标系中，按凸轮轮廓绘制从动件位移曲线 $s(\varphi)$（将一周分为 12 等份）。

班级		成绩	
姓名		任课教师	
学号		批改日期	

（2）在图中标出当 $\varphi=45°$时的机构压力角 α。 $\mu_1=0.001\ \frac{\text{m}}{\text{mm}}$

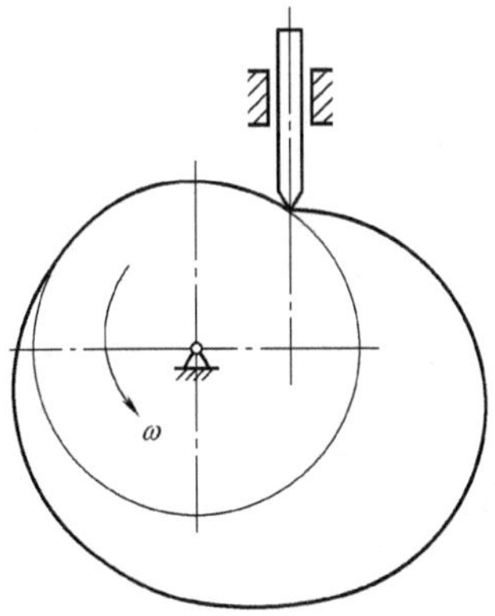

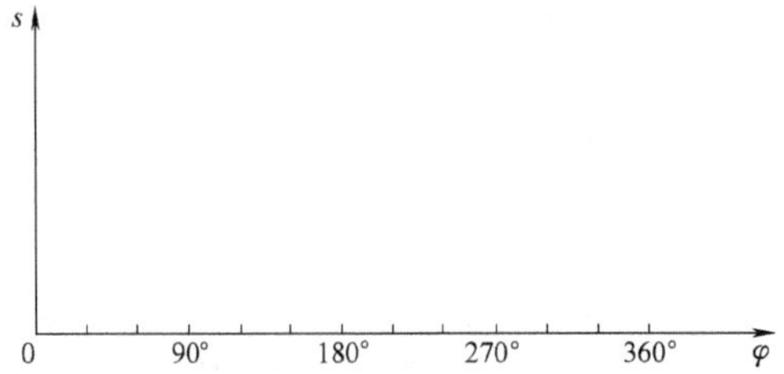

4-5 用图解法设计一偏置滚子直动从动件盘形凸轮机构。已知凸轮以等角速度逆时针回转，凸轮基圆半径 $r_0=30\text{mm}$，偏距 $e=10\text{mm}$，滚子半径 $r_r=10\text{mm}$，从动件行程 $h=25\text{mm}$，$\Phi=150°$，$\Phi_s=30°$，$\Phi'=120°$，$\Phi_s'=60°$，从动件在推程做等速运动，在回程做等加速等减速运动。

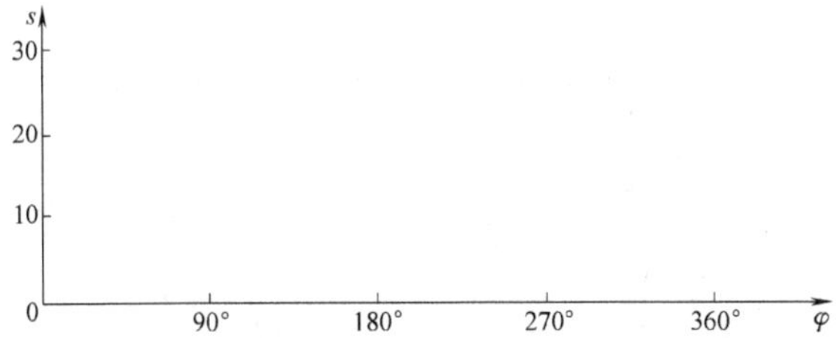

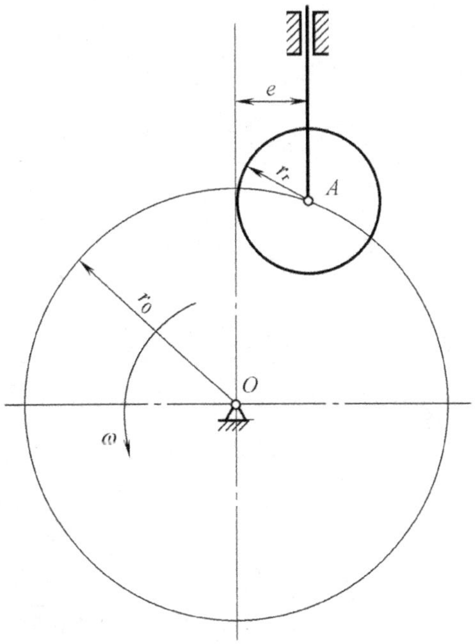

班级		成绩	
姓名		任课教师	
学号		批改日期	

4-6　用图解法设计一对心平底直动从动件盘形凸轮机构。已知凸轮以等角速度顺时针回转，凸轮基圆半径 $r_0=30\text{mm}$，从动件行程 $h=25\text{mm}$，$\Phi=150°$，$\Phi_s=30°$，$\Phi'=120°$，$\Phi_s'=60°$，从动件在推程做余弦加速度运动，在回程做等速运动。

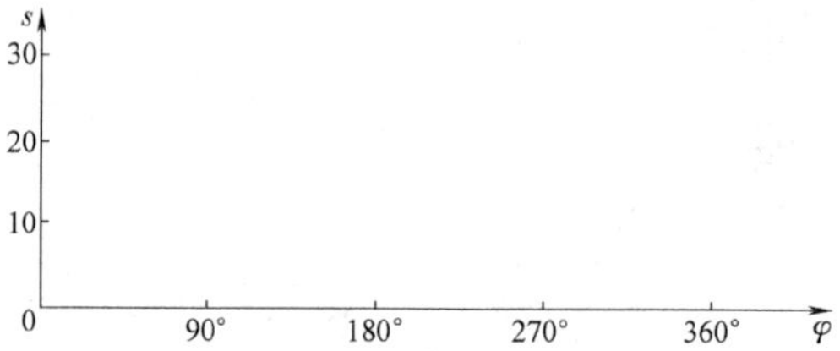

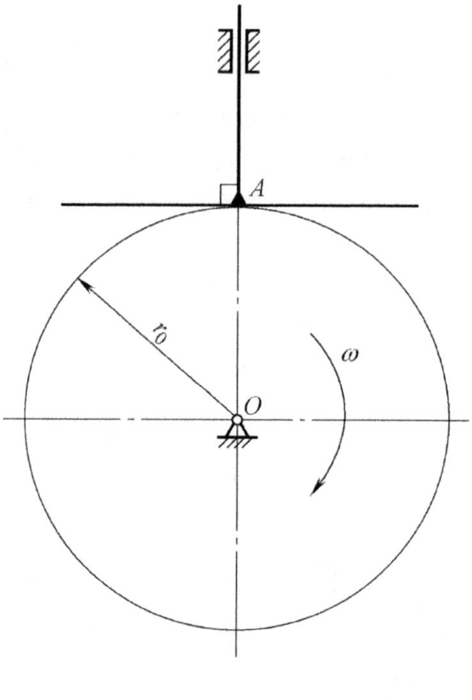

班级		成绩	
姓名		任课教师	
学号		批改日期	

4-7　试标出下列两凸轮机构从图示位置转过60°后从动件的位移 s 及压力角 α。

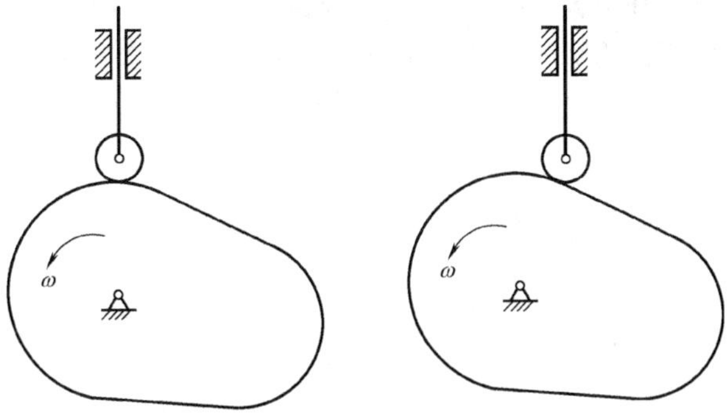

4-8　图示偏置滚子直动从动件盘形凸轮机构，已知凸轮实际轮廓线为一圆心在 O 点的偏心圆，其半径为 R。试：

（1）画出该机构凸轮的理论轮廓线 η 及基圆，标出基圆半径 r_0。

（2）标出图示位置从动件的位移 s 及凸轮机构的压力角 α。

（3）标出从动件的行程 h。

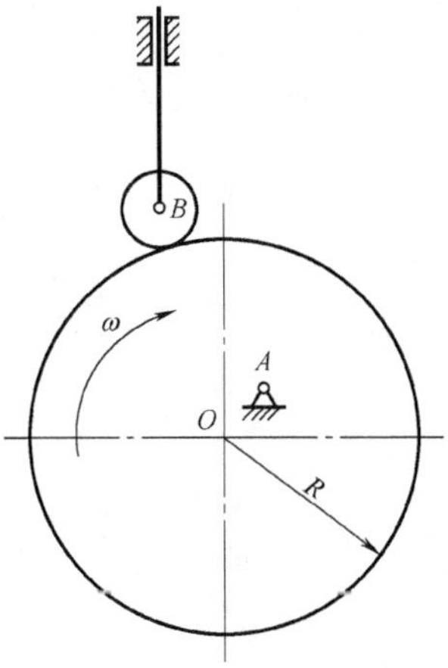

班级		成绩	
姓名		任课教师	
学号		批改日期	

4-9　图示凸轮机构的部分轮廓线，*AB* 为圆心在 *O* 的圆弧，*BC* 为圆心在 *O'* 的圆弧，从动件的图示位置为起始上升位置。试：

（1）画出该凸轮的理论轮廓线（部分轮廓线）η 及基圆，标出基圆半径 r_0。

（2）标出从动件从图示位置运动到 *C* 点接触时，凸轮转过的角度 φ、从动件的位移 s 和压力角 α。

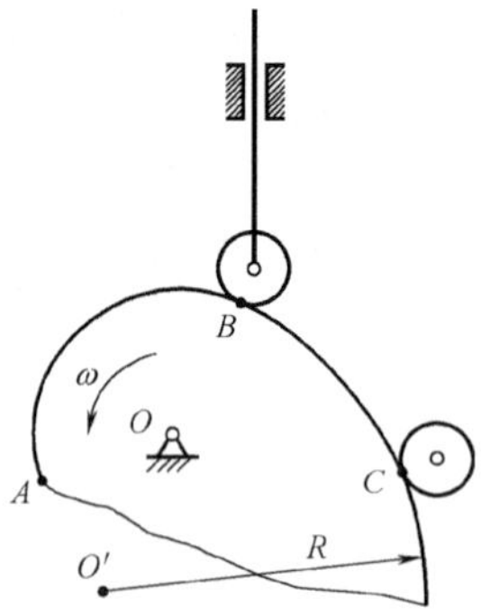

4-10　图示尖底和平底从动件盘形凸轮机构，凸轮轮廓线 *AB* 段为直线，*BC* 段为圆心在 *O'* 的圆弧，*CD* 段为直线，*DA* 段为圆心在 *O* 的圆弧。试在图中标出基圆半径 r_0、推程角 Φ、远休止角 Φ_s、回程角 Φ'、近休止角 Φ_s'、行程 h 及在图示位置的压力角 α。

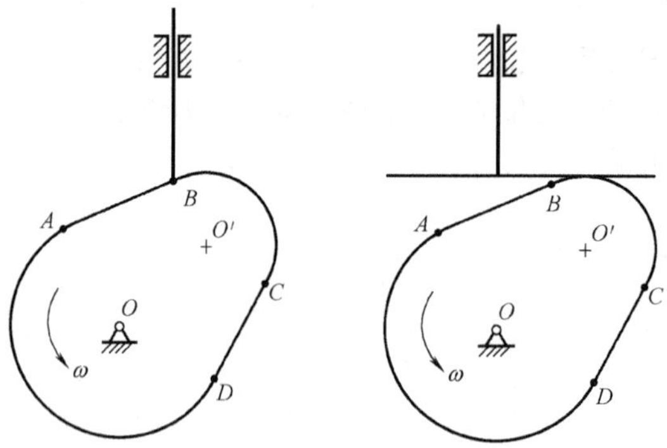

班级		成绩	
姓名		任课教师	
学号		批改日期	

第五章　齿轮传动

5-1　判断题

(1) 渐开线标准齿轮的齿根圆恒大于基圆。　(　　)

(2) 齿轮的标准压力角和标准模数都在分度圆上。　(　　)

(3) 单个齿轮既有分度圆，又有节圆。　(　　)

(4) 标准直齿圆柱齿轮传动的实际中心距恒等于标准中心距。　(　　)

(5) 标准直齿圆柱齿轮就是分度圆上的压力角和模数均为标准值的齿轮。　(　　)

(6) 一对能正确啮合传动的渐开线直齿圆柱齿轮，其啮合角一定为20°。　(　　)

(7) 一对直齿圆柱齿轮啮合传动，模数越大，重合度也越大。　(　　)

(8) 用展成法切制渐开线直齿圆柱齿轮发生根切的原因是齿轮太小了，大的齿轮就不会根切。　(　　)

(9) 渐开线直齿圆柱齿轮传动标准安装时，一定满足无侧隙和标准顶隙条件。　(　　)

(10) 仿形法切削渐开线齿轮时，一把模数为 m、压力角为 α 的刀具可以切削相同模数和压力角的任何齿数的齿轮。　(　　)

(11) 齿数 $z<17$ 的正常齿制渐开线直齿圆柱齿轮用展成法加工时，一定会发生根切。　(　　)

(12) 齿数 $z<17$ 的正常齿制渐开线斜齿圆柱齿轮用展成法加工时，一定会发生根切。　(　　)

(13) 标准直齿锥齿轮，规定以小端的参数为标准值。　(　　)

(14) 齿轮传动，由于在节点啮合时齿面受力较大，所以齿面磨损常发生在节点附近。　(　　)

(15) 斜齿轮具有两种模数，其中以法面模数作为标准模数。　(　　)

5-2　选择题

(1) 齿轮的渐开线形状取决于它的__________直径。

A. 齿顶圆　B. 分度圆　C. 基圆　D. 齿根圆

(2) 渐开线齿廓上任意点的法线都切于__________。

A. 分度圆　B. 基圆　C. 节圆　D. 齿根圆

(3) 渐开线齿轮的齿廓离基圆越远，渐开线压力角就__________。

A. 越大　B. 越小　C. 趋近于20°

(4) 一对渐开线直齿圆柱齿轮的啮合线切于__________。

A. 两分度圆　B. 两基圆　C. 两齿根圆

(5) 一对渐开线齿轮啮合传动时，其中心距安装若有误差，__________。

A. 仍能保证无侧隙连续传动　B. 仍能保证瞬时传动比不变

C. 瞬时传动比虽有变化，但平均转速比仍不变

班级		成绩	
姓名		任课教师	
学号		批改日期	

(6) 一对能正确啮合传动的渐开线直齿圆柱齿轮必须满足________。

A. 齿形相同　　B. 模数相等，压力角相等

C. 模数相等，齿厚等于齿槽宽

(7) 一对渐开线直齿圆柱齿轮啮合时，在啮合点处两轮的压力角__________，而在节点啮合时则________。

A. 一定相等　　B. 一定不相等　　C. 一般不相等

(8) 一对渐开线直齿圆柱齿轮传动的中心距______等于两分度圆半径之和，但______等于两节圆半径之和。

A. 一定　　B. 不一定　　C. 一定不

(9) 一对渐开线直齿圆柱齿轮传动，其啮合角与分度圆压力角________，但和节圆压力角________。

A. 一定相等　　B. 一定不相等　　C. 可能相等、可能不相等

(10) 一对渐开线标准齿轮在标准安装情况下，两齿轮分度圆的相对位置应该是________。

A. 相交的　　B. 相切的　　C. 分离的

(11) 渐开线直齿圆柱齿轮中，齿距 p、法向齿距 p_n、基圆齿距 p_b 三者之间的关系为__________。

A. $p_b = p_n < p$　　B. $p_b < p_n < p$　　C. $p_b > p_n > p$　　D. $p_b > p_n = p$

(12) 一对渐开线齿轮啮合传动时，两齿廓间__________。

A. 保持纯滚动　　B. 各处均有相对滑动　　C. 除节点外各处均有相对滑动

(13) 用展成法切制渐开线齿轮时，齿轮根切的现象可能发生在__________的场合。

A. 模数较大　　B. 模数较小　　C. 齿数较多　　D. 齿数较少

(14) 将材料为40Cr的齿轮毛坯加工成为6级精度的硬齿面直齿圆柱齿轮，该齿轮制造工艺顺序应为________。

A. 滚齿、表面淬火、磨齿　　B. 滚齿、磨齿、表面淬火

C. 表面淬火、滚齿、磨齿　　D. 滚齿、调质、磨齿

(15) 为了提高齿轮传动的齿面接触强度，应________。

A. 分度圆直径不变增大模数　　B. 增大分度圆直径

C. 分度圆直径不变增加齿数　　D. 减小齿宽

(16) 为了提高齿轮齿根弯曲疲劳强度应________。

A. 增大模数　　B. 增大分度圆直径　　C. 增加齿数　　D. 减小齿宽

(17) 一对标准渐开线圆柱齿轮做减速传动，若大、小齿轮的材料或热处理方法不同，则工作时，两齿轮间齿面接触应力 σ_H、齿根弯曲应力 σ_F、接触疲劳许用应力 $[\sigma_H]$、弯曲疲劳许用应力 $[\sigma_F]$ 的关系为______。

A. $\sigma_{H1} \neq \sigma_{H2}$, $\sigma_{F1} \neq \sigma_{F2}$, $[\sigma_{H1}] = [\sigma_{H2}]$, $[\sigma_{F1}] = [\sigma_{F2}]$

B. $\sigma_{H1} = \sigma_{H2}$, $\sigma_{F1} = \sigma_{F2}$, $[\sigma_{H1}] \neq [\sigma_{H2}]$, $[\sigma_{F1}] \neq [\sigma_{F2}]$

C. $\sigma_{H1} = \sigma_{H2}$, $\sigma_{F1} \neq \sigma_{F2}$, $[\sigma_{H1}] \neq [\sigma_{H2}]$, $[\sigma_{F1}] \neq [\sigma_{F2}]$

班级		成绩	
姓名		任课教师	
学号		批改日期	

D. $\sigma_{H1} \neq \sigma_{H2}$，$\sigma_{F1} = \sigma_{F2}$，$[\sigma_{H1}] \neq [\sigma_{H2}]$，$[\sigma_{F1}] \neq [\sigma_{F2}]$

(18) 一对标准渐开线齿轮做减速传动时，若两轮的接触疲劳许用应力$[\sigma_{H1}] = [\sigma_{H2}]$、弯曲疲劳许用应力$[\sigma_{F1}] = [\sigma_{F2}]$，则两轮的弯曲疲劳强度________，接触疲劳强度________。

A. 大齿轮较高　B. 小齿轮较高　C. 相同　D. 无法判定

(19) 有两个标准直齿圆柱齿轮，齿轮 1 模数 $m_1 = 5$mm、$z_1 = 25$，齿轮 2 模数 $m_2 = 3$mm、$z_2 = 40$，它们的齿形系数 Y_{Fa1}________ Y_{Fa2}，齿形系数和应力校正系数的乘积 $Y_{Fa1}Y_{Sa1}$________ $Y_{Fa2}Y_{Sa2}$。

A. 大于　B. 等于

C. 小于　D. 不一定大于、等于或小于

(20) 圆柱齿轮传动中，常使小齿轮齿宽 b_1略大于大齿轮齿宽 b_2，其目的是________。

A. 提高小齿轮齿面接触疲劳强度　B. 提高小齿轮齿根弯曲疲劳强度

C. 补偿安装误差，以保证全齿宽接触　D. 减少小齿轮载荷分布不均

(21) 齿轮接触疲劳强度计算中的材料弹性影响系数 Z_E反映了齿轮副____对齿面接触应力的影响。

A. 材料的弹性模量和泊松比　B. 材料的强度极限　C. 材料的硬度

(22) 对于闭式软齿面齿轮传动，在传动尺寸不变并满足弯曲疲劳强度的前提下，齿数适当取多些，可以提高______。

A. 轮齿的弯曲疲劳强度　B. 齿面的接触疲劳强度　C. 传动的平稳性

(23) 对于闭式硬齿面齿轮传动，宜取较少齿数以增大模数，其目的是________。

A. 提高齿面接触疲劳强度　B. 减小轮齿的切削量　C. 保证轮齿的弯曲疲劳强度

(24) 设计一对齿数不同的齿轮传动，若需校核其弯曲疲劳强度时，一般应________。

A. 对大、小齿轮分别校核　B. 只需校核小齿轮　C. 只需校核大齿轮

(25) 现设有齿数相同的 A、B、C 三个标准齿轮，齿形系数最小的是______，最大的是____。

A. 标准直齿圆柱齿轮　B. $\beta = 15°$的斜齿圆柱齿轮　C. $\delta = 30°$的直齿锥齿轮

(26) 在齿轮传动的设计计算中，下列参数和尺寸应标准化的有__________；应圆整的有________；没有标准化也不应圆整的有________________。

A. 斜齿轮的法面模数 m_n　B. 斜齿轮的端面模数 m_t　C. 齿宽 b　D. 齿厚 s

E. 斜齿轮中心距 a　F. 直齿轮中心距 a　G. 分度圆压力角 α

H. 螺旋角 β　I. 锥距 R　J. 齿顶圆直径 d_a

5-3　填空题

(1) 对齿轮材料的基本要求是：齿面______，齿芯______；在齿轮传动中，软、硬齿面是以________来划分的，当__________时为软齿面，一般取小、大齿轮的硬度差为______HBW，其原因是________________；当____________时为硬齿面，一般取小、大齿轮的硬度__________。

班级		成绩	
姓名		任课教师	
学号		批改日期	

（2）一般参数的闭式软齿面齿轮传动的主要失效形式是________，闭式硬齿面齿轮传动的主要失效形式是________，开式齿轮传动的主要失效形式是________，高速重载齿轮传动，当润滑不良时最可能出现的失效形式是__________。

（3）在闭式软齿面齿轮传动中，齿面疲劳点蚀经常首先出现在________________处，其原因是该处______________________、______________________。

（4）在推导轮齿齿根弯曲疲劳应力计算公式时，其计算模型是________，设计的主要参数是________。

（5）齿轮齿面接触应力计算公式是在________公式的基础上推导出来的，影响齿面接触应力最主要的参数是______________________。一对标准齿轮传动，若中心距、传动比等其他条件保持不变，仅增大齿数 z_1，而减小模数 m，则齿轮的齿面接触疲劳强度________。

（6）渐开线齿轮的齿形系数 Y_{Fa} 的物理意义是__________________________。标准直齿圆柱齿轮的 Y_{Fa} 值只与齿轮的______有关。标准斜齿圆柱齿轮的 Y_{Fa} 值与齿轮的________有关。

（7）齿轮的弯曲疲劳极限 σ_{Flim} 和接触疲劳极限 σ_{Hlim} 是试验齿轮经持久疲劳试验并按失效概率为______来确定的，其弯曲应力循环特性为______循环，若轮齿双向受载，则弯曲疲劳极限值 σ_{Flim} 应为__________。

（8）斜齿圆柱齿轮传动的强度计算方法是以____________齿轮为基础。

（9）直齿锥齿轮传动的强度计算方法是以____________的当量圆柱齿轮为基础。

（10）图示齿轮传动装置，若齿轮 1 为主动，则齿轮 2 的齿根弯曲应力按______循环变化，而齿面接触应力按____循环变化；若齿轮 2 为主动，则其齿根弯曲应力按______循环变化，齿面接触应力按____循环变化。

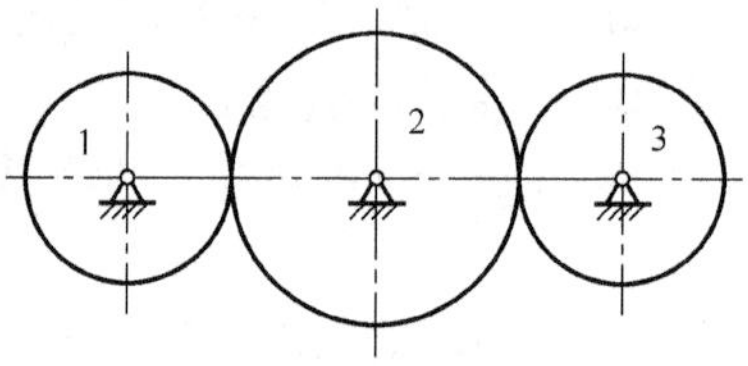

班级		成绩	
姓名		任课教师	
学号		批改日期	

5-4　图示渐开线的基圆半径为 $r_b=50$mm，试计算渐开线在向径 $r_K=75$mm 的点 K 处的曲率半径 ρ_K、压力角 α_K 及展角 θ_K，并示意标在图中。

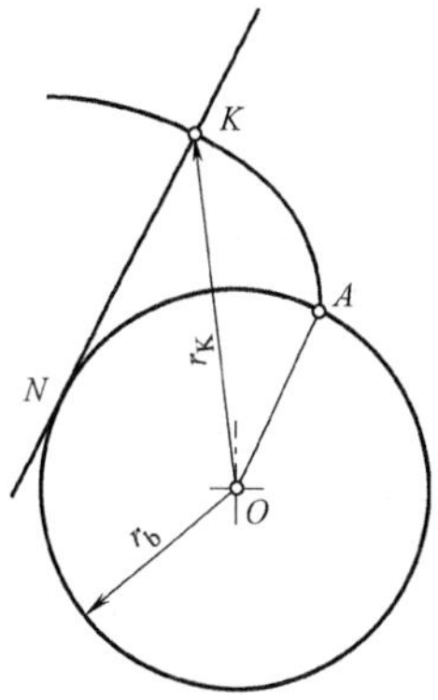

5-5　已知一对标准安装的渐开线标准直齿圆柱齿轮传动，其中心距 $a=175$mm，模数 $m=5$mm，压力角 $\alpha=20°$，传动比 $i=2.5$。试求这对齿轮的齿数 z_1、z_2，并计算小齿轮的分度圆直径 d_1、齿顶圆直径 d_{a1}、齿根圆直径 d_{f1}、基圆直径 d_{b1} 及齿廓上最大压力角 α_{1max}。

5-6　已知一对渐开线直齿圆柱标准齿轮传动，$m=4$mm，$i=1.5$，$\alpha=20°$，$h_a^*=1$，$c^*=0.25$。

（1）在标准安装时，中心距 $a=100$mm，试求：齿数 z_1，z_2；分度圆半径 r_1；齿顶圆半径 r_{a1}；齿根圆半径 r_{f1}；节圆半径 r_1'；齿顶圆压力角 α_{a1}；啮合角 α'；顶隙 c。

（2）若上述齿轮传动中心距改为 $a'=102$mm 时，上述尺寸哪些有变化？如有变化求出其数值。

班级		成绩	
姓名		任课教师	
学号		批改日期	

5-7　渐开线主动齿轮 1 逆时针转动，已知图示两轮的齿顶圆、基圆，试画出节点 P、理论啮合线$\overline{N_1N_2}$、实际啮合线$\overline{B_1B_2}$、啮合角 α'、节圆 r_1'、r_2'。

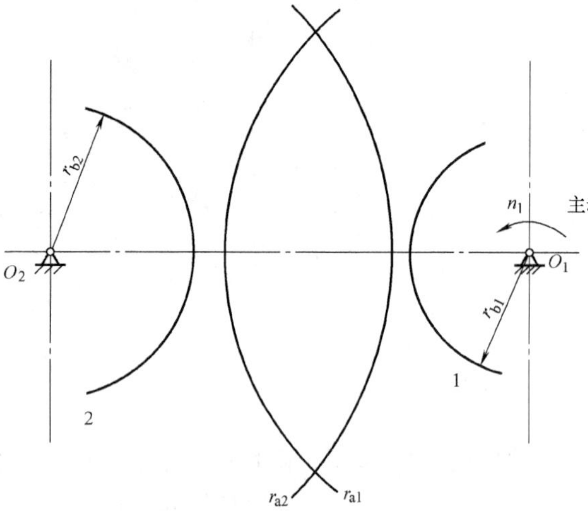

5-8　图示齿轮传动，试在图中：

（1）若轮 1 为主动，啮合线如图示，标出各轮转向。

（2）画出轮齿开始啮合点 B_2、终止啮合点 B_1，用图上有关线段算出重合度 ε_α 的大小。

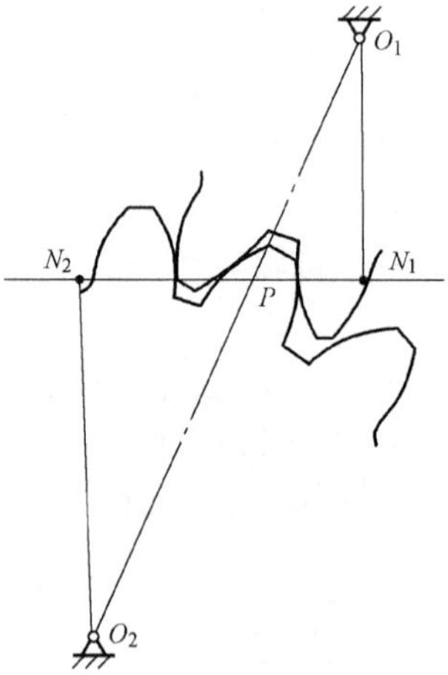

5-9　欲配制一个遗失的标准齿轮，已知与其啮合的齿轮的齿顶圆直径 $d_{a1}=136\text{mm}$，齿数 $z_1=15$，两轮中心距 $a=260\text{mm}$，试求所需配制齿轮的齿数 z_2、模数 m、分度圆直径 d_2、齿顶圆直径 d_{a2}及齿根圆直径 d_{f2}。

班级		成绩	
姓名		任课教师	
学号		批改日期	

5-10　已知一对正常齿渐开线外啮合直齿圆柱标准齿轮传动，$z_1=19$，$z_2=42$，$m=5\text{mm}$，$\alpha=20°$，$h_a^*=1$，$c^*=0.25$，安装中心距 $a'=158\text{mm}$，试：

（1）计算两轮的几何尺寸 r、r_b、r_a 和标准中心距 a。

（2）计算两轮的分度圆齿厚 s、齿槽宽 e、齿距 p 及法向齿距 p_n。

（3）判断该对齿轮是否是标准安装，这时分度圆和节圆是否重合？计算两齿轮的节圆半径 r' 和啮合角 α'。

（4）用长度比例尺 $\mu_l=0.001\text{m/mm}$ 画出 r、r_b、r_a、r'，理论啮合线 $\overline{N_1N_2}$，实际啮合线 $\overline{B_1B_2}$，并求出重合度 ε_α，判断能否实现连续传动并说明原因。

班级		成绩	
姓名		任课教师	
学号		批改日期	

5-11　现有四个正常齿制的标准齿轮，其参数如下。

齿轮编号	α	m/mm	z
1	20°	4	25
2	20°	4	50
3	20°	3	60
4	20°	2.5	40

试问：①哪两个齿轮的渐开线形状相同？②哪两个齿轮能正确啮合？③哪两个齿轮能用同一把滚刀加工？这两个齿轮能否改成用同一把铣刀加工？为什么？

5-12　一对圆柱齿轮传动，大、小齿轮齿面接触应力是否相等？齿根弯曲应力是否相等？为什么？在什么条件下两齿轮的接触疲劳强度相等？在什么条件下弯曲疲劳强度相等？

5-13　齿宽系数 ϕ_d 的大小对齿轮传动的尺寸和强度影响如何？选取时要考虑哪些因素？

5-14　在不改变齿轮的材料和尺寸的情况下，如何提高轮齿的抗折断能力？

班级		成绩	
姓名		任课教师	
学号		批改日期	

5-15　直齿圆柱齿轮强度计算中，当齿面接触疲劳强度已足够，而齿根弯曲疲劳强度不足时，可采用什么措施提高弯曲疲劳强度？

5-16　在圆柱齿轮、锥齿轮传动设计中，小齿轮的宽度 b_1 与大齿轮的宽度 b_2 有何关系？在强度计算时是采用哪个齿宽？

5-17　标准直齿圆柱齿轮传动，若传动比 i,、转矩 T_1、齿宽 b 均保持不变，试问在下列条件下齿轮的弯曲应力和接触应力各将发生什么变化？

（1）模数 m 不变，齿数 z_1 增加。

（2）齿数 z_1 不变，模数 m 增大。

（3）齿数 z_1 增加一倍，模数 m 减小一半。

5-18　一对标准直齿圆柱齿轮传动，有关参数和许用值如下表。试分析比较哪个齿轮的弯曲疲劳强度高？哪个齿轮的接触疲劳强度高？

齿轮	m/mm	z	b/mm	$[\sigma_F]$/ MPa	$[\sigma_H]$ /MPa
1	2	24	45	480	550
2	2	50	40	400	450

班级		成绩	
姓名		任课教师	
学号		批改日期	

5-19　有一对闭式软齿面直齿圆柱齿轮传动，已知小齿轮齿数 $z_1=25$，传动比 $i=3.2$，模数 $m=4\text{mm}$，齿宽 $b=90\text{mm}$，齿面接触应力 $\sigma_H=420\text{MPa}$，小齿轮齿根弯曲应力 $\sigma_{F1}=65\text{MPa}$。现可忽略载荷系数 K 对强度的影响，试求：

（1）大齿轮的齿根弯曲应力 σ_{F2}。

（2）当其他条件不变，而 $b=60\text{mm}$ 时的齿面接触应力 σ'_H 和齿根弯曲应力 σ'_{F1}、σ'_{F2}。

5-20　斜齿圆柱齿轮的齿数 z 与其当量齿数 z_v 之间有何关系？在下列情况应分别采用哪一种齿数？结果填入下表中。

		z 或 z_v
1	计算斜齿圆柱齿轮传动的传动比	
2	用成形法切制斜齿圆柱齿轮选铣刀	
3	计算斜齿圆柱齿轮的分度圆直径	
4	计算轮齿弯曲疲劳强度时查齿形系数	

班级		成绩	
姓名		任课教师	
学号		批改日期	

5-21　图示回归轮系中，采用渐开线正常齿制圆柱齿轮，已知 $z_1=15$，$z_2=32$，$z_3=30$，$z_4=20$，$\alpha=20°$，$m=2\text{mm}$。若齿轮 3、4 采用标准直齿圆柱齿轮传动，齿轮 1、2 采用标准斜齿圆柱齿轮传动。试计算：

（1）两对齿轮传动的中心距 a。

（2）斜齿圆柱齿轮 1、2 的螺旋角 β，分度圆直径 d_1、d_2，节圆直径 d_1'、d_2' 和齿顶圆直径 d_{a1}、d_{a2}。

（3）齿轮 1 的当量齿数 z_{v1}，并判断当用展成法加工齿轮 1 时，是否会产生根切？

（4）若斜齿圆柱齿轮的齿宽 $b_1=35\text{mm}$，$b_2=30\text{mm}$，则该对齿轮的轴面重合度 ε_β。

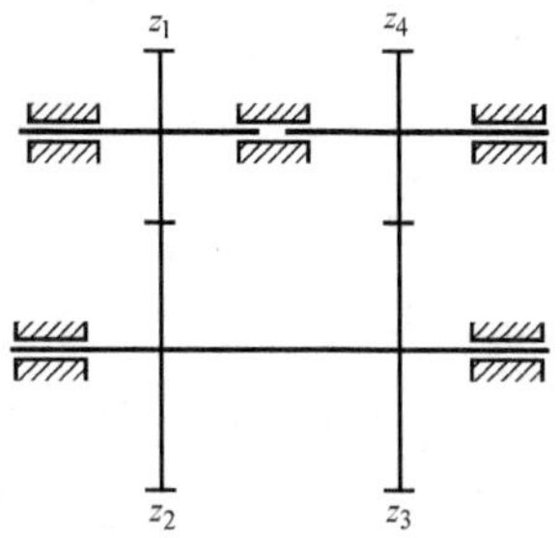

5-22　图示齿轮传动的转动方向及螺旋线方向，试分别画出各齿轮所受各分力的方向（“●”为啮合点）。

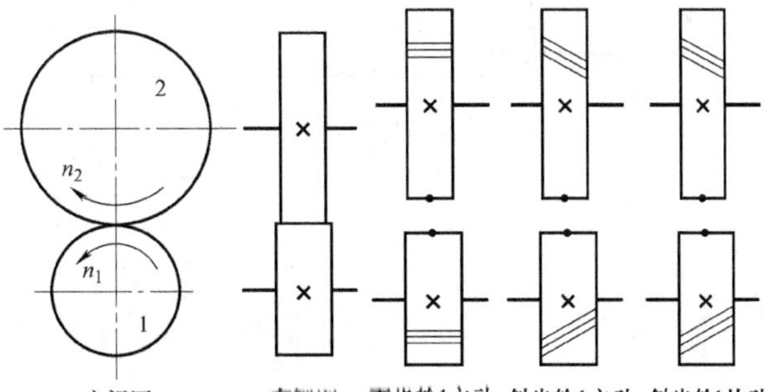

班级		成绩	
姓名		任课教师	
学号		批改日期	

5-23　两级展开式标准斜齿圆柱齿轮减速器，图示已知条件。要求：

（1）为使Ⅱ轴上齿轮 2、3 的轴向力方向相反，确定齿轮 3 轮齿的螺旋线方向（画在图上）。

（2）为能使Ⅱ轴上齿轮 2、3 的轴向力互相抵消，齿轮 3 的螺旋角 β 多大。

（3）画出各齿轮的圆周力和轴向力的方向。

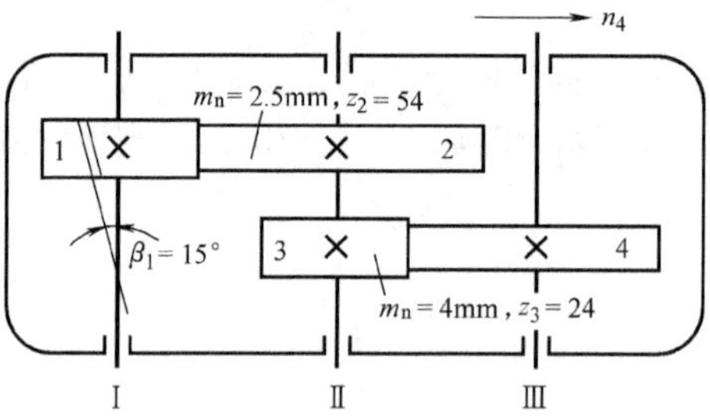

5-24　图示二级锥-斜齿圆柱齿轮减速器简图。

（1）为使Ⅱ轴上齿轮 2、3 的轴向力方向相反，试确定输入轴Ⅰ的转动方向 n_{I}（画在图上）。

（2）在图上画出各齿轮的圆周力、径向力和轴向力的方向。

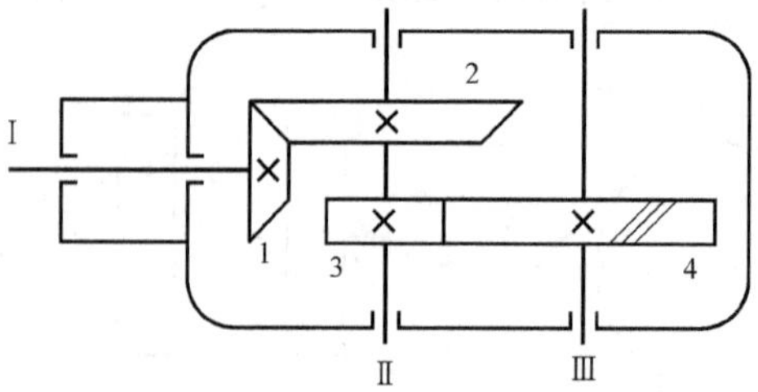

班级		成绩	
姓名		任课教师	
学号		批改日期	

5-25 单级闭式直齿圆柱齿轮，用电动机驱动，转速 $n_1=970\text{r/min}$，传递功率 $P_1=7.5\text{kW}$，传动比 $i=3.5$，长期双向传动，齿轮相对轴承对称布置，轴的刚性较大，工作中受轻微冲击。试设计这对齿轮传动。

班级		成绩	
姓名		任课教师	
学号		批改日期	

5-26　设计一闭式斜齿圆柱齿轮传动。已知传递功率 $P_1=10\text{kW}$，转速 $n_1=960\text{r/min}$，传动比 $i=4.2$，电动机驱动，单向传动，工作中受中等冲击，齿轮相对轴承非对称布置。

班级		成绩	
姓名		任课教师	
学号		批改日期	

5-27　已知一对标准直齿锥齿轮，$z_1=16$，$z_2=32$，$m=5\text{mm}$，$h_a^*=1$，$c^*=0.2$，$\Sigma=90°$，试确定这对齿轮的几何尺寸。

将各几何尺寸名称和几何尺寸计算公式及其结果填入下表。

名　　称	小　齿　轮	大　齿　轮
	$\delta_1=$	$\delta_2=$
	$d_1=$	$d_2=$
	$d_{a1}=$	$d_{a2}=$
	$d_{f1}=$	$d_{f2}=$
	$h_{a1}=$	$h_{a2}=$
	$h_{f1}=$	$h_{f2}=$
	$c=$	
	$s=$	，$e=$
	$R=$	，$b=$
	$\theta_a=$	，$\theta_f=$
	$\delta_{a1}=$	δ_{a2}
	$\delta_{f1}=$	δ_{f2}
	$z_{v1}=$	$z_{v2}=$

将各部分尺寸代号标注在下图中。

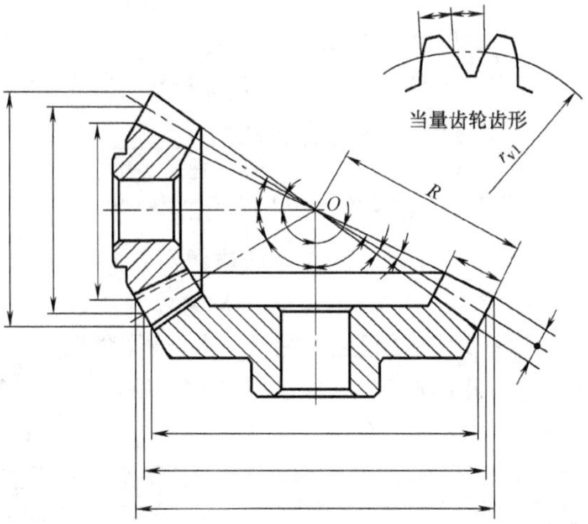

班级		成绩	
姓名		任课教师	
学号		批改日期	

第六章　蜗 杆 传 动

6-1　选择题

（1）由于结构和材料的原因，蜗杆传动的失效通常发生在________ 。

A. 蜗轮轮齿　　B. 蜗杆齿根　　C. 蜗杆齿面

（2）蜗杆直径 d_1 的标准化，是为了________。

A. 有利于测量　　B. 有利于蜗杆加工

C. 有利于实现自锁　　D. 有利于蜗轮滚刀的标准化

（3）对闭式蜗杆传动进行热平衡计算，其主要目的是________。

A. 防止润滑油受热后外溢，造成环境污染

B. 防止润滑油油温过高使润滑条件恶化

C. 防止蜗轮材料在高温下力学性能下降

D. 蜗杆蜗轮发生热变形后正确啮合被破坏

（4）对于一般传递动力的闭式蜗杆传动，其选择蜗轮材料的主要依据是________。

A. 齿面滑动速度　　B. 蜗杆传动效率

C. 配对蜗杆的齿面硬度　　D. 蜗杆传动的载荷大小

（5）阿基米德蜗杆的________模数，应符合标准值。

A. 法面　　B. 端面　　C. 轴面

（6）与齿轮传动相比，不能作为蜗杆传动优点的是________。

A. 传动平稳，噪声小　　B. 传动效率高

C. 可产生自锁　　D. 传动比大

（7）蜗杆传动的失效形式与齿轮传动相类似，其中________为最易发生。

A. 点蚀与磨损　　B. 胶合与磨损　　C. 轮齿折断与塑性变形　　D. 胶合与塑性变形

（8）蜗杆传动中，蜗杆蜗轮的中心距计算公式为________。

A. $a=\frac{1}{2}m(z_1+z_2)$　　B. $a=\frac{1}{2}m(q+z_2)$　　C. $a=\frac{1}{2}m_n(z_1+z_2)$

（9）蜗杆传动，用________来计算传动比 i 是错误的。

A. d_2/d_1　　B. z_2/z_1　　C. ω_1/ω_2

（10）轴交角 $\Sigma=90°$ 的蜗杆蜗轮要能正确啮合，蜗杆蜗轮必须________。

A. 导程角相等　　B. 轮齿旋向相反　　C. 螺旋角相等　　D. 轮齿旋向相同

6-2　填空题

（1）对相对滑动速度 $v_s \geqslant 4\text{m/s}$ 的重要蜗杆传动，蜗杆的材料可选用__________进行________处理；蜗轮的材料可选用________。

（2）要求反行程自锁的蜗杆传动，应满足________。

（3）阿基米德蜗杆传动在________平面上相当于齿轮和齿条传动，因此蜗杆的________模数和压力角和蜗轮的________模数和压力角对应相等，且为标准值。

班级		成绩	
姓名		任课教师	
学号		批改日期	

（4）闭式蜗杆传动的功率损耗，一般包括________、________、________三部分。

6-3　蜗杆传动的失效形式及计算准则是什么？制造蜗杆和蜗轮常用的材料有哪些？选择材料应满足哪些要求？

6-4　已知一阿基米德标准蜗杆传动，其参数为轴交角 $\Sigma=90°$，蜗杆头数 $z_1=2$，直径系数 $q=10$，蜗杆分度圆直径 $d_1=80\text{mm}$，传动比 $i=18$。试求：

（1）模数 m、蜗杆分度圆导程角 γ。

（2）蜗轮齿数 z_2、分度圆螺旋角 β_2 和分度圆直径 d_2。

（3）蜗杆传动中心距 a。

6-5　在图示的各蜗杆传动中，蜗杆均为主动，试确定蜗杆 1 或蜗轮 2 的转向及螺旋线方向，并在图上标出蜗杆和蜗轮的圆周力和轴向力方向。

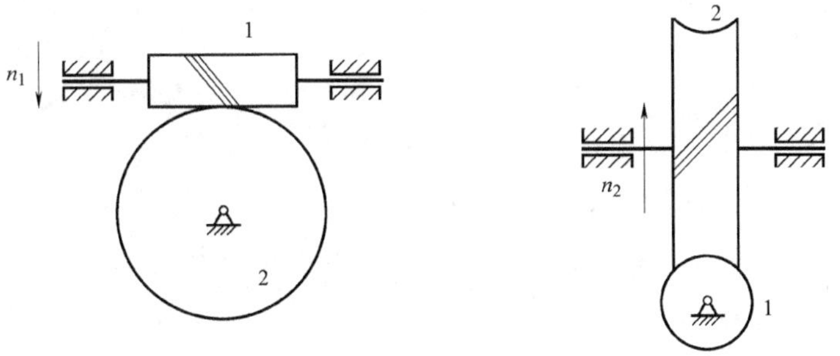

a)　　　　b)

班级		成绩	
姓名		任课教师	
学号		批改日期	

6-6　图示传动系统，已知输出轴 n_6 的方向。

（1）欲使各轴轴向力较小，确定蜗杆 1、蜗轮 2、齿轮 5 和 6 的旋向及各轴的转向。

（2）在图中标出各齿轮和蜗杆蜗轮的轴向力、径向力和圆周力的方向。

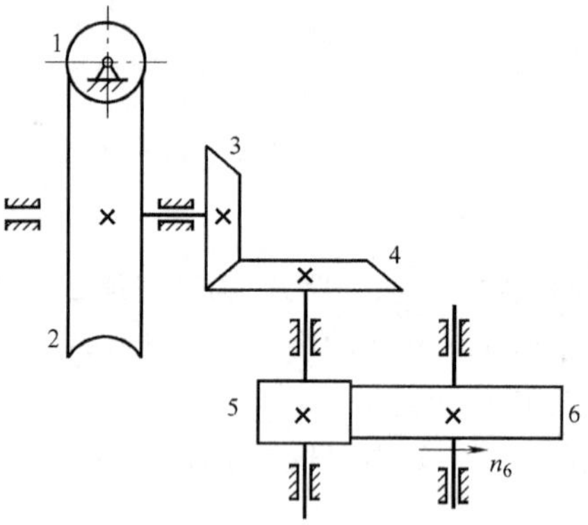

6-7　手动绞车采用圆柱蜗杆传动。已知 $m=8\text{mm}$，$z_1=1$，$d_1=80\text{mm}$，$z_2=40$，卷筒直径 $D=200\text{mm}$。问：

（1）欲使重物 G 上升 1m，蜗杆应转多少圈？图示蜗杆旋向，当重物上升时，手柄应如何转动？（标在图上）

（2）蜗杆和蜗轮间的当量摩擦系数 $f_v=0.18$，该机构能否自锁？

（3）若重物 $G=5\text{kN}$，手摇时施加在手柄上的力 $F=100\text{N}$，手柄转臂的长度 L 应该是多少？

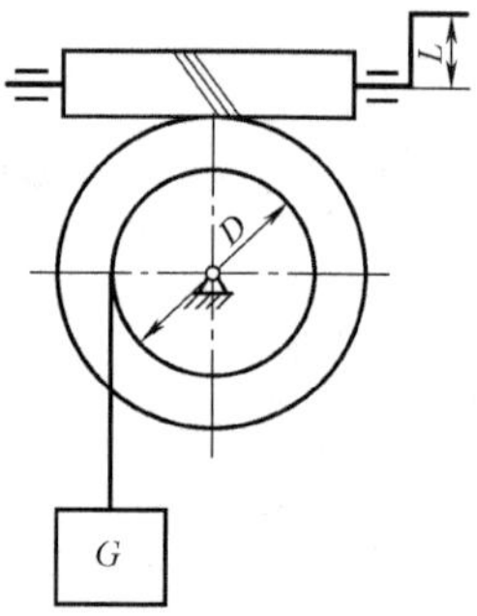

班级		成绩	
姓名		任课教师	
学号		批改日期	

第七章　轮　　系

7-1　在图示的钟表传动示意图中，发条盘 K 驱动齿轮 1 转动，S、M 及 H 分别为秒针、分针和时针。已知 $z_1=72$，$z_2=12$，$z_3=64$，$z_4=8$，$z_5=60$，$z_6=8$，$z_7=60$，$z_8=6$，$z_9=8$，$z_{10}=24$，$z_{11}=6$，$z_{12}=24$。求秒针与分针的传动比 i_{SM} 及分针与时针的传动比 i_{MH}。

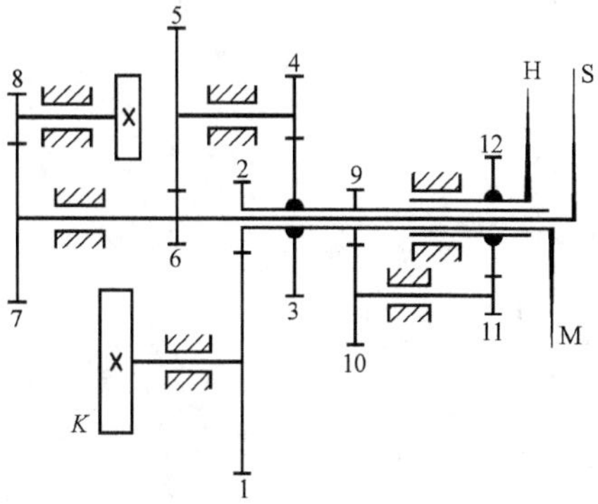

7-2　在图示的轮系中，已知 $z_1=18$，$z_2=54$，$z_{2'}=18$，$z_3=30$，$z_{3'}=45$，$z_4=40$，求传动比 i_{14}，并在图上标出齿轮 4 的转向 n_4。

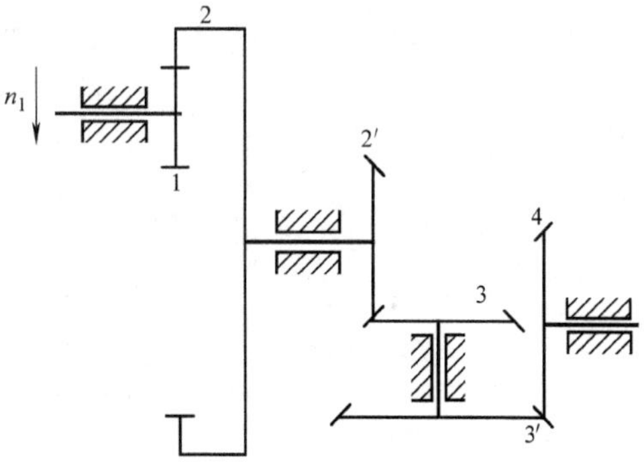

班级		成绩	
姓名		任课教师	
学号		批改日期	

7-3　在图示的轮系中，已知 $z_1=15$，$z_2=25$，$z_{2'}=15$，$z_3=54$，$z_{3'}=15$，$z_4=20$，$z_5=1$，$z_6=40$，$z_7=18$（$m_7=4\text{mm}$），若 $n_1=1440\text{r/min}$，求齿条 8 线速度 v 的大小和方向。

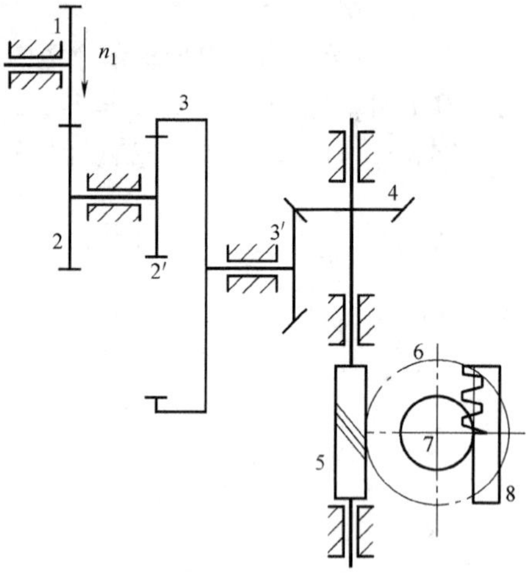

7-4　在图示的轮系中，已知 $z_1=17$，$z_2=51$，$z_{2'}=30$，$z_3=45$，$z_4=120$，$n_1=960\text{r/min}$，图示方向，求系杆 H 转速 n_H 的大小和方向。

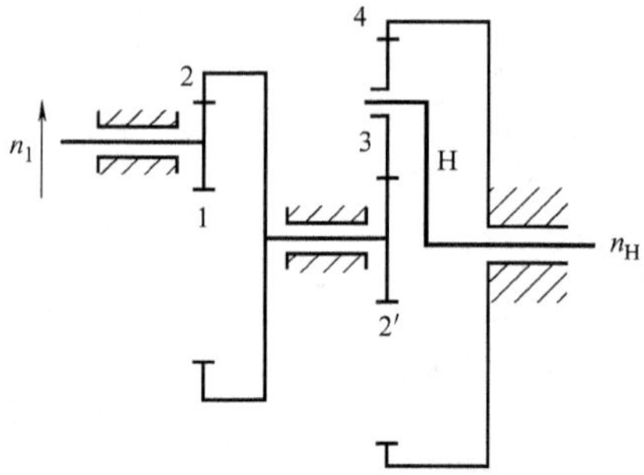

班级		成绩	
姓名		任课教师	
学号		批改日期	

7-5　在图示自行车里程表中的机构中，C 为车轮轴，已知 $z_1=17$，$z_3=23$，$z_4=19$，$z_{4'}=20$，$z_5=24$。设轮胎受压变形后使 28in（英寸）的车轮有效直径约为 0. 7m，当车行 1km 时，表上的指针 P 要刚好回转一周，求齿轮 2 的齿数 z_2。

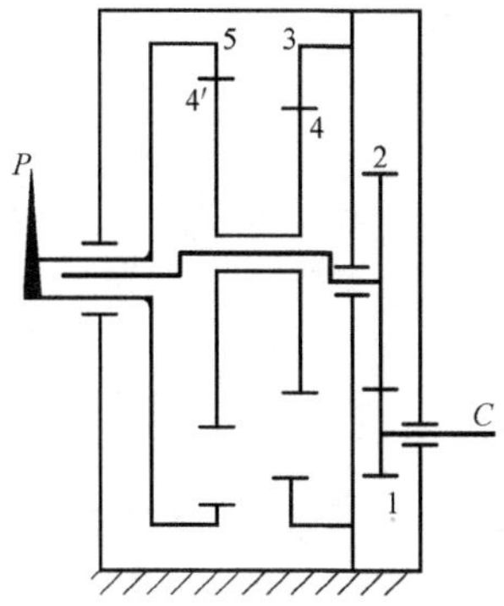

7-6　在图示的轮系中，已知 $z_1=z_3=25$，$z_5=100$，$z_2=z_4=z_6=20$，试区分哪些构件组成定轴轮系？哪些构件组成周转轮系？哪个构件是系杆 H？求该轮系传动比 $i_{16}=?$

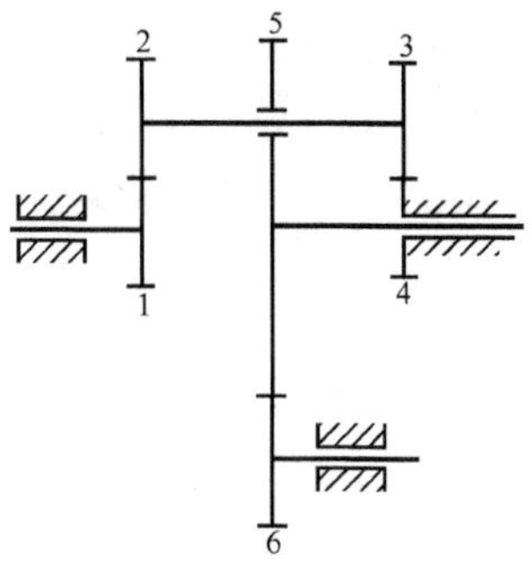

班级		成绩	
姓名		任课教师	
学号		批改日期	

7-7　在图示的轮系中，已知 $z_1=z_3=40$，$z_{1'}=z_2=z_{2'}=z_4=20$，$z_{3'}=60$，齿轮 1 的转速 $n_1=960\text{r/min}$。试求 n_H的大小和方向。

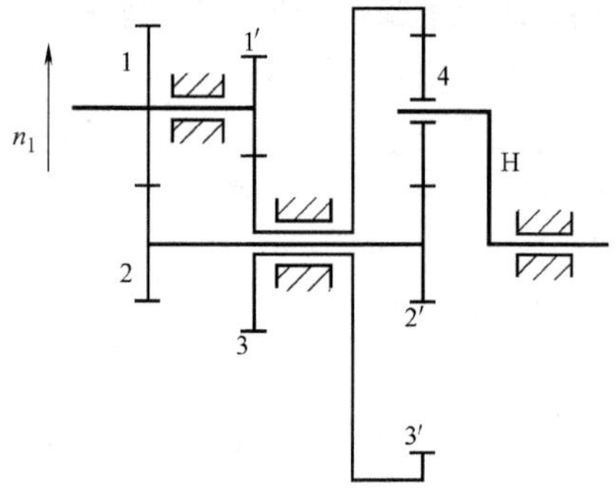

7-8　在图示的轮系中，已知 $z_1=1$，$z_2=40$，$z_{2'}=24$，$z_3=72$，$z_{3'}=18$，$z_4=114$。试：判断该轮系属于何种轮系？计算传动比 i_{1H}，并在图中标出系杆 H 的转向。

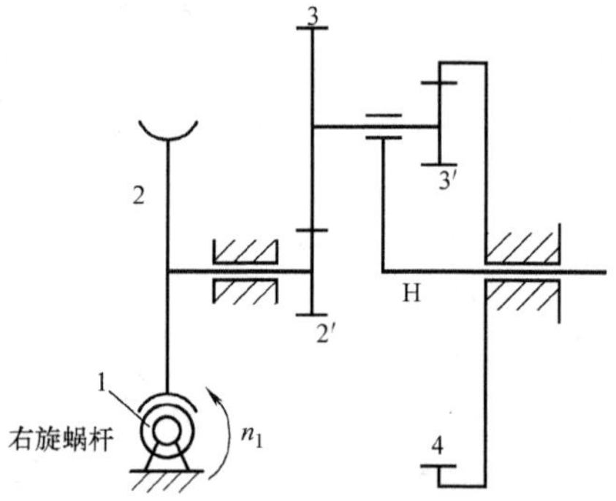

班级		成绩	
姓名		任课教师	
学号		批改日期	

7-9　在图示的轮系中，已知 $z_1=56$，$z_2=62$，$z_3=58$，$z_4=60$，$z_5=35$，$z_6=30$，若 $n_H=70\text{r/min}$，$n_6=140\text{r/min}$，两轴转向相同，试分析轮系的组成，求出轴 1 的转速 n_1 并判断其转向。

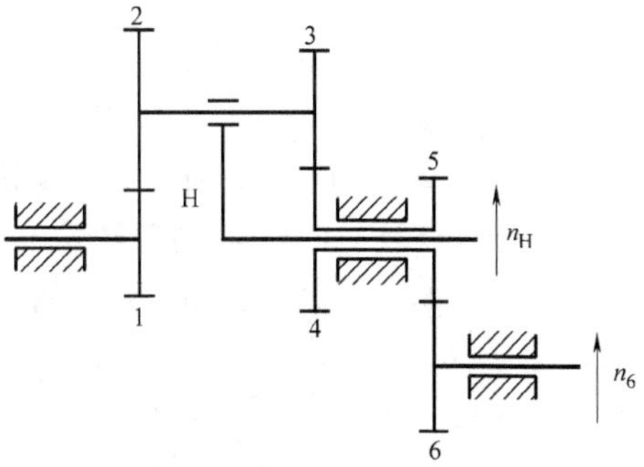

7-10　在图示的轮系中，已知 $z_1=z_{2'}=z_3=20$，$z_2=30$，$z_4=60$，$z_{4'}=40$，$z_5=1$（左旋），$n_1=900\text{r/min}$，$n_5=1280\text{r/min}$。试求 n_2、n_4、n_H的大小和方向。

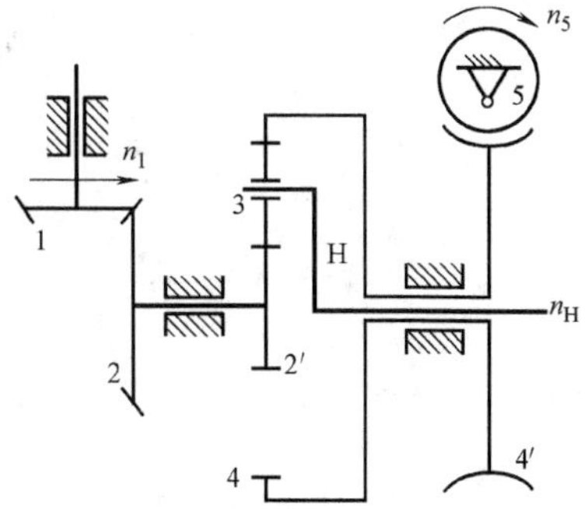

班级		成绩	
姓名		任课教师	
学号		批改日期	

第八章　常用间歇机构

8-1　选择题

（1）棘轮的标准模数等于棘轮的________直径与齿数之比。

A. 分度圆　　B. 齿顶圆　　C. 齿根圆

（2）在单向间歇运动机构中，棘轮机构常用于________的场合。

A. 低速轻载　　B. 高速轻载　　C. 低速重载　　D. 高速重载

（3）在棘轮机构中，为使棘爪能顺利滑入棘轮齿根，棘轮的齿面角 α 与棘爪、棘轮齿面间的摩擦角 φ 的关系为________。

A. $\alpha > \varphi$　　B. $\alpha < \varphi$　　C. $\alpha = \varphi$

（4）对于单销外槽轮机构，槽轮的运动时间总是________静止时间。

A. 等于　　B. 大于　　C. 小于

（5）在一个运动循环中，槽轮的运动系数为________。

A. 槽轮的运动时间和停歇时间之比　　B. 槽轮的转角和主动拨盘的转角之比

C. 槽轮的运动时间和主动拨盘的运动时间之比

8-2　填空题

（1）棘轮机构由______、________、________和________组成。

（2）齿式棘轮机构止动棘爪的作用是____________________________________。

（3）槽轮机构由______、________和________组成。

（4）欲将一匀速回转运动转变成单向间歇回转运动，可采用的机构有__________、______________、______________等，其中间歇时间可调的机构是____________机构。

8-3　棘轮每次转过的角度可以通过哪几种方法来调节？

8-4　在转塔车床外槽轮机构中，拨盘的圆销数 $n=1$。已知槽轮的槽数 $z=6$，拨盘转一周时，槽轮的运动时间是 $t_d=20s$，求槽轮机构中拨盘的转速。

8-5　已知槽轮的槽数 $z=4$，拨盘的圆销数 $n=1$，拨盘转速 $n_1=6r/min$，求槽轮的运动时间 t_d 和静止时间 t_j。

班级		成绩	
姓名		任课教师	
学号		批改日期	

第九章　带传动和链传动

9-1　选择题

(1) V 带传动属于________。

A. 电传动　　B. 摩擦传动　　C. 液压传动　　D. 啮合传动

(2) 两带轮直径一定时，减小中心距将引起________。

A. 带的弹性滑动加剧　　B. 带传动效率降低

C. 带工作噪声增大　　D. 小带轮上的包角减小

(3) 带传动中，主动轮圆周速度 v_1、从动轮圆周速度 v_2、带速 v，它们之间的关系是__________。

A. $v_1 = v_2 = v$　　B. $v_1 > v > v_2$　　C. $v_1 < v < v_2$　　D. $v > v_1 > v_2$

(4) 下列普通 V 带型号中，______带的截面尺寸最小。

A. A 型　　B. B 型　　C. E 型　　D. Z 型

(5) 带在工作中，最大应力出现在__________。

A. 紧边　　B. 松边　　C. 紧边进入主动轮点　D. 松边进入从动轮点

(6) V 带传动设计中，是根据________选取 V 带型号的。

A. 带的线速度　　B. 带的有效拉力　　C. 计算功率和小轮转速

(7) 带张紧的目的是________。

A. 减轻带的弹性滑动　　B. 提高带的寿命

C. 改变带的运动方向　　D. 使带具有一定的初拉力

(8) V 带传动设计中，限制小带轮的直径 $d_{d1} \geqslant d_{dmin}$，主要是为了________。

A. 限制带的弯曲应力　　B. 限制相对滑移量

C. 保证带与轮面间的摩擦力　　D. 带轮在轴上安装需要

(9) 用________提高带传动的传递功率是不合适的。

A. 适当增大初拉力 F_0　　B. 增大中心距 a

C. 增加带轮表面粗糙度　　D. 增大小带轮直径

(10) 带传动正常工作时，不能保证准确的传动比的原因是因为__________。

A. 带的材料不符合胡克定律　　B. 带容易变形和磨损

C. 带在带轮上打滑　　D. 带的弹性滑动

(11) 滚子链传动设计中限制小链轮齿数 $z_1 \geqslant 9$ 是为了________。

A. 防止脱链现象发生　　B. 防止小链轮转速过高

C. 提高传动平稳性　　D. 保证链轮轮齿的强度

(12) 若大链轮齿数超过极限值 $z_{max} = 120$，则__________。

A. 链条的磨损快　B. 易发生脱链现象　C. 链传动的噪声大

(13) 对于高速重载的链传动，应选取________的链条。

A. 大节距单排　　B. 小节距单排　　C. 小节距多排

班级		成绩	
姓名		任课教师	
学号		批改日期	

（14）在传递功率和速度相同的条件下，链传动压轴力要比带传动小，这主要是因为________。

A. 链的质量大，离心力大

B. 啮合传动不需要很大的初拉力

C. 在传递同样功率时，圆周力小

D. 这种传动只用来传递小功率

9-2 填空题

（1）在 V 带传动中，影响极限有效拉力 F_{ec} 的因素是________、______和______。

（2）V 带传动在工作过程中，带内应力有________、________、__________，最大应力 σ_{max} = ________________。

（3）带传动的主要失效形式为__________和__________，其设计准则为__________________，________________________。

（4）滚子链是由滚子、套筒、销轴、内链板和外链板所组成，其中__________________之间、______________之间为过盈配合，而____________之间、__________之间为间隙配合。

（5）在链传动中，链轮的转速____，节距______，齿数______，则链传动的动载荷越大。

（6）链传动的______传动比是不变的，而________传动比是变化的。

（7）在设计图样上注明某链条的标记为：16A-2 × 60　GB/T 1243—2006，其中“16A”表示________，____________，“2”表示__________，“60”表示 __________。

（8）链传动的主要失效形式有________、__________、_____________、__________和__________。

9-3 为什么带传动通常布置在机器的高速级？而链传动通常布置在机器的低速级？

9-4 什么是带传动的弹性滑动？什么是打滑？其产生的原因是什么？可否避免？

9-5 V 带传动设计中，参数 ΔP_0 的名称是什么？ΔP_0 是由什么原因产生的？

班级		成绩	
姓名		任课教师	
学号		批改日期	

9-6　带传动设计时，为什么要限制其最小中心距和最大传动比？

9-7　在普通 V 带传动中，为什么一般推荐使用的带速为 $5 \leqslant v \leqslant 25\text{m/s}$？

9-8　链条节数一般取为偶数，链轮齿数一般取为奇数，其原因是什么？

9-9　水平安装的带传动和链传动，紧边应分别置于上侧还是下侧？为什么？

9-10　有一双速电动机与 V 带组成的传动装置，改变电动机转速可使从动轴得到 300r/min 和 600r/min 两种转速。若从动轴输出功率不变，试问应按哪种转速设计带传动？若从动轴输出转矩不变，试问应按哪种转速设计带传动？为什么？

班级		成绩	
姓名		任课教师	
学号		批改日期	

9-11　有一单根普通 V 带传动的初拉力 $F_0=500\text{N}$，传递功率 $P=4\text{kW}$，主动轮（小带轮）的基准直径 $d_{d1}=160\text{mm}$，转速 $n_1=1000\text{r/min}$，小带轮的包角 $\alpha_1=150°$，V 带与带轮间的当量摩擦系数 $f_v=0.5$，V 带单位长度的质量 $q=0.17\text{kg/m}$。试：

（1）计算 V 带的紧边拉力 F_1、松边拉力 F_2。

（2）计算 V 带能传递的极限有效拉力 F_{ec}。

（3）判断此带传动是否打滑。

9-12　一普通 V 带传动，B 型带，4 根。已求得其极限有效拉力 $F_{ec}=2000\text{N}$，小带轮基准直径 $d_{d1}=125\text{mm}$，当带速 $v=8\text{m/s}$ 时，要求传递的功率 $P=16.8\text{kW}$。试问：此传动能否正常工作？若不能正常工作，在保持小带轮转速不变的条件下，可采取哪些措施使传动能正常工作？（要求说出 3 种措施。）

班级		成绩	
姓名		任课教师	
学号		批改日期	

9-13　现设计一带式输送机的传动部分，该传动部分由普通 V 带传动和齿轮传动组成。齿轮传动采用标准齿轮减速器。原动机为电动机，额定功率 $P=11\text{kW}$，转速 $n_1=1460\text{r/min}$，减速器输入轴转速为 400 r/min，允许传动比误差为 $\pm 5\%$，两班制工作，试设计此普通 V 带传动。

班级		成绩	
姓名		任课教师	
学号		批改日期	

9-14　设计一滚子链传动。已知主动轮转速 $n_1=480\text{r/min}$，传递功率 $P=16.8\text{kW}$，传动比 $i=3.5$，原动机为电动机，工作载荷冲击较大，中心距不大于800mm（要求中心距可以调节），水平布置。

班级		成绩	
姓名		任课教师	
学号		批改日期	

第十章　连　　接

10-1　判断题

（1）螺旋线的升角越小，效率越高，自锁性越差。（　　）

（2）用于薄壁零件连接的螺纹，应采用三角形细牙螺纹。（　　）

（3）当两个被连接件中有一个较厚且连接需要经常拆装时，应该选用普通螺栓连接。（　　）

（4）一个螺栓采用两个螺母，可以提高螺栓连接的强度。（　　）

（5）螺栓连接中，常采用凸台或沉头座作为螺栓头或螺母的支承面，是为了便于放置弹簧垫圈，防止连接松脱。（　　）

（6）受旋转力矩的螺栓组连接，既能采用普通螺栓也能采用铰制孔用螺栓。（　　）

（7）当轴单向旋转时，普通平键连接中，键的工作面为单侧面。（　　）

（8）普通平键的断面尺寸 $b \times h$ 和公称长度 L 是根据挤压强度从标准中选取的。（　　）

10-2　选择题

（1）在常用的螺纹连接中，自锁性能最好的螺纹是____；在常用的螺旋传动中，传动效率最高的螺纹是______。

A. 三角形螺纹　B. 梯形螺纹　C. 锯齿形螺纹　D. 矩形螺纹

（2）普通螺纹的公称直径是指螺纹的________径，计算螺纹的摩擦力矩时使用螺纹的________径，计算螺纹的危险截面时使用螺纹的________径。

A. 大　B. 小　C. 中

（3）在承受横向工作载荷或旋转力矩的普通紧螺栓连接中，螺栓杆________作用。

A. 受剪切应力　B. 受拉应力

C. 受拉应力和扭转切应力　D. 既可能只受切应力又可能只受拉应力

（4）采用受剪螺栓（铰制孔用螺栓）连接承受横向载荷时，螺栓杆受到______作用。

A. 弯曲　B. 扭转　C. 挤压　D. 拉伸　E. 剪切

（5）工作时仅受预紧力作用的紧螺栓连接，其强度校核公式为 $\sigma_{ca} = \dfrac{4 \times 1.3F_0}{\pi d_1^2} \leqslant [\sigma]$，式中的 1.3 是考虑________。

A. 可靠性系数　B. 螺杆受拉扭联合作用

C. 螺纹中的应力集中　D. 载荷变化与冲击

（6）重要的螺栓连接，直径不宜小于 M12，这是因为______。

A. 要求精度高　B. 减少应力集中　C. 防止拧紧时过载拉断　D. 便于装配

（7）当键连接强度不足时可采用双键。使用两个平键时要求两键______布置；使用两个半圆键时要求两键______布置；使用两个楔键时要求两键______布置；

A. 在同一直线上　B. 相隔 90° ~120°　C. 相隔 180°　D. 相隔 120° ~130°

（8）花键连接的主要缺点是______。

班级		成绩	
姓名		任课教师	
学号		批改日期	

A. 应力集中　　B. 成本高　　　　C. 对中性及导向性差

10-3　填空题

（1）普通螺纹的牙型角 $\alpha=$________，适用于________；而梯形螺纹的牙型角 $\alpha=$____，适用于__________。

（2）常用螺纹的类型主要有____________、__________________、____________、__________、_____________、和_____________。

（3）螺纹连接防松的实质在于_____________，按其防松原理可分为____________防松、_______________防松和_________________防松。

（4）螺栓材料性能等级为 6.8 级，则螺栓材料的最小下屈服强度近似为________。

（5）平键连接能传递的最大转矩为 T，现要传递 $1.5T$ 的转矩时，则应______________。

（6）平键的_________为工作面，楔键的________为工作面；平键靠_______________传递载荷，楔键靠____________________________传递载荷。

（7）平键标记：GB/T 1096　键 B14 × 9 × 80 中，B 表示__________，14 × 9 × 80 表示______________________。

（8）根据销的作用，销可分为_______、_________、_________。

10-4　松螺栓连接和紧螺栓连接的区别是什么？在计算中如何考虑这些区别？

10-5　用于连接的螺纹都具有良好的自锁性，为什么有时还需要防松装置？具体的防松方法和装置各有哪些？

班级		成绩	
姓名		任课教师	
学号		批改日期	

10-6　受横向载荷时，普通螺栓连接和铰制孔用螺栓连接的主要失效形式各是什么？计算准则各是什么？

10-7　按构造分，普通平键有 A、B、C 三种形式，它们的使用特点各是什么？与之相配的轴槽是如何加工的？其工作长度和公称长度之间各有什么关系？

10-8　普通平键的工作原理是什么？失效形式有哪些？键的尺寸是如何确定的？

班级		成绩	
姓名		任课教师	
学号		批改日期	

10-9　图示凸缘联轴器，允许传递的最大转矩 $T=90\text{N}\cdot\text{m}$，两半联轴器采用 4 个 M12 的铰制孔用螺栓连接，螺栓规格为 M12 ×60，螺栓的性能等级为 8. 8 级，联轴器材料为 HT200，试校核其连接强度。

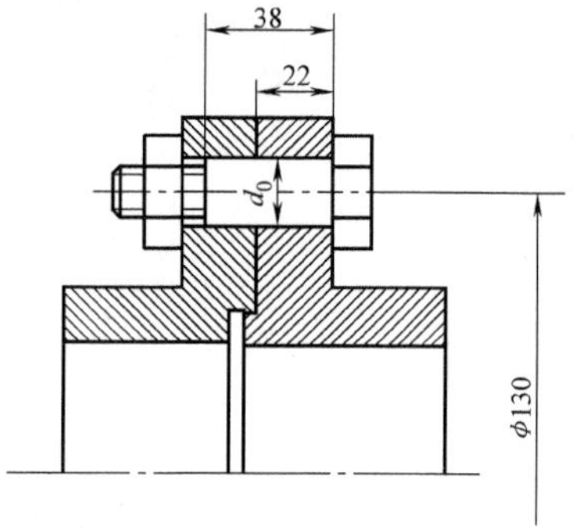

10-10　有一受预紧力 $F_0=1000\text{N}$ 和轴向工作载荷 $F=1000\text{N}$ 作用的普通紧螺栓连接，已知螺栓的刚度 C_1 与被连接件的刚度 C_2 相等。试计算该螺栓连接所受的总拉力 F_1 和剩余预紧力 F_2。在预紧力 F_0 不变的条件下，若保证被连接件不出现缝隙，该螺栓的最大轴向工作载荷 F_{max} 为多少？

班级		成绩	
姓名		任课教师	
学号		批改日期	

10-11　图示某滑动轴承座由两个对称布置的普通螺栓与基座相连，每个螺栓受的预紧力 $F_0 = 5000\text{N}$，工作时轴承上作用的轴向工作载荷为 $F = 12000\text{N}$，轴承座结合面面积为 $A = 200\text{mm}^2$，$[\sigma] = 120\text{MPa}$，螺栓相对刚度 $C_1/(C_1 + C_2) = 0.25$，试确定螺栓的小径 d_1，并判断在轴承座与地面间是否会出现缝隙？为什么？

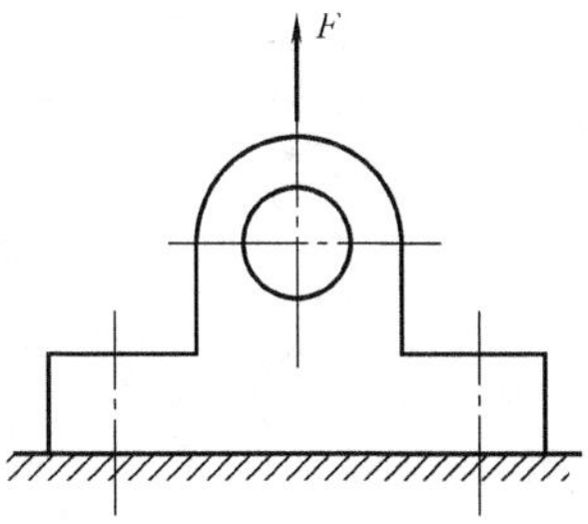

10-12　图示普通螺栓连接结构中，已知工作载荷 $F = 6000\text{N}$，结合面摩擦系数 $f = 0.12$，可靠性系数 $K_f = 1.3$，螺栓材料性能等级为 5.6 级，装配时控制预紧力，试确定该连接所需的螺栓直径 d。

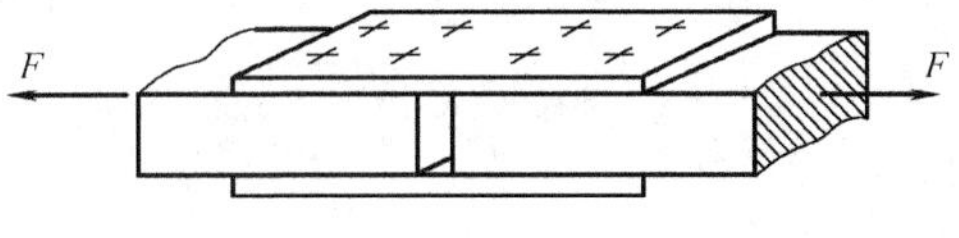

班级		成绩	
姓名		任课教师	
学号		批改日期	

10-13　图示减速器的钢制低速轴与带轮之间采用普通平键连接。已知轴传递的转矩 $T=1000\text{N}\cdot\text{m}$，带轮的材料为 HT200，工作时有轻微冲击。试选择该处键的类型和尺寸，并校核其强度。

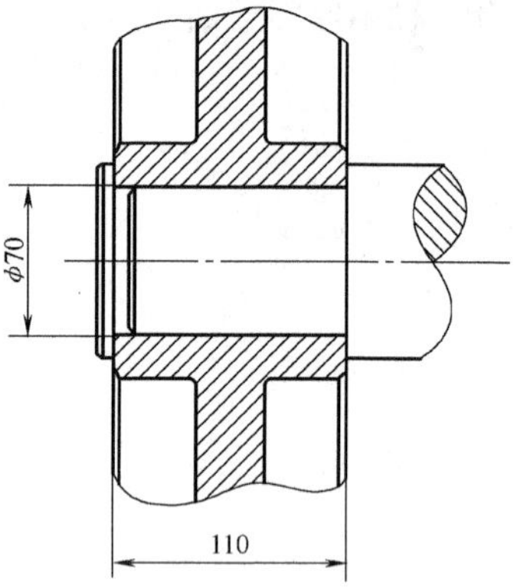

10-14　下列结构存在错误，试在原图上改正。

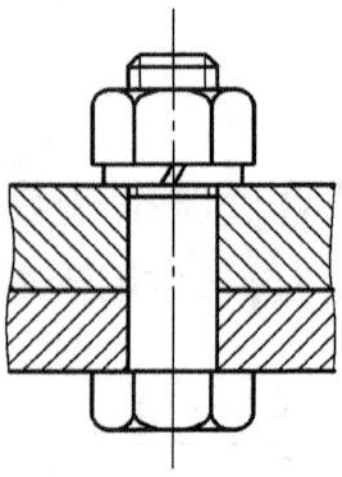

铰制孔用螺栓连接

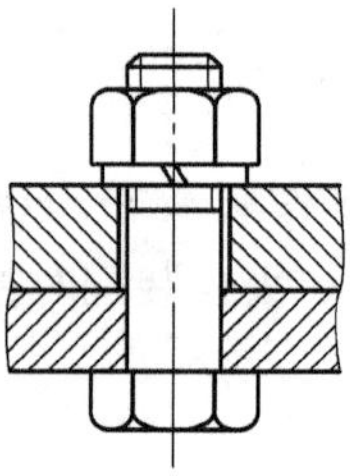

普通螺栓连接

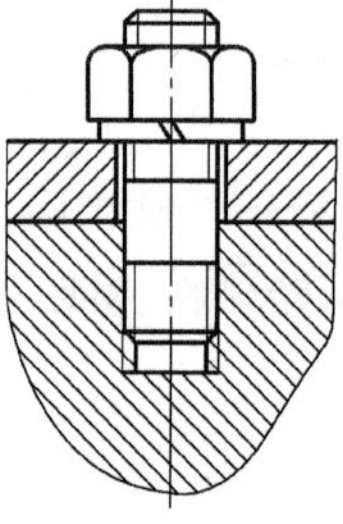

双头螺柱连接

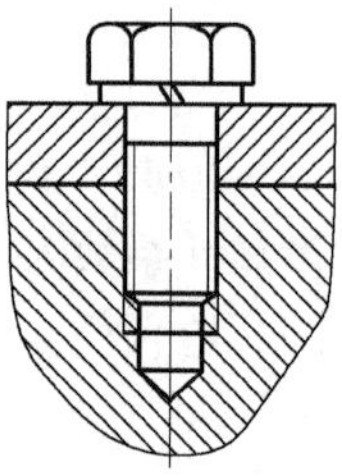

螺钉连接

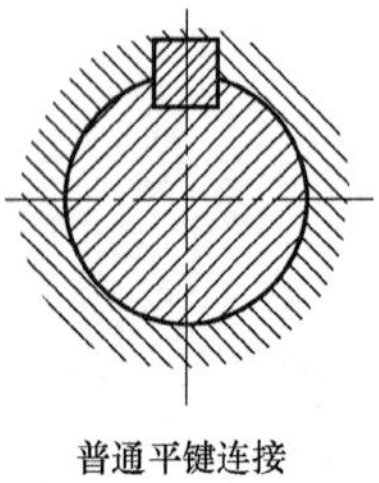

普通平键连接

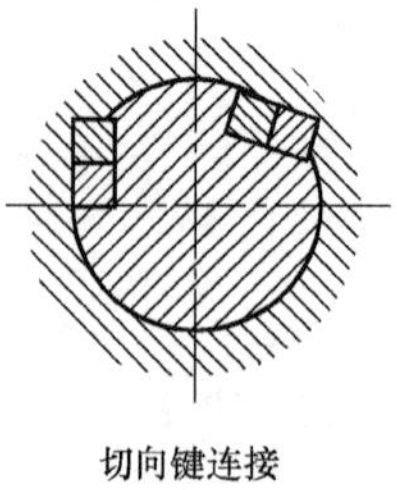

切向键连接

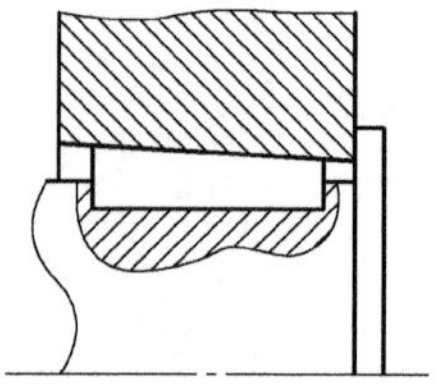

楔键连接

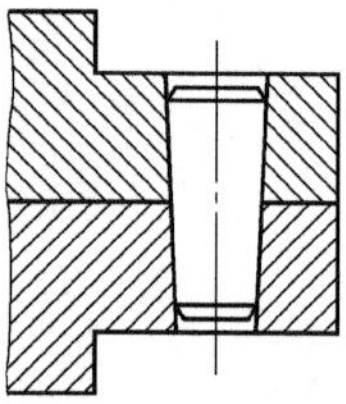

圆锥销连接

班级		成绩	
姓名		任课教师	
学号		批改日期	

第十一章　轴

11-1　选择题

（1）按所受载荷的性质分，车床的主轴是________，自行车的前轴是________。

A. 转动心轴　　B. 固定心轴　　C. 传动轴　　D. 转轴

（2）转轴是机器中常用的轴，主要承受的载荷形式是________。

A. 转矩　　B. 弯矩　　C. 转矩及弯矩

（3）对于承受载荷较大的重要轴，常用材料是__________。

A. HT200　　B. 40Cr　　C. Q235　　D. 45 钢

（4）为了提高轴的刚度，措施________是无效的。

A. 加大阶梯轴各部分直径　　B. 碳素钢改为合金钢

C. 改变轴承间的距离　　D. 改变轴上零件位置

（5）转轴一般设计成阶梯轴，其目的是__________。

A. 便于轴上零件装拆和固定　　B. 便于加工

C. 节省材料和减轻重量

（6）当轴上的零件要承受较大的轴向力时，采用________定位较好。

A. 轴肩　　B. 紧定螺钉　　C. 弹性挡圈

（7）轴上零件轮毂宽度应__________与之配合的轴段轴向尺寸。

A. 小于　　B. 等于　　C. 大于

（8）为使零件轴向定位可靠，轴上的倒角或倒圆半径须________轮毂孔的倒角或倒圆半径。

A. 等于　　B. 大于　　C. 小于

（9）在轴的初步计算中，轴的直径是按________初步确定的。

A. 弯曲强度　　B. 扭转强度　　C. 复合强度　　D. 轴段上零件的孔径

（10）对于受对称循环转矩的转轴，计算当量弯矩 $M_e = \sqrt{M^2 + (\alpha T)^2}$时，α 应取______。

A. 0.3　　B. 0.6　　C. 1　　D. 1.3

（11）为了提高轴的强度，在以下措施中，________是不合理的。

A. 钢轴改为铸铁轴　　B. 碳素钢轴改为合金钢轴

C. 轴表面硬化　　D. 加大过渡圆角半径

11-2　填空题

（1）根据轴的几何轴线的形状，轴可以分为________、________和___________。

（2）心轴只承受弯矩而不传递转矩，有___________和__________两种。

（3）轴工作时产生应力多为变应力，其主要的失效形式是_____________。因此，轴的材料应该具有足够__________，并具有________________和________________。

（4）常用的轴向定位方法有__________、__________、_____________________等形式。

班级		成绩	
姓名		任课教师	
学号		批改日期	

（5）轴的弯曲刚度用__________或__________来表征，扭转刚度用__________来表征。轴的刚度计算，就是计算轴在工作载荷下的变形量，满足条件为__________________。

（6）为了改善轴的受力状况，减小应力集中，常采用的方法是____________________、________________、____________________。

11-3　试分析图示起重机中Ⅰ～Ⅳ各轴分别属于传动轴、心轴还是转轴（忽略轴的自重）。

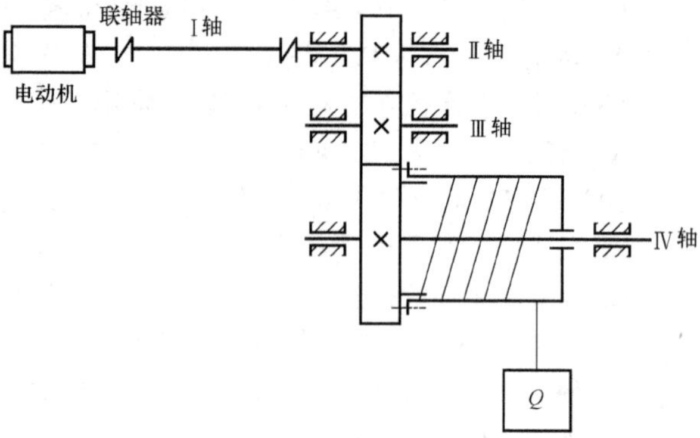

11-4　试比较光轴和阶梯轴的主要特点，各应用于什么场合？

11-5　轴的材料应满足什么条件？常用轴的材料主要有哪些，应如何选用？

11-6　轴结构设计的主要要求是什么？

班级		成绩	
姓名		任课教师	
学号		批改日期	

11-7　轴上零件的轴向和周向固定各有哪些方法？

11-8　已知一传动轴传递的功率 $P=42\mathrm{kW}$，转速 $n=960\mathrm{r/min}$，如果轴的许用扭转切应力 $[\tau]\leqslant 45\mathrm{MPa}$，试求该轴的轴径 d。

11-9　图示转轴直径 $d=55\mathrm{mm}$，$a=500\mathrm{mm}$，传递的转矩 $T=2500\mathrm{N\cdot m}$，$F=7600\mathrm{N}$。若轴的许用弯曲应力 $[\sigma_{-1}]=150\mathrm{MPa}$，求 x。

班级		成绩	
姓名		任课教师	
学号		批改日期	

11-10　试指出图示齿轮轴系中的错误结构，并画出正确的结构图。

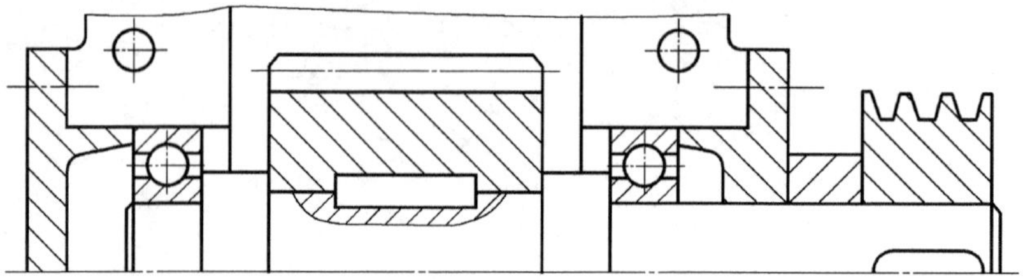

11-11　试指出图示斜齿圆柱齿轮轴系中的错误结构，并画出正确的结构图。

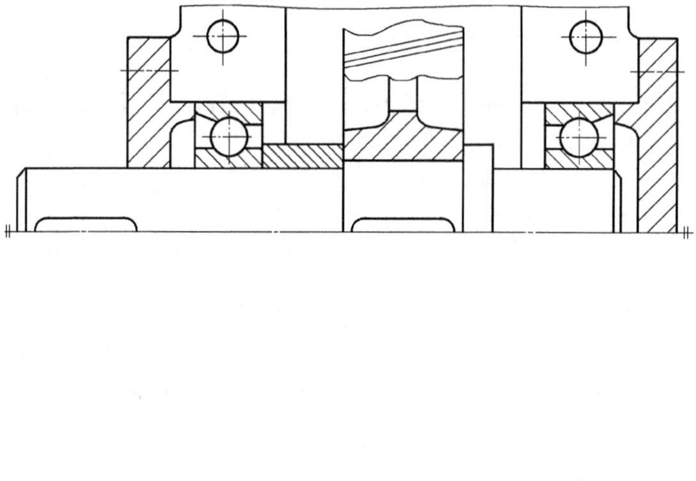

班级		成绩	
姓名		任课教师	
学号		批改日期	

第十二章　轴　　承

12-1　选择题

（1）滚动轴承基本额定寿命与基本额定动载荷之间具有如下关系，即 $L=(C/P)^{\varepsilon}$，滚子轴承和球轴承的 ε 分别为________。

A. 3/10 和 3　　B. 3/10 和 10/3　　C. 10/3 和 3/10　　D. 10/3 和 3

（2）在满足工作要求的前提下，允许转速最高的是 ________。

A. 深沟球轴承　　B. 圆柱滚子轴承　　C. 推力球轴承　　D. 圆锥滚子轴承

（3）代号为 3108、3208、3308 的滚动轴承的 ________不相同。

A. 外径　　B. 内径　　C. 精度　　D. 类型

（4）对某一滚动轴承来说，当所受当量动载荷增加时，其基本额定动载荷 ________。

A. 增加　　B. 减小　　C. 不变　　D. 可能增加也可能减小

（5）在正常工作条件下，滚动轴承的主要失效形式是________。

A. 滚动体破裂

B. 滚动磨损

C. 滚动体与滚道工作表面上产生疲劳点蚀

D. 滚动体与滚道间产生胶合

（6）在下列四种轴承中，________一般应成对使用。

A. 圆锥滚子轴承　　B. 圆柱滚子轴承　　C. 推力球轴承　　D. 深沟球轴承

（7）________不能用来同时承受径向载荷与轴向载荷。

A. 圆锥滚子轴承　　B. 角接触球轴承　　C. 深沟球轴承　　D. 圆柱滚子轴承

（8）基本额定动载荷和当量动载荷均相同的球轴承和滚子轴承的寿命________相同。

A. 一定　　B. 不一定　　C. 一定不　　D. 条件不足

（9）________轴承的内圈与外圈可分离。

A. 深沟球　　B. 调心球　　C. 圆锥滚子　　D. 调心滚子

（10）下列滚动轴承密封中________属于接触式密封。

A. 毡圈密封　　B. 曲路密封和缝隙密封构成的组合密封

C. 曲路密封　　D. 缝隙密封

（11）轴承润滑的主要作用______________。

A. 提高轴的强度　　B. 提高轴的刚度　　C. 减摩、降温、防锈、减振

（12）在压力大、温度高、载荷冲击变动大时，应选用黏度______的润滑油。

A. 较大　　B. 较小　　C. 较好　　D. 较差

（13）不完全液体润滑滑动轴承验算压力 p 是为了避免________；验算 pv 值是为了防止______。

A. 过度磨损　　B. 产生塑性变形　　C. 发生疲劳点蚀　　D. 过热产生胶合

（14）滑动轴承在________情况下应用效果比滚动轴承好。

A. 轻载、低速、低精度、尺寸特大或特小

班级		成绩	
姓名		任课教师	
学号		批改日期	

B. 重载、低速、低精度、尺寸特大或特小

C. 重载、高速、高精度、尺寸特大或特小、结构上要求剖分

(15) 在______情况下，滑动轴承润滑油的黏度不应选得较高。

A. 重载　　B. 高速

C. 工作温度高　　D. 承受变载荷或振动冲击载荷

(16) 在滑动轴承材料中，__________通常只用作金属轴瓦的表层材料。

A. 铸铁　　B. 巴氏合金　　C. 铸造锡青铜　　D. 铸造黄铜

(17) 下列各种机械设备中，________只宜采用滑动轴承。

A. 中、小型减速器齿轮轴　　B. 电动机转子

C. 铁道机车车辆轴　　D. 大型水轮机主轴

12-2　填空题

(1) 根据工作条件选择滚动轴承类型时，若轴承转速高、载荷小应选________ 轴承；在重载或冲击载荷下，最好选用________ 轴承。

(2) 滚动轴承在基本额定动载荷作用下的基本额定寿命为________。

(3) 对单个轴承而言，能够达到基本额定寿命的概率为______。

(4) 考虑到滚动轴承在温度较高时工作，基本额定动载荷会______，故引入温度系数。

(5) 70000C，70000AC 和 70000B 三种轴承中，承受轴向载荷能力最大者为__________。

(6) 滚动轴承内圈轴向固定的方法有________、________、________等；外圈固定方法有________、________、________等。

(7) 滚动轴承的密封可分为________和________。

(8) 6208、N208、30208 和 51208 四个轴承中只能承受径向载荷的轴承是______，只能承受轴向载荷的轴承是________。

(9) 有一 60000 型轴承，根据疲劳寿命计算，预期寿命为 $L_{10}=5.4\times10^{7}\mathrm{r}(L_{\mathrm{h}}=2000\mathrm{h})$。在下列情况下，轴承寿命 L_{10}和 L_{h}分别为多少？

当 C、P 不变时，轴的转速由 n 增加到 $2n$，$L_{10}=$________、$L_{\mathrm{h}}=$________。

当 C、n 不变时，当量动载荷由 P 增加到 $2P$，$L_{10}=$________、$L_{\mathrm{h}}=$________。

当 n、P 不变时，轴承尺寸改变，其额定动载荷由 C 增加到 $2C$，$L_{10}=$______________、$L_{\mathrm{h}}=$________。

(10) 滑动轴承按摩擦状态可分为________________和________________两种。

(11) 对开式径向滑动轴承的轴承座和轴承盖的结合面设计成阶梯形是为了______________和____________________。

(12) 滑动轴承常见的失效形式主要有____。

(13) 考虑滑动轴承的失效形式，要求滑动轴承的材料具有____________________、__________、__________、__________、______________________________等特性。

(14) 常用的滑动轴承材料分为____________、____________、和____________三大类。

(15) 在压力大、温度高、载荷冲击变动大时，应选用__________润滑油。

班级		成绩	
姓名		任课教师	
学号		批改日期	

（16）固体润滑剂常用在________、________、________等不宜采用润滑油或脂的工作场合。

（17）形成液体动压润滑的必要条件是________________________________、________________________和________________________________。

12-3 试指出下列轴承代号的含义？

30307 7206AC 6208 N1024

12-4 滚动轴承基本额定动载荷 C 的含义是什么？当滚动轴承上作用的当量动载荷不超过 C 值时，轴承是否就不会发生点蚀破坏？为什么？

12-5 什么是滚动轴承的基本额定寿命？轴承达到基本额定寿命时是否会发生破坏？为什么？

12-6 滚动轴承常见的失效形式有哪些？公式 $L=(C/P)^{\varepsilon}$ 是针对哪种失效形式建立起来的？

班级		成绩	
姓名		任课教师	
学号		批改日期	

12-7　图示简支梁用圆锥滚子轴承支承，试确定 a、b 的装配方式（正装或反装），画出两种情况下的派生轴向力方向，并比较正装、反装优缺点。

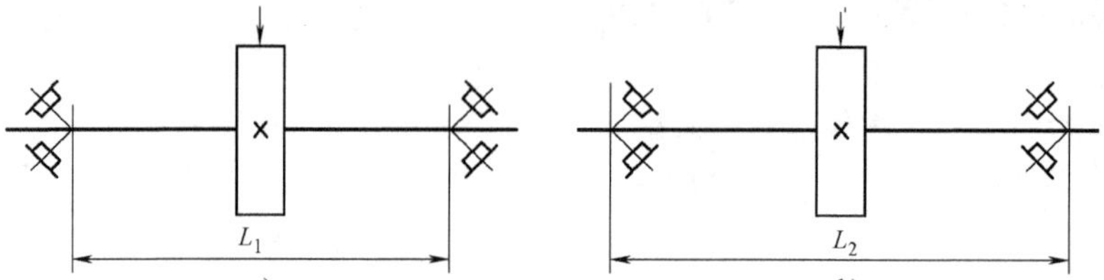

a)　　b)

12-8　轴系支承端的典型结构形式有两种，其分别是两端固定支承，一端固定一端游动支承。试问这两种形式各适用于什么场合？

12-9　选择滚动轴承类型时应考虑的主要因素有哪些？

12-10　设计不完全液体润滑滑动轴承时需要进行哪些计算，其目的各是什么？

班级		成绩	
姓名		任课教师	
学号		批改日期	

12-11　简述获得液体润滑的主要方法。

12-12　一不完全液体润滑滑动轴承，$B=100\text{mm}$，$d=100\text{mm}$，轴转速 $n=600\text{r/min}$，轴承材料的$[p]=8\text{MPa}$，$[pv]=15\text{MPa}\cdot\text{m/s}$，$[v]=3\text{m/s}$。求该轴承所能承受的最大载荷 F。

12-13　已知一起重机卷筒用滑动轴承，其径向载荷 $F=100\text{kN}$，轴颈直径 $d=90\text{mm}$，转速 $n=10\text{r/min}$，试按不完全液体润滑状态设计此轴承。

班级		成绩	
姓名		任课教师	
学号		批改日期	

12-14　图示一对7210AC轴承分别受径向力 $F_{r1}=9000\text{N}$，$F_{r2}=5800\text{N}$，轴上作用的轴向力为 F_{ae}。试求下列情况下各轴承的派生轴向力 F_d 及轴向力 F_a。

①$F_{ae}=2500\text{N}$；②$F_{ae}=1500\text{N}$；③$F_{ae}=2176\text{N}$；④$F_{ae}=0\text{N}$。

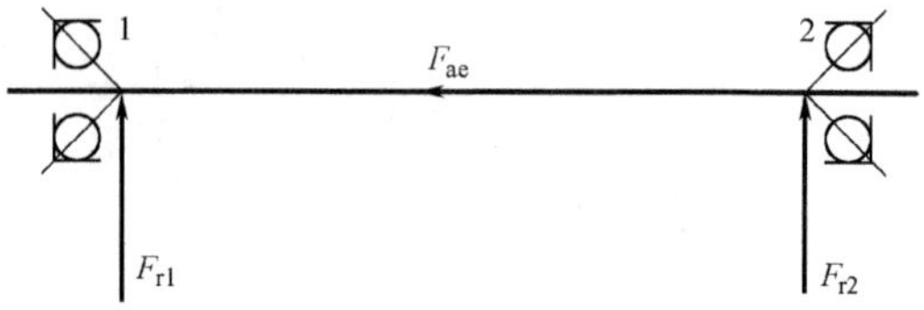

班级		成绩	
姓名		任课教师	
学号		批改日期	

12-15　图示轴系用两个7210AC型角接触球轴承支承，已知轴的转速 $n = 1440\text{r/min}$，锥齿轮上的轴向力 $F_{ae1} = 700\text{N}$，斜齿轮上的轴向力 $F_{ae2} = 1200\text{N}$，两轴承的径向力 $F_{r1} = 3000\text{N}$，$F_{r2} = 2000\text{N}$，载荷系数 $f_p = 1.2$，轴承工作温度小于120℃，试求轴承的寿命 L_h。

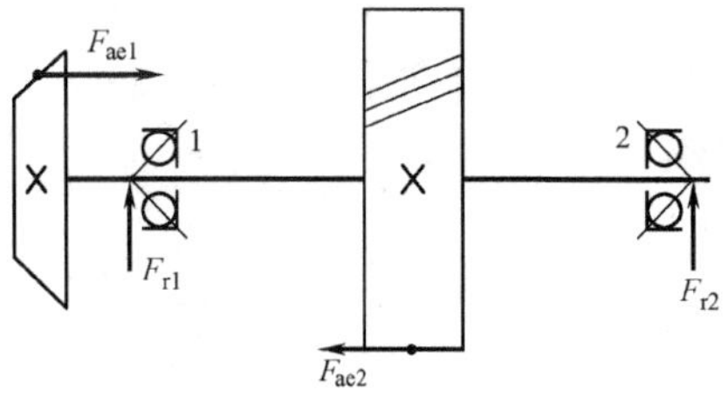

班级		成绩	
姓名		任课教师	
学号		批改日期	

12-16　图示某轴上安装一对内径为 $d=40\text{mm}$ 的圆锥滚子轴承，轴承 1 的径向力 $F_{r1}=6000\text{N}$，轴承 2 的径向力 $F_{r2}=4000\text{N}$，轴上作用的轴向力 $F_{ae}=1000\text{N}$，载荷系数 $f_p=1$，温度系数 $f_t=1$，转速 $n=970\text{r/min}$。试求：

（1）轴承 1、2 的轴向力 F_{a1}、F_{a2}和当量动载荷 P_1、P_2。

（2）要求轴承的预期寿命 $L_h=15000\text{h}$，试选择轴承的型号。

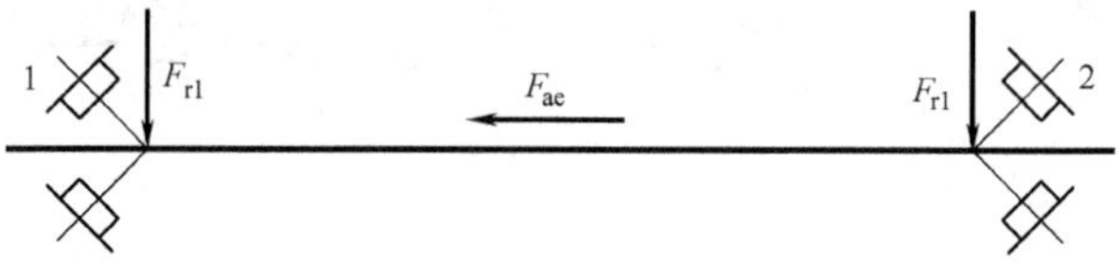

班级		成绩	
姓名		任课教师	
学号		批改日期	

12-17　图中轴系结构（要求轴承支承为正装、两端各单向固定）存在错误或不合理之处，试直接在图中改画出正确结构。

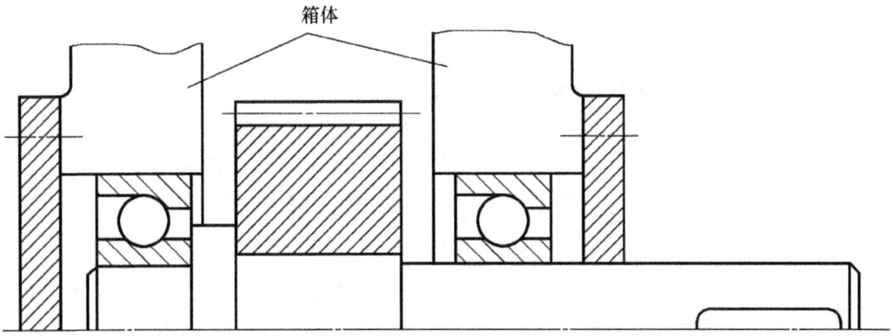

12-18　试分析轴系结构的错误，在有错误处标明序号，说明原因并提出改正方案。

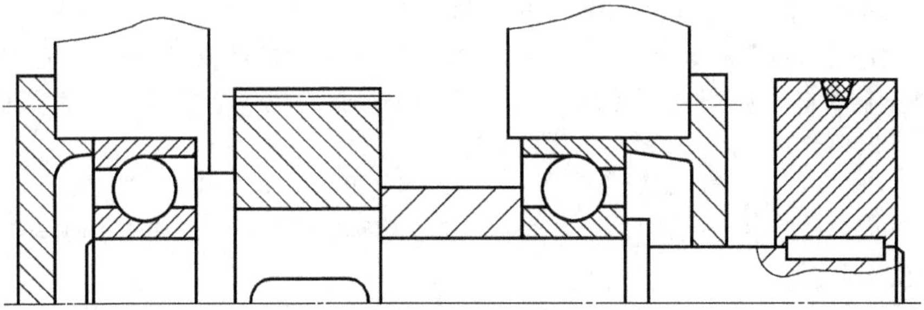

班级		成绩	
姓名		任课教师	
学号		批改日期	

第十三章　联轴器和离合器

13-1　选择题

（1）联轴器和离合器的主要功用是________。

A. 缓和冲击，减少振动　　B. 连接两轴，传递运动和转矩

C. 防止机器发生过载　　D. 补偿两轴的相对位移

（2）联轴器中能补偿两轴相对位移，并可缓和冲击、吸收振动的是______。

A. 固定式刚性联轴器　　B. 可移式刚性联轴器

C. 弹性联轴器　　D. 安全联轴器

（3）若两轴的刚性较大、对中性好、不发生相对位移，工作中载荷平稳、转速稳定，宜选用______联轴器。

A. 凸缘　　B. 滑块　　C. 齿式　　D. 弹性套柱销

（4）若两轴间径向位移较大、转速较低、载荷平稳无冲击时，宜选用______联轴器。

A. 凸缘　　B. 滑块　　C. 齿式　　D. 弹性套柱销

（5）下列联轴器中，______联轴器具有良好的综合位移补偿能力。

A. 万向　　B. 滑块　　C. 齿式　　D. 弹性柱销

（6）下列联轴器中，能补偿两轴的相对位移并可缓冲吸振的是________。

A. 凸缘联轴器　　B. 齿式联轴器　　C. 万向联轴器　　D. 弹性套柱销联轴器

（7）选择联轴器时，要依据计算转矩 T_{ca} 进行，这主要是考虑________因素。

A. 旋转时产生的离心载荷　　B. 机器起动时的动载荷和运转中可能过载

C. 联轴器材料的力学性能有偏差　　D. 两轴对中性不好时产生附加动载荷

（8）牙嵌离合器中，应用最广的牙型是________。

A. 三角形　　B. 矩形　　C. 锯齿形　　D. 梯形

（9）下面离合器中，使用________时，只能在停车后或两轴转速差较小时离合，否则会因撞击而损坏。

A. 牙嵌离合器　　B. 摩擦离合器　　C. 磁粉离合器　　D. 超越离合器

（10）在不增大径向尺寸的情况下，提高圆盘摩擦离合器承载能力的最有效措施是________。

A. 更换摩擦盘材料　　B. 增大压紧力

C. 增加摩擦盘的数目　　D. 使离合器在油中工作

13-2　填空题

（1）根据联轴器能否补偿两轴的相对位移与偏差及能否缓冲减振，联轴器可分为______联轴器和______联轴器两大类。

（2）通常对于低速、刚性大的轴，可选用________联轴器；对于低速、刚性小的轴或长轴，可选用________联轴器；对于高速且有冲击或振动的轴，可选用______联轴器；对轴线相交的两轴，可选用______联轴器；对有严重冲击或要求减振的传动，可选用______联轴器。

班级		成绩	
姓名		任课教师	
学号		批改日期	

（3）当联轴器的类型选定以后，其型号与尺寸根据________、________和________在标准中选择确定。

（4）离合器按其工作原理可分为______离合器和______离合器两类。

13-3　联轴器所连接两轴的相对位移有哪几种形式？如果联轴器不能补偿两轴间的相对位移会发生什么情况？

13-4　常用的固定式刚性联轴器、可移式刚性联轴器和弹性联轴器各有哪几种类型？

13-5　通常怎样选择联轴器的类型和型号？

13-6　牙嵌离合器和摩擦离合器各有何优缺点？各适用于什么场合？

13-7　有一带式输送机用联轴器与电动机相连接。已知传递功率 $P=7.5\mathrm{kW}$，电动机转速 $n=1440\mathrm{r/min}$，电动机轴直径 $d=38\mathrm{mm}$，两轴同轴度好，输送机工作时起动频繁并有轻微冲击，试选择联轴器的类型和型号。

班级		成绩	
姓名		任课教师	
学号		批改日期	

第十四章　弹　　簧

14-1　选择题

（1）钟表弹簧的功用是________。

A. 缓冲吸振　　B. 控制运动　　C. 储能　　D. 测力

（2）下列材料中不宜用于制造弹簧的是________。

A. 65Mn　　B. Q235A　　C. 60Si2Mn　　D. 70

（3）采用冷卷法制成的弹簧，其热处理方式为________。

A. 低温回火　　B. 淬火　　C. 淬火及回火　　D. 高温回火

（4）弹簧采用喷丸处理是为了提高其________。

A. 静强度　　B. 疲劳强度　　C. 刚度　　D. 高温性能

（5）圆柱螺旋弹簧的弹簧丝直径按弹簧的________要求计算得到。

A. 强度　　B. 刚度　　C. 稳定性　　D. 结构尺寸

（6）圆柱螺旋弹簧的弹簧指数 C 是______的比值。

A. 弹簧丝直径 d 与中径 D_2　　B. 中径 D_2 与弹簧丝直径 d

C. 自由高度 H_0 与弹簧丝直径 d　　D. 弹簧丝直径 d 与自由高度 H_0

（7）弹簧的有效圈数 n 是按弹簧的________通过计算来确定的。

A. 强度　　B. 刚度　　C. 稳定性　　D. 安装和结构

（8）圆柱螺旋弹簧的曲度系数 K，其数值大小取决于________。

A. 弹簧丝直径 d　　B. 弹簧中径 D_2　　C. 弹簧外径 D　　D. 弹簧指数 C

（9）圆柱螺旋拉伸弹簧承载时主要受________应力。

A. 扭转　　B. 弯曲　　C. 拉伸　　D. 剪切

（10）两个圆柱螺旋压缩弹簧的刚度分别为 k_1、k_2，若将两弹簧并联使用，则并联后的弹簧刚度为________。

A. k_1　　B. k_2　　C. k_1+k_2　　D. $k_1k_2/\ k_1+k_2$

14-2　填空题

（1）弹簧的功用主要有________________、________________、____________________、________________、______________。

（2）弹簧的种类按形状不同可分为________、_________、_________、__________、________等；按承受载荷不同可分为________、________、__________、________等。

（3）圆柱螺旋弹簧制造简便、应用广泛，分为______________、______________、________等。

（4）常用的弹簧材料有______________、____________、______________等。

（5）螺旋弹簧的制造过程包括____________________、____________________、____________、____________、______________。

（6）圆柱螺旋弹簧的主要几何尺寸有____________、____________、______________、

班级		成绩	
姓名		任课教师	
学号		批改日期	

__________、______________、________、__________、__________、________等。

（7）影响弹簧刚度的主要参数有__________、____________、____________等。

14-3　工作条件对弹簧材料有什么要求？常用的弹簧材料有哪几种？

14-4　什么是弹簧的特性曲线？有什么作用？

14-5　影响圆柱螺旋弹簧强度、刚度及稳定性的主要因素是什么？提高弹簧的强度、刚度及稳定性可采用哪些措施？

14-6　试设计一能承受冲击载荷的圆柱螺旋压缩弹簧。已知 $F_{min}=40N$，$F_{max}=240N$，工作行程 $h=40mm$，中间有 $\phi30mm$ 的心轴，弹簧外径不大于 45mm，用碳素弹簧钢丝Ⅱ组制造，两端为固定支承，端部并紧磨平。

班级		成绩	
姓名		任课教师	
学号		批改日期	

第十五章　机械传动系统设计

15-1　将图示的链传动、带传动和齿轮传动组成一个减速的传动装置，要求所有轴线在同一水平面内，并按通常情况下合理布置各传动零件的位置。

（1）以电动机为原动机画出正确的运动简图，并说明各传动顺序的理由。

（2）在图中画出电动机的合理转动方向。

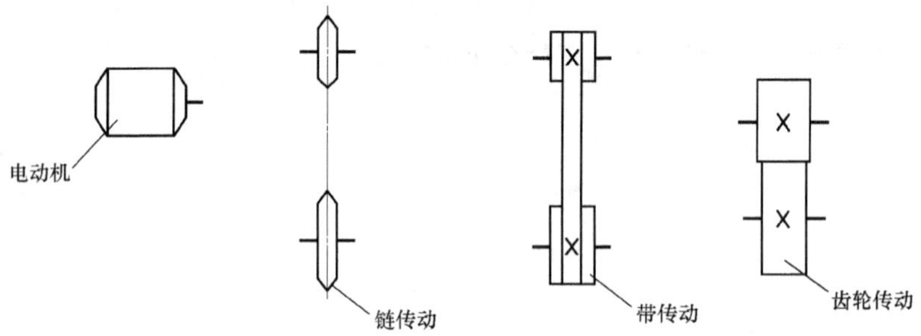

15-2　试分析图示两个输送带的传动方案，哪个合理？为什么？

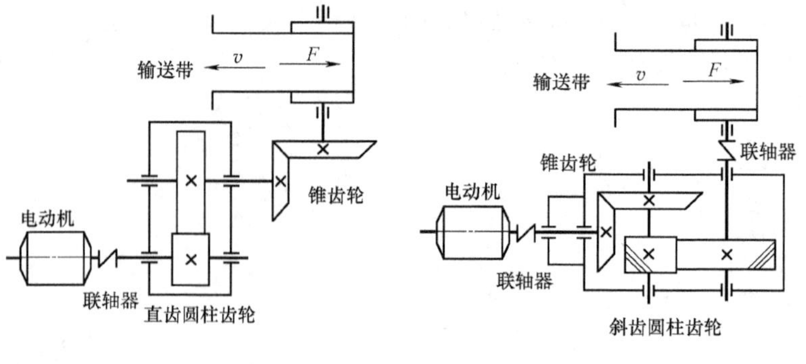

班级		成绩	
姓名		任课教师	
学号		批改日期	

参 考 文 献

[1] 李秀珍．机械设计基础［M］．5 版．北京：机械工业出版社，2013.
[2] 杨可桢，等．机械设计基础［M］．6 版．北京：高等教育出版社，2013.
[3] 吴宗泽．机械设计习题集［M］．3 版．北京：高等教育出版社，2006.
[4] 王军，等．机械原理作业集［M］．2 版．北京：机械工业出版社，2011.
[5] 何晓玲，王军．机械设计基础作业集［M］．2 版．北京：机械工业出版社，2012.
[6] 田同海，等．机械设计作业集［M］．2 版．北京：机械工业出版社，2015.
[7] 彭文生，杨家军，王均荣．机械设计与机械原理考研指南［M］．3 版．武汉：华中科技大学出版社，2008.
[8] 侯文英．机械设计习题与指导［M］．北京：机械工业出版社，2009.
[9] 葛文杰．机械原理作业集［M］．2 版．北京：高等教育出版社，2006.
[10] 李育锡．机械设计作业集［M］．3 版．北京：高等教育出版社，2007.
[11] 侯玉英，等．机械设计习题集［M］．2 版．北京：高等教育出版社，2008.
[12] 张鄂．机械设计学习指导重点难点及典型题解［M］．西安：西安交通大学出版社，2002.
[13] 王银彪，王世刚．机械原理习题精解精练［M］．哈尔滨：哈尔滨工程大学出版社，2007.
[14] 孙江红，张志强．机械设计考研指导［M］．北京：清华大学出版社，2005.
[15] 修世超，李庆忠，林晨．机械设计习题与解析［M］．北京：科学出版社，2008.
[16] 田万禄，等．机械设计学习指导［M］．沈阳：东北大学出版社，2006.
[17] 郭瑞峰，史丽晨．机械设计基础　导教　导学　导考［M］．西安：西北工业大学出版社，2005.
[18] 黄瑗昶，等．机械设计基础习题集［M］．天津：天津大学出版社，2009.
[19] 赵镇宏，尹明富．机械设计习题与解析［M］．北京：清华大学出版社，2007.
[20] 唐进元，等．机械设计习题与解答［M］．北京：电子工业出版社，2006.